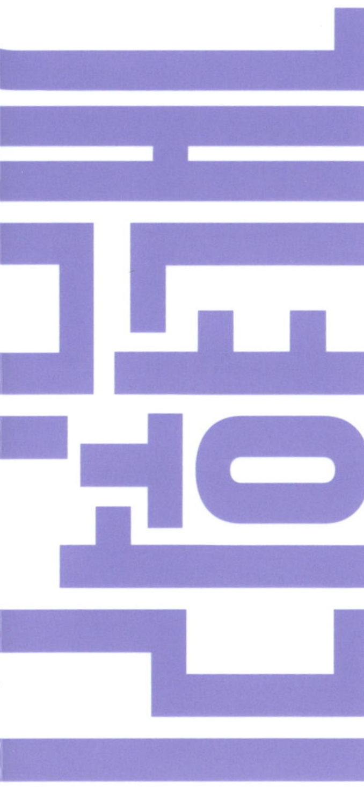

개념원리 중학인강
www.imath.kr

수학의 시작 개념원리

중학 수학 2-2

개념원리 수학연구소

수학 점수 제대로 올리는 방법

방법 1 — 개념원리 X RPM 조합으로 공부하기

개념원리 와 RPM 에 있는 링크를 통해 개념과 유형의 학습 효율 최대화!

방법 2 — RPM 전 문항 무료 강의 활용하기

RPM 전 문항 무료 강의는 2022 개정부터 적용됩니다.

RPM 무료 해설 강의로 모든 유형을 확실하게!

학생 모두가 수학을 쉽게 배울 수 있는 환경이 조성될 때까지
개념원리의 노력은 계속됩니다.

수학공부 혼자하기 힘드신가요?

개념원리 교재 체험단 모집

개념원리 **물개** 챌린지로 즐겁게 공부해요!!

수학공부는 **물** 론 **개** 념원리라는 뜻!

목표

수학 공부 습관 형성

교재 한 권 완독

수학 성적 올리기

미션

주 3회 이상
개념원리 또는 RPM 공부

공부 내용 인스타그램 또는
블로그에 인증 (5분 소요)

진행일정

개념원리

1월, 7월 방학기간 진행

RPM

3월, 9월 학기 중 진행

혜택

네이버 페이
참여할수록 높아지는 상품 금액

질의 응답방
문제, 공부법 질문이 가능한 카톡방 운영

다양한 선물
노트 등 다양한 홍보물 제공

학습 지원 자료 / 동기부여
학습 플래너, 동기부여 명언 등 제공

* 홍보물 제공 내용은 본사 재고 상황에 따라 달라질 수 있습니다.

이왕 하는 수학공부, **물개** 챌린지로 **친구들**과 **선물**받으면서 하자!

QR을 통해 물개 챌린지 모집 알림 받기를 신청하세요!

* 자세한 챌린지 내용, 혜택, 일정을 안내해 드립니다.

발행일	2025년 6월 15일 (1판 2쇄)
기획 및 집필	이홍섭, 개념원리 수학연구소
콘텐츠 개발 총괄	한소영
콘텐츠 개발 책임	오서희, 오지애, 이유림, 이선옥, 모규리, 김현진
사업 책임	정현호
마케팅 책임	권가민, 이미혜
제작/유통 책임	이건호
영업 책임	정현호
디자인	(주)이츠북스, 스튜디오 에딩크
펴낸이	고사무열
펴낸곳	(주)개념원리
등록번호	제 22-2381호
주소	서울시 강남구 테헤란로 8길 37, 7층(한동빌딩) 06239
고객센터	1644-1248

수학의 시작 개념원리

중학 수학 2-2

많은 학생들은 왜
개념원리로 공부할까요?
정확한 개념과 원리의 이해,
수학 공부의 비결
개념원리에 있습니다.

개념원리 중학 수학의 특징

❶ 하나를 알면 10개, 20개를 풀 수 있고 어려운 수학에 흥미를 갖게 하여 쉽게
  수학을 정복할 수 있습니다.

❷ 나선식 교육법으로 쉬운 것부터 어려운 것까지 단계적으로 혼자서도 충분히
  공부할 수 있도록 하였습니다.

❸ 문제를 푸는 방법과 틀리기 쉬운 부분을 짚어주어 개념원리를 충실히 익히도
  록 하였습니다.

❹ 교과서 문제와 전국 중학교의 중간·기말고사 시험 문제 중 출제율이 높은
  문제를 엄선하여 수록함으로써 시험에도 철저히 대비할 수 있도록 하였습니다.

"어떻게 하면 수학을 잘할 수 있을까?"

이것은 풀리지 않는 최대의 난제 중 하나로 오랫동안 끊임없이 제기되는 학생들의 질문이며 큰 바람입니다. 그런데 안타깝게도 대부분의 학생들이 성적이 오르지 않아 수학에 흥미를 잃어버리고 중도에 포기하는 경우가 많습니다.

공부를 열심히 하지 않아서일까요?
수학적 사고력이 부족해서일까요?

그렇지 않습니다. 이는 수학을 공부하는 방법이 잘못되었기 때문입니다.

개념원리 수학은 단순한 암기식 풀이가 아니라 학생들의 눈높이에 맞게 **개념과 원리를 이해하기 쉽게 설명**하고 **개념을 문제에 적용하면서 쉬운 문제부터 차근차근 단계별로 학습해 스스로 사고하는 능력을 기를 수 있도록** 기획했습니다.

이러한 개념원리만의 특별한 학습법으로 문제를 하나하나 풀어나가다 보면, 수학에 대한 자신감뿐만 아니라 수학적 사고에 기반한 창의적인 문제해결력까지 키워줄 수 있습니다.

스스로 생각하며 **공부**하는 **방법**을 알려주는
개념원리 수학을 통해
풀리지 않는 최대의 난제 '수학을 잘하는 방법'을 함께 찾아봅시다.

구성과 특징

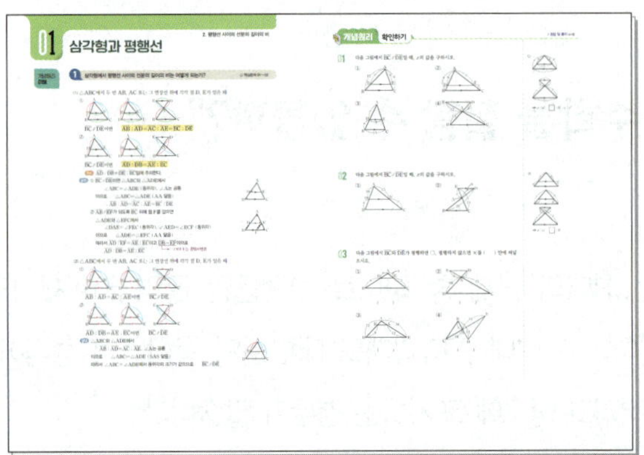

● 개념원리 이해

각 단원에서 다루는 개념과 원리를 완벽하게 이해할 수 있도록 자세하고 친절하게 정리하였습니다. 또 중요한 내용, 용어와 기호를 강조 처리해 한눈에 파악하도록 하였습니다.

● 개념원리 확인하기

개념을 확인할 수 있도록 개념과 원리를 정확히 이해할 수 있는 문제로 구성하였습니다.

● 핵심문제 익히기

해당 소단원의 대표적인 문제를 통하여 개념과 원리의 적용 및 응용을 충분히 익힐 수 있도록 핵심문제와 확인문제로 구성하였습니다.

어려운 핵심문제는 UP으로 표시해 난이도를 구분하였습니다.

➕ 핵심문제의 각 유형에 대한 다양한 문제를 **RPM**에서 풀어 볼 수 있습니다.

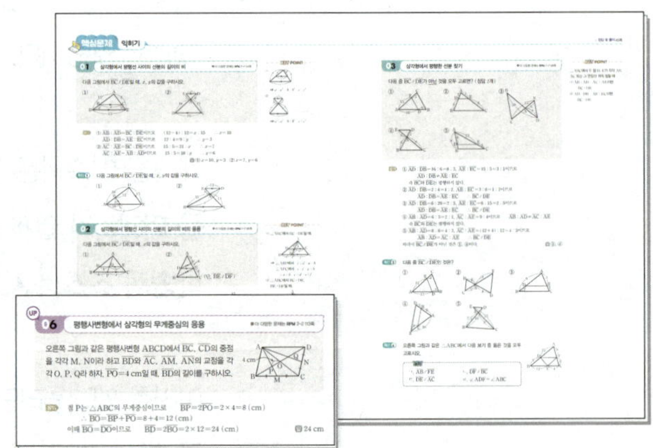

● 이런 문제가 시험에 나온다

내신 기출을 분석해 시험에 자주 출제 되는 문제로 배운 내용에 대한 확인을 할 수 있도록 구성하였습니다.

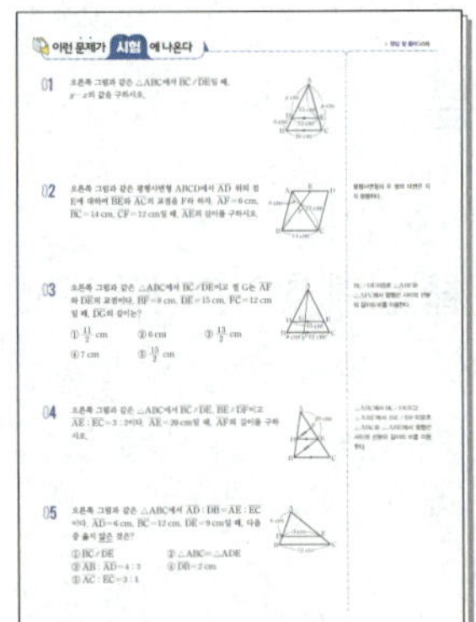

중단원 마무리하기

학교 시험에 대비하여 전국 주요 학교의 시험 문제 중 출제율
이 높은 문제를 엄선하여

STEP **1** / STEP **2** / STEP **3**

수준별로 구성하였습니다.

➡ STEP **3** 문제는 무료 해설 강의를 제공합니다.

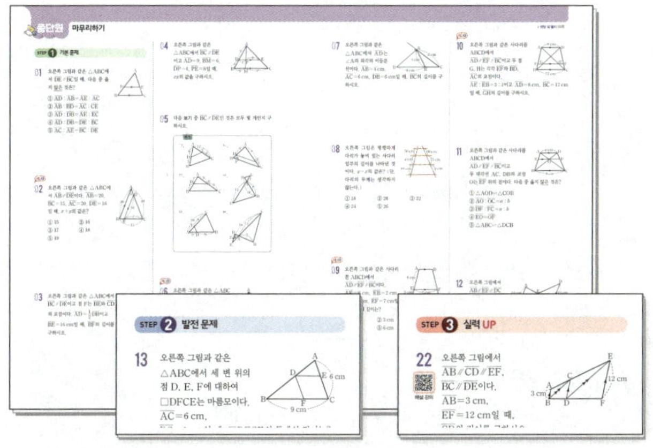

서술형 대비 문제

예제 와 유제 를 통하여 풀이 서술의 기본기를 다진 후 시험
에 자주 출제되는 서술형 문제를 풀면서 서술력을 강화할 수
있도록 구성하였습니다.

➡ 예제 는 무료 해설 강의를 제공합니다.

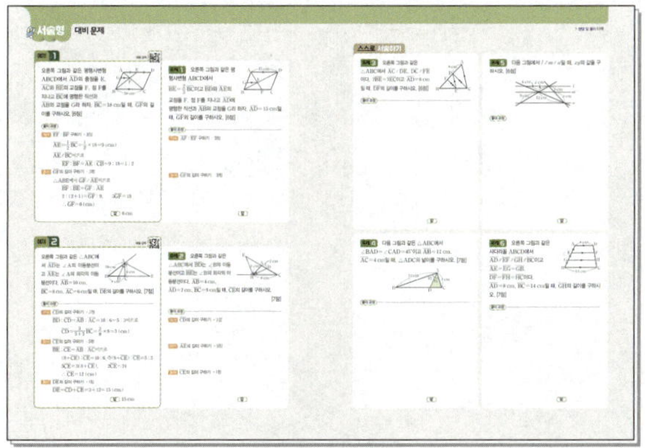

한눈에 보는 개념 정리

중학 수학 2-2의 개념과 기본 공식을 모아 개념을 숙지할 수
있도록 부록으로 제공하였습니다.

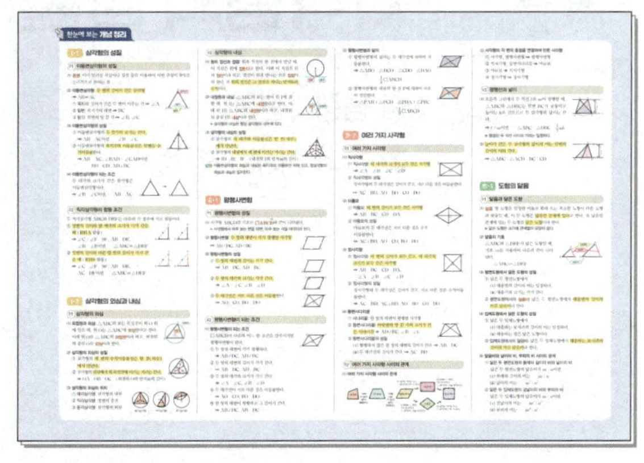

Ⅲ 도형의 닮음과 피타고라스 정리

Ⅳ 확률

I

삼각형의 성질

이 단원에서는 이등변삼각형의 성질을 이해하고 정당화해 보자.
또 삼각형의 외심과 내심의 성질을 이해하고 정당화해 보자.

이전에 배운 내용	이 단원의 내용	이후에 배울 내용
초4 여러 가지 삼각형 초5 합동과 대칭 중1 기본 도형 평면도형	**1. 삼각형의 성질** 01 이등변삼각형의 성질 02 직각삼각형의 합동 조건 **2. 삼각형의 외심과 내심** 01 삼각형의 외심 02 삼각형의 내심	중2 도형의 닮음 닮음의 응용 피타고라스 정리 중3 삼각비 원의 성질

I-1

삼각형의 성질

이 단원의 학습 계획을 세우고
하나하나 실천하는 습관을 기르자!!

		공부한 날		학습 완료도
01 이등변삼각형의 성질	개념원리 이해 & 개념원리 확인하기	월	일	□□□
	핵심문제 익히기	월	일	○○○
	이런 문제가 시험에 나온다	월	일	○○○
02 직각삼각형의 합동 조건	개념원리 이해 & 개념원리 확인하기	월	일	□□□
	핵심문제 익히기	월	일	○○○
	이런 문제가 시험에 나온다	월	일	○○○
중단원 마무리하기		월	일	○○○
서술형 대비 문제		월	일	○○○

개념 학습 guide

- 개념을 이해했으면 ■□□, 개념을 문제에 적용할 수 있으면 ■■□, 개념을 친구에게 설명할 수 있으면 ■■■ 로 색칠한다.

- 부족한 부분의 개념을 반복 학습하여 ■■■ 3칸 모두 색칠하면 학습을 마친다.

문제 학습 guide

- 맞힌 문제가 전체의 50% 미만이면 ●○○, 맞힌 문제가 50% 이상 90% 미만이면 ●●○, 맞힌 문제가 90% 이상이면 ●●● 로 색칠한다.

- 틀린 문제는 왜 틀렸는지 그 이유를 파악한 후 다시 풀어 본다. 며칠 후 틀린 문제를 다시 풀어 보고, 풀이 과정과 답이 맞으면 학습을 마친다.

01 이등변삼각형의 성질

개념원리 이해

1 증명이란 무엇인가?

증명: 이미 알려진 사실이나 성질 등을 이용하여 어떤 주장이 참임을 논리적으로 보이는 것

참고 증명할 때 자주 이용되는 성질

① 삼각형의 합동 조건: SSS 합동, SAS 합동, ASA 합동

② 맞꼭지각의 성질: 맞꼭지각의 크기는 서로 같다.

③ 평행선의 성질: 평행한 두 직선이 다른 한 직선과 만날 때, 동위각과 엇각의 크기는 각각 같다.

2 이등변삼각형이란 무엇인가?

◎ 핵심문제 01~06

이등변삼각형: 두 변의 길이가 같은 삼각형

➡ $\overline{AB} = \overline{AC}$

① 꼭지각: 길이가 같은 두 변이 이루는 각 ➡ $\angle A$

② 밑변: 꼭지각의 대변 ➡ $\overline{BC}$

③ 밑각: 밑변의 양 끝 각 ➡ $\angle B$, $\angle C$

▶ 꼭지각, 밑각은 이등변삼각형에서만 사용하는 용어이다.

참고 정삼각형은 세 변의 길이가 모두 같으므로 이등변삼각형이다.

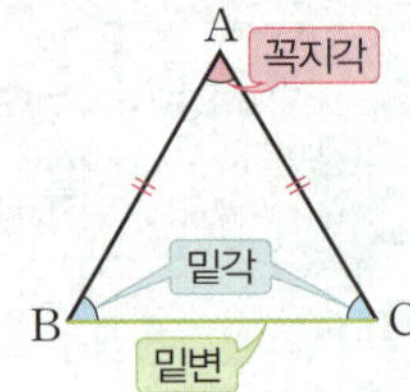

3 이등변삼각형에는 어떤 성질이 있는가?

◎ 핵심문제 01~04

(1) 이등변삼각형의 두 밑각의 크기는 같다.

➡ $\overline{AB} = \overline{AC}$이면 $\angle B = \angle C$

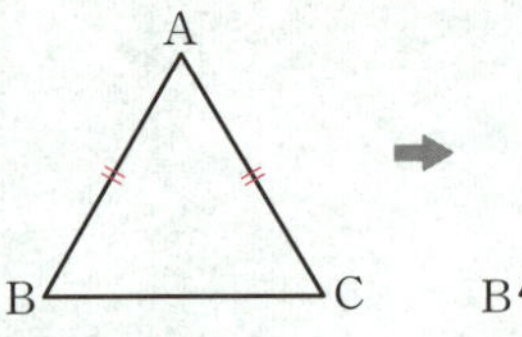
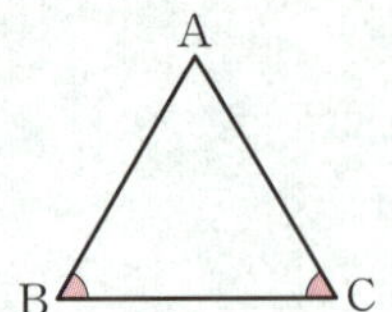

증명 $\overline{AB} = \overline{AC}$인 $\triangle ABC$에서 $\angle A$의 이등분선과 $\overline{BC}$의 교점을 D라 하자.

$\triangle ABD$와 $\triangle ACD$에서

$\overline{AB} = \overline{AC}$ $\quad\cdots\cdots$ ㉠

$\angle BAD = \angle CAD$ $\quad\cdots\cdots$ ㉡

$\overline{AD}$는 공통 $\quad\cdots\cdots$ ㉢

㉠, ㉡, ㉢에서 $\quad \triangle ABD \equiv \triangle ACD$ (SAS 합동)

$\therefore \angle B = \angle C$

예 오른쪽 그림과 같이 $\overline{AB} = \overline{AC}$인 이등변삼각형 ABC에서 $\angle x$의 크기를 구해 보자.

➡ $\overline{AB} = \overline{AC}$이므로

$$\angle B = \angle C = \frac{1}{2} \times (180° - 50°) = 65° \qquad \therefore \angle x = 65°$$

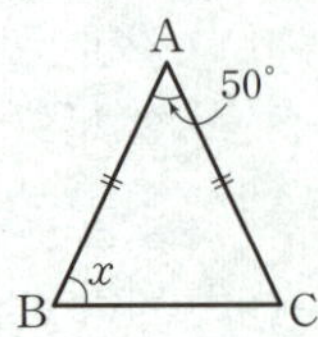

(2) 이등변삼각형의 꼭지각의 이등분선은 밑변을 수직이등분한다.

➡ $\overline{AB}=\overline{AC}$, $\angle BAD=\angle CAD$이면

$\qquad \overline{BD}=\overline{CD}$, $\overline{AD}\perp\overline{BC}$

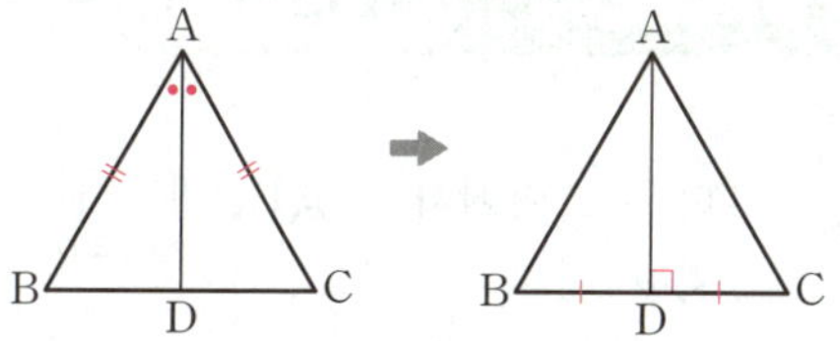

▶ 이등변삼각형에서 다음이 성립한다.

(꼭지각의 이등분선) = (밑변의 수직이등분선) = (꼭지각의 꼭짓점에서 밑변에 그은 수선)

$\qquad$ = (꼭지각의 꼭짓점과 밑변의 중점을 이은 선분)

증명 $\triangle ABD$와 $\triangle ACD$에서

$\qquad \overline{AB}=\overline{AC}$ $\qquad$ …… ㉠

$\qquad \angle BAD=\angle CAD$ $\qquad$ …… ㉡

$\qquad \overline{AD}$는 공통 $\qquad$ …… ㉢

$\qquad$ ㉠, ㉡, ㉢에서 $\quad \triangle ABD\equiv\triangle ACD$ (SAS 합동)

$\qquad \therefore \overline{BD}=\overline{CD}$

$\qquad$ 또 $\angle ADB=\angle ADC$이고 $\angle ADB+\angle ADC=180°$이므로

$\qquad \angle ADB=\angle ADC=90°$, 즉 $\overline{AD}\perp\overline{BC}$

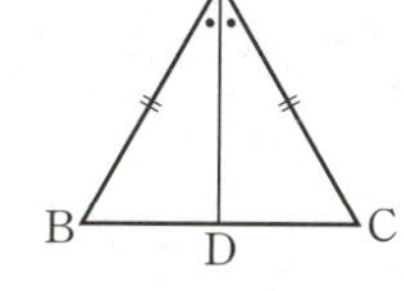

예 오른쪽 그림과 같이 $\overline{AB}=\overline{AC}$인 이등변삼각형 ABC에서 $\overline{AD}$는 $\angle A$의 이등분선일 때, x, y의 값을 구해 보자.

➡ $\overline{BD}=\dfrac{1}{2}\overline{BC}=\dfrac{1}{2}\times 6=3$ (cm)이므로 $\qquad x=3$

$\qquad \overline{AD}\perp\overline{BC}$이므로 $\qquad y=90$

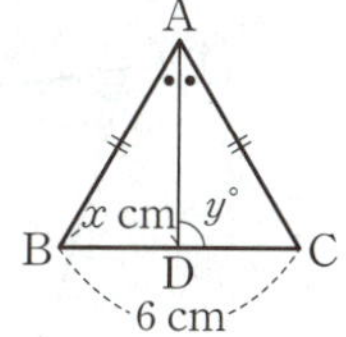

---

4 **이등변삼각형이 되는 조건은 무엇인가?** $\qquad$ ◉ 핵심문제 05, 06

두 내각의 크기가 같은 삼각형은 이등변삼각형이다.

➡ $\angle B=\angle C$이면 $\qquad \overline{AB}=\overline{AC}$

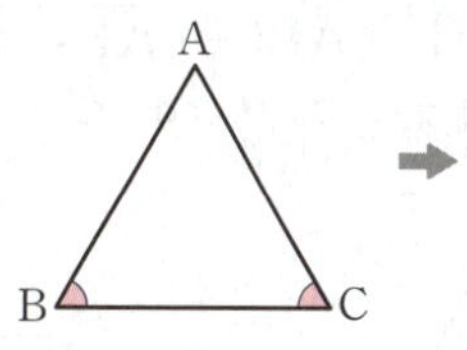 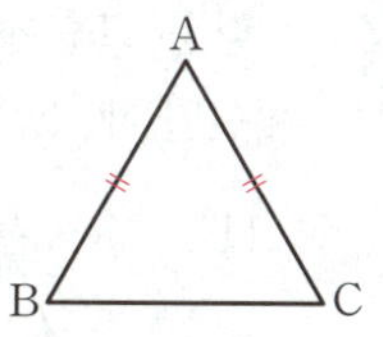

증명 $\angle B=\angle C$인 $\triangle ABC$에서 $\angle A$의 이등분선과 $\overline{BC}$의 교점을 D라 하자.

$\qquad \triangle ABD$와 $\triangle ACD$에서

$\qquad \angle BAD=\angle CAD$ $\qquad$ …… ㉠

$\qquad$ 삼각형의 세 내각의 크기의 합은 $180°$이고 $\angle B=\angle C$이므로

$\qquad \angle ADB=\angle ADC$ $\qquad$ …… ㉡

$\qquad \overline{AD}$는 공통 $\qquad$ …… ㉢

$\qquad$ ㉠, ㉡, ㉢에서 $\quad \triangle ABD\equiv\triangle ACD$ (ASA 합동)

$\qquad \therefore \overline{AB}=\overline{AC}$

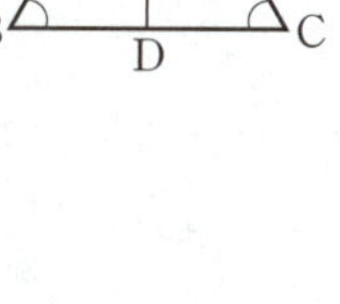

예 오른쪽 그림과 같은 $\triangle ABC$에서 $\angle B=\angle C$일 때, x의 값을 구해 보자.

➡ $\angle B=\angle C$이므로 $\qquad \overline{AB}=\overline{AC}=9$ (cm) $\qquad \therefore x=9$

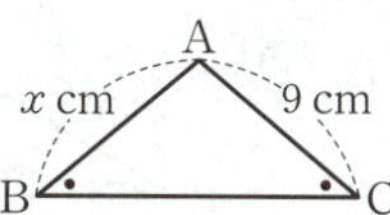

보충 학습 **폭이 일정한 종이접기**

오른쪽 그림과 같이 폭이 일정한 종이를 접으면

$\qquad \angle BAC=\angle DAC$ (접은 각), $\angle BCA=\angle DAC$ (엇각)

이므로 $\qquad \angle BAC=\angle BCA$

따라서 $\triangle ABC$는 $\overline{BA}=\overline{BC}$인 이등변삼각형이다.

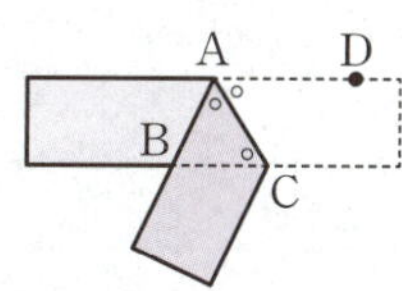

01 다음 그림에서 △ABC가 $\overline{AB}=\overline{AC}$인 이등변삼각형일 때, $\angle x$의 크기를 구하시오.

(1)
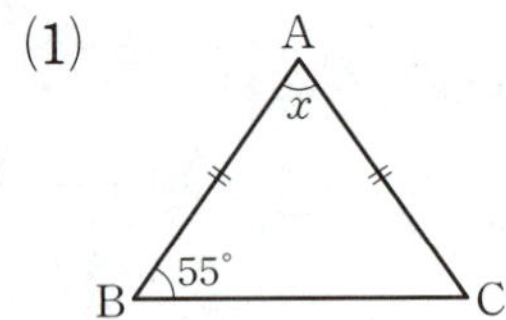

(2)
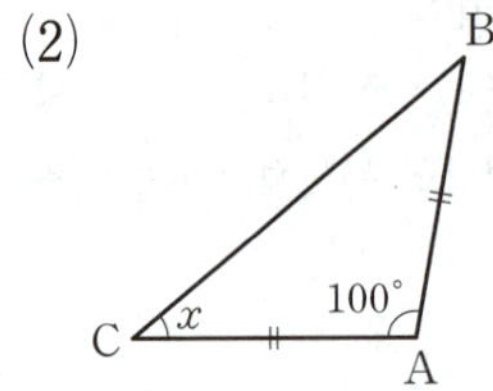

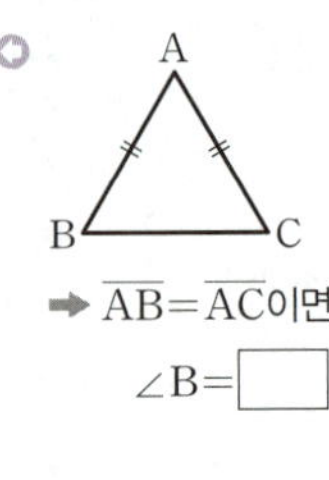

➡ $\overline{AB}=\overline{AC}$이면
$\angle B=\boxed{}$

02 다음 그림에서 △ABC가 $\overline{AB}=\overline{AC}$인 이등변삼각형일 때, $\angle x$의 크기를 구하시오.

(1)
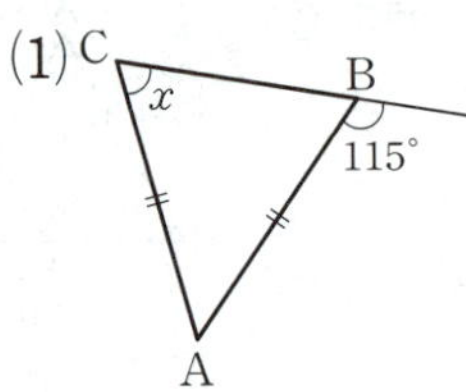

(2)
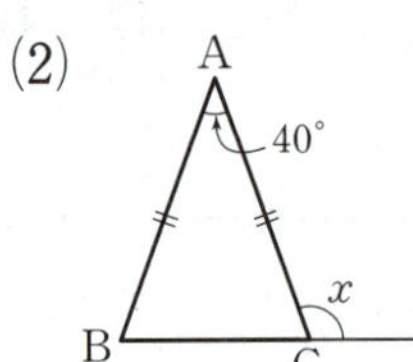

03 다음 그림에서 △ABC는 $\overline{AB}=\overline{AC}$인 이등변삼각형이다. $\overline{AD}$가 $\angle A$의 이등분선일 때, x의 값을 구하시오.

(1)
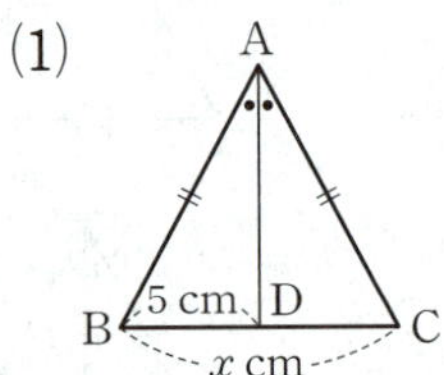

(2)
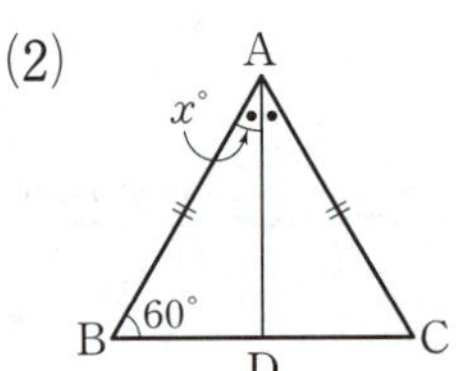

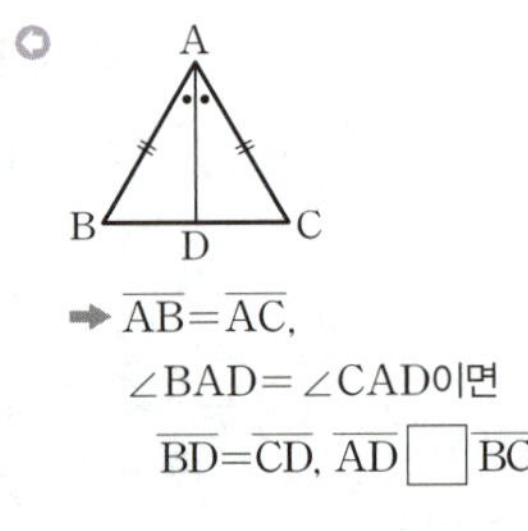

➡ $\overline{AB}=\overline{AC}$,
$\angle BAD=\angle CAD$이면
$\overline{BD}=\overline{CD}$, $\overline{AD}\boxed{}\overline{BC}$

04 다음 그림에서 x의 값을 구하시오.

(1)
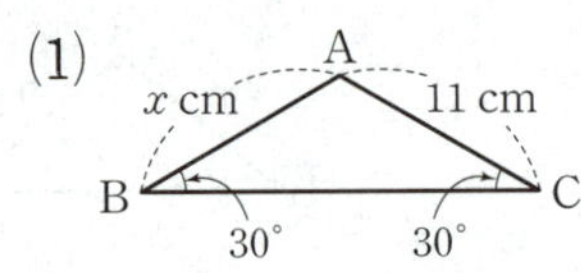

(2)
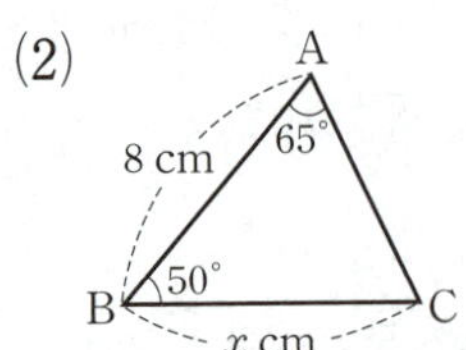

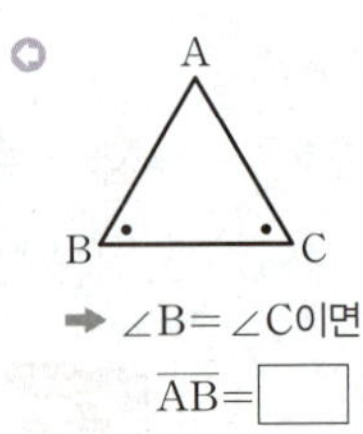

➡ $\angle B=\angle C$이면
$\overline{AB}=\boxed{}$

핵심문제 익히기

01 이등변삼각형의 성질 (1)

● 더 다양한 문제는 RPM 2–2 12쪽

오른쪽 그림과 같이 $\overline{AB}=\overline{AC}$인 이등변삼각형 ABC에서 $\overline{BC}=\overline{BD}$이고 $\angle C=68°$일 때, $\angle x$의 크기를 구하시오.

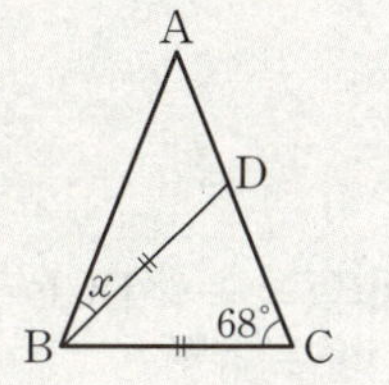

[KEY POINT]

이등변삼각형의 성질 (1)
➡ 두 밑각의 크기는 같다.

[풀이] △ABC에서 $\overline{AB}=\overline{AC}$이므로 $\angle ABC=\angle C=68°$

△BCD에서 $\overline{BC}=\overline{BD}$이므로 $\angle BDC=\angle C=68°$

따라서 $\angle DBC=180°-(68°+68°)=44°$이므로

$$\angle x=\angle ABC-\angle DBC=68°-44°=24°$$

[답] 24°

[확인 1] 오른쪽 그림과 같이 $\overline{AB}=\overline{AC}$인 이등변삼각형 ABC에서 $\overline{BC}=\overline{BD}$이고 $\angle ADB=106°$일 때, $\angle x$의 크기를 구하시오.

02 이등변삼각형의 성질 (2)

● 더 다양한 문제는 RPM 2–2 13쪽

오른쪽 그림과 같이 $\overline{AB}=\overline{AC}$인 이등변삼각형 ABC에서 $\overline{AD}$는 $\angle A$의 이등분선이고 $\angle BAC=80°$, $\overline{BC}=8\ cm$일 때, x, y의 값을 구하시오.

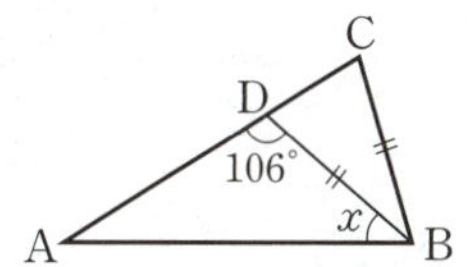

[KEY POINT]

이등변삼각형의 성질 (2)
➡ 꼭지각의 이등분선은 밑변을 수직이등분한다.

[풀이] 이등변삼각형의 꼭지각의 이등분선은 밑변을 수직이등분하므로

$$\overline{BD}=\frac{1}{2}\overline{BC}=\frac{1}{2}\times 8=4\,(cm) \qquad \therefore x=4$$

△ABD에서 $\angle ADB=90°$, $\angle BAD=\dfrac{1}{2}\angle BAC=\dfrac{1}{2}\times 80°=40°$이므로

$$\angle B=180°-(90°+40°)=50° \qquad \therefore y=50$$

[답] $x=4$, $y=50$

[확인 2] 오른쪽 그림과 같이 $\overline{AB}=\overline{AC}$인 이등변삼각형 ABC에서 $\overline{AD}$는 $\angle A$의 이등분선이고 $\angle BAD=25°$, $\overline{BD}=7\ cm$일 때, $x+y$의 값을 구하시오.

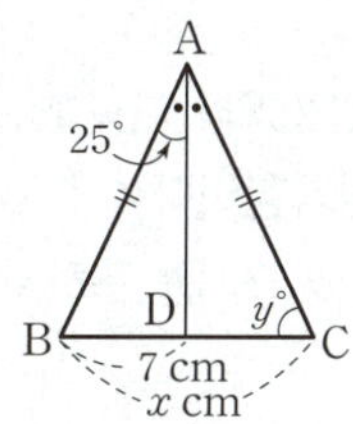

03 이등변삼각형의 성질의 응용; 이웃한 이등변삼각형

● 더 다양한 문제는 RPM 2–2 14쪽

오른쪽 그림과 같은 △ABC에서 $\overline{AC}=\overline{CD}=\overline{DB}$이고
∠B=40°일 때, ∠x의 크기를 구하시오.

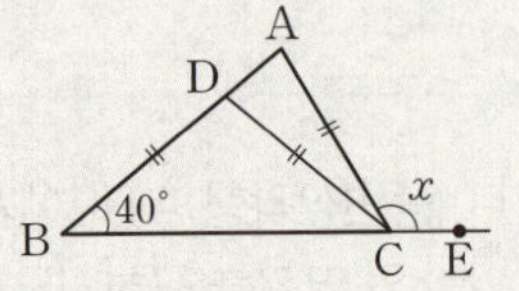

삼각형의 한 외각의 크기는 그와 이웃하지 않는 두 내각의 크기의 합과 같다.

풀이 △DBC에서 $\overline{DB}=\overline{DC}$이므로   ∠DCB=∠B=40°
   ∴ ∠CDA=40°+40°=80°
△CAD에서 $\overline{CD}=\overline{CA}$이므로   ∠A=∠CDA=80°
따라서 △ABC에서   ∠x=40°+80°=120°

답 120°

확인 3 오른쪽 그림과 같은 △ABC에서 $\overline{AC}=\overline{CD}=\overline{DB}$이고
∠ACE=105°일 때, ∠x의 크기를 구하시오.

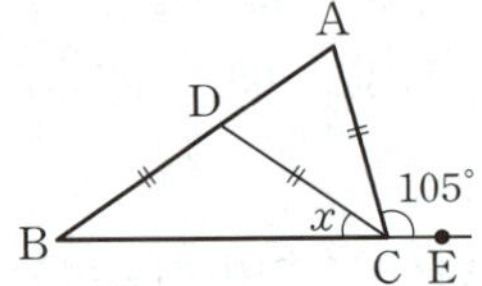

04 이등변삼각형의 성질의 응용; 각의 이등분선

● 더 다양한 문제는 RPM 2–2 14쪽

오른쪽 그림과 같이 $\overline{AB}=\overline{AC}$인 이등변삼각형 ABC에서 ∠B의
이등분선과 ∠C의 외각의 이등분선의 교점을 D라 하자.
∠A=44°일 때, ∠x의 크기를 구하시오.

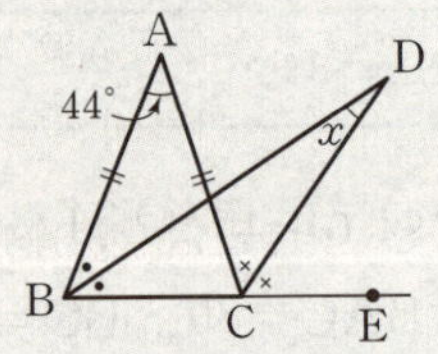

이등변삼각형의 두 밑각의 크기는 같음을 이용한다.

풀이 △ABC에서 $\overline{AB}=\overline{AC}$이므로

$$\angle ABC = \angle ACB = \frac{1}{2} \times (180° - 44°) = 68°$$

$$\therefore \angle DBC = \frac{1}{2} \angle ABC = \frac{1}{2} \times 68° = 34°$$

∠ACE=180°−∠ACB=180°−68°=112°이므로

$$\angle DCE = \frac{1}{2} \angle ACE = \frac{1}{2} \times 112° = 56°$$

따라서 △DBC에서
   34°+∠x=56°   ∴ ∠x=22°

답 22°

확인 4 오른쪽 그림에서 △ABC와 △BCD는 각각 $\overline{AB}=\overline{AC}$,
$\overline{CB}=\overline{CD}$인 이등변삼각형이다. ∠ACD=∠DCE이고
∠A=76°일 때, ∠x의 크기를 구하시오.

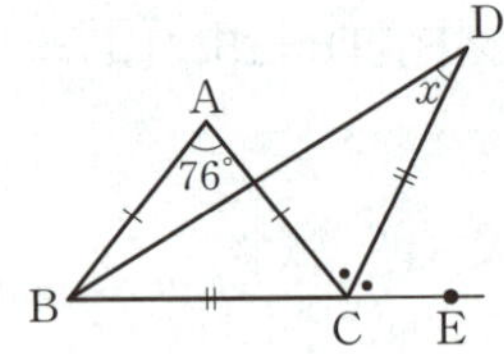

05 이등변삼각형이 되는 조건

● 더 다양한 문제는 RPM 2−2 15쪽

오른쪽 그림과 같이 $\overline{AB}=\overline{AC}$인 이등변삼각형 ABC에서 $\overline{BD}$는 ∠B의 이등분선이고 ∠A=36°, $\overline{BC}=8$ cm일 때, 다음을 구하시오.

(1) ∠BDC의 크기 (2) $\overline{AD}$의 길이

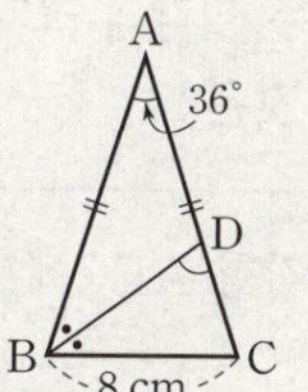

KEY POINT

두 내각의 크기가 같은 삼각형은 이등변삼각형이다.

I-1

삼각형의 성질

풀이 (1) △ABC에서 $\overline{AB}=\overline{AC}$이므로

$$\angle ABC=\angle C=\frac{1}{2}\times(180°-36°)=72°$$

$$\therefore \angle ABD=\frac{1}{2}\angle ABC=\frac{1}{2}\times72°=36°$$

따라서 △ABD에서 ∠BDC=36°+36°=72°

(2) ∠A=∠ABD=36°이므로 △ABD는 $\overline{DA}=\overline{DB}$인 이등변삼각형이다.

또 ∠C=∠BDC=72°이므로 △BCD는 $\overline{BC}=\overline{BD}$인 이등변삼각형이다.

$$\therefore \overline{AD}=\overline{BD}=\overline{BC}=8\,(\text{cm})$$

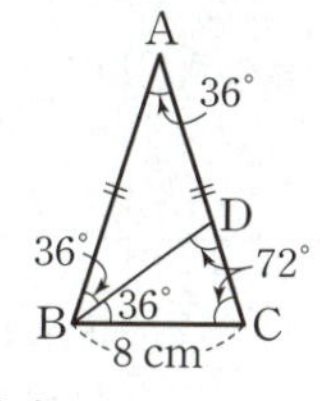

답 (1) 72° (2) 8 cm

확인 5 오른쪽 그림과 같은 △ABC에서 ∠B=∠DCB=30°, ∠A=60°이고 $\overline{AD}=3$ cm일 때, $\overline{BD}$의 길이를 구하시오.

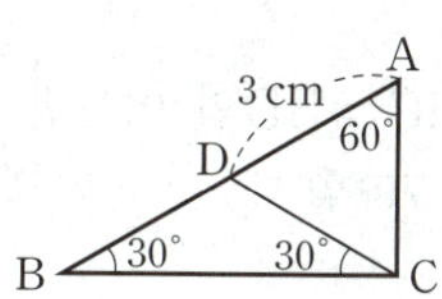

UP

06 폭이 일정한 종이접기

● 더 다양한 문제는 RPM 2−2 19쪽

직사각형 모양의 종이를 오른쪽 그림과 같이 접었다. $\overline{AB}=5$ cm, $\overline{AC}=6$ cm일 때, $\overline{BC}$의 길이를 구하시오.

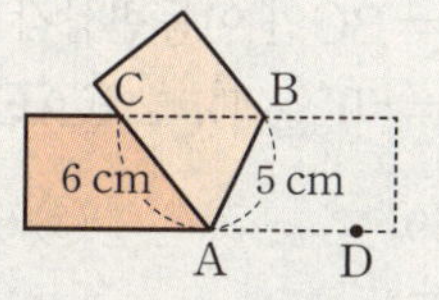

KEY POINT

직사각형 모양의 종이를 접으면
① 접은 각의 크기가 같다.
② 엇각의 크기가 같다.

풀이 ∠BAC=∠BAD (접은 각), ∠ABC=∠BAD (엇각)이므로

∠BAC=∠ABC

따라서 △ABC는 $\overline{AC}=\overline{BC}$인 이등변삼각형이므로

$$\overline{BC}=\overline{AC}=6\,(\text{cm})$$

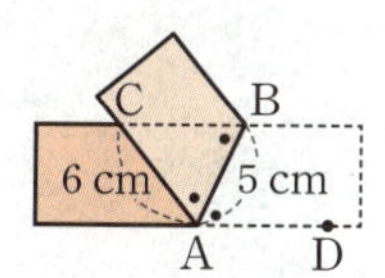

답 6 cm

확인 6 직사각형 모양의 종이를 오른쪽 그림과 같이 접었다. ∠DAC=70°, $\overline{AB}=9$ cm일 때, $x-y$의 값을 구하시오.

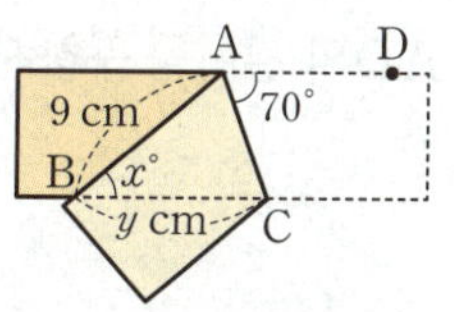

01 다음은 '이등변삼각형의 두 밑각의 크기는 같다.'를 증명하는 과정이다. (가)~(마)에 알맞은 것으로 옳지 <u>않은</u> 것은?

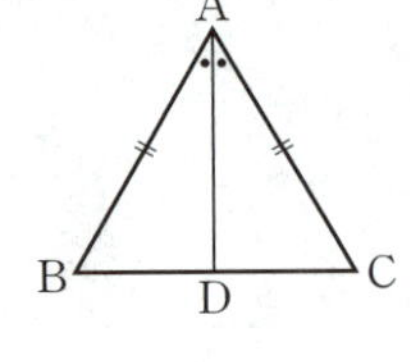

$\overline{AB}=\overline{AC}$인 이등변삼각형 ABC에서 ∠A의 이등분선과 $\overline{BC}$의 교점을 D라 하자.
　△ABD와 △ACD에서
　　$\overline{AB}=$ [(가)], [(나)] $=∠CAD$, [(다)]는 공통
이므로 　△ABD≡△ACD ([(라)] 합동)
　　∴ ∠B= [(마)]

① (가) $\overline{AC}$ 　② (나) ∠BAD 　③ (다) $\overline{AD}$
④ (라) ASA 　⑤ (마) ∠C

02 오른쪽 그림과 같이 $\overline{BC}=\overline{BD}$인 이등변삼각형 BCD에서 $\overline{AB}=\overline{AC}$이고 ∠D=70°일 때, ∠$x$의 크기를 구하시오.

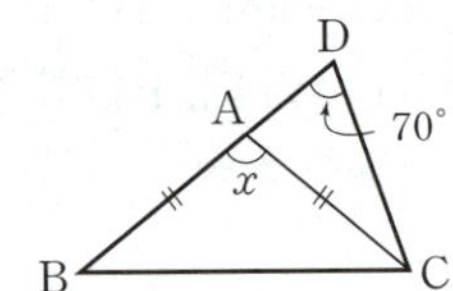

이등변삼각형의 두 밑각의 크기는 같다.

03 오른쪽 그림과 같이 $\overline{BA}=\overline{BC}$인 이등변삼각형 ABC에서 $\overline{AE}/\!\!/\overline{BC}$이고 ∠DAE=50°일 때, ∠EAC의 크기는?

① 55°　　② 60°　　③ 65°
④ 70°　　⑤ 75°

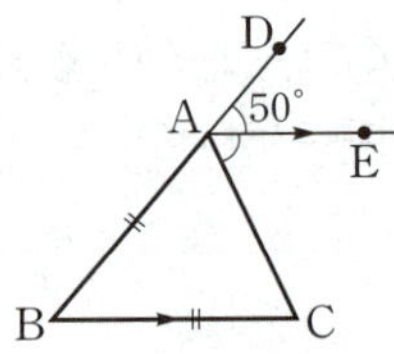

두 직선이 평행할 때, 동위각과 엇각의 크기는 각각 같다.

04 오른쪽 그림과 같이 $\overline{AB}=\overline{AC}$인 이등변삼각형 ABC에서 $\overline{AD}$는 ∠A의 이등분선이다. $\overline{BC}=10$ cm이고 △ABD의 넓이가 15 cm²일 때, $\overline{AD}$의 길이를 구하시오.

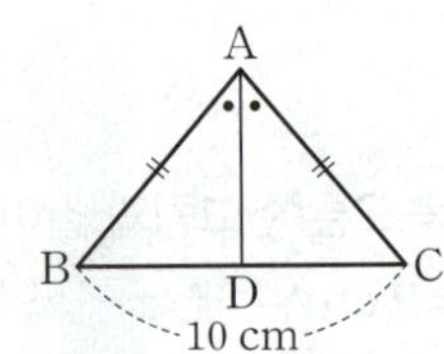

이등변삼각형의 꼭지각의 이등분선은 밑변을 수직이등분한다.

05 오른쪽 그림과 같은 △ABC에서
$\overline{AC}=\overline{AD}=\overline{DE}=\overline{EB}$이고 ∠FAC=88°일 때,
∠x의 크기는?

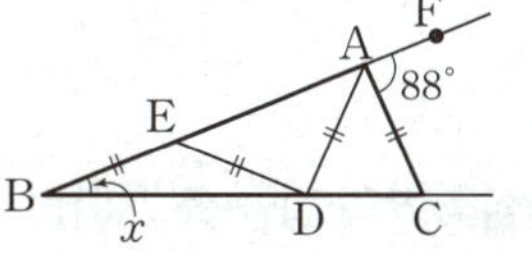

삼각형의 한 외각의 크기는 그와
이웃하지 않는 두 내각의 크기의
합과 같다.

① 20° ② 22° ③ 24°
④ 26° ⑤ 28°

06 오른쪽 그림에서 △ABC는 $\overline{AB}=\overline{AC}$인 이등변삼각형이
다. ∠ABD=∠DBE, ∠ACD : ∠DCE=1 : 2이고
∠A=60°일 때, ∠x의 크기는?

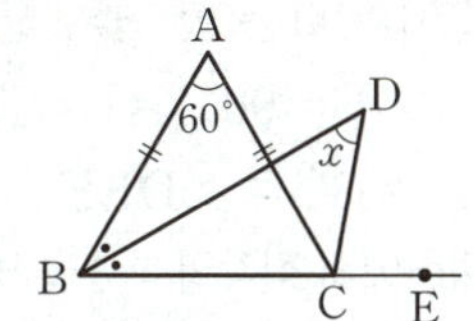

① 35° ② 40° ③ 45°
④ 50° ⑤ 55°

07 다음은 오른쪽 그림과 같이 $\overline{AB}=\overline{AC}$인 이등변삼각형 ABC
에서 ∠B와 ∠C의 이등분선의 교점을 D라 할 때, $\overline{DB}=\overline{DC}$
임을 증명하는 과정이다. ㈎, ㈏, ㈐에 알맞은 것을 구하시오.

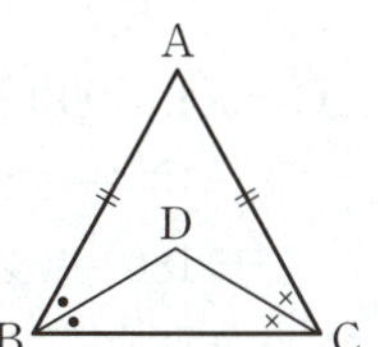

두 내각의 크기가 같은 삼각형은
이등변삼각형이다.

> △ABC에서 $\overline{AB}=\overline{AC}$이므로 ∠ABC= ㈎
>
> ∴ ∠DBC=$\dfrac{1}{2}$∠ABC=$\dfrac{1}{2}$ ㈎ = ㈏
>
> 따라서 △DBC는 $\overline{DB}=\overline{DC}$인 ㈐ 삼각형이다.

UP

08 직사각형 모양의 종이를 오른쪽 그림과 같이 접었다.
$\overline{AC}=5\,cm$, $\overline{BC}=4\,cm$일 때, △ABC의 둘레의 길이를
구하시오.

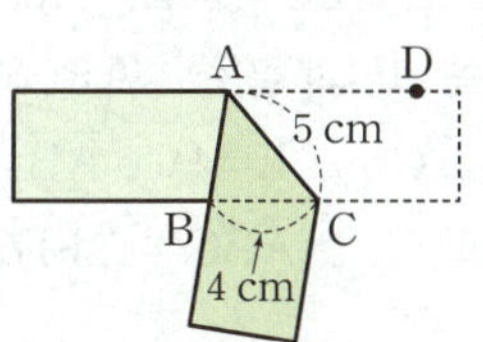

02 직각삼각형의 합동 조건

1 직각삼각형의 합동 조건이란 무엇인가?

◎ 핵심문제 01～03

두 직각삼각형 ABC와 DEF는 다음의 각 경우에 서로 합동이다.

(1) 빗변의 길이와 한 예각의 크기가 각각 같을 때 (**RHA** 합동)

➡ $\angle C = \angle F = 90°$, $\overline{AB} = \overline{DE}$, $\angle B = \angle E$이면
$$\triangle ABC \equiv \triangle DEF$$

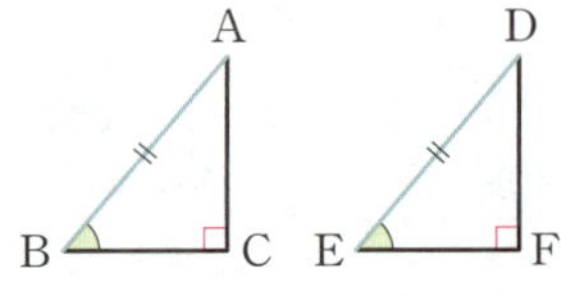

(2) 빗변의 길이와 다른 한 변의 길이가 각각 같을 때 (**RHS** 합동)

➡ $\angle C = \angle F = 90°$, $\overline{AB} = \overline{DE}$, $\overline{AC} = \overline{DF}$이면
$$\triangle ABC \equiv \triangle DEF$$

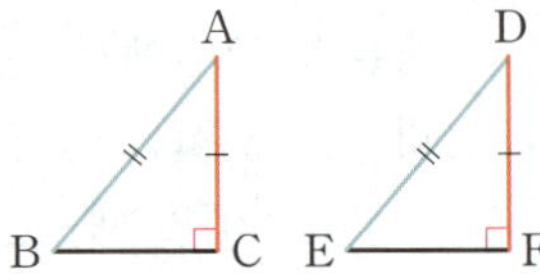

▶ ① 직각삼각형에서 직각의 대변을 빗변이라 한다.

② 직각삼각형의 합동 조건에서 R는 Right angle(직각), H는 Hypotenuse(빗변), A는 Angle(각), S는 Side(변)의 첫 글자이다.

③  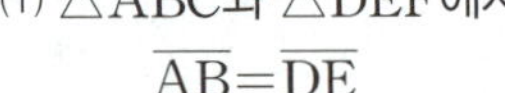
    직각 빗변 예각   직각 빗변 변

증명 (1) △ABC와 △DEF에서

$$\overline{AB} = \overline{DE} \qquad \cdots\cdots ㉠$$
$$\angle B = \angle E \qquad \cdots\cdots ㉡$$

또 $\angle C = \angle F = 90°$이므로

$$\angle A = 180° - (\angle B + 90°)$$
$$= 180° - (\angle E + 90°) = \angle D \qquad \cdots\cdots ㉢$$

㉠, ㉡, ㉢에서

$$\triangle ABC \equiv \triangle DEF \,(\text{ASA 합동})$$

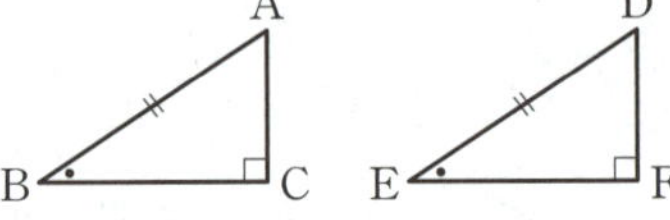

(2) 오른쪽 그림과 같이 $\angle C = \angle F = 90°$인 △ABC와 △DEF에서
△DEF를 뒤집어 $\overline{AC}$와 $\overline{DF}$가 겹치도록 놓으면

$$\angle ACB + \angle DFE = 90° + 90° = 180°$$

이므로 세 점 B, C(F), E는 한 직선 위에 있다. 이때

$$\overline{AB} = \overline{DE} \qquad \cdots\cdots ㉠$$

이므로 △ABE는 이등변삼각형이다.

$$\therefore \angle B = \angle E \qquad \cdots\cdots ㉡$$

㉠, ㉡에서

$$\triangle ABC \equiv \triangle DEF \,(\text{RHA 합동})$$

예 (1) 오른쪽 그림과 같은 △ABC와 △FDE에서

$$\angle C = \angle E = 90°, \ \overline{AB} = \overline{FD}, \ \angle B = \angle D$$

이므로 $\triangle ABC \equiv \triangle FDE \,(\text{RHA 합동})$

(2) 오른쪽 그림과 같은 △ABC와 △DFE에서

$$\angle B = \angle F = 90°, \ \overline{AC} = \overline{DE}, \ \overline{BC} = \overline{FE}$$

이므로 $\triangle ABC \equiv \triangle DFE \,(\text{RHS 합동})$

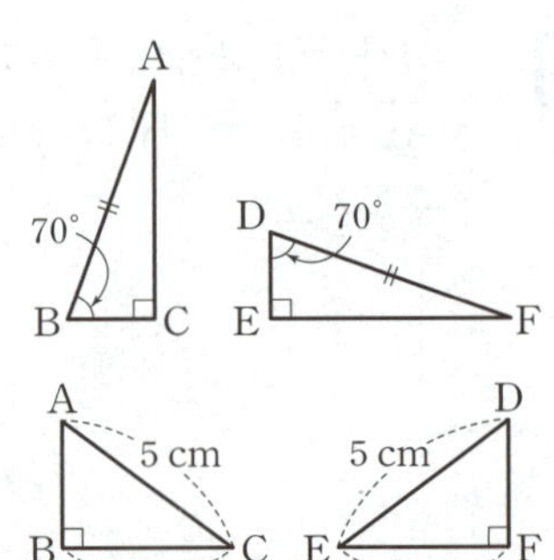

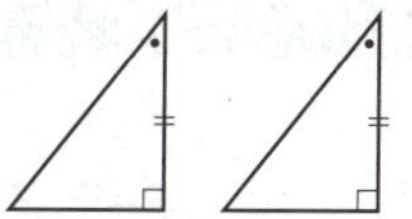

 직각삼각형의 합동 조건을 이용할 때에는 반드시 빗변의 길이가 같은지 확인해야 한다. 오른쪽 그림과 같이 빗변이 아닌 다른 변의 길이와 한 예각의 크기가 각각 같은 두 직각삼각형은 RHA 합동이 아니라 ASA 합동이다.

2 각의 이등분선에는 어떤 성질이 있는가?

◆ 핵심문제 04, 05

(1) 각의 이등분선 위의 한 점에서 그 각을 이루는 두 변까지의 거리는 같다.

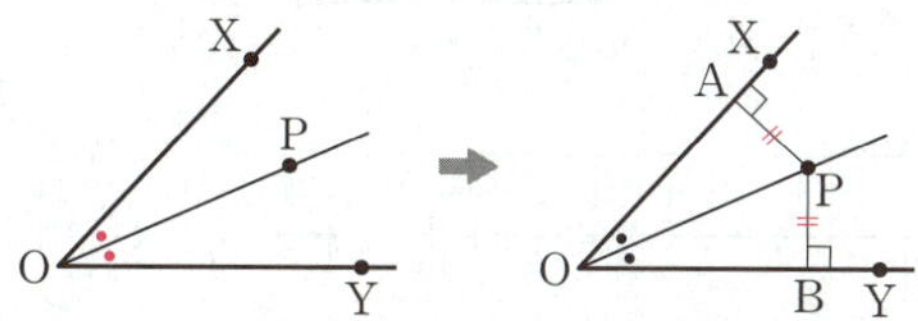

➡ ∠XOP=∠YOP이면 $\overline{PA}=\overline{PB}$

(2) 각을 이루는 두 변에서 같은 거리에 있는 점은 그 각의 이등분선 위에 있다.

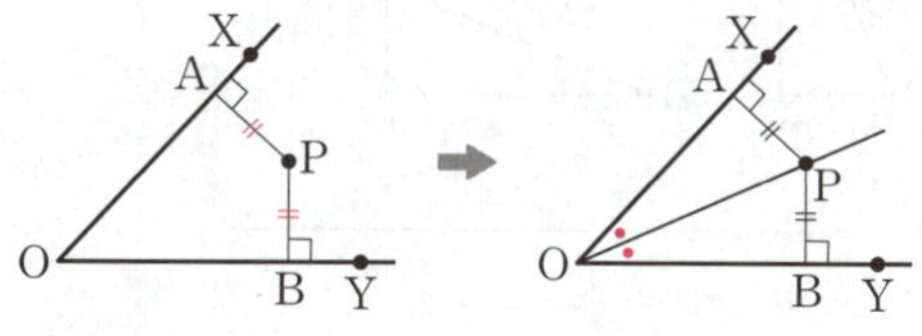

➡ $\overline{PA}=\overline{PB}$이면   ∠XOP=∠YOP

▶ 점과 직선 사이의 거리는 그 점에서 직선에 내린 수선의 발까지의 거리이다. 따라서 한 점이 두 변에서 같은 거리에 있다는 것은 그 점에서 두 변에 각각 내린 수선의 발까지의 거리가 같다는 의미이다.

 (1) △AOP와 △BOP에서

$\qquad$ ∠OAP=∠OBP=90°   ······ ㉠

$\qquad$ $\overline{OP}$는 공통   ······ ㉡

$\qquad$ ∠AOP=∠BOP   ······ ㉢

$\quad$ ㉠, ㉡, ㉢에서

$\qquad$ △AOP≡△BOP (RHA 합동)

$\qquad$ ∴ $\overline{PA}=\overline{PB}$

(2) △AOP와 △BOP에서

$\qquad$ ∠OAP=∠OBP=90°   ······ ㉠

$\qquad$ $\overline{OP}$는 공통   ······ ㉡

$\qquad$ $\overline{PA}=\overline{PB}$ ······ ㉢

$\quad$ ㉠, ㉡, ㉢에서

$\qquad$ △AOP≡△BOP (RHS 합동)

$\qquad$ ∴ ∠AOP=∠BOP

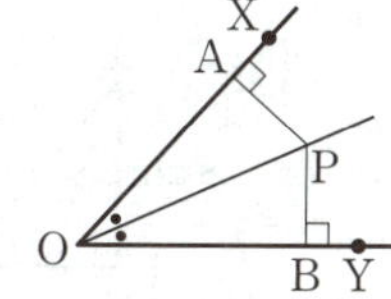

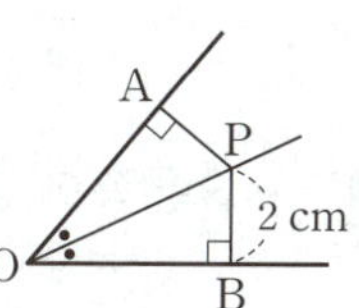

 (1) 오른쪽 그림에서 ∠AOP=∠BOP일 때, $\overline{PA}$의 길이를 구해 보자.

➡ ∠AOP=∠BOP이므로 $\overline{PA}=\overline{PB}=2$ (cm)

(2) 오른쪽 그림에서 $\overline{PA}=\overline{PB}$일 때, ∠AOP의 크기를 구해 보자.

➡ $\overline{PA}=\overline{PB}$이므로   ∠AOP=∠BOP=35°

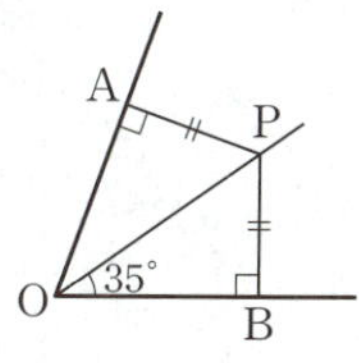

01 다음은 두 직각삼각형이 서로 합동임을 증명하는 과정이다. □ 안에 알맞은 것을 써넣으시오.

(1)
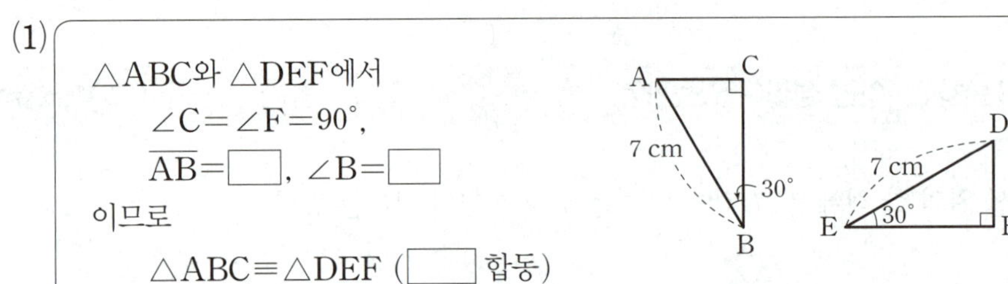

△ABC와 △DEF에서
　∠C＝∠F＝90˚,
　$\overline{AB}$＝□, ∠B＝□
이므로
　△ABC≡△DEF (□ 합동)

(2)

△ABC와 △DFE에서
　∠C＝□＝90˚,
　$\overline{AB}$＝□, $\overline{BC}$＝□
이므로
　△ABC≡△DFE (□ 합동)

> ◆ 직각삼각형의 합동 조건
> ① 빗변의 길이와 한 예각의
>   크기가 각각 같을 때
>   ➡ □ 합동
> ② 빗변의 길이와 다른 한 변
>   의 길이가 각각 같을 때
>   ➡ □ 합동

02 다음 그림과 같이 $\overline{AC}＝\overline{DF}$인 두 직각삼각형에 대하여 x의 값을 구하시오.

(1)　　　　　　　　　　　　　　(2)

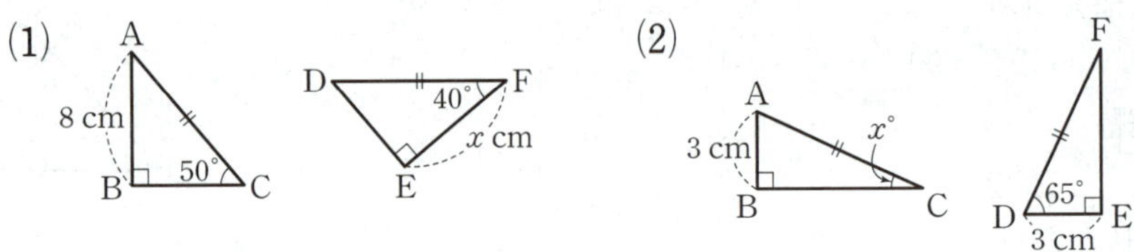

03 오른쪽 그림에서 ∠AOP＝∠BOP일 때, x의 값을 구하시오.

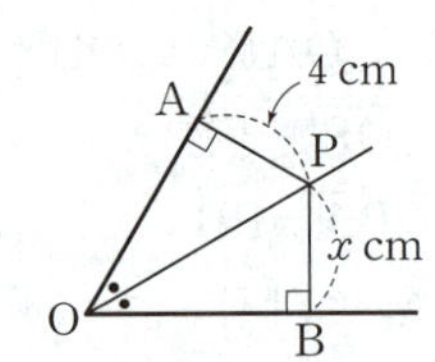

> ◆ 각의 이등분선 위의 한 점에서
>   그 각을 이루는 두 변까지의
>   거리는 □.

04 오른쪽 그림에서 $\overline{PA}＝\overline{PB}$일 때, x의 값을 구하시오.

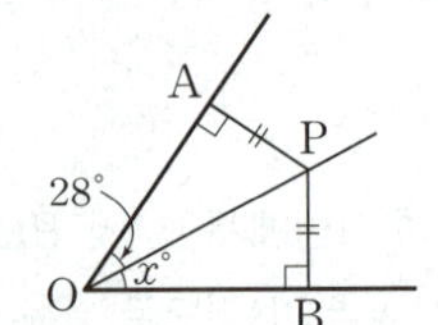

> ◆ 각을 이루는 두 변에서 같은
>   거리에 있는 점은 그 각의
>   □ 위에 있다.

01 직각삼각형의 합동 조건

● 더 다양한 문제는 RPM 2–2 16쪽

다음 직각삼각형 중에서 서로 합동인 것을 찾아 기호 ≡를 사용하여 나타내고, 이때 사용된 직각삼각형의 합동 조건을 말하시오.

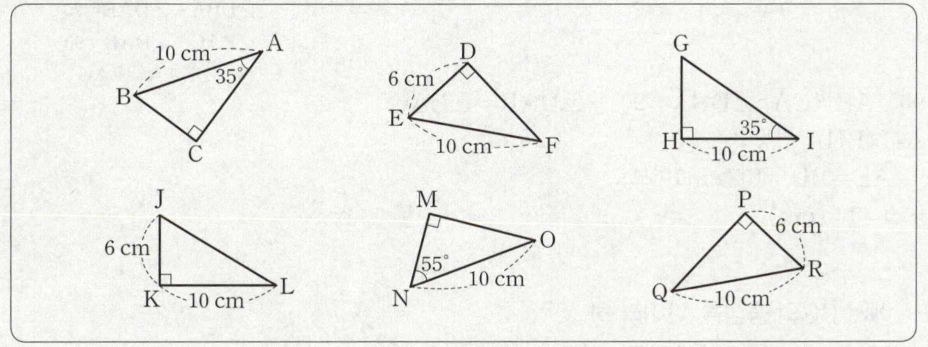

풀이 △ABC와 △ONM에서

$\angle C = \angle M = 90°$, $\overline{AB} = \overline{ON}$, $\angle B = 180° - (90° + 35°) = 55° = \angle N$

이므로 △ABC≡△ONM (RHA 합동)

△DEF와 △PRQ에서

$\angle D = \angle P = 90°$, $\overline{EF} = \overline{RQ}$, $\overline{DE} = \overline{PR}$

이므로 △DEF≡△PRQ (RHS 합동)

답 △ABC≡△ONM (RHA 합동), △DEF≡△PRQ (RHS 합동)

확인 ❶ 다음 중 오른쪽 그림과 같은 두 직각삼각형 ABC와 DEF가 합동이 되는 조건이 <u>아닌</u> 것은?

① $\overline{AB} = \overline{DE}$, $\overline{AC} = \overline{DF}$

② $\overline{AC} = \overline{DF}$, $\angle A = \angle D$

③ $\overline{AC} = \overline{DF}$, $\overline{BC} = \overline{EF}$

④ $\angle A = \angle D$, $\angle B = \angle E$

⑤ $\overline{AB} = \overline{DE}$, $\angle B = \angle E$

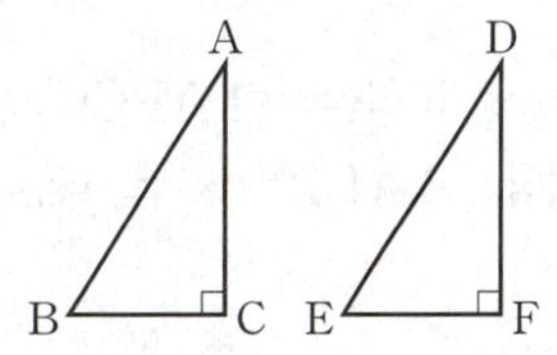

확인 ❷ 다음 보기 중 오른쪽 그림과 같은 직각삼각형 ABC와 합동인 것을 모두 고르시오.

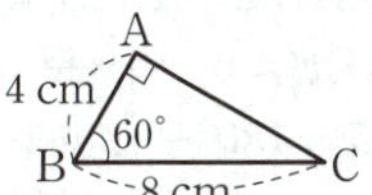

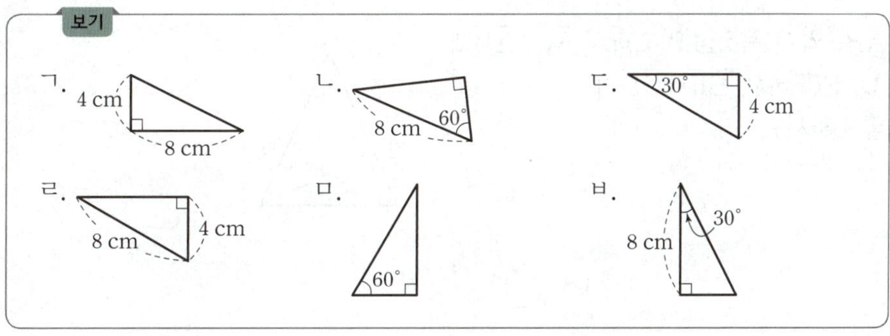

02 직각삼각형의 합동 조건의 응용; RHA 합동

● 더 다양한 문제는 RPM 2–2 17쪽

오른쪽 그림과 같이 $\overline{AB}=\overline{AC}$인 직각이등변삼각형 ABC의 두 꼭짓점 B, C에서 꼭짓점 A를 지나는 직선 l에 내린 수선의 발을 각각 D, E라 하자. $\overline{BD}=10\,cm$, $\overline{CE}=4\,cm$일 때, $\overline{DE}$의 길이를 구하시오.

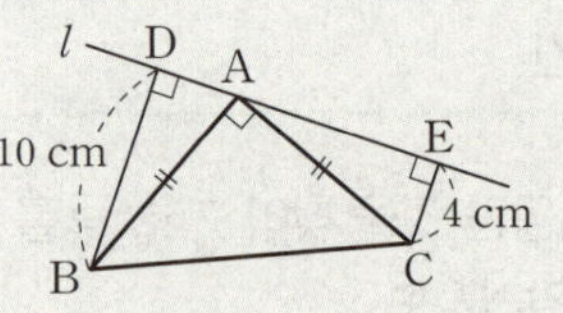

풀이 △ABD와 △CAE에서

$$\angle BDA=\angle AEC=90°,\ \overline{AB}=\overline{CA},\ \angle DBA=90°-\angle DAB=\angle EAC$$

이므로　△ABD≡△CAE (RHA 합동)

따라서 $\overline{AD}=\overline{CE}=4\,(cm)$, $\overline{AE}=\overline{BD}=10\,(cm)$이므로

$$\overline{DE}=\overline{DA}+\overline{AE}=4+10=14\,(cm)$$

답 14 cm

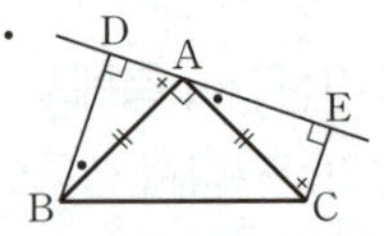

$$\angle DBA+\angle DAB=90°,$$
$$\angle EAC+\angle DAB=90°$$
$$➡\ \angle DBA=\angle EAC$$

확인 ③ 오른쪽 그림과 같은 △ABC에서 $\overline{BC}$의 중점을 M이라 하고 두 꼭짓점 B, C에서 $\overline{AM}$의 연장선과 $\overline{AM}$에 내린 수선의 발을 각각 D, E라 하자. $\overline{AM}=9\,cm$, $\overline{CE}=4\,cm$, $\overline{EM}=3\,cm$일 때, △ABD의 넓이를 구하시오.

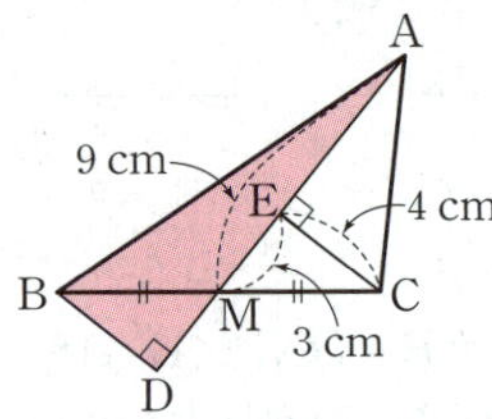

03 직각삼각형의 합동 조건의 응용; RHS 합동

● 더 다양한 문제는 RPM 2–2 17쪽

오른쪽 그림과 같이 $\angle B=90°$인 직각삼각형 ABC에서 $\overline{AB}=\overline{AE}$이고 $\overline{AC}\perp\overline{DE}$이다. $\angle ADB=65°$일 때, $\angle x$의 크기를 구하시오.

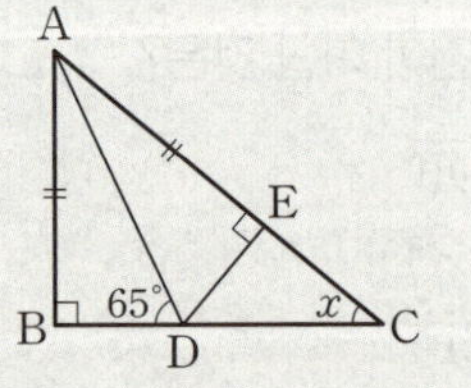

풀이 △ABD와 △AED에서

$$\angle ABD=\angle AED=90°,\ \overline{AD}는\ 공통,\ \overline{AB}=\overline{AE}$$

이므로　△ABD≡△AED (RHS 합동)

따라서 $\angle ADE=\angle ADB=65°$이므로　$\angle EDC=180°-(65°+65°)=50°$

즉 △DCE에서　$\angle x=180°-(90°+50°)=40°$

답 40°

확인 ④ 오른쪽 그림과 같이 △ABC의 두 꼭짓점 B, C에서 $\overline{AC}$, $\overline{AB}$에 내린 수선의 발을 각각 D, E라 하자. $\overline{BE}=\overline{CD}$이고 $\angle A=48°$일 때, $\angle ECB$의 크기를 구하시오.

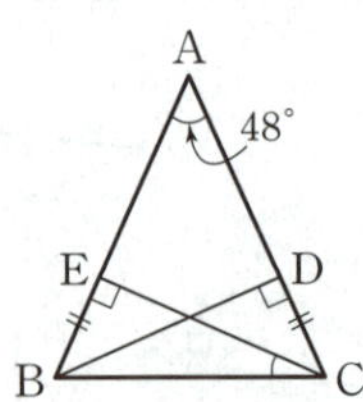

04 각의 이등분선의 성질

● 더 다양한 문제는 RPM 2–2 18쪽

—| KEY POINT |—

각의 이등분선의 성질
➡ 직각삼각형의 합동을 이용한다.

오른쪽 그림과 같이 ∠AOB의 이등분선 위의 한 점 P에서 두 변 OA, OB에 내린 수선의 발을 각각 Q, R라 할 때, 다음 중 옳지 않은 것은?

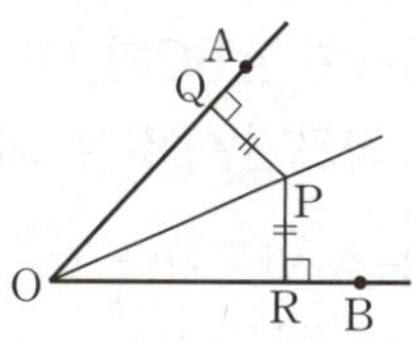

① $\overline{OQ}=\overline{OR}$
② ∠OPQ=∠OPR
③ $\overline{OP}=\overline{OQ}$
④ $\overline{PQ}=\overline{PR}$
⑤ △POQ≡△POR

풀이 ⑤ △POQ와 △POR에서
∠OQP=∠ORP=90°, $\overline{OP}$는 공통, ∠POQ=∠POR
이므로 △POQ≡△POR (RHA 합동)
①, ②, ④ △POQ≡△POR이므로 $\overline{OQ}=\overline{OR}$, ∠OPQ=∠OPR, $\overline{PQ}=\overline{PR}$
따라서 옳지 않은 것은 ③이다. **답** ③

확인 5 오른쪽 그림과 같이 ∠AOB의 내부의 한 점 P에서 두 변 OA, OB에 내린 수선의 발을 각각 Q, R라 하자. $\overline{PQ}=\overline{PR}$일 때, 다음 **보기** 중 옳은 것을 모두 고르시오.

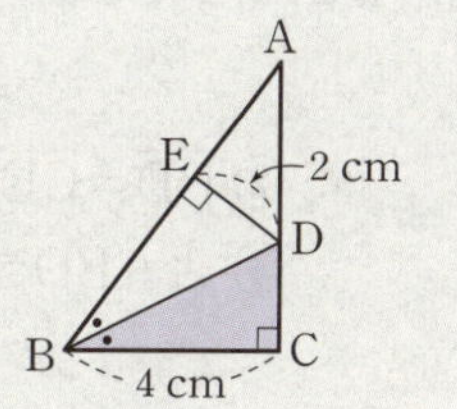

보기

ㄱ. $\overline{OQ}=\overline{OR}$ ㄴ. ∠QOP=∠ROP
ㄷ. ∠OPQ=∠POR ㄹ. △POQ≡△POR

05 각의 이등분선의 성질의 응용

● 더 다양한 문제는 RPM 2–2 18쪽

—| KEY POINT |—

각의 이등분선 위의 한 점에서 그 각을 이루는 두 변까지의 거리는 같다.

오른쪽 그림과 같이 ∠C=90°인 직각삼각형 ABC에서 ∠B의 이등분선과 $\overline{AC}$의 교점을 D라 하고, 점 D에서 $\overline{AB}$에 내린 수선의 발을 E라 하자. $\overline{BC}=4$ cm, $\overline{DE}=2$ cm일 때, △BCD의 넓이를 구하시오.

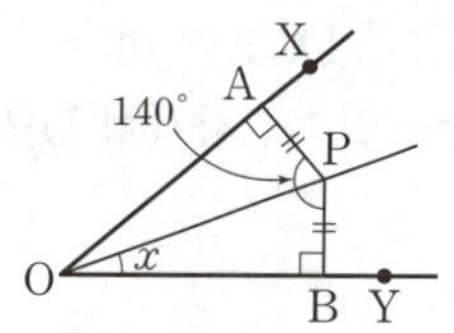

풀이 $\overline{BD}$는 ∠ABC의 이등분선이므로 $\overline{DC}=\overline{DE}=2$ (cm)
∴ $\triangle BCD=\dfrac{1}{2}\times 4\times 2=4$ (cm²) **답** 4 cm²

확인 6 오른쪽 그림과 같이 ∠XOY의 내부의 한 점 P에서 두 변 OX, OY에 내린 수선의 발을 각각 A, B라 하자. $\overline{PA}=\overline{PB}$이고 ∠APB=140°일 때, ∠$x$의 크기를 구하시오.

01 다음 **보기** 중 서로 합동인 직각삼각형끼리 짝 짓고, 이때 사용된 직각삼각형의 합동 조건을 말하시오.

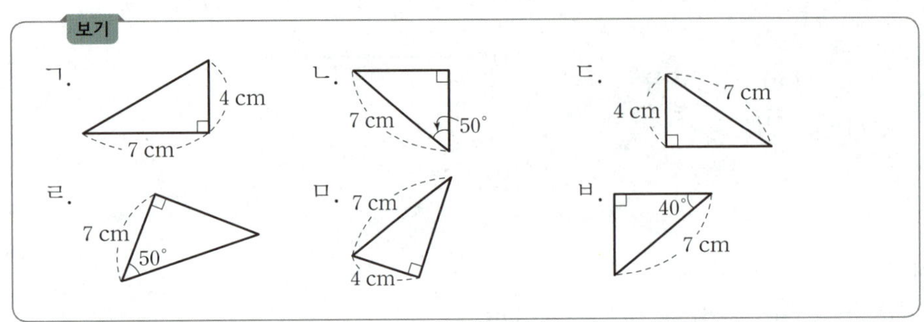

02 오른쪽 그림과 같이 $\angle C = \angle F = 90°$이고 $\overline{BC} = \overline{EF}$인 두 직각삼각형 ABC와 DEF에 대하여 다음 중 옳은 것을 모두 고르면? (정답 2개)

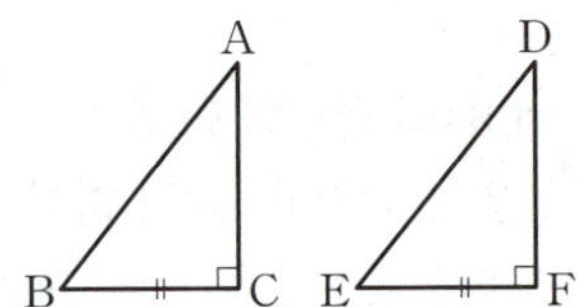

① $\angle A = \angle D$이면 RHA 합동이다.
② $\angle B = \angle E$이면 RHA 합동이다.
③ $\angle B = \angle E$이면 ASA 합동이다.
④ $\overline{AC} = \overline{DF}$이면 RHS 합동이다.
⑤ $\overline{AB} = \overline{DE}$이면 RHS 합동이다.

· 삼각형의 합동 조건
➡ SSS 합동, SAS 합동, ASA 합동

· 직각삼각형의 합동 조건
➡ RHA 합동, RHS 합동

03 오른쪽 그림과 같이 $\overline{AB} = \overline{AC}$인 이등변삼각형 ABC의 두 꼭짓점 B, C에서 $\overline{AC}$, $\overline{AB}$에 내린 수선의 발을 각각 D, E라 할 때, 다음 중 옳지 <u>않은</u> 것은?

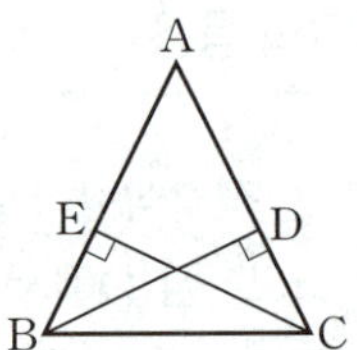

① $\angle ABC = \angle ACB$
② $\overline{BD} = \overline{CE}$
③ $\overline{BE} = \overline{CD}$
④ $\angle ABD = \angle DBC$
⑤ $\triangle EBC \equiv \triangle DCB$

이등변삼각형의 두 밑각의 크기는 같음을 이용한다.

04 오른쪽 그림과 같이 $\overline{AB} = \overline{AC}$인 직각이등변삼각형 ABC의 두 꼭짓점 B, C에서 꼭짓점 A를 지나는 직선 l에 내린 수선의 발을 각각 D, E라 하자. $\overline{BD} = 8$ cm, $\overline{CE} = 6$ cm일 때, 사각형 DBCE의 넓이를 구하시오.

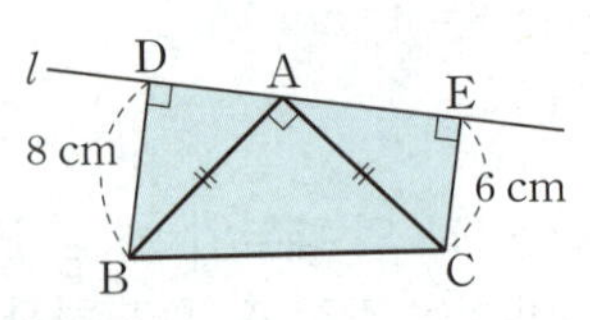

직각삼각형의 합동 조건을 이용하여 합동인 두 삼각형을 찾는다.

05 오른쪽 그림과 같이 ∠C＝90°인 두 직각삼각형 ABC와 DEC에서 $\overline{AB}=\overline{DE}$, $\overline{AC}=\overline{DC}$이다. $\overline{AB}$와 $\overline{DE}$의 교점을 F라 하고 ∠A＝30°일 때, ∠x의 크기는?

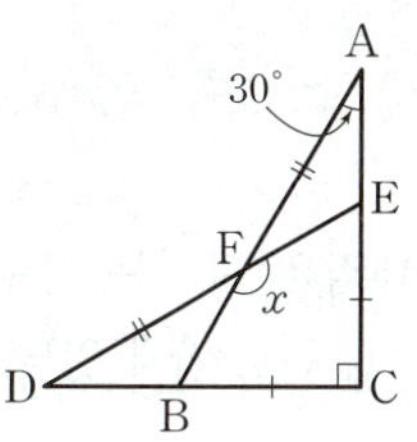

① 140°　　② 145°　　③ 150°
④ 155°　　⑤ 160°

06 오른쪽 그림과 같이 $\overline{AB}=\overline{BC}$인 직각이등변삼각형 ABC에서 $\overline{AB}=\overline{AE}$이고 $\overline{AC}\perp\overline{DE}$이다. $\overline{CE}=2$ cm일 때, $\overline{BD}$의 길이는?

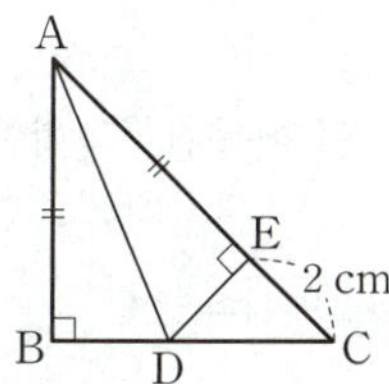

① $\dfrac{3}{2}$ cm　　② 2 cm　　③ $\dfrac{7}{3}$ cm
④ $\dfrac{5}{2}$ cm　　⑤ 3 cm

△ABC가 직각이등변삼각형임을 이용하여 ∠C의 크기를 구한다.

07 오른쪽 그림과 같이 ∠C＝90°인 직각삼각형 ABC에서 ∠A의 이등분선과 $\overline{BC}$의 교점을 D라 하고 점 D에서 $\overline{AB}$에 내린 수선의 발을 E라 하자. $\overline{AB}=15$ cm, $\overline{CD}=4$ cm일 때, △ABD의 넓이는?

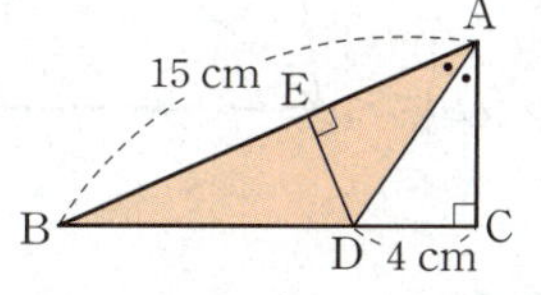

① 24 cm²　　② 26 cm²　　③ 28 cm²
④ 30 cm²　　⑤ 32 cm²

각의 이등분선의 성질을 이용하여 $\overline{DE}$의 길이를 구한다.

08 오른쪽 그림과 같이 ∠XOY의 내부의 한 점 P에서 두 변 OX, OY에 내린 수선의 발을 각각 A, B라 하자. $\overline{PA}=\overline{PB}$이고 ∠AOP＝35°일 때, ∠$x$의 크기를 구하시오.

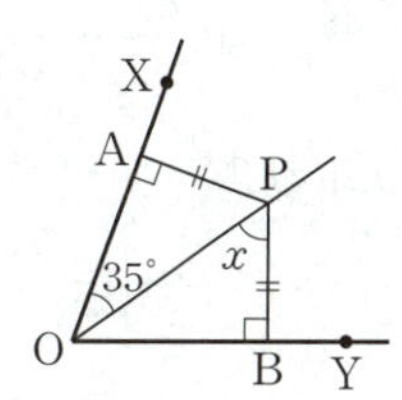

중단원 마무리하기

STEP 1 기본 문제

01 다음은 '정삼각형의 세 내각의 크기는 모두 같다.'를 증명하는 과정이다. (가), (나), (다)에 알맞은 것을 구하시오.

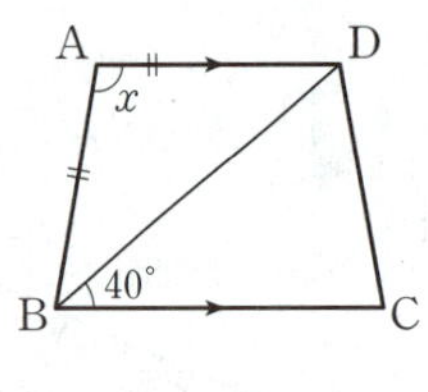

> △ABC가 정삼각형이라 하자.
> △ABC는 $\overline{AB}=\overline{AC}$인 이등변삼각형이므로
> ∠B= (가) …… ㉠
> 또 △ABC는 $\overline{BA}=\overline{BC}$인 이등변삼각형이므로
> (나) =∠C …… ㉡
> ㉠, ㉡에서 ∠A= (다) =∠C

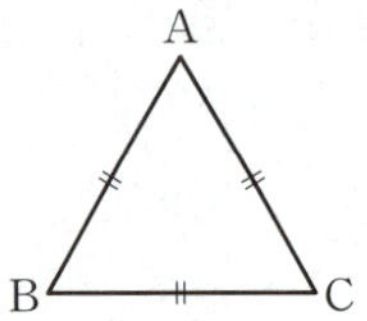

02 오른쪽 그림과 같이 $\overline{AD}$ // $\overline{BC}$인 사각형 ABCD에서 $\overline{AB}=\overline{AD}$, ∠DBC=40°일 때, ∠$x$의 크기를 구하시오.

꼭나와

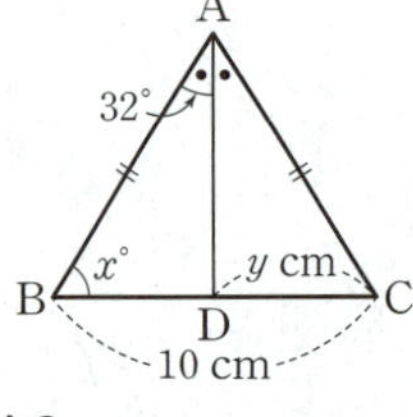

03 오른쪽 그림과 같이 $\overline{AB}=\overline{AC}$인 이등변삼각형 ABC에서 ∠A의 이등분선과 $\overline{BC}$의 교점을 D라 하자. ∠BAD=32°이고 $\overline{BC}$=10 cm일 때, $x-y$의 값은?

① 51 ② 53 ③ 55
④ 57 ⑤ 59

꼭나와

04 오른쪽 그림과 같은 △ABC에서 $\overline{AD}=\overline{BD}=\overline{CD}$이고 ∠B=38°일 때, ∠$x$의 크기는?

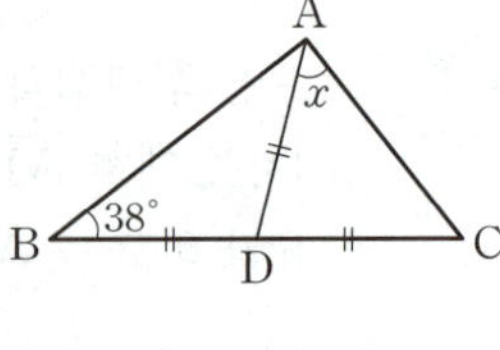

① 46° ② 48° ③ 50°
④ 52° ⑤ 54°

05 오른쪽 그림과 같이 $\overline{AB}=\overline{AC}$인 이등변삼각형 ABC에서 ∠B의 이등분선과 ∠C의 외각의 이등분선의 교점을 D라 하자. ∠A=52°일 때, ∠x의 크기는?

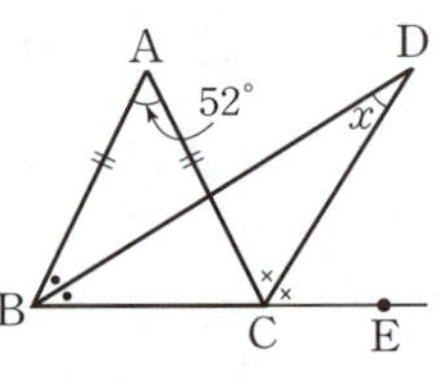

① 20° ② 23° ③ 26°
④ 29° ⑤ 32°

06 오른쪽 그림과 같은 △ABC에서 ∠B=20°, ∠CDA=40°, ∠CAE=140°이고 $\overline{BD}$=8 cm일 때, $\overline{AC}$의 길이를 구하시오.

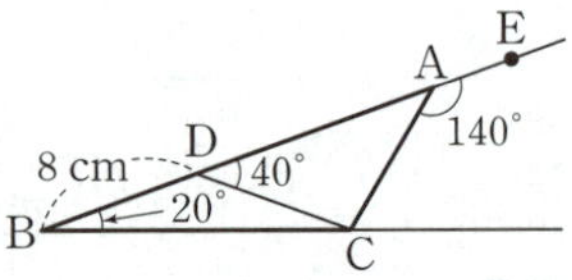

07 다음 **보기** 중 서로 합동인 직각삼각형끼리 짝 지으시오.

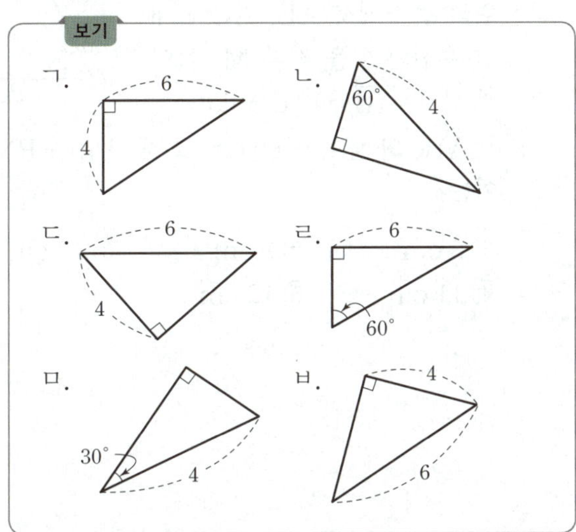

08 다음 중 오른쪽 그림과 같이 $\angle C = \angle F = 90°$ 이고 $\overline{AB} = \overline{DE}$인 두 직각삼각형 ABC와 DEF가 합동이 되기 위해 필요한 조건이 <u>아닌</u> 것은?

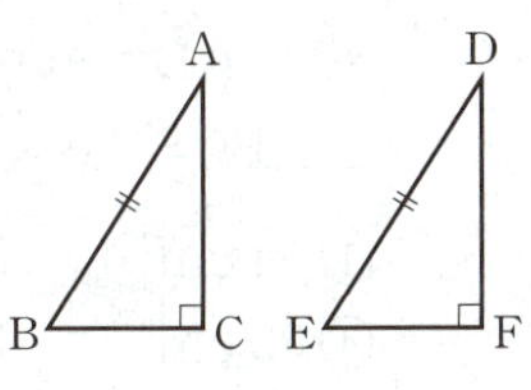

① $\angle A = \angle D$
② $\angle B = \angle E$
③ $\overline{AB} = \overline{DF}$
④ $\overline{AC} = \overline{DF}$
⑤ $\overline{BC} = \overline{EF}$

09 오른쪽 그림과 같이 선분 AB의 양 끝 점 A, B에서 선분 AB의 중점 M을 지나는 직선 l 에 내린 수선의 발을 각각 C, D라 하자. $\overline{AC} = 7\,\text{cm}$, $\angle B = 63°$일 때, $x+y$의 값을 구하시오.

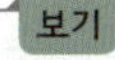

10 오른쪽 그림과 같은 △ABC에서 $\overline{BC}$의 중점을 M이라 하고 점 M에서 $\overline{AB}$, $\overline{AC}$에 내린 수선의 발을 각각 D, E라 하자. $\angle A = 56°$, $\overline{MD} = \overline{ME}$일 때, $\angle EMC$의 크기는?

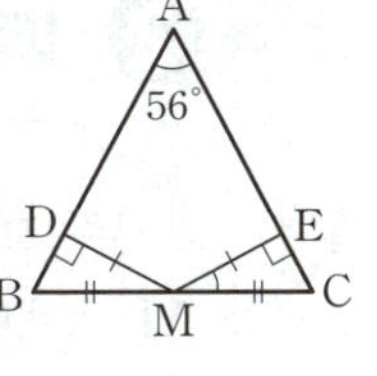

① 24°
② 25°
③ 26°
④ 27°
⑤ 28°

11 오른쪽 그림과 같이 $\angle B = 90°$인 직각삼각형 ABC에서 $\angle C$의 이등분선과 $\overline{AB}$의 교점을 D라 하고, 점 D에서 $\overline{AC}$에 내린 수선의 발을 E라 하자. 다음 **보기** 중 옳은 것을 모두 고른 것은?

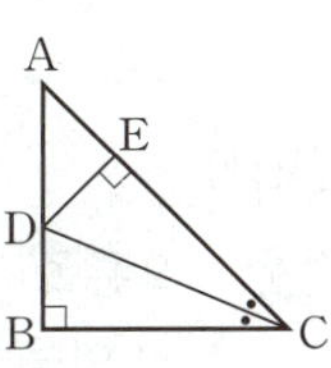

① ㄱ, ㄴ
② ㄱ, ㄹ
③ ㄴ, ㄷ
④ ㄱ, ㄴ, ㄹ
⑤ ㄱ, ㄷ, ㄹ

12 오른쪽 그림에서 $\angle PAO = \angle PBO = 90°$, $\overline{PA} = \overline{PB}$이고 $\angle AOB = 42°$일 때, $\angle x$의 크기를 구하시오.

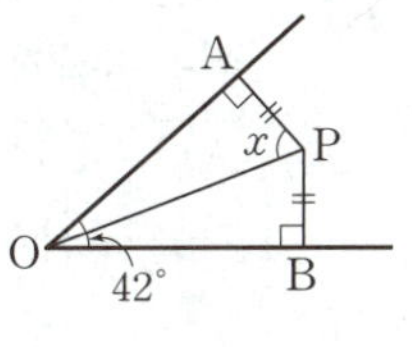

13 오른쪽 그림과 같이 $\overline{AB}=\overline{AC}$인 이등변삼각형 ABC에서 $\overline{BF}=\overline{CD}$, $\overline{BD}=\overline{CE}$이고 ∠A=50°일 때, ∠$x$의 크기는?

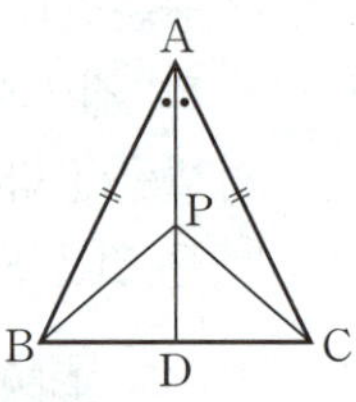

① 50°　　② 55°　　③ 60°
④ 65°　　⑤ 70°

14 오른쪽 그림과 같이 $\overline{AB}=\overline{AC}$인 이등변삼각형 ABC에서 $\overline{AD}$는 ∠A의 이등분선이다. 점 P가 $\overline{AD}$ 위의 점일 때, 다음 중 옳지 <u>않은</u> 것은?

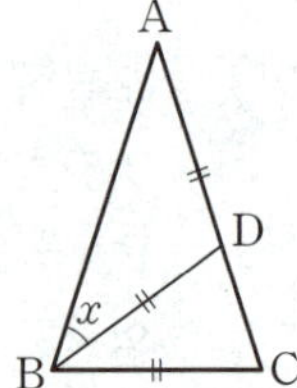

① ∠BDP=90°　　② $\overline{BD}=\overline{CD}$
③ △PBD≡△PCD　　④ ∠PBD=∠PCD
⑤ $\overline{AP}=\overline{BP}=\overline{CP}$

15 오른쪽 그림과 같이 $\overline{AB}=\overline{AC}$인 이등변삼각형 ABC에서 $\overline{AD}=\overline{BD}=\overline{BC}$일 때, ∠$x$의 크기를 구하시오.

16 오른쪽 그림과 같이 ∠B=∠C인 △ABC의 $\overline{BC}$ 위의 점 P에서 $\overline{AB}$, $\overline{AC}$에 내린 수선의 발을 각각 M, N이라 하자. $\overline{AB}=12$ cm이고 △ABC의 넓이가 60 cm²일 때, $\overline{PM}+\overline{PN}$의 길이는?

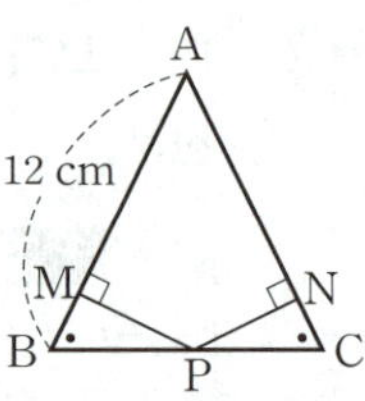

① 8 cm　　② 9 cm　　③ 10 cm
④ 11 cm　　⑤ 12 cm

17 폭이 6 cm로 일정한 직사각형 모양의 종이를 오른쪽 그림과 같이 접었다. $\overline{AB}=9$ cm일 때, △ABC의 넓이는?

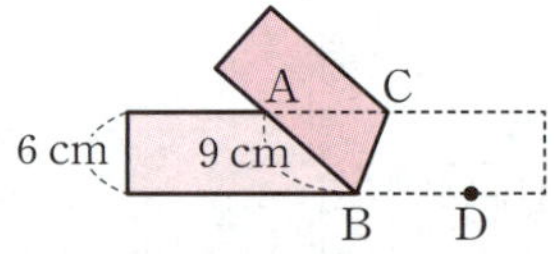

① 24 cm²　　② 27 cm²　　③ 30 cm²
④ 33 cm²　　⑤ 36 cm²

18 오른쪽 그림과 같이 $\overline{AB}=\overline{AC}$인 직각이등변삼각형 ABC의 두 꼭짓점 B, C에서 꼭짓점 A를 지나는 직선 l에 내린 수선의 발을 각각 D, E라 하자. $\overline{BD}=12$ cm, $\overline{CE}=7$ cm일 때, $\overline{DE}$의 길이를 구하시오.

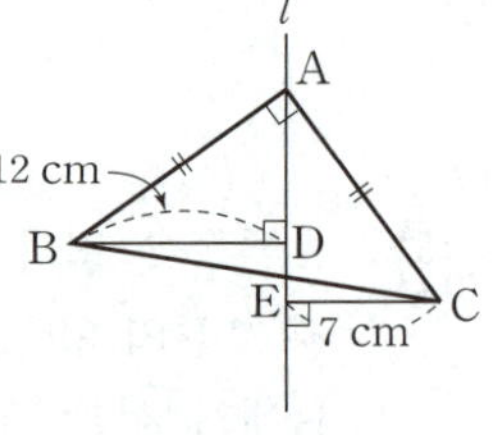

19 다음 그림과 같이 ∠C=90°인 직각삼각형 ABC에서 $\overline{AC}=\overline{AD}$이고 $\overline{AB}\perp\overline{ED}$이다. $\overline{AB}$=13 cm, $\overline{BC}$=12 cm, $\overline{AC}$=5 cm일 때, △BED의 둘레의 길이는?

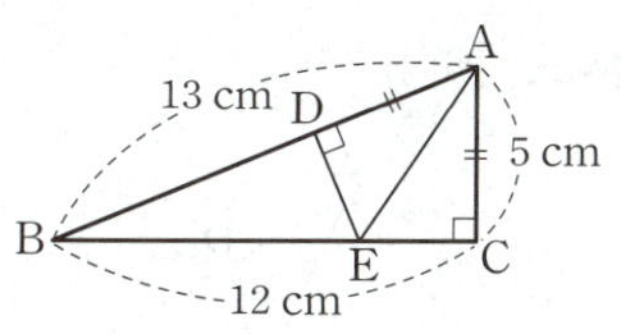

① 16 cm ② 18 cm ③ 20 cm
④ 22 cm ⑤ 24 cm

20 오른쪽 그림과 같이 ∠C=90°인 직각삼각형 ABC에서 ∠A의 이등분선이 $\overline{BC}$와 만나는 점을 D라 하자. $\overline{AB}$=20 cm이고 △ABD의 넓이가 50 cm²일 때, $\overline{CD}$의 길이를 구하시오.

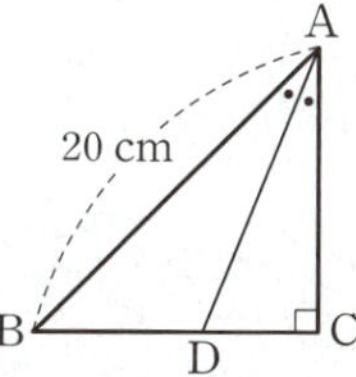

21 오른쪽 그림과 같이 ∠B=90°인 직각삼각형 ABC에서 점 M은 $\overline{AC}$의 중점이다. $\overline{AC}\perp\overline{MN}$, $\overline{BN}=\overline{MN}$일 때, ∠$x$의 크기를 구하시오.

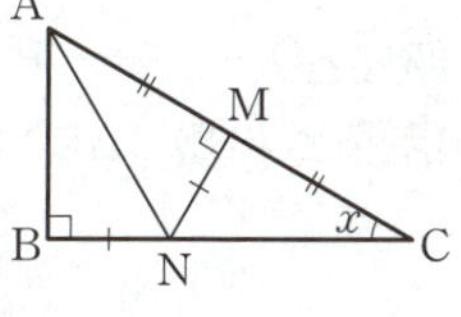

22 오른쪽 그림과 같이 $\overline{AB}=\overline{AC}$인 이등변삼각형 ABC에서 ∠A의 이등분선과 $\overline{BC}$의 교점을 D라 하고 점 D에서 $\overline{AB}$에 내린 수선의 발을 E라 하자.

 해설 강의

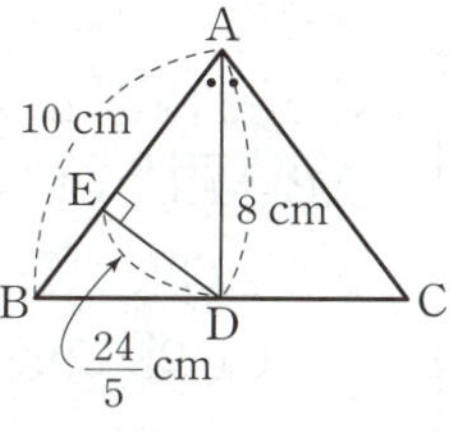

$\overline{AB}$=10 cm, $\overline{AD}$=8 cm, $\overline{DE}=\dfrac{24}{5}$ cm일 때, $\overline{BC}$의 길이를 구하시오.

23 오른쪽 그림과 같이 $\overline{AB}=\overline{AC}$인 이등변삼각형 ABC에서 $\overline{AB}$ 위의 점 D를 지나고 $\overline{BC}$에 수직인 직선이 $\overline{BC}$와 만나는 점을 E, $\overline{AC}$의 연장선과 만나는 점을 F라 하자. $\overline{BD}$=3 cm, $\overline{CF}$=8 cm일 때, $\overline{AF}$의 길이를 구하시오.

해설 강의

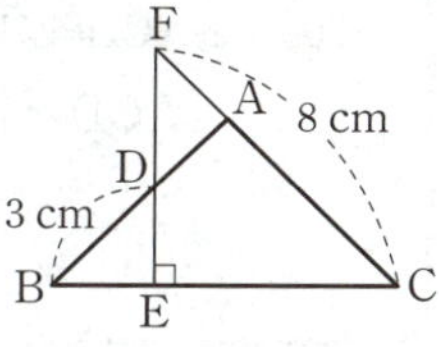

24 오른쪽 그림과 같은 △ABC에서 ∠A의 외각의 이등분선과 ∠C의 외각의 이등분선의 교점을 P라 하고 점 P에서 $\overline{AB}$와 $\overline{BC}$의 연장선에 내린 수선의 발을 각각 D, E라 하자. $\overline{AC}$=14 cm, $\overline{PE}$=10 cm일 때, △PAD와 △PCE의 넓이의 합을 구하시오.

해설 강의

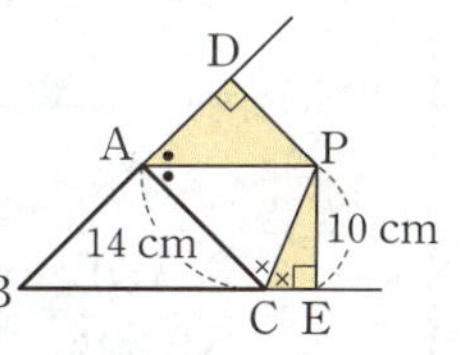

예제 1

오른쪽 그림과 같이 한 직선 위에 있는 세 점 B, C, E에 대하여 $\overline{AB}=\overline{AC}$, $\overline{DC}=\overline{DE}$이고 $\angle B=62°$, $\angle D=40°$일 때, $\angle ACD$의 크기를 구하시오. [6점]

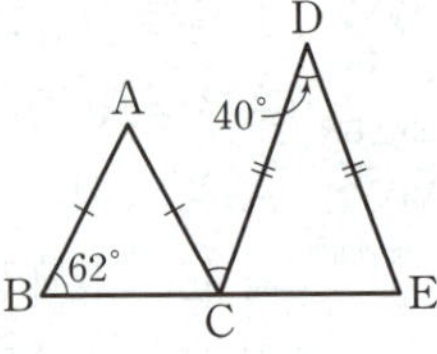

풀이 과정

1단계 $\angle ACB$의 크기 구하기 ·2점

$\triangle ABC$에서 $\overline{AB}=\overline{AC}$이므로

$\angle ACB=\angle B=62°$

2단계 $\angle DCE$의 크기 구하기 ·2점

$\triangle DCE$에서 $\overline{DC}=\overline{DE}$이므로

$\angle DCE=\angle E=\dfrac{1}{2}\times(180°-40°)=70°$

3단계 $\angle ACD$의 크기 구하기 ·2점

$\angle ACD=180°-(62°+70°)=48°$

답 48°

유제 1

다음 그림과 같은 $\triangle ABC$에서 $\overline{BA}=\overline{BE}$, $\overline{CD}=\overline{CE}$이고 $\angle B=50°$, $\angle C=30°$일 때, $\angle AED$의 크기를 구하시오. [6점]

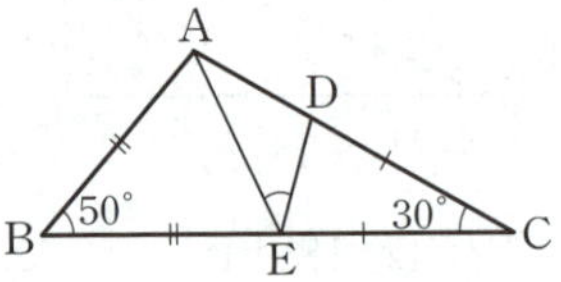

풀이 과정

1단계 $\angle BEA$의 크기 구하기 ·2점

2단계 $\angle CED$의 크기 구하기 ·2점

3단계 $\angle AED$의 크기 구하기 ·2점

답

예제 2

오른쪽 그림과 같이 $\overline{BA}=\overline{BC}$인 직각이등변삼각형 ABC의 두 꼭짓점 A, C에서 꼭짓점 B를 지나는 직선 l에 내린 수선의 발을 각각 D, E라 하자. $\overline{AD}=9\,cm$, $\overline{CE}=5\,cm$일 때, $\triangle ABC$의 넓이를 구하시오. [7점]

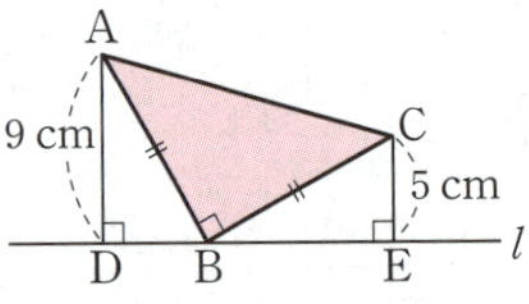

풀이 과정

1단계 $\triangle ADB\equiv\triangle BEC$임을 알기 ·3점

$\triangle ADB$와 $\triangle BEC$에서 $\angle ADB=\angle BEC=90°$,

$\overline{AB}=\overline{BC}$, $\angle ABD=90°-\angle CBE=\angle BCE$이므로

$\triangle ADB\equiv\triangle BEC$ (RHA 합동)

2단계 $\overline{BD}$, $\overline{BE}$의 길이 구하기 ·2점

$\overline{BD}=\overline{CE}=5\,(cm)$, $\overline{BE}=\overline{AD}=9\,(cm)$

3단계 $\triangle ABC$의 넓이 구하기 ·2점

$\triangle ABC=\dfrac{1}{2}\times(9+5)\times(5+9)-2\times\left(\dfrac{1}{2}\times9\times5\right)$

$=53\,(cm^2)$

답 53 cm²

유제 2

오른쪽 그림과 같이 $\overline{AB}=\overline{AC}$인 직각이등변삼각형 ABC의 두 꼭짓점 B, C에서 꼭짓점 A를 지나는 직선 l에 내린 수선의 발을 각각 D, E라 하자. $\overline{BD}=6\,cm$, $\overline{DE}=10\,cm$일 때, $\triangle ABC$의 넓이를 구하시오. [7점]

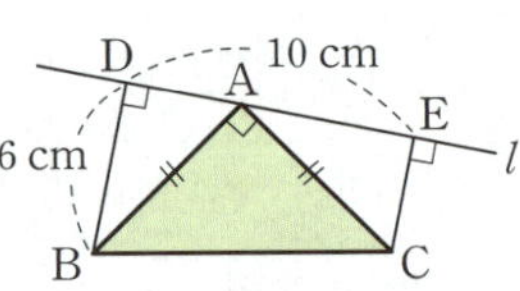

풀이 과정

1단계 $\triangle ABD\equiv\triangle CAE$임을 알기 ·3점

2단계 $\overline{AE}$, $\overline{CE}$의 길이 구하기 ·2점

3단계 $\triangle ABC$의 넓이 구하기 ·2점

답

스스로 서술하기

유제 3 $\overline{AB}=\overline{AC}$인 이등변삼각형 모양의 종이를 오른쪽 그림과 같이 점 A가 점 B에 오도록 접었다. ∠EBC=30°일 때, ∠x의 크기를 구하시오. [6점]

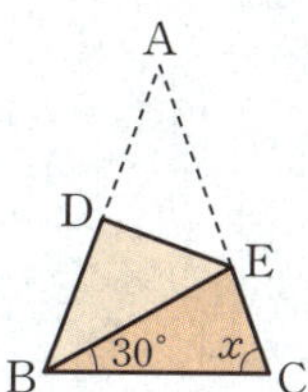

풀이 과정 ─────────────

답

유제 5 오른쪽 그림과 같은 △ABC에서 $\overline{AB}$의 중점을 M이라 하고 점 M에서 $\overline{AC}$, $\overline{BC}$에 내린 수선의 발을 각각 D, E라 하자. $\overline{MD}=\overline{ME}$이고 ∠A=28°일 때, ∠$x$의 크기를 구하시오. [7점]

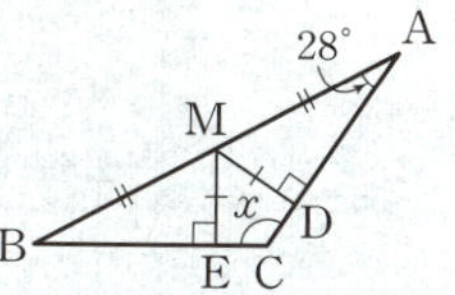

풀이 과정 ─────────────

답

유제 4 오른쪽 그림과 같이 $\overline{AB}=\overline{AC}$인 이등변삼각형 ABC에서 $\overline{BD}=\overline{CE}$이고 ∠ADE=71°일 때, ∠DAE의 크기를 구하시오. [7점]

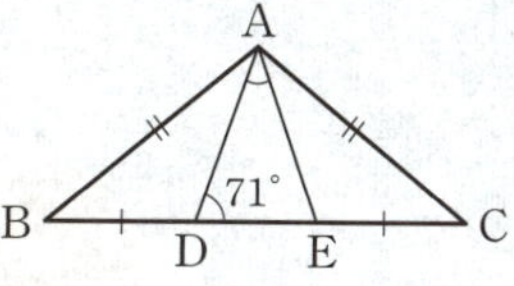

풀이 과정 ─────────────

답

유제 6 오른쪽 그림과 같이 ∠C=90°인 직각삼각형 ABC에서 ∠A의 이등분선과 $\overline{BC}$의 교점을 D라 하자. $\overline{AB}=16$ cm, $\overline{CD}=5$ cm일 때, △ABD의 넓이를 구하시오. [7점]

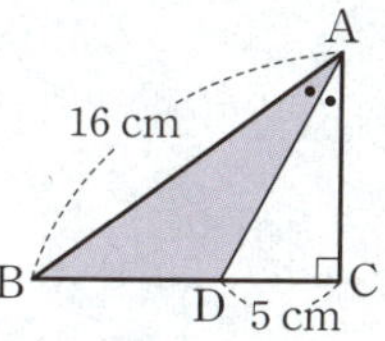

풀이 과정 ─────────────

답

"별들은 모두 서로 다른 빛이 있는 거야!"

I-2

삼각형의 외심과 내심

이 단원의 학습 계획을 세우고
하나하나 실천하는 습관을 기르자!!

		공부한 날		학습 완료도
01 삼각형의 외심	개념원리 이해 & 개념원리 확인하기	월	일	□□□
	핵심문제 익히기	월	일	○○○
	이런 문제가 시험에 나온다	월	일	○○○
02 삼각형의 내심	개념원리 이해 & 개념원리 확인하기	월	일	□□□
	핵심문제 익히기	월	일	○○○
	이런 문제가 시험에 나온다	월	일	○○○
중단원 마무리하기		월	일	○○○
서술형 대비 문제		월	일	○○○

개념 학습 guide

- 개념을 이해했으면 ■□□, 개념을 문제에 적용할 수 있으면 ■■□, 개념을 친구에게 설명할 수 있으면 ■■■ 로 색칠한다.

- 부족한 부분의 개념을 반복 학습하여 ■■■ 3칸 모두 색칠하면 학습을 마친다.

문제 학습 guide

- 맞힌 문제가 전체의 50% 미만이면 ●○○, 맞힌 문제가 50% 이상 90% 미만이면 ●●○, 맞힌 문제가 90% 이상이면 ●●● 로 색칠한다.

- 틀린 문제는 왜 틀렸는지 그 이유를 파악한 후 다시 풀어 본다. 며칠 후 틀린 문제를 다시 풀어 보고, 풀이 과정과 답이 맞으면 학습을 마친다.

01 삼각형의 외심

1 삼각형의 외심이란 무엇인가?

◉ 핵심문제 01

(1) **외접원과 외심**: $\triangle ABC$의 모든 꼭짓점이 원 O 위에 있을 때, 원 O는 $\triangle ABC$에 **외접**한다고 한다. 이때 원 O를 $\triangle ABC$의 **외접원**이라 하고, 외접원의 중심 O를 **외심**이라 한다.

▶ 삼각형의 외접원은 항상 존재한다.

(2) **삼각형의 외심의 성질**

① 삼각형의 세 변의 수직이등분선은 한 점(외심)에서 만난다.

② 삼각형의 외심에서 세 꼭짓점에 이르는 거리는 같다.

➡ $\overline{OA}=\overline{OB}=\overline{OC}=($ 외접원 O의 반지름의 길이$)$

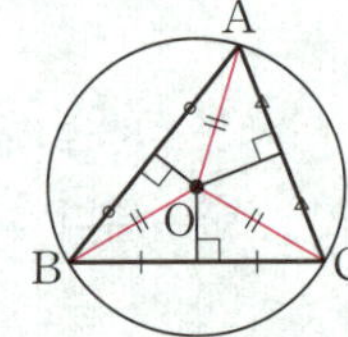

증명 $\triangle ABC$에서 $\overline{AB}$와 $\overline{BC}$의 수직이등분선의 교점을 O라 하자.

점 O는 $\overline{AB}$의 수직이등분선 위에 있으므로

$$\overline{OA}=\overline{OB}$$

또 점 O는 $\overline{BC}$의 수직이등분선 위에 있으므로

$$\overline{OB}=\overline{OC}$$

선분의 수직이등분선 위의 점은 선분의 양 끝 점으로부터 같은 거리에 있다.

$$\therefore \overline{OA}=\overline{OB}=\overline{OC}$$

즉 점 O에서 세 꼭짓점에 이르는 거리는 같다.

한편 점 O에서 $\overline{AC}$에 내린 수선의 발을 D라 하면 $\triangle AOD$와 $\triangle COD$에서

$$\angle ODA=\angle ODC=90°, \ \overline{OA}=\overline{OC}, \ \overline{OD}는 \ 공통$$

이므로 $\quad \triangle AOD \equiv \triangle COD$ (RHS 합동)

$$\therefore \overline{AD}=\overline{CD}$$

즉 $\overline{OD}$는 $\overline{AC}$의 수직이등분선이다.

따라서 $\triangle ABC$의 세 변의 수직이등분선은 한 점 O에서 만난다.

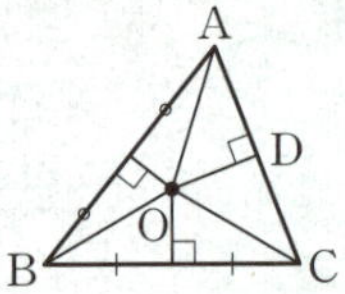

2 삼각형의 외심의 위치는 어디인가?

◉ 핵심문제 02

(1) **예각삼각형**: 삼각형의 내부

(2) **직각삼각형**: 빗변의 중점

(3) **둔각삼각형**: 삼각형의 외부

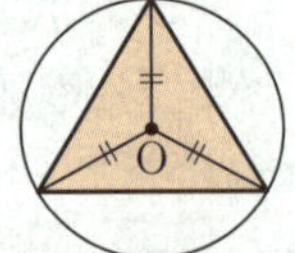

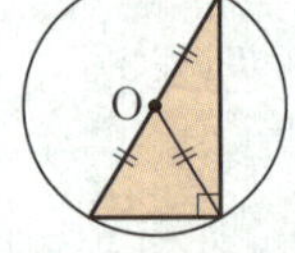

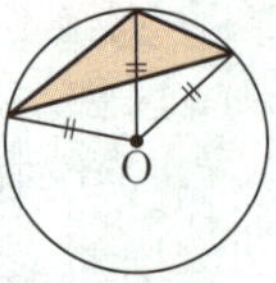

▶ 직각삼각형의 외심은 빗변의 중점이므로

$$(직각삼각형의 \ 외접원의 \ 반지름의 \ 길이)=\frac{1}{2}\times(빗변의 \ 길이)$$

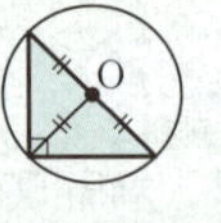

참고 이등변삼각형의 꼭지각의 이등분선은 밑변을 수직이등분하므로 이등변삼각형의 외심은 꼭지각의 이등분선 위에 있다.

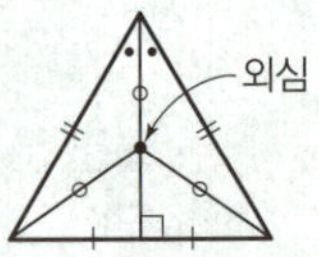

점 O가 $\triangle ABC$의 외심일 때, 다음이 성립한다.

(1) 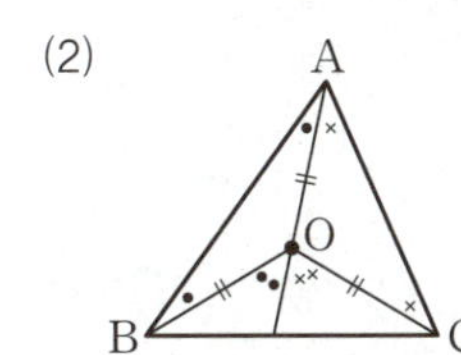 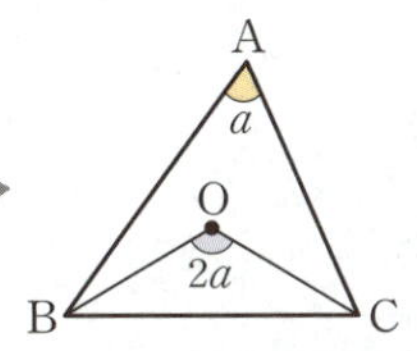

$$\angle x + \angle y + \angle z = 90°$$

(2) 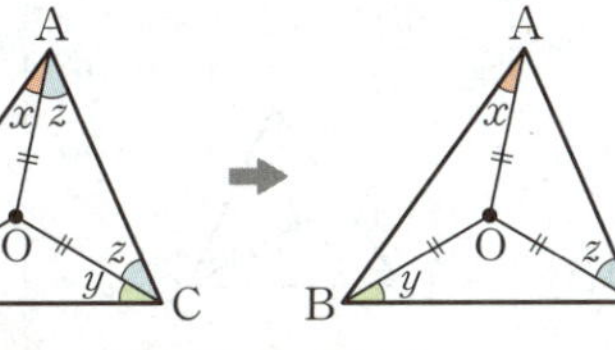

$$\angle BOC = 2\angle A$$

증명 (1) 점 O가 $\triangle ABC$의 외심이므로 $\overline{OA} = \overline{OB} = \overline{OC}$이다.

따라서 $\triangle OAB$, $\triangle OBC$, $\triangle OCA$는 이등변삼각형이므로
$$\angle OAB = \angle OBA = \angle x, \quad \angle OBC = \angle OCB = \angle y,$$
$$\angle OAC = \angle OCA = \angle z$$
라 하면 $\triangle ABC$에서
$$(\angle x + \angle z) + (\angle x + \angle y) + (\angle y + \angle z) = 180°$$
$$2(\angle x + \angle y + \angle z) = 180°$$
$$\therefore \angle x + \angle y + \angle z = 90°$$

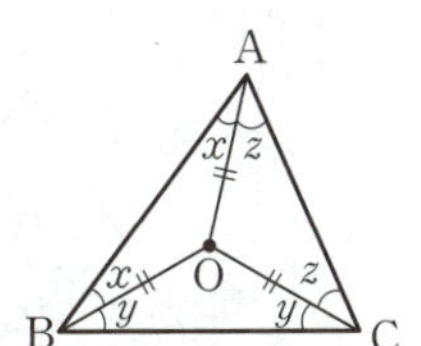

(2) $\triangle OAB$와 $\triangle OCA$는 이등변삼각형이므로
$$\angle OAB = \angle OBA = \angle x, \quad \angle OAC = \angle OCA = \angle y$$
라 하고 $\overline{AO}$의 연장선과 $\overline{BC}$의 교점을 D라 하자.

$\triangle OAB$에서
$$\angle BOD = \angle OAB + \angle OBA$$
$$= \angle x + \angle x = 2\angle x$$

$\triangle OCA$에서
$$\angle COD = \angle OAC + \angle OCA$$
$$= \angle y + \angle y = 2\angle y$$
$$\therefore \angle BOC = \angle BOD + \angle COD$$
$$= 2\angle x + 2\angle y$$
$$= 2(\angle x + \angle y)$$
$$= 2\angle A$$

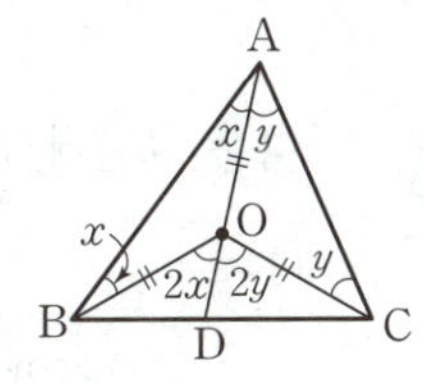

예 다음 그림에서 점 O가 $\triangle ABC$의 외심일 때, $\angle x$의 크기를 구해 보자.

(1) 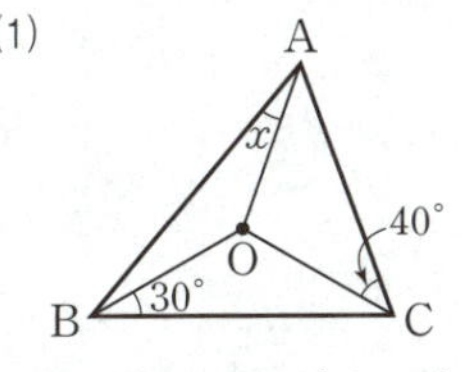

$$\Rightarrow \angle x + 30° + 40° = 90°$$
$$\therefore \angle x = 20°$$

(2) 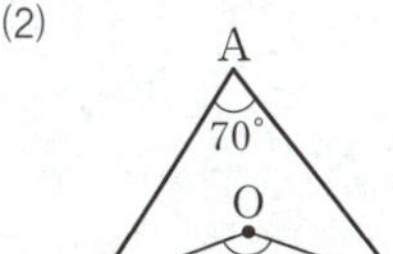

$$\Rightarrow \angle x = 2 \times 70° = 140°$$

01 다음 **보기** 중 점 D가 △ABC의 외심인 것을 모두 고르시오.

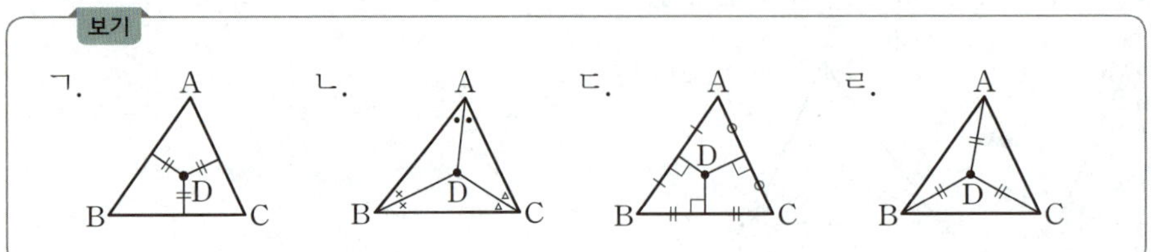

◈ 삼각형의 외심이란?

02 다음 그림에서 점 O가 △ABC의 외심일 때, x의 값을 구하시오.

(1)
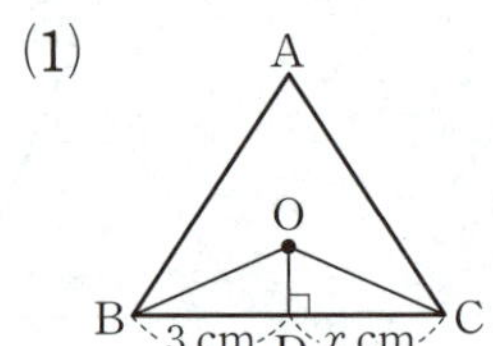

(2)
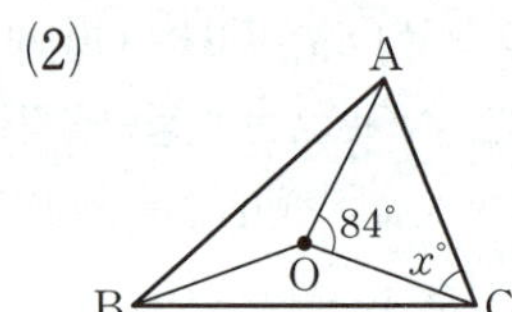

03 다음 그림에서 점 O가 직각삼각형 ABC의 외심일 때, x의 값을 구하시오.

(1)
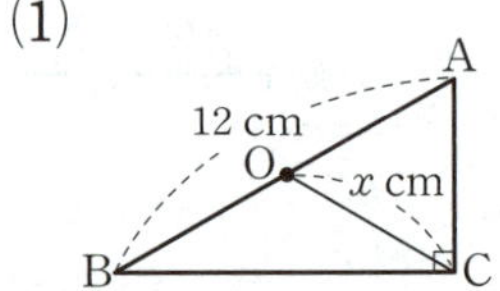

(2)
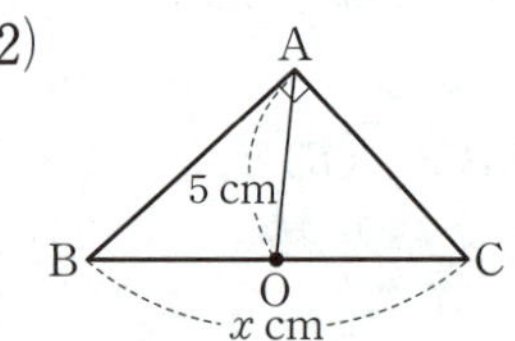

◈ 직각삼각형의 외심은 빗변의 □이다.

04 다음 그림에서 점 O가 △ABC의 외심일 때, $\angle x$의 크기를 구하시오.

(1)
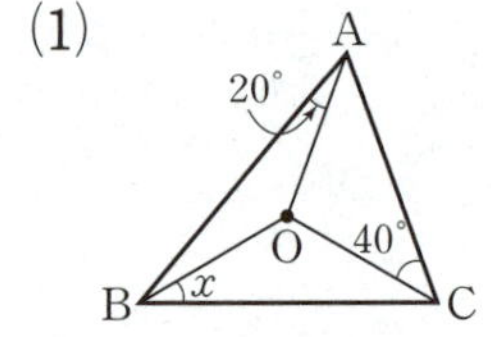

(2)
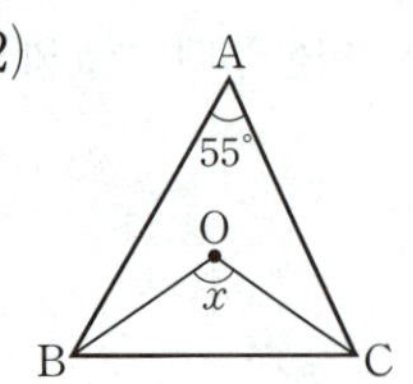

◈ (1)
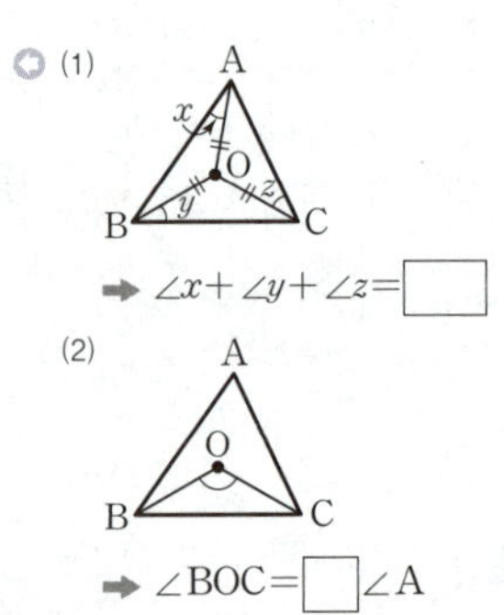
➡ $\angle x + \angle y + \angle z =$ □

(2)
➡ $\angle BOC = $ □ $\angle A$

01 삼각형의 외심 ● 더 다양한 문제는 RPM 2–2 28쪽

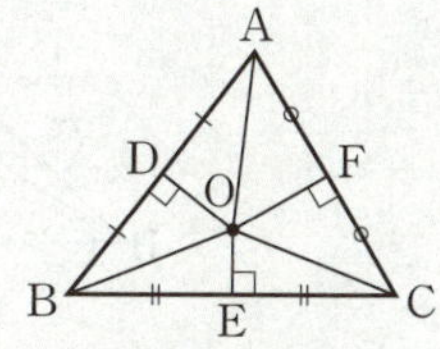

오른쪽 그림과 같이 △ABC의 세 변의 수직이등분선의 교점을 O라 할 때, 다음 중 옳지 않은 것은?

① $\overline{OA}=\overline{OB}=\overline{OC}$ 　② $\angle OBC=\angle OCB$
③ $\triangle OAF\equiv\triangle OCF$ 　④ $\triangle OCF\equiv\triangle OCE$
⑤ 점 O는 △ABC의 외심이다.

KEY POINT

삼각형의 외심
➡ 삼각형의 세 변의 수직이등분선의 교점이고, 외심에서 세 꼭짓점에 이르는 거리는 같다.

I-2
외심과 내심
삼각형의

풀이 ①, ⑤ 점 O는 △ABC의 외심이므로　$\overline{OA}=\overline{OB}=\overline{OC}$
② △OBC에서 $\overline{OB}=\overline{OC}$이므로　$\angle OBC=\angle OCB$
③ △OAF와 △OCF에서 $\angle OFA=\angle OFC=90°$, $\overline{OA}=\overline{OC}$, $\overline{OF}$는 공통이므로
　　$\triangle OAF\equiv\triangle OCF$ (RHS 합동)
따라서 옳지 않은 것은 ④이다.　답 ④

확인 ① 오른쪽 그림에서 점 O는 △ABC의 외심이다. 다음 중 옳은 것을 모두 고르면? (정답 2개)

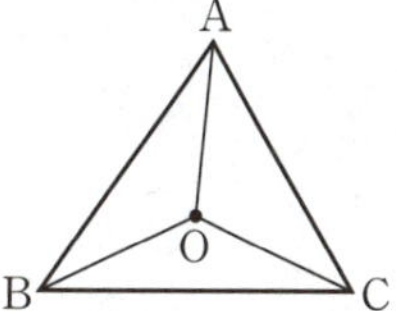

① $\overline{AB}=\overline{AC}$ 　② $\angle AOB=\angle AOC$
③ $\angle OBA=\angle OBC$ 　④ $\angle OAC=\angle OCA$
⑤ 점 O에서 세 꼭짓점에 이르는 거리는 같다.

02 직각삼각형의 외심 ● 더 다양한 문제는 RPM 2–2 28쪽

KEY POINT

직각삼각형의 외심은 빗변의 중점이다.

오른쪽 그림과 같이 $\angle B=90°$인 직각삼각형 ABC의 빗변 AC의 중점을 M이라 하자. $\angle MBC=37°$, $\overline{AC}=24\,\text{cm}$일 때, 다음을 구하시오.

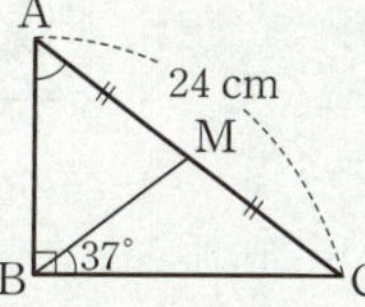

(1) $\overline{MB}$의 길이 　　(2) $\angle A$의 크기

풀이 (1) 점 M은 △ABC의 외심이므로
　　$\overline{MB}=\overline{MA}=\overline{MC}=\dfrac{1}{2}\overline{AC}=\dfrac{1}{2}\times24=12\,(\text{cm})$
(2) △MBC에서 $\overline{MB}=\overline{MC}$이므로　$\angle C=\angle MBC=37°$
　　따라서 △ABC에서　$\angle A=180°-(90°+37°)=53°$　답 (1) 12 cm　(2) 53°

확인 ② 오른쪽 그림과 같이 $\angle C=90°$인 직각삼각형 ABC에서 $\overline{AB}=17\,\text{cm}$, $\overline{BC}=8\,\text{cm}$, $\overline{AC}=15\,\text{cm}$일 때, △ABC의 외접원의 둘레의 길이를 구하시오.

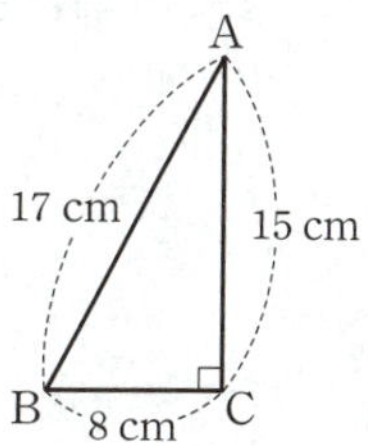

03 삼각형의 외심이 주어질 때, 각의 크기 구하기 (1)

● 더 다양한 문제는 RPM 2–2 30쪽

다음 그림에서 점 O가 △ABC의 외심일 때, $\angle x$의 크기를 구하시오.

(1)
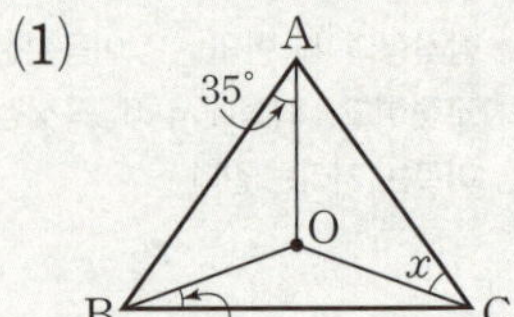

(2)
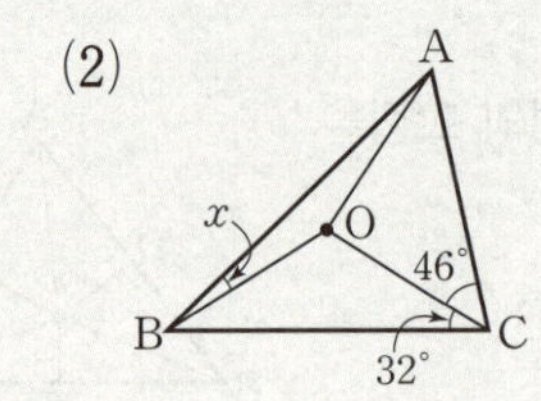

풀이
(1) $35° + 20° + \angle x = 90°$ ∴ $\angle x = 35°$
(2) $\angle x + 32° + 46° = 90°$ ∴ $\angle x = 12°$

답 (1) $35°$ (2) $12°$

확인 3 다음 그림에서 점 O가 △ABC의 외심일 때, $\angle x$의 크기를 구하시오.

(1)
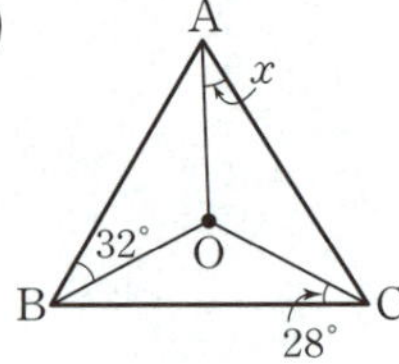

(2)
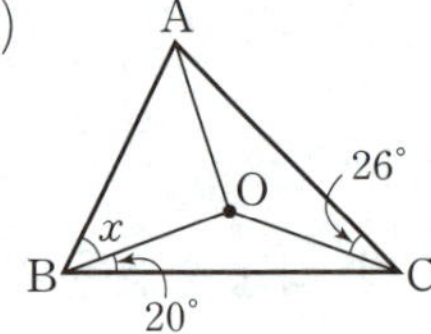

04 삼각형의 외심이 주어질 때, 각의 크기 구하기 (2)

● 더 다양한 문제는 RPM 2–2 30쪽

다음 그림에서 점 O가 △ABC의 외심일 때, $\angle x$의 크기를 구하시오.

(1)
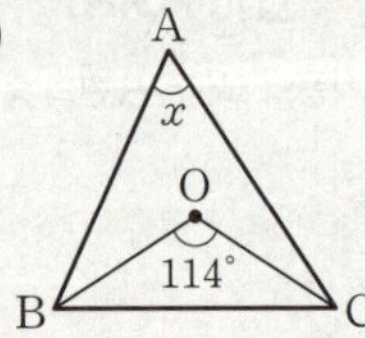

(2)
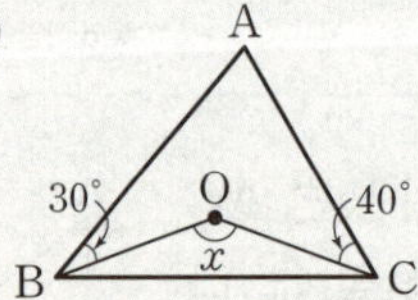

풀이
(1) $\angle x = \dfrac{1}{2}\angle \mathrm{BOC} = \dfrac{1}{2} \times 114° = 57°$

(2) 오른쪽 그림과 같이 $\overline{\mathrm{OA}}$를 그으면 △OAB에서 $\overline{\mathrm{OA}} = \overline{\mathrm{OB}}$이므로
$\angle \mathrm{OAB} = \angle \mathrm{OBA} = 30°$
△OCA에서 $\overline{\mathrm{OA}} = \overline{\mathrm{OC}}$이므로 $\angle \mathrm{OAC} = \angle \mathrm{OCA} = 40°$
따라서 $\angle \mathrm{A} = \angle \mathrm{OAB} + \angle \mathrm{OAC} = 30° + 40° = 70°$이므로
$\angle x = 2\angle \mathrm{A} = 2 \times 70° = 140°$

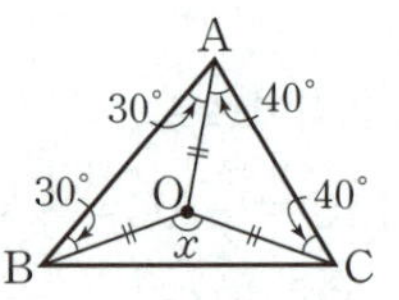

답 (1) $57°$ (2) $140°$

확인 4 다음 그림에서 점 O가 △ABC의 외심일 때, $\angle x$의 크기를 구하시오.

(1)
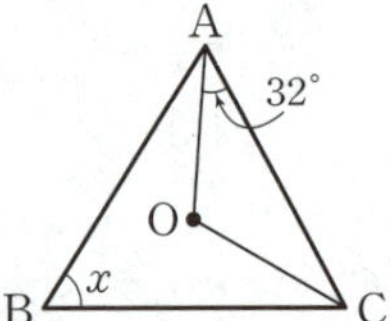

(2)
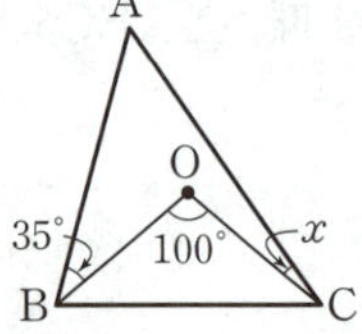

01 오른쪽 그림에서 점 O는 △ABC의 외심이다. 아래 물음에 답하시오.

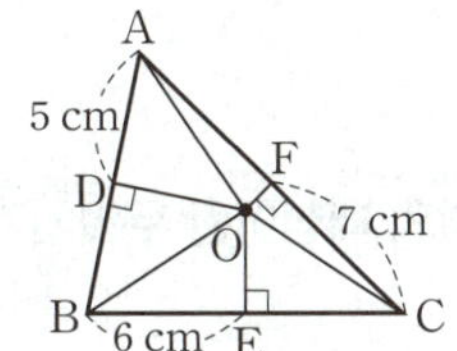

(1) 다음 중 옳지 <u>않은</u> 것은?

① $\overline{OA}=\overline{OB}=\overline{OC}$ ② $\overline{AD}=\overline{BD}$

③ $\angle OAB=\angle OBA$ ④ $\angle BOE=\angle COE$

⑤ $\overline{OD}=\overline{OE}$

(2) $\overline{AD}=5\,\text{cm}$, $\overline{BE}=6\,\text{cm}$, $\overline{CF}=7\,\text{cm}$일 때, △ABC의 둘레의 길이를 구하시오.

02 오른쪽 그림과 같이 $\angle A=90°$인 직각삼각형 ABC에서 점 O는 △ABC의 외심이다. $\overline{AB}=12\,\text{cm}$, $\overline{BC}=13\,\text{cm}$, $\overline{AC}=5\,\text{cm}$일 때, △ABO의 넓이를 구하시오.

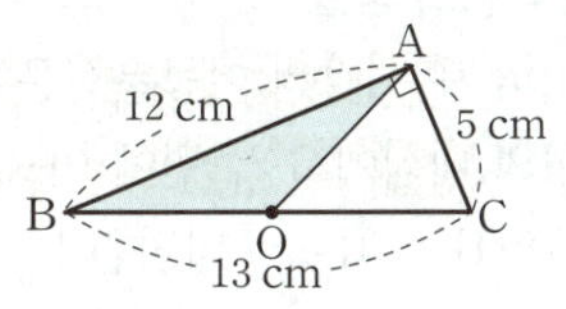

직각삼각형의 외심은 빗변의 중점이다.

03 오른쪽 그림에서 점 O는 △ABC의 외심이다. $\angle OCA=30°$, $\angle OCB=15°$일 때, $\angle A+2\angle B$의 크기는?

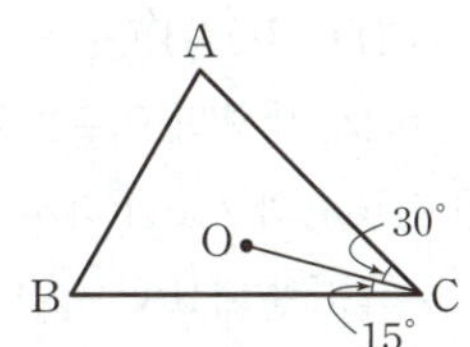

① 180° ② 185° ③ 190°

④ 195° ⑤ 200°

$\overline{OA}$, $\overline{OB}$를 긋는다.

04 오른쪽 그림에서 점 O는 △ABC의 외심이다. $\angle AOB : \angle BOC : \angle COA=3:4:5$일 때, $\angle ACB$의 크기를 구하시오.

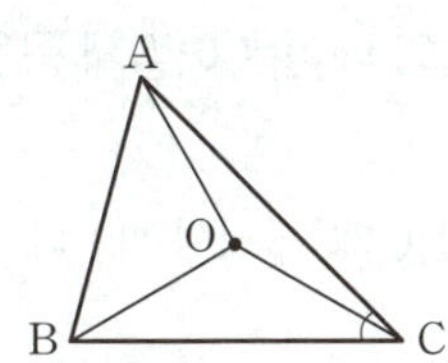

먼저 $\angle AOB$의 크기를 구한다.

02 삼각형의 내심

1 삼각형의 내심이란 무엇인가?

◈ 핵심문제 01, 04

(1) **원의 접선과 접점**: 원과 직선이 한 점에서 만날 때, 이 직선은 원에 **접한다**고 한다. 이때 이 직선을 원의 **접선**이라 하고, 접선이 원과 만나는 점을 **접점**이라 한다. 또 **원의 접선은 그 접점을 지나는 반지름과 수직**이다.

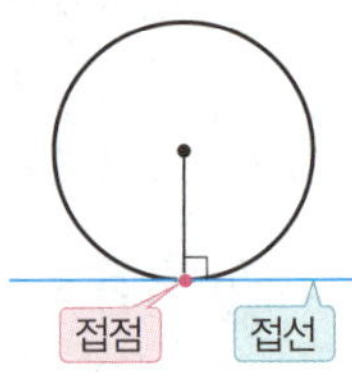

(2) **내접원과 내심**: △ABC의 모든 변이 원 I에 접할 때, 원 I는 △ABC에 **내접**한다고 한다. 이때 원 I를 △ABC의 **내접원**이라 하고, 내접원의 중심 I를 **내심**이라 한다.

▶ 삼각형의 내심은 항상 삼각형의 내부에 있다.

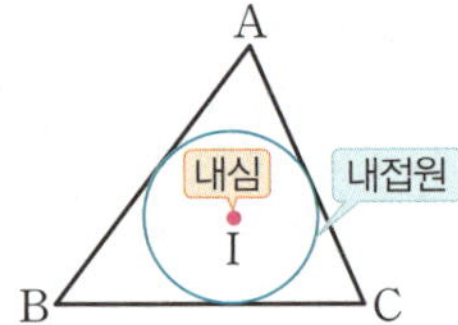

(3) **삼각형의 내심의 성질**

① 삼각형의 **세 내각의 이등분선은 한 점(내심)에서 만난다.**
② 삼각형의 **내심에서 세 변에 이르는 거리는 같다.**

➡ $\overline{ID}=\overline{IE}=\overline{IF}=$ (내접원 I의 반지름의 길이)

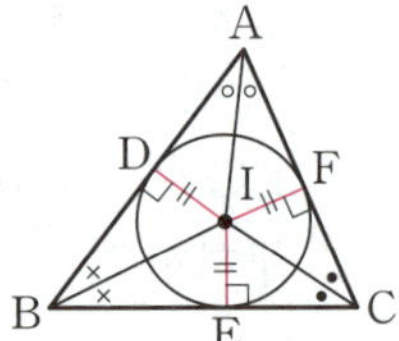

증명 △ABC에서 ∠A와 ∠B의 이등분선의 교점을 I라 하고, 점 I에서 삼각형의 세 변 AB, BC, CA에 내린 수선의 발을 각각 D, E, F라 하자.

점 I는 ∠A의 이등분선 위에 있으므로 $\overline{ID}=\overline{IF}$
또 점 I는 ∠B의 이등분선 위에 있으므로 $\overline{ID}=\overline{IE}$

⎤ 각의 이등분선의 성질

$\therefore \overline{ID}=\overline{IE}=\overline{IF}$

즉 점 I에서 세 변에 이르는 거리는 같다.

한편 △ICE와 △ICF에서

$$\angle IEC=\angle IFC=90°, \overline{CI}는 공통, \overline{IE}=\overline{IF}$$

이므로 △ICE≡△ICF (RHS 합동) $\therefore \angle ICE=\angle ICF$

즉 $\overline{CI}$는 ∠C의 이등분선이다.

따라서 △ABC의 세 내각의 이등분선은 한 점 I에서 만난다.

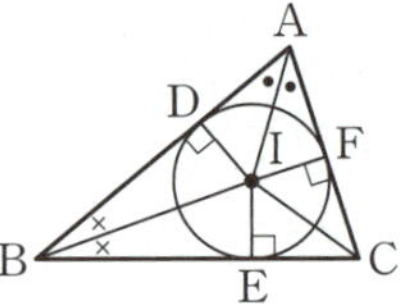

참고 이등변삼각형의 외심과 내심은 꼭지각의 이등분선 위에 있고, 정삼각형의 외심과 내심은 일치한다.

2 삼각형의 내심은 어떻게 응용되는가?

◈ 핵심문제 02, 03

점 I가 △ABC의 내심일 때, 다음이 성립한다.

(1)

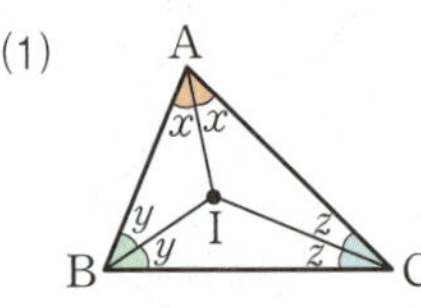
➡
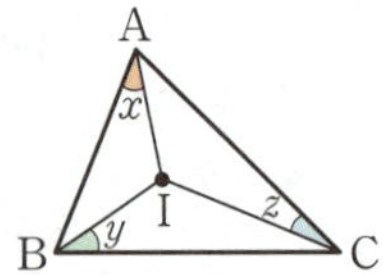

➡ $\angle x+\angle y+\angle z=90°$

(2)

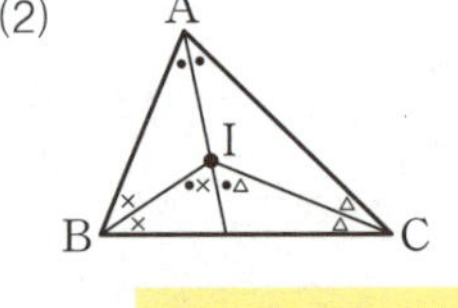
➡
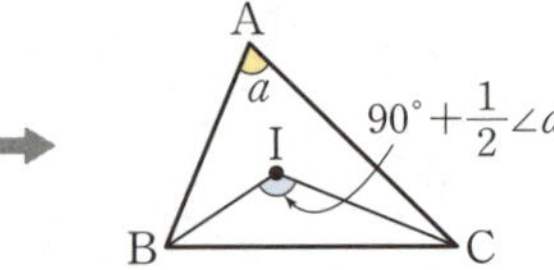

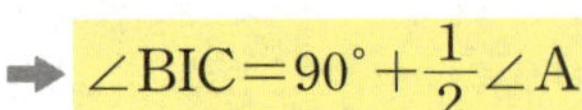

➡ $\angle BIC=90°+\dfrac{1}{2}\angle A$

 (1) 점 I가 △ABC의 내심이므로

$$\angle IAB = \angle IAC = \angle x, \ \angle IBA = \angle IBC = \angle y,$$

$$\angle ICA = \angle ICB = \angle z$$

라 하면 △ABC에서

$$2\angle x + 2\angle y + 2\angle z = 180° \qquad \therefore \ \angle x + \angle y + \angle z = 90°$$

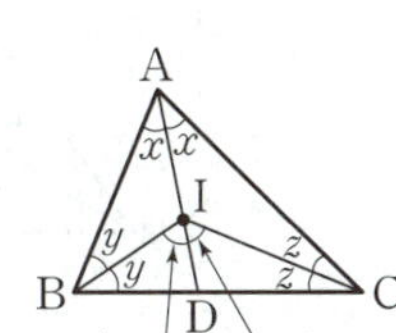

(2) $\overline{AI}$의 연장선과 $\overline{BC}$의 교점을 D라 하자.

△IAB에서 $\qquad \angle BID = \angle IAB + \angle IBA = \angle x + \angle y$

△ICA에서 $\qquad \angle CID = \angle IAC + \angle ICA = \angle x + \angle z$

$$\therefore \ \angle BIC = \angle BID + \angle CID$$

$$= (\angle x + \angle y) + (\angle x + \angle z)$$

$$= (\angle x + \angle y + \angle z) + \angle x$$

$$= 90° + \frac{1}{2}\angle A$$

 다음 그림에서 점 I가 △ABC의 내심일 때, $\angle x$의 크기를 구해 보자.

(1)

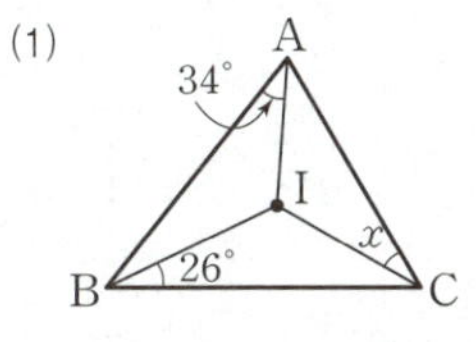

(2)

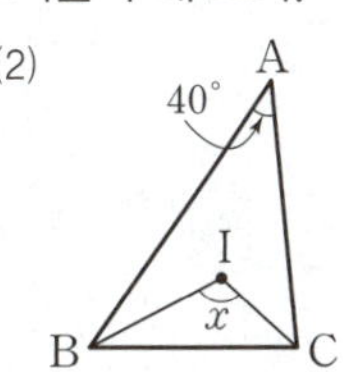

➡ $34° + 26° + \angle x = 90°$

$\qquad \therefore \ \angle x = 30°$

➡ $\angle x = 90° + \dfrac{1}{2} \times 40° = 110°$

---

3 **삼각형의 내접원은 어떻게 응용되는가?** ◉ 핵심문제 05, 06

(1) **삼각형의 넓이와 내접원의 반지름의 길이**

△ABC의 내접원의 반지름의 길이를 r라 하면

$$\triangle ABC = \frac{1}{2} r (\overline{AB} + \overline{BC} + \overline{CA})$$

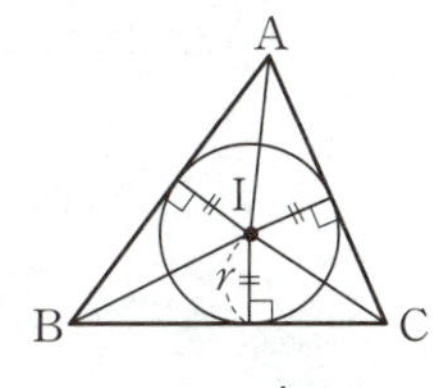

 $\triangle ABC = \triangle IAB + \triangle IBC + \triangle ICA$

$$= \frac{1}{2} r \overline{AB} + \frac{1}{2} r \overline{BC} + \frac{1}{2} r \overline{CA}$$

$$= \frac{1}{2} r (\overline{AB} + \overline{BC} + \overline{CA})$$

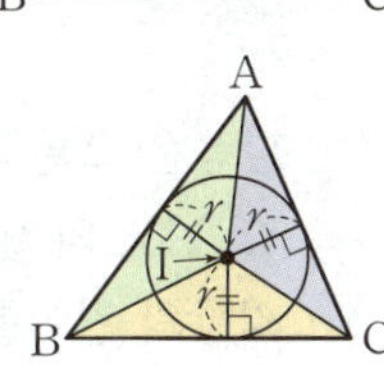

(2) **삼각형의 내접원과 접선의 길이**

△ABC의 내접원과 $\overline{AB}$, $\overline{BC}$, $\overline{CA}$의 접점을 각각 D, E, F라 하면

$$\overline{AD} = \overline{AF}, \ \overline{BD} = \overline{BE}, \ \overline{CE} = \overline{CF}$$

 △IAD≡△IAF (RHA 합동)이므로 $\qquad \overline{AD} = \overline{AF}$

△IBD≡△IBE (RHA 합동)이므로 $\qquad \overline{BD} = \overline{BE}$

△ICE≡△ICF (RHA 합동)이므로 $\qquad \overline{CE} = \overline{CF}$

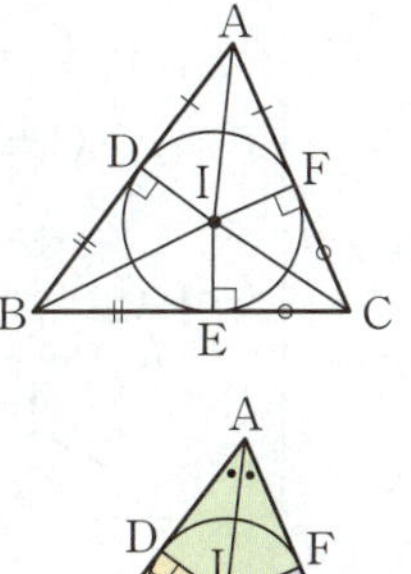

01 다음 **보기** 중 점 D가 △ABC의 내심인 것을 모두 고르시오.

◎ 삼각형의 내심이란?

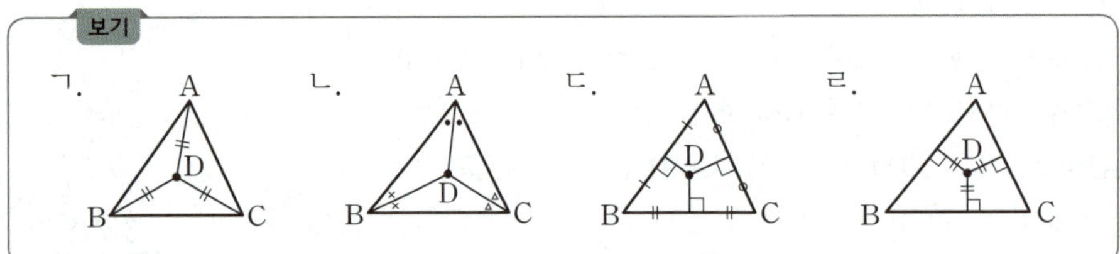

02 다음 그림에서 점 I가 △ABC의 내심일 때, x의 값을 구하시오.

(1) 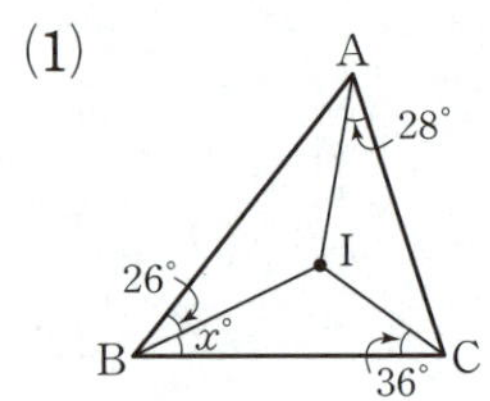

(2) 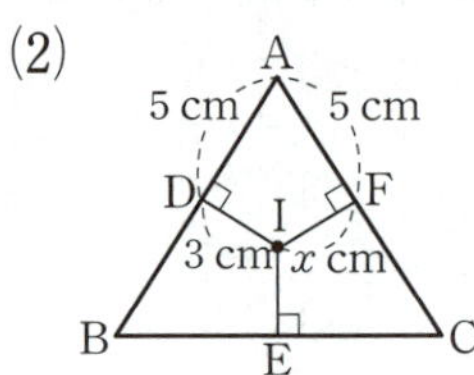

03 다음 그림에서 점 I가 △ABC의 내심일 때, $\angle x$의 크기를 구하시오.

(1) 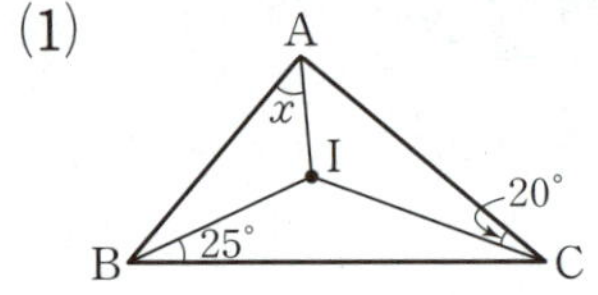

(2) 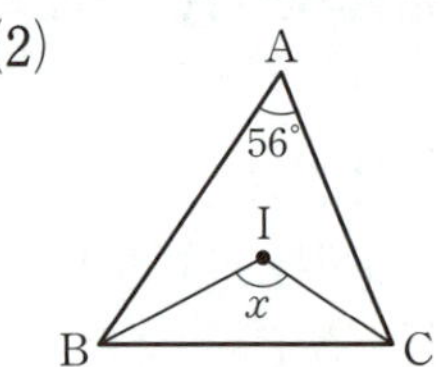

◎ (1) 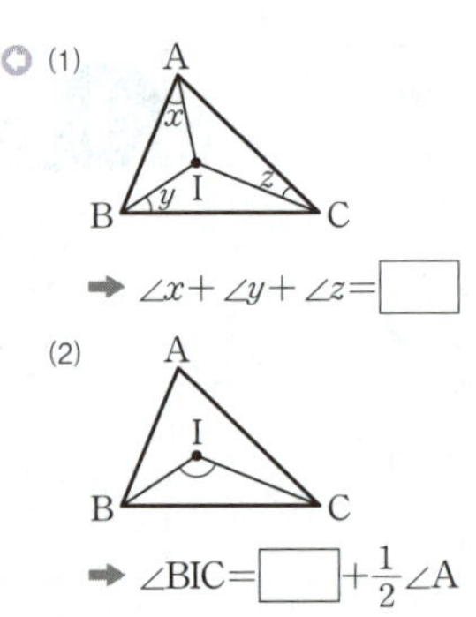

➡ $\angle x + \angle y + \angle z = \boxed{}$

(2)

➡ $\angle BIC = \boxed{} + \dfrac{1}{2}\angle A$

04 다음은 오른쪽 그림에서 점 I가 △ABC의 내심이고 △ABC의 넓이가 48 cm²일 때, △ABC의 내접원의 반지름의 길이를 구하는 과정이다. ☐ 안에 알맞은 수를 써넣으시오.

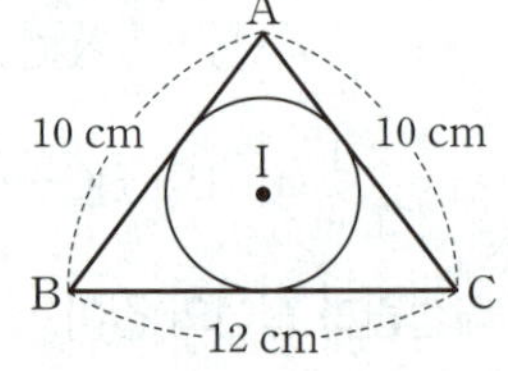

◎ 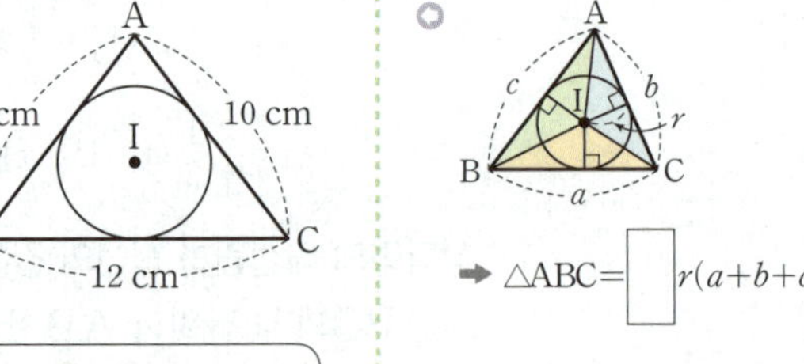

➡ $\triangle ABC = \boxed{}\, r(a+b+c)$

△ABC의 내접원의 반지름의 길이를 r cm라 하면
$$\triangle ABC = \triangle IAB + \triangle IBC + \triangle ICA$$
이므로
$$\boxed{} = \frac{1}{2} \times r \times (10 + \boxed{} + 10) \qquad \therefore r = \boxed{}$$

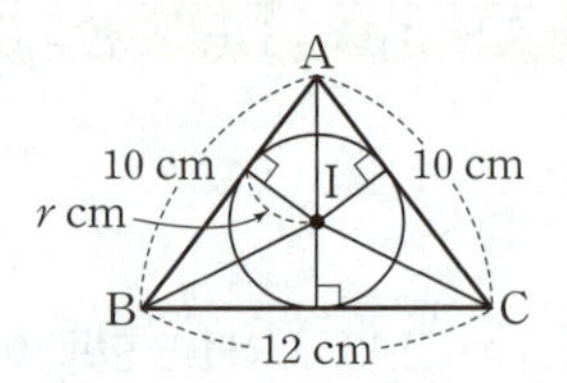

01 삼각형의 내심

● 더 다양한 문제는 **RPM** 2–2 31쪽

오른쪽 그림과 같이 △ABC의 세 내각의 이등분선의 교점을 I라
할 때, 다음 **보기** 중 옳은 것을 모두 고르시오.

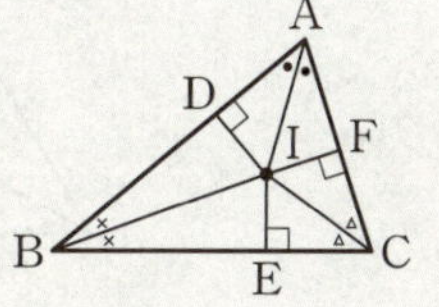

> **보기**
>
> ㄱ. $\overline{AF}=\overline{CF}$　　　　ㄴ. $\overline{ID}=\overline{IE}=\overline{IF}$
> ㄷ. △IBD≡△IBE　　　　ㄹ. △IAF≡△ICF

KEY POINT

삼각형의 내심
➡ 삼각형의 세 내각의 이등분선의 교
점이고, 내심에서 세 변에 이르는
거리는 같다.

풀이　ㄴ. 점 I는 △ABC의 내심이므로　　　$\overline{ID}=\overline{IE}=\overline{IF}$
　　　ㄷ. △IBD와 △IBE에서 ∠IDB=∠IEB=90°, $\overline{BI}$는 공통, ∠IBD=∠IBE이므로
　　　　　　△IBD≡△IBE (RHA 합동)
이상에서 옳은 것은 ㄴ, ㄷ이다.　　　　　　　　　　　　　　　**답** ㄴ, ㄷ

확인 ①　오른쪽 그림에서 점 I가 △ABC의 내심일 때, 다음 중 옳은 것
을 모두 고르면? (정답 2개)

① $\overline{BA}=\overline{BC}$　　　　② ∠IAB=∠IBA
③ $\overline{IA}=\overline{IC}$　　　　④ ∠ICA=∠ICB
⑤ 점 I에서 세 변에 이르는 거리는 같다.

02 삼각형의 내심이 주어질 때, 각의 크기 구하기 (1)

● 더 다양한 문제는 **RPM** 2–2 31쪽

다음 그림에서 점 I가 △ABC의 내심일 때, ∠x의 크기를 구하시오.

(1)　　　　　(2)　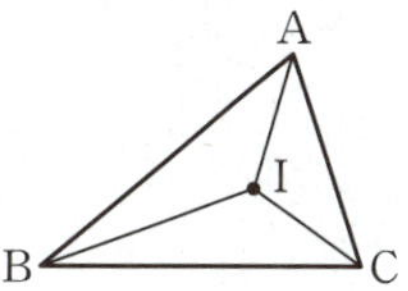

KEY POINT

점 I가 △ABC의 내심일 때

➡ ∠x+∠y+∠z=90°

풀이　(1) $35°+25°+∠x=90°$　　∴ $∠x=30°$
　　　(2) 오른쪽 그림과 같이 $\overline{AI}$를 그으면 $∠IAC=\dfrac{1}{2}∠A=\dfrac{1}{2}×68°=34°$

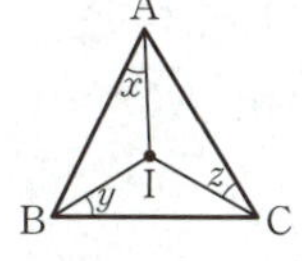

　　　　이므로　　$∠x+20°+34°=90°$　　∴ $∠x=36°$

　　　　　　　　　　답 (1) 30°　(2) 36°

확인 ②　다음 그림에서 점 I가 △ABC의 내심일 때, ∠x의 크기를 구하시오.

(1)　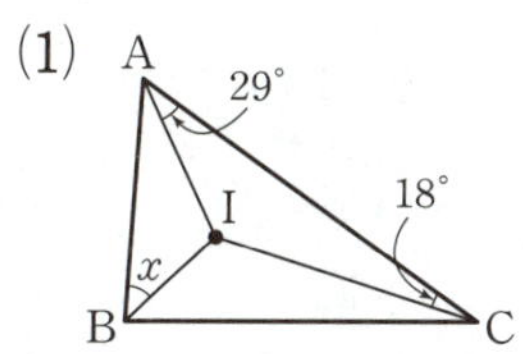　　　　(2)　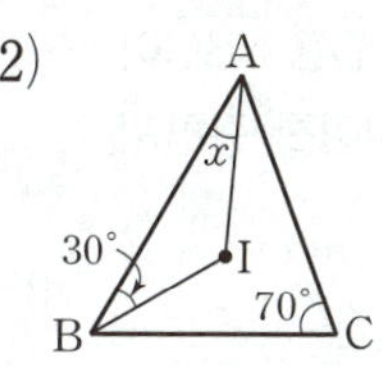

03 삼각형의 내심이 주어질 때, 각의 크기 구하기 (2)

● 더 다양한 문제는 RPM 2-2 32쪽

다음 그림에서 점 I가 △ABC의 내심일 때, $\angle x$의 크기를 구하시오.

(1) 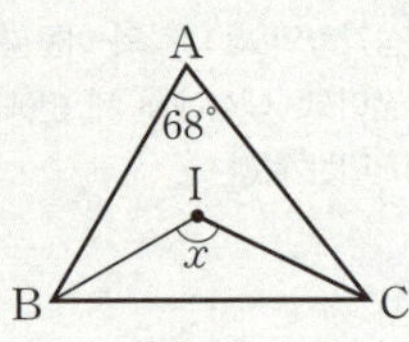

(2) 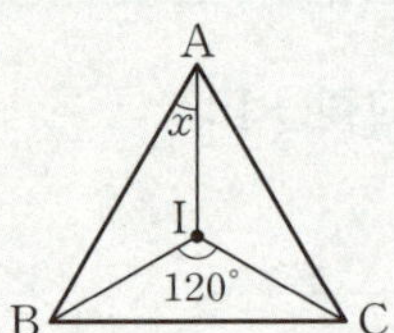

풀이 (1) $\angle x = 90° + \dfrac{1}{2}\angle A = 90° + \dfrac{1}{2} \times 68° = 124°$

(2) $120° = 90° + \dfrac{1}{2}\angle BAC$이므로 $\angle BAC = 60°$

이때 $\angle IAB = \angle IAC$이므로 $\angle x = \dfrac{1}{2}\angle BAC = \dfrac{1}{2} \times 60° = 30°$

답 (1) $124°$ (2) $30°$

확인 3 다음 그림에서 점 I가 △ABC의 내심일 때, $\angle x$의 크기를 구하시오.

(1) 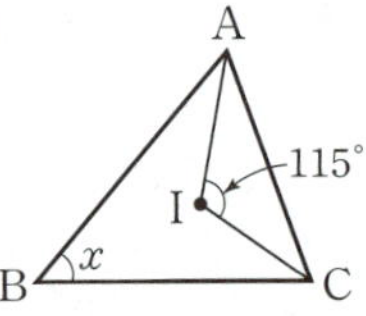

(2) 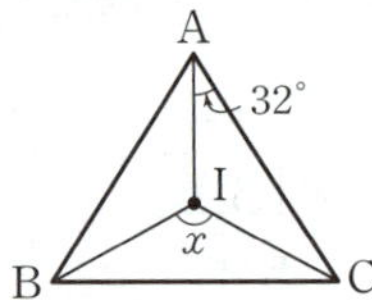

04 삼각형의 내심과 평행선

● 더 다양한 문제는 RPM 2-2 32쪽

오른쪽 그림에서 점 I는 △ABC의 내심이고 $\overline{DE} /\!/ \overline{BC}$이다. $\overline{AB}=15$ cm, $\overline{AC}=10$ cm일 때, △ADE의 둘레의 길이를 구하시오.

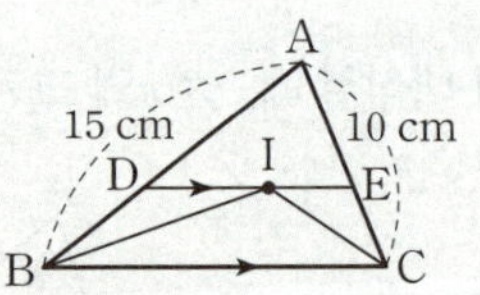

풀이 점 I가 △ABC의 내심이므로

$\qquad \angle DBI = \angle IBC, \ \angle ECI = \angle ICB$

$\overline{DE} /\!/ \overline{BC}$이므로

$\qquad \angle DIB = \angle IBC$ (엇각), $\angle EIC = \angle ICB$ (엇각)

$\qquad \therefore \ \angle DBI = \angle DIB, \ \angle ECI = \angle EIC$

즉 △DBI, △EIC는 이등변삼각형이므로 $\overline{DB}=\overline{DI}, \ \overline{EC}=\overline{EI}$

$\qquad \therefore$ (△ADE의 둘레의 길이)$=\overline{AD}+\overline{DE}+\overline{EA}=\overline{AD}+(\overline{DI}+\overline{EI})+\overline{EA}$

$\qquad\qquad =(\overline{AD}+\overline{DB})+(\overline{EC}+\overline{EA})$

$\qquad\qquad =\overline{AB}+\overline{AC}=15+10=25$ (cm)   **답** 25 cm

확인 4 오른쪽 그림에서 점 I는 △ABC의 내심이고 $\overline{DE} /\!/ \overline{BC}$이다. $\overline{DE}=7$ cm, $\overline{EC}=3$ cm일 때, $\overline{DB}$의 길이를 구하시오.

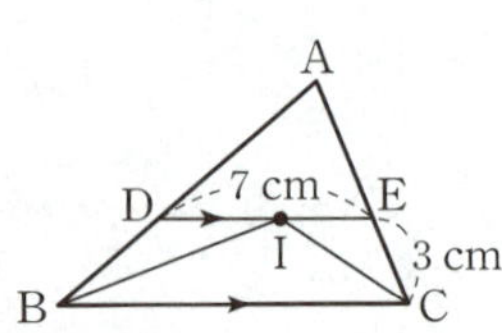

05   삼각형의 넓이와 내접원의 반지름의 길이

● 더 다양한 문제는 RPM 2–2 33쪽

오른쪽 그림에서 점 I는 △ABC의 내심이다. $\overline{AB}=14$ cm, $\overline{BC}=15$ cm, $\overline{AC}=13$ cm이고 △ABC의 넓이가 84 cm^2 일 때, △ABC의 내접원의 반지름의 길이를 구하시오.

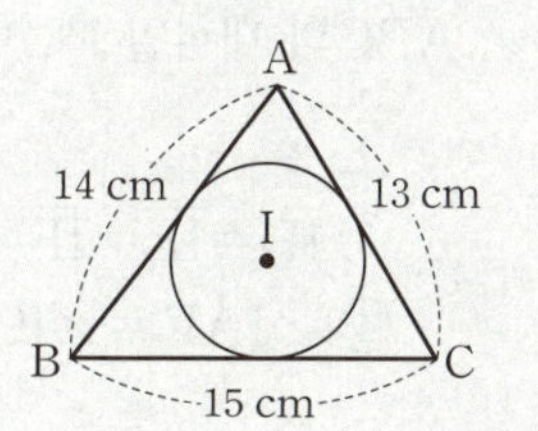

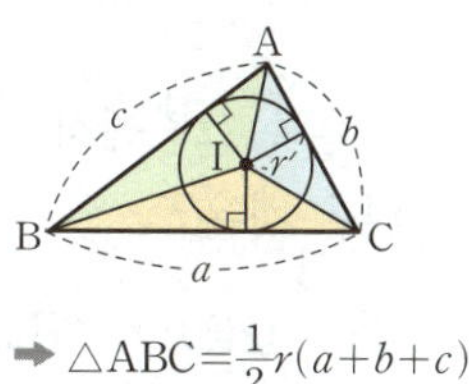

KEY POINT

➡ $\triangle ABC = \dfrac{1}{2}r(a+b+c)$

풀이 △ABC의 내접원의 반지름의 길이를 r cm라 하면

$$84 = \frac{1}{2} \times r \times (14+15+13)$$
$$21r = 84 \qquad \therefore r = 4$$

따라서 △ABC의 내접원의 반지름의 길이는 4 cm이다.

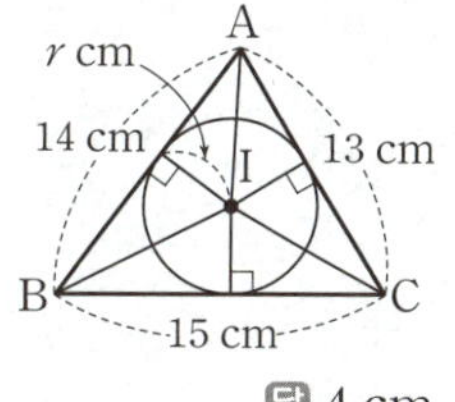

답 4 cm

확인 5 오른쪽 그림에서 점 I는 $\angle B=90°$인 직각삼각형 ABC의 내심이다. $\overline{AB}=4$ cm, $\overline{BC}=3$ cm, $\overline{AC}=5$ cm일 때, △ABC의 내접원의 반지름의 길이를 구하시오.

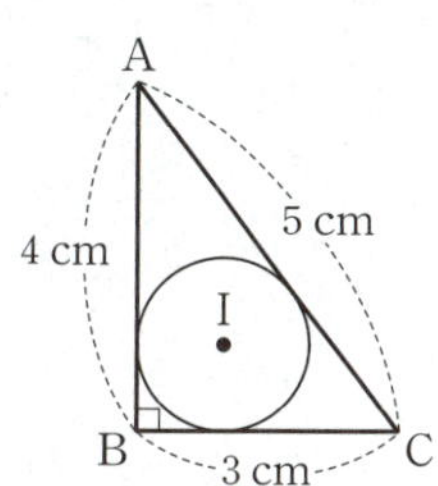

06   삼각형의 내접원과 접선의 길이

● 더 다양한 문제는 RPM 2–2 33쪽

오른쪽 그림에서 점 I는 △ABC의 내심이고, 세 점 D, E, F는 내접원과 세 변의 접점이다. $\overline{AB}=7$ cm, $\overline{BC}=9$ cm, $\overline{AC}=6$ cm일 때, $\overline{BE}$의 길이를 구하시오.

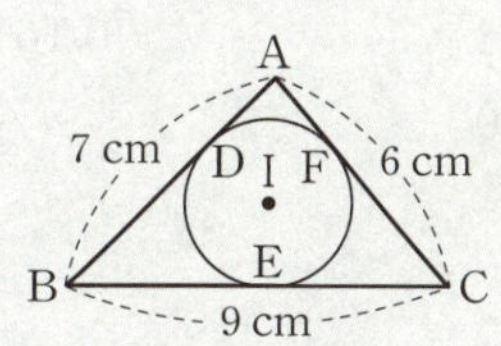

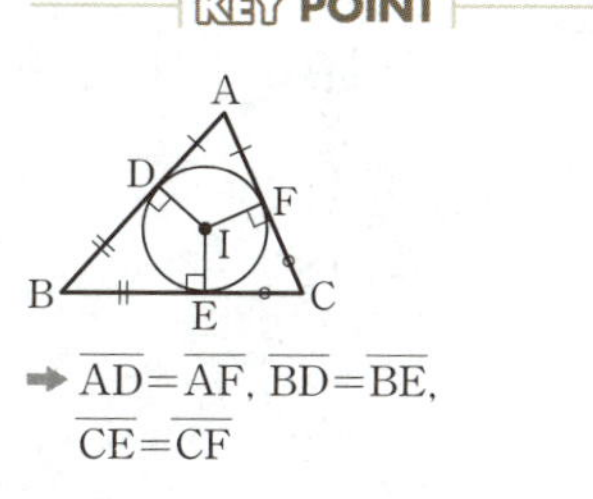

KEY POINT

➡ $\overline{AD}=\overline{AF}$, $\overline{BD}=\overline{BE}$, $\overline{CE}=\overline{CF}$

풀이 $\overline{BE}=\overline{BD}=x$ (cm)라 하면

$$\overline{AF}=\overline{AD}=7-x\ (\text{cm}), \quad \overline{CF}=\overline{CE}=9-x\ (\text{cm})$$

이때 $\overline{AC}=\overline{AF}+\overline{CF}$이므로

$$6=(7-x)+(9-x), \qquad 2x=10 \qquad \therefore x=5$$
$$\therefore \overline{BE}=5\ (\text{cm})$$

답 5 cm

확인 6 오른쪽 그림에서 점 I는 △ABC의 내심이고, 세 점 D, E, F는 내접원과 세 변의 접점이다. $\overline{AB}=32$ cm, $\overline{AC}=18$ cm, $\overline{AF}=10$ cm일 때, $\overline{BC}$의 길이를 구하시오.

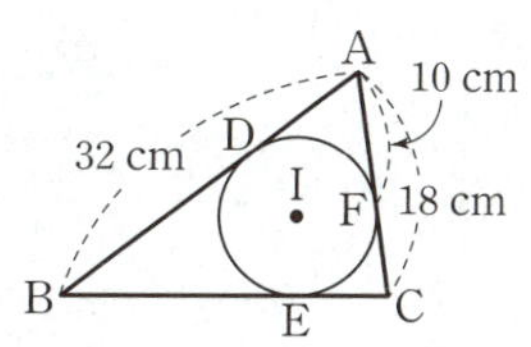

01 오른쪽 그림에서 점 I가 △ABC의 내심일 때, 다음 중 옳지
않은 것은?

① $\angle IBD = \angle IBE$ ② $\overline{ID} = \overline{IE} = \overline{IF}$

③ $\triangle IAD \equiv \triangle IAF$ ④ $\angle IAF = \angle ICF$

⑤ $\overline{CE} = \overline{CF}$

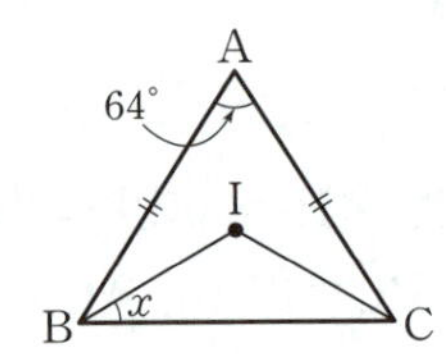

삼각형의 내심은 세 내각의 이등
분선의 교점이고, 내심에서 세 변
에 이르는 거리는 같다.

02 오른쪽 그림에서 점 I는 $\overline{AB} = \overline{AC}$인 이등변삼각형 ABC의
내심이다. $\angle A = 64°$일 때, $\angle x$의 크기를 구하시오.

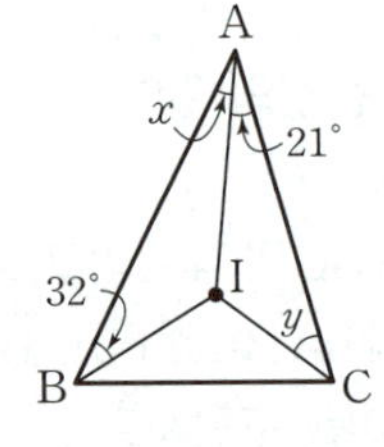

이등변삼각형의 두 밑각의 크기는
같다.

03 오른쪽 그림에서 점 I는 △ABC의 내심이다. $\angle ABI = 32°$,
$\angle IAC = 21°$일 때, $\angle y - \angle x$의 크기는?

① $12°$ ② $14°$ ③ $16°$

④ $18°$ ⑤ $20°$

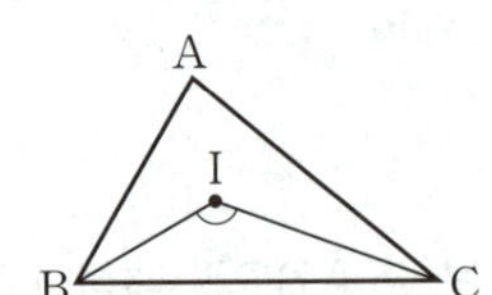

04 오른쪽 그림에서 점 I는 △ABC의 내심이다.
$\angle A : \angle ABC : \angle ACB = 4 : 3 : 2$일 때, $\angle BIC$의 크기
를 구하시오.

먼저 $\angle A$의 크기를 구한다.

05 오른쪽 그림에서 점 I는 △ABC의 내심이고 $\overline{DE} \parallel \overline{BC}$ 이다. $\overline{AD}=13\,cm$, $\overline{DE}=12\,cm$, $\overline{AE}=11\,cm$, $\overline{BC}=18\,cm$일 때, △ABC의 둘레의 길이는?

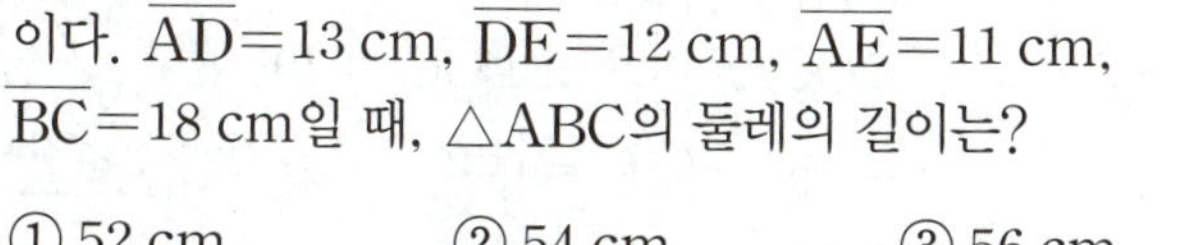
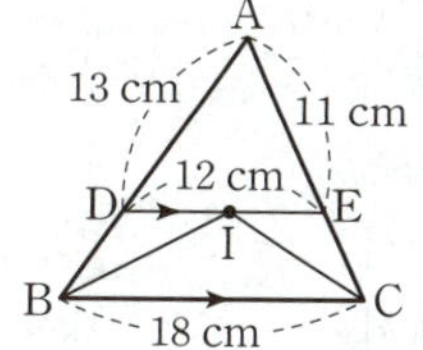

① 52 cm ② 54 cm ③ 56 cm
④ 58 cm ⑤ 60 cm

삼각형의 내심과 평행선의 성질을 이용하여 크기가 같은 각을 찾는다.

06 오른쪽 그림에서 점 I는 ∠C=90°인 직각삼각형 ABC의 내심이다. $\overline{AB}=15\,cm$, $\overline{BC}=12\,cm$, $\overline{AC}=9\,cm$일 때, △ABC의 내접원의 넓이를 구하시오.

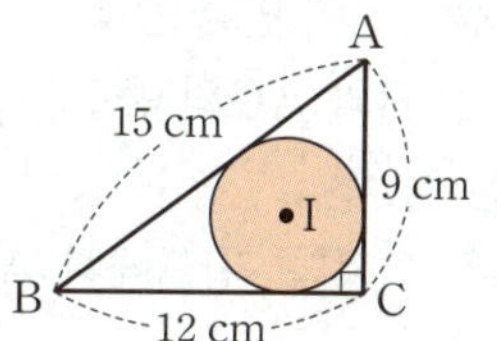

△ABC의 넓이를 이용하여 내접원의 반지름의 길이를 구한다.

07 오른쪽 그림에서 점 I는 △ABC의 내심이고, 세 점 D, E, F는 내접원과 세 변의 접점이다. $\overline{AB}=6\,cm$, $\overline{BC}=7\,cm$, $\overline{AC}=5\,cm$일 때, $\overline{AD}$의 길이를 구하시오.

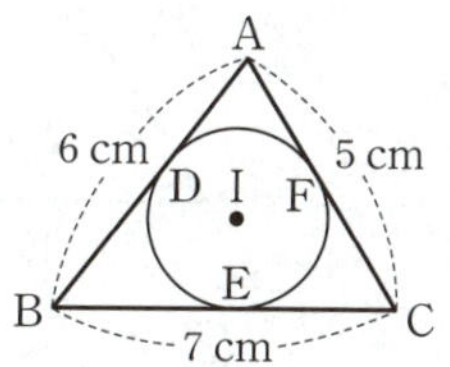

$\overline{AD}=\overline{AF}$, $\overline{BD}=\overline{BE}$, $\overline{CE}=\overline{CF}$임을 이용한다.

08 오른쪽 그림에서 두 점 O, I는 각각 △ABC의 외심과 내심이다. ∠OBC=42°일 때, ∠BIC의 크기는?

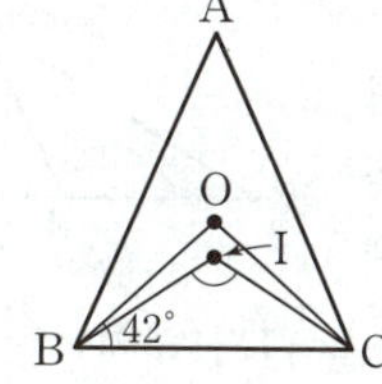

① 114° ② 118° ③ 122°
④ 126° ⑤ 130°

01 오른쪽 그림과 같은 세 서비스 센터 A, B, C에서 같은 거리에 있는 지점에 부품 공급 센터를 지으려고 한다. 다음 중 어느 지점에 부품 공급 센터를 지어야 하는가?

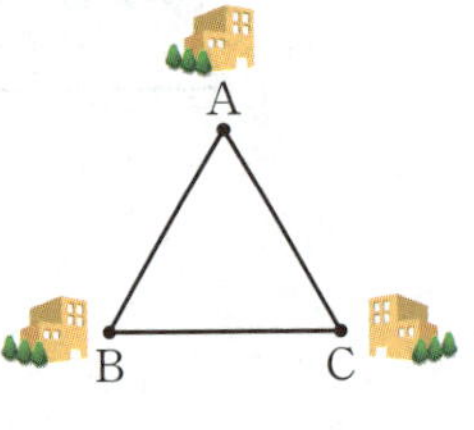

① $\overline{BC}$의 중점
② ∠A와 ∠B의 이등분선이 만나는 점
③ $\overline{AC}$와 $\overline{BC}$의 수직이등분선이 만나는 점
④ 점 A와 $\overline{BC}$의 중점, 점 B와 $\overline{AC}$의 중점을 각각 연결한 선분이 만나는 점
⑤ 점 A에서 $\overline{BC}$에 그은 수선과 점 B에서 $\overline{AC}$에 그은 수선이 만나는 점

02 오른쪽 그림에서 점 O는 △ABC의 외심이다. ∠OAB=37°, ∠OCB=19° 일 때, ∠x의 크기는?

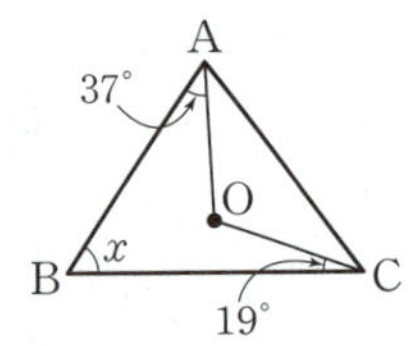

① 54°　② 56°　③ 58°
④ 60°　⑤ 62°

03 오른쪽 그림과 같이 ∠A=90°인 직각삼각형 ABC에서 $\overline{BC}$의 중점을 M이라 하고, 꼭짓점 A에서 $\overline{BC}$에 내린 수선의 발을 H라 하자. ∠B=32° 일 때, ∠MAH의 크기를 구하시오.

04 오른쪽 그림에서 점 O는 △ABC의 외심이다. ∠OCA=30°, ∠BOC=110° 일 때, ∠x의 크기는?

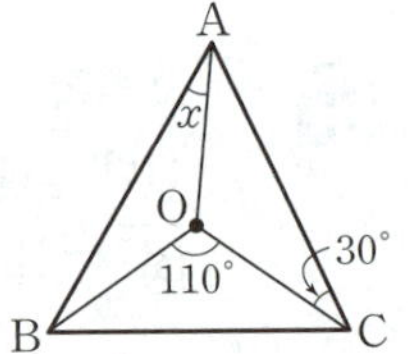

① 19°　② 21°
③ 23°　④ 25°
⑤ 27°

05 오른쪽 그림에서 점 O는 △ABC의 외심이다. ∠ABC : ∠BCA : ∠CAB =4 : 2 : 3 일 때, ∠AOB의 크기를 구하시오.

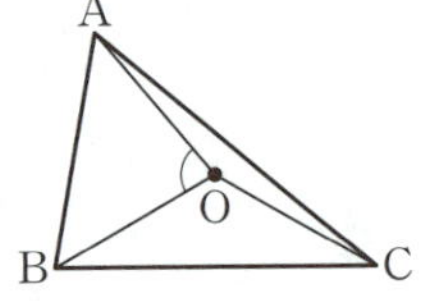

06 오른쪽 그림에서 두 점 O, I는 각각 △ABC의 외심과 내심일 때, 다음 중 옳지 <u>않은</u> 것은?

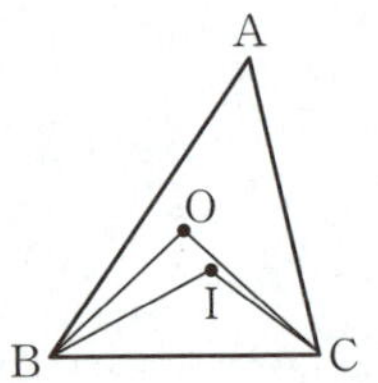

① ∠OBC=∠OCB
② ∠ICB=∠ICA
③ 점 I는 항상 삼각형의 내부에 있다.
④ 점 I에서 세 변에 이르는 거리는 같다.
⑤ ∠A의 이등분선은 점 O를 지난다.

07 오른쪽 그림에서 점 I는
△ABC의 내심이다.
∠ABI=25°, ∠ACI=28°
일 때, ∠BIC의 크기를 구하
시오.

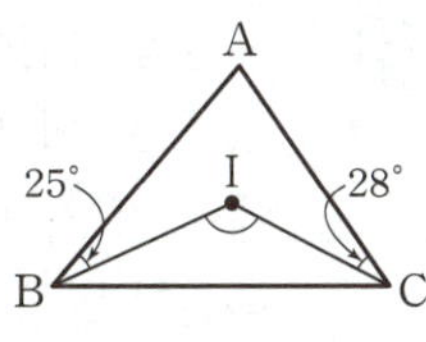

08 오른쪽 그림에서 점 I는
△ABC의 내심이다.
∠A=70°일 때,
∠x+∠y의 크기는?

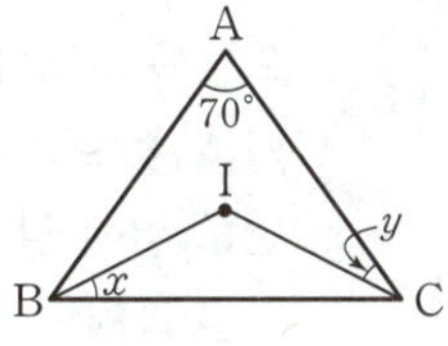

① 45° ② 50° ③ 55°
④ 60° ⑤ 65°

09 오른쪽 그림에서 점 I는
$\overline{AB}=\overline{AC}$인 이등변삼각형
ABC의 내심이다.
∠BAC=56°일 때, ∠AIC
의 크기는?

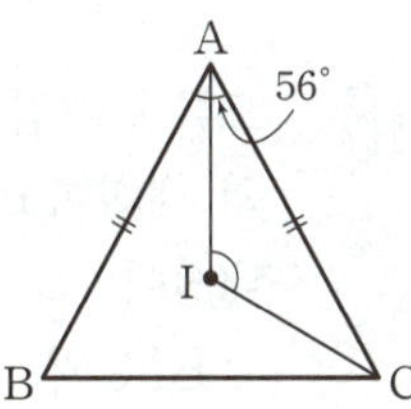

① 112° ② 115° ③ 118°
④ 121° ⑤ 124°

10 오른쪽 그림에서 점 I는
△ABC의 내심이고
$\overline{DE}\,/\!/\,\overline{BC}$일 때, 다음 중 옳지
않은 것은?

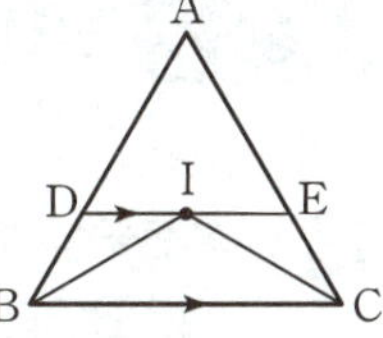

① ∠ABI=∠CBI
② ∠IBC=∠ICB
③ $\overline{DB}=\overline{DI}$, $\overline{EC}=\overline{EI}$
④ $\overline{DE}=\overline{DB}+\overline{EC}$
⑤ (△ADE의 둘레의 길이)=$\overline{AB}+\overline{AC}$

11 오른쪽 그림에서 점 I는
△ABC의 내심이다.
△ABC의 내접원의 반지름의
길이가 2 cm이고 △ABC의
넓이가 21 cm²일 때, △ABC
의 둘레의 길이는?

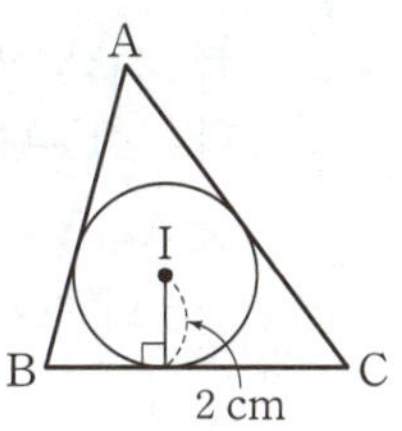

① 21 cm ② 23 cm ③ 25 cm
④ 27 cm ⑤ 29 cm

12 오른쪽 그림에서 점 I는
△ABC의 내심이고, 세 점 D,
E, F는 내접원과 세 변의 접점
이다. $\overline{AB}=15$ cm,
$\overline{BC}=13$ cm, $\overline{BE}=8$ cm일
때, $\overline{AC}$의 길이를 구하시오.

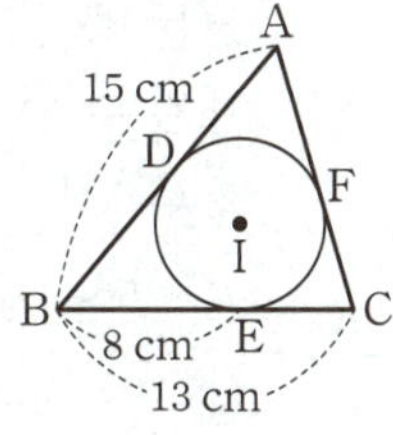

13 오른쪽 그림에서 점 O는 △ABC의 외심이다. $\overline{AF}=5$ cm, $\overline{OF}=4$ cm 이고 △ABC의 넓이가 60 cm^{2}일 때, 사각형 ODBE의 넓이를 구하시오.

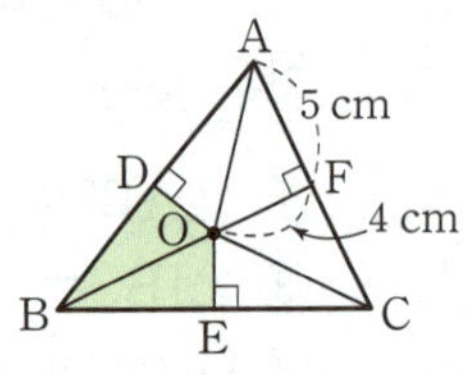

14 오른쪽 그림에서 점 O는 △ABC의 외심이다. ∠OAC=34°, ∠ACB=18°일 때, ∠x의 크기는?

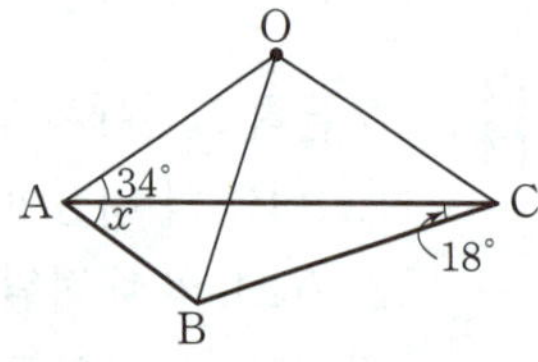

① 32° ② 34° ③ 36°
④ 38° ⑤ 40°

꼭나와

15 오른쪽 그림에서 점 O는 △ABC의 외심이고, 점 H는 꼭짓점 A에서 $\overline{BC}$에 내린 수선의 발이다. ∠OAB=23°, ∠OBC=15°일 때, ∠CAH의 크기는?

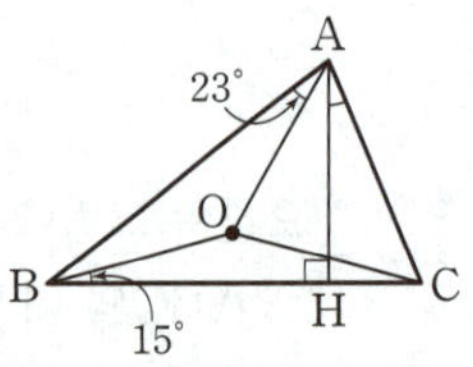

① 19° ② 21° ③ 23°
④ 25° ⑤ 27°

16 오른쪽 그림에서 점 I는 △ABC의 내심이다. 내심 I에서 $\overline{AB}$, $\overline{BC}$, $\overline{CA}$에 내린 수선의 발을 각각 D, E, F라 할 때, 점 I는 △DEF의 무엇이 되는지 말하시오.

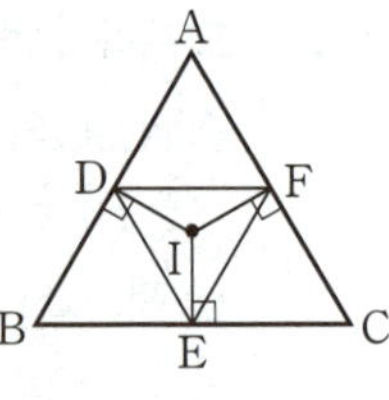

꼭나와

17 오른쪽 그림에서 점 I는 △ABC의 내심이다. ∠C=80°일 때, ∠ADB+∠AEB의 크기는?

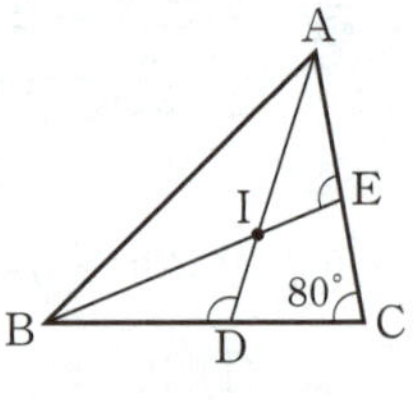

① 205° ② 210° ③ 215°
④ 220° ⑤ 225°

18 오른쪽 그림에서 점 I는 △ABC의 내심이고, 점 I′은 △IBC의 내심이다. ∠BAI=20°일 때, ∠BI′C의 크기는?

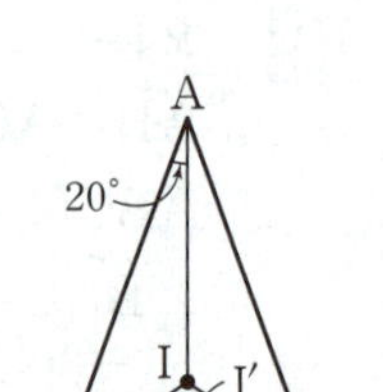

① 135° ② 140°
③ 145° ④ 150°
⑤ 155°

▶ 정답 및 풀이 14쪽

19 오른쪽 그림에서 점 I는
$\triangle$ABC의 내심이고
$\overline{\rm DE}\,/\!/\,\overline{\rm BC}$이다.
$\overline{\rm DB}=13$ cm,
$\overline{\rm EC}=15$ cm,
$\overline{\rm BC}=42$ cm이고 내접원의 반지름의 길이가
12 cm일 때, 사각형 DBCE의 넓이는?

① 388 cm² ② 396 cm² ③ 404 cm²

④ 412 cm² ⑤ 420 cm²

20 다음 그림에서 점 I는 $\angle$C$=90°$인 직각삼각형
ABC의 내심이다. $\overline{\rm AB}=26$ cm, $\overline{\rm BC}=24$ cm,
$\overline{\rm AC}=10$ cm일 때, $\triangle$IAB의 넓이를 구하시오.

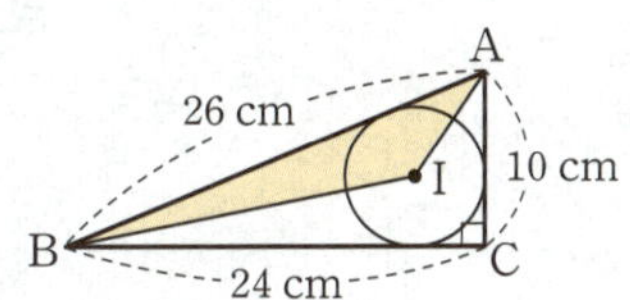

21 오른쪽 그림과 같이
$\angle$B$=90°$인 직각삼각
형 ABC에서 두 점 O,
I는 각각 $\triangle$ABC의 외
심과 내심이다. $\angle$A$=70°$일 때, $\angle$BPC의 크기
를 구하시오.

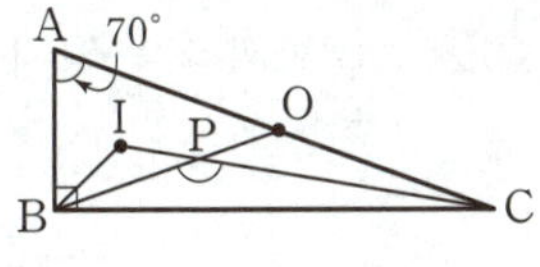

---

22 오른쪽 그림에서 $\triangle$ABC는
정삼각형이고, 점 I는
$\triangle$ABC의 내심이다.
$\overline{\rm AB}\,/\!/\,\overline{\rm ID}$, $\overline{\rm AC}\,/\!/\,\overline{\rm IE}$이고
$\overline{\rm AB}=12$ cm일 때, $\overline{\rm DE}$의
길이를 구하시오.

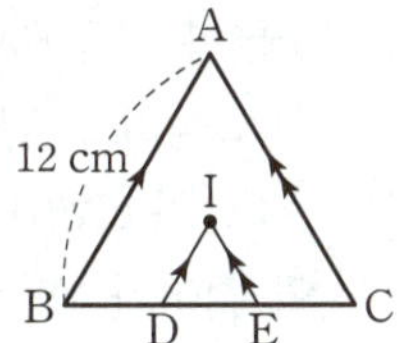

23 오른쪽 그림과 같은
직사각형 ABCD에서
$\triangle$ABC와 $\triangle$ACD의
내심을 각각 I, I′이라
하자. $\overline{\rm AB}=15$ cm,
$\overline{\rm BC}=20$ cm, $\overline{\rm AC}=25$ cm인 $\triangle$ABC의 세 변과
내접원 I의 접점을 각각 G, H, E라 하고 $\overline{\rm AC}$와 내
접원 I′의 접점을 F라 할 때, $\overline{\rm EF}$의 길이를 구하시
오.

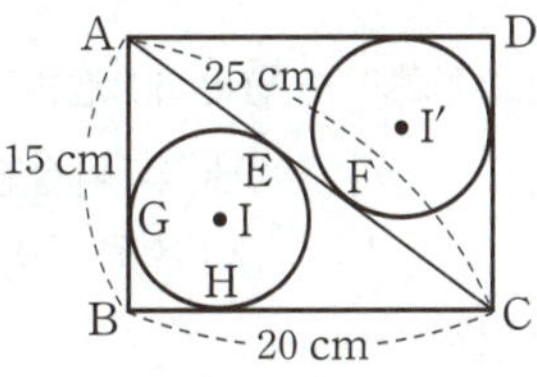

24 오른쪽 그림에서 두 점 O,
I는 각각 $\triangle$ABC의 외심
과 내심이다. $\angle$B$=35°$,
$\angle$C$=65°$일 때, $\angle$OAI
의 크기를 구하시오.

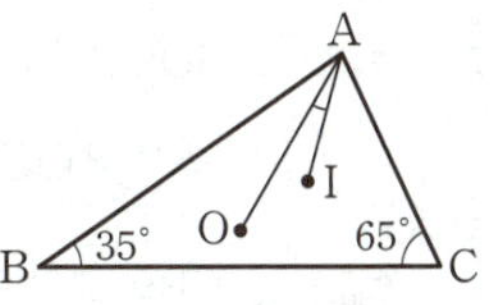

예제 1

해설 강의

오른쪽 그림에서 점 O는 △ABC의 외심이고 $\overline{AB} \perp \overline{OD}$이다. $\overline{AD}=4$ cm이고 △ABO의 둘레의 길이가 18 cm일 때, △ABC의 외접원의 둘레의 길이를 구하시오. [6점]

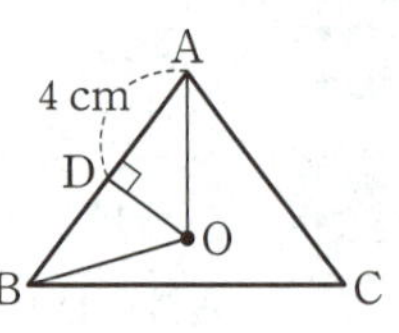

풀이 과정

1단계 $\overline{AB}$의 길이 구하기 · 2점

점 O는 △ABC의 외심이므로
$$\overline{AB}=2\overline{AD}=2\times4=8\,(\text{cm})$$

2단계 $\overline{OA}$의 길이 구하기 · 2점

$\overline{OA}=\overline{OB}$이고 △ABO의 둘레의 길이가 18 cm이므로
$$\overline{OA}+\overline{OB}+8=18, \qquad 2\overline{OA}=10$$
$$\therefore \overline{OA}=5\,(\text{cm})$$

3단계 △ABC의 외접원의 둘레의 길이 구하기 · 2점

△ABC의 외접원의 둘레의 길이는
$$2\pi\times5=10\pi\,(\text{cm})$$

답 10π cm

유제 1

오른쪽 그림에서 점 O는 △ABC의 외심이고 $\overline{AC} \perp \overline{OD}$이다. $\overline{CD}=6$ cm이고 △AOC의 둘레의 길이가 30 cm일 때, △ABC의 외접원의 넓이를 구하시오. [6점]

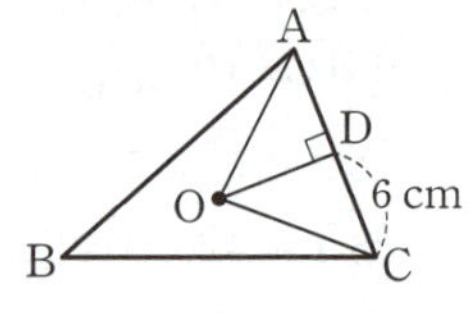

풀이 과정

1단계 $\overline{AC}$의 길이 구하기 · 2점

2단계 $\overline{OA}$의 길이 구하기 · 2점

3단계 △ABC의 외접원의 넓이 구하기 · 2점

답

예제 2

해설 강의

오른쪽 그림에서 △ABC는 $\overline{AB}=\overline{AC}$인 이등변삼각형이고 두 점 O, I는 각각 △ABC의 외심과 내심이다. ∠A=48°일 때, ∠OCI의 크기를 구하시오. [7점]

풀이 과정

1단계 ∠OCB의 크기 구하기 · 3점

$$\angle BOC=2\angle A=2\times48°=96°$$
$$\therefore \angle OCB=\frac{1}{2}\times(180°-96°)=42°$$

2단계 ∠ICB의 크기 구하기 · 3점

$$\angle ACB=\frac{1}{2}\times(180°-48°)=66°$$
$$\therefore \angle ICB=\frac{1}{2}\angle ACB=\frac{1}{2}\times66°=33°$$

3단계 ∠OCI의 크기 구하기 · 1점

$$\angle OCI=\angle OCB-\angle ICB=42°-33°=9°$$

답 9°

유제 2

오른쪽 그림에서 △ABC는 $\overline{AB}=\overline{AC}$인 이등변삼각형이고 두 점 O, I는 각각 △ABC의 외심과 내심이다. ∠A=40°일 때, ∠OBI의 크기를 구하시오. [7점]

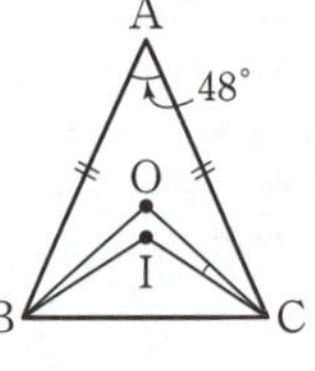
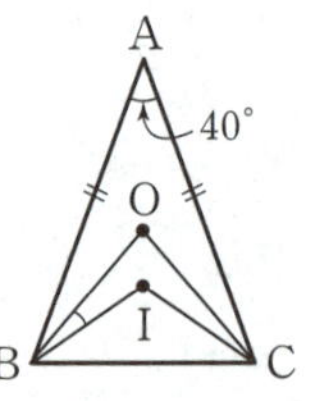

풀이 과정

1단계 ∠OBC의 크기 구하기 · 3점

2단계 ∠IBC의 크기 구하기 · 3점

3단계 ∠OBI의 크기 구하기 · 1점

답

스스로 서술하기

유제 3 오른쪽 그림과 같이 원 O 위에 세 점 A, B, C가 있다. $\angle OBA = 25°$, $\angle OCA = 35°$이고 $\overline{AO} = 3\ cm$일 때, 부채꼴 BOC의 넓이를 구하시오. [6점]

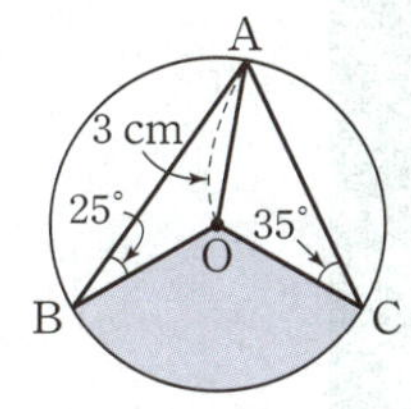

풀이 과정

답

유제 4 오른쪽 그림에서 점 I는 △ABC의 내심이다. $\angle IAC = 30°$, $\angle ABI = 32°$일 때, $\angle x + \angle y$의 크기를 구하시오. [7점]

풀이 과정

답

유제 5 오른쪽 그림에서 점 I는 △ABC의 내심이고 $\overline{DE} /\!/ \overline{BC}$이다. $\overline{AB} = \overline{AC}$이고 △ADE의 둘레의 길이가 18 cm일 때, $\overline{AB}$의 길이를 구하시오. [7점]

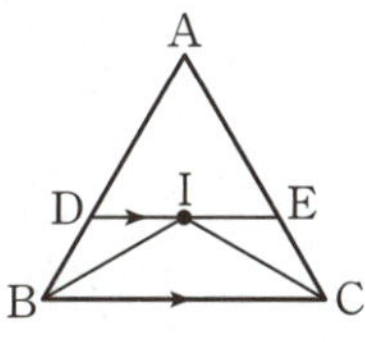

풀이 과정

답

유제 6 오른쪽 그림에서 두 점 O, I는 각각 $\angle A = 90°$인 직각삼각형 ABC의 외심과 내심이다. $\overline{AB} = 8\ cm$, $\overline{BC} = 10\ cm$, $\overline{AC} = 6\ cm$일 때, 색칠한 부분의 넓이를 구하시오. [8점]

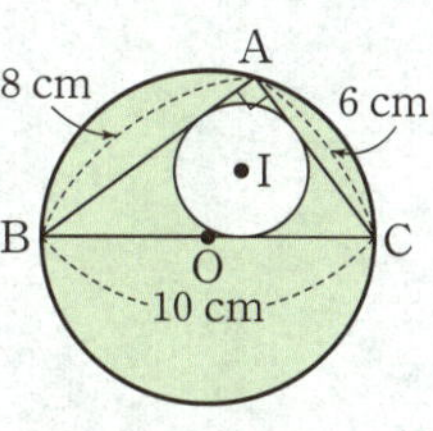

풀이 과정

답

Ⅱ

사각형의 성질

이 단원에서는 사각형의 성질을 이해하고 정당화해 보자.

Ⅱ-1

평행사변형

이 단원의 학습 계획을 세우고
하나하나 실천하는 습관을 기르자!!

		공부한 날		학습 완료도
01 평행사변형의 성질	개념원리 이해 & 개념원리 확인하기	월	일	□□□
	핵심문제 익히기	월	일	○○○
	이런 문제가 시험에 나온다	월	일	○○○
02 평행사변형이 되는 조건	개념원리 이해 & 개념원리 확인하기	월	일	□□□
	핵심문제 익히기	월	일	○○○
	이런 문제가 시험에 나온다	월	일	○○○
중단원 마무리하기		월	일	○○○
서술형 대비 문제		월	일	○○○

개념 학습 guide

- 개념을 이해했으면 ■■■, 개념을 문제에 적용할 수 있으면 ■■■, 개념을 친구에게 설명할 수 있으면 ■■■ 로 색칠한다.

- 부족한 부분의 개념을 반복 학습하여 ■■■ 3칸 모두 색칠하면 학습을 마친다.

문제 학습 guide

- 맞힌 문제가 전체의 50% 미만이면 ●●●, 맞힌 문제가 50% 이상 90% 미만이면 ●●●, 맞힌 문제가 90% 이상이면 ●●● 로 색칠한다.

- 틀린 문제는 왜 틀렸는지 그 이유를 파악한 후 다시 풀어 본다. 며칠 후 틀린 문제를 다시 풀어 보고, 풀이 과정과 답이 맞으면 학습을 마친다.

01 평행사변형의 성질

1 평행사변형이란 무엇인가?　　　　　　　　　　　◐ 핵심문제 01, 02

(1) 사각형 ABCD를 기호로 **□ABCD**와 같이 나타낸다.
　① 대변: 사각형에서 마주 보는 변
　　➡ $\overline{AB}$와 $\overline{DC}$, $\overline{AD}$와 $\overline{BC}$
　② 대각: 사각형에서 마주 보는 각
　　➡ ∠A와 ∠C, ∠B와 ∠D
　▶ 사각형에는 대변과 대각이 각각 두 쌍씩 있다.

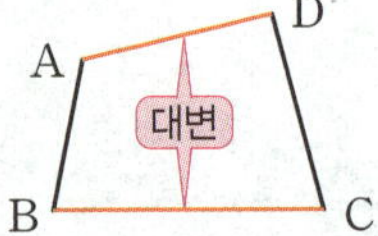

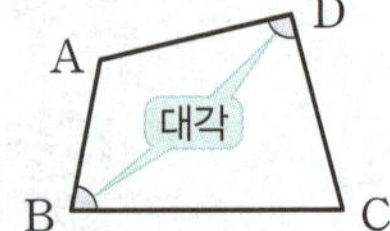

(2) **평행사변형**: 두 쌍의 대변이 각각 평행한 사각형
　➡ $\overline{AB} /\!/ \overline{DC}$, $\overline{AD} /\!/ \overline{BC}$

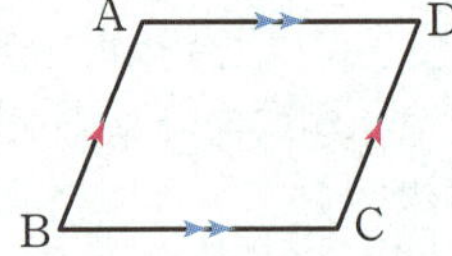

2 평행사변형에는 어떤 성질이 있는가?　　　　　　　◐ 핵심문제 01~04

(1) 두 쌍의 대변의 길이는 각각 같다.
　➡ $\overline{AB}=\overline{DC}$, $\overline{AD}=\overline{BC}$

(2) 두 쌍의 대각의 크기는 각각 같다.
　➡ ∠A=∠C, ∠B=∠D

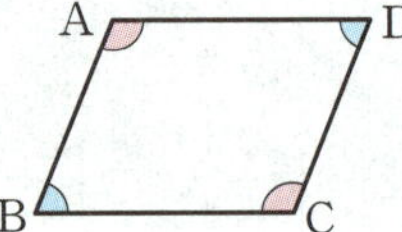

(3) 두 대각선은 서로 다른 것을 이등분한다.
　➡ $\overline{AO}=\overline{CO}$, $\overline{BO}=\overline{DO}$

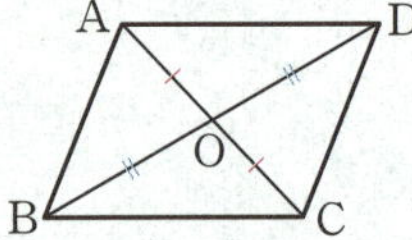
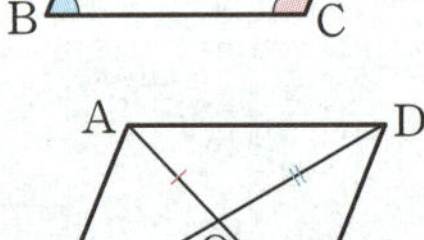

▶ 평행사변형의 성질은 삼각형의 합동을 이용하여 증명할 수 있다.

증명 (1) 평행사변형 ABCD에서 대각선 AC를 그으면 △ABC와 △CDA에서
　　　　$\overline{AC}$는 공통　　　　　　……　㉠
　　　　$\overline{AD} /\!/ \overline{BC}$이므로
　　　　　∠ACB=∠CAD (엇각)　……　㉡
　　　　$\overline{AB} /\!/ \overline{DC}$이므로
　　　　　∠BAC=∠DCA (엇각)　……　㉢
　　　㉠, ㉡, ㉢에서
　　　　△ABC≡△CDA (ASA 합동)
　　　　∴ $\overline{AB}=\overline{DC}$, $\overline{AD}=\overline{BC}$
　　따라서 평행사변형의 두 쌍의 대변의 길이는 각각 같다.

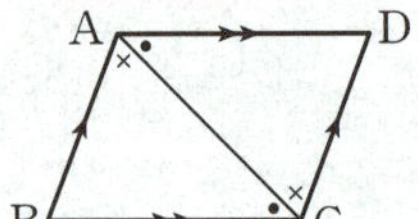

(2) (1)에서 △ABC≡△CDA이므로

$$\angle B = \angle D$$

또 (1)에서

$$\angle ACB = \angle CAD \ (\text{엇각}), \quad \angle BAC = \angle DCA \ (\text{엇각})$$

이므로

$$\angle A = \angle BAC + \angle CAD$$
$$= \angle DCA + \angle ACB$$
$$= \angle C$$
$$\therefore \angle A = \angle C, \ \angle B = \angle D$$

따라서 평행사변형의 두 쌍의 대각의 크기는 각각 같다.

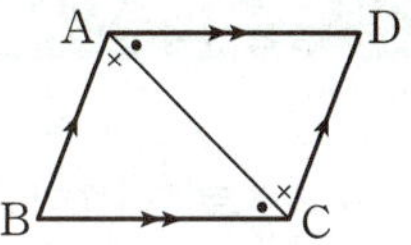

(3) 평행사변형 ABCD에서 두 대각선 AC와 BD의 교점을 O라 하자.

△ABO와 △CDO에서

$$\overline{AB} = \overline{CD} \ (\text{평행사변형의 대변}) \quad \cdots\cdots \ \unicode{9311}$$

$\overline{AB} /\!/ \overline{DC}$이므로

$$\angle ABO = \angle CDO \ (\text{엇각}) \quad \cdots\cdots \ \unicode{9312}$$
$$\angle BAO = \angle DCO \ (\text{엇각}) \quad \cdots\cdots \ \unicode{9313}$$

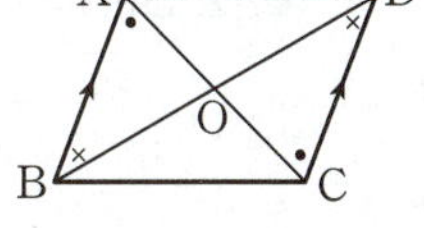

㉠, ㉡, ㉢에서

$$\triangle ABO \equiv \triangle CDO \ (\text{ASA 합동})$$
$$\therefore \overline{AO} = \overline{CO}, \ \overline{BO} = \overline{DO}$$

따라서 평행사변형의 두 대각선은 서로 다른 것을 이등분한다.

참고 평행사변형 ABCD에서 이웃하는 두 내각의 크기의 합은 180°이다.

➡ 평행사변형 ABCD에서 $\angle A + \angle B + \angle C + \angle D = 360°$이고

$\angle A = \angle C, \ \angle B = \angle D$이므로

$$\angle A + \angle B + \angle A + \angle B = 360°$$
$$2(\angle A + \angle B) = 360°$$
$$\therefore \angle A + \angle B = 180°$$

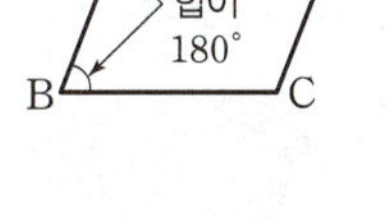

같은 방법으로

$$\angle B + \angle C = \angle C + \angle D = \angle D + \angle A = 180°$$

예 오른쪽 그림과 같은 평행사변형 ABCD에서 두 대각선의 교점을 O라 할 때, 다음을 구해 보자.

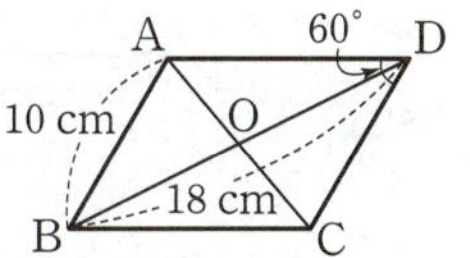

(1) $\overline{CD}$의 길이

(2) $\overline{BO}$의 길이

(3) $\angle ABC$의 크기

(4) $\angle BCD$의 크기

➡ (1) 평행사변형의 두 쌍의 대변의 길이는 각각 같으므로

$$\overline{CD} = \overline{BA} = 10 \ (\text{cm})$$

(2) 평행사변형의 두 대각선은 서로 다른 것을 이등분하므로

$$\overline{BO} = \frac{1}{2}\,\overline{BD} = \frac{1}{2} \times 18 = 9 \ (\text{cm})$$

(3) 평행사변형의 두 쌍의 대각의 크기는 각각 같으므로

$$\angle ABC = \angle ADC = 60°$$

(4) 평행사변형의 이웃하는 두 내각의 크기의 합은 180°이므로

$$\angle BCD = 180° - \angle ADC = 180° - 60° = 120°$$

01 오른쪽 그림과 같은 평행사변형 ABCD에서 두 대각선의 교점을 O라 할 때, 다음 중 옳은 것은 ○, 옳지 않은 것은 ×를 (   ) 안에 써넣으시오.

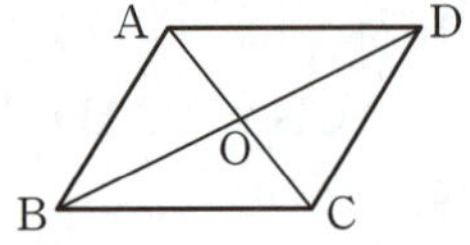

(1) $\overline{AD}=\overline{BC}$ (   )

(2) $\overline{AO}=\overline{BO}$ (   )

(3) $\angle BAC=\angle DCA$ (   )

(4) $\angle BAD=\angle BCD$ (   )

◎ 평행사변형의 뜻과 성질은?

02 다음 그림과 같은 평행사변형 ABCD에서 $\angle x$, $\angle y$의 크기를 구하시오.

(1) 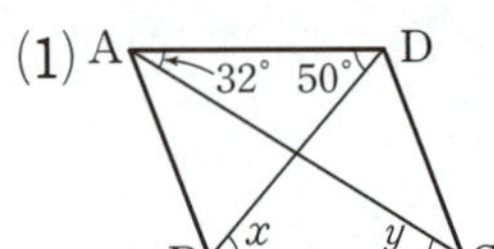

(2) 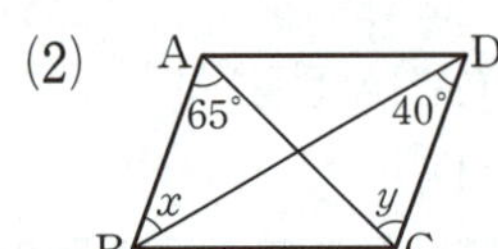

◎ 평행사변형은 두 쌍의 대변이 각각 [   ]한 사각형이다.

03 다음 그림과 같은 평행사변형 ABCD에서 x, y의 값을 구하시오.

(1) 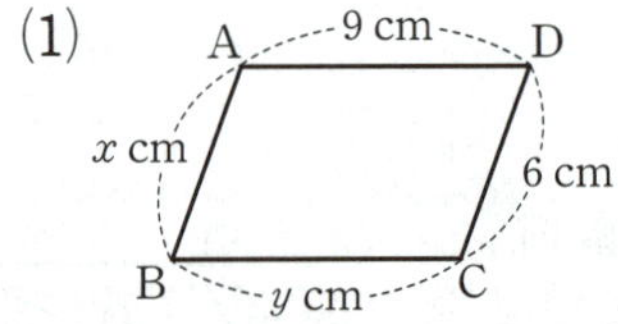

(2) 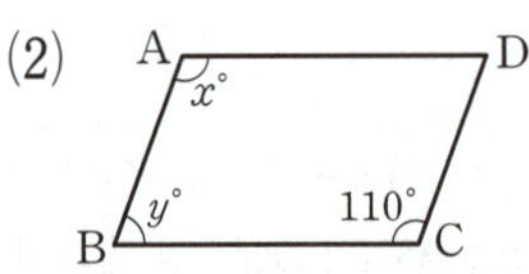

◎ 평행사변형은
① 두 쌍의 대변의 길이가 각각 [   ].
② 두 쌍의 대각의 크기가 각각 [   ].
③ 이웃하는 두 내각의 크기의 합이 [   ]이다.

04 다음 그림과 같은 평행사변형 ABCD에서 두 대각선의 교점을 O라 할 때, x, y의 값을 구하시오.

(1) 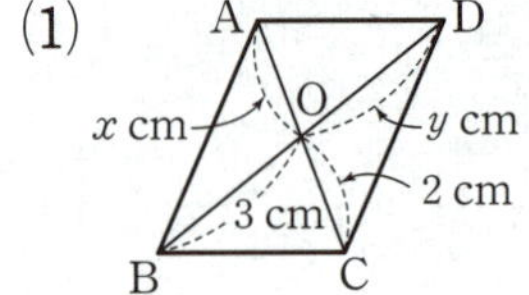

(2) 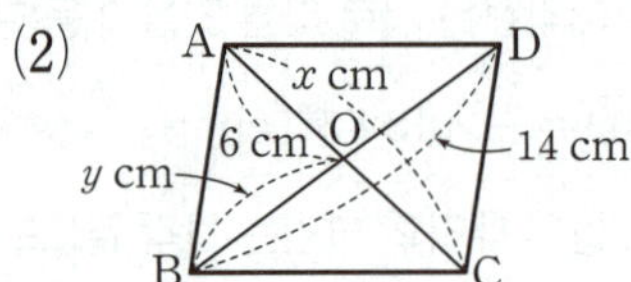

◎ 평행사변형의 두 대각선은 서로 다른 것을 [   ]한다.

01 평행사변형의 성질

● 더 다양한 문제는 RPM 2–2 43쪽

다음 그림과 같은 평행사변형 ABCD에서 x, y의 값을 구하시오.

(단, 점 O는 두 대각선의 교점이다.)

(1) 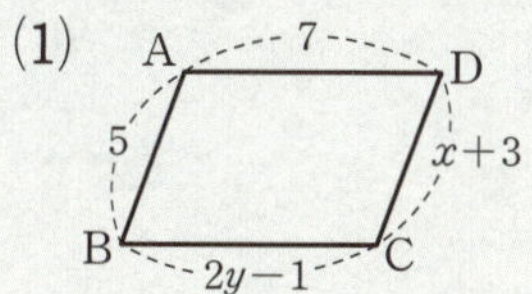　(2) 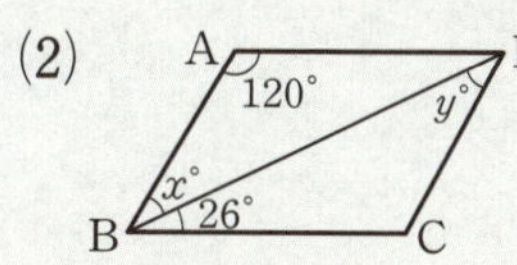　(3) 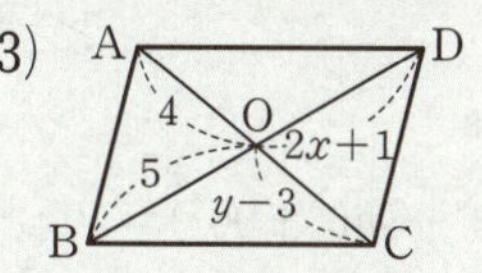

풀이

(1) $\overline{AB}=\overline{DC}$이므로　　$5=x+3$　　∴ $x=2$

$\overline{AD}=\overline{BC}$이므로　　$7=2y-1$,　　$2y=8$　　∴ $y=4$

(2) $\angle C=\angle A=120°$이므로　　$\angle BDC=180°-(26°+120°)=34°$　　∴ $y=34$

$\overline{AB}/\!/\overline{DC}$이므로　　$\angle ABD=\angle CDB=34°$ (엇각)　　∴ $x=34$

(3) $\overline{BO}=\overline{DO}$이므로　　$5=2x+1$,　　$2x=4$　　∴ $x=2$

$\overline{AO}=\overline{CO}$이므로　　$4=y-3$　　∴ $y=7$

답 (1) $x=2$, $y=4$　(2) $x=34$, $y=34$　(3) $x=2$, $y=7$

확인 ① 다음 그림과 같은 평행사변형 ABCD에서 x, y의 값을 구하시오.

(단, 점 O는 두 대각선의 교점이다.)

(1) 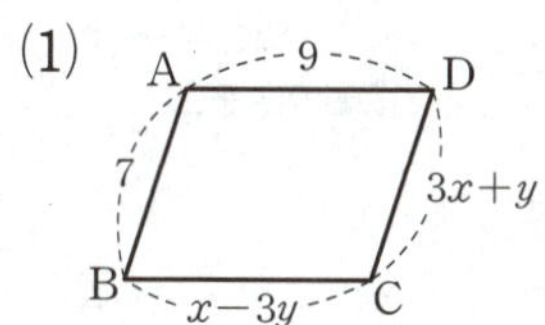　(2) 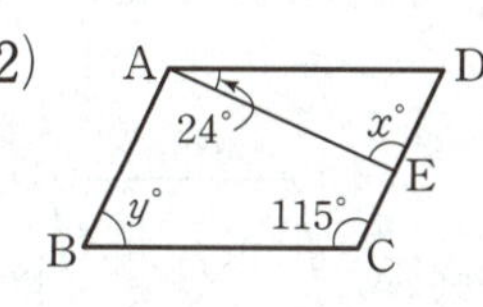　(3) 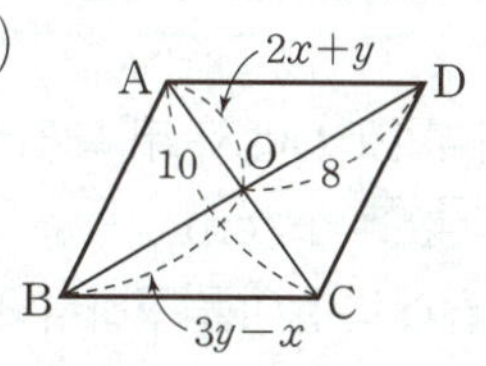

02 평행사변형의 성질의 응용; 대변의 길이

● 더 다양한 문제는 RPM 2–2 44쪽

오른쪽 그림과 같은 평행사변형 ABCD에서 ∠B의 이등분선이 $\overline{CD}$의 연장선과 만나는 점을 E라 하자. $\overline{AB}=4$ cm, $\overline{BC}=6$ cm일 때, $\overline{DE}$의 길이를 구하시오.

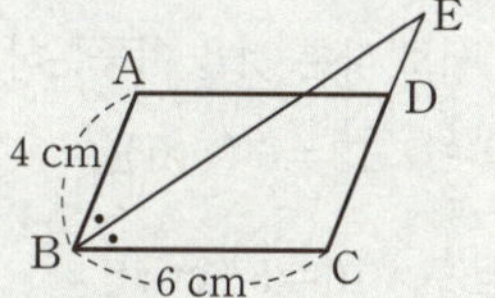

풀이

$\overline{AB}/\!/\overline{EC}$이므로　　$\angle ABE=\angle CEB$ (엇각)

또 $\angle ABE=\angle CBE$이므로　　$\angle CBE=\angle CEB$

따라서 $\triangle BCE$는 이등변삼각형이므로　　$\overline{CE}=\overline{CB}=6$ (cm)

이때 $\overline{CD}=\overline{AB}=4$ (cm)이므로　　$\overline{DE}=\overline{CE}-\overline{CD}=6-4=2$ (cm)

답 2 cm

확인 ② 오른쪽 그림과 같은 평행사변형 ABCD에서 ∠A의 이등분선이 $\overline{BC}$와 만나는 점을 E라 하자. $\overline{AB}=5$ cm, $\overline{AD}=8$ cm일 때, $\overline{EC}$의 길이를 구하시오.

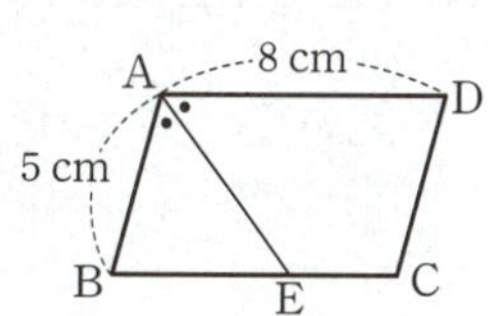

03 평행사변형의 성질의 응용; 대각의 크기

● 더 다양한 문제는 **RPM** 2–2 45쪽

오른쪽 그림과 같은 평행사변형 ABCD의 꼭짓점 D에서 $\overline{AC}$에 내린 수선의 발을 H라 하자. $\angle DAH=40°$, $\angle B=75°$일 때, $\angle x$의 크기를 구하시오.

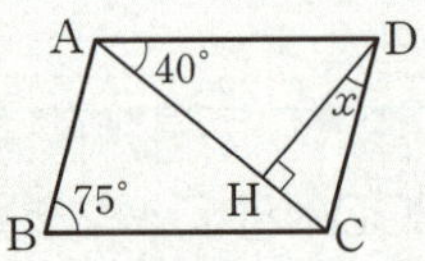

KEY POINT

평행사변형은
① 두 쌍의 대각의 크기가 각각 같다.
② 이웃하는 두 내각의 크기의 합이 180°이다.

풀이 □ABCD는 평행사변형이므로

$$\angle ADC = \angle B = 75°$$

$\triangle ADH$에서 $\angle ADH = 180° - (40° + 90°) = 50°$

$$\therefore \angle x = \angle ADC - \angle ADH = 75° - 50° = 25°$$

답 25°

확인 3 오른쪽 그림과 같은 평행사변형 ABCD에서 $\angle D$의 이등분선이 $\overline{BC}$와 만나는 점을 E라 하자. $\angle DEC=34°$일 때, $\angle x$의 크기를 구하시오.

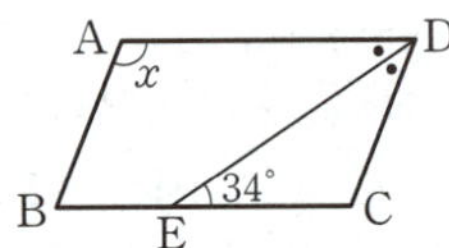

04 평행사변형의 성질의 응용; 대각선의 성질

● 더 다양한 문제는 **RPM** 2–2 46쪽

오른쪽 그림과 같은 평행사변형 ABCD에서 두 대각선의 교점을 O라 하자. $\overline{AD}=8\,cm$, $\overline{AC}=10\,cm$, $\overline{BD}=12\,cm$일 때, $\triangle OBC$의 둘레의 길이를 구하시오.

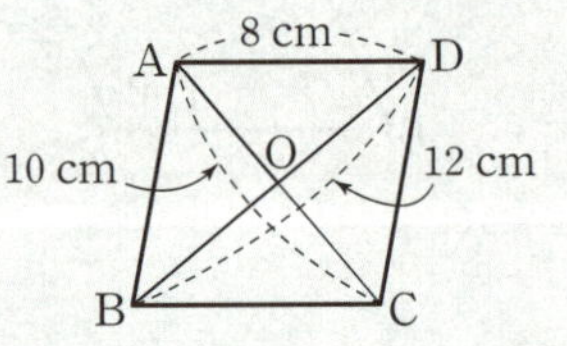

KEY POINT

평행사변형의 두 대각선은 서로 다른 것을 이등분한다.

풀이 □ABCD는 평행사변형이므로

$$\overline{BC} = \overline{AD} = 8\,(cm)$$

평행사변형의 두 대각선은 서로 다른 것을 이등분하므로

$$\overline{BO} = \overline{DO} = \frac{1}{2}\overline{BD} = \frac{1}{2} \times 12 = 6\,(cm),$$

$$\overline{CO} = \overline{AO} = \frac{1}{2}\overline{AC} = \frac{1}{2} \times 10 = 5\,(cm)$$

$$\therefore (\triangle OBC의 둘레의 길이) = \overline{BO} + \overline{BC} + \overline{CO}$$
$$= 6 + 8 + 5 = 19\,(cm)$$

답 19 cm

확인 4 오른쪽 그림과 같은 평행사변형 ABCD에서 두 대각선의 교점을 O라 하자. $\overline{CD}=6\,cm$이고 두 대각선의 길이의 합이 22 cm일 때, $\triangle OAB$의 둘레의 길이를 구하시오.

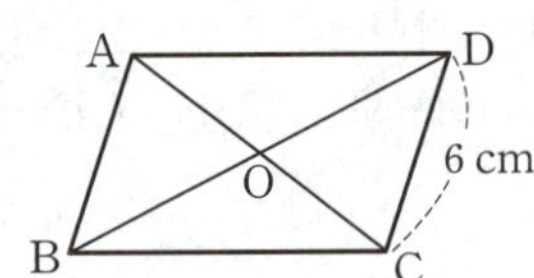

❯ 정답 및 풀이 18쪽

01 다음은 '평행사변형의 두 쌍의 대변의 길이는 각각 같다.'를 증명하는 과정이다.
㈎~㈑에 알맞은 것을 구하시오.

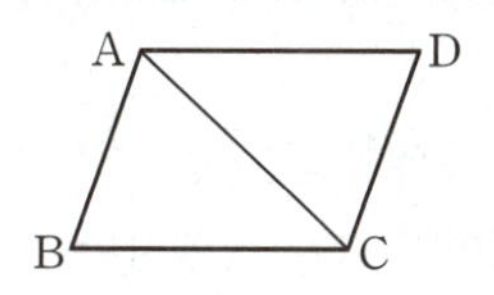

> 평행사변형 ABCD에서 대각선 AC를 그으면
> △ABC와 △CDA에서
> $\boxed{㈎}$ 는 공통, $\angle ACB = \angle CAD$ (엇각),
> $\angle BAC = \boxed{㈏}$ (엇각)
> 이므로 △ABC ≡ △CDA ($\boxed{㈐}$ 합동)
> ∴ $\overline{AB} = \overline{DC}$, $\overline{AD} = \boxed{㈑}$

02 오른쪽 그림과 같은 평행사변형 ABCD에서 $\overline{BC}$의 중점을 E라 하고, $\overline{AE}$의 연장선이 $\overline{CD}$의 연장선과 만나는 점을 F라 하자. $\overline{AB} = 7$ cm, $\overline{AD} = 10$ cm일 때, $\overline{DF}$의 길이를 구하시오.

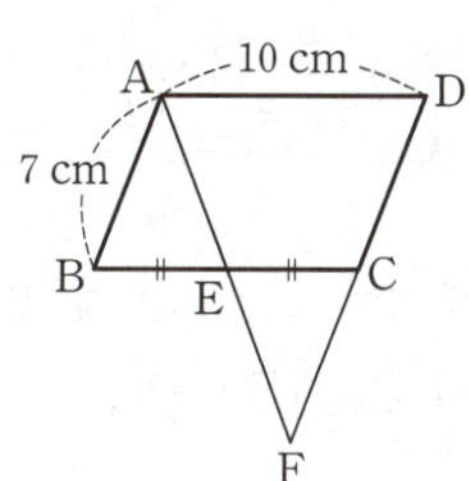

먼저 합동인 두 삼각형을 찾는다.

03 오른쪽 그림과 같은 평행사변형 ABCD에서 $\angle PAB = \angle PAD$이고 $\angle D = 76°$, $\angle APB = 90°$일 때, $\angle x$의 크기를 구하시오.

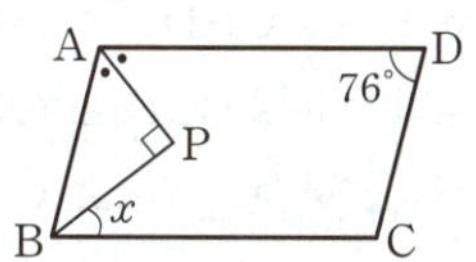

평행사변형의 이웃하는 두 내각의 크기의 합은 180°이다.

04 오른쪽 그림과 같은 평행사변형 ABCD에서 두 대각선의 교점 O를 지나는 직선이 $\overline{AD}$, $\overline{BC}$와 만나는 점을 각각 P, Q라 할 때, 다음 중 옳지 <u>않은</u> 것은?

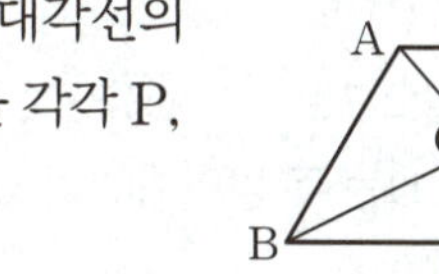

평행사변형의 대각선의 성질을 이용한다.

① $\overline{AO} = \overline{CO}$　　　　② $\overline{PO} = \overline{QO}$
③ $\angle ABO = \angle QBO$　　④ $\angle OAP = \angle OCQ$
⑤ △AOP ≡ △COQ

02 평행사변형이 되는 조건

1 평행사변형이 되는 조건은 무엇인가?   ◈ 핵심문제 01

□ABCD가 다음의 어느 한 조건을 만족시키면 평행사변형이 된다.

(1) 두 쌍의 대변이 각각 평행하다. ← 평행사변형의 뜻
　➡ $\overline{AB} /\!/ \overline{DC}$, $\overline{AD} /\!/ \overline{BC}$

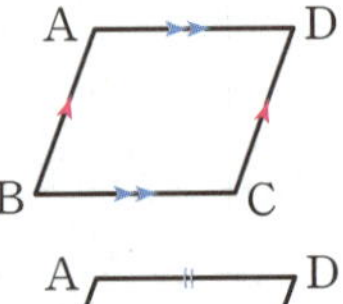

(2) 두 쌍의 대변의 길이가 각각 같다.
　➡ $\overline{AB} = \overline{DC}$, $\overline{AD} = \overline{BC}$

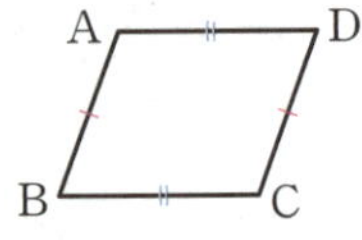

(3) 두 쌍의 대각의 크기가 각각 같다.
　➡ $\angle A = \angle C$, $\angle B = \angle D$

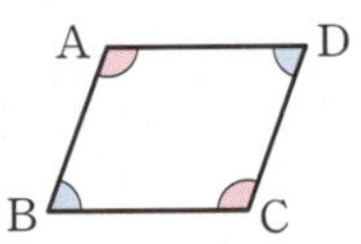

(4) 두 대각선이 서로 다른 것을 이등분한다.
　➡ $\overline{AO} = \overline{CO}$, $\overline{BO} = \overline{DO}$

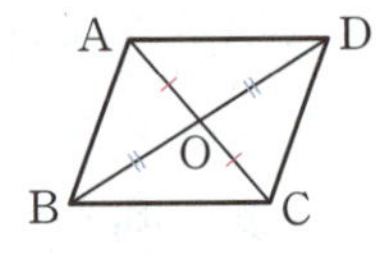

(5) 한 쌍의 대변이 평행하고 그 길이가 같다.
　➡ $\overline{AB} /\!/ \overline{DC}$, $\overline{AB} = \overline{DC}$

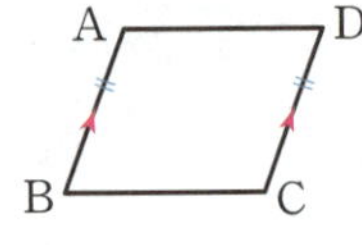

증명 (2) □ABCD에서 대각선 AC를 그으면 △ABC와 △CDA에서

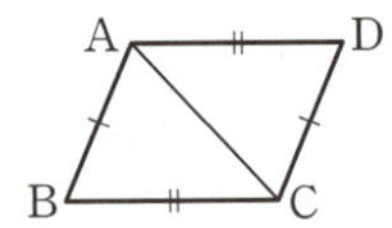

　　　$\overline{AB} = \overline{CD}$, $\overline{BC} = \overline{DA}$, $\overline{AC}$는 공통

　이므로　△ABC≡△CDA (SSS 합동)

　　$\angle BAC = \angle DCA$, 즉 엇각의 크기가 같으므로　　$\overline{AB} /\!/ \overline{DC}$　……㉠

　　$\angle ACB = \angle CAD$, 즉 엇각의 크기가 같으므로　　$\overline{AD} /\!/ \overline{BC}$　……㉡

　㉠, ㉡에서 □ABCD는 두 쌍의 대변이 각각 평행하므로 평행사변형이다.

(3) □ABCD에서　　$\angle A + \angle B + \angle C + \angle D = 360°$

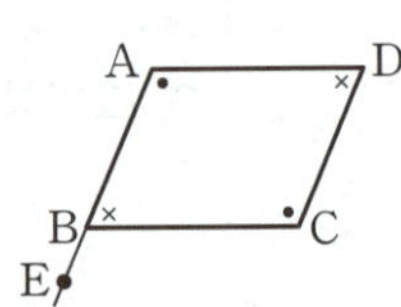

　이때 $\angle A = \angle C$, $\angle B = \angle D$이므로　　$\angle A + \angle B = 180°$　……㉠

　$\overline{AB}$의 연장선 위에 점 E를 잡으면

　　　$\angle B + \angle CBE = 180°$　　　　　　　　　　……㉡

　㉠, ㉡에서　　$\angle A = \angle CBE$

　즉 동위각의 크기가 같으므로　　$\overline{AD} /\!/ \overline{BC}$　　……㉢

　또 $\angle C = \angle A = \angle CBE$

　즉 엇각의 크기가 같으므로　　$\overline{AB} /\!/ \overline{DC}$　　……㉣

　㉢, ㉣에서 □ABCD는 두 쌍의 대변이 각각 평행하므로 평행사변형이다.

(4) △AOB와 △COD에서

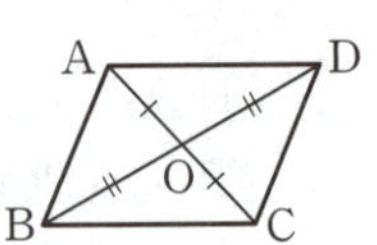

　　　$\overline{AO} = \overline{CO}$, $\overline{BO} = \overline{DO}$, $\angle AOB = \angle COD$ (맞꼭지각)

　이므로　△AOB≡△COD (SAS 합동)　∴ $\angle ABO = \angle CDO$

　즉 엇각의 크기가 같으므로　　$\overline{AB} /\!/ \overline{DC}$　　……㉠

　같은 방법으로 △AOD≡△COB (SAS 합동)이므로　　$\angle DAO = \angle BCO$

　즉 엇각의 크기가 같으므로　　$\overline{AD} /\!/ \overline{BC}$　　……㉡

　㉠, ㉡에서 □ABCD는 두 쌍의 대변이 각각 평행하므로 평행사변형이다.

2 **평행사변형이 되는 조건은 어떻게 응용되는가?**　　　　　　　　◎ 핵심문제 02

□ABCD가 평행사변형일 때, 다음 조건을 만족시키는 □EBFD는 모두 평행사변형이다.

(1) ∠ABE＝∠EBF, ∠EDF＝∠FDC이면

　　　∠EBF＝∠EDF, ∠BED＝∠BFD

➡ 두 쌍의 대각의 크기가 각각 같다.

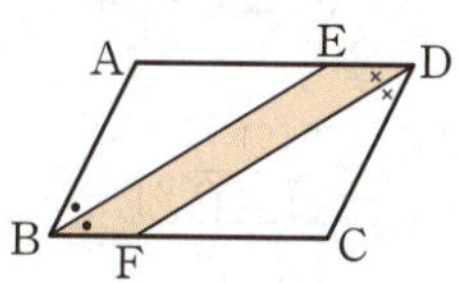

(2) $\overline{EO}=\overline{FO}$ (또는 $\overline{AE}=\overline{CF}$)이면

　　　$\overline{EO}=\overline{FO}$, $\overline{BO}=\overline{DO}$

➡ 두 대각선이 서로 다른 것을 이등분한다.

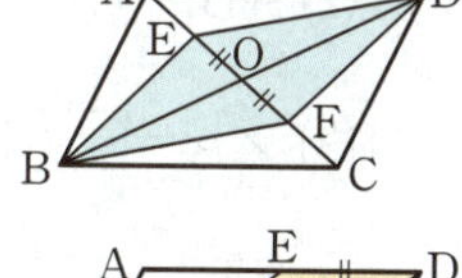

(3) $\overline{ED}=\overline{BF}$ (또는 $\overline{AE}=\overline{CF}$)이면

　　　$\overline{ED}\,/\!/\,\overline{BF}$, $\overline{ED}=\overline{BF}$

➡ 한 쌍의 대변이 평행하고 그 길이가 같다.

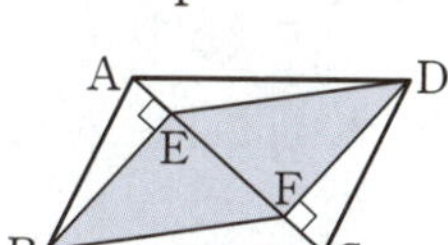

(4) ∠AEB＝∠CFD＝90°이면

　　　$\overline{EB}\,/\!/\,\overline{DF}$, $\overline{EB}=\overline{DF}$

➡ 한 쌍의 대변이 평행하고 그 길이가 같다.

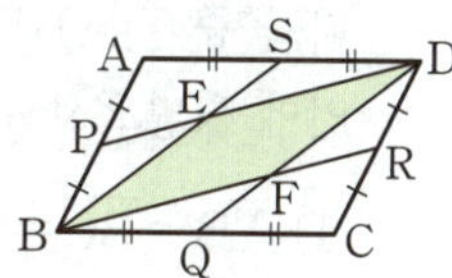

(5) $\overline{AS}=\overline{SD}=\overline{BQ}=\overline{QC}$, $\overline{AP}=\overline{PB}=\overline{DR}=\overline{RC}$이면

　　　$\overline{EB}\,/\!/\,\overline{DF}$, $\overline{ED}\,/\!/\,\overline{BF}$

➡ 두 쌍의 대변이 각각 평행하다.

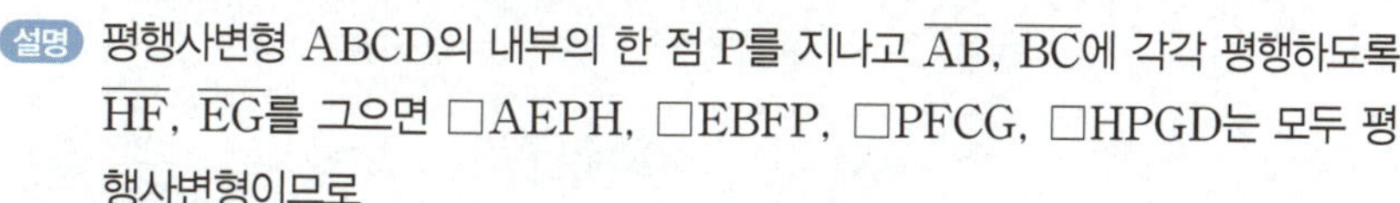

3 **평행사변형의 넓이는 어떻게 나누어지는가?**　　　　　　　　◎ 핵심문제 03, 04

(1) 평행사변형의 넓이는 한 대각선에 의하여 이등분된다.

➡ $\triangle ABC=\triangle BCD=\triangle CDA=\triangle DAB=\dfrac{1}{2}\square ABCD$

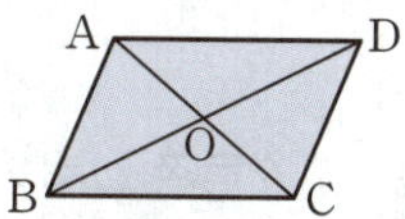

(2) 평행사변형의 넓이는 두 대각선에 의하여 사등분된다.

➡ $\triangle ABO=\triangle BCO=\triangle CDO=\triangle DAO=\dfrac{1}{4}\square ABCD$

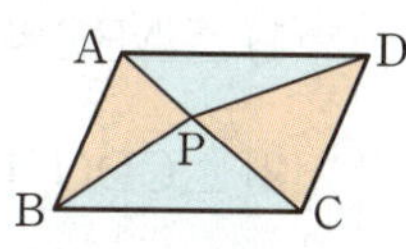

(3) 평행사변형의 내부의 한 점 P에 대하여 다음이 성립한다.

➡ $\triangle PAB+\triangle PCD=\triangle PDA+\triangle PBC=\dfrac{1}{2}\square ABCD$

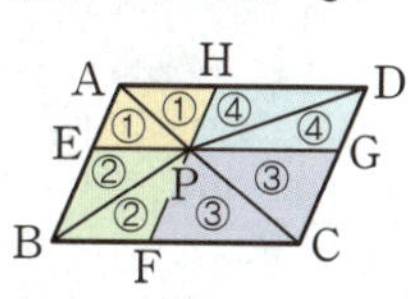

　설명　평행사변형 ABCD의 내부의 한 점 P를 지나고 $\overline{AB}$, $\overline{BC}$에 각각 평행하도록
$\overline{HF}$, $\overline{EG}$를 그으면 □AEPH, □EBFP, □PFCG, □HPGD는 모두 평
행사변형이므로

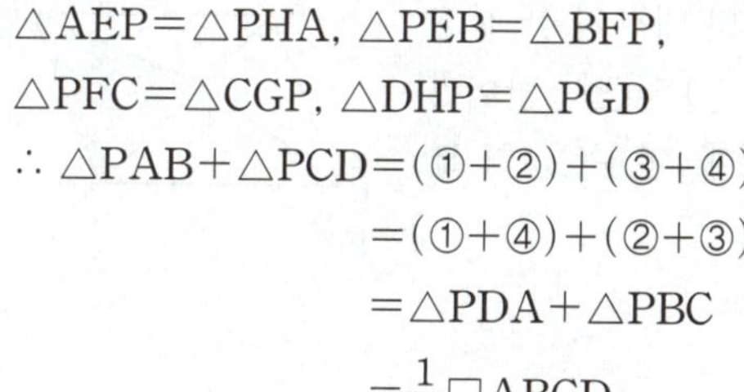

　　　　$\triangle AEP=\triangle PHA$, $\triangle PEB=\triangle BFP$,

　　　　$\triangle PFC=\triangle CGP$, $\triangle DHP=\triangle PGD$

　　　∴ $\triangle PAB+\triangle PCD=(①+②)+(③+④)$

　　　　　　　　　　$=(①+④)+(②+③)$

　　　　　　　　　　$=\triangle PDA+\triangle PBC$

　　　　　　　　　　$=\dfrac{1}{2}\square ABCD$

▶ 정답 및 풀이 19쪽

01 다음은 오른쪽 그림과 같은 □ABCD가 평행사변형이 되는 조건이다. □ 안에 알맞은 것을 써넣으시오.
(단, 점 O는 두 대각선의 교점이다.)

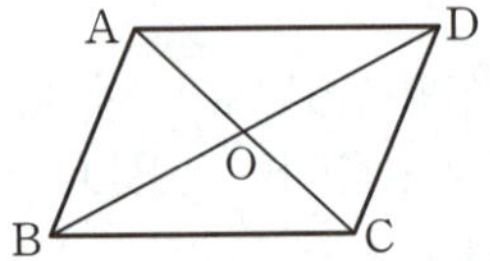

(1) $\overline{AB}$∥□, $\overline{AD}$∥□

(2) $\overline{AB}$=□, $\overline{AD}$=□

(3) ∠A=□, ∠B=□

(4) $\overline{AO}$=□, $\overline{BO}$=□

(5) $\overline{AB}$∥□, $\overline{AB}$=□

○ 평행사변형이 되는 조건
① 두 쌍의 대변이 각각 □ 하다.
② 두 쌍의 대변의 길이가 각각 같다.
③ 두 쌍의 □의 크기가 각각 같다.
④ 두 대각선이 서로 다른 것을 □한다.
⑤ 한 쌍의 대변이 □하고 그 길이가 □.

02 다음 중 □ABCD가 평행사변형인 것은 ○, 평행사변형이 아닌 것은 ×를 ( ) 안에 써넣으시오. (단, 점 O는 두 대각선의 교점이다.)

(1) $\overline{AB}=\overline{BC}$=4 cm, $\overline{CD}=\overline{DA}$=6 cm ( )

(2) ∠A=65°, ∠B=115°, ∠C=65° ( )

(3) $\overline{AO}=\overline{CO}$=5 cm, $\overline{BO}=\overline{DO}$=7 cm ( )

(4) $\overline{AD}$∥$\overline{BC}$, $\overline{AB}=\overline{DC}$=8 cm ( )

03 오른쪽 그림과 같은 평행사변형 ABCD의 넓이가 40 cm²일 때, 다음을 구하시오.
(단, 점 O는 두 대각선의 교점이다.)

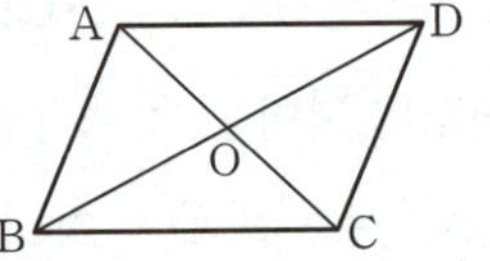

(1) △ABC의 넓이

(2) △CDO의 넓이

○ 평행사변형의 넓이는 두 대각선에 의하여 사등분된다.

04 오른쪽 그림과 같은 평행사변형 ABCD의 내부의 한 점 P에 대하여 △PAB의 넓이가 15 cm², △PBC의 넓이가 27 cm², △PDA의 넓이가 13 cm²일 때, △PCD의 넓이를 구하시오.

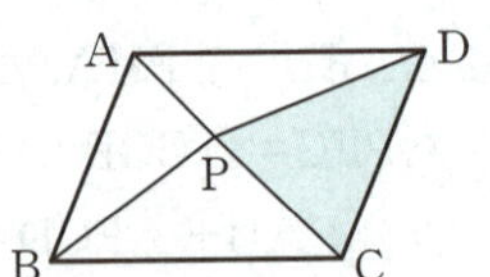

○ 평행사변형 ABCD의 내부의 한 점 P에 대하여
$$\triangle PAB + \boxed{} = \triangle PDA + \triangle PBC$$

01 평행사변형이 되는 조건

● 더 다양한 문제는 RPM 2–2 47쪽

KEY POINT
주어진 조건을 그림으로 나타낸 후 평행사변형이 되는 조건 중 하나를 만족시키는지 알아본다.

다음 **보기** 중 □ABCD가 평행사변형이 되는 것을 모두 고르시오.

> **보기**
> ㄱ. $\overline{AB} \parallel \overline{DC}$, $\overline{AD} = \overline{BC}$
> ㄴ. $\angle A = 80°$, $\angle B = 100°$, $\angle C = 80°$
> ㄷ. $\angle A + \angle B = 180°$, $\angle C + \angle D = 180°$
> ㄹ. $\overline{AD} = \overline{BC}$, $\angle A + \angle B = 180°$

풀이

ㄱ. 오른쪽 그림에서 □ABCD는 $\overline{AB} \parallel \overline{DC}$, $\overline{AD} = \overline{BC}$이지만 평행사변형이 아니다.

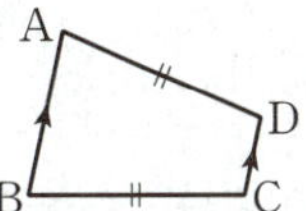

ㄴ. $\angle D = 360° - (80° + 100° + 80°) = 100°$
이때 $\angle A = \angle C$, $\angle B = \angle D$에서 두 쌍의 대각의 크기가 각각 같으므로 □ABCD는 평행사변형이다.

ㄷ. $\angle A = 50°$, $\angle B = 130°$, $\angle C = 110°$, $\angle D = 70°$이면
$\angle A + \angle B = \angle C + \angle D = 180°$이지만 □ABCD는 평행사변형이 아니다.

ㄹ. 오른쪽 그림과 같이 $\overline{AB}$의 연장선 위에 점 E를 잡자.
이때 $\angle A + \angle B = 180°$이므로 $\angle EAD = \angle B$
즉 동위각의 크기가 같으므로 $\overline{AD} \parallel \overline{BC}$
따라서 한 쌍의 대변이 평행하고 그 길이가 같으므로 □ABCD는 평행사변형이다.

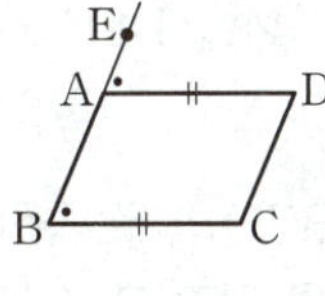

이상에서 □ABCD가 평행사변형이 되는 것은 ㄴ, ㄹ이다. **답** ㄴ, ㄹ

확인 1 다음 그림과 같은 □ABCD 중에서 평행사변형이 **아닌** 것은?
(단, 점 O는 두 대각선의 교점이다.)

① 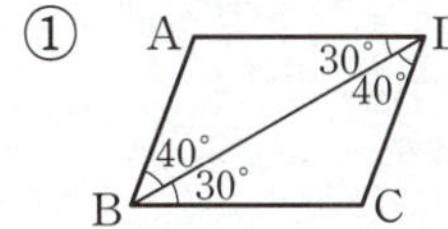 ② 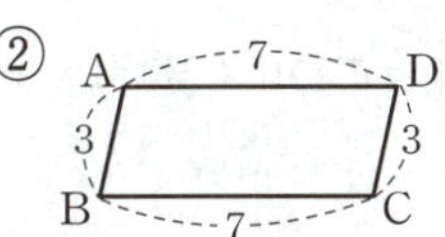 ③ 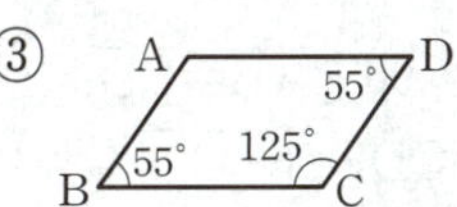

④ 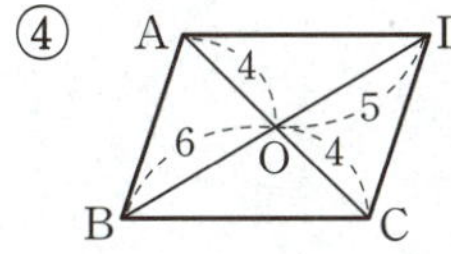 ⑤ 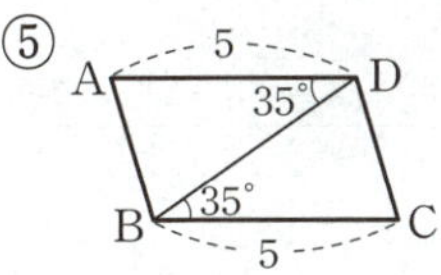

확인 2 다음 그림과 같은 □ABCD가 평행사변형이 되도록 하는 x, y의 값을 구하시오.

(1) 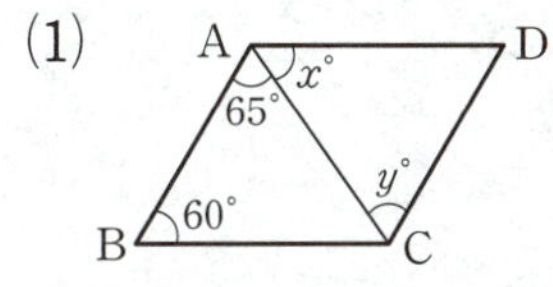

(2) 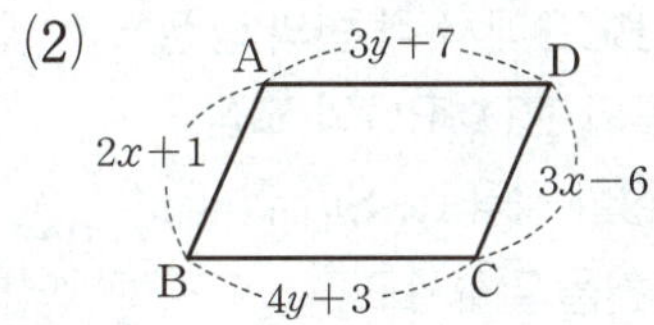

두 쌍의 대각의 크기가 각각 같은 사각형은 평행사변형이다.

02 평행사변형이 되는 조건의 응용

● 더 다양한 문제는 RPM 2-2 48쪽

아래는 평행사변형 ABCD에서 ∠B, ∠D의 이등분선이 $\overline{AD}$, $\overline{BC}$와 만나는 점을 각각 E, F라 할 때, □EBFD가 평행사변형임을 설명하는 과정이다. 다음 물음에 답하시오.

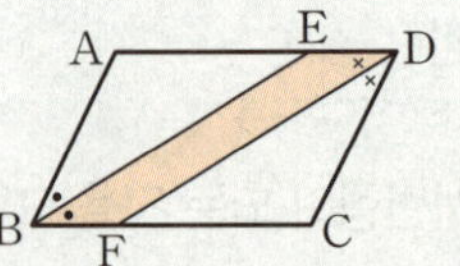

∠B=∠D이므로 $\angle EBF=\dfrac{1}{2}\angle B=\dfrac{1}{2}\angle D=\angle EDF$ …… ㉠

또 $\overline{AD}/\!/\overline{BC}$이므로 ∠AEB=∠EBF (엇각), ∠DFC=∠EDF (엇각)

즉 ∠AEB=∠EBF=∠EDF= $\boxed{\ (가)\ }$ 이므로

∠BED=180°−∠AEB=180°− $\boxed{\ (가)\ }$ = $\boxed{\ (나)\ }$ …… ㉡

㉠, ㉡에서 □EBFD는 평행사변형이다.

(1) (가), (나)에 알맞은 것을 구하시오.

(2) □EBFD가 평행사변형이 되는 조건을 말하시오.

풀이 (2) ∠EBF=∠EDF, ∠BED=∠BFD에서 두 쌍의 대각의 크기가 각각 같으므로 □EBFD는 평행사변형이다.

답 (1) (가) ∠DFC (나) ∠BFD (2) 두 쌍의 대각의 크기가 각각 같다.

확인 3 아래는 평행사변형 ABCD의 두 꼭짓점 A, C에서 대각선 BD에 내린 수선의 발을 각각 E, F라 할 때, □AECF가 평행사변형임을 설명하는 과정이다. 다음 물음에 답하시오.

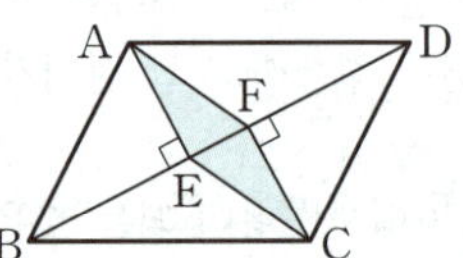

∠AED=∠CFB=90°, 즉 엇각의 크기가 같으므로

$\overline{AE}/\!/ \boxed{\ (가)\ }$ …… ㉠

△ABE와 △CDF에서

∠AEB=∠CFD=90°, $\overline{AB}=\overline{CD}$, ∠ABE=∠CDF (엇각)

이므로 △ABE≡△CDF ($\boxed{\ (나)\ }$ 합동)

∴ $\boxed{\ (다)\ }$ =$\overline{CF}$ …… ㉡

㉠, ㉡에서 □AECF는 평행사변형이다.

(1) (가), (나), (다)에 알맞은 것을 구하시오.

(2) □AECF가 평행사변형이 되는 조건을 말하시오.

확인 4 오른쪽 그림과 같은 평행사변형 ABCD에서 각 변의 중점을 각각 E, F, G, H라 하고, $\overline{AF}$와 $\overline{ED}$, $\overline{BG}$의 교점을 각각 P, Q, $\overline{HC}$와 $\overline{BG}$, $\overline{ED}$의 교점을 각각 R, S라 할 때, □PQRS가 평행사변형이 되는 조건을 말하시오.

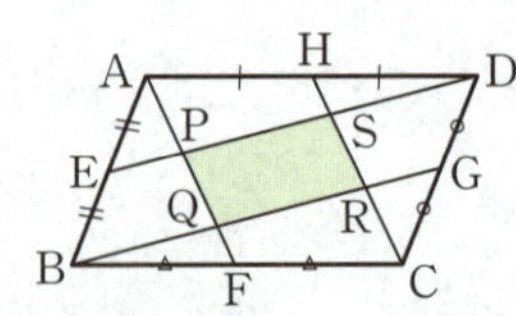

03 평행사변형과 넓이; 두 대각선에 의해 나누어지는 경우

● 더 다양한 문제는 RPM 2–2 49쪽

KEY POINT

평행사변형의 넓이는 두 대각선에 의하여 사등분된다.

오른쪽 그림과 같은 평행사변형 ABCD에서 두 대각선의 교점을 O라 하자. $\triangle$ABO의 넓이가 $4\ \text{cm}^2$일 때, $\square$ABCD의 넓이를 구하시오.

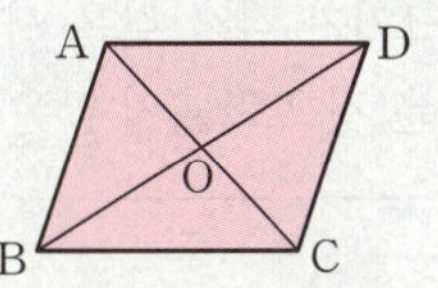

풀이 $\triangle\text{ABO}=\triangle\text{BCO}=\triangle\text{CDO}=\triangle\text{DAO}=\dfrac{1}{4}\square\text{ABCD}$이므로

$\square\text{ABCD}=4\triangle\text{ABO}=4\times4=16\ (\text{cm}^2)$

답 $16\ \text{cm}^2$

확인 5 오른쪽 그림과 같은 평행사변형 ABCD에서 $\overline{\text{AD}}$, $\overline{\text{BC}}$의 중점을 각각 M, N이라 하고, $\square$ABNM, $\square$MNCD의 두 대각선의 교점을 각각 P, Q라 하자. $\square$ABCD의 넓이가 $28\ \text{cm}^2$일 때, $\square$MPNQ의 넓이를 구하시오.

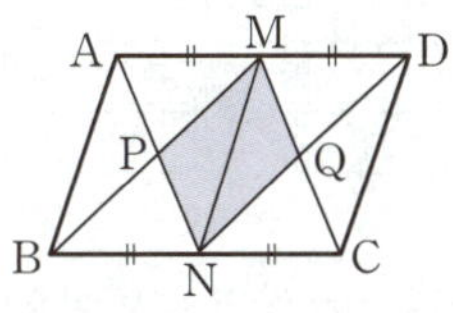

04 평행사변형과 넓이; 내부의 한 점이 주어지는 경우

● 더 다양한 문제는 RPM 2–2 49쪽

KEY POINT

평행사변형 ABCD의 내부의 한 점 P에 대하여

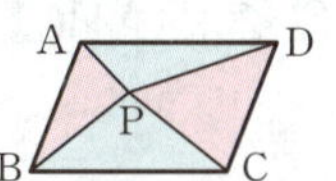

➡ $\triangle\text{PAB}+\triangle\text{PCD}$
$=\triangle\text{PDA}+\triangle\text{PBC}$
$=\dfrac{1}{2}\square\text{ABCD}$

오른쪽 그림과 같은 평행사변형 ABCD의 내부의 한 점 P에 대하여 $\square$ABCD의 넓이가 $72\ \text{cm}^2$이고 $\triangle$PBC의 넓이가 $15\ \text{cm}^2$일 때, $\triangle$PDA의 넓이를 구하시오.

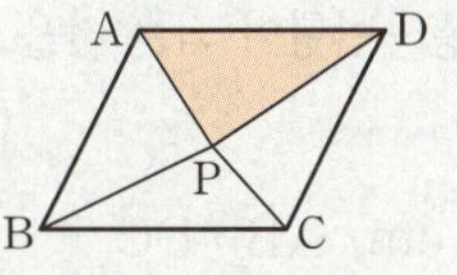

풀이 $\triangle\text{PDA}+\triangle\text{PBC}=\dfrac{1}{2}\square\text{ABCD}=\dfrac{1}{2}\times72=36\ (\text{cm}^2)$

이때 $\triangle$PBC의 넓이가 $15\ \text{cm}^2$이므로

$\triangle\text{PDA}+15=36$ $\therefore\ \triangle\text{PDA}=21\ (\text{cm}^2)$

답 $21\ \text{cm}^2$

확인 6 오른쪽 그림과 같은 평행사변형 ABCD의 꼭짓점 D에서 $\overline{\text{BC}}$의 연장선에 내린 수선의 발을 H라 하자. 평행사변형 ABCD의 내부의 한 점 P에 대하여 $\triangle$PCD의 넓이가 $14\ \text{cm}^2$이고 $\overline{\text{BC}}=8\ \text{cm}$, $\overline{\text{DH}}=5\ \text{cm}$일 때, $\triangle$PAB의 넓이를 구하시오.

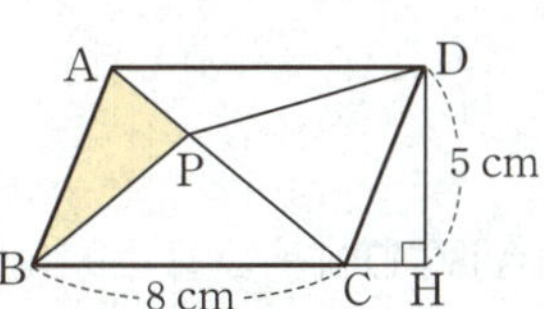

01 다음은 '두 쌍의 대각의 크기가 각각 같은 사각형은 평행사변형이다.'를 증명하는 과정이다. ㈎~㈐에 알맞은 것으로 옳지 <u>않은</u> 것은?

동위각 또는 엇각의 크기가 같으면 두 직선은 평행하다.

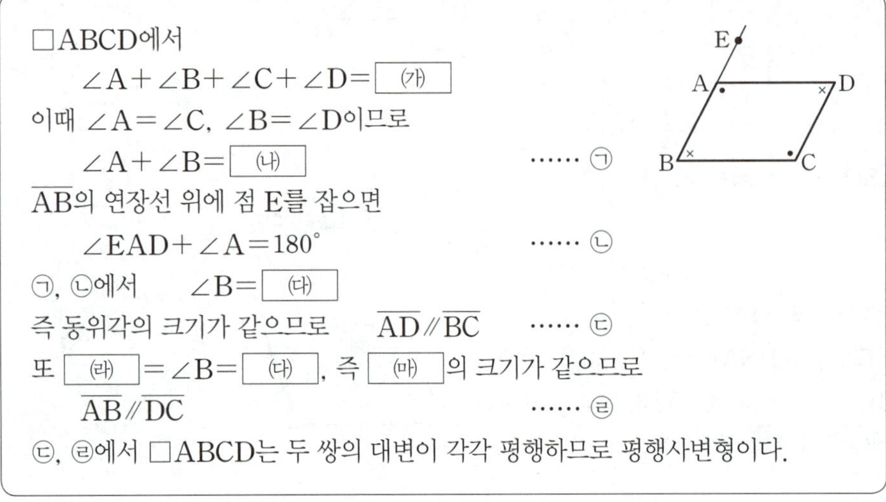

□ABCD에서
$$\angle A + \angle B + \angle C + \angle D = \boxed{\text{㈎}}$$
이때 $\angle A = \angle C$, $\angle B = \angle D$이므로
$$\angle A + \angle B = \boxed{\text{㈏}} \qquad \cdots\cdots \ \unicode{x25EF}$$
$\overline{AB}$의 연장선 위에 점 E를 잡으면
$$\angle EAD + \angle A = 180^\circ \qquad \cdots\cdots \ \unicode{x25EC}$$
㉠, ㉡에서 $\angle B = \boxed{\text{㈐}}$
즉 동위각의 크기가 같으므로 $\overline{AD} \,/\!/\, \overline{BC} \qquad \cdots\cdots \ \unicode{x25A1}$
또 $\boxed{\text{㈑}} = \angle B = \boxed{\text{㈐}}$, 즉 $\boxed{\text{㈒}}$ 의 크기가 같으므로
$$\overline{AB} \,/\!/\, \overline{DC} \qquad \cdots\cdots \ \unicode{x25A1}$$
㉢, ㉣에서 □ABCD는 두 쌍의 대변이 각각 평행하므로 평행사변형이다.

① ㈎ 360° ② ㈏ 180° ③ ㈐ $\angle EAD$
④ ㈑ $\angle D$ ⑤ ㈒ 동위각

02 다음 중 □ABCD가 평행사변형이 되는 것을 모두 고르면? (정답 2개)
(단, 점 O는 두 대각선의 교점이다.)

평행사변형이 되는 조건을 생각해 본다.

① $\overline{AB} = 7$ cm, $\overline{DC} = 7$ cm, $\overline{AB} \,/\!/\, \overline{DC}$
② $\overline{AB} = 3$ cm, $\overline{AD} = 3$ cm, $\overline{AB} \,/\!/\, \overline{DC}$
③ $\overline{AO} = 5$ cm, $\overline{BO} = 5$ cm, $\overline{CO} = 4$ cm, $\overline{DO} = 4$ cm
④ $\angle A = \angle B$, $\overline{AD} = 10$ cm, $\overline{BC} = 10$ cm
⑤ $\angle A = 95^\circ$, $\angle B = 85^\circ$, $\angle C = 95^\circ$

03 오른쪽 그림과 같은 □ABCD에서 $\overline{AB} = 9$ cm, $\angle B = 75^\circ$, $\angle ACB = 45^\circ$일 때, □ABCD가 평행사변형이 되도록 하는 x, y에 대하여 $x + y$의 값을 구하시오.

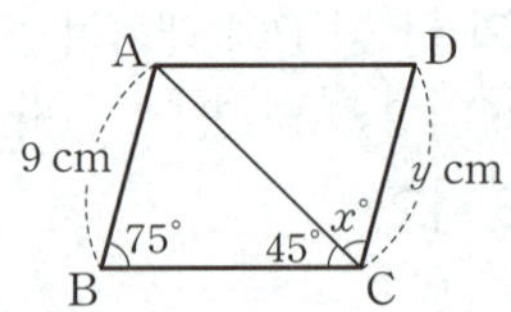

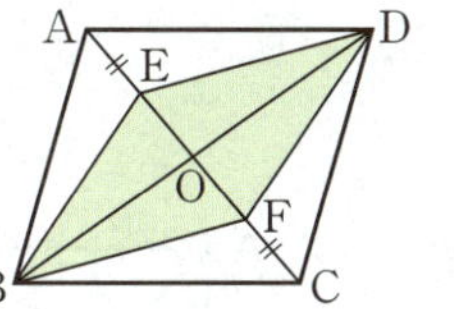

04 다음은 평행사변형 ABCD에서 두 대각선의 교점을 O라 하고, 대각선 AC 위에 $\overline{AE}=\overline{CF}$가 되도록 두 점 E, F를 잡을 때, □EBFD가 평행사변형임을 설명하는 과정이다. ㈎, ㈏, ㈐에 알맞은 것을 구하고, □EBFD가 평행사변형이 되는 조건을 말하시오.

> □ABCD는 평행사변형이므로
> $\overline{AO}=\overline{CO}$, $\overline{BO}=$ ☐ ㈎ ······ ㉠
> 그런데 $\overline{AE}=\overline{CF}$이므로
> $\overline{EO}=\overline{AO}-\overline{AE}=$ ☐ ㈏ $-\overline{CF}=$ ☐ ㈐ ······ ㉡
> ㉠, ㉡에서 □EBFD는 평행사변형이다.

05 오른쪽 그림과 같은 평행사변형 ABCD에서 ∠A, ∠C의 이등분선이 $\overline{BC}$, $\overline{AD}$와 만나는 점을 각각 E, F라 하자. $\overline{AB}=10$ cm, $\overline{AD}=14$ cm이고 □AECF의 둘레의 길이가 28 cm일 때, $\overline{AE}$의 길이를 구하시오.

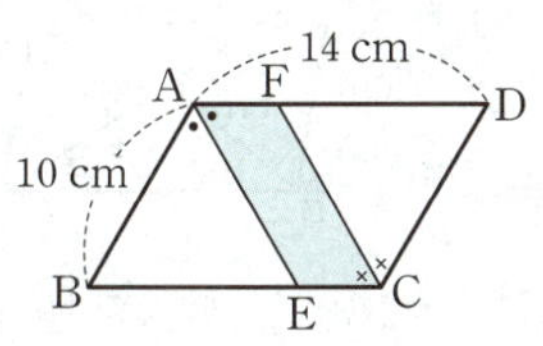

□AECF가 어떤 사각형인지 생각해 본다.

06 오른쪽 그림과 같은 평행사변형 ABCD에서 두 대각선의 교점 O를 지나는 직선이 $\overline{AB}$, $\overline{DC}$와 만나는 점을 각각 E, F라 하자. □ABCD의 넓이가 36 cm²일 때, 색칠한 부분의 넓이를 구하시오.

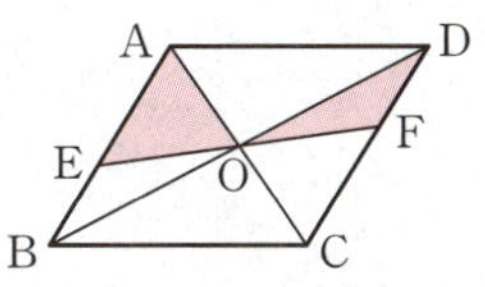

먼저 합동인 두 삼각형을 찾는다.

07 오른쪽 그림과 같은 평행사변형 ABCD의 내부의 한 점 P에 대하여 △PAB : △PCD=2 : 3이고 □ABCD의 넓이가 60 cm²일 때, △PAB의 넓이를 구하시오.

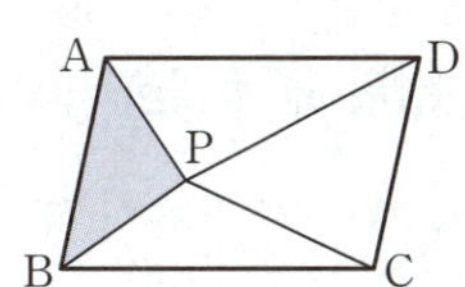

STEP **1** 기본 문제

01 오른쪽 그림과 같은 평행사변형 ABCD에서 ∠BAC=80°, ∠DBC=25°, ∠BDC=35°일 때, ∠x의 크기는?

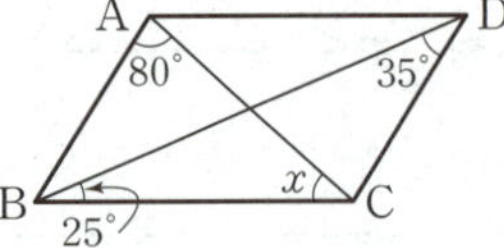

① 30°　　② 35°　　③ 40°
④ 45°　　⑤ 50°

02 오른쪽 그림과 같은 평행사변형 ABCD에서 $\overline{AB}$=7 cm, $\overline{BO}$=5 cm, $\overline{AC}$=12 cm이고 ∠ABC=100°일 때, 다음 중 옳지 <u>않은</u> 것은?

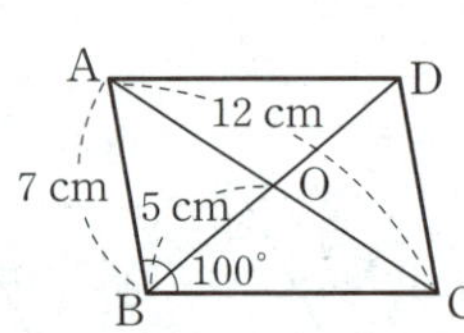

(단, 점 O는 두 대각선의 교점이다.)

① $\overline{DC}$=7 cm　　　② ∠ADC=100°
③ ∠DAB=100°　　④ $\overline{AO}$=6 cm
⑤ $\overline{BD}$=10 cm

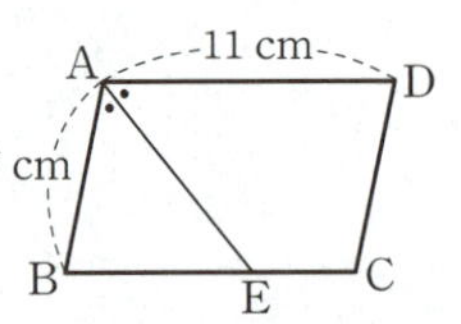

03 오른쪽 그림과 같은 평행사변형 ABCD에서 ∠A의 이등분선이 $\overline{BC}$와 만나는 점을 E라 하자. $\overline{AB}$=7 cm, $\overline{AD}$=11 cm일 때, $\overline{EC}$의 길이를 구하시오.

04 오른쪽 그림과 같은 평행사변형 ABCD에서 ∠A : ∠B=3 : 2일 때, ∠C, ∠D의 크기를 구하시오.

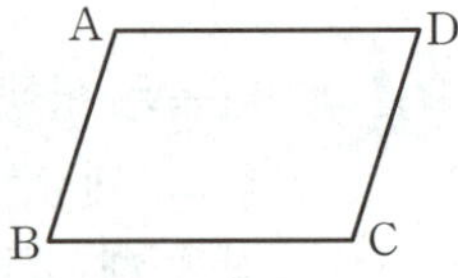

05 오른쪽 그림과 같은 평행사변형 ABCD에서 ∠B=70°이고 $\overline{AD}$=$\overline{DF}$=6 cm일 때, ∠x의 크기는?

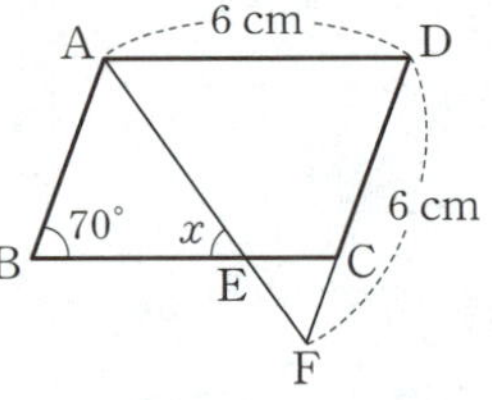

① 45°　　② 50°　　③ 55°
④ 60°　　⑤ 65°

06 오른쪽 그림과 같은 평행사변형 ABCD에서 두 대각선의 교점을 O라 하자. $\overline{AB}$=9 cm, $\overline{AC}$=14 cm, $\overline{BD}$=18 cm일 때, △OCD의 둘레의 길이는?

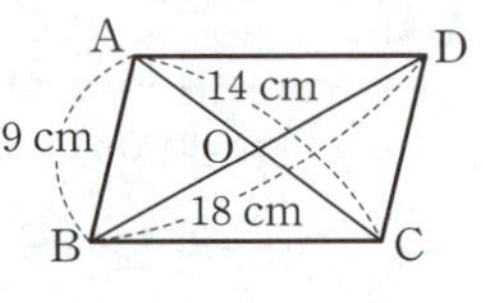

① 21 cm　　② 22 cm　　③ 23 cm
④ 24 cm　　⑤ 25 cm

07 다음 중 □ABCD가 평행사변형이 되는 조건이 아닌 것은? (단, 점 O는 두 대각선의 교점이다.)

① $\overline{AB}=\overline{DC}$, $\overline{AD}=\overline{BC}$
② $\angle A=120°$, $\angle B=60°$, $\angle D=60°$
③ $\angle A=\angle C$, $\overline{AB}/\!/\overline{DC}$
④ $\overline{AB}=\overline{DC}$, $\overline{AD}/\!/\overline{BC}$
⑤ $\overline{AO}=\overline{CO}$, $\overline{BO}=\overline{DO}$

08 오른쪽 그림과 같은 □ABCD에서 두 대각선의 교점을 O라 하자. $\overline{AO}=3$ cm, $\overline{DO}=5$ cm일 때, □ABCD가 평행사변형이 되도록 하는 x, y에 대하여 xy의 값은?

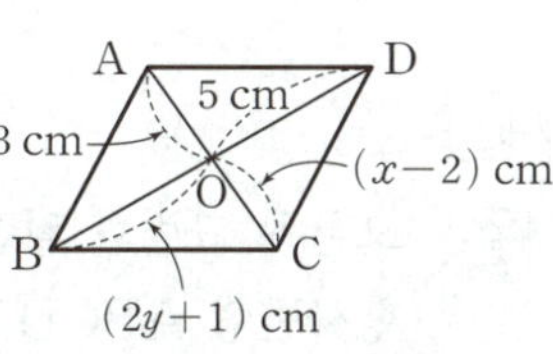

① 8 　② 10 　③ 12
④ 14 　⑤ 16

09 다음은 평행사변형 ABCD에서 $\overline{AB}$, $\overline{CD}$ 위에 $\overline{AE}=\overline{CF}$가 되도록 두 점 E, F를 잡을 때, □EBFD가 평행사변형임을 설명하는 과정이다. ㈎, ㈏, ㈐에 알맞은 것을 구하시오.

□ABCD가 평행사변형이므로
　$\overline{EB}/\!/$ ㈎ 　　……㉠
　 ㈏ $=\overline{DC}$, $\overline{AE}=\overline{CF}$이므로
　 ㈐ $=\overline{DF}$ 　　……㉡
㉠, ㉡에서 □EBFD는 평행사변형이다.

10 오른쪽 그림과 같은 평행사변형 ABCD에서 두 대각선 AC, BD 위에 $\overline{AP}=\overline{CR}$, $\overline{BQ}=\overline{DS}$가 되도록 네 점 P, Q, R, S를 잡을 때, 다음 중 □PQRS가 평행사변형이 되는 조건으로 가장 알맞은 것은? (단, 점 O는 두 대각선의 교점이다.)

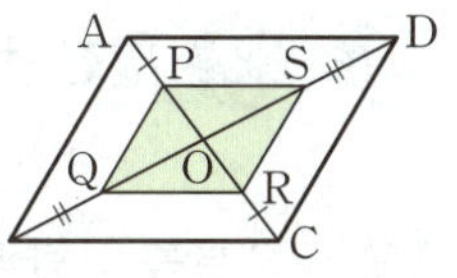

① 두 쌍의 대변이 각각 평행하다.
② 두 쌍의 대변의 길이가 각각 같다.
③ 두 쌍의 대각의 크기가 각각 같다.
④ 두 대각선이 서로 다른 것을 이등분한다.
⑤ 한 쌍의 대변이 평행하고 그 길이가 같다.

11 오른쪽 그림과 같이 평행사변형 ABCD의 내부에 한 점 P를 잡고 점 P를 지나면서 $\overline{AB}$, $\overline{AD}$에 각각 평행하도록 $\overline{HF}$, $\overline{EG}$를 그었다. □ABCD의 넓이가 70 cm²일 때, 색칠한 부분의 넓이를 구하시오.

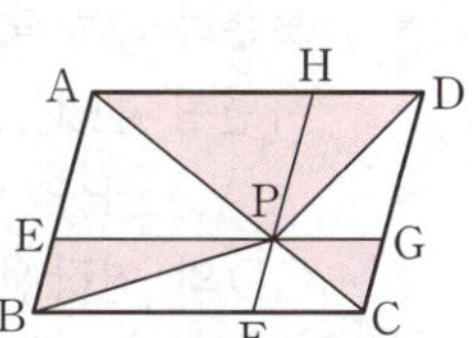

12 오른쪽 그림과 같은 평행사변형 ABCD의 꼭짓점 D에서 $\overline{BC}$의 연장선에 내린 수선의 발을 H라 하자. $\overline{BC}=8$ cm, $\overline{DH}=6$ cm일 때, 평행사변형 ABCD의 내부의 한 점 P에 대하여 색칠한 부분의 넓이는?

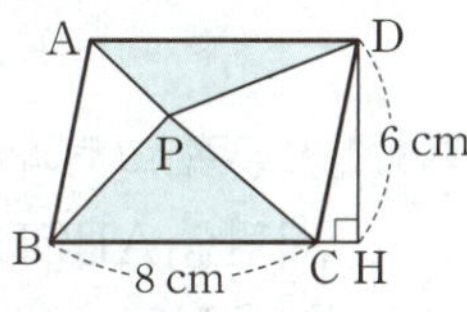

① 24 cm² 　② 26 cm² 　③ 28 cm²
④ 30 cm² 　⑤ 32 cm²

13 오른쪽 그림과 같은 평행사변형 ABCD를 꼭짓점 C가 점 E에 오도록 대각선 BD를 접는 선으로 하여 접었다. $\overline{DE}$와 $\overline{BA}$의 연장선의 교점을 F라 하고 ∠BDC=40°일 때, ∠F의 크기는?

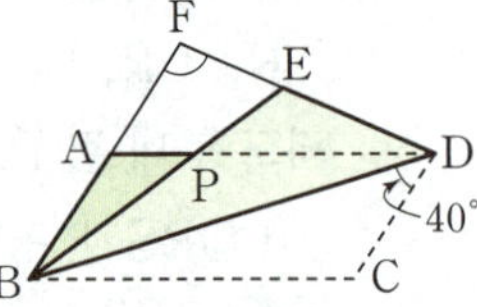

① 95°   ② 100°   ③ 105°
④ 110°   ⑤ 115°

14 오른쪽 그림과 같은 평행사변형 ABCD에서 ∠A, ∠B의 이등분선이 $\overline{CD}$의 연장선과 만나는 점을 각각 E, F라 하자. $\overline{AB}$=10 cm, $\overline{AD}$=12 cm일 때, $\overline{EF}$의 길이를 구하시오.

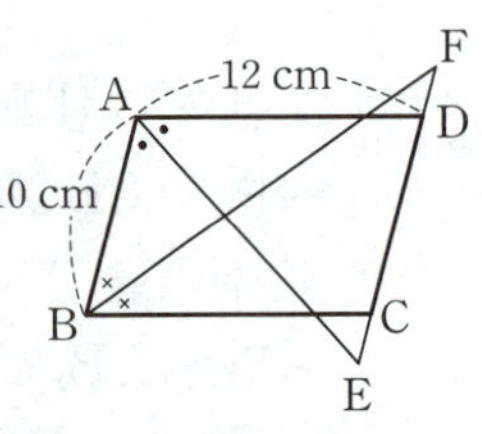

15 오른쪽 그림과 같은 평행사변형 ABCD에서 ∠ADE : ∠EDC =2 : 1이고 ∠B=60°, ∠AED=75°일 때, ∠x의 크기는?

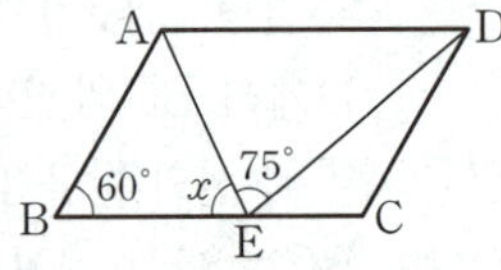

① 55°   ② 60°   ③ 65°
④ 70°   ⑤ 75°

16 오른쪽 그림과 같은 평행사변형 ABCD에서 ∠B, ∠C의 이등분선이 $\overline{AD}$와 만나는 점을 각각 E, F라 하고, $\overline{CF}$와 $\overline{BA}$의 연장선의 교점을 H라 하자. ∠AHF=40°일 때, ∠x의 크기는?

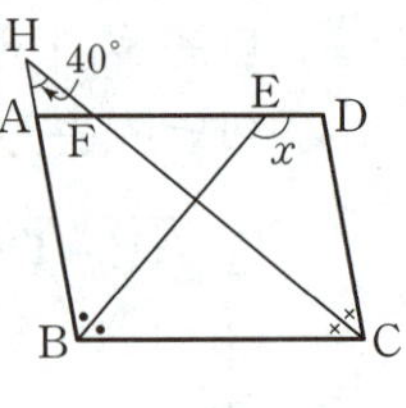

① 120°   ② 125°   ③ 130°
④ 135°   ⑤ 140°

17 오른쪽 그림과 같은 평행사변형 ABCD의 두 대각선의 교점 O를 지나는 직선이 $\overline{AB}$, $\overline{CD}$와 만나는 점을 각각 P, Q라 하자. ∠APO=90°이고 $\overline{PB}$=9 cm, $\overline{PO}$=7 cm, $\overline{DC}$=13 cm일 때, △OCQ의 넓이는?

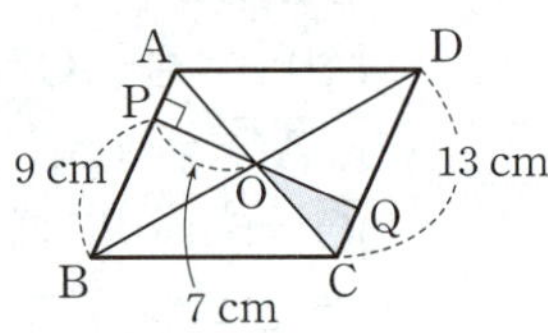

① 8 cm²   ② 10 cm²   ③ 12 cm²
④ 14 cm²   ⑤ 16 cm²

18 오른쪽 그림과 같은 평행사변형 ABCD에서 $\overline{AB}$∥$\overline{GH}$, $\overline{AD}$∥$\overline{EF}$이고 $\overline{EF}$와 $\overline{GH}$의 교점을 P라 하자. $\overline{AD}$=11 cm, $\overline{AE}$=5 cm, $\overline{DC}$=9 cm, $\overline{BH}$=7 cm이고 ∠EPG=110°일 때, $x-y+z$의 값을 구하시오.

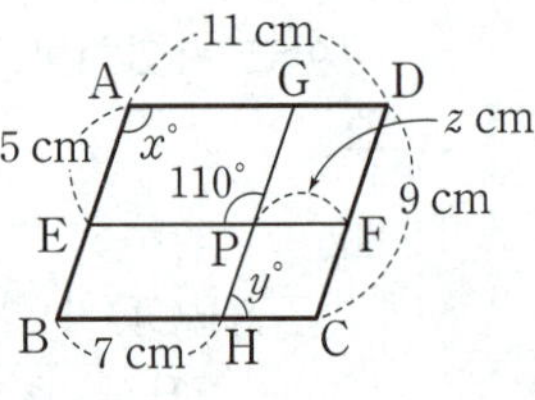

19 오른쪽 그림과 같이 평행사변형 ABCD에서 대각선 BD 위에 $\overline{BE}=\overline{DF}$가 되도록 두 점 E, F를 잡을 때, 다음 중 옳지 <u>않은</u> 것은?

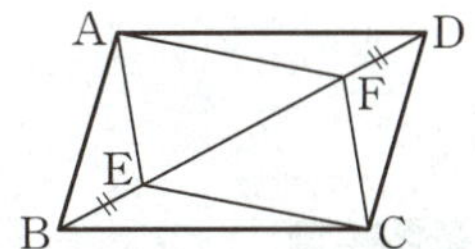

① $\overline{AF}=\overline{CE}$ ② $\overline{AE}=\overline{CF}$
③ $\overline{AB}=\overline{EF}$ ④ $\triangle AFD \equiv \triangle CEB$
⑤ □AECF는 평행사변형이다.

20 오른쪽 그림과 같은 평행사변형 ABCD에서 두 점 M, N은 각각 $\overline{AD}$, $\overline{BC}$의 중점이다. $\angle DAN=72°$, $\angle MBC=38°$일 때, $\angle x$의 크기를 구하시오.

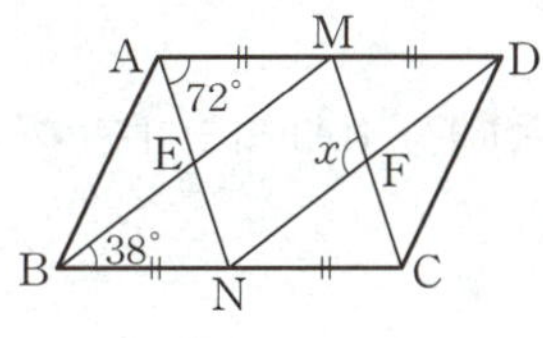

꼭나와

21 오른쪽 그림과 같은 평행사변형 ABCD에서 변 BC, DC의 연장선 위에 $\overline{BC}=\overline{CE}$, $\overline{DC}=\overline{CF}$가 되도록 두 점 E, F를 잡았다. $\triangle AOD$의 넓이가 $8\ \text{cm}^2$일 때, □BFED의 넓이는?
(단, 점 O는 □ABCD의 두 대각선의 교점이다.)

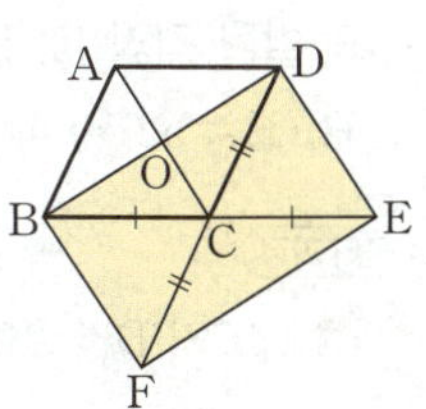

① $48\ \text{cm}^2$ ② $52\ \text{cm}^2$ ③ $56\ \text{cm}^2$
④ $60\ \text{cm}^2$ ⑤ $64\ \text{cm}^2$

STEP 3 실력 UP

22 오른쪽 그림과 같은 평행사변형 ABCD에서 $\overline{CD}$의 중점을 M이라 하고, 꼭짓점 A에서 $\overline{BM}$에 내린 수선의 발을 E라 하자. $\angle ADE=50°$일 때, $\angle MBC$의 크기를 구하시오.

해설 강의

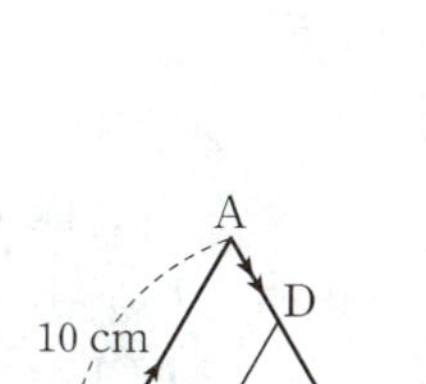

23 오른쪽 그림과 같이 $\overline{AB}=\overline{AC}$인 이등변삼각형 ABC에서 $\overline{AB} /\!/ \overline{DP}$, $\overline{AC} /\!/ \overline{EP}$이고 $\overline{AB}=10\ \text{cm}$일 때, □AEPD의 둘레의 길이를 구하시오.

해설 강의

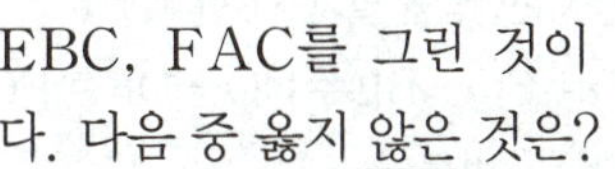

24 오른쪽 그림은 △ABC의 세 변을 각각 한 변으로 하는 세 정삼각형 DBA, EBC, FAC를 그린 것이다. 다음 중 옳지 <u>않은</u> 것은?

해설 강의

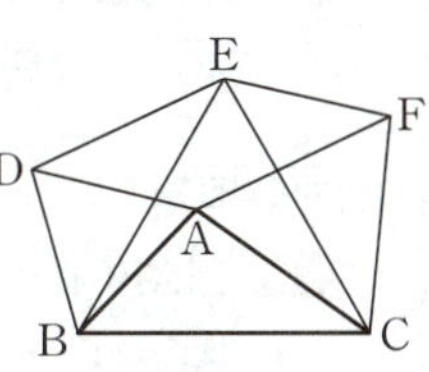

① $\angle ACB=\angle FCE$ ② $\triangle ABC \equiv \triangle DBE$
③ $\overline{DA}=\overline{EF}$ ④ $\overline{AF}=\overline{BC}$
⑤ □AFED는 평행사변형이다.

예제 1

해설 강의

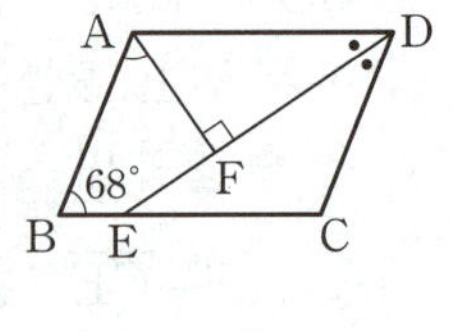

오른쪽 그림과 같은 평행사변형 ABCD에서 ∠B의 이등분선이 $\overline{AD}$와 만나는 점을 E라 하고, 꼭짓점 C에서 $\overline{BE}$에 내린 수선의 발을 F라 하자. ∠D=52°일 때, ∠DCF의 크기를 구하시오. [7점]

풀이 과정

1단계 ∠BCF의 크기 구하기 · 3점

∠ABC=∠D=52°이므로

$$\angle CBF = \frac{1}{2}\angle ABC = \frac{1}{2}\times 52° = 26°$$

△BCF에서 ∠BCF=180°−(90°+26°)=64°

2단계 ∠BCD의 크기 구하기 · 2점

∠BCD+∠D=180°이므로

∠BCD=180°−52°=128°

3단계 ∠DCF의 크기 구하기 · 2점

∠DCF=∠BCD−∠BCF

=128°−64°=64°

답 64°

유제 1

오른쪽 그림과 같은 평행사변형 ABCD에서 ∠D의 이등분선이 $\overline{BC}$와 만나는 점을 E라 하고, 꼭짓점 A에서 $\overline{DE}$에 내린 수선의 발을 F라 하자. ∠B=68°일 때, ∠BAF의 크기를 구하시오. [7점]

풀이 과정

1단계 ∠DAF의 크기 구하기 · 3점

2단계 ∠BAD의 크기 구하기 · 2점

3단계 ∠BAF의 크기 구하기 · 2점

답

예제 2

해설 강의

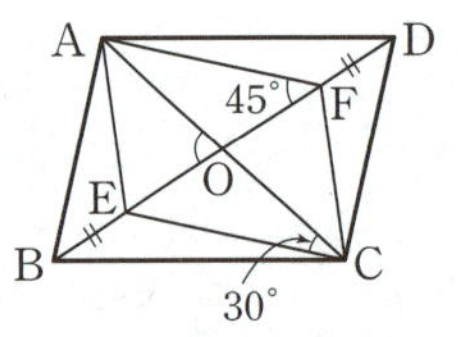

오른쪽 그림과 같은 평행사변형 ABCD에서 $\overline{BE}=\overline{DF}$이고 ∠AFO=45°, ∠ECO=30°일 때, ∠AOE의 크기를 구하시오.

(단, 점 O는 두 대각선의 교점이다.) [7점]

풀이 과정

1단계 □AECF가 평행사변형임을 알기 · 3점

$\overline{AO}=\overline{CO}$, $\overline{EO}=\overline{BO}-\overline{BE}=\overline{DO}-\overline{DF}=\overline{FO}$이므로

□AECF는 평행사변형이다.

2단계 ∠FAO의 크기 구하기 · 2점

$\overline{AF}/\!/\overline{EC}$이므로

∠FAO=∠ECO=30° (엇각)

3단계 ∠AOE의 크기 구하기 · 2점

△AOF에서 ∠AOE=30°+45°=75°

답 75°

유제 2

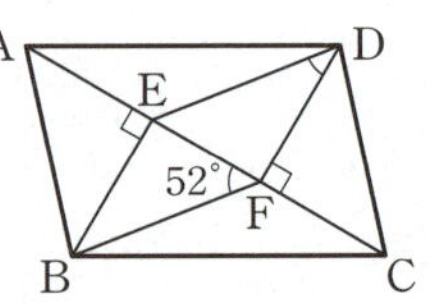

오른쪽 그림과 같은 평행사변형 ABCD의 두 꼭짓점 B, D에서 대각선 AC에 내린 수선의 발을 각각 E, F라 하자. ∠BFE=52°일 때, ∠EDF의 크기를 구하시오. [7점]

풀이 과정

1단계 □EBFD가 평행사변형임을 알기 · 3점

2단계 ∠DEF의 크기 구하기 · 2점

3단계 ∠EDF의 크기 구하기 · 2점

답

스스로 서술하기

유제 3 오른쪽 그림과 같은 □ABCD가 평행사변형일 때, $\overline{AB}$의 길이를 구하시오. [6점]

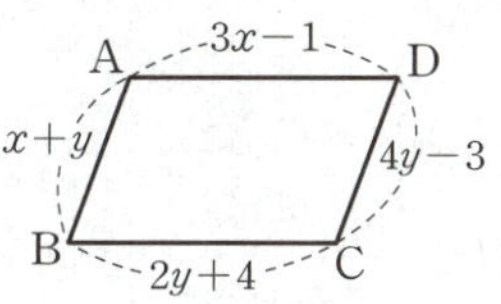

풀이 과정

답

유제 5 오른쪽 그림과 같은 평행사변형 ABCD에서 두 대각선의 교점을 O라 하자. $\overline{AB}=9\,cm$, $\overline{BC}=13\,cm$이고 □OCDE가 평행사변형일 때, $\overline{AF}$와 $\overline{EF}$의 길이의 합을 구하시오. [7점]

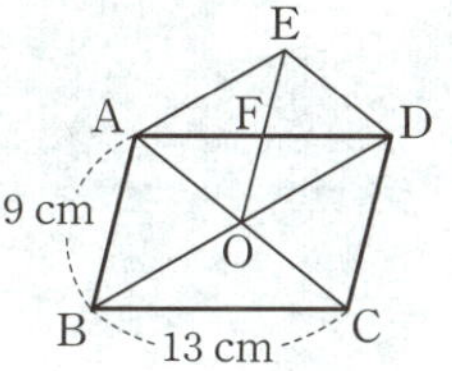

풀이 과정

답

유제 4 오른쪽 그림과 같은 평행사변형 ABCD에서 $\overline{AF}$와 $\overline{DE}$는 각각 ∠A와 ∠D의 이등분선이다. $\overline{AB}=7\,cm$, $\overline{AD}=10\,cm$이고 ∠B=78°일 때, 다음을 구하시오. [총 8점]

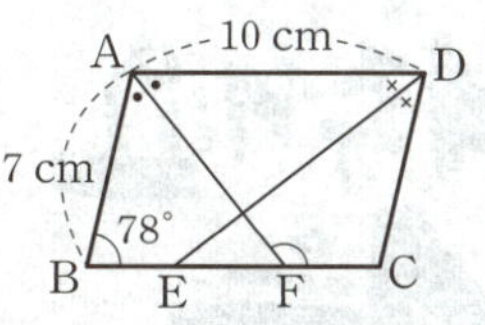

(1) ∠AFC의 크기 [3점]

(2) $\overline{EF}$의 길이 [5점]

풀이 과정

(1)

(2)

답 (1)　　　　　　(2)

유제 6 오른쪽 그림과 같은 평행사변형 ABCD에서 두 대각선의 교점을 O라 하자. △AOE와 △OBF의 넓이의 합이 20 cm²일 때, □ABCD의 넓이를 구하시오. [7점]

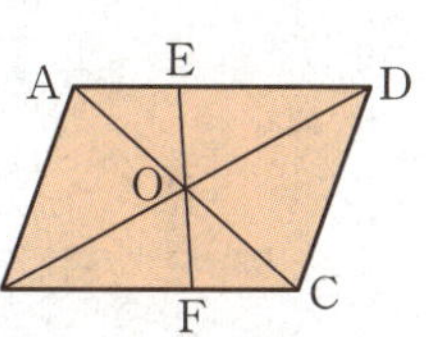

풀이 과정

답

공감
한 스푼

사랑합니다 ♥
늦더라도
이해해주세요
최선을
다해서
가고있어요

서령(@seoryung_213)

Ⅱ-2

여러 가지 사각형

이 단원의 학습 계획을 세우고
하나하나 실천하는 습관을 기르자!!

		공부한 날	학습 완료도
01 여러 가지 사각형	개념원리 이해 & 개념원리 확인하기	월 일	□□□
	핵심문제 익히기	월 일	○○○
	이런 문제가 시험에 나온다	월 일	○○○
02 여러 가지 사각형 사이의 관계	개념원리 이해 & 개념원리 확인하기	월 일	□□□
	핵심문제 익히기	월 일	○○○
	이런 문제가 시험에 나온다	월 일	○○○
03 평행선과 넓이	개념원리 이해 & 개념원리 확인하기	월 일	□□□
	핵심문제 익히기	월 일	○○○
	이런 문제가 시험에 나온다	월 일	○○○
중단원 마무리하기		월 일	○○○
서술형 대비 문제		월 일	○○○

개념 학습 guide

- 개념을 이해했으면 ■□□ , 개념을 문제에 적용할 수 있으면 ■■□ , 개념을 친구에게 설명할 수 있으면 ■■■ 로 색칠한다.
- 부족한 부분의 개념을 반복 학습하여 ■■■ 3칸 모두 색칠하면 학습을 마친다.

문제 학습 guide

- 맞힌 문제가 전체의 50% 미만이면 ●○○ , 맞힌 문제가 50% 이상 90% 미만이면 ●●○ , 맞힌 문제가 90% 이상이면 ●●● 로 색칠한다.
- 틀린 문제는 왜 틀렸는지 그 이유를 파악한 후 다시 풀어 본다. 며칠 후 틀린 문제를 다시 풀어 보고, 풀이 과정과 답이 맞으면 학습을 마친다.

01 여러 가지 사각형

1 직사각형에는 어떤 성질이 있는가?

○ 핵심문제 01, 02

(1) **직사각형**: 네 내각의 크기가 모두 같은 사각형
➡ $\angle A = \angle B = \angle C = \angle D$
▶ 직사각형은 두 쌍의 대각의 크기가 각각 같으므로 평행사변형이다.

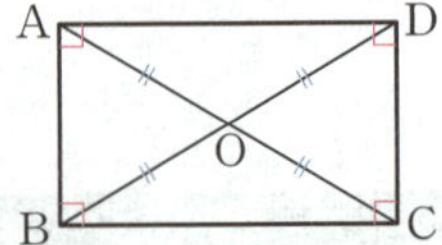

(2) **직사각형의 성질**
직사각형의 두 대각선은 길이가 같고, 서로 다른 것을 이등분한다.
➡ $\overline{AC} = \overline{BD}$, $\overline{AO} = \overline{BO} = \overline{CO} = \overline{DO}$

증명 △ABC와 △DCB에서
$\overline{AB} = \overline{DC}$, $\overline{BC}$는 공통, $\angle ABC = \angle DCB = 90°$
이므로 △ABC ≡ △DCB (SAS 합동) ∴ $\overline{AC} = \overline{BD}$

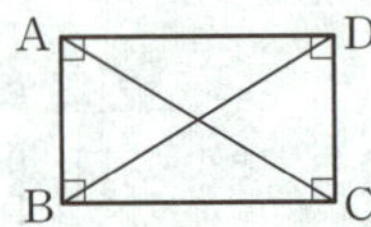

(3) **평행사변형이 직사각형이 되는 조건**
평행사변형이 다음 중 어느 한 조건을 만족시키면 직사각형이 된다.
① 한 내각이 직각이다.   ② 두 대각선의 길이가 같다.

증명 ① 평행사변형 ABCD에서 $\angle A + \angle B = 180°$
이때 $\angle A = 90°$이면 $\angle B = 90°$
그런데 $\angle A = \angle C$, $\angle B = \angle D$이므로 $\angle A = \angle B = \angle C = \angle D = 90°$
따라서 네 내각의 크기가 모두 같으므로 □ABCD는 직사각형이다.

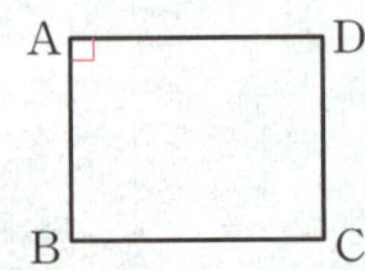

2 마름모에는 어떤 성질이 있는가?

○ 핵심문제 03, 04

(1) **마름모**: 네 변의 길이가 모두 같은 사각형
➡ $\overline{AB} = \overline{BC} = \overline{CD} = \overline{DA}$
▶ 마름모는 두 쌍의 대변의 길이가 각각 같으므로 평행사변형이다.

(2) **마름모의 성질**
마름모의 두 대각선은 서로 다른 것을 수직이등분한다.
➡ $\overline{AC} \perp \overline{BD}$, $\overline{AO} = \overline{CO}$, $\overline{BO} = \overline{DO}$

증명 △ABO와 △ADO에서
$\overline{AB} = \overline{AD}$, $\overline{AO}$는 공통, $\overline{BO} = \overline{DO}$ ⟶ 평행사변형의 두 대각선은 서로 다른 것을 이등분한다.
이므로 △ABO ≡ △ADO (SSS 합동) ∴ $\angle AOB = \angle AOD$
이때 $\angle AOB + \angle AOD = 180°$이므로 $\angle AOB = \angle AOD = 90°$
∴ $\overline{AC} \perp \overline{BD}$

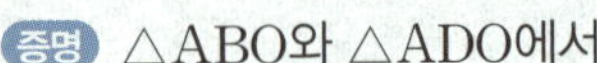
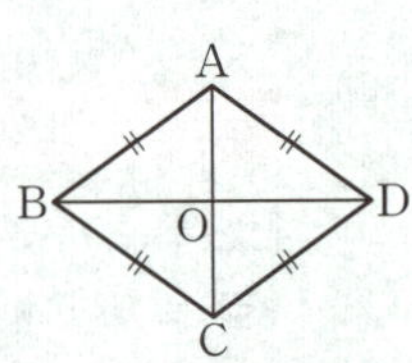

(3) **평행사변형이 마름모가 되는 조건**
평행사변형이 다음 중 어느 한 조건을 만족시키면 마름모가 된다.
① 이웃하는 두 변의 길이가 같다.   ② 두 대각선이 서로 수직이다.

증명 ① 평행사변형 ABCD에서 $\overline{AB} = \overline{DC}$, $\overline{AD} = \overline{BC}$
이때 $\overline{AB} = \overline{BC}$이면 $\overline{AB} = \overline{BC} = \overline{CD} = \overline{DA}$
따라서 네 변의 길이가 모두 같으므로 □ABCD는 마름모이다.

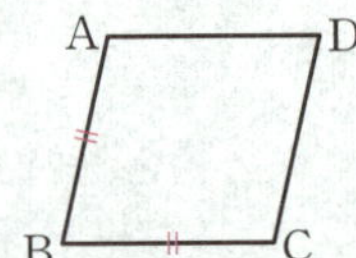

(1) **정사각형**: 네 변의 길이가 모두 같고, 네 내각의 크기가 모두 같은 사각형

➡ $\overline{AB}=\overline{BC}=\overline{CD}=\overline{DA}$, $\angle A=\angle B=\angle C=\angle D$

▶ 정사각형은 네 변의 길이가 모두 같으므로 마름모이고, 네 내각의 크기가 모두 같으므로 직사각형이다.

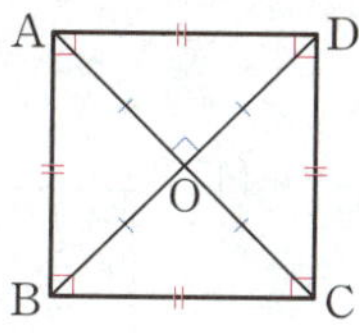

(2) **정사각형의 성질**

정사각형의 두 대각선은 길이가 같고, 서로 다른 것을 수직이등분한다.

➡ $\overline{AC}=\overline{BD}$, $\overline{AC}\perp\overline{BD}$, $\overline{AO}=\overline{BO}=\overline{CO}=\overline{DO}$

증명 정사각형 ABCD는 직사각형이므로

$$\overline{AC}=\overline{BD}, \overline{AO}=\overline{BO}=\overline{CO}=\overline{DO}$$

또 정사각형 ABCD는 마름모이므로 $\overline{AC}\perp\overline{BD}$

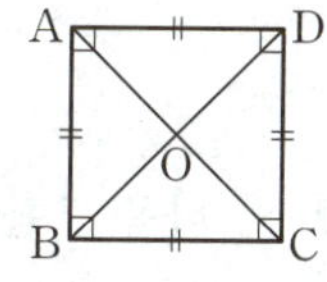

(3) **직사각형이 정사각형이 되는 조건**

직사각형이 다음 중 어느 한 조건을 만족시키면 정사각형이 된다.

① 이웃하는 두 변의 길이가 같다.　　　② 두 대각선이 서로 수직이다.

(4) **마름모가 정사각형이 되는 조건**

마름모가 다음 중 어느 한 조건을 만족시키면 정사각형이 된다.

① 한 내각이 직각이다.　　　② 두 대각선의 길이가 같다.

(1) **사다리꼴**: 한 쌍의 대변이 평행한 사각형

(2) **등변사다리꼴**: 아랫변의 양 끝 각의 크기가 같은 사다리꼴

➡ $\overline{AD}/\!/\overline{BC}$, $\angle B=\angle C$

▶ 정사각형, 직사각형은 모두 등변사다리꼴이다.

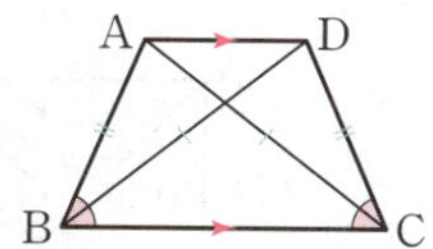

(3) **등변사다리꼴의 성질**

① 평행하지 않은 한 쌍의 대변의 길이가 같다. ➡ $\overline{AB}=\overline{DC}$

② 두 대각선의 길이가 같다. ➡ $\overline{AC}=\overline{BD}$

증명 ① 점 D를 지나고 $\overline{AB}$에 평행한 직선이 $\overline{BC}$와 만나는 점을 E라 하면

$$\angle DEC=\angle B \text{ (동위각)}$$

즉 $\angle DEC=\angle B=\angle C$이므로 △DEC는 이등변삼각형이다.

$$\therefore \overline{DE}=\overline{DC} \quad\cdots\cdots ㉠$$

또 □ABED는 평행사변형이므로

$$\overline{AB}=\overline{DE} \quad\cdots\cdots ㉡$$

㉠, ㉡에서 $\overline{AB}=\overline{DC}$

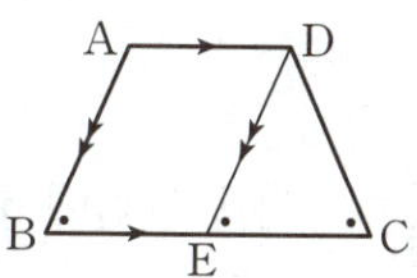

② △ABC와 △DCB에서

$\overline{AB}=\overline{DC}$, $\overline{BC}$는 공통, $\angle B=\angle C$

이므로 △ABC≡△DCB (SAS 합동)

$$\therefore \overline{AC}=\overline{DB}$$

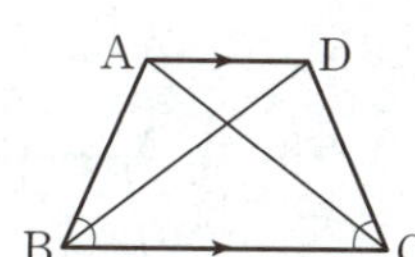

참고 등변사다리꼴 ABCD에서

① $\angle A=\angle D$, $\angle B=\angle C$

② $\overline{AO}=\overline{DO}$, $\overline{BO}=\overline{CO}$

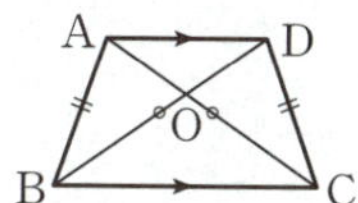

01 다음 그림에서 □ABCD가 직사각형일 때, x의 값을 구하시오.

(단, 점 O는 두 대각선의 교점이다.)

(1) 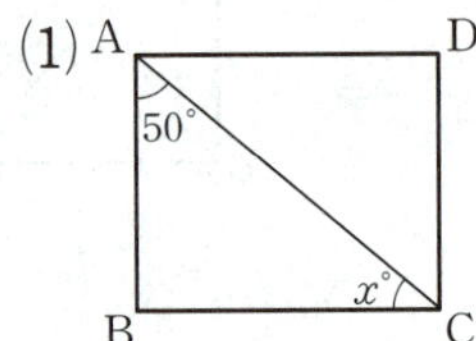

(2) 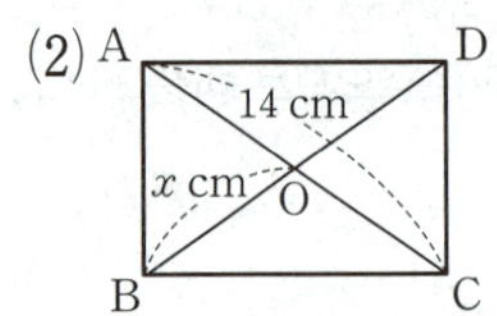

02 다음 그림에서 □ABCD가 마름모일 때, x의 값을 구하시오.

(단, 점 O는 두 대각선의 교점이다.)

(1) 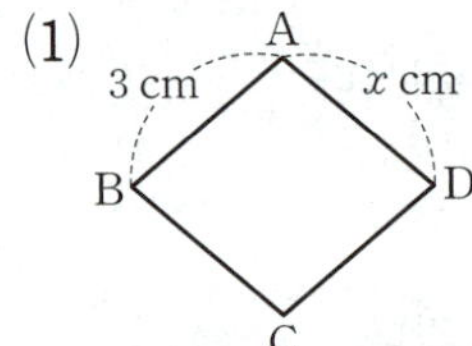

(2) 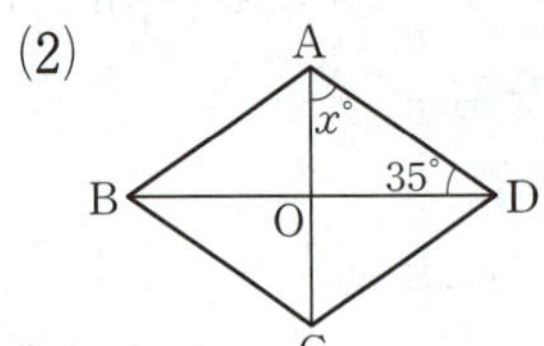

03 다음 그림에서 □ABCD가 정사각형일 때, x의 값을 구하시오.

(단, 점 O는 두 대각선의 교점이다.)

(1) 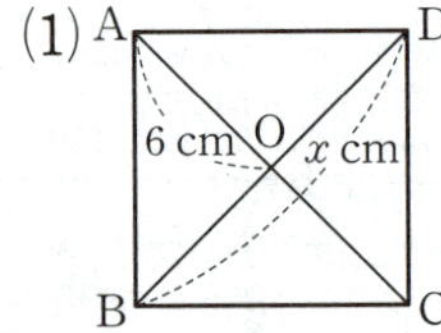

(2) 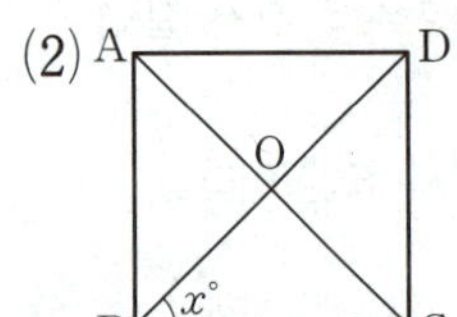

04 다음 그림에서 □ABCD가 $\overline{AD} \parallel \overline{BC}$인 등변사다리꼴일 때, x의 값을 구하시오.

(1) 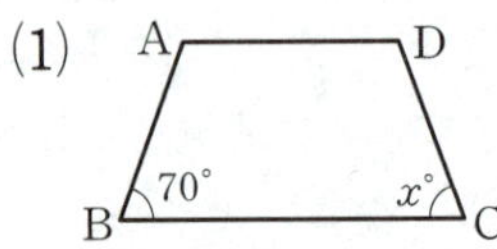

(2) 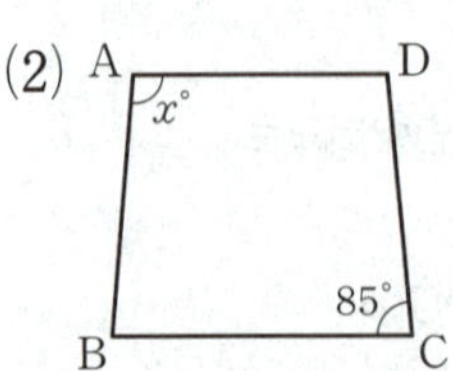

(3) 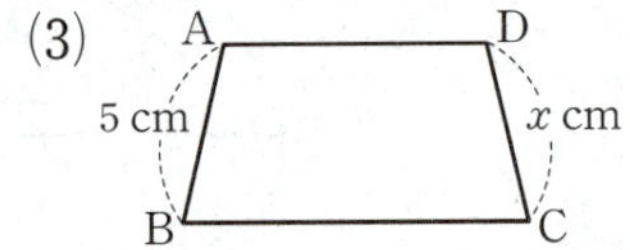

(4) 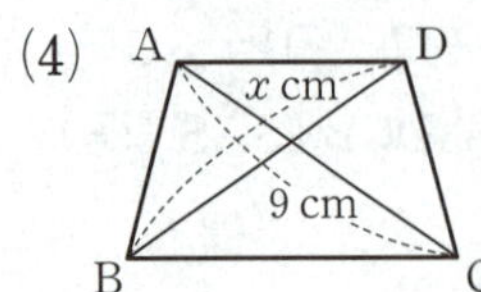

01 직사각형의 뜻과 성질　　　　● 더 다양한 문제는 **RPM** 2–2 58쪽

오른쪽 그림과 같은 직사각형 ABCD에서 두 대각선의 교점을 O라 하자. $\overline{BC}=8$ cm, $\overline{BD}=10$ cm, $\overline{CD}=6$ cm이고 $\angle ODA=37°$일 때, x, y의 값을 구하시오.

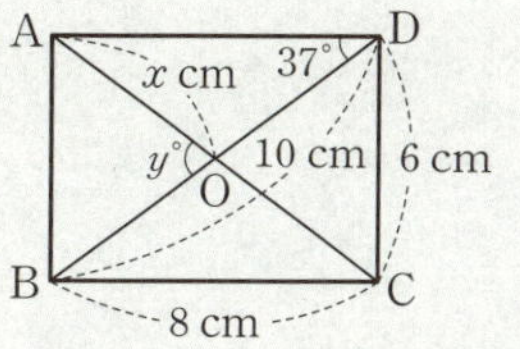

풀이 ▶　$\overline{AC}=\overline{BD}=10\,(cm)$이고 $\overline{AO}=\overline{CO}$이므로

$$\overline{AO}=\frac{1}{2}\overline{AC}=\frac{1}{2}\times10=5\,(cm) \qquad \therefore\ x=5$$

$\triangle AOD$에서 $\overline{AO}=\overline{DO}$이므로 　　$\angle OAD=\angle ODA=37°$
따라서 $\angle AOB=37°+37°=74°$이므로 　　$y=74$

　　　　　　　　　　　　　　　　　　　　　답 $x=5$, $y=74$

확인 ①　오른쪽 그림과 같은 직사각형 ABCD에서 두 대각선의 교점을 O라 하자. $\angle BOC=120°$일 때, $\angle y-\angle x$의 크기를 구하시오.

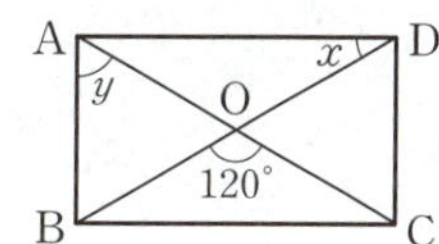

02 평행사변형이 직사각형이 되는 조건　　　　● 더 다양한 문제는 **RPM** 2–2 59쪽

다음 중 오른쪽 그림과 같은 평행사변형 ABCD가 직사각형이 되는 조건이 <u>아닌</u> 것은? (단, 점 O는 두 대각선의 교점이다.)

① $\angle BAD=90°$　　　　② $\angle ABC=\angle BCD$
③ $\overline{AC}=\overline{BD}$　　　　　④ $\overline{AB}=\overline{DC}$
⑤ $\overline{AO}=\overline{BO}=\overline{CO}=\overline{DO}$

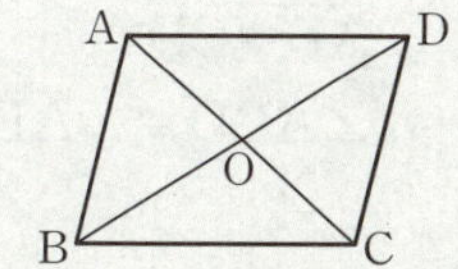

풀이 ▶　② $\angle ABC+\angle BCD=180°$이므로 $\angle ABC=\angle BCD$이면
　　　　　　$\angle ABC=\angle BCD=90°$
　　　즉 한 내각이 직각이므로 □ABCD는 직사각형이다.
　　⑤ $\overline{AO}=\overline{BO}=\overline{CO}=\overline{DO}$이면　$\overline{AC}=\overline{BD}$
　　　즉 두 대각선의 길이가 같으므로 □ABCD는 직사각형이다.
　따라서 평행사변형 ABCD가 직사각형이 되는 조건이 아닌 것은 ④이다.　　**답** ④

확인 ②　오른쪽 그림과 같은 평행사변형 ABCD에서 두 대각선의 교점을 O라 하자. $\angle OCD=\angle ODC$일 때, □ABCD는 어떤 사각형인지 말하시오.

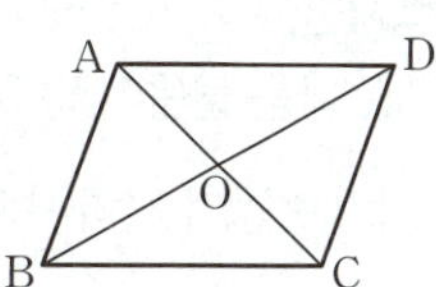

03 마름모의 뜻과 성질

● 더 다양한 문제는 RPM 2–2 59쪽

오른쪽 그림과 같은 마름모 ABCD에서 두 대각선의 교점을 O라 하자. $\overline{AB}=9$ cm, $\angle CBD=28°$일 때, x, y의 값을 구하시오.

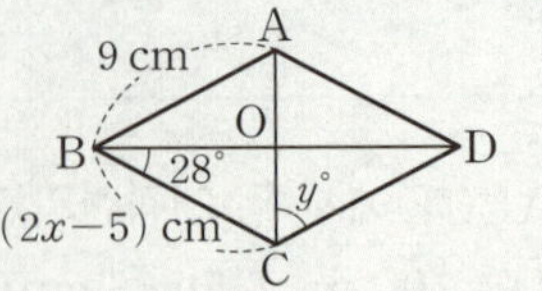

마름모: 네 변의 길이가 모두 같은 사각형

➡ 두 대각선이 서로 다른 것을 수직 이등분한다.

풀이 $\overline{AB}=\overline{BC}$이므로

$2x-5=9$, $2x=14$ $\therefore x=7$

$\triangle BCD$에서 $\overline{CB}=\overline{CD}$이므로 $\angle CDB=\angle CBD=28°$

$\triangle OCD$에서 $\angle COD=90°$이므로

$\angle OCD=180°-(90°+28°)=62°$ $\therefore y=62$

답 $x=7$, $y=62$

확인 3 오른쪽 그림과 같은 마름모 ABCD에서 두 대각선의 교점을 O라 하자. $\overline{CD}=10$ cm, $\angle ACB=48°$일 때, $x+y$의 값을 구하시오.

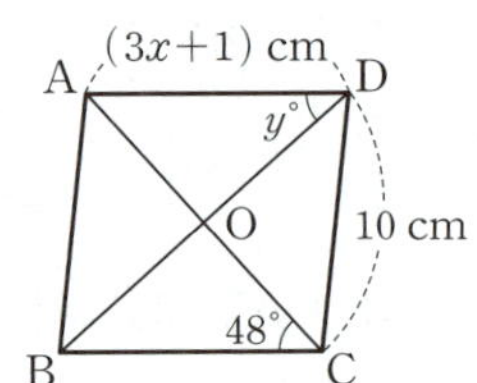

---

04 평행사변형이 마름모가 되는 조건

● 더 다양한 문제는 RPM 2–2 60쪽

다음 중 오른쪽 그림과 같은 평행사변형 ABCD가 마름모가 되는 조건이 아닌 것은? (단, 점 O는 두 대각선의 교점이다.)

① $\overline{AC}\perp\overline{BD}$ ② $\overline{AD}=\overline{CD}$
③ $\overline{AO}=\overline{DO}$ ④ $\angle ABD=\angle ADB$
⑤ $\angle AOB+\angle COD=180°$

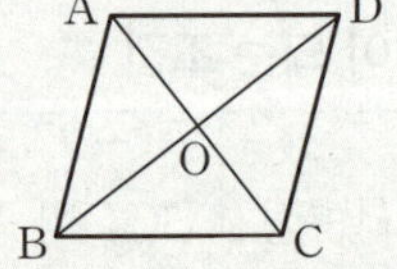

평행사변형이 마름모가 되는 조건
① 이웃하는 두 변의 길이가 같다.
② 두 대각선이 서로 수직이다.

풀이 ① $\overline{AC}\perp\overline{BD}$이면 두 대각선이 서로 수직이므로 □ABCD는 마름모이다.
② $\overline{AD}=\overline{CD}$이면 이웃하는 두 변의 길이가 같으므로 □ABCD는 마름모이다.
④ $\angle ABD=\angle ADB$이면 $\overline{AB}=\overline{AD}$
　즉 이웃하는 두 변의 길이가 같으므로 □ABCD는 마름모이다.
⑤ $\angle AOB=\angle COD$ (맞꼭지각)이므로 $\angle AOB+\angle COD=180°$이면
　　$\angle AOB=\angle COD=90°$
　즉 두 대각선이 서로 수직이므로 □ABCD는 마름모이다.
따라서 평행사변형 ABCD가 마름모가 되는 조건이 아닌 것은 ③이다. **답** ③

확인 4 오른쪽 그림과 같은 평행사변형 ABCD에서 $\angle ABD=\angle CBD$일 때, 다음 물음에 답하시오.

(1) □ABCD는 어떤 사각형인지 말하시오.

(2) □ABCD의 둘레의 길이를 구하시오.

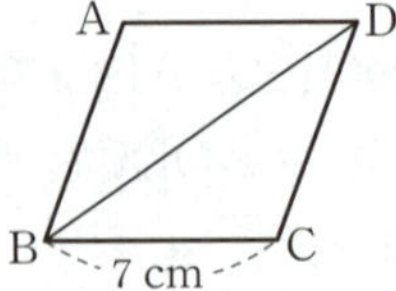

▶ 정답 및 풀이 26쪽

정사각형: 네 변의 길이가 모두 같고,
네 내각의 크기가 모두 같은 사각형
➡ 두 대각선의 길이가 같고, 서로 다
른 것을 수직이등분한다.

05 정사각형의 뜻과 성질

● 더 다양한 문제는 RPM 2–2 61쪽

오른쪽 그림과 같은 정사각형 ABCD에서 대각선 AC 위에
∠AED$=70°$가 되도록 점 E를 잡을 때, ∠x의 크기를 구하시오.

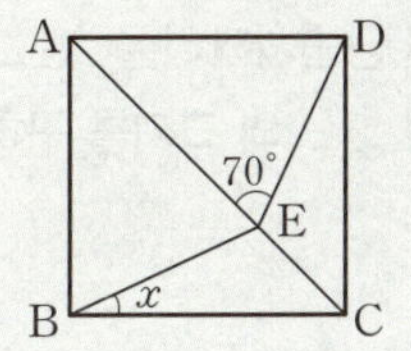

풀이 △BCE와 △DCE에서
$\overline{BC}=\overline{DC}$, $\overline{EC}$는 공통, ∠BCE$=$∠DCE$=45°$
이므로   △BCE≡△DCE (SAS 합동)
  ∴ ∠EBC$=$∠EDC
이때 △DEC에서   ∠EDC$+45°=70°$ ∴ ∠EDC$=25°$
  ∴ ∠$x=$∠EDC$=25°$

답 $25°$

확인 5 오른쪽 그림과 같은 정사각형 ABCD에서 두 대각선의 교점을
O라 하자. $\overline{BO}=6\,cm$일 때, △ABD의 넓이를 구하시오.

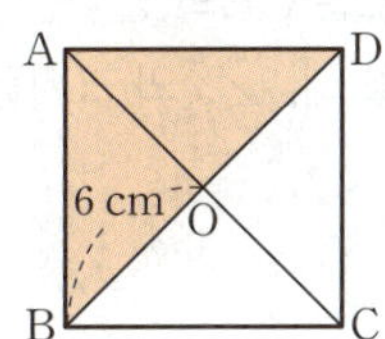

• 직사각형이 정사각형이 되는 조건
  ① 이웃하는 두 변의 길이가 같다.
  ② 두 대각선이 서로 수직이다.

• 마름모가 정사각형이 되는 조건
  ① 한 내각이 직각이다.
  ② 두 대각선의 길이가 같다.

06 정사각형이 되는 조건

● 더 다양한 문제는 RPM 2–2 62쪽

오른쪽 그림과 같은 직사각형 ABCD에서 두 대각선의 교점을 O
라 할 때, 다음 중 □ABCD가 정사각형이 되는 조건을 모두 고르
면? (정답 2개)

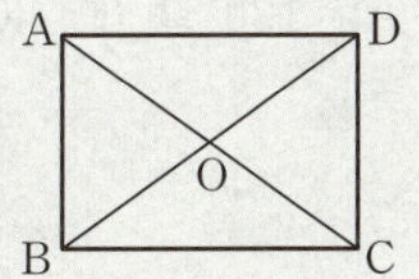

① $\overline{AB}=\overline{AD}$　　　　② $\overline{AC}=\overline{BD}$
③ ∠ABO$=$∠AOB　　④ $\overline{AC}\perp\overline{BD}$
⑤ ∠DAB$=90°$

풀이 ① $\overline{AB}=\overline{AD}$이면 이웃하는 두 변의 길이가 같으므로 □ABCD는 정사각형이다.
④ $\overline{AC}\perp\overline{BD}$이면 두 대각선이 서로 수직이므로 □ABCD는 정사각형이다.
따라서 직사각형 ABCD가 정사각형이 되는 조건은 ①, ④이다.

답 ①, ④

확인 6 다음 중 오른쪽 그림과 같은 마름모 ABCD가 정사각형이 되
는 조건은? (단, 점 O는 두 대각선의 교점이다.)

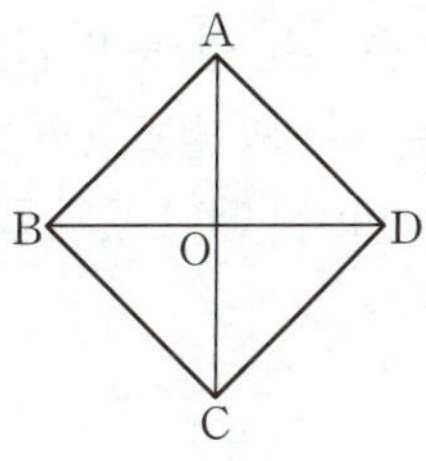

① $\overline{AB}/\!/\overline{DC}$　　　　② $\overline{BC}=\overline{CD}$
③ $\overline{AO}=\overline{CO}$　　　　④ ∠AOD$=90°$
⑤ $\overline{AC}=\overline{BD}$

▶ 정답 및 풀이 27쪽

07 등변사다리꼴의 뜻과 성질

● 더 다양한 문제는 RPM 2–2 62쪽

오른쪽 그림과 같이 $\overline{AD} /\!/ \overline{BC}$인 등변사다리꼴 ABCD에서 $\angle ABD=35°$, $\angle C=76°$일 때, $\angle x$의 크기를 구하시오.

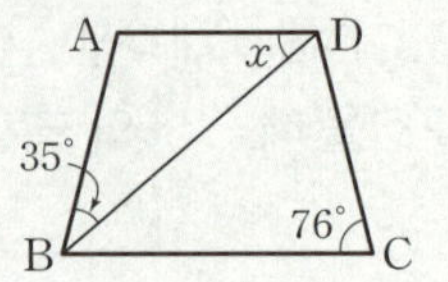

KEY POINT

등변사다리꼴: 아랫변의 양 끝 각의 크기가 같은 사다리꼴
① 평행하지 않은 한 쌍의 대변의 길이가 같다.
② 두 대각선의 길이가 같다.

풀이 □ABCD가 등변사다리꼴이므로
$$\angle ABC=\angle C=76°$$
$$\therefore \angle DBC=\angle ABC-\angle ABD=76°-35°=41°$$
이때 $\overline{AD} /\!/ \overline{BC}$이므로
$$\angle x=\angle DBC=41° \ (엇각)$$

답 41°

확인 7 오른쪽 그림과 같이 $\overline{AD} /\!/ \overline{BC}$인 등변사다리꼴 ABCD에서 $\overline{AE} /\!/ \overline{DB}$가 되도록 $\overline{CB}$의 연장선 위에 점 E를 잡았다. $\angle ACB=42°$일 때, $\angle x$의 크기를 구하시오.

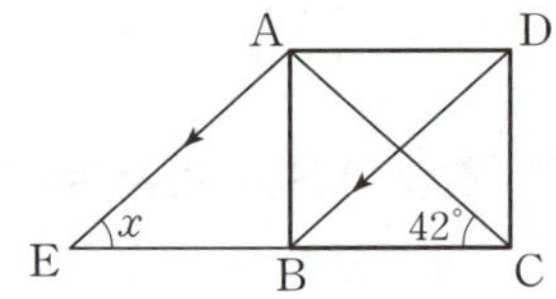

08 등변사다리꼴의 성질의 응용

● 더 다양한 문제는 RPM 2–2 63쪽

오른쪽 그림과 같이 $\overline{AD} /\!/ \overline{BC}$인 등변사다리꼴 ABCD에서 $\overline{AB}=10 \ cm$, $\overline{AD}=6 \ cm$, $\angle A=120°$일 때, $\overline{BC}$의 길이를 구하시오.

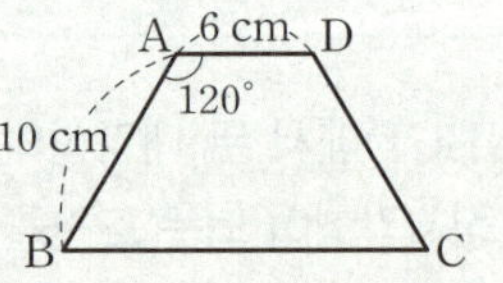

KEY POINT

보조선을 긋고 등변사다리꼴의 성질을 이용한다.

풀이 오른쪽 그림과 같이 점 D를 지나고 $\overline{AB}$에 평행한 직선을 그어 $\overline{BC}$와 만나는 점을 E라 하면 □ABED는 평행사변형이므로
$$\overline{BE}=\overline{AD}=6 \ (cm)$$
또 $\angle C=\angle B=180°-\angle A=180°-120°=60°$이고
$\overline{AB} /\!/ \overline{DE}$이므로 $\angle DEC=\angle B=60°$ (동위각)
따라서 △DEC는 정삼각형이므로
$$\overline{EC}=\overline{DC}=\overline{AB}=10 \ (cm)$$
$$\therefore \overline{BC}=\overline{BE}+\overline{EC}=6+10=16 \ (cm)$$

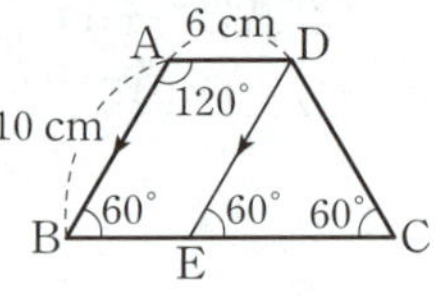

답 16 cm

확인 8 오른쪽 그림과 같이 $\overline{AD} /\!/ \overline{BC}$인 등변사다리꼴 ABCD의 꼭짓점 A에서 $\overline{BC}$에 내린 수선의 발을 E라 하자. $\overline{AD}=9 \ cm$, $\overline{BC}=15 \ cm$일 때, $\overline{BE}$의 길이를 구하시오.

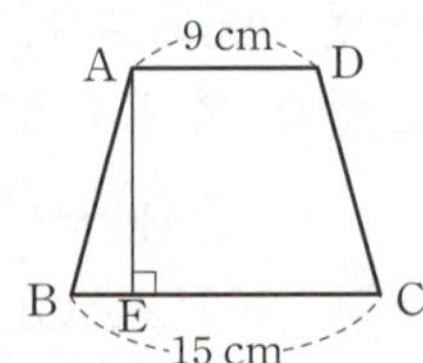

▶정답 및 풀이 27쪽

01 오른쪽 그림과 같이 직사각형 모양의 종이 ABCD를 꼭짓점 C가 점 A에 오도록 $\overline{EF}$를 접는 선으로 하여 접었다. $\angle GAF=20°$일 때, $\angle AEF$의 크기는?

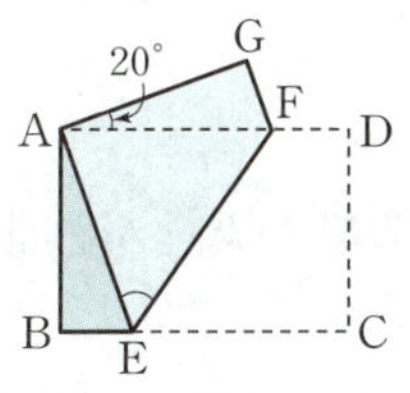

① 40°   ② 45°   ③ 50°

④ 55°   ⑤ 60°

접은 각과 엇각의 크기가 같음을 이용한다.

02 오른쪽 그림과 같은 평행사변형 ABCD에서 두 대각선의 교점을 O라 하자. $\overline{AD}=7$ cm, $\angle DAC=52°$, $\angle DBC=38°$일 때, $x-y$의 값을 구하시오.

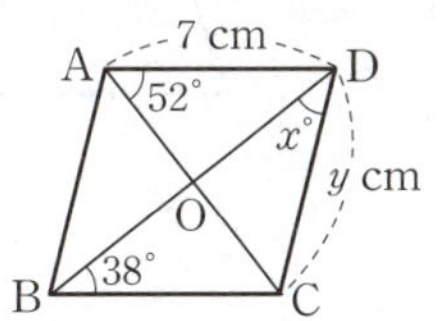

□ABCD가 어떤 사각형인지 생각해 본다.

03 오른쪽 그림과 같은 정사각형 ABCD에서 $\overline{AD}=\overline{AE}$이고 $\angle ADE=65°$일 때, $\angle ABE$의 크기를 구하시오.

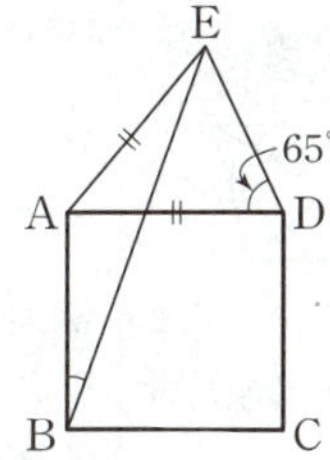

04 오른쪽 그림과 같은 평행사변형 ABCD에서 두 대각선의 교점을 O라 할 때, 다음 중 □ABCD가 정사각형이 되는 조건을 모두 고르면? (정답 2개)

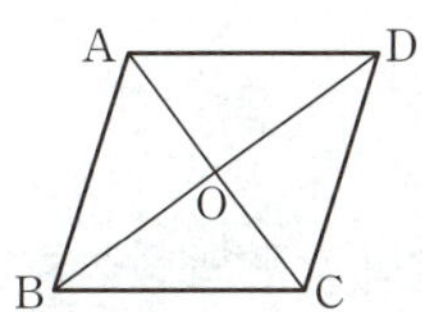

① $\overline{AB}=\overline{AD}$, $\overline{AO}=\overline{DO}$

② $\angle BAD=\angle BCD$, $\overline{AC}\perp\overline{BD}$

③ $\angle BAD=90°$, $\overline{AO}=\overline{CO}$

④ $\overline{AB}=\overline{DC}$, $\overline{AC}=\overline{BD}$

⑤ $\angle ADC=90°$, $\overline{AC}\perp\overline{BD}$

정사각형은 직사각형이면서 마름모이다.

05 오른쪽 그림과 같이 $\overline{AD}\,/\!/\,\overline{BC}$인 등변사다리꼴 ABCD에서 $\overline{AB}=\overline{AD}$이고 $\angle C=80°$일 때, $\angle x$의 크기를 구하시오.

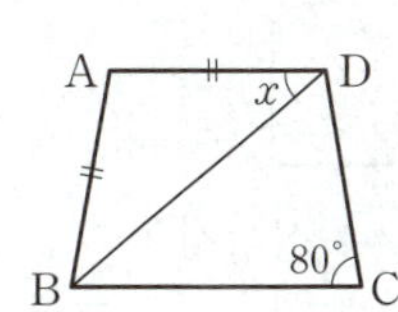

02 여러 가지 사각형 사이의 관계

1 여러 가지 사각형 사이에는 어떤 관계가 있는가?　　　　　◎ 핵심문제 01～03

(1) 여러 가지 사각형 사이의 관계

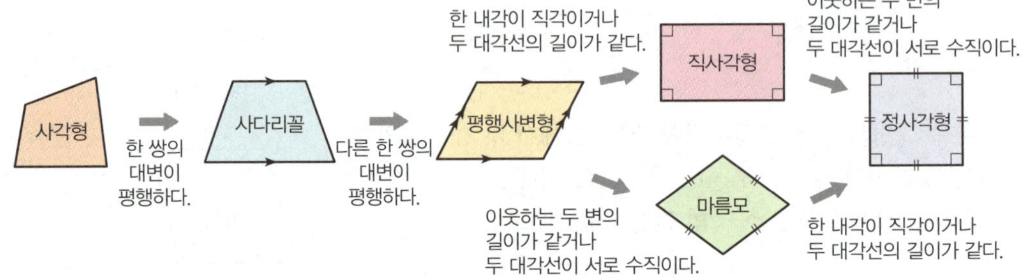

▶ (평행사변형이 직사각형이 되는 조건)＝(마름모가 정사각형이 되는 조건)
　(평행사변형이 마름모가 되는 조건)＝(직사각형이 정사각형이 되는 조건)

(2) 여러 가지 사각형의 대각선의 성질

평행사변형	직사각형	마름모	정사각형	등변사다리꼴
두 대각선이 서로 다른 것을 이등분한다.	두 대각선의 길이가 같고, 서로 다른 것을 이등분한다.	두 대각선이 서로 다른 것을 수직이등분한다.	두 대각선의 길이가 같고, 서로 다른 것을 수직이등분한다.	두 대각선의 길이가 같다.

2 사각형의 각 변의 중점을 연결하여 만든 사각형은 어떤 사각형이 되는가?　　　◎ 핵심문제 04

주어진 사각형의 각 변의 중점을 연결하면 다음과 같은 사각형이 만들어진다.

(1) 사각형 ➡ 평행사변형　　　　　　　(2) 평행사변형 ➡ 평행사변형

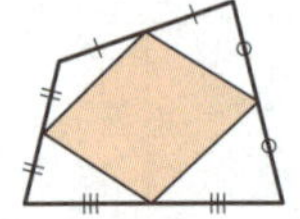

(3) 직사각형 ➡ 마름모　　　　　　　　(4) 마름모 ➡ 직사각형

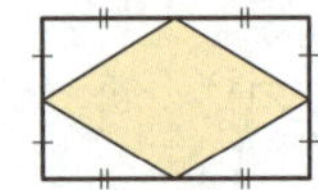

(5) 정사각형 ➡ 정사각형　　　　　　　(6) 등변사다리꼴 ➡ 마름모

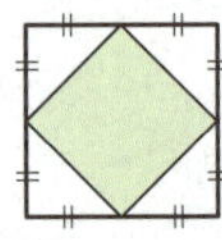

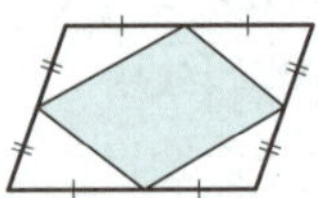

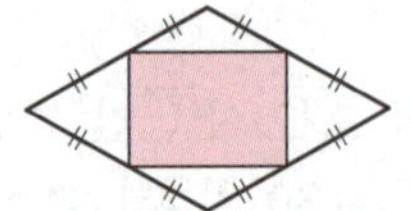

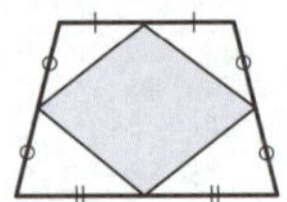

01 다음 설명이 옳으면 ○, 옳지 않으면 ×를 (   ) 안에 써넣으시오.

(1) 평행사변형은 사다리꼴이다.   (   )

(2) 직사각형은 마름모이다.   (   )

(3) 마름모는 평행사변형이다.   (   )

(4) 정사각형은 직사각형이다.   (   )

○ 여러 가지 사각형 사이의 관계는?

02 오른쪽 그림과 같은 평행사변형 ABCD가 다음 조건을 만족시키면 어떤 사각형이 되는지 말하시오.

(단, 점 O는 두 대각선의 교점이다.)

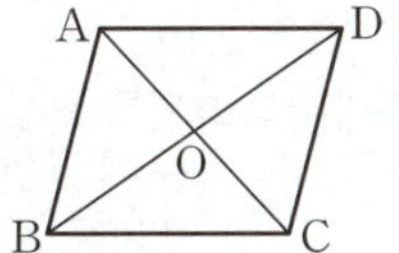

(1) $\angle \mathrm{BCD} = 90°$

(2) $\overline{\mathrm{AB}} = \overline{\mathrm{BC}}$

(3) $\overline{\mathrm{AO}} = \overline{\mathrm{BO}}$

(4) $\overline{\mathrm{AC}} = \overline{\mathrm{BD}}$, $\overline{\mathrm{AC}} \perp \overline{\mathrm{BD}}$

03 다음 표는 여러 가지 사각형과 대각선의 성질을 나타낸 것이다. 대각선의 성질에 해당하는 것은 ○, 해당하지 않는 것은 ×를 써넣으시오.

○ 여러 가지 사각형의 대각선의 성질은?

사각형 대각선의 성질	직사각형	마름모	정사각형	평행사변형	등변사다리꼴
(1) 서로 다른 것을 이등분한다.	○				
(2) 길이가 같다.	○				
(3) 서로 수직이다.	×				

04 다음 사각형의 각 변의 중점을 연결하여 만든 사각형은 어떤 사각형인지 말하시오.

(1) 평행사변형   (2) 직사각형

(3) 마름모   (4) 정사각형

○ 사각형의 각 변의 중점을 연결하여 만든 사각형은?

01 여러 가지 사각형의 판별

● 더 다양한 문제는 RPM 2-2 63, 67쪽

오른쪽 그림과 같은 평행사변형 ABCD의 네 내각의 이등분선의 교점을 각각 E, F, G, H라 할 때, □EFGH는 어떤 사각형인지 말하시오.

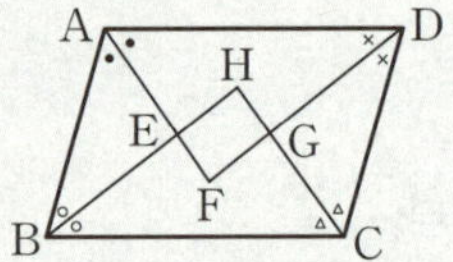

풀이 $\angle EAB = \dfrac{1}{2}\angle BAD$, $\angle EBA = \dfrac{1}{2}\angle ABC$이고 $\angle BAD + \angle ABC = 180°$이므로

$$\angle EAB + \angle EBA = \dfrac{1}{2}(\angle BAD + \angle ABC) = \dfrac{1}{2} \times 180° = 90°$$

따라서 △ABE에서　$\angle AEB = 90°$　∴ $\angle HEF = \angle AEB = 90°$ (맞꼭지각)

같은 방법으로　$\angle EFG = \angle FGH = \angle GHE = 90°$

따라서 □EFGH는 네 내각의 크기가 모두 같으므로 직사각형이다.　**답** 직사각형

확인 1 오른쪽 그림과 같은 직사각형 ABCD에서 대각선 BD의 중점을 O라 하고, 점 O를 지나고 $\overline{BD}$에 수직인 직선과 $\overline{AD}$, $\overline{BC}$의 교점을 각각 E, F라 하자. $\overline{AD} = 8 \text{ cm}$, $\overline{FC} = 3 \text{ cm}$일 때, 다음 물음에 답하시오.

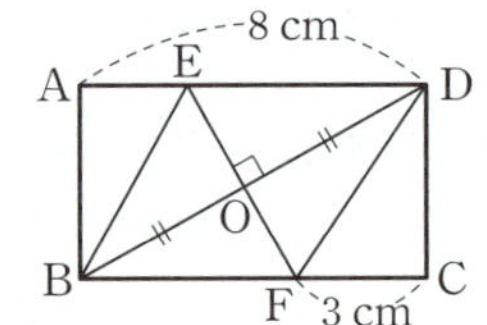

(1) □BFDE는 어떤 사각형인지 말하시오.

(2) □BFDE의 둘레의 길이를 구하시오.

02 여러 가지 사각형 사이의 관계

● 더 다양한 문제는 RPM 2-2 64쪽

다음 중 옳지 <u>않은</u> 것은?

① 한 내각이 직각인 평행사변형은 직사각형이다.
② 이웃하는 두 변의 길이가 같은 평행사변형은 마름모이다.
③ 이웃하는 두 내각의 크기가 같은 사각형은 직사각형이다.
④ 두 대각선이 서로 수직인 직사각형은 정사각형이다.
⑤ 두 대각선의 길이가 같은 마름모는 정사각형이다.

풀이 ③ 등변사다리꼴과 같이 이웃하는 두 내각의 크기가 같지만 직사각형이 아닌 사각형도 있다.
따라서 옳지 않은 것은 ③이다.　**답** ③

확인 2 다음 중 옳은 것을 모두 고르면? (정답 2개)

① 직사각형은 평행사변형이다.　② 마름모는 정사각형이다.
③ 직사각형은 정사각형이다.　④ 정사각형은 마름모이다.
⑤ 등변사다리꼴은 평행사변형이다.

03 여러 가지 사각형의 대각선의 성질

● 더 다양한 문제는 RPM 2–2 64쪽

다음 성질을 갖는 사각형을 **보기**에서 모두 고르시오.

> **보기**
> ㄱ. 직사각형   ㄴ. 사다리꼴   ㄷ. 평행사변형
> ㄹ. 등변사다리꼴   ㅁ. 정사각형   ㅂ. 마름모

(1) 두 대각선이 서로 다른 것을 이등분한다.

(2) 두 대각선의 길이가 같다.

풀이 (1) 두 대각선이 서로 다른 것을 이등분하는 사각형은 ㄱ, ㄷ, ㅁ, ㅂ이다.
(2) 두 대각선의 길이가 같은 사각형은 ㄱ, ㄹ, ㅁ이다.

답 (1) ㄱ, ㄷ, ㅁ, ㅂ (2) ㄱ, ㄹ, ㅁ

확인 ③ 다음 중 두 대각선이 서로 다른 것을 수직이등분하는 것을 모두 고르면? (정답 2개)

① 평행사변형   ② 마름모   ③ 직사각형
④ 정사각형   ⑤ 등변사다리꼴

---

04 사각형의 각 변의 중점을 연결하여 만든 사각형

● 더 다양한 문제는 RPM 2–2 65쪽

오른쪽 그림과 같이 직사각형 ABCD의 네 변의 중점을 각각 E, F, G, H라 할 때, 다음 중 □EFGH에 대한 설명으로 옳지 않은 것을 모두 고르면? (정답 2개)

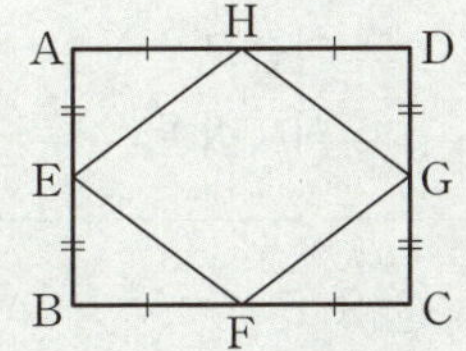

① 네 변의 길이가 모두 같다.
② 네 내각의 크기가 모두 같다.
③ 두 쌍의 대각의 크기가 각각 같다.
④ 두 대각선의 길이가 같다.
⑤ 두 대각선이 서로 다른 것을 수직이등분한다.

풀이 직사각형의 네 변의 중점을 연결하여 만든 사각형은 마름모이므로 □EFGH는 마름모이다.
따라서 옳지 않은 것은 ②, ④이다.

답 ②, ④

확인 ④ 오른쪽 그림과 같이 정사각형 ABCD의 네 변의 중점을 각각 P, Q, R, S라 하자. $\overline{PS}=4$ cm일 때, □PQRS의 넓이를 구하시오.

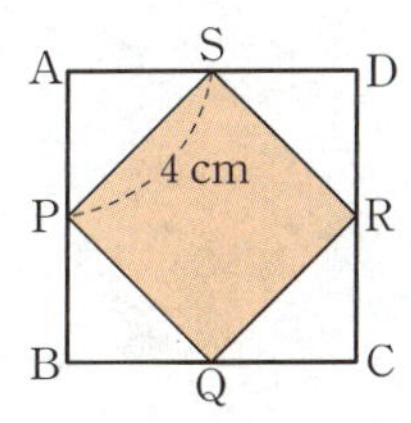

KEY POINT

① 두 대각선이 서로 다른 것을 이등분한다.
➡ 평행사변형, 직사각형, 마름모, 정사각형
② 두 대각선의 길이가 같다.
➡ 직사각형, 정사각형, 등변사다리꼴
③ 두 대각선이 서로 수직이다.
➡ 마름모, 정사각형

KEY POINT

사각형의 각 변의 중점을 연결하여 만든 사각형은 다음과 같다.
① 사각형, 평행사변형 ➡ 평행사변형
② 직사각형, 등변사다리꼴 ➡ 마름모
③ 마름모 ➡ 직사각형
④ 정사각형 ➡ 정사각형

▶ 정답 및 풀이 29쪽

01 오른쪽 그림과 같은 평행사변형 ABCD에서 ∠A와 ∠B의 이등분선이 $\overline{BC}$, $\overline{AD}$와 만나는 점을 각각 E, F라 할 때, □ABEF는 어떤 사각형인지 말하시오.

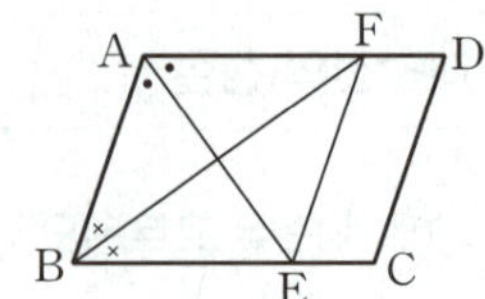

평행사변형의 뜻과 평행선의 성질을 이용하여 □ABEF가 어떤 사각형인지 알아본다.

02 다음 중 옳은 것을 모두 고르면? (정답 2개)

① $\overline{AB}=\overline{AD}$인 평행사변형 ABCD는 직사각형이다.
② $\overline{AC}\perp\overline{BD}$인 평행사변형 ABCD는 마름모이다.
③ ∠A+∠B=180°인 평행사변형 ABCD는 직사각형이다.
④ ∠A=90°인 직사각형 ABCD는 정사각형이다.
⑤ $\overline{AC}=\overline{BD}$인 마름모 ABCD는 정사각형이다.

여러 가지 사각형 사이의 관계를 이용한다.

03 다음 **보기**의 사각형 중에서 두 대각선이 서로 다른 것을 이등분하는 것을 x개, 두 대각선의 길이가 같은 것을 y개, 두 대각선이 서로 수직인 것을 z개라 할 때, $x+y+z$의 값은?

> **보기**
>
> ㄱ. 직사각형 　　ㄴ. 마름모 　　ㄷ. 정사각형
> ㄹ. 평행사변형 　　ㅁ. 사다리꼴 　　ㅂ. 등변사다리꼴

① 8 　　② 9 　　③ 10
④ 11 　　⑤ 12

04 오른쪽 그림과 같이 사각형 ABCD의 네 변의 중점을 각각 E, F, G, H라 하자. $\overline{EF}=7\ \text{cm}$, $\overline{FG}=9\ \text{cm}$일 때, □EFGH의 둘레의 길이를 구하시오.

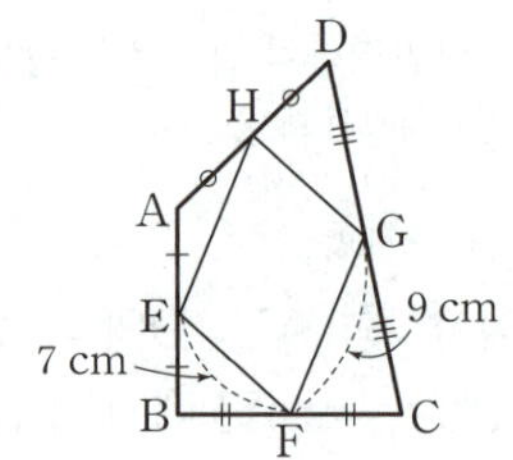

□EFGH가 어떤 사각형인지 생각해 본다.

03 평행선과 넓이

개념원리 이해

1 평행선과 삼각형의 넓이 사이에는 어떤 관계가 있는가?

핵심문제 01

오른쪽 그림에서 두 직선 l과 m이 평행할 때, △ABC와 △DBC는 밑변 BC가 공통이고 높이는 h로 같으므로 두 삼각형의 넓이는 같다.

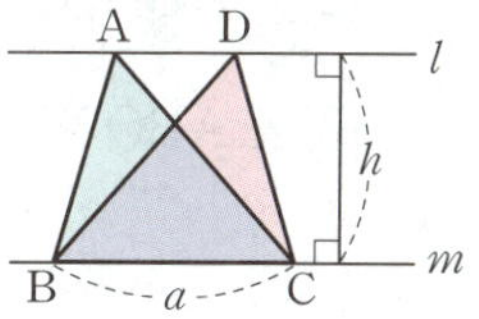

➡ $l /\!/ m$이면 $\triangle ABC = \triangle DBC = \frac{1}{2}ah$

▶ 평행한 두 직선 사이의 거리는 일정하다.

즉 $l /\!/ m$이면 $\overline{AB} = \overline{CD} = \overline{EF} = \cdots = h$

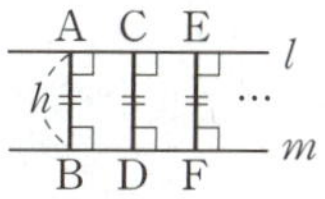

참고 평행선을 이용하여 넓이가 같은 도형 찾기

(1) $\overline{AD} /\!/ \overline{BC}$인 사다리꼴 ABCD에서 두 대각선의 교점을 O라 하면

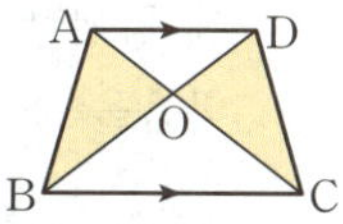

① $\triangle ABC = \triangle DBC$

② $\triangle ABO = \triangle ABC - \triangle OBC$

$= \triangle DBC - \triangle OBC$

$= \triangle DOC$

(2) □ABCD에서 꼭짓점 D를 지나고 대각선 AC에 평행한 직선이 변 BC의 연장선과 만나는 점을 E라 하면

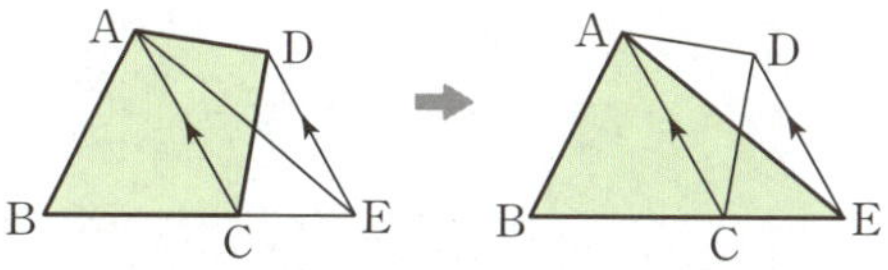

① $\triangle ACD = \triangle ACE$

② $\square ABCD = \triangle ABC + \triangle ACD$

$= \triangle ABC + \triangle ACE$

$= \triangle ABE$

2 높이가 같은 두 삼각형의 넓이의 비는 어떻게 되는가?

핵심문제 02~04

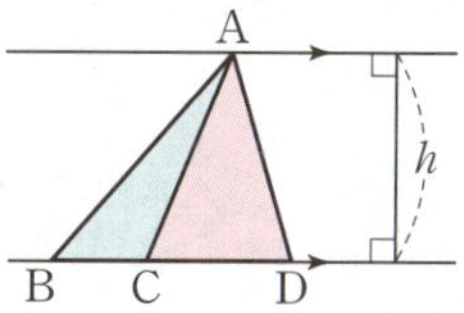

높이가 같은 두 삼각형의 넓이의 비는 밑변의 길이의 비와 같다.

➡ $\triangle ABC : \triangle ACD = \overline{BC} : \overline{CD}$

설명 $\triangle ABC : \triangle ACD = \left(\frac{1}{2} \times \overline{BC} \times h\right) : \left(\frac{1}{2} \times \overline{CD} \times h\right)$

$= \overline{BC} : \overline{CD}$

참고 점 C가 $\overline{BD}$의 중점이면 $\triangle ABC = \triangle ACD$

예 오른쪽 그림과 같은 △ABC에서 $\overline{BP} : \overline{PC} = 3 : 1$이고 △ABP의 넓이가 21 cm^2일 때, △APC의 넓이를 구해 보자.

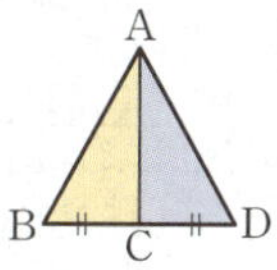

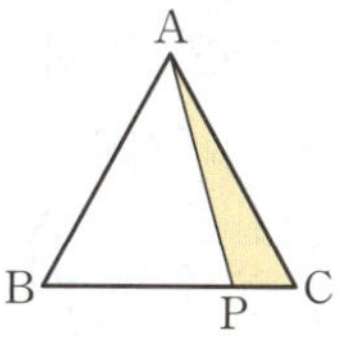

➡ $\overline{BP} : \overline{PC} = 3 : 1$이므로 $\triangle ABP : \triangle APC = 3 : 1$

$\therefore \triangle APC = \frac{1}{3}\triangle ABP = \frac{1}{3} \times 21 = 7\ (cm^2)$

01 오른쪽 그림과 같이 $\overline{AD}$∥$\overline{BC}$인 사다리꼴 ABCD에서 두 대각선의 교점을 O라 할 때, 다음을 구하시오.

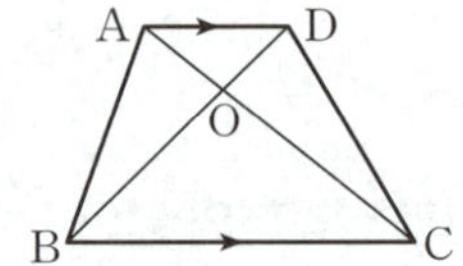

(1) △ABC와 넓이가 같은 삼각형

(2) △ABD와 넓이가 같은 삼각형

(3) △ABO와 넓이가 같은 삼각형

◇ 밑변이 공통이고 높이가 같은 두 삼각형의 넓이는 □.

02 오른쪽 그림과 같이 □ABCD의 꼭짓점 D를 지나고 $\overline{AC}$에 평행한 직선이 $\overline{BC}$의 연장선과 만나는 점을 E라 할 때, 다음을 구하시오.

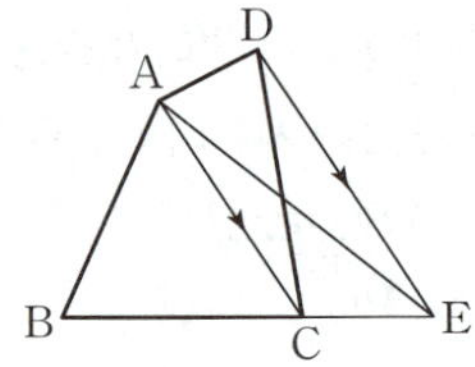

(1) △ACD와 넓이가 같은 삼각형

(2) □ABCD와 넓이가 같은 삼각형

03 오른쪽 그림과 같은 △ABC에서 $\overline{AH}$⊥$\overline{BC}$이고 $\overline{AH}=7$ cm, $\overline{BD}=8$ cm, $\overline{DC}=6$ cm일 때, 다음 물음에 답하시오.

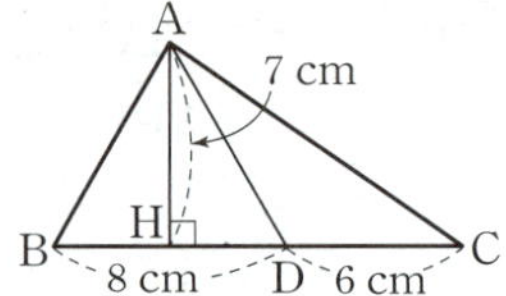

(1) $\overline{BD}:\overline{DC}$를 가장 간단한 자연수의 비로 나타내시오.

(2) △ABD의 넓이를 구하시오.

(3) △ADC의 넓이를 구하시오.

(4) △ABD : △ADC를 가장 간단한 자연수의 비로 나타내시오.

◇ 높이가 같은 두 삼각형의 넓이의 비는 □의 길이의 비와 같다.

04 오른쪽 그림과 같은 △ABC에서 $\overline{BP}:\overline{PC}=2:3$이고 △ABC의 넓이가 50 cm^{2}일 때, 다음 물음에 답하시오.

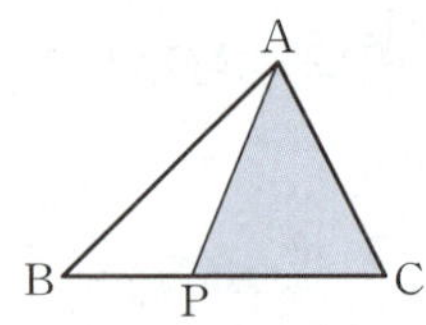

(1) △ABP : △APC를 구하시오.

(2) △APC의 넓이를 구하시오.

01 평행선과 삼각형의 넓이

● 더 다양한 문제는 RPM 2-2 65쪽

오른쪽 그림과 같이 □ABCD의 꼭짓점 D를 지나고 $\overline{AC}$에 평행한 직선이 $\overline{BC}$의 연장선과 만나는 점을 E라 하자. △ABC의 넓이가 18 cm², △ACD의 넓이가 12 cm²일 때, △ABE의 넓이를 구하시오.

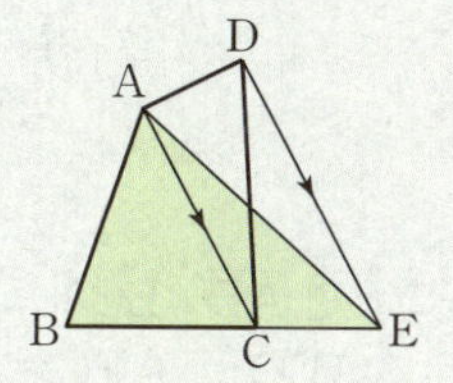

풀이 $\overline{AC}\,/\!/\,\overline{DE}$이므로   △ACD=△ACE

$$\therefore \triangle ABE = \triangle ABC + \triangle ACE$$
$$= \triangle ABC + \triangle ACD$$
$$= 18 + 12 = 30 \ (\text{cm}^2)$$

답 30 cm²

확인 1 오른쪽 그림과 같이 □ABCD의 꼭짓점 D를 지나고 $\overline{AC}$에 평행한 직선이 $\overline{BC}$의 연장선과 만나는 점을 E라 하자. 또 점 A에서 $\overline{BC}$에 내린 수선의 발을 H라 하면 $\overline{AH}=6$ cm, $\overline{BC}=8$ cm, $\overline{CE}=4$ cm일 때, □ABCD의 넓이를 구하시오.

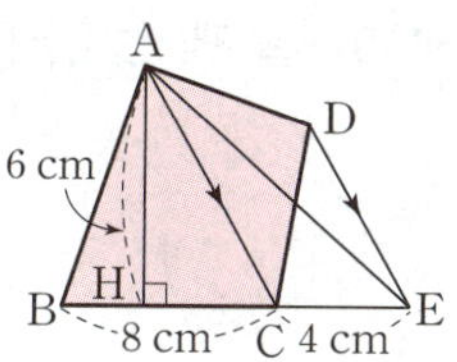

> **KEY POINT**
>
> · 평행선 사이에 있는 삼각형은 높이가 같으므로 밑변의 길이가 같으면 그 넓이가 같다.
>
> ·
>
> 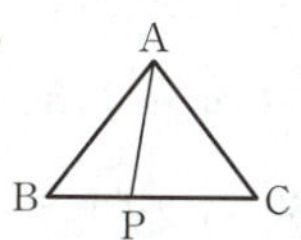
>
> ➡ △ACD=△ACE,
>   □ABCD=△ABE

02 높이가 같은 두 삼각형의 넓이

● 더 다양한 문제는 RPM 2-2 66쪽

오른쪽 그림과 같은 △ABC에서 $\overline{AP}:\overline{PC}=2:1$, $\overline{BQ}:\overline{QC}=1:2$이다. △ABC의 넓이가 36 cm²일 때, 다음을 구하시오.

(1) △AQC의 넓이   (2) △PQC의 넓이

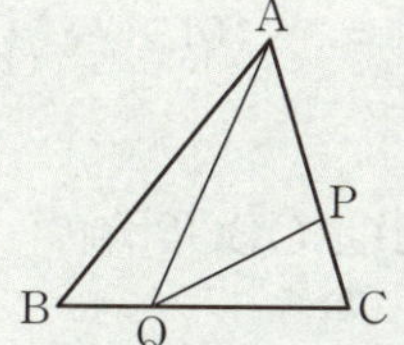

풀이 (1) $\overline{BQ}:\overline{QC}=1:2$이므로   △ABQ:△AQC=1:2

$$\therefore \triangle AQC = \frac{2}{1+2}\triangle ABC = \frac{2}{3}\times 36 = 24 \ (\text{cm}^2)$$

(2) $\overline{AP}:\overline{PC}=2:1$이므로   △AQP:△PQC=2:1

$$\therefore \triangle PQC = \frac{1}{2+1}\triangle AQC = \frac{1}{3}\times 24 = 8 \ (\text{cm}^2)$$

답 (1) 24 cm² (2) 8 cm²

> **KEY POINT**
>
> · 높이가 같은 두 삼각형의 넓이의 비는 밑변의 길이의 비와 같다.
>
> ·
>
> ➡ △ABP : △APC=$\overline{BP}:\overline{PC}$

확인 2 오른쪽 그림과 같은 △ABC에서 $\overline{BC}$의 중점을 M이라 하자. $\overline{AP}:\overline{PM}=3:5$이고 △ABC의 넓이가 64 cm²일 때, △PMC의 넓이를 구하시오.

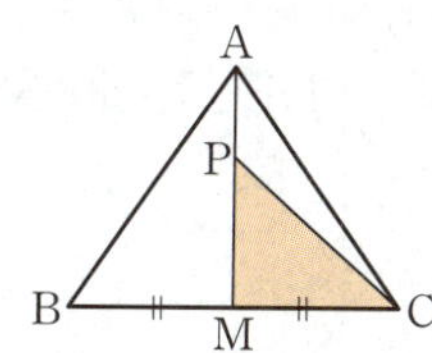

03 평행사변형에서 높이가 같은 두 삼각형의 넓이
● 더 다양한 문제는 RPM 2–2 66쪽

오른쪽 그림과 같은 평행사변형 ABCD에서 점 E는 $\overline{BC}$ 위의 점이다. $\triangle$AED의 넓이가 17 cm², $\triangle$DEC의 넓이가 8 cm²일 때, $\triangle$ABE의 넓이를 구하시오.

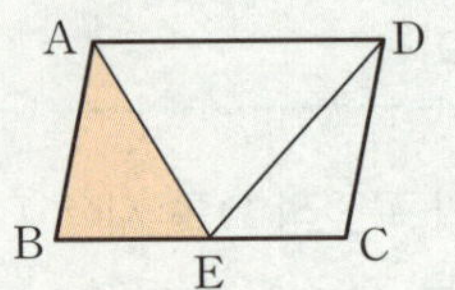

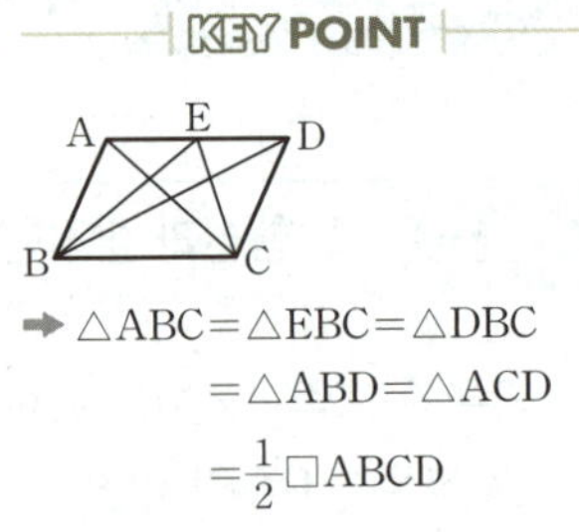

➡ $\triangle$ABC=$\triangle$EBC=$\triangle$DBC
　　　　=$\triangle$ABD=$\triangle$ACD
　　　　=$\dfrac{1}{2}$□ABCD

풀이　오른쪽 그림과 같이 $\overline{AC}$를 그으면 $\overline{AD}$∥$\overline{BC}$이므로
$$\triangle AED=\triangle ACD=\triangle ABC, \quad \triangle AEC=\triangle DEC$$
$$\therefore \triangle ABE=\triangle ABC-\triangle AEC$$
$$=\triangle AED-\triangle DEC$$
$$=17-8=9\,(cm^2)$$

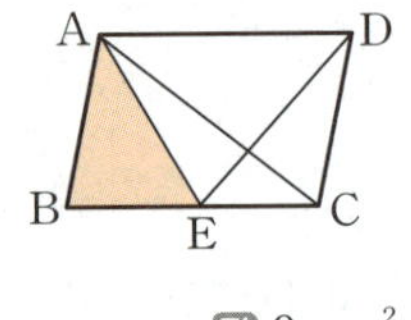

답 9 cm²

확인 ③　오른쪽 그림과 같은 평행사변형 ABCD에서 두 점 E, F는 각각 $\overline{AD}$, $\overline{BC}$ 위의 점이다. $\overline{AE}:\overline{ED}=5:2$이고 □ABCD의 넓이가 84 cm²일 때, $\triangle$EFD의 넓이를 구하시오.

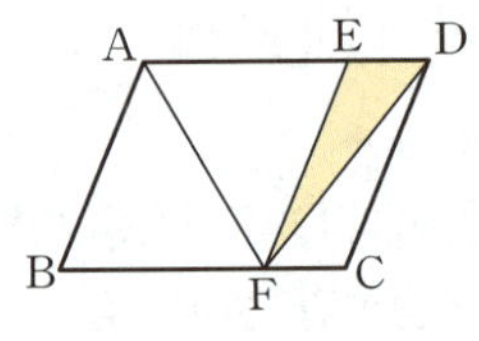

04 사다리꼴에서 높이가 같은 두 삼각형의 넓이
● 더 다양한 문제는 RPM 2–2 67쪽

오른쪽 그림과 같이 $\overline{AD}$∥$\overline{BC}$인 사다리꼴 ABCD에서 두 대각선의 교점을 O라 하자. $\overline{BO}:\overline{OD}=3:1$이고 $\triangle$AOD의 넓이가 6 cm²일 때, 다음을 구하시오.

(1) $\triangle$ABO의 넓이　　　　(2) $\triangle$OBC의 넓이

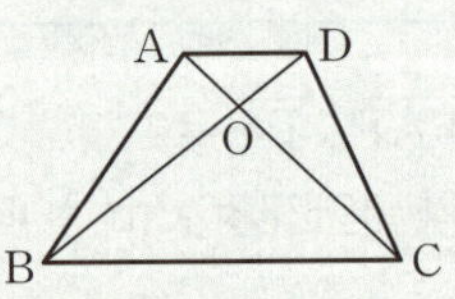

➡ $\triangle$ABC=$\triangle$DBC,
　$\triangle$ABO=$\triangle$DOC

풀이　(1) $\overline{BO}:\overline{OD}=3:1$이므로　　$\triangle$ABO : $\triangle$AOD=3:1
즉 $\triangle$ABO : 6=3:1이므로　　$\triangle$ABO=18 (cm²)
(2) $\overline{BO}:\overline{OD}=3:1$이므로　　$\triangle$OBC : $\triangle$DOC=3:1
이때 $\triangle$DOC=$\triangle$ABO=18 (cm²)이므로
$\triangle$OBC : 18=3:1　　$\therefore \triangle$OBC=54 (cm²)

답 (1) 18 cm²　(2) 54 cm²

확인 ④　오른쪽 그림과 같이 $\overline{AD}$∥$\overline{BC}$인 사다리꼴 ABCD에서 두 대각선의 교점을 O라 하자. $\overline{AO}:\overline{OC}=2:3$이고 $\triangle$ABO의 넓이가 28 cm²일 때, $\triangle$DBC의 넓이를 구하시오.

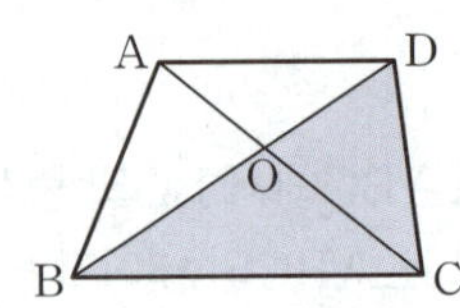

01 오른쪽 그림과 같이 □ABCD의 꼭짓점 D를 지나고 $\overline{AC}$ 에 평행한 직선이 $\overline{BC}$의 연장선과 만나는 점을 E라 하자. □ABCD의 넓이가 39 cm², △ABC의 넓이가 27 cm² 일 때, △ACE의 넓이를 구하시오.

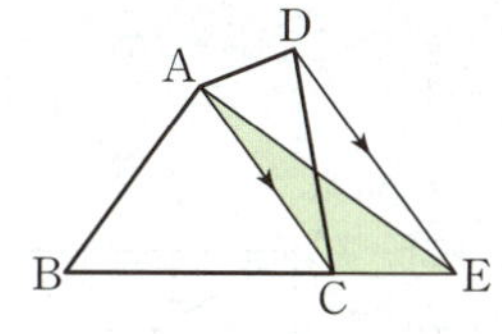

△ACE와 넓이가 같은 삼각형을 찾는다.

02 오른쪽 그림과 같은 △ABC에서 $\overline{AD} : \overline{DC} = 3 : 2$이고 $\overline{BE} : \overline{EC} = 2 : 1$이다. △AED의 넓이가 6 cm²일 때, △ABC의 넓이는?

① 27 cm²　　② 30 cm²　　③ 33 cm²
④ 36 cm²　　⑤ 39 cm²

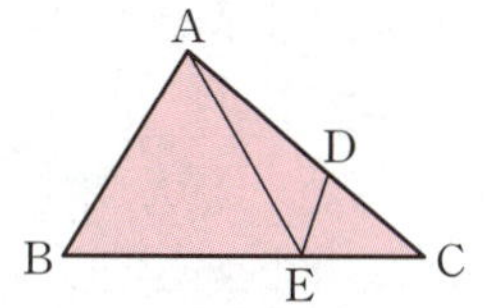

먼저 △AEC의 넓이를 구한다.

03 오른쪽 그림과 같은 평행사변형 ABCD에서 $\overline{BD} /\!/ \overline{EF}$일 때, 다음 삼각형 중 그 넓이가 나머지 넷과 다른 하나는?

① △ABE　　② △DAF　　③ △AEF
④ △DBF　　⑤ △DBE

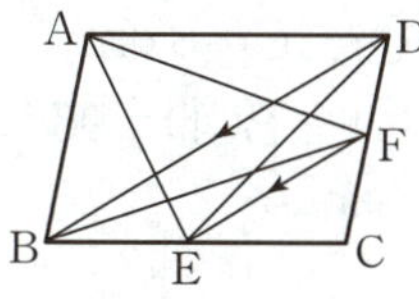

04 오른쪽 그림과 같이 $\overline{AD} /\!/ \overline{BC}$인 사다리꼴 ABCD에서 두 대각선의 교점을 O라 하자. △DBC의 넓이가 60 cm², △ABO의 넓이가 20 cm²일 때, △AOD의 넓이를 구하 시오.

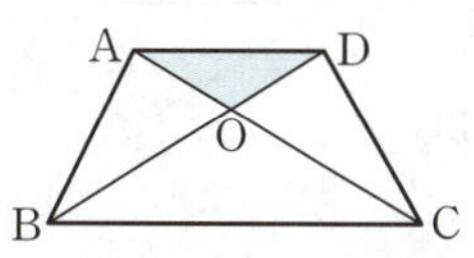

높이가 같은 삼각형의 넓이의 비를 이용하여 밑변의 길이의 비를 구한다.

01 오른쪽 그림과 같은 직사각형 ABCD에서 두 대각선의 교점을 O라 하자. $\overline{AO}=4x+3$, $\overline{BO}=5x-1$ 일 때, $\overline{AC}$의 길이는?

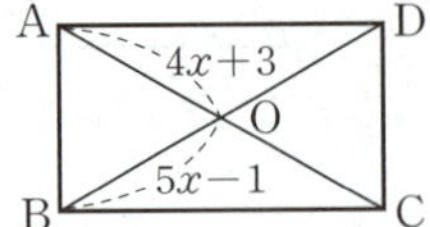

① 32　　② 34　　③ 36
④ 38　　⑤ 40

02 오른쪽 그림과 같은 평행사변형 ABCD에서 두 대각선의 교점을 O라 할 때, 다음 중 □ABCD가 직사각형이 되는 조건을 모두 고르면? (정답 2개)

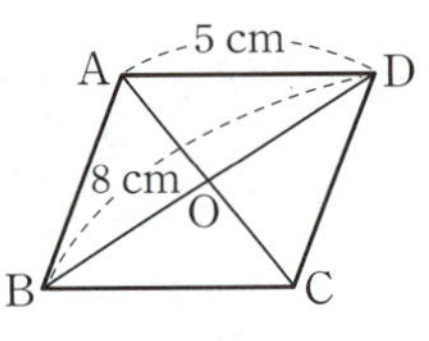

① $\overline{AB}=5$ cm　　② $\overline{AC}=8$ cm
③ $\overline{DO}=4$ cm　　④ $\angle BCD=90°$
⑤ $\angle AOB=90°$

꼭나와

03 오른쪽 그림과 같은 마름모 ABCD의 꼭짓점 A에서 $\overline{CD}$에 내린 수선의 발을 E라 하고 $\overline{AE}$와 $\overline{BD}$의 교점을 F라 하자. $\angle C=116°$일 때, $\angle x$의 크기를 구하시오.

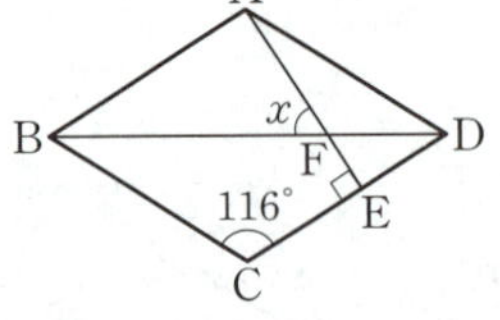

04 오른쪽 그림과 같은 정사각형 ABCD의 내부의 한 점 P에 대하여 $\overline{PB}=\overline{BC}=\overline{PC}$일 때, $\angle APD$의 크기를 구하시오.

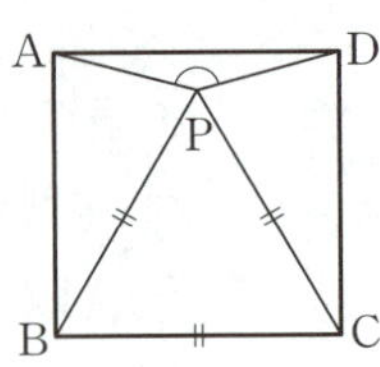

05 오른쪽 그림과 같이 $\overline{AD}/\!/\overline{BC}$인 등변사다리꼴 ABCD의 꼭짓점 D에서 $\overline{BC}$에 내린 수선의 발을 E라 하자. $\angle B=65°$일 때, $\angle x+2\angle y$의 크기는?

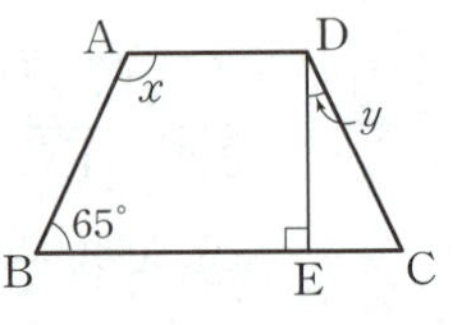

① 160°　　② 165°　　③ 170°
④ 175°　　⑤ 180°

꼭나와

06 다음 그림은 사다리꼴에 조건이 하나씩 추가되어 여러 가지 사각형이 되는 과정을 나타낸 것이다. ①~⑤에 각각 알맞은 조건으로 옳은 것은?

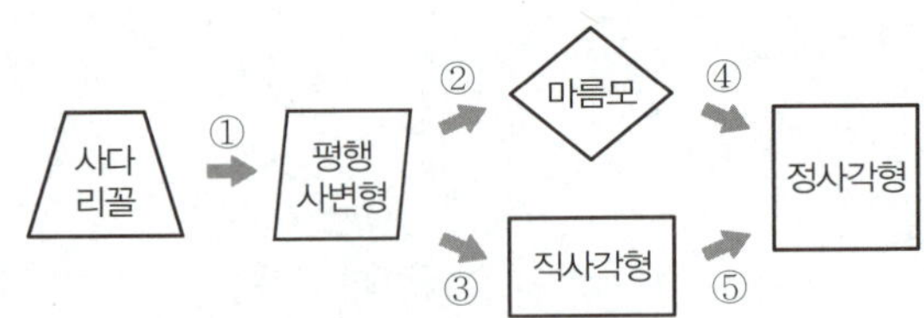

① 한 쌍의 대변의 길이가 같다.
② 두 대각선의 길이가 같다.
③ 두 대각선이 서로 수직이다.
④ 두 대각선이 서로 다른 것을 수직이등분한다.
⑤ 이웃하는 두 변의 길이가 같다.

07 다음 사각형 중 두 대각선의 길이가 같은 것을 모두 고르면? (정답 2개)

① 사다리꼴 ② 평행사변형
③ 직사각형 ④ 등변사다리꼴
⑤ 마름모

08 다음 중 사각형과 그 사각형의 각 변의 중점을 연결하여 만든 사각형을 짝 지은 것으로 옳지 <u>않은</u> 것은?

① 평행사변형 — 평행사변형
② 정사각형 — 정사각형
③ 직사각형 — 마름모
④ 마름모 — 직사각형
⑤ 등변사다리꼴 — 직사각형

09 오른쪽 그림과 같이 □ABCD의 꼭짓점 A를 지나고 $\overline{DB}$에 평행한 직선이 $\overline{BC}$의 연장선과 만나는 점을 E라 하자. 또 점 D에서 $\overline{BC}$에 내린 수선의 발을 H라 하면 $\overline{DH}=6$ cm, $\overline{EB}=3$ cm, $\overline{BC}=9$ cm일 때, □ABCD의 넓이를 구하시오.

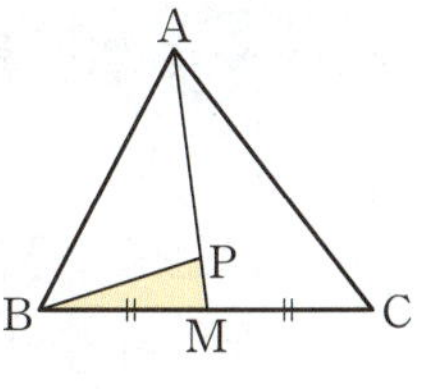
10 오른쪽 그림과 같은 △ABC에서 점 M은 $\overline{BC}$의 중점이고 $\overline{AP} : \overline{PM}=4 : 1$이다. △ABC의 넓이가 60 cm²일 때, △PBM의 넓이는?

① 4 cm² ② 5 cm² ③ 6 cm²
④ 8 cm² ⑤ 9 cm²

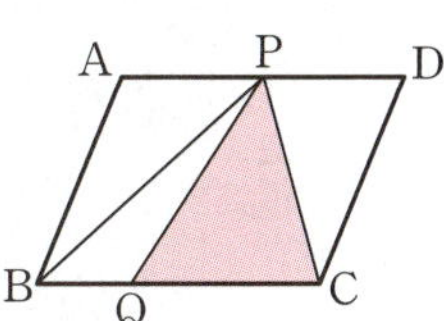
11 오른쪽 그림과 같은 평행사변형 ABCD에서 두 점 P, Q는 각각 $\overline{AD}$, $\overline{BC}$ 위의 점이다. $\overline{BQ} : \overline{QC}=1 : 2$이고 □ABCD의 넓이가 42 cm²일 때, △PQC의 넓이는?

① 10 cm² ② 12 cm² ③ 14 cm²
④ 16 cm² ⑤ 18 cm²

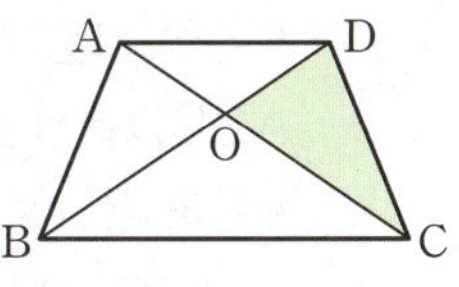
12 오른쪽 그림과 같이 $\overline{AD} /\!/ \overline{BC}$인 사다리꼴 ABCD에서 두 대각선의 교점을 O라 하자. △ABC의 넓이가 52 cm², △OBC의 넓이가 36 cm²일 때, △DOC의 넓이를 구하시오.

13 오른쪽 그림과 같이 직사각형 모양의 종이 ABCD를 대각선 BD를 접는 선으로 하여 점 C가 점 E에 오도록 접으면 ∠DBC=25°이다. $\overline{AB}$의 연장선과 $\overline{DE}$의 연장선의 교점을 F라 할 때, ∠F의 크기는?

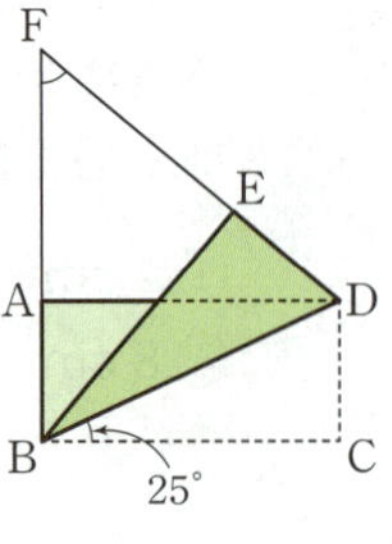

① 45°　　② 50°　　③ 55°
④ 60°　　⑤ 65°

14 오른쪽 그림과 같은 마름모 ABCD에서 두 대각선의 교점을 O라 하자. $\overline{BD}$=13 cm, $\overline{BE}$=$\overline{BF}$=5 cm일 때, $\overline{AE}$의 길이를 구하시오.

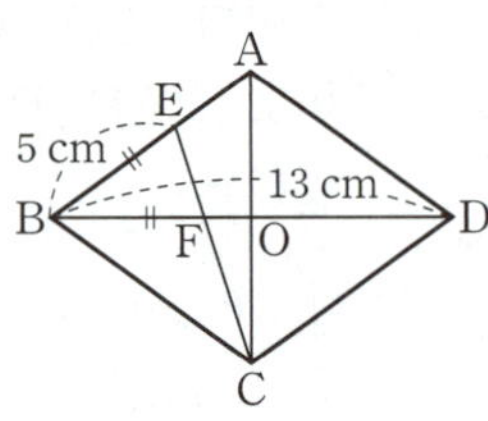

15 오른쪽 그림과 같은 정사각형 ABCD에서 $\overline{BE}$=$\overline{CF}$이고 $\overline{AE}$와 $\overline{BF}$의 교점을 G라 하자. ∠GEC=118°일 때, ∠GBE의 크기는?

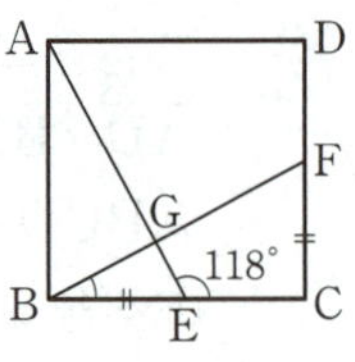

① 22°　　② 24°　　③ 26°
④ 28°　　⑤ 30°

16 오른쪽 그림과 같이 $\overline{AD}$∥$\overline{BC}$인 사다리꼴 ABCD에서 $\overline{AB}$=$\overline{DC}$=$\overline{AD}$이고 $\overline{BC}$=2$\overline{AD}$일 때, ∠B의 크기를 구하시오.

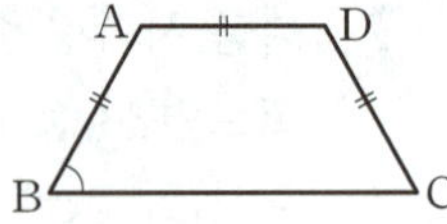

17 오른쪽 그림과 같은 직사각형 ABCD에서 $\overline{AD}$=2$\overline{AB}$이다. 두 점 M, N은 각각 $\overline{AD}$, $\overline{BC}$의 중점이고 $\overline{AB}$=2 cm일 때, □PNQM의 넓이는?

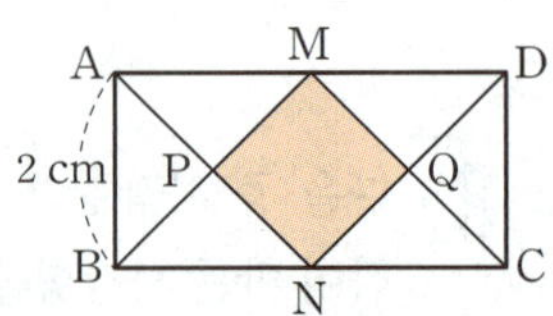

① 2 cm²　　② $\dfrac{5}{2}$ cm²　　③ 3 cm²
④ $\dfrac{7}{2}$ cm²　　⑤ 4 cm²

18 오른쪽 그림과 같이 마름모 ABCD의 네 변의 중점을 각각 P, Q, R, S라 할 때, 다음 중 옳지 않은 것은? (단, 점 O는 $\overline{PR}$와 $\overline{QS}$의 교점이다.)

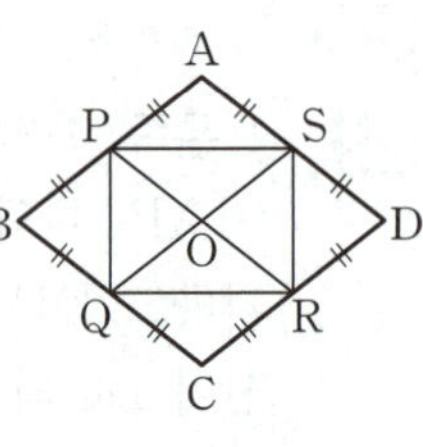

① $\overline{PS}$∥$\overline{QR}$　　　② $\overline{PQ}$=$\overline{SR}$
③ ∠PQR=90°　　　④ $\overline{PO}$=$\overline{QO}$
⑤ $\overline{PR}$⊥$\overline{SQ}$

19 오른쪽 그림과 같은 △ABC 에서 $\overline{AB}$ 위의 점 P와 $\overline{BC}$의 연장선 위의 점 Q에 대하여 $\overline{PC} /\!/ \overline{AQ}$이고 $\overline{BM} : \overline{MQ} = 2 : 3$이다.

△PBM의 넓이가 6 cm²일 때, □APMC의 넓이는?

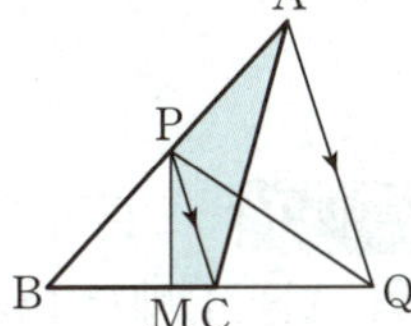

① 8 cm² ② 9 cm² ③ 10 cm²
④ 12 cm² ⑤ 15 cm²

20 오른쪽 그림과 같은 평행사변형 ABCD에서 $\overline{AP} : \overline{PC} = 2 : 1$, $\overline{DQ} : \overline{QP} = 3 : 2$이다.

□ABCD의 넓이가 60 cm²일 때, △CQP의 넓이를 구하시오.

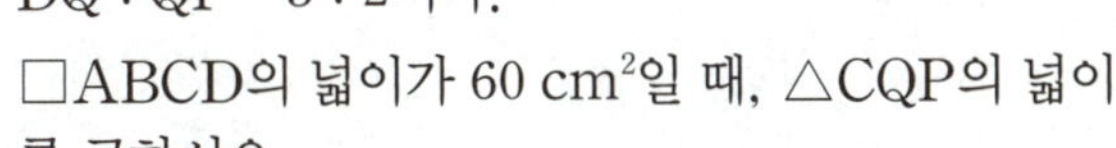

21 오른쪽 그림과 같이 $\overline{AD} /\!/ \overline{BC}$인 사다리꼴 ABCD에서 두 대각선의 교점을 O라 하자.

△ABO의 넓이가 6 cm², △OBC의 넓이가 12 cm²일 때, □ABCD의 넓이를 구하시오.

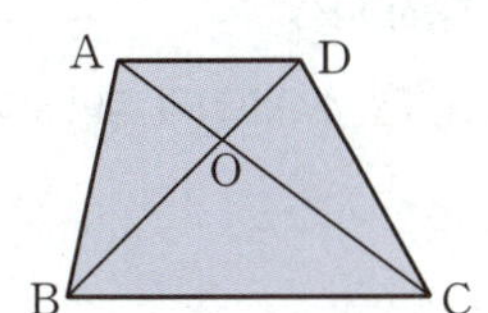

22 오른쪽 그림에서 □ABCD, □OPQR는 합동인 정사각형이고 점 O는 □ABCD의 두 대각선의 교점이다. $\overline{AC} = 8$ cm일 때, □OECF의 넓이를 구하시오.

해설 강의

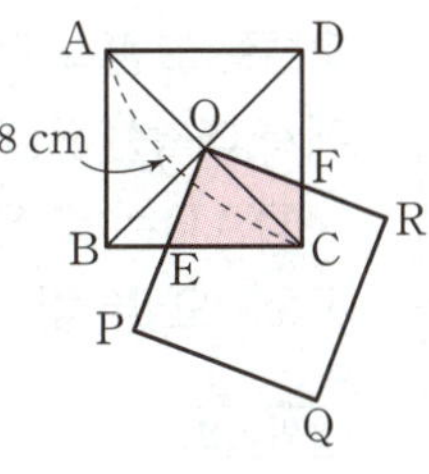

23 오른쪽 그림과 같은 평행사변형 ABCD에서 $\overline{AD} = 2\overline{AB}$이고 $\overline{CD}$의 연장선 위에 $\overline{EC} = \overline{CD} = \overline{DF}$가 되도록 두 점 E, F를 잡자. 또 $\overline{AE}$와 $\overline{BC}$, $\overline{AE}$와 $\overline{BF}$, $\overline{AD}$와 $\overline{BF}$의 교점을 각각 G, P, H라 하면 ∠ABP = 40°일 때, ∠x + ∠y의 크기를 구하시오.

해설 강의

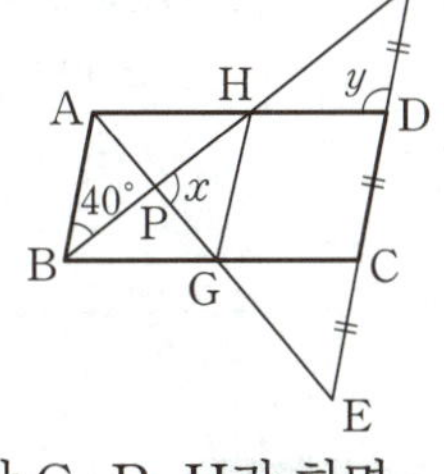

24 오른쪽 그림과 같은 평행사변형 ABCD에서 $\overline{CD}$ 위의 점 E에 대하여 $\overline{AE}$, $\overline{BD}$의 교점을 F라 하자. △ABF의 넓이가 45 cm², △BCE의 넓이가 35 cm²일 때, △DFE의 넓이를 구하시오.

해설 강의

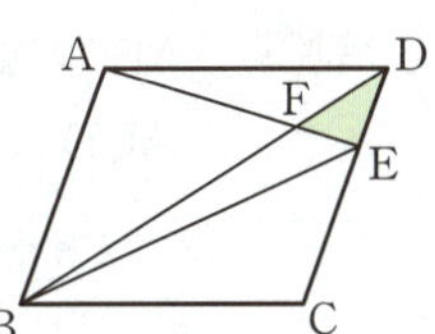

예제 1

오른쪽 그림과 같은 정사각형 ABCD 에서 대각선 BD 위의 점 E에 대하여 $\angle DAE = 25°$일 때, $\angle x$의 크기를 구하시오. [6점]

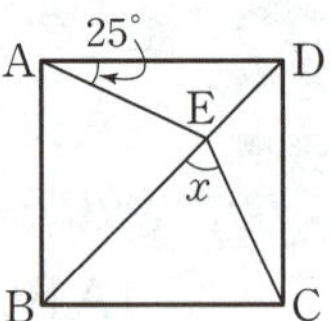

풀이 과정

1단계 △AED≡△CED임을 알기 · 3점

△AED와 △CED에서
$\overline{AD}=\overline{CD}$, $\overline{DE}$는 공통, $\angle ADE = \angle CDE = 45°$
이므로 △AED≡△CED (SAS 합동)

2단계 $\angle DCE$의 크기 구하기 · 1점

$\angle DCE = \angle DAE = 25°$

3단계 $\angle x$의 크기 구하기 · 2점

△DEC에서
$\angle x = \angle CDE + \angle DCE = 45° + 25° = 70°$

답 70°

유제 1

오른쪽 그림과 같은 정사각형 ABCD에서 대각선 AC 위의 점 P에 대하여 $\angle DPC = 68°$일 때, $\angle x$의 크기를 구하시오. [6점]

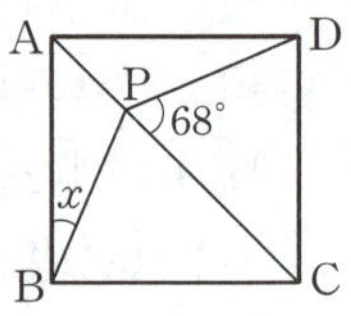

풀이 과정

1단계 △ABP≡△ADP임을 알기 · 3점

2단계 $\angle ABP = \angle ADP$임을 알기 · 1점

3단계 $\angle x$의 크기 구하기 · 2점

답

예제 2

오른쪽 그림과 같은 평행사변형 ABCD에서 점 O는 두 대각선의 교점이고 $\overline{DE}=\overline{EC}$, $\overline{AF}:\overline{FE}=2:1$이다. □ABCD의 넓이가 72 cm²일 때, △AOF의 넓이를 구하시오. [7점]

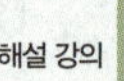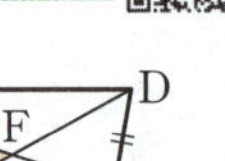

풀이 과정

1단계 △AED의 넓이 구하기 · 2점

$\triangle ACD = \dfrac{1}{2}\square ABCD = \dfrac{1}{2}\times 72 = 36 \ (cm^2)$이므로

$\triangle AED = \dfrac{1}{2}\triangle ACD = \dfrac{1}{2}\times 36 = 18 \ (cm^2)$

2단계 △AFD의 넓이 구하기 · 2점

$\triangle AFD = \dfrac{2}{2+1}\triangle AED = \dfrac{2}{3}\times 18 = 12 \ (cm^2)$

3단계 △AOF의 넓이 구하기 · 3점

$\triangle AOD = \dfrac{1}{4}\square ABCD = \dfrac{1}{4}\times 72 = 18 \ (cm^2)$이므로

$\triangle AOF = \triangle AOD - \triangle AFD$
$= 18 - 12 = 6 \ (cm^2)$

답 6 cm²

유제 2

오른쪽 그림과 같은 평행사변형 ABCD에서 점 O는 두 대각선의 교점이고 $\overline{DE}:\overline{EC}=2:1$, $\overline{AF}:\overline{FE}=3:2$이다. □ABCD의 넓이가 60 cm²일 때, △AOF의 넓이를 구하시오. [7점]

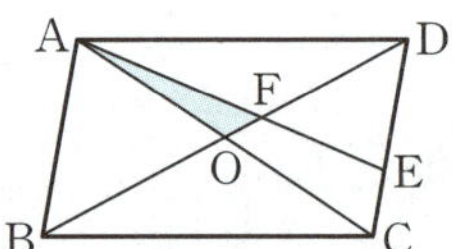

풀이 과정

1단계 △AED의 넓이 구하기 · 2점

2단계 △AFD의 넓이 구하기 · 2점

3단계 △AOF의 넓이 구하기 · 3점

답

스스로 서술하기

유제 3 오른쪽 그림과 같이 마름모 ABCD의 꼭짓점 A에서 $\overline{BC}$, $\overline{CD}$에 내린 수선의 발을 각각 P, Q라 하자. ∠B=68°일 때, ∠x의 크기를 구하시오. [7점]

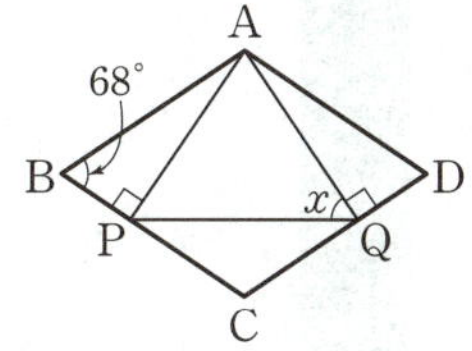

풀이 과정

답

유제 5 오른쪽 그림과 같이 $\overline{AD}\,/\!/\,\overline{BC}$인 등변사다리꼴 ABCD의 네 변의 중점을 각각 E, F, G, H라 하자. $\overline{AD}=7$ cm, $\overline{BC}=16$ cm, $\overline{EH}=8$ cm일 때, □EFGH의 둘레의 길이를 구하시오. [6점]

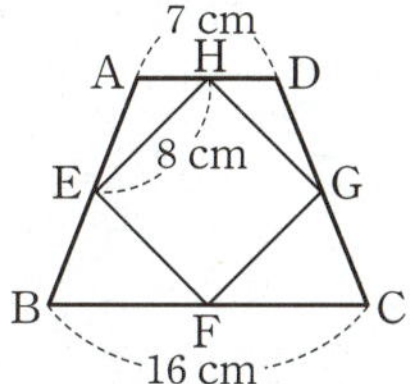

풀이 과정

답

유제 4 오른쪽 그림과 같이 정사각형 PQRS의 두 꼭짓점 S, Q는 각각 직사각형 ABCD의 두 변 AD, BC 위에 있고 두 점 P, R는 대각선 AC 위에 있다. ∠DAC=30°일 때, ∠x의 크기를 구하시오. [6점]

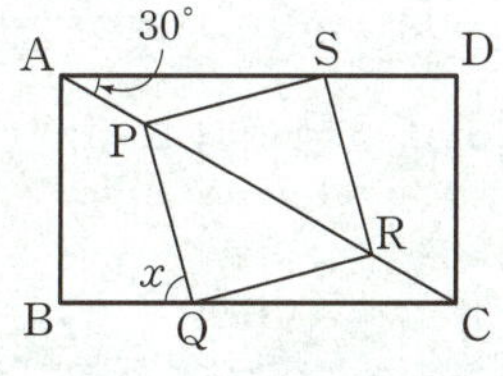

풀이 과정

답

유제 6 오른쪽 그림과 같이 □ABCD의 꼭짓점 A를 지나고 $\overline{BD}$에 평행한 직선이 $\overline{CD}$의 연장선과 만나는 점을 E라 하고 $\overline{AD}$와 $\overline{BE}$의 교점을 O라 하자. △BCE의 넓이가 50 cm², △BDO의 넓이가 11 cm²이고 $\overline{BD}$가 □ABCD의 넓이를 이등분할 때, △ODE의 넓이를 구하시오. [7점]

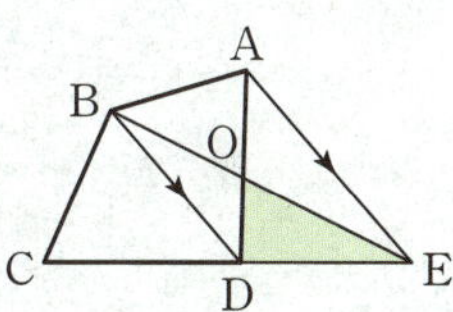

풀이 과정

답

III

도형의 닮음과 피타고라스 정리

이 단원에서는 도형의 닮음의 뜻과 닮은 도형의 성질을 이해하고, 닮음비를 구해 보자.
또 삼각형의 닮음 조건을 이해하고, 이를 이용하여 평행선 사이의 선분의 길이의 비를 구해 보자.
한편 피타고라스 정리를 이해하고 정당화해 보자.

Ⅲ-1

도형의 닮음

이 단원의 학습 계획을 세우고
하나하나 실천하는 습관을 기르자!!

		공부한 날		학습 완료도
01 닮음과 닮은 도형	개념원리 이해 & 개념원리 확인하기	월	일	□□□
	핵심문제 익히기	월	일	○○○
	이런 문제가 시험에 나온다	월	일	○○○
02 삼각형의 닮음 조건	개념원리 이해 & 개념원리 확인하기	월	일	□□□
	핵심문제 익히기	월	일	○○○
	이런 문제가 시험에 나온다	월	일	○○○
중단원 마무리하기		월	일	○○○
서술형 대비 문제		월	일	○○○

개념 학습 guide

- 개념을 이해했으면 ■■□, 개념을 문제에 적용할 수 있으면 ■■■, 개념을 친구에게 설명할 수 있으면 ■■■ 로 색칠한다.

- 부족한 부분의 개념을 반복 학습하여 ■■■ 3칸 모두 색칠하면 학습을 마친다.

문제 학습 guide

- 맞힌 문제가 전체의 50% 미만이면 ●●●, 맞힌 문제가 50% 이상 90% 미만이면 ●●●, 맞힌 문제가 90% 이상이면 ●●● 로 색칠한다.

- 틀린 문제는 왜 틀렸는지 그 이유를 파악한 후 다시 풀어 본다. 며칠 후 틀린 문제를 다시 풀어 보고, 풀이 과정과 답이 맞으면 학습을 마친다.

01 닮음과 닮은 도형

1 닮음과 닮은 도형이란 무엇인가?
◎ 핵심문제 01

(1) 닮음

한 도형을 일정한 비율로 확대 또는 축소한 도형이 다른 도형과 합동일 때, 이 두 도형은 **닮음인 관계에 있다**고 한다. 또 닮음인 관계에 있는 두 도형을 **닮은 도형**이라 한다.

▶ 닮은 도형은 크기에 관계없이 모양이 같다.

(2) 닮음의 기호

△ABC와 △DEF가 닮은 도형일 때, 기호 ∽를 사용하여 다음과 같이 나타낸다.

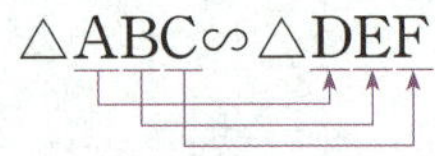

$$\triangle ABC \backsim \triangle DEF$$

두 도형의 꼭짓점은 대응하는 순서대로 쓴다.

① 대응점: 점 A와 점 D, 점 B와 점 E, 점 C와 점 F
② 대응변: $\overline{AB}$와 $\overline{DE}$, $\overline{BC}$와 $\overline{EF}$, $\overline{AC}$와 $\overline{DF}$
③ 대응각: ∠A와 ∠D, ∠B와 ∠E, ∠C와 ∠F

▶ 기호 ∽는 닮음을 뜻하는 라틴어 Similis(영어 Similar)의 첫 글자 S를 옆으로 뉘어 놓은 모양으로 만든 것이다.

참고 **기호의 구별**

△ABC≡△DEF	△ABC∽△DEF	△ABC=△DEF
△ABC와 △DEF가 합동이다.	△ABC와 △DEF가 닮음이다.	△ABC의 넓이와 △DEF의 넓이가 같다.

2 평면도형에서 닮은 도형은 어떤 성질이 있는가?
◎ 핵심문제 02

(1) 평면도형에서 닮음의 성질

닮은 두 평면도형에서

① 대응변의 길이의 비는 일정하다.
② 대응각의 크기는 각각 같다.

예 오른쪽 그림에서 △ABC∽△A′B′C′일 때

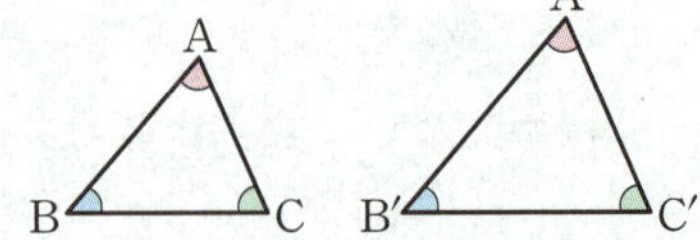

① 대응변의 길이의 비는 일정하므로
$$\overline{AB} : \overline{A'B'} = \overline{BC} : \overline{B'C'} = \overline{AC} : \overline{A'C'}$$

② 대응각의 크기는 각각 같으므로
$$\angle A = \angle A', \ \angle B = \angle B', \ \angle C = \angle C'$$

(2) 평면도형에서의 닮음비: 닮은 두 평면도형에서 **대응변의 길이의 비를 닮음비**라 한다.

참고 ① 닮음비는 일반적으로 가장 간단한 자연수의 비로 나타낸다.
② 합동인 두 도형도 닮은 도형이고, 닮음비는 1 : 1이다.
③ 원에서의 닮음비는 반지름의 길이의 비와 같다.

3 **입체도형에서 닮은 도형은 어떤 성질이 있는가?**　　　　　◎ 핵심문제 03, 04

(1) **입체도형에서 닮음의 성질**

　　닮은 두 입체도형에서

　　① 대응하는 모서리의 길이의 비는 일정하다.

　　② 대응하는 면은 닮은 도형이다.

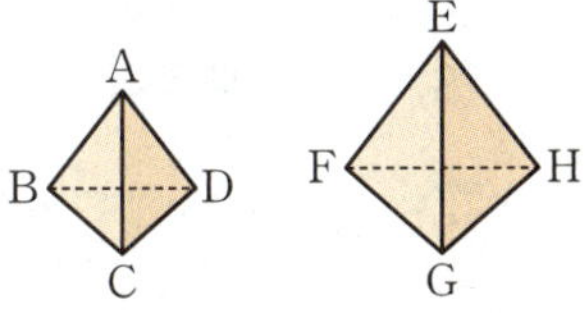

　　　예 오른쪽 그림에서 두 삼각뿔은 닮은 도형이고 면 ABC에 대응하는 면이

　　　　　면 EFG일 때

　　　　　① 대응하는 모서리의 길이의 비는 일정하므로

$$\overline{AB}:\overline{EF}=\overline{AC}:\overline{EG}=\overline{AD}:\overline{EH}=\overline{BC}:\overline{FG}$$
$$=\overline{BD}:\overline{FH}=\overline{CD}:\overline{GH}$$

　　　　　② 대응하는 면은 닮은 도형이므로

$$\triangle ABC \backsim \triangle EFG,\ \triangle ABD \backsim \triangle EFH,\ \triangle ACD \backsim \triangle EGH,\ \triangle BCD \backsim \triangle FGH$$

(2) **입체도형에서의 닮음비**: 닮은 두 입체도형에서 대응하는 모서리의 길이의 비를 닮음비라 한다.

　　참고 구에서의 닮음비는 반지름의 길이의 비와 같다.

4 **닮음비와 넓이의 비, 부피의 비 사이에는 어떤 관계가 있는가?**　　　　　◎ 핵심문제 05, 06

(1) **닮은 두 평면도형의 둘레의 길이의 비와 넓이의 비**

　　닮은 두 평면도형의 닮음비가 $m:n$이면

　　① 둘레의 길이의 비는　　$m:n$　　　　　② 넓이의 비는　　$m^2:n^2$

　　　예 오른쪽 그림과 같이 닮음비가 2 : 3인 두 직사각형에서

　　　　　① 둘레의 길이는 각각

$$2\times(4+6)=20\,(\text{cm}),\ 2\times(6+9)=30\,(\text{cm})$$

　　　　　이므로 두 직사각형의 둘레의 길이의 비는

$$20:30=2:3$$

　　　　　② 넓이는 각각

$$4\times6=24\,(\text{cm}^2),\ 6\times9=54\,(\text{cm}^2)$$

　　　　　이므로 두 직사각형의 넓이의 비는　　$24:54=4:9=2^2:3^2$

(2) **닮은 두 입체도형의 겉넓이의 비와 부피의 비**

　　닮은 두 입체도형의 닮음비가 $m:n$이면

　　① 겉넓이의 비는　　$m^2:n^2$　　　　　② 부피의 비는　　$m^3:n^3$

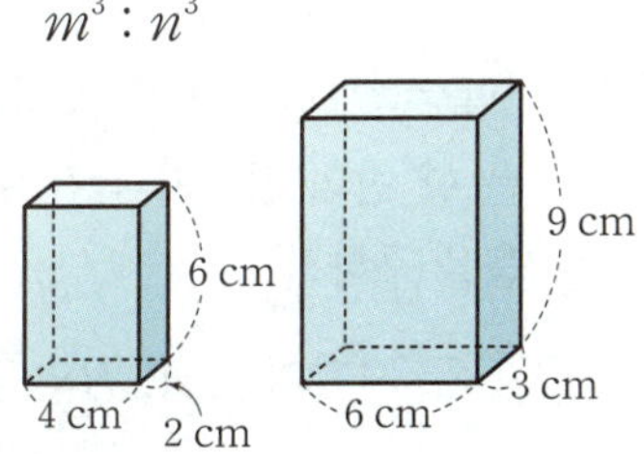

　　　예 오른쪽 그림과 같이 닮음비가 2 : 3인 두 직육면체에서

　　　　　① 겉넓이는 각각

$$2\times(4\times2+2\times6+4\times6)=88\,(\text{cm}^2),$$
$$2\times(6\times3+3\times9+6\times9)=198\,(\text{cm}^2)$$

　　　　　이므로 두 직육면체의 겉넓이의 비는

$$88:198=4:9=2^2:3^2$$

　　　　　② 부피는 각각

$$4\times2\times6=48\,(\text{cm}^3),\ 6\times3\times9=162\,(\text{cm}^3)$$

　　　　　이므로 두 직육면체의 부피의 비는　　$48:162=8:27=2^3:3^3$

01 오른쪽 그림에서 □ABCD∽□EFGH일 때, 다음을 구하시오.

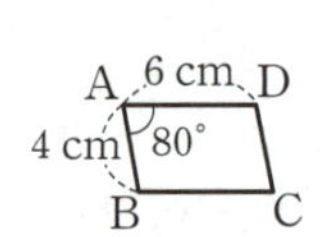
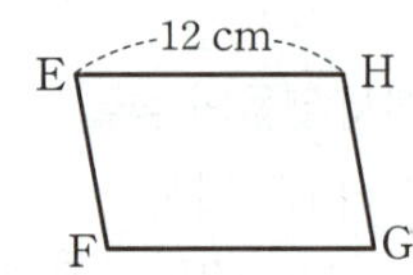

(1) 점 A의 대응점

(2) $\overline{BC}$의 대응변

(3) ∠F의 대응각

(4) □ABCD와 □EFGH의 닮음비

(5) $\overline{EF}$의 길이

(6) ∠E의 크기

◆ 닮은 두 평면도형에서
① 대응변의 길이의 비는 ☐.
② 대응각의 크기는 각각 ☐.

02 오른쪽 그림에서 두 삼각기둥은 닮은 도형이고 △ABC∽△PQR일 때, 다음을 구하시오.

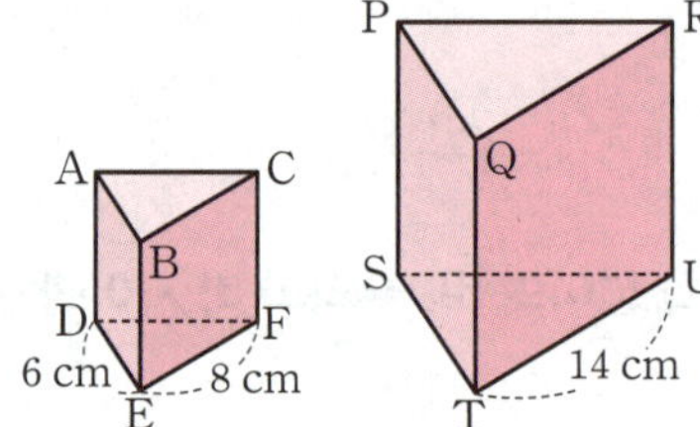

(1) $\overline{CF}$에 대응하는 모서리

(2) 면 ADEB에 대응하는 면

(3) 두 삼각기둥의 닮음비

(4) $\overline{ST}$의 길이

◆ 닮은 두 입체도형에서
① 대응하는 모서리의 길이의 비는 ☐.
② 대응하는 면은 ☐ 이다.

03 오른쪽 그림에서 △ABC∽△DEF일 때, 다음을 구하시오.

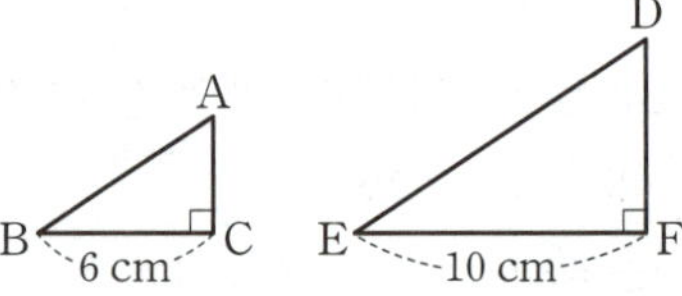

(1) △ABC와 △DEF의 닮음비

(2) △ABC와 △DEF의 둘레의 길이의 비

(3) △ABC와 △DEF의 넓이의 비

◆ 닮은 두 평면도형의 닮음비가 $m : n$이면
① 둘레의 길이의 비는 ☐ : ☐
② 넓이의 비는 ☐ : ☐

04 오른쪽 그림에서 두 사각기둥 A, B는 닮은 도형이고 밑면은 한 변의 길이가 각각 8 cm, 12 cm인 정사각형일 때, 다음을 구하시오.

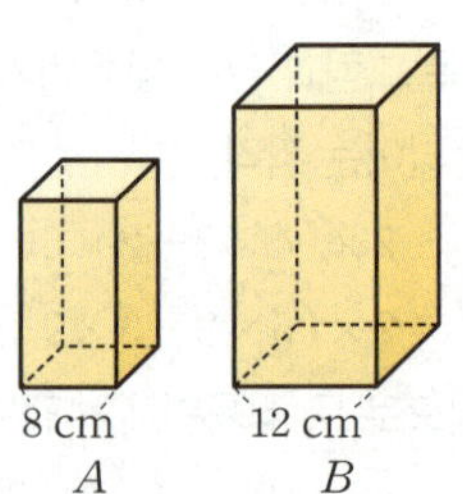

(1) 두 사각기둥 A, B의 닮음비

(2) 두 사각기둥 A, B의 겉넓이의 비

(3) 두 사각기둥 A, B의 부피의 비

◆ 닮은 두 입체도형의 닮음비가 $m : n$이면
① 겉넓이의 비는 ☐ : ☐
② 부피의 비는 ☐ : ☐

핵심문제 익히기

01 닮은 도형

● 더 다양한 문제는 RPM 2–2 78쪽

오른쪽 그림에서 $\triangle ABC \backsim \triangle DEF$일 때, 다음을 구하시오.

(1) $\overline{AC}$의 대응변 　　(2) $\angle B$의 대응각

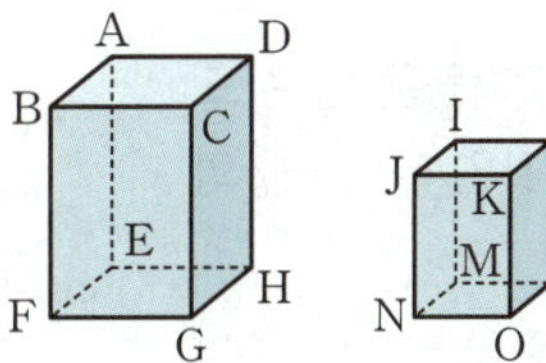

풀이 $\triangle ABC \backsim \triangle DEF$이므로
(1) $\overline{AC}$의 대응변은 $\overline{DF}$
(2) $\angle B$의 대응각은 $\angle E$

답 (1) $\overline{DF}$　(2) $\angle E$

> **KEY POINT**
>
> $\triangle ABC \backsim \triangle DEF$
> 대응하는 순서대로

확인 ❶ 오른쪽 그림에서 두 직육면체는 닮은 도형이고
□EFGH∽□MNOP일 때, 다음을 구하시오.

(1) $\overline{BC}$에 대응하는 모서리

(2) 면 IMPL에 대응하는 면

02 평면도형에서 닮음의 성질

● 더 다양한 문제는 RPM 2–2 78쪽

오른쪽 그림에서 $\triangle ABC \backsim \triangle FDE$일 때, 다음을 구하시오.

(1) $\triangle ABC$와 $\triangle FDE$의 닮음비

(2) $\angle D$의 크기

(3) $\overline{AC}$의 길이

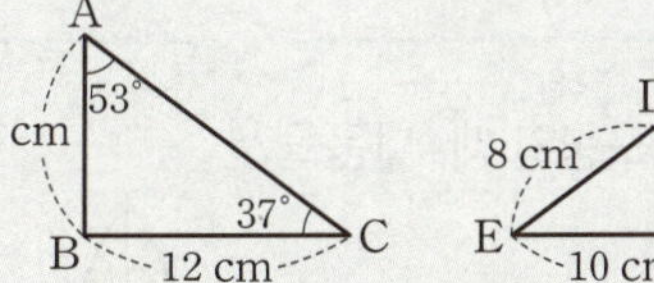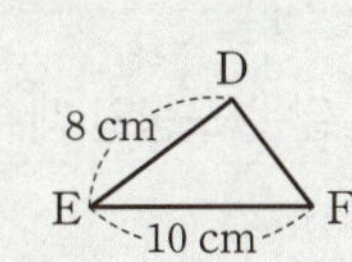

> **KEY POINT**
>
> ① 닮은 두 평면도형의 닮음비
> ➡ 대응변의 길이의 비와 같다.
> ② 닮은 두 평면도형의 대응각의 크기는 각각 같다.

풀이 (1) $\triangle ABC$와 $\triangle FDE$의 닮음비는 $\overline{BC} : \overline{DE} = 12 : 8 = 3 : 2$
(2) $\triangle ABC$에서 $\angle B = 180° - (53° + 37°) = 90°$
　　　$\therefore \angle D = \angle B = 90°$
(3) $\overline{AC} : \overline{FE} = 3 : 2$에서 $\overline{AC} : 10 = 3 : 2$
　　　$2\overline{AC} = 30$　$\therefore \overline{AC} = 15 \ (\text{cm})$

답 (1) $3 : 2$　(2) $90°$　(3) $15 \ \text{cm}$

확인 ❷ 오른쪽 그림에서 □ABCD∽□EFGH일 때, 다음 중 옳지 <u>않은</u> 것은?

① $\angle C = 70°$　　② $\angle E = 85°$
③ $\overline{CD} : \overline{GH} = 5 : 3$　④ $\overline{AD} = 10 \ \text{cm}$
⑤ $\overline{EF} = 7 \ \text{cm}$

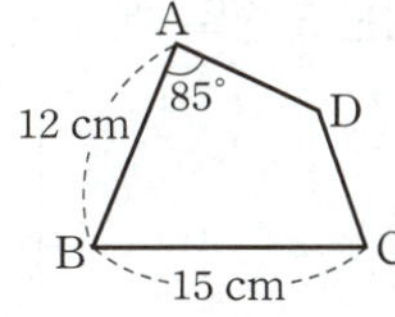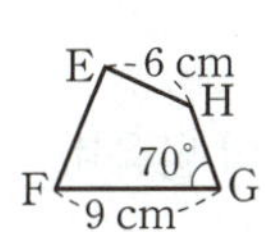

03 입체도형에서 닮음의 성질

● 더 다양한 문제는 RPM 2–2 79쪽

오른쪽 그림에서 두 직육면체는 닮은 도형이고
면 ABCD에 대응하는 면이 면 A′B′C′D′일 때,
다음을 구하시오.

(1) 두 직육면체의 닮음비

(2) x, y의 값

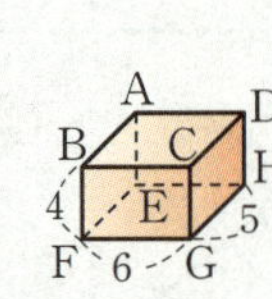 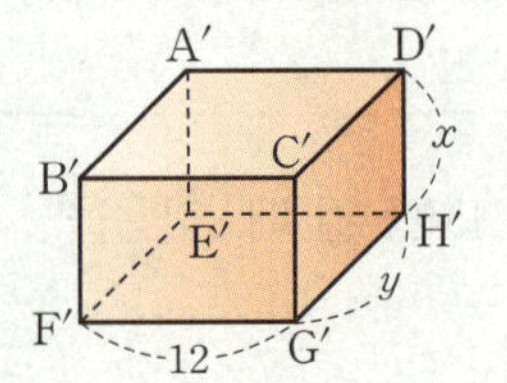

닮은 두 입체도형의 닮음비
➡ 대응하는 모서리의 길이의 비와 같다.

풀이 (1) 두 직육면체의 닮음비는　　$\overline{FG} : \overline{F'G'} = 6 : 12 = 1 : 2$
　　　(2) $\overline{DH} : \overline{D'H'} = 1 : 2$에서　　$4 : x = 1 : 2$　　∴ $x = 8$
　　　　　$\overline{GH} : \overline{G'H'} = 1 : 2$에서　　$5 : y = 1 : 2$　　∴ $y = 10$

답 (1) $1 : 2$　(2) $x = 8$, $y = 10$

확인 3 오른쪽 그림에서 두 삼각기둥은 닮은 도
형이고 $\triangle ABC \backsim \triangle GHI$일 때, $x + y$의
값을 구하시오.

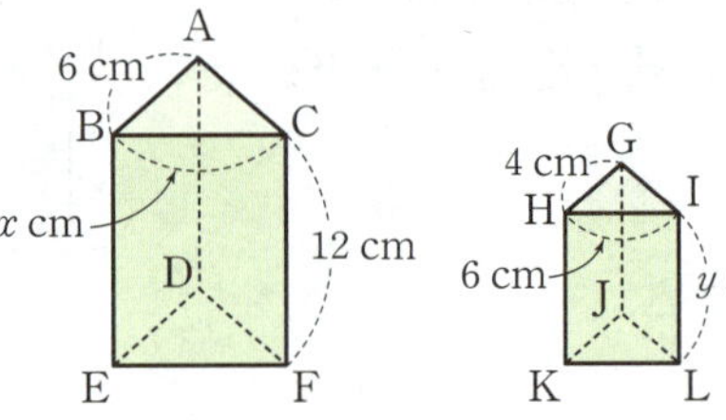

---

04 원뿔 또는 원기둥의 닮음비

● 더 다양한 문제는 RPM 2–2 79쪽

오른쪽 그림에서 두 원뿔 A, B는 닮은 도형일 때, 다음을
구하시오.

(1) 두 원뿔 A와 B의 닮음비

(2) 원뿔 A의 높이

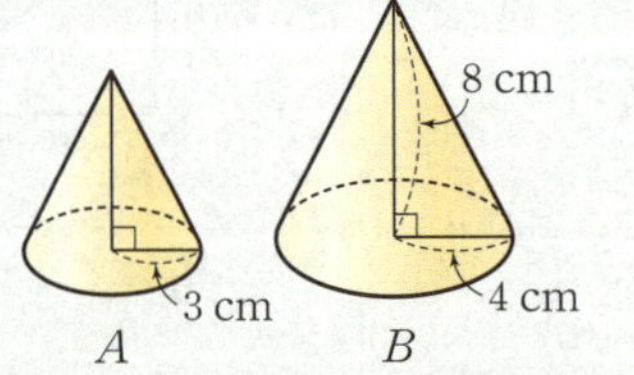

닮은 두 원뿔에서
　(닮음비)
　= (높이의 비)
　= (밑면의 반지름의 길이의 비)
　= (모선의 길이의 비)

풀이 (1) 두 원뿔 A와 B의 닮음비는
　　　　　(원뿔 A의 밑면의 반지름의 길이) : (원뿔 B의 밑면의 반지름의 길이) $= 3 : 4$
　　　(2) 원뿔 A의 높이를 x cm라 하면
　　　　　$x : 8 = 3 : 4$,　　$4x = 24$　　∴ $x = 6$
　　　따라서 원뿔 A의 높이는 6 cm이다.

답 (1) $3 : 4$　(2) 6 cm

확인 4 오른쪽 그림에서 두 원기둥 A, B는 닮은 도형일 때,
다음을 구하시오.

(1) 두 원기둥 A와 B의 닮음비

(2) 원기둥 B의 밑면의 둘레의 길이

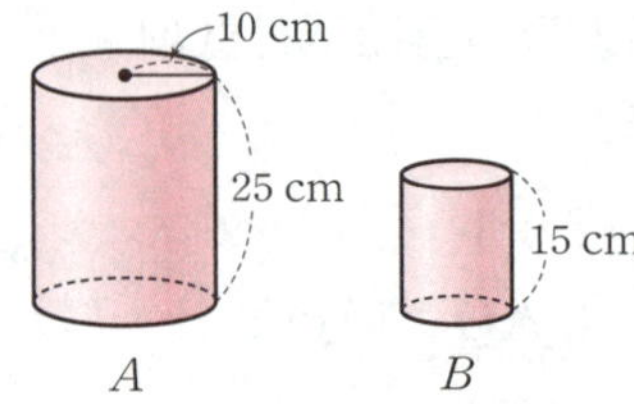

05 닮은 두 평면도형의 넓이의 비

● 더 다양한 문제는 RPM 2-2 80쪽

KEY POINT

닮은 두 평면도형의 닮음비가 $m:n$
이면 넓이의 비는
$$m^2:n^2$$

오른쪽 그림에서 △ABC∽△DEF일 때, 다음
을 구하시오.

(1) △ABC와 △DEF의 넓이의 비

(2) △ABC의 넓이가 5 cm²일 때, △DEF의 넓이

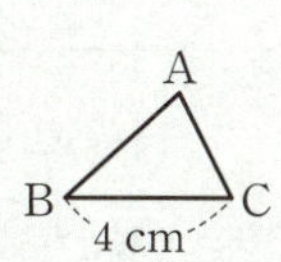
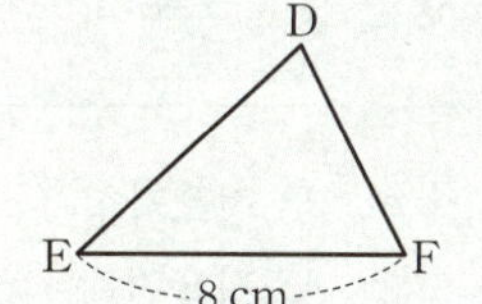

풀이 (1) △ABC와 △DEF의 닮음비는 $\overline{BC}:\overline{EF}=4:8=1:2$
따라서 넓이의 비는 $1^2:2^2=1:4$

(2) △ABC : △DEF=1 : 4에서   5 : △DEF=1 : 4   ∴ △DEF=20 (cm²)

답 (1) 1 : 4 (2) 20 cm²

확인 5 오른쪽 그림에서 □ABCD∽□A'BC'D'이고
□A'BC'D'의 넓이가 24 cm²일 때, 색칠한 부분의 넓이를
구하시오.

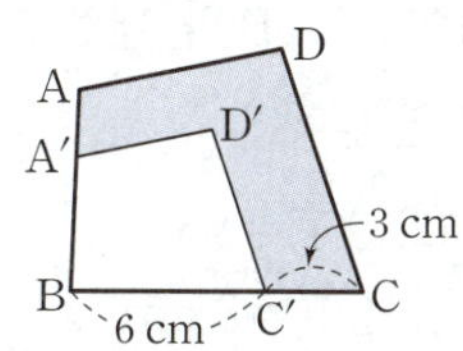

06 닮은 두 입체도형의 겉넓이의 비와 부피의 비

● 더 다양한 문제는 RPM 2-2 80쪽

KEY POINT

닮은 두 입체도형의 닮음비가 $m:n$
이면
① 겉넓이의 비는 $m^2:n^2$
② 부피의 비는 $m^3:n^3$

오른쪽 그림에서 두 원기둥 A, B는 닮은 도형일 때,
다음을 구하시오.

(1) 원기둥 A의 겉넓이가 24π cm²일 때, 원기둥 B
의 겉넓이

(2) 원기둥 B의 부피가 250π cm³일 때, 원기둥 A
의 부피

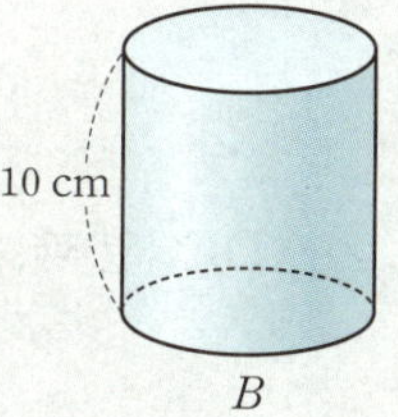

풀이 (1) 두 원기둥 A, B의 닮음비는 4 : 10=2 : 5이므로 겉넓이의 비는 $2^2:5^2=4:25$
원기둥 B의 겉넓이를 x cm²라 하면   24π : x=4 : 25
$4x=600π$ ∴ $x=150π$
따라서 원기둥 B의 겉넓이는 150π cm²이다.

(2) 두 원기둥 A, B의 부피의 비는 $2^3:5^3=8:125$
원기둥 A의 부피를 x cm³라 하면 $x:250π=8:125$
$125x=2000π$ ∴ $x=16π$
따라서 원기둥 A의 부피는 16π cm³이다.

답 (1) 150π cm² (2) 16π cm³

확인 6 오른쪽 그림에서 두 원뿔 A, B는 닮은 도형이다. 원뿔 A의
부피는 81π cm³이고 원뿔 B의 부피는 192π cm³일 때, 두
원뿔 A와 B의 겉넓이의 비를 구하시오.

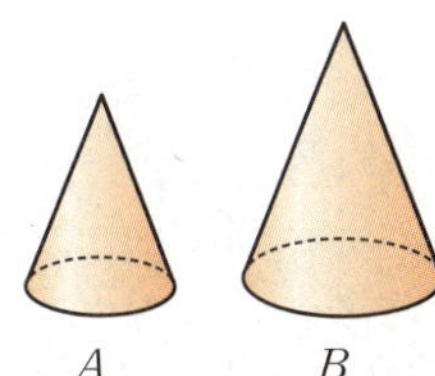

01 다음 **보기** 중 항상 닮은 도형인 것을 모두 고르시오.

> **보기**
> ㄱ. 두 마름모 ㄴ. 두 정오각형 ㄷ. 두 삼각기둥
> ㄹ. 두 원뿔 ㅁ. 두 정육면체 ㅂ. 두 구

크기에 관계없이 모양이 모두 같은 도형을 찾는다.

02 오른쪽 그림에서 두 오각형 ABCDE, FGHIJ가 닮은 도형이고 $\overline{AB}$의 대응변이 $\overline{FG}$일 때, 다음 중 옳지 <u>않은</u> 것은?

① $\angle B = \angle G$ ② $\angle F = 85°$
③ $2\overline{BC} = 3\overline{GH}$ ④ $\overline{DE} = 8$ cm
⑤ $\overline{HI} = 6$ cm

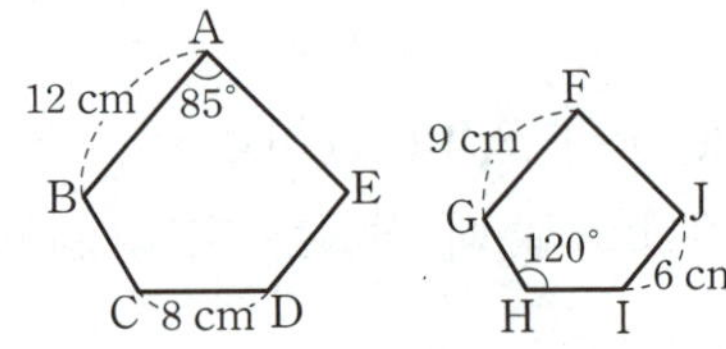

닮은 두 평면도형에서 닮음비는 대응변의 길이의 비와 같다.

03 오른쪽 그림에서 $\triangle ABC \backsim \triangle DEC$일 때, $\overline{BD}$의 길이를 구하시오.

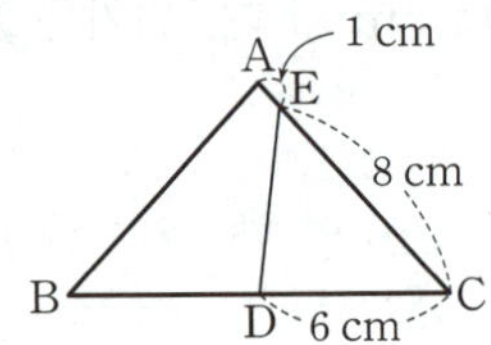

04 오른쪽 그림에서 두 삼각뿔은 닮은 도형이고 면 ABC에 대응하는 면이 A′B′C′일 때, $y - x$의 값은?

① 52 ② 53
③ 54 ④ 55
⑤ 56

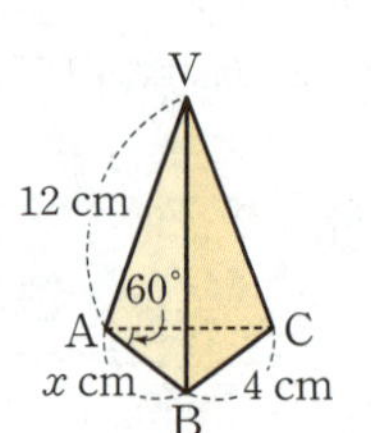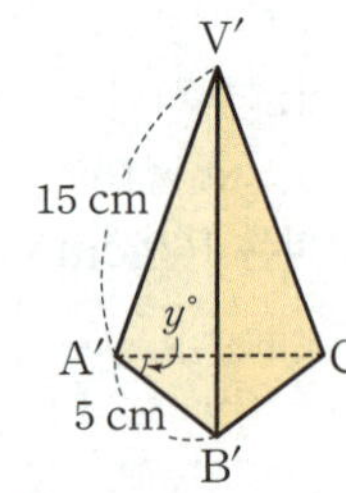

닮은 두 입체도형에서 닮음비는 대응하는 모서리의 길이의 비와 같다.

05 오른쪽 그림과 같이 원뿔을 밑면에 평행한 평면으로 자를 때 생기는 단면의 반지름의 길이가 10 cm일 때, 처음 원뿔의 밑면의 반지름의 길이는?

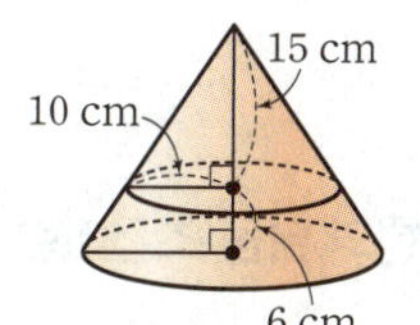

① 12 cm   ② 13 cm   ③ 14 cm
④ 15 cm   ⑤ 16 cm

원뿔을 밑면에 평행한 평면으로 자를 때 생기는 작은 원뿔은 처음 원뿔과 닮음이다.

06 오른쪽 그림에서 $\triangle ABC \backsim \triangle ADE$이고, $\overline{AB}=8$ cm, $\overline{BD}=12$ cm이다. $\triangle ADE$의 넓이가 12 cm^{2}일 때, $\triangle ABC$의 넓이를 구하시오.

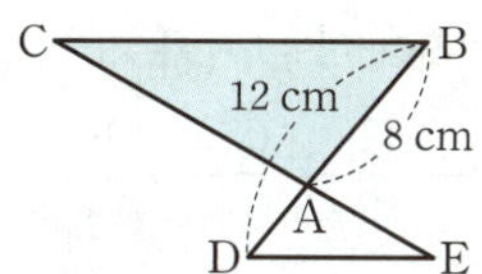

07 닮은 두 직육면체 A, B의 부피가 각각 54 cm^3, 250 cm^{3}이고 직육면체 A의 겉넓이가 90 cm^{2}일 때, 직육면체 B의 겉넓이는?

① 226 cm^2 ② 234 cm^2 ③ 242 cm^2
④ 250 cm^2 ⑤ 258 cm^2

닮은 두 입체도형의 부피의 비가
$m^3 : n^3$이면
① 닮음비는 $m : n$
② 겉넓이의 비는 $m^2 : n^2$

08 오른쪽 그림과 같이 지름의 길이가 1 m인 속이 꽉 찬 구 모양의 쇠공을 녹여 반지름의 길이가 2.5 cm인 속이 꽉 찬 구 모양의 쇠공을 만들려고 한다. 이때 작은 쇠공을 몇 개 만들 수 있는지 구하시오.

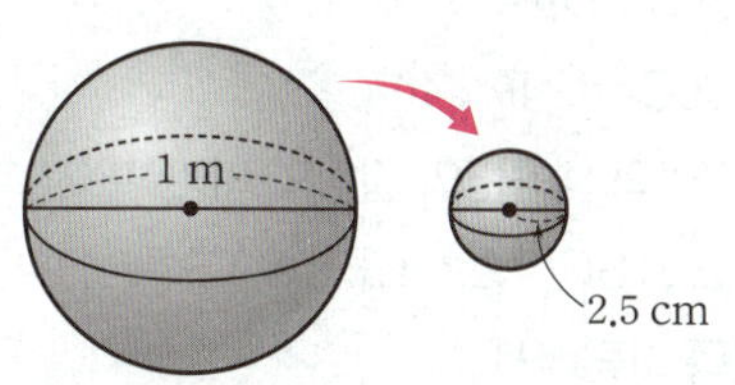

큰 쇠공과 작은 쇠공의 닮음비를 이용하여 부피의 비를 구한다.

02 삼각형의 닮음 조건

1 삼각형의 닮음 조건이란 무엇인가?　　　　　　　　　　◆ 핵심문제 01

삼각형의 닮음 조건: 두 삼각형 ABC와 DEF는 다음의 각 경우에 닮은 도형이다.

① 세 쌍의 대응변의 길이의 비가 같을 때 (SSS 닮음)

➡ $a:d=b:e=c:f$

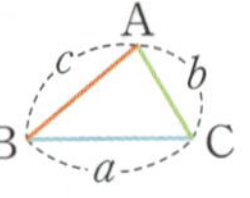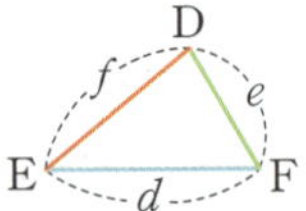

② 두 쌍의 대응변의 길이의 비가 같고, 그 끼인각의 크기가 같을 때
　　　　　　　　　　　　　　　　　　　　　　(SAS 닮음)

➡ $a:d=c:f$, $\angle B=\angle E$

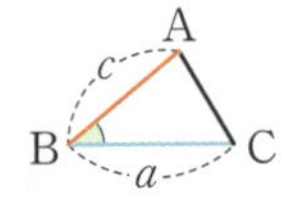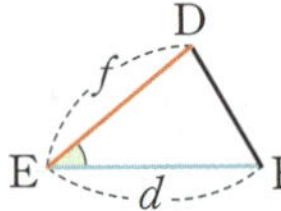

③ 두 쌍의 대응각의 크기가 각각 같을 때 (AA 닮음)

➡ $\angle B=\angle E$, $\angle C=\angle F$

┗→ 나머지 한 쌍의 대응각의 크기도 같다.

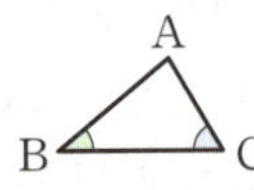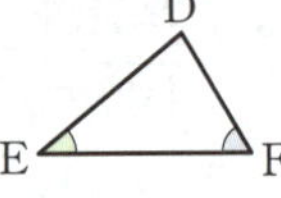

▶ 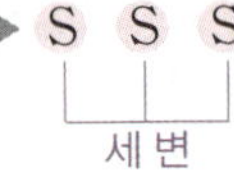  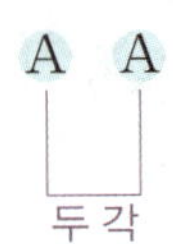

세 변　　　끼인각　　　두 각
　　　　　두 변

참고 삼각형의 합동 조건

두 삼각형은 다음의 각 경우에 서로 합동이다.

① 세 쌍의 대응변의 길이가 각각 같을 때 (SSS 합동)

② 두 쌍의 대응변의 길이가 각각 같고, 그 끼인각의 크기가 같을 때 (SAS 합동)

③ 한 쌍의 대응변의 길이가 같고, 그 양 끝 각의 크기가 각각 같을 때 (ASA 합동)

예 ① 오른쪽 그림에서

　　$\overline{AB}:\overline{DE}=4:6=2:3$

　　$\overline{BC}:\overline{EF}=6:9=2:3$

　　$\overline{AC}:\overline{DF}=8:12=2:3$

즉 세 쌍의 대응변의 길이의 비가 같으므로

　　$\triangle ABC \backsim \triangle DEF$ (SSS 닮음)

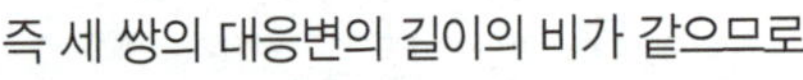

② 오른쪽 그림에서

　　$\overline{BC}:\overline{EF}=5:10=1:2$

　　$\overline{AC}:\overline{DF}=3:6=1:2$

　　$\angle C=\angle F=40°$

즉 두 쌍의 대응변의 길이의 비가 같고, 그 끼인각의 크기가 같으므로

　　$\triangle ABC \backsim \triangle DEF$ (SAS 닮음)

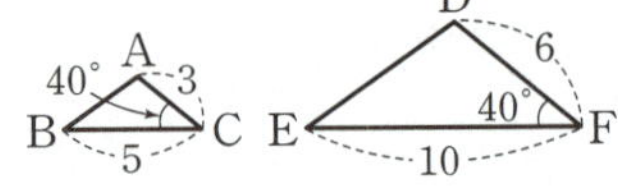

③ 오른쪽 그림에서

　　$\angle B=\angle E=40°$, $\angle C=\angle F=70°$

즉 두 쌍의 대응각의 크기가 각각 같으므로

　　$\triangle ABC \backsim \triangle DEF$ (AA 닮음)

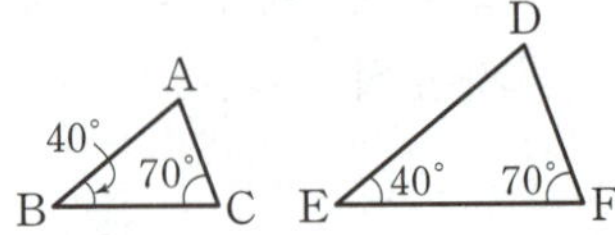

2 **삼각형의 닮음 조건을 이용하여 닮음인 삼각형을 어떻게 찾을까?**   ◎ 핵심문제 02, 03

두 삼각형이 겹쳐진 도형에서 닮은 삼각형을 찾을 때에는 공통인 각을 이용하여 다음과 같은 방법으로 찾는다.

(1) **SAS 닮음의 이용**

공통인 각을 끼인각으로 하는 두 쌍의 대응변의 길이의 비가 같은 두 삼각형을 찾는다.

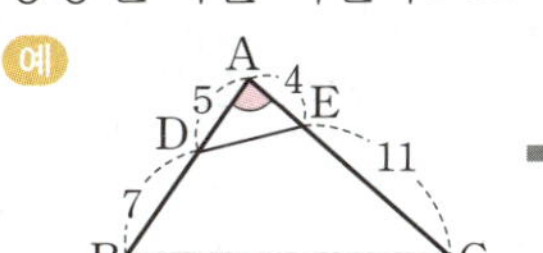 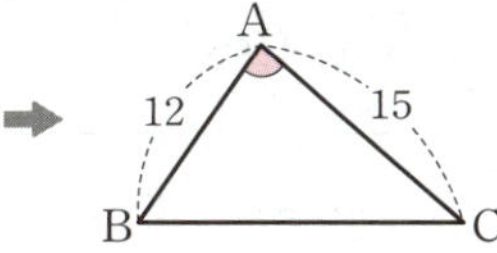 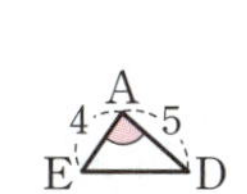

$\triangle ABC$와 $\triangle AED$에서 $\angle A$는 공통, $\overline{AB} : \overline{AE} = \overline{AC} : \overline{AD} = 3 : 1$이므로

$\triangle ABC \backsim \triangle AED$ (SAS 닮음)

(2) **AA 닮음의 이용**

공통인 각이 있고 다른 한 내각의 크기가 같은 두 삼각형을 찾는다.

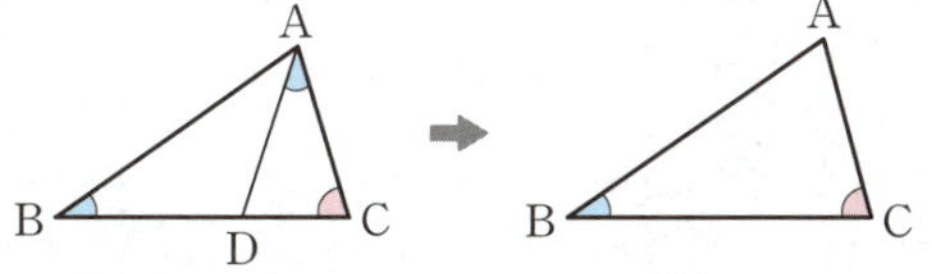

$\triangle ABC$와 $\triangle DAC$에서 $\angle C$는 공통, $\angle B = \angle DAC$이므로

$\triangle ABC \backsim \triangle DAC$ (AA 닮음)

3 **직각삼각형의 닮음을 이용한 성질에는 어떤 것이 있는가?**   ◎ 핵심문제 04, 05

(1) **직각삼각형의 닮음**

두 직각삼각형에서 한 예각의 크기가 같으면 두 삼각형은 닮은 도형이다. ← AA 닮음

(2) **직각삼각형의 닮음의 응용**

$\angle A = 90°$인 직각삼각형 ABC의 꼭짓점 A에서 빗변 BC에 내린 수선의 발을 H라 하면

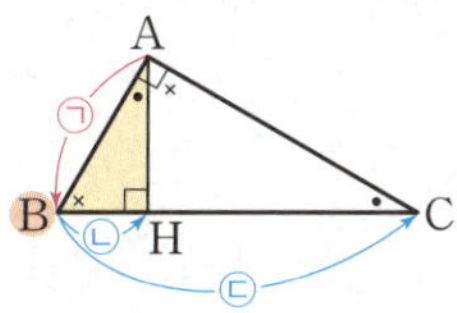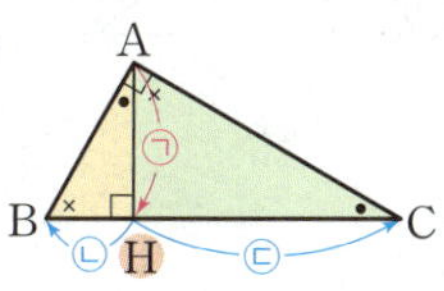

①	②	③
$\triangle ABC \backsim \triangle HBA$	$\triangle ABC \backsim \triangle HAC$	$\triangle HBA \backsim \triangle HAC$
(AA 닮음)	(AA 닮음)	(AA 닮음)
➡ $\overline{AB} : \overline{HB} = \overline{BC} : \overline{BA}$	➡ $\overline{BC} : \overline{AC} = \overline{AC} : \overline{HC}$	➡ $\overline{HA} : \overline{HC} = \overline{HB} : \overline{HA}$
➡ $\overline{AB}^2 = \overline{BH} \times \overline{BC}$	➡ $\overline{AC}^2 = \overline{CH} \times \overline{CB}$	➡ $\overline{AH}^2 = \overline{HB} \times \overline{HC}$
㉠²=㉡×㉢	㉠²=㉡×㉢	㉠²=㉡×㉢

보충 학습 닮음의 활용; 축도와 축척

$(축척) = \dfrac{(축도에서의 길이)}{(실제 길이)}$ 이므로 축척이 $\dfrac{1}{n}$인 축도에서 두 지점 A, B 사이의 거리가 l일 때, 두 지점 사이의 실제 거리는

$$l \times n$$

예 축척이 $\dfrac{1}{10000}$인 축도에서 길이가 3 cm인 두 지점 사이의 실제 거리는

$$3 \times 10000 = 30000 \ (\text{cm}) = 300 \ (\text{m})$$

01 다음 그림의 두 삼각형이 닮은 도형일 때, ☐ 안에 알맞은 것을 써넣으시오.

(1) 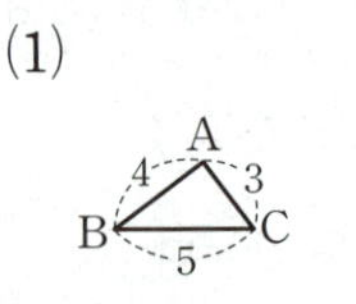 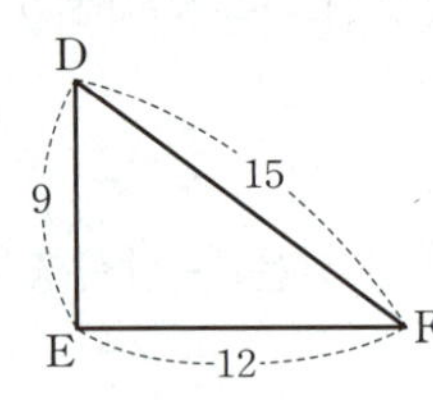

$\overline{AB}:\overline{EF}=4:12=\boxed{}:\boxed{}$,
$\overline{BC}:\overline{FD}=5:\boxed{}=\boxed{}:\boxed{}$,
$\overline{CA}:\overline{DE}=\boxed{}:9=\boxed{}:\boxed{}$
$\therefore \triangle ABC \backsim \boxed{}$ ($\boxed{}$ 닮음)

(2) 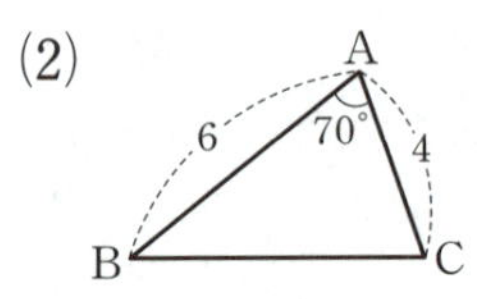

$\overline{AB}:\overline{FD}=6:3=\boxed{}:\boxed{}$,
$\overline{AC}:\overline{FE}=4:\boxed{}=\boxed{}:\boxed{}$,
$\angle A=\angle\boxed{}=70°$
$\therefore \triangle ABC \backsim \boxed{}$ ($\boxed{}$ 닮음)

(3) 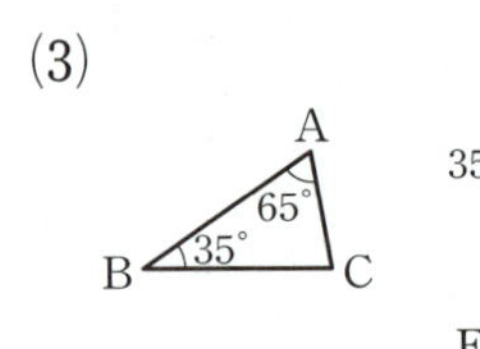

$\angle A=\angle\boxed{}=\boxed{}$,
$\angle B=\angle\boxed{}=\boxed{}$
$\therefore \triangle ABC \backsim \boxed{}$ ($\boxed{}$ 닮음)

◆ 삼각형의 닮음 조건
① 세 쌍의 대응변의 길이의 비가 같을 때
➡ $\boxed{}$ 닮음
② 두 쌍의 대응변의 길이의 비가 같고, 그 끼인각의 크기가 같을 때
➡ $\boxed{}$ 닮음
③ 두 쌍의 대응각의 크기가 각각 같을 때
➡ $\boxed{}$ 닮음

02 다음 그림에서 닮은 삼각형을 찾아 기호 $\backsim$를 사용하여 나타내고, 이때 사용된 닮음 조건을 말하시오.

(1) 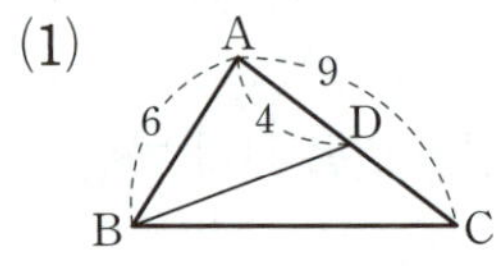

(2) 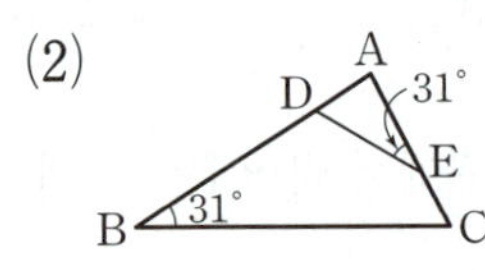

(3) 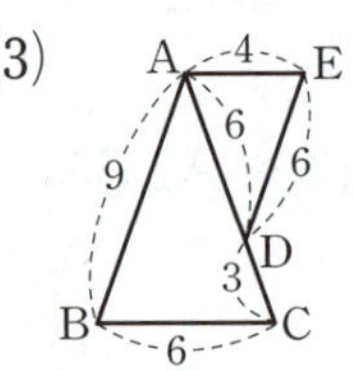

03 다음 그림과 같이 $\angle A=90°$인 직각삼각형 ABC에서 $\overline{AH}\perp\overline{BC}$일 때, ☐ 안에 알맞은 것을 써넣으시오.

(1) 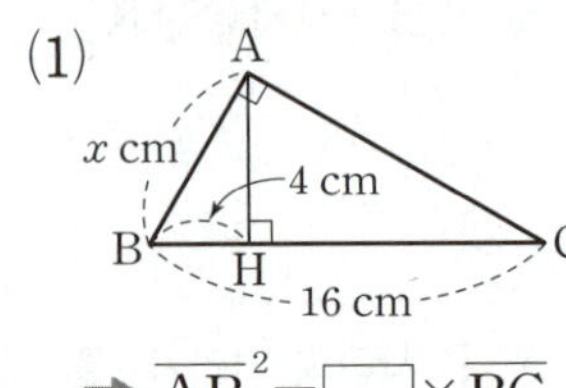

➡ $\overline{AB}^2=\boxed{}\times\overline{BC}$
$x^2=\boxed{}\times16$
$=\boxed{}$
$\therefore x=\boxed{}$

(2) 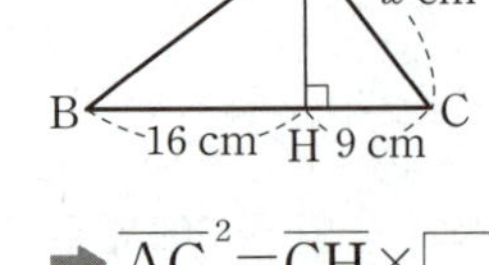

➡ $\overline{AC}^2=\overline{CH}\times\boxed{}$
$x^2=9\times\boxed{}$
$=\boxed{}$
$\therefore x=\boxed{}$

(3) 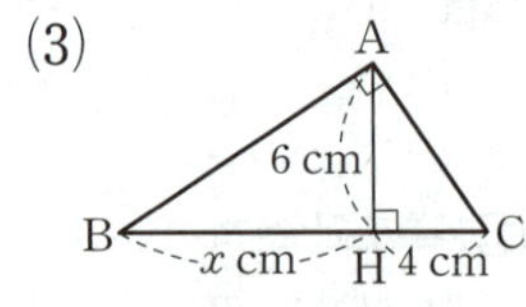

➡ $\overline{AH}^2=\overline{HB}\times\boxed{}$
$6^2=x\times\boxed{}$
$\therefore x=\boxed{}$

◆ 직각삼각형의 닮음의 응용

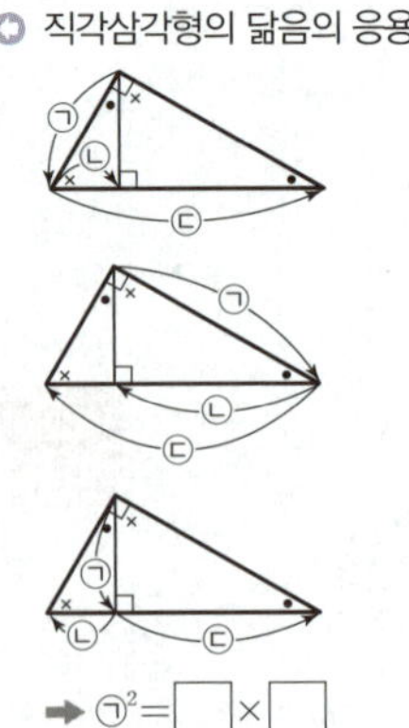

➡ ㉠$^2=\boxed{}\times\boxed{}$

01 삼각형의 닮음 조건

● 더 다양한 문제는 RPM 2–2 82쪽

다음 **보기** 중 닮은 삼각형끼리 짝 짓고, 이때 사용된 닮음 조건을 말하시오.

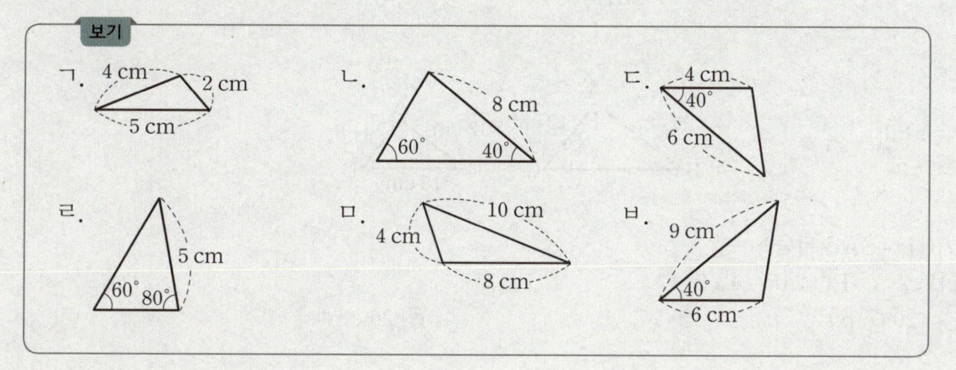

KEY POINT

삼각형의 닮음 조건
① 세 쌍의 대응변의 길이의 비가 같을 때 ➡ SSS 닮음
② 두 쌍의 대응변의 길이의 비가 같고, 그 끼인각의 크기가 같을 때 ➡ SAS 닮음
③ 두 쌍의 대응각의 크기가 각각 같을 때 ➡ AA 닮음

풀이 ㄱ과 ㅁ: 세 쌍의 대응변의 길이의 비가
$$4:8=2:4=5:10=1:2$$
이므로 두 삼각형은 SSS 닮음이다.

ㄴ과 ㄹ: ㄴ에서 나머지 한 내각의 크기는
$$180°-(60°+40°)=80°$$
즉 두 쌍의 대응각의 크기가 각각 60°, 80°로 같으므로 두 삼각형은 AA 닮음이다.

ㄷ과 ㅂ: 두 쌍의 대응변의 길이의 비가
$$4:6=6:9=2:3$$
이고, 그 끼인각의 크기가 40°로 같으므로 두 삼각형은 SAS 닮음이다.

답 ㄱ과 ㅁ (SSS 닮음), ㄴ과 ㄹ (AA 닮음), ㄷ과 ㅂ (SAS 닮음)

확인 ❶ 다음 주어진 삼각형과 닮은 삼각형을 **보기**에서 찾아 기호 ∽를 사용하여 나타내고, 이때 사용된 닮음 조건을 말하시오.

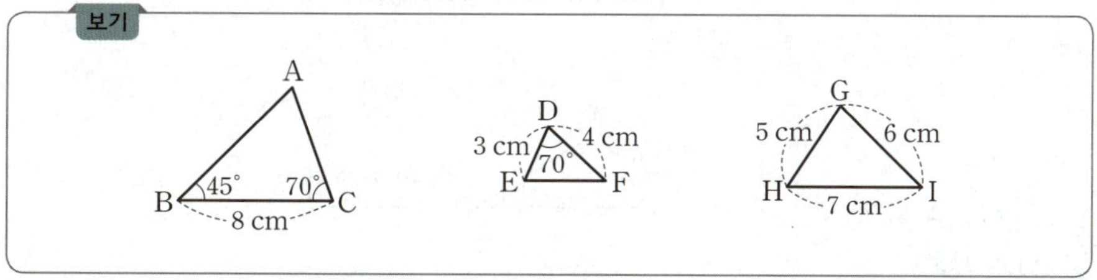

(1) 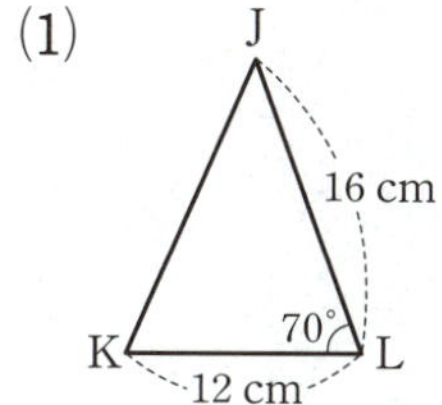

(2) 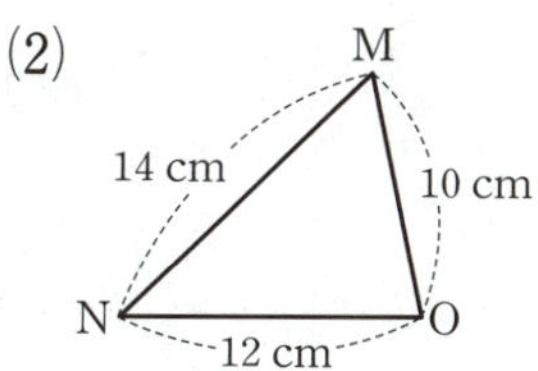

(3) 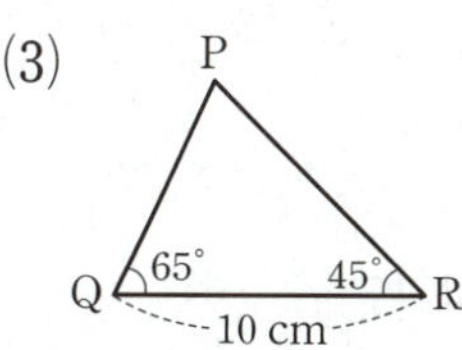

02 삼각형의 닮음을 이용하여 변의 길이 구하기; SAS 닮음　●더 다양한 문제는 **RPM** 2-2 83쪽

오른쪽 그림과 같은 △ABC에서 $\overline{BC}$의 길이를 구하시오.

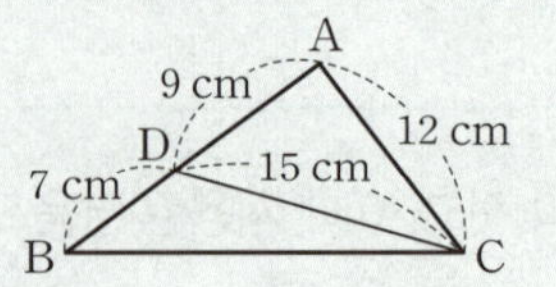

풀이　△ABC와 △ACD에서
$\overline{AB} : \overline{AC} = 16 : 12 = 4 : 3,$
$\overline{AC} : \overline{AD} = 12 : 9 = 4 : 3,$
∠A는 공통
이므로　△ABC∽△ACD (SAS 닮음)
따라서 $\overline{BC} : \overline{CD} = 4 : 3$이므로　$\overline{BC} : 15 = 4 : 3$
$3\overline{BC} = 60$　∴ $\overline{BC} = 20$ (cm)

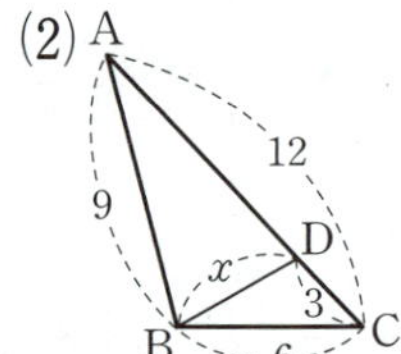

답 20 cm

확인 2　다음 그림에서 x의 값을 구하시오.

(1)　　　　　　　　　　(2)

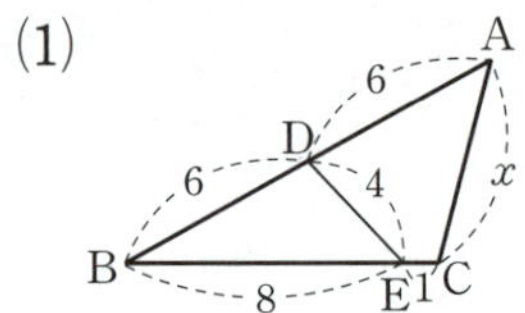

03 삼각형의 닮음을 이용하여 변의 길이 구하기; AA 닮음　●더 다양한 문제는 **RPM** 2-2 83쪽

오른쪽 그림과 같은 △ABC에서 ∠ADE = ∠C일 때,
$\overline{AC}$의 길이를 구하시오.

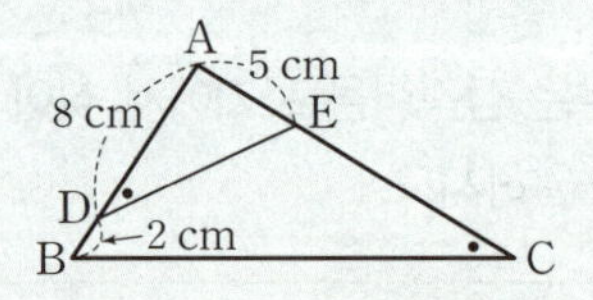

풀이　△ABC와 △AED에서
∠C = ∠ADE, ∠A는 공통
이므로　△ABC∽△AED (AA 닮음)
따라서 $\overline{AB} : \overline{AE} = \overline{AC} : \overline{AD}$이므로
$10 : 5 = \overline{AC} : 8,$　$2 : 1 = \overline{AC} : 8$
∴ $\overline{AC} = 16$ (cm)

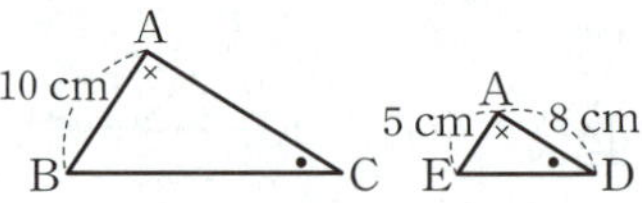

답 16 cm

확인 3　다음 그림에서 x의 값을 구하시오.

(1)　　　　　　　　　　(2)

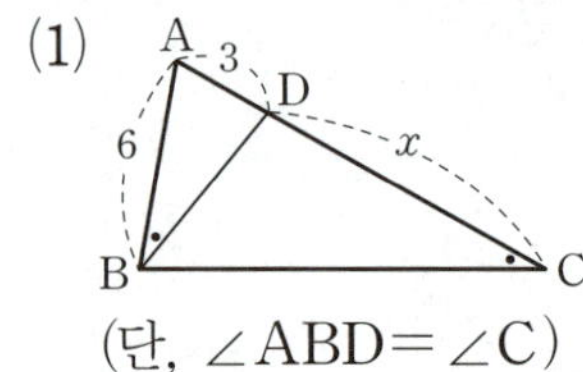
(단, ∠ABD = ∠C)

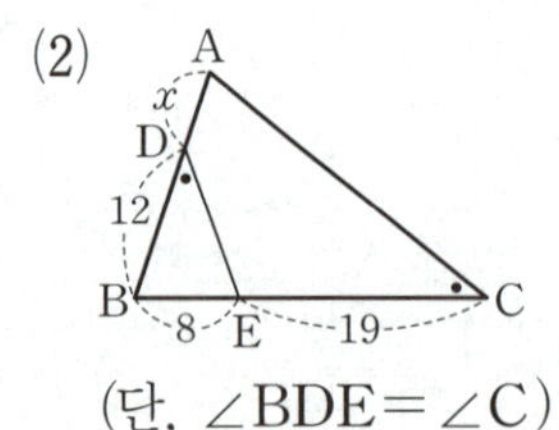
(단, ∠BDE = ∠C)

❯ 정답 및 풀이 38쪽

04 **직각삼각형의 닮음** ● 더 다양한 문제는 RPM 2–2 84쪽

―――― KEY POINT ――――
한 예각의 크기가 같은 두 직각삼각형
은 닮은 도형이다.

오른쪽 그림과 같은 △ABC에서 ∠A=∠DEB=90°이고
$\overline{AD}$=4 cm, $\overline{BD}$=6 cm, $\overline{BE}$=4 cm일 때, $\overline{EC}$의 길이를
구하시오.

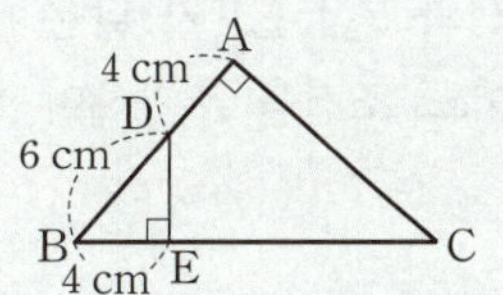

풀이 ▶ △ABC와 △EBD에서
　　　∠A=∠DEB=90°, ∠B는 공통
　이므로　△ABC∽△EBD (AA 닮음)
　따라서 $\overline{AB}:\overline{EB}=\overline{BC}:\overline{BD}$이므로　(4+6):4=$\overline{BC}$:6
　　　5:2=$\overline{BC}$:6,　2$\overline{BC}$=30　∴ $\overline{BC}$=15 (cm)
　　　∴ $\overline{EC}=\overline{BC}-\overline{BE}$=15−4=11 (cm)

답 11 cm

확인 ④ 오른쪽 그림과 같이 △ABC의 두 꼭짓점 A, C에서 $\overline{BC}$, $\overline{AB}$
에 내린 수선의 발을 각각 D, E라 하자. $\overline{AE}$=15 cm,
$\overline{BE}$=15 cm, $\overline{BC}$=25 cm일 때, $\overline{BD}$의 길이를 구하시오.

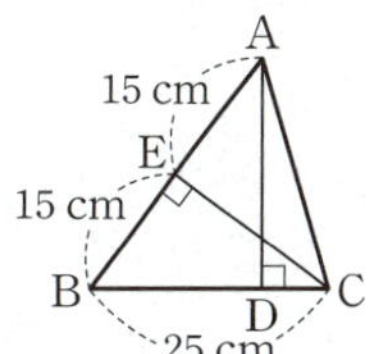

05 **직각삼각형의 닮음의 응용** ● 더 다양한 문제는 RPM 2–2 84쪽

―――― KEY POINT ――――
∠A=90°인 직각삼각형 ABC에서
$\overline{AH}\perp\overline{BC}$일 때

① $c^2=ax$
② $b^2=ay$
③ $h^2=xy$

다음 그림과 같이 ∠A=90°인 직각삼각형 ABC에서 $\overline{AH}\perp\overline{BC}$일 때, x의 값을 구하
시오.

(1) 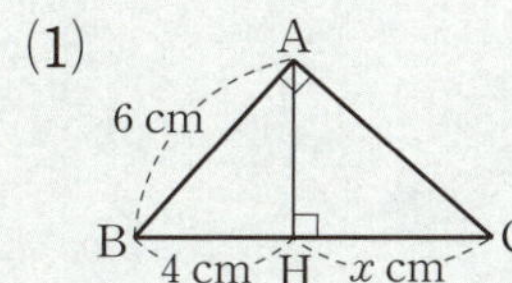　(2) 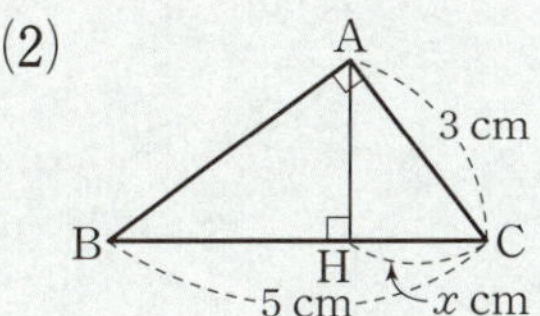　(3) 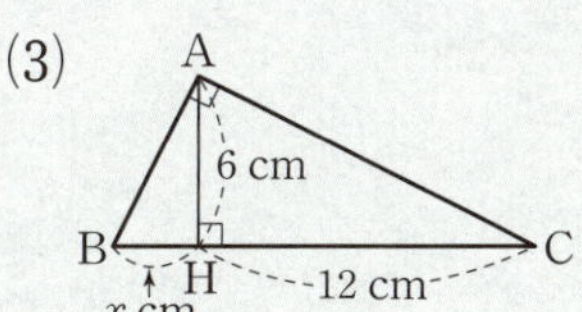

풀이 ▶ (1) $6^2=4\times(4+x)$이므로　36=16+4x　∴ x=5

　(2) $3^2=x\times5$이므로　9=5x　∴ $x=\dfrac{9}{5}$

　(3) $6^2=x\times12$이므로　36=12x　∴ x=3

답 (1) 5　(2) $\dfrac{9}{5}$　(3) 3

확인 ⑤ 다음 그림과 같이 ∠A=90°인 직각삼각형 ABC에서 $\overline{AH}\perp\overline{BC}$일 때, x의 값을 구
하시오.

(1) 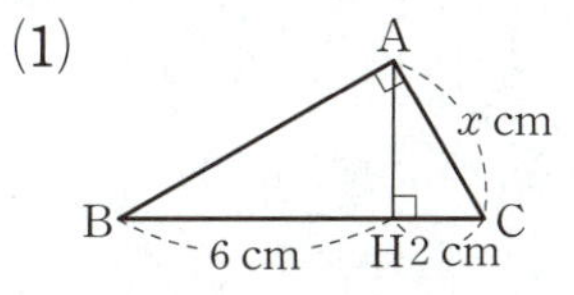　(2) 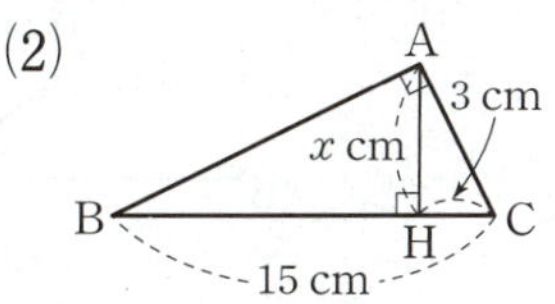　(3) 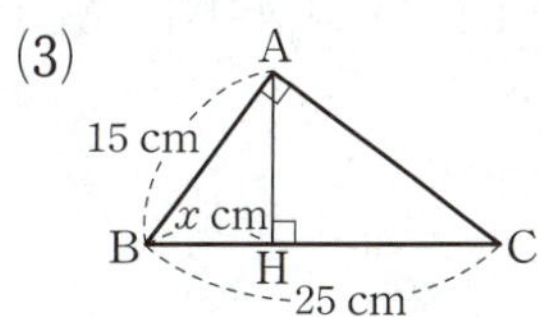

01 오른쪽 그림에서 △ABC와 △DEF가 닮은 도형이 되려면 다음 중 어느 조건을 추가해야 하는가?

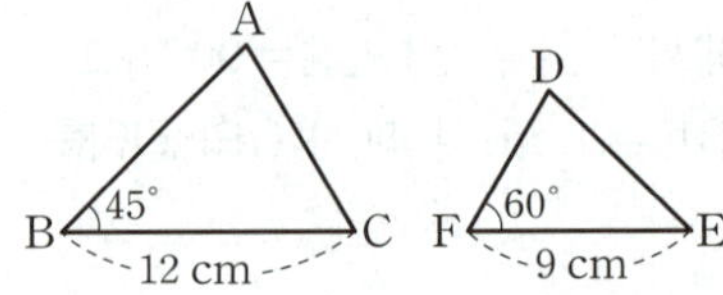

① $\overline{AB}=8$ cm, $\overline{DF}=6$ cm
② $\overline{AC}=16$ cm, $\overline{DE}=12$ cm
③ $\overline{AB}=16$ cm, $\overline{DE}=12$ cm, $\angle E=45°$
④ $\angle A=75°$, $\angle D=65°$
⑤ $\angle C=80°$, $\angle E=55°$

주어진 두 삼각형에 어떤 조건을 추가해야 삼각형의 닮음 조건을 만족시키는지 확인한다.

02 오른쪽 그림과 같은 △ABC에서 $\overline{AC}$의 길이를 구하시오.

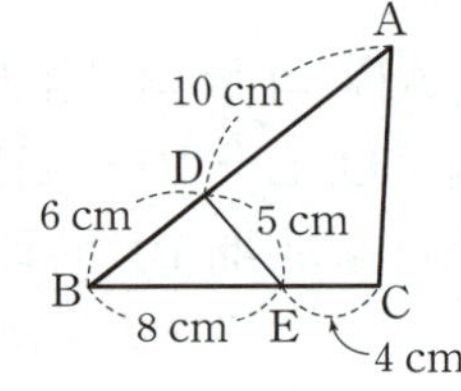

변의 길이와 공통인 각을 이용하여 닮은 두 삼각형을 찾는다.

03 오른쪽 그림에서 점 E는 $\overline{AD}$와 $\overline{BC}$의 교점일 때, $\overline{AB}$의 길이를 구하시오.

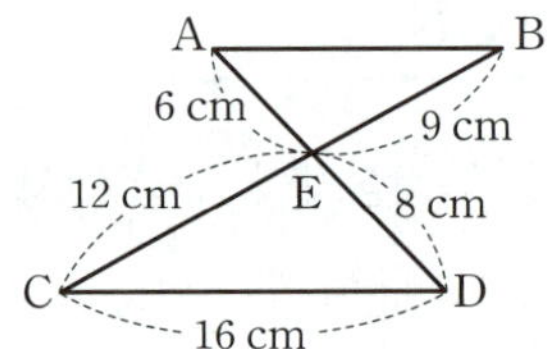

맞꼭지각의 크기는 서로 같음을 이용한다.

04 오른쪽 그림에서 $\angle A=\angle DBC$, $\angle ACB=\angle D$이고 $\overline{BC}=14$ cm, $\overline{CD}=21$ cm일 때, $\overline{AB}$의 길이는?

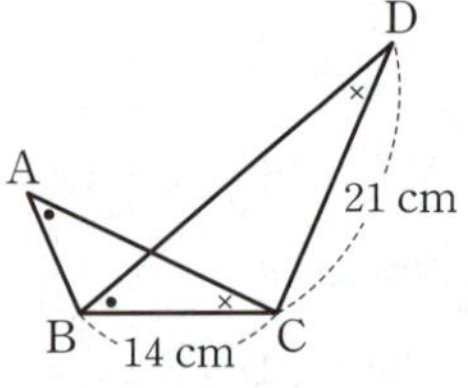

① $\dfrac{22}{3}$ cm
② 8 cm
③ $\dfrac{26}{3}$ cm
④ $\dfrac{28}{3}$ cm
⑤ 10 cm

05 오른쪽 그림과 같은 직사각형 ABCD에서 점 M은 $\overline{AD}$의 중점이고, 점 E는 $\overline{AC}$와 $\overline{BM}$의 교점이다. $\overline{AC}=18$ cm일 때, $\overline{CE}$의 길이를 구하시오.

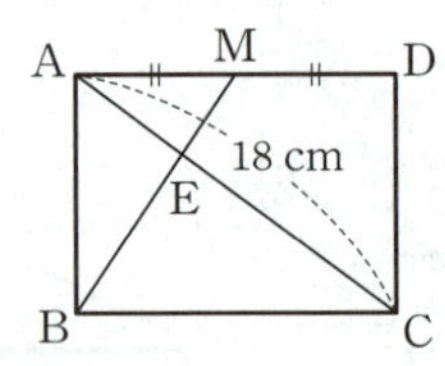

직사각형의 두 쌍의 대변은 각각 평행하다.

06 오른쪽 그림과 같이 ∠A=90°인 직각삼각형 ABC에서 점 M은 $\overline{BC}$의 중점이고 $\overline{DM}\perp\overline{BC}$이다. $\overline{AB}=16$ cm, $\overline{AC}=12$ cm, $\overline{BC}=20$ cm일 때, $\overline{DM}$의 길이를 구하시오.

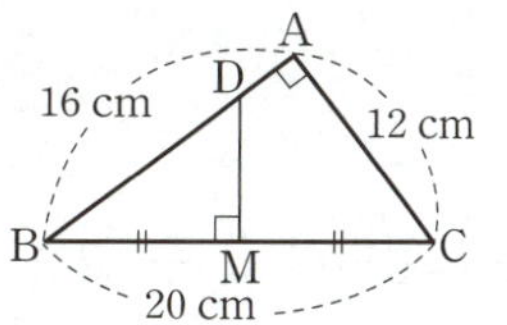

07 오른쪽 그림과 같은 평행사변형 ABCD에서 $\overline{AE}\perp\overline{BC}$, $\overline{AF}\perp\overline{CD}$이다. $\overline{AB}=12$ cm, $\overline{AD}=15$ cm, $\overline{AF}=10$ cm일 때, $\overline{AE}$의 길이를 구하시오.

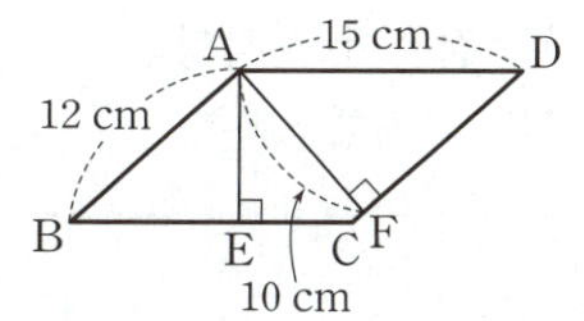

평행사변형의 두 쌍의 대각의 크기는 각각 같음을 이용한다.

08 오른쪽 그림과 같이 ∠A=90°인 직각삼각형 ABC에서 $\overline{AH}\perp\overline{BC}$이고 $\overline{AC}=20$ cm, $\overline{HC}=16$ cm일 때, $x+y$의 값은?

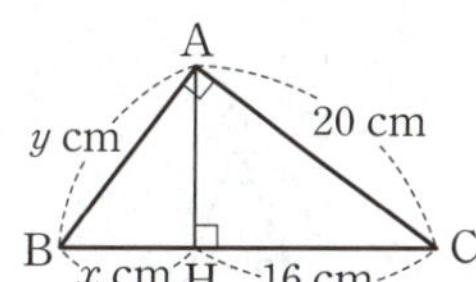

① 22   ② 23   ③ 24
④ 25   ⑤ 26

09 오른쪽 그림과 같이 ∠A=90°인 직각삼각형 ABC에서 $\overline{BM}=\overline{MC}$, $\overline{AH}\perp\overline{BC}$이다. $\overline{AH}=8$ cm, $\overline{CH}=4$ cm일 때, △AMH의 넓이를 구하시오.

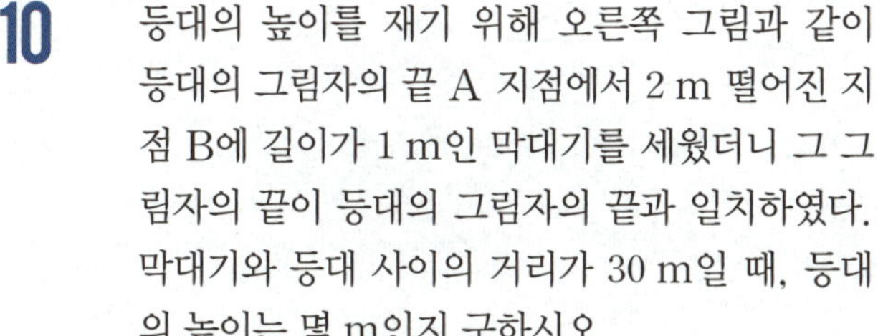

직각삼각형의 닮음을 이용하여 $\overline{BH}$의 길이를 먼저 구한다.

10 등대의 높이를 재기 위해 오른쪽 그림과 같이 등대의 그림자의 끝 A 지점에서 2 m 떨어진 지점 B에 길이가 1 m인 막대기를 세웠더니 그 그림자의 끝이 등대의 그림자의 끝과 일치하였다. 막대기와 등대 사이의 거리가 30 m일 때, 등대의 높이는 몇 m인지 구하시오.

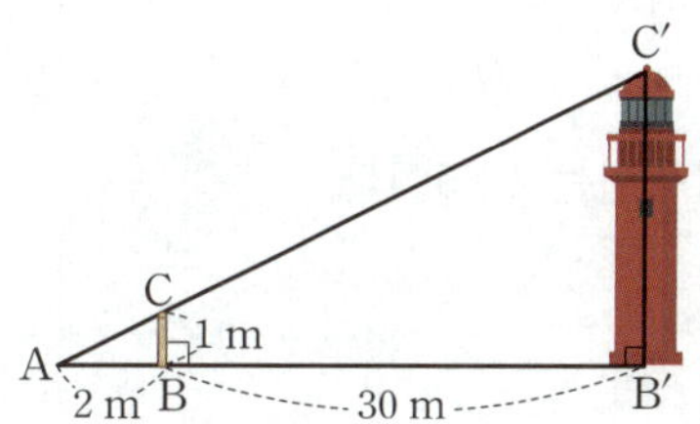

닮은 도형을 찾아 닮음비를 구한 후 비례식을 이용한다.

01 다음 **보기** 중 항상 닮은 도형이라 할 수 있는 것을 모두 고르시오.

> **보기**
> ㄱ. 한 내각의 크기가 같은 두 마름모
> ㄴ. 꼭지각의 크기가 같은 두 이등변삼각형
> ㄷ. 세 내각의 크기가 각각 같은 두 삼각형
> ㄹ. 한 내각의 크기가 같은 두 평행사변형

02 아래 그림의 두 삼각형이 닮음일 때, 다음 중 닮음비로 옳은 것은?

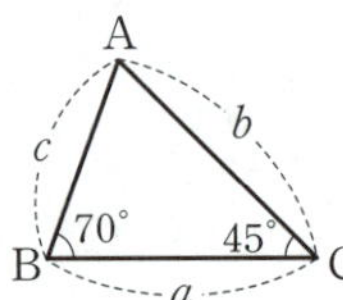
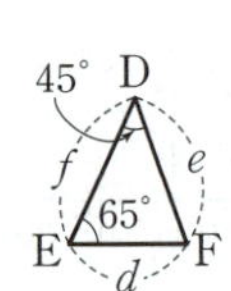

① $a : f$ ② $b : d$ ③ $b : e$
④ $c : d$ ⑤ $c : f$

03 아래 그림에서 두 사각뿔 P, Q는 닮은 도형이다. $\square BCDE \backsim \square GHIJ$일 때, 다음 중 옳은 것은?

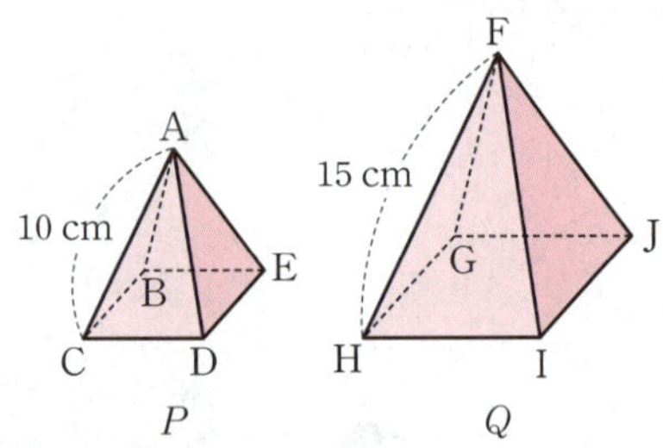

① 두 사각뿔 P, Q의 닮음비는 $4 : 5$이다.
② $\overline{AB} = \overline{FG}$
③ $\angle ACD = \angle FIJ$
④ $\triangle ABE \backsim \triangle FGH$
⑤ $\overline{BE} : \overline{GJ} = 2 : 3$

04 $\triangle ABC \backsim \triangle DEF$이고 $\overline{BC} : \overline{EF} = 4 : 3$이다. $\triangle ABC$의 넓이가 48 cm^2일 때, $\triangle DEF$의 넓이를 구하시오.

05 닮은 두 원뿔의 밑넓이의 비가 $4 : 9$이고, 큰 원뿔의 부피가 162 cm^3일 때, 작은 원뿔의 부피는?

① 48 cm^3 ② 56 cm^3 ③ 64 cm^3
④ 72 cm^3 ⑤ 80 cm^3

06 다음 중 오른쪽 그림의 $\triangle ABC$와 닮은 도형인 것을 모두 고르면? (정답 2개)

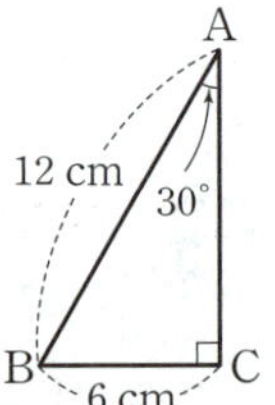

① 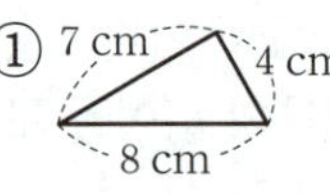 ② 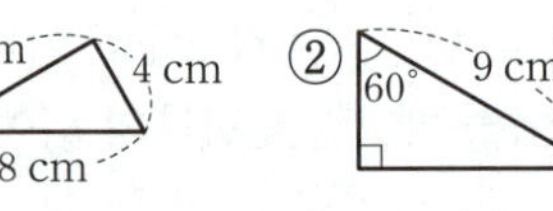

③ 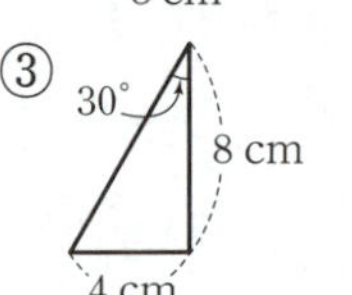 ④ 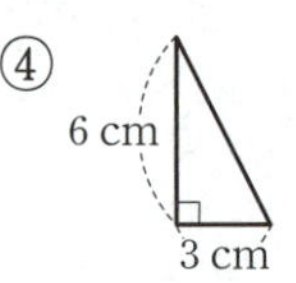

⑤ 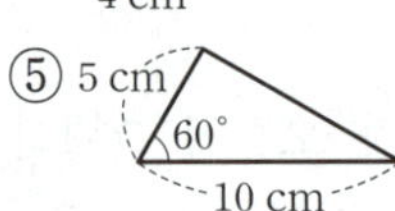

07 다음 중 △ABC와 △DEF가 닮은 도형이라 할 수 <u>없는</u> 것은?

① $\overline{AB}:\overline{DE}=\overline{BC}:\overline{EF}=\overline{CA}:\overline{FD}$

② $\overline{AB}:\overline{DE}=\overline{AC}:\overline{DF}$, ∠B=∠E

③ $\overline{AC}:\overline{DF}=\overline{BC}:\overline{EF}$, ∠C=∠F

④ ∠A=∠D, ∠B=∠E

⑤ ∠B=∠E=90°, ∠C=∠F

08 오른쪽 그림에서 ∠A=∠DBC이고 $\overline{AB}$=12 cm, $\overline{AC}$=16 cm, $\overline{BC}$=20 cm, $\overline{BD}$=15 cm일 때, $\overline{CD}$의 길이를 구하시오.

꼭나와

09 오른쪽 그림에서 $\overline{AD}$=7 cm, $\overline{DB}$=9 cm, $\overline{BC}$=12 cm, $\overline{AC}$=8 cm일 때, 다음 중 옳지 <u>않은</u> 것을 모두 고르면? (정답 2개)

① △ABC∽△CBD이고 닮음비는 4 : 3이다.

② $\overline{AC}:\overline{CD}$=4 : 3

③ $\overline{CD}$=5 cm

④ ∠ACB=∠CDB

⑤ ∠ABC=∠ACD

10 오른쪽 그림에서 $\overline{BA}\perp\overline{CE}$, $\overline{EF}\perp\overline{BC}$이고 $\overline{BC}$=15 cm, $\overline{EA}$=14 cm, $\overline{AC}$=6 cm 일 때, $\overline{CF}$의 길이는?

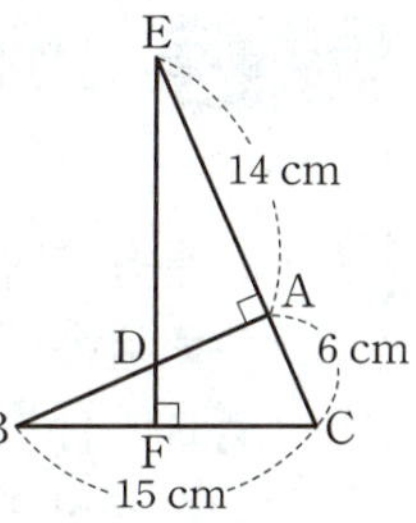

① 7 cm　　② 8 cm

③ 9 cm　　④ 10 cm

⑤ 11 cm

꼭나와

11 오른쪽 그림과 같이 ∠B=90°인 직각삼각형 ABC에서 $\overline{AC}\perp\overline{BD}$이고 $\overline{AB}$=12 cm, $\overline{AD}$=8 cm일 때, $\overline{CD}$의 길이를 구하시오.

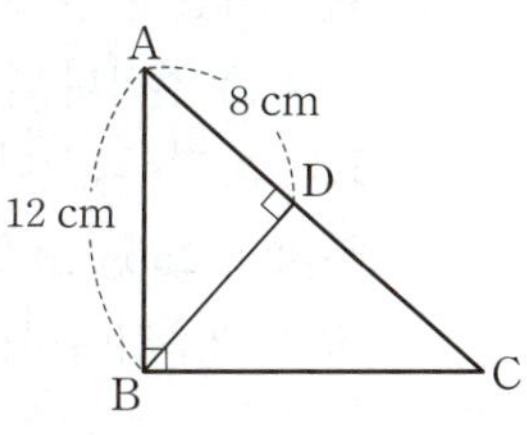

12 오른쪽 그림은 강의 폭을 구하기 위하여 축척이 $\dfrac{1}{5000}$인 축도를 그린 것이다. $\overline{BC}/\!/\overline{DE}$일 때, 실제 강의 폭은 몇 m인지 구하시오.

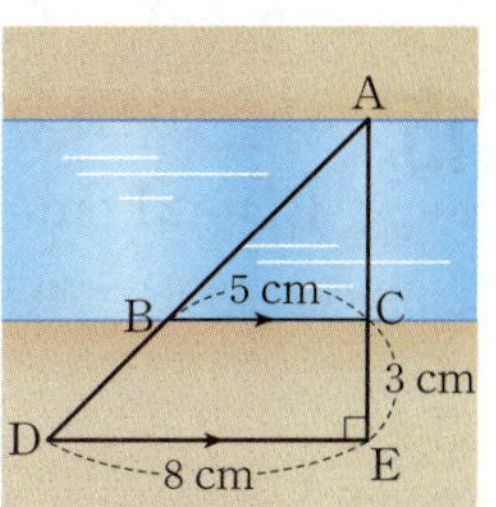

13 오른쪽 그림과 같이 중심이 O로 같은 두 원에서 $\overline{AB}=\overline{BC}=\overline{CD}$이고 작은 원의 넓이가 6π일 때, 큰 원의 넓이를 구하시오.

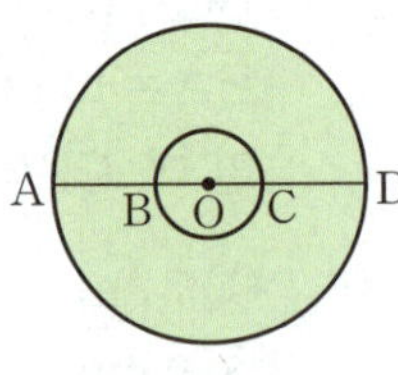

꼭나와

14 오른쪽 그림과 같이 높이가 16 cm인 원뿔 모양의 그릇에 물을 부었더니 수면의 높이가 12 cm가 되었다. 이 그릇의 부피가 256 cm³일 때, 그릇을 가득 채우기 위해 더 필요한 물의 부피는?

(단, 그릇의 두께는 생각하지 않는다.)

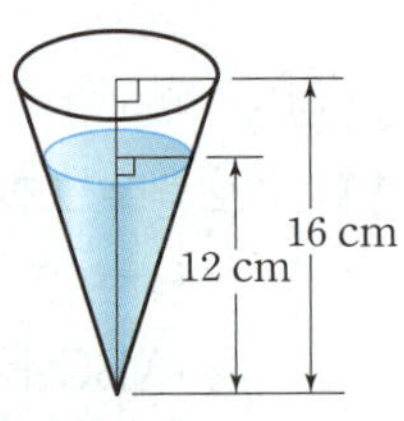

① 108 cm³ ② 116 cm³ ③ 124 cm³
④ 136 cm³ ⑤ 148 cm³

15 다음 그림과 같은 $\triangle ABC$에서 $\overline{AC}=10$ cm, $\overline{BD}=21$ cm, $\overline{CD}=4$ cm이고 $\angle C=65°$, $\angle ADB=90°$일 때, $\angle B$의 크기를 구하시오.

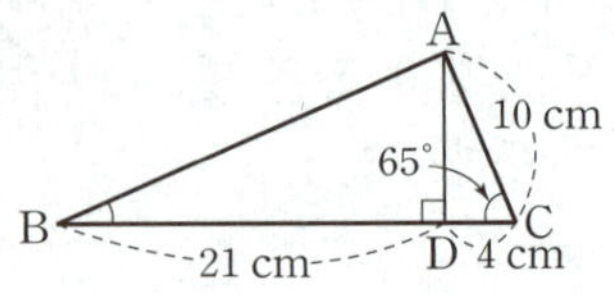

16 오른쪽 그림에서 원 I 는 $\triangle ABC$의 내접원이고 $\overline{AB} /\!/ \overline{ED}$이다. $\overline{AE}=4$ cm, $\overline{BD}=5$ cm, $\overline{EC}=12$ cm일 때, $\overline{AB}$의 길이는?

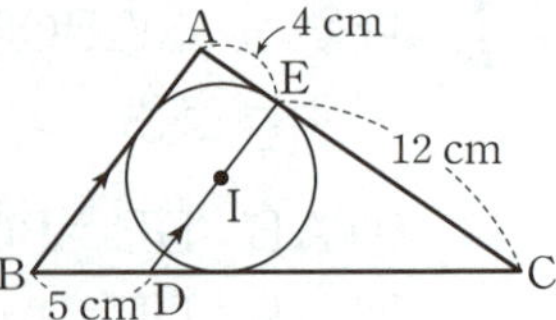

① 11 cm ② $\dfrac{23}{2}$ cm ③ 12 cm
④ $\dfrac{25}{2}$ cm ⑤ 13 cm

17 오른쪽 그림과 같은 $\triangle ABC$에서 $\overline{AB}\perp\overline{CE}$, $\overline{AC}\perp\overline{BD}$이다. $\overline{AB}=10$ cm, $\overline{AC}=8$ cm이고 $\overline{AD}:\overline{DC}=3:1$일 때, $\overline{AE}$의 길이는?

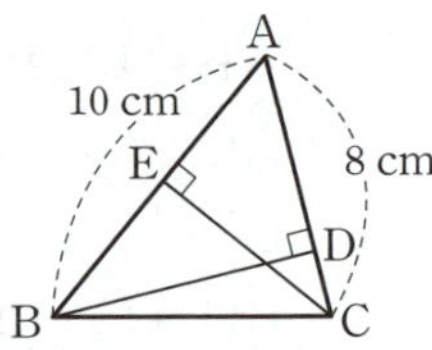

① $\dfrac{24}{5}$ cm ② 5 cm ③ $\dfrac{28}{5}$ cm
④ 6 cm ⑤ $\dfrac{32}{5}$ cm

꼭나와

18 오른쪽 그림과 같은 직사각형 ABCD에서 점 O는 $\overline{PQ}$와 $\overline{BD}$의 교점이고 $\overline{PQ}$가 대각선 BD를 수직이등분한다. $\overline{BC}=16$ cm, $\overline{CD}=12$ cm, $\overline{BO}=10$ cm일 때, $\overline{PQ}$의 길이를 구하시오.

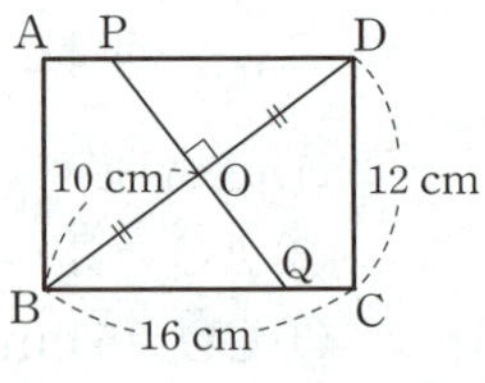

19 오른쪽 그림과 같은 직각 삼각형 ABC에서 ∠A의 이등분선이 $\overline{BC}$와 만나는 점을 E, 점 E에서 $\overline{AB}$에 내린 수선의 발을 D라 하자. $\overline{AC}=6$ cm, $\overline{BD}=4$ cm, $\overline{BE}=5$ cm일 때, $\overline{CE}$의 길이는?

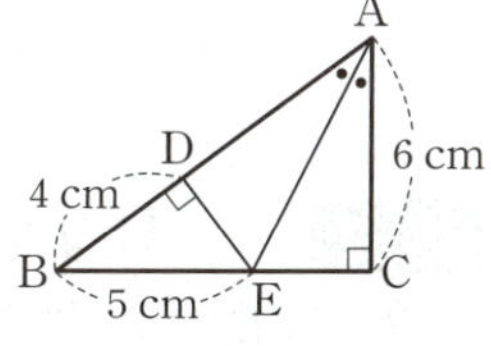

① 2 cm   ② $\dfrac{7}{3}$ cm   ③ $\dfrac{8}{3}$ cm

④ 3 cm   ⑤ $\dfrac{10}{3}$ cm

꼭나와

20 오른쪽 그림과 같은 직사각형 ABCD에서 $\overline{AH}\perp\overline{BD}$이다. $\overline{CD}=15$ cm, $\overline{BH}=9$ cm일 때, △ABD의 넓이를 구하시오.

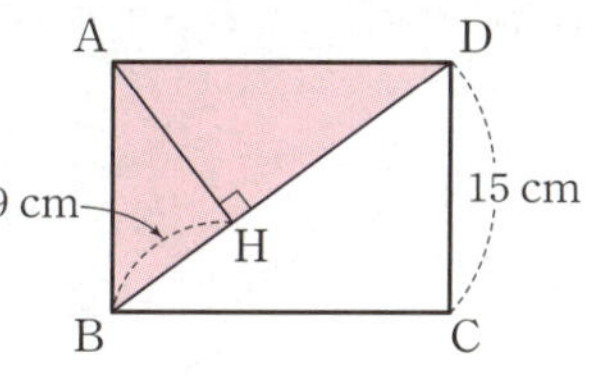

21 눈높이가 1.6 m인 유신이가 송신탑으로부터 6 m 떨어진 지점에서 송신탑의 꼭대기를 올려다본 각의 크기가 30°이었다. 송신탑의 높이를 구하기 위해 직각삼각형 A′B′C′을 그렸더니 다음 그림과 같을 때, 송신탑의 실제 높이는?

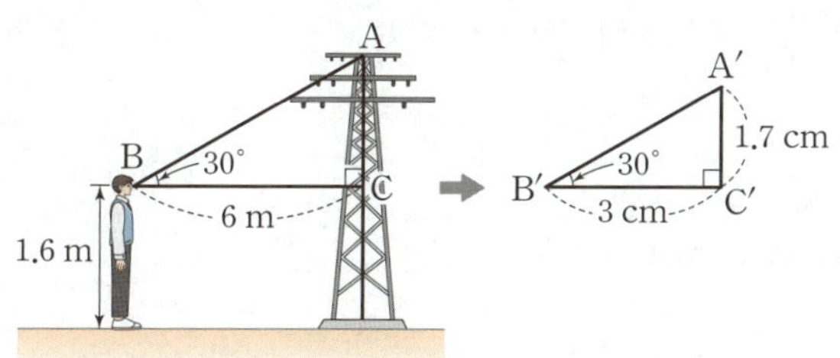

① 4.9 m   ② 5 m   ③ 5.1 m
④ 5.2 m   ⑤ 5.3 m

STEP 3 실력 UP

22 오른쪽 그림과 같은 △ABC에서 ∠ABD=∠BCE =∠CAF, $\overline{AB}=8$ cm, $\overline{BC}=7$ cm, $\overline{CA}=6$ cm, $\overline{DE}=4$ cm일 때, $\overline{DF}$의 길이를 구하시오.

해설 강의

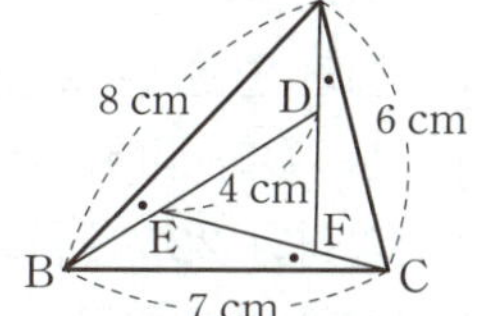

23 오른쪽 그림과 같이 ∠C=90°인 직각삼각형 ABC의 변 AB 위의 점 D에서 $\overline{BC}$, $\overline{AC}$에 내린 수선의 발을 각각 E, F라 하면 □DECF는 정사각형이다. $\overline{BC}=28$ cm, $\overline{AC}=21$ cm일 때, □DECF의 둘레의 길이를 구하시오.

해설 강의

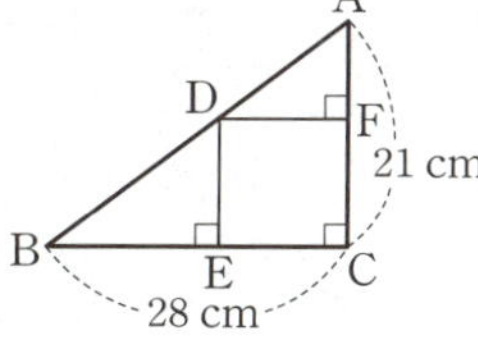

24 오른쪽 그림은 정삼각형 모양의 종이 ABC를 $\overline{DF}$를 접는 선으로 하여 꼭짓점 A가 $\overline{BC}$ 위의 점 E에 오도록 접은 것이다. $\overline{EF}=7$ cm, $\overline{EC}=8$ cm, $\overline{CF}=5$ cm일 때, $\overline{AD}$의 길이를 구하시오.

해설 강의

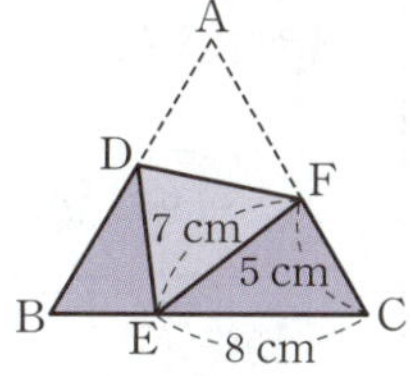

예제 1

어느 피자 가게에서 오른쪽 그림과 같은 원 모양의 두 피자 A, B를 판매한다. 피자 A의 가격이 22500원일 때, 피자 B의 가격을 구하시오. (단, 피자의 가격은 피자의 넓이에 정비례한다.) [6점]

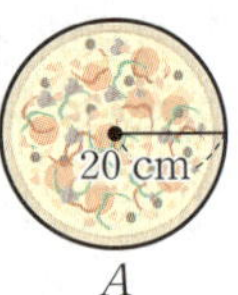
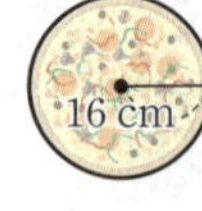

풀이 과정

1단계 두 피자 A, B의 넓이의 비 구하기 • 3점

두 피자 A, B의 닮음비는 $20 : 16 = 5 : 4$이므로 넓이의 비는
$$5^2 : 4^2 = 25 : 16$$

2단계 피자 B의 가격 구하기 • 3점

피자 B의 가격을 x원이라 하면
$$22500 : x = 25 : 16, \qquad 25x = 360000$$
$$\therefore x = 14400$$
따라서 피자 B의 가격은 14400원이다.

답 14400원

유제 1

오른쪽 그림과 같이 닮은 두 원기둥 모양의 통조림 A, B가 있다. 통조림 B의 가격이 8100원일 때, 통조림 A의 가격을 구하시오. (단, 통조림의 가격은 용기의 부피에 정비례한다.) [6점]

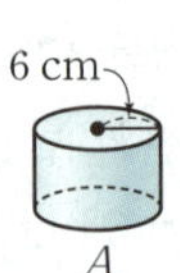
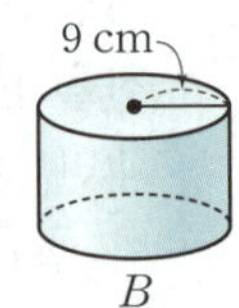

풀이 과정

1단계 두 통조림 A, B의 부피의 비 구하기 • 3점

2단계 통조림 A의 가격 구하기 • 3점

답

예제 2

오른쪽 그림은 직사각형 모양의 종이 ABCD를 $\overline{BD}$를 접는 선으로 하여 접은 것이다. $\overline{PQ} \perp \overline{BD}$일 때, $\overline{PQ}$의 길이를 구하시오. [7점]

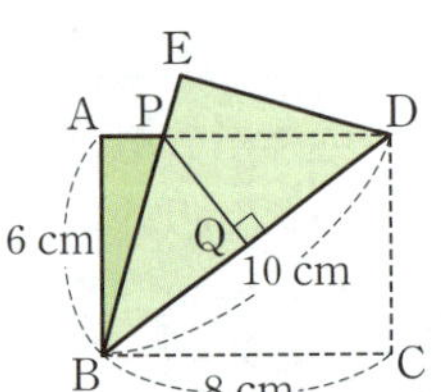

풀이 과정

1단계 $\overline{BQ}$의 길이 구하기 • 2점

$\angle PBD = \angle DBC$ (접은 각), $\angle PDB = \angle DBC$ (엇각)이므로 $\angle PBD = \angle PDB$

즉 $\triangle PBD$는 이등변삼각형이므로
$$\overline{BQ} = \frac{1}{2}\overline{BD} = 5 \text{ (cm)}$$

2단계 $\triangle PBQ \backsim \triangle DBC$임을 알기 • 3점

$\angle BQP = \angle BCD = 90°$, $\angle PBQ = \angle DBC$이므로
$$\triangle PBQ \backsim \triangle DBC \text{ (AA 닮음)}$$

3단계 $\overline{PQ}$의 길이 구하기 • 2점

$5 : 8 = \overline{PQ} : 6$이므로 $\overline{PQ} = \dfrac{15}{4}$ (cm)

답 $\dfrac{15}{4}$ cm

유제 2

오른쪽 그림은 직사각형 모양의 종이 ABCD를 $\overline{BE}$를 접는 선으로 하여 접은 것일 때, $\overline{AF}$의 길이를 구하시오. [7점]

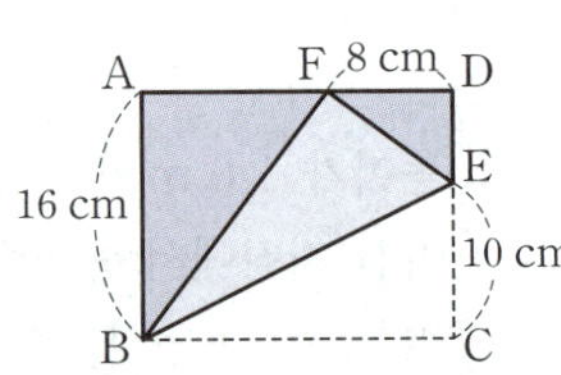

풀이 과정

1단계 $\overline{DE}$의 길이 구하기 • 1점

2단계 $\triangle ABF \backsim \triangle DFE$임을 알기 • 3점

3단계 $\overline{AF}$의 길이 구하기 • 3점

답

스스로 서술하기

유제 3 오른쪽 그림과 같은 △ABC에서 두 점 D, E는 $\overline{AB}$의 삼등분점이고, 두 점 F, G는 $\overline{AC}$의 삼등분점이다. △ADF의 넓이가 $3\ cm^2$일 때, 다음 물음에 답하시오. [총 8점]

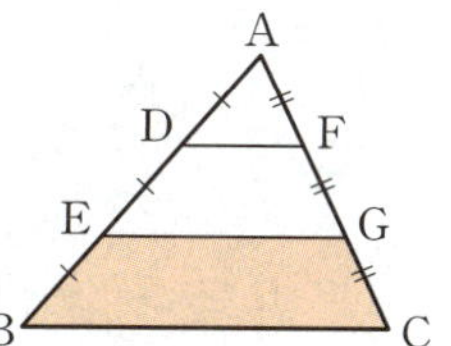

(1) △AEG의 넓이를 구하시오. [3점]

(2) △ABC의 넓이를 구하시오. [3점]

(3) □EBCG의 넓이를 구하시오. [2점]

(풀이 과정)

(1)

(2)

(3)

(답) (1)　　　　(2)　　　　(3)

유제 5 오른쪽 그림과 같은 평행사변형 ABCD에서 $\overline{AD}=18\ cm$, $\overline{DC}=9\ cm$, $\overline{CF}=6\ cm$일 때, $\overline{BE}$의 길이를 구하시오. [7점]

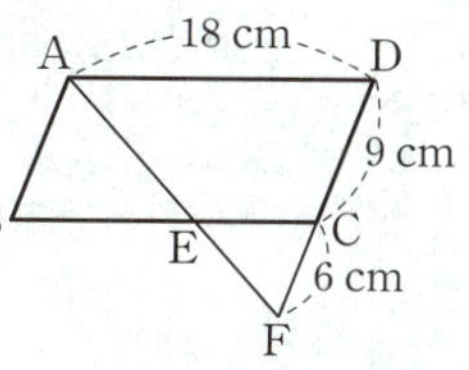

(풀이 과정)

(답)

유제 4 오른쪽 그림과 같은 △ABC에서 $\overline{AE}=\overline{BE}=\overline{DE}$이고 $\overline{AB}=24\ cm$, $\overline{BD}=16\ cm$, $\overline{CD}=2\ cm$일 때, $\overline{AC}$의 길이를 구하시오. [7점]

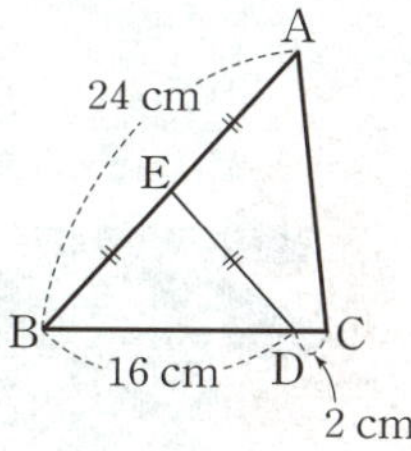

(풀이 과정)

(답)

유제 6 오른쪽 그림과 같이 $\angle A=90°$인 직각삼각형 ABC에서 점 M은 $\overline{BC}$의 중점이고 $\overline{AD}\perp\overline{BC}$, $\overline{DH}\perp\overline{AM}$이다. $\overline{BD}=8\ cm$, $\overline{CD}=2\ cm$일 때, $\overline{AH}$의 길이를 구하시오. [8점]

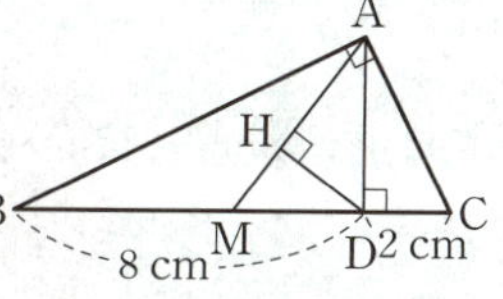

(풀이 과정)

(답)

공감
한 스푼

"노력한다고 항상 성공할 순 없지만
성공한 사람은 모두 노력했다는 걸 알아둬!"

그림 정인(@jeong_iinn_)

Ⅲ-2

평행선 사이의 선분의 길이의 비

이 단원의 학습 계획을 세우고
하나하나 실천하는 습관을 기르자!!

나는 할 수 있어!

		공부한 날		학습 완료도
01 삼각형과 평행선	개념원리 이해 & 개념원리 확인하기	월	일	☐☐☐
	핵심문제 익히기	월	일	○○○
	이런 문제가 시험에 나온다	월	일	○○○
02 삼각형의 각의 이등분선	개념원리 이해 & 개념원리 확인하기	월	일	☐☐☐
	핵심문제 익히기	월	일	○○○
	이런 문제가 시험에 나온다	월	일	○○○
03 평행선 사이의 선분의 길이의 비	개념원리 이해 & 개념원리 확인하기	월	일	☐☐☐
	핵심문제 익히기	월	일	○○○
	이런 문제가 시험에 나온다	월	일	○○○
중단원 마무리하기		월	일	○○○
서술형 대비 문제		월	일	○○○

개념 학습 guide

- 개념을 이해했으면 ■☐☐, 개념을 문제에 적용할 수 있으면 ■■☐, 개념을 친구에게 설명할 수 있으면 ■■■ 로 색칠한다.
- 부족한 부분의 개념을 반복 학습하여 ■■■ 3칸 모두 색칠하면 학습을 마친다.

문제 학습 guide

- 맞힌 문제가 전체의 50% 미만이면 ●○○, 맞힌 문제가 50% 이상 90% 미만이면 ●●○, 맞힌 문제가 90% 이상이면 ●●● 로 색칠한다. 문제를 찍지 말자!
- 틀린 문제는 왜 틀렸는지 그 이유를 파악한 후 다시 풀어 본다. 며칠 후 틀린 문제를 다시 풀어 보고, 풀이 과정과 답이 맞으면 학습을 마친다.

01 삼각형과 평행선

개념원리 이해

1 삼각형에서 평행선 사이의 선분의 길이의 비는 어떻게 되는가?　　◎ 핵심문제 01~03

(1) △ABC에서 두 변 AB, AC 또는 그 연장선 위에 각각 점 D, E가 있을 때

① 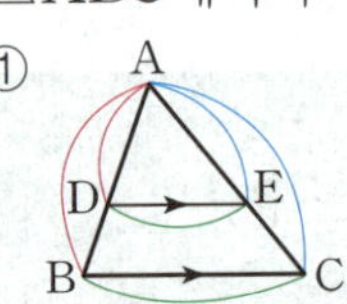 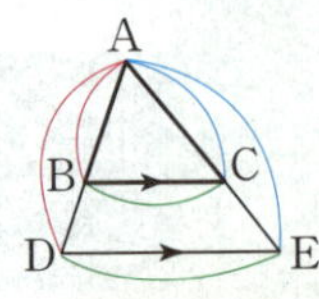 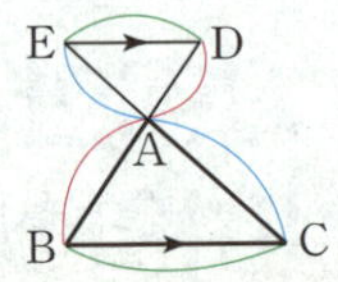

$$\overline{BC}\,/\!/\,\overline{DE}$$이면　$\boxed{\overline{AB}:\overline{AD}=\overline{AC}:\overline{AE}=\overline{BC}:\overline{DE}}$

② 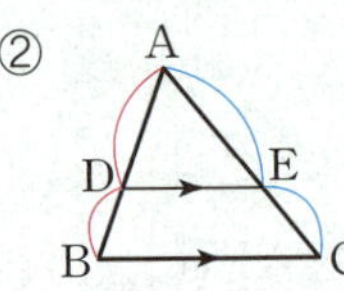 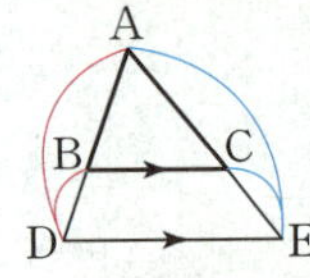 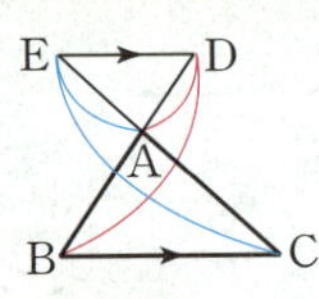

$$\overline{BC}\,/\!/\,\overline{DE}$$이면　$\boxed{\overline{AD}:\overline{DB}=\overline{AE}:\overline{EC}}$

주의 $\overline{AD}:\overline{DB}\neq\overline{DE}:\overline{BC}$임에 주의한다.

설명 ① $\overline{BC}\,/\!/\,\overline{DE}$이면 △ABC와 △ADE에서

　　　∠ABC＝∠ADE (동위각), ∠A는 공통

　　이므로　　△ABC∽△ADE (AA 닮음)

　　　∴ $\overline{AB}:\overline{AD}=\overline{AC}:\overline{AE}=\overline{BC}:DE$

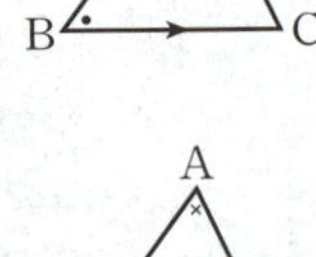

② $\overline{AB}\,/\!/\,\overline{EF}$가 되도록 $\overline{BC}$ 위에 점 F를 잡으면

　　△ADE와 △EFC에서

　　　∠DAE＝∠FEC (동위각), ∠AED＝∠ECF (동위각)

　　이므로　　△ADE∽△EFC (AA 닮음)

　　따라서 $\overline{AD}:\overline{EF}=\overline{AE}:\overline{EC}$이고 $\overline{DB}=\overline{EF}$이므로

　　　$\overline{AD}:\overline{DB}=\overline{AE}:\overline{EC}$

　　　　　　　↳ □DBFE는 평행사변형

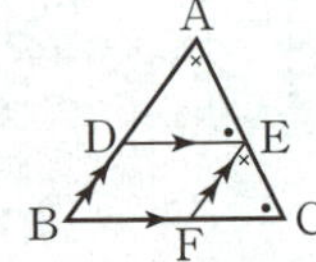

(2) △ABC에서 두 변 AB, AC 또는 그 연장선 위에 각각 점 D, E가 있을 때

① 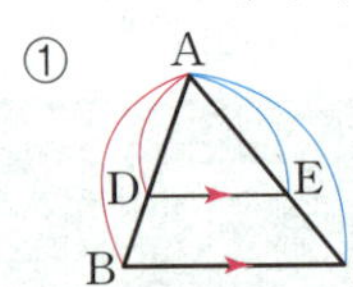 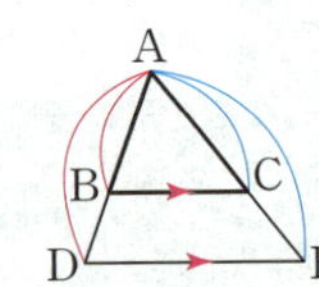 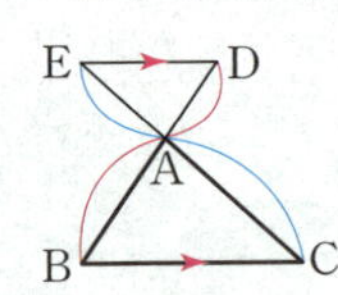

$$\overline{AB}:\overline{AD}=\overline{AC}:\overline{AE}$$이면　$\overline{BC}\,/\!/\,\overline{DE}$

② 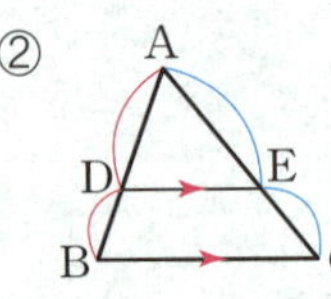 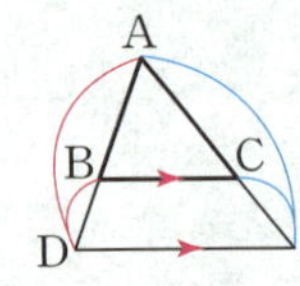 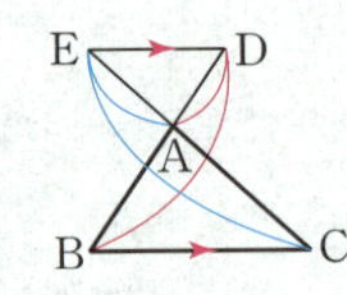

$$\overline{AD}:\overline{DB}=\overline{AE}:\overline{EC}$$이면　$\overline{BC}\,/\!/\,\overline{DE}$

설명 △ABC와 △ADE에서

　　　$\overline{AB}:\overline{AD}=\overline{AC}:\overline{AE}$, ∠A는 공통

　　이므로　　△ABC∽△ADE (SAS 닮음)

　　따라서 ∠ABC＝∠ADE에서 동위각의 크기가 같으므로　　$\overline{BC}\,/\!/\,\overline{DE}$

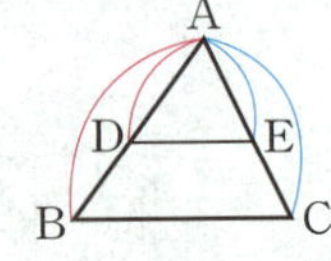

▶ 정답 및 풀이 44쪽

01 다음 그림에서 $\overline{BC} \,/\!/\, \overline{DE}$일 때, x의 값을 구하시오.

(1)
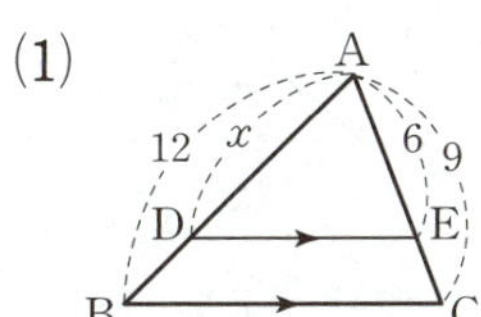

(2)
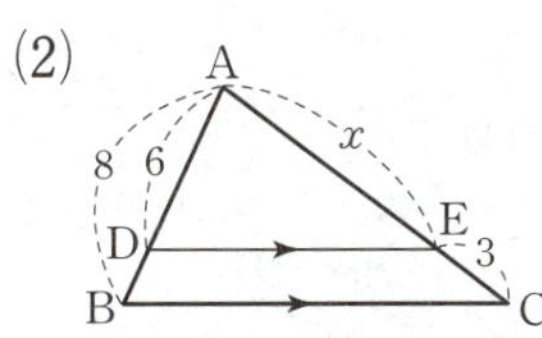

(3)
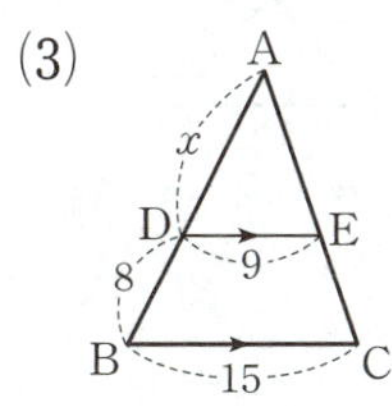

(4)
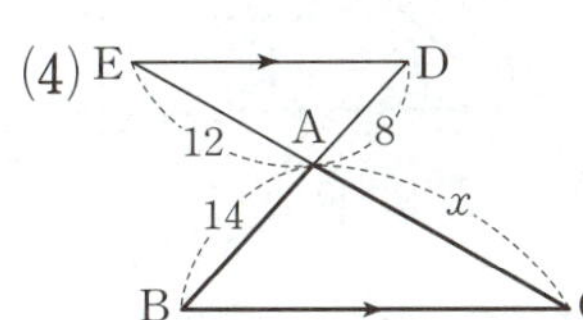

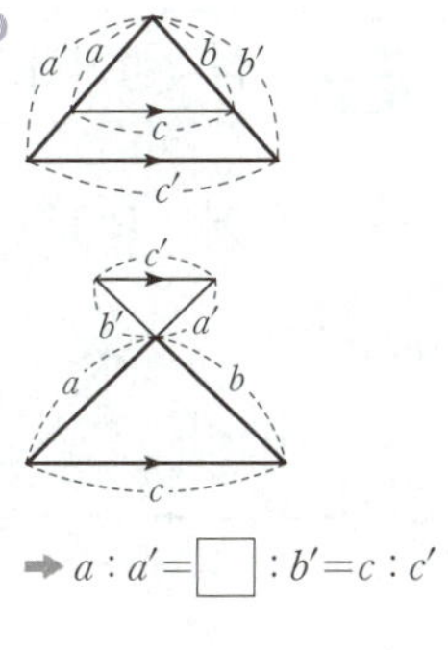

➡ $a : a' = \boxed{} : b' = c : c'$

Ⅲ-2
평행선 사이의
선분의 길이의 비

02 다음 그림에서 $\overline{BC} \,/\!/\, \overline{DE}$일 때, x의 값을 구하시오.

(1)
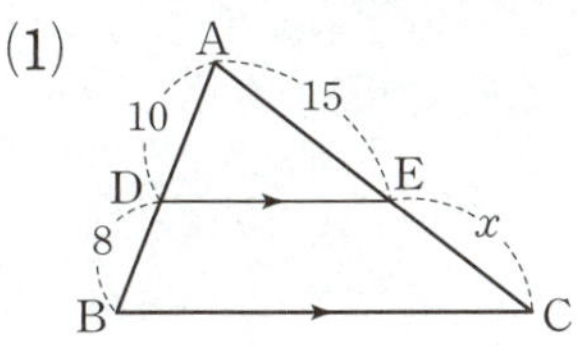

(2)
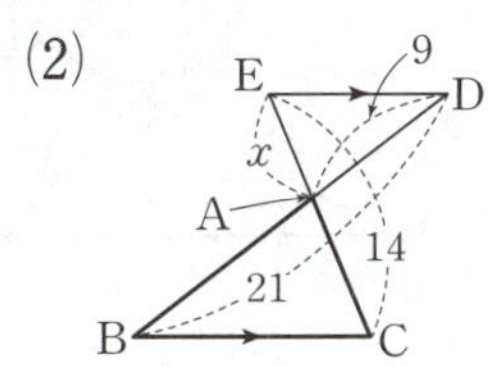

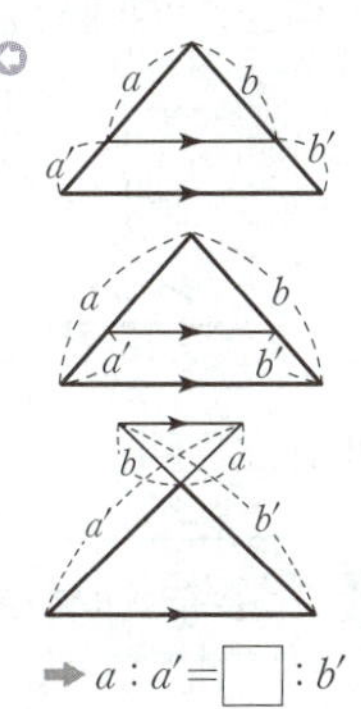

➡ $a : a' = \boxed{} : b'$

03 다음 그림에서 $\overline{BC}$와 $\overline{DE}$가 평행하면 ○, 평행하지 않으면 ×를 (   ) 안에 써넣으시오.

(1)
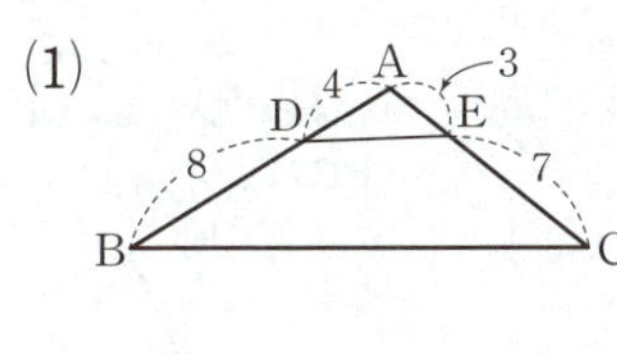

(   )

(2)
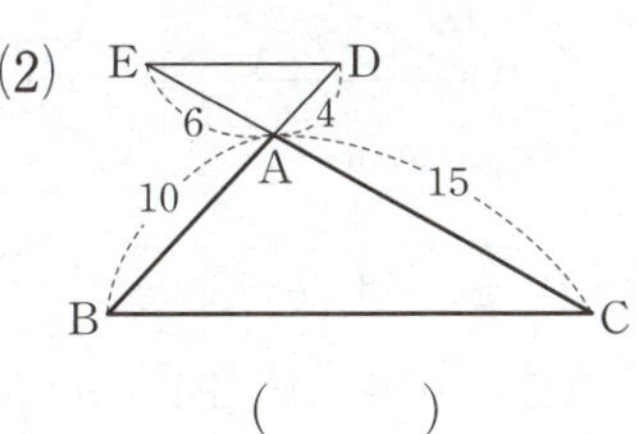

(   )

(3)
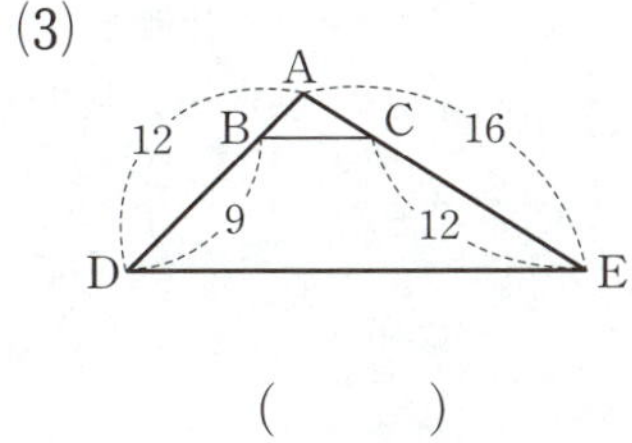

(   )

(4)
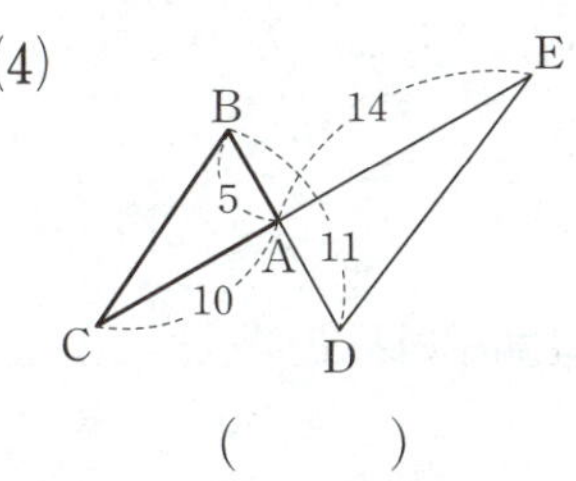

(   )

01 삼각형에서 평행선 사이의 선분의 길이의 비

● 더 다양한 문제는 RPM 2–2 94쪽

다음 그림에서 $\overline{BC} /\!/ \overline{DE}$일 때, x, y의 값을 구하시오.

(1) 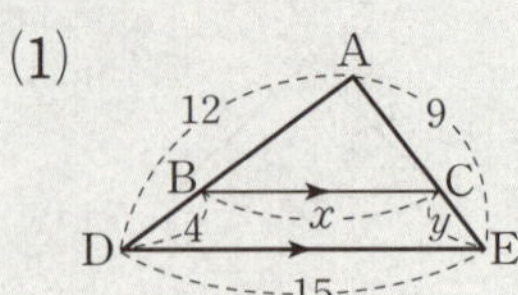

(2) 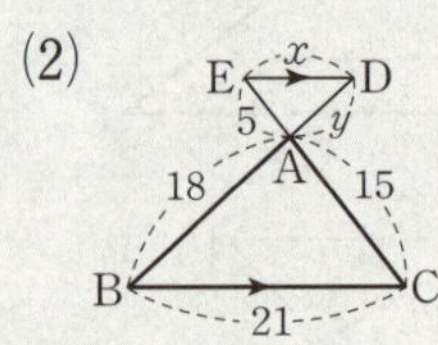

(1) 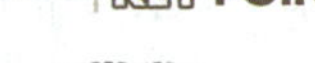

$\Rightarrow a : a' = b : b' = c : c'$

(2) 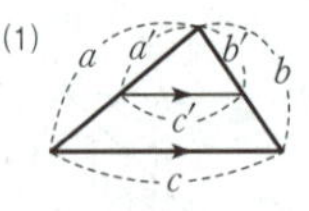

$\Rightarrow a : a' = b : b' = c : c'$

풀이 (1) $\overline{AB} : \overline{AD} = \overline{BC} : \overline{DE}$이므로 $(12-4) : 12 = x : 15$ $\therefore x = 10$
  $\overline{AD} : \overline{DB} = \overline{AE} : \overline{EC}$이므로 $12 : 4 = 9 : y$ $\therefore y = 3$
(2) $\overline{AC} : \overline{AE} = \overline{BC} : \overline{DE}$이므로 $15 : 5 = 21 : x$ $\therefore x = 7$
  $\overline{AC} : \overline{AE} = \overline{AB} : \overline{AD}$이므로 $15 : 5 = 18 : y$ $\therefore y = 6$

답 (1) $x = 10$, $y = 3$ (2) $x = 7$, $y = 6$

확인 ❶ 다음 그림에서 $\overline{BC} /\!/ \overline{DE}$일 때, x, y의 값을 구하시오.

(1) 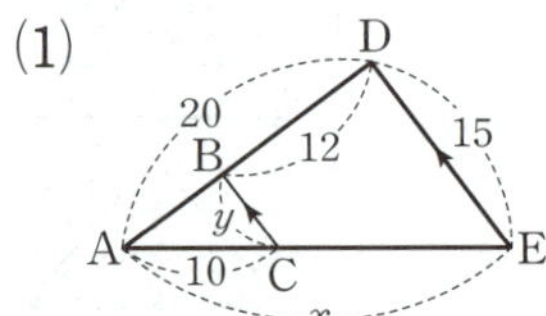

(2) 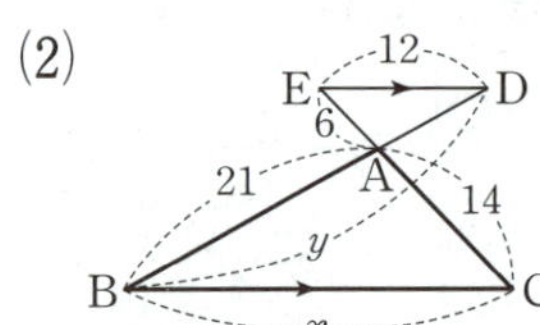

02 삼각형에서 평행선 사이의 선분의 길이의 비의 응용

● 더 다양한 문제는 RPM 2–2 95쪽

다음 그림에서 $\overline{BC} /\!/ \overline{DE}$일 때, x의 값을 구하시오.

(1) 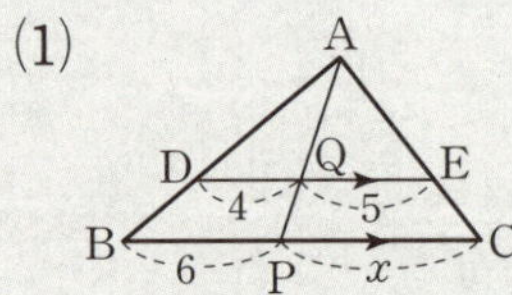

(2) 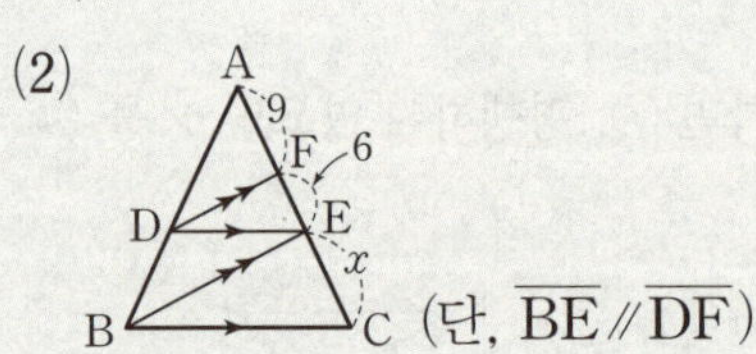 (단, $\overline{BE} /\!/ \overline{DF}$)

(1) $\triangle ABC$에서 $\overline{BC} /\!/ \overline{DE}$일 때,

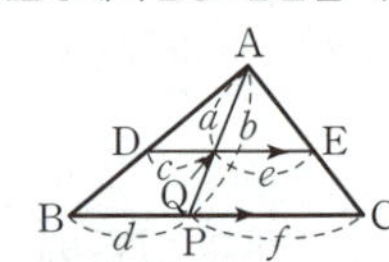

$\Rightarrow$ $\triangle ABP$에서 $c : d = a : b$
  $\triangle APC$에서 $e : f = a : b$
  $\therefore a : b = c : d = e : f$

(2) $\triangle ABC$에서 $\overline{BC} /\!/ \overline{DE}$,
$\overline{BE} /\!/ \overline{DF}$일 때,

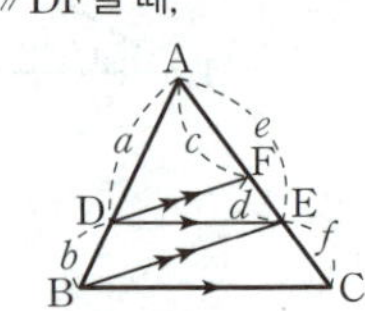

$\Rightarrow$ $\triangle ABE$에서 $a : b = c : d$
  $\triangle ABC$에서 $a : b = e : f$
  $\therefore a : b = c : d = e : f$

풀이 (1) $\overline{DQ} : \overline{BP} = \overline{AQ} : \overline{AP} = \overline{QE} : \overline{PC}$이므로 $4 : 6 = 5 : x$ $\therefore x = \dfrac{15}{2}$
(2) $\triangle ABE$에서 $\overline{BE} /\!/ \overline{DF}$이므로 $\overline{AD} : \overline{DB} = \overline{AF} : \overline{FE} = 9 : 6 = 3 : 2$
  $\triangle ABC$에서 $\overline{BC} /\!/ \overline{DE}$이므로 $\overline{AE} : \overline{EC} = \overline{AD} : \overline{DB}$
  $(9+6) : x = 3 : 2$, $3x = 30$ $\therefore x = 10$

답 (1) $\dfrac{15}{2}$ (2) 10

확인 ❷ 다음 그림에서 $\overline{BC} /\!/ \overline{DE}$일 때, x의 값을 구하시오.

(1) 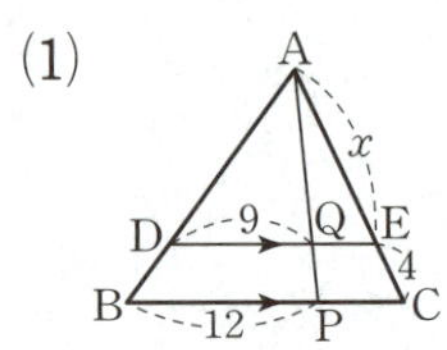

(2) 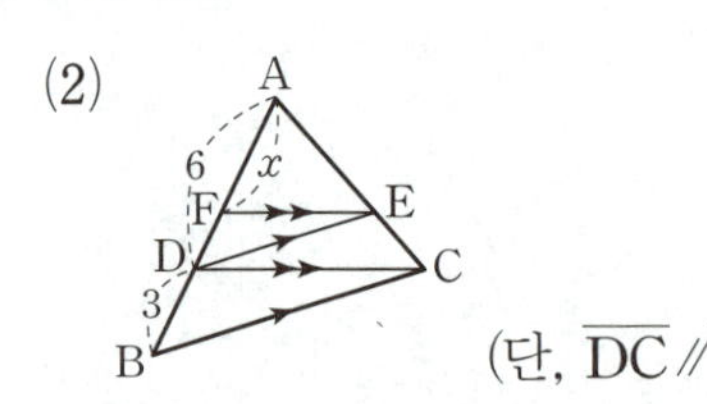 (단, $\overline{DC} /\!/ \overline{FE}$)

03 삼각형에서 평행한 선분 찾기

● 더 다양한 문제는 RPM 2–2 96쪽

다음 중 $\overline{BC}/\!/\overline{DE}$가 아닌 것을 모두 고르면? (정답 2개)

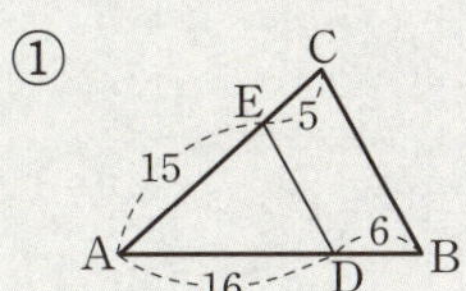
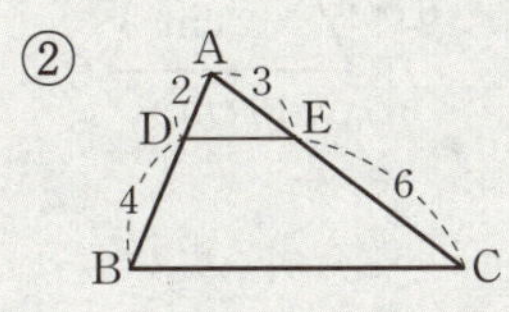
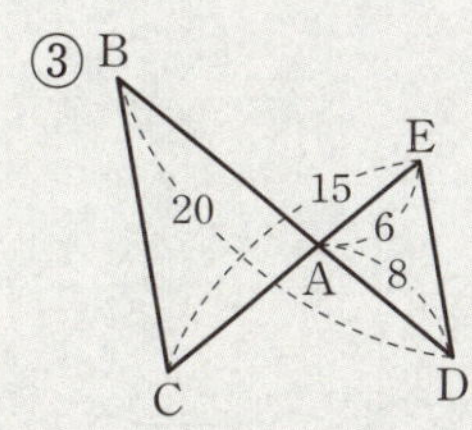
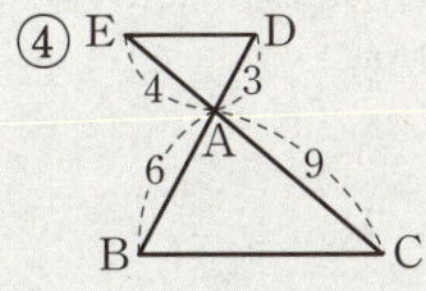
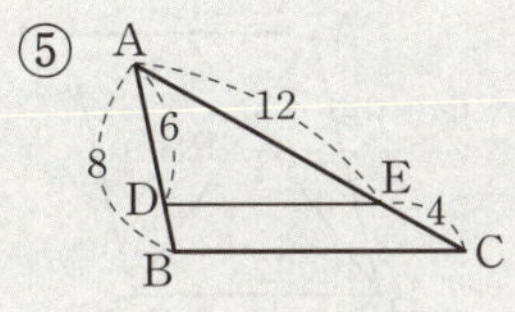

풀이 ① $\overline{AD}:\overline{DB}=16:6=8:3$, $\overline{AE}:\overline{EC}=15:5=3:1$이므로
$\overline{AD}:\overline{DB}\neq\overline{AE}:\overline{EC}$
즉 $\overline{BC}$와 $\overline{DE}$는 평행하지 않다.
② $\overline{AD}:\overline{DB}=2:4=1:2$, $\overline{AE}:\overline{EC}=3:6=1:2$이므로
$\overline{AD}:\overline{DB}=\overline{AE}:EC$ ∴ $\overline{BC}/\!/\overline{DE}$
③ $\overline{AD}:\overline{DB}=8:20=2:5$, $\overline{AE}:\overline{EC}=6:15=2:5$이므로
$\overline{AD}:\overline{DB}=\overline{AE}:\overline{EC}$ ∴ $\overline{BC}/\!/\overline{DE}$
④ $\overline{AB}:\overline{AD}=6:3=2:1$, $\overline{AC}:\overline{AE}=9:4$이므로 $\overline{AB}:\overline{AD}\neq\overline{AC}:\overline{AE}$
즉 $\overline{BC}$와 $\overline{DE}$는 평행하지 않다.
⑤ $\overline{AB}:\overline{AD}=8:6=4:3$, $\overline{AC}:\overline{AE}=(12+4):12=4:3$이므로
$\overline{AB}:\overline{AD}=\overline{AC}:\overline{AE}$ ∴ $\overline{BC}/\!/\overline{DE}$
따라서 $\overline{BC}/\!/\overline{DE}$가 아닌 것은 ①, ④이다.   **답** ①, ④

확인 ③ 다음 중 $\overline{BC}/\!/\overline{DE}$인 것은?

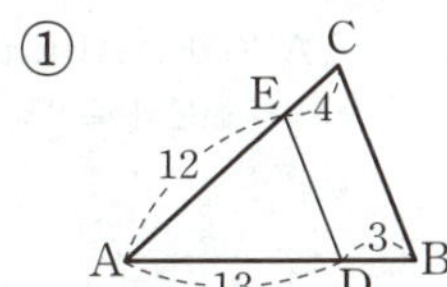
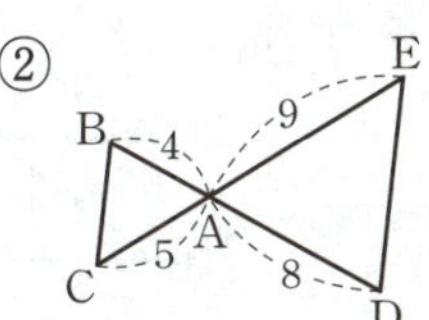
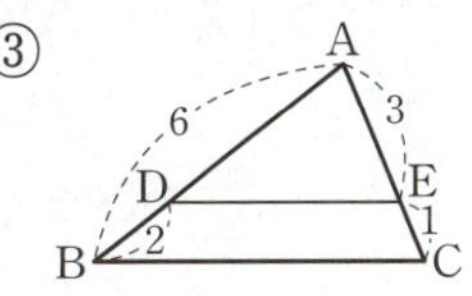
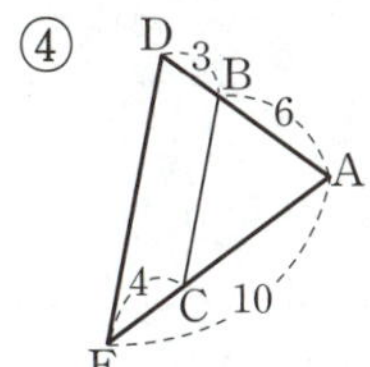
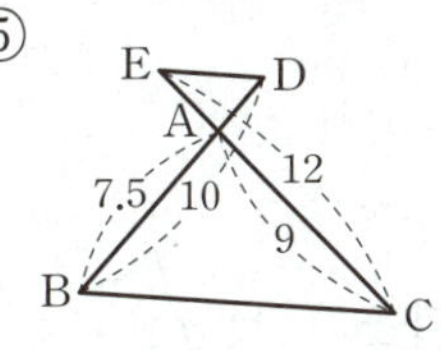

확인 ④ 오른쪽 그림과 같은 △ABC에서 다음 **보기** 중 옳은 것을 모두 고르시오.

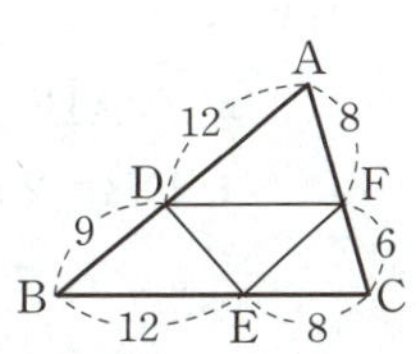

| 보기 |

ㄱ. $\overline{AB}/\!/\overline{FE}$ ㄴ. $\overline{DF}/\!/\overline{BC}$
ㄷ. $\overline{DE}/\!/\overline{AC}$ ㄹ. $\angle ADF=\angle ABC$

01 오른쪽 그림과 같은 △ABC에서 $\overline{BC} /\!/ \overline{DE}$일 때, $y-x$의 값을 구하시오.

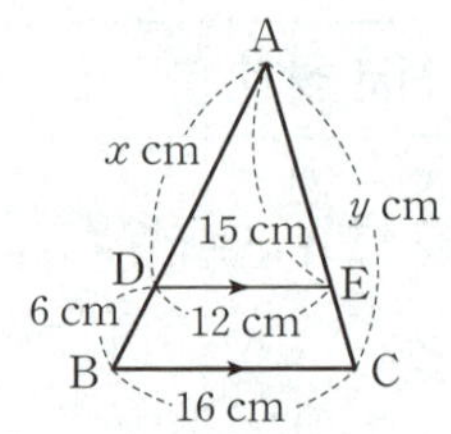

02 오른쪽 그림과 같은 평행사변형 ABCD에서 $\overline{AD}$ 위의 점 E에 대하여 $\overline{BE}$와 $\overline{AC}$의 교점을 F라 하자. $\overline{AF}=6\,cm$, $\overline{BC}=14\,cm$, $\overline{CF}=12\,cm$일 때, $\overline{AE}$의 길이를 구하시오.

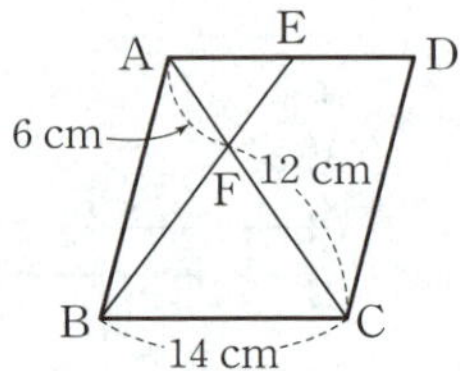

평행사변형의 두 쌍의 대변은 각각 평행하다.

03 오른쪽 그림과 같은 △ABC에서 $\overline{BC} /\!/ \overline{DE}$이고 점 G는 $\overline{AF}$와 $\overline{DE}$의 교점이다. $\overline{BF}=8\,cm$, $\overline{DE}=15\,cm$, $\overline{FC}=12\,cm$일 때, $\overline{DG}$의 길이는?

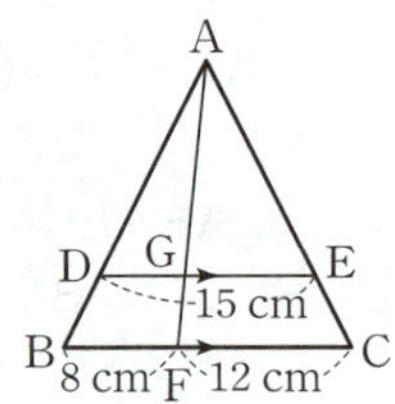

① $\dfrac{11}{2}\,cm$ ② $6\,cm$ ③ $\dfrac{13}{2}\,cm$

④ $7\,cm$ ⑤ $\dfrac{15}{2}\,cm$

$\overline{BC} /\!/ \overline{DE}$이므로 △ABF와 △AFC에서 평행선 사이의 선분의 길이의 비를 이용한다.

04 오른쪽 그림과 같은 △ABC에서 $\overline{BC} /\!/ \overline{DE}$, $\overline{BE} /\!/ \overline{DF}$이고 $\overline{AE}:\overline{EC}=3:2$이다. $\overline{AE}=20\,cm$일 때, $\overline{AF}$의 길이를 구하시오.

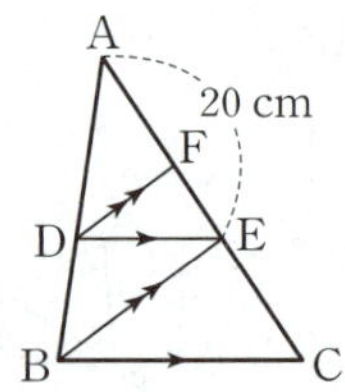

△ABC에서 $\overline{BC} /\!/ \overline{DE}$이고 △ABE에서 $\overline{BE} /\!/ \overline{DF}$이므로 △ABC와 △ABE에서 평행선 사이의 선분의 길이의 비를 이용한다.

05 오른쪽 그림과 같은 △ABC에서 $\overline{AD}:\overline{DB}=\overline{AE}:\overline{EC}$이다. $\overline{AD}=6\,cm$, $\overline{BC}=12\,cm$, $\overline{DE}=9\,cm$일 때, 다음 중 옳지 않은 것은?

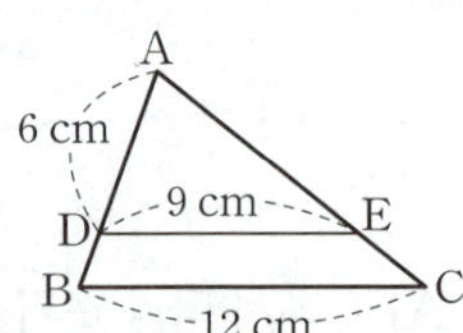

① $\overline{BC} /\!/ \overline{DE}$ ② △ABC∽△ADE

③ $\overline{AB}:\overline{AD}=4:3$ ④ $\overline{DB}=2\,cm$

⑤ $\overline{AC}:\overline{EC}=3:1$

02 삼각형의 각의 이등분선

개념원리 이해

1 삼각형의 내각의 이등분선에는 어떤 성질이 있는가?   ◎ 핵심문제 01

△ABC에서 ∠A의 이등분선과 $\overline{BC}$의 교점을 D라 하면
$$\overline{AB} : \overline{AC} = \overline{BD} : \overline{CD}$$

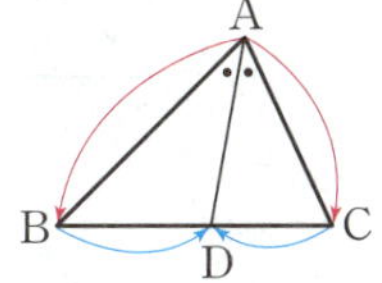

설명 점 C를 지나고 $\overline{AD}$에 평행한 직선과 $\overline{BA}$의 연장선의 교점을 E라 하자.
$\overline{AD} /\!/ \overline{EC}$이므로
$$\angle BAD = \angle AEC \text{ (동위각)}, \quad \angle DAC = \angle ACE \text{ (엇각)}$$
그런데 ∠BAD=∠DAC이므로
$$\angle AEC = \angle ACE$$
즉 △ACE는 이등변삼각형이므로
$$\overline{AE} = \overline{AC} \qquad \cdots\cdots \text{㉠}$$
또 $\overline{AD} /\!/ \overline{EC}$이므로
$$\overline{BA} : \overline{AE} = \overline{BD} : \overline{DC} \qquad \cdots\cdots \text{㉡}$$
㉠, ㉡에서 $\overline{AB} : \overline{AC} = \overline{BD} : \overline{CD}$

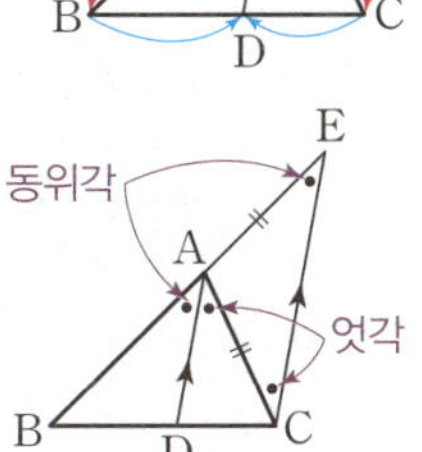

참고 △ABD와 △ADC의 높이가 같으므로 넓이의 비는 밑변의 길이의 비와 같다.
➡ △ABD : △ADC=$\overline{BD} : \overline{CD} = \overline{AB} : \overline{AC}$

2 삼각형의 외각의 이등분선에는 어떤 성질이 있는가?   ◎ 핵심문제 02

△ABC에서 ∠A의 외각의 이등분선과 $\overline{BC}$의 연장선의 교점을 D라 하면
$$\overline{AB} : \overline{AC} = \overline{BD} : \overline{CD}$$

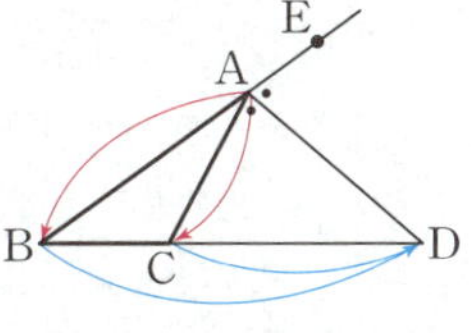

설명 점 C를 지나고 $\overline{AD}$에 평행한 직선과 $\overline{AB}$의 교점을 F라 하자.
$\overline{AD} /\!/ \overline{FC}$이므로
$$\angle EAD = \angle AFC \text{ (동위각)}, \quad \angle DAC = \angle ACF \text{ (엇각)}$$
그런데 ∠EAD=∠DAC이므로
$$\angle AFC = \angle ACF$$
즉 △AFC는 이등변삼각형이므로
$$\overline{AF} = \overline{AC} \qquad \cdots\cdots \text{㉠}$$
또 $\overline{AD} /\!/ \overline{FC}$이므로
$$\overline{AB} : \overline{AF} = \overline{DB} : \overline{DC} \qquad \cdots\cdots \text{㉡}$$
㉠, ㉡에서 $\overline{AB} : \overline{AC} = \overline{BD} : \overline{CD}$

▶ 정답 및 풀이 46쪽

01 다음 그림과 같은 △ABC에서 ∠A의 이등분선과 $\overline{BC}$의 교점을 D라 할 때, x의 값을 구하시오.

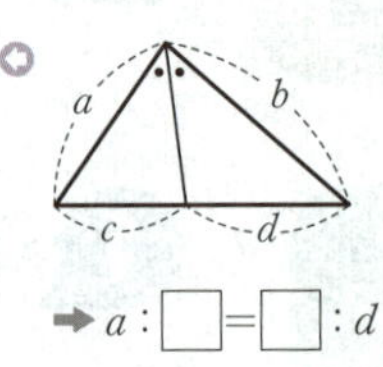

➡ $a : \boxed{} = \boxed{} : d$

(1) 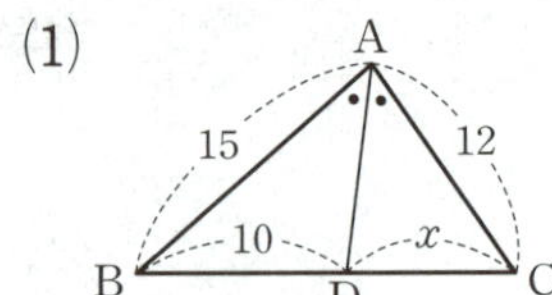

(2) 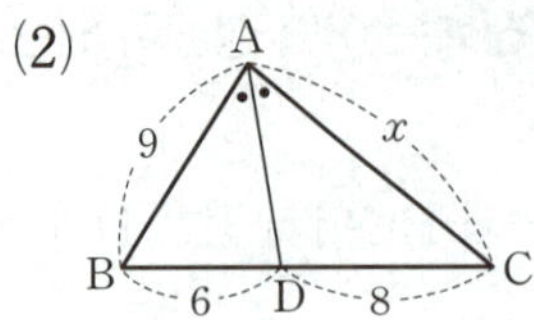

(3) 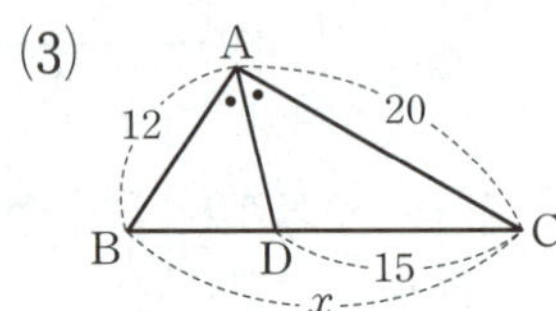

(4) 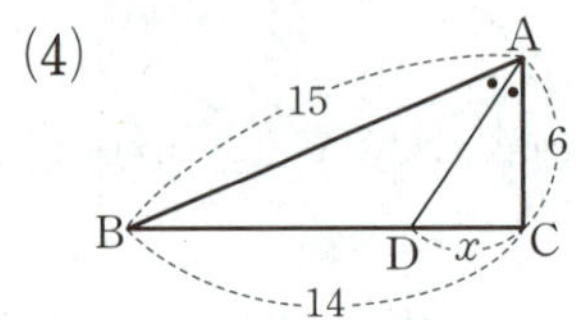

02 다음 그림과 같은 △ABC에서 ∠A의 외각의 이등분선과 $\overline{BC}$의 연장선의 교점을 D라 할 때, x의 값을 구하시오.

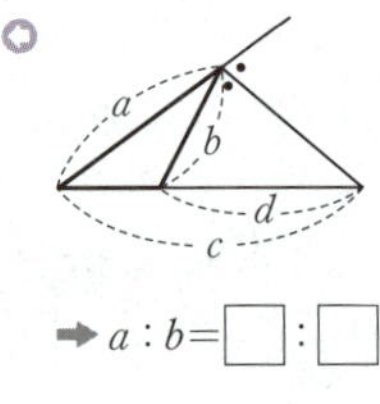

➡ $a : b = \boxed{} : \boxed{}$

(1) 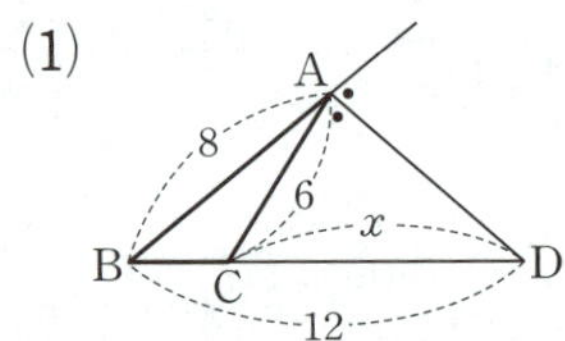

(2) 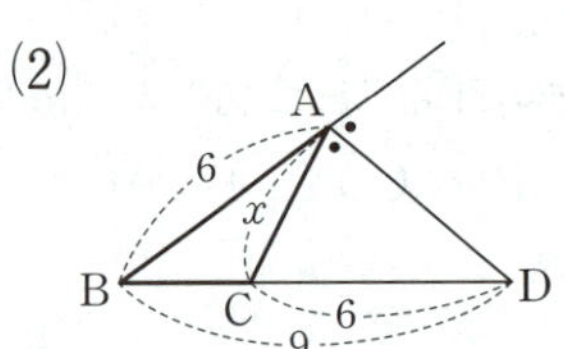

(3) 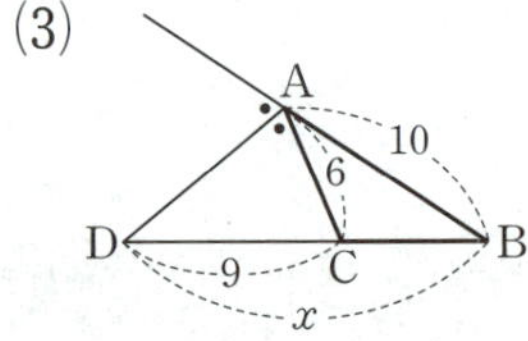

(4) 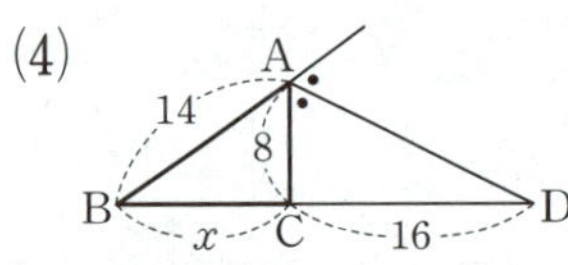

03 오른쪽 그림과 같은 △ABC에서 $\overline{AD}$는 ∠A의 이등분선일 때, 다음 물음에 답하시오.

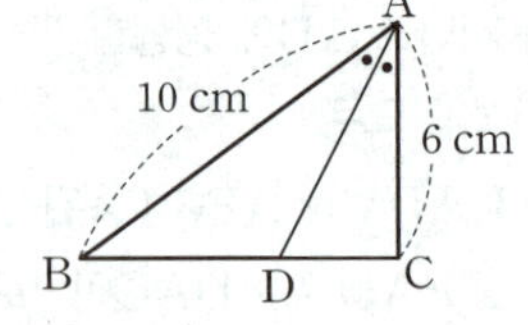

(1) $\overline{BD} : \overline{CD}$를 가장 간단한 자연수의 비로 나타내시오.

(2) △ABD와 △ADC의 넓이의 비를 구하시오.

(3) △ADC의 넓이가 9 cm²일 때, △ABD의 넓이를 구하시오.

01 삼각형의 내각의 이등분선의 성질

● 더 다양한 문제는 RPM 2–2 96쪽

오른쪽 그림과 같은 △ABC에서 $\overline{AD}$는 ∠A의 이등분선
이다. $\overline{AB}=18\ cm$, $\overline{BC}=14\ cm$, $\overline{AC}=10\ cm$일 때,
$\overline{BD}$의 길이를 구하시오.

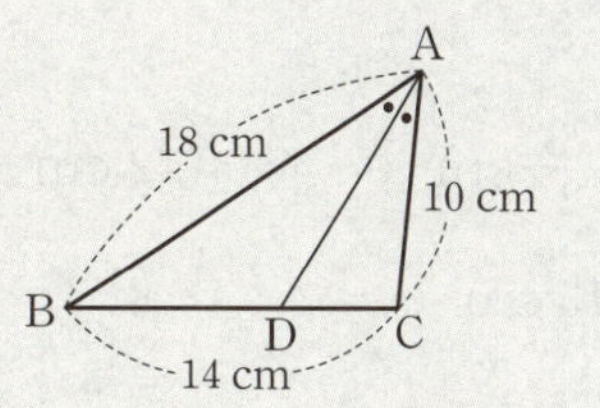

KEY POINT

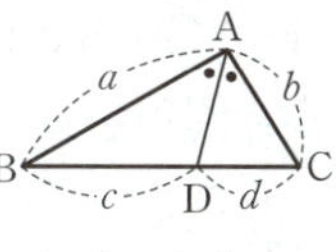

➡ $a:b=c:d$

풀이 $\overline{AB}:\overline{AC}=\overline{BD}:\overline{CD}$이므로

$18:10=\overline{BD}:(14-\overline{BD})$, 즉 $9:5=\overline{BD}:(14-\overline{BD})$

$5\overline{BD}=9(14-\overline{BD})$, $14\overline{BD}=126$ ∴ $\overline{BD}=9\ (cm)$

답 9 cm

확인 ① 오른쪽 그림과 같은 △ABC에서 $\overline{BD}$는 ∠B의 이등분선이다.
$\overline{AB}=8\ cm$, $\overline{BC}=6\ cm$, $\overline{AC}=7\ cm$일 때, $\overline{CD}$의 길이를 구
하시오.

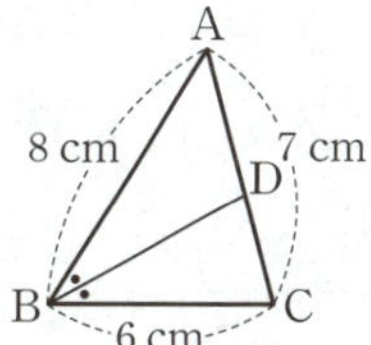

02 삼각형의 외각의 이등분선의 성질

● 더 다양한 문제는 RPM 2–2 97쪽

오른쪽 그림과 같은 △ABC에서 $\overline{AD}$는 ∠A의 외각의 이등
분선이다. $\overline{AB}=6\ cm$, $\overline{BC}=3\ cm$, $\overline{AC}=4\ cm$일 때,
$\overline{CD}$의 길이를 구하시오.

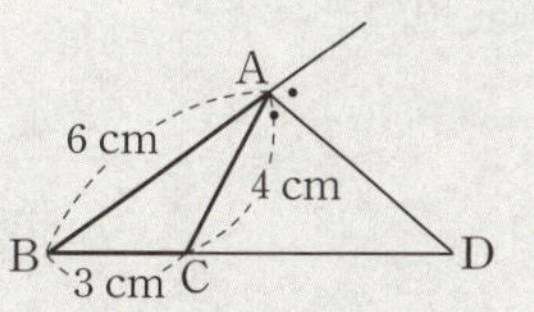

KEY POINT

➡ $a:b=c:d$

풀이 $\overline{AB}:\overline{AC}=\overline{BD}:\overline{CD}$이므로

$6:4=(3+\overline{CD}):\overline{CD}$, 즉 $3:2=(3+\overline{CD}):\overline{CD}$

$3\overline{CD}=2(3+\overline{CD})$

∴ $\overline{CD}=6\ (cm)$

답 6 cm

확인 ② 오른쪽 그림과 같은 △ABC에서 $\overline{AD}$는 ∠A의 외각의
이등분선이다. $\overline{AB}=4\ cm$, $\overline{BC}=7\ cm$, $\overline{CD}=14\ cm$
일 때, $\overline{AC}$의 길이를 구하시오.

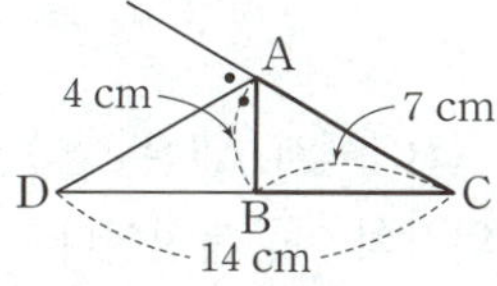

> 정답 및 풀이 47쪽

01 오른쪽 그림과 같은 △ABC에서 $\overline{AD}$는 ∠A의 이등분선이다. $\overline{AC}=8$ cm, $\overline{BC}=10$ cm, $\overline{BD}=6$ cm일 때, $\overline{AB}$의 길이는?

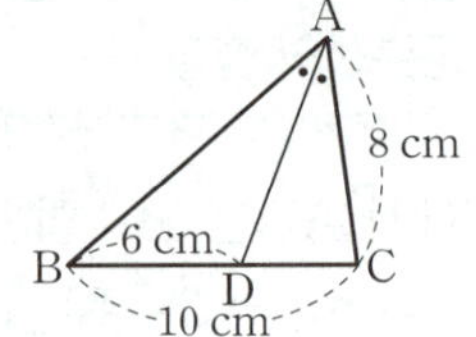

① 11 cm   ② $\dfrac{23}{2}$ cm   ③ 12 cm

④ $\dfrac{25}{2}$ cm   ⑤ 13 cm

02 오른쪽 그림과 같은 △ABC에서 $\overline{AD}$는 ∠A의 이등분선이다. 점 C를 지나고 $\overline{AD}$와 평행한 직선이 $\overline{AB}$의 연장선과 만나는 점을 E라 할 때, 다음 **보기** 중 옳은 것을 모두 고른 것은?

> **보기**
> ㄱ. $\overline{BD}:\overline{CD}=7:5$ ㄴ. $\overline{BA}:\overline{AE}=7:5$
> ㄷ. $\overline{AD}:\overline{EC}=5:12$

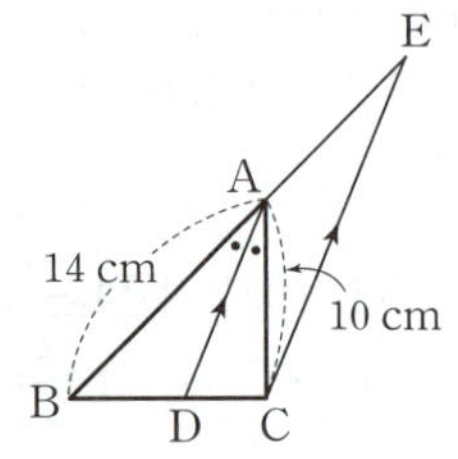

① ㄱ   ② ㄱ, ㄴ   ③ ㄱ, ㄷ
④ ㄴ, ㄷ   ⑤ ㄱ, ㄴ, ㄷ

삼각형의 내각의 이등분선의 성질과 삼각형에서 평행선 사이의 선분의 길이의 비를 이용한다.

03 오른쪽 그림과 같은 △ABC에서 ∠BAD=∠CAD이고 $\overline{AB}=9$ cm, $\overline{AC}=12$ cm이다. △ABC의 넓이가 49 cm²일 때, △ABD의 넓이를 구하시오.

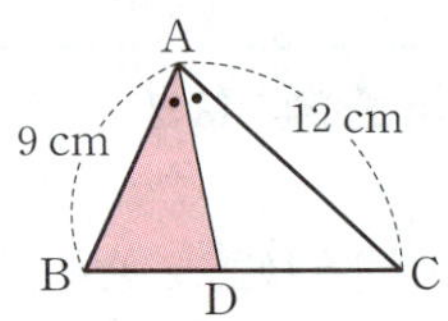

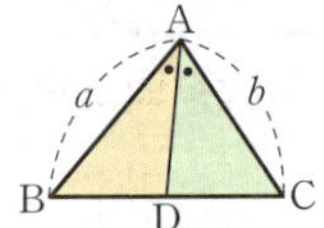

△ABD : △ADC = $\overline{BD}:\overline{CD}$
$= a:b$

04 오른쪽 그림과 같은 △ABC에서 $\overline{AD}$는 ∠A의 외각의 이등분선이다. $\overline{AC}=6$ cm, $\overline{BC}=8$ cm, $\overline{CD}=12$ cm일 때, △ABC의 둘레의 길이를 구하시오.

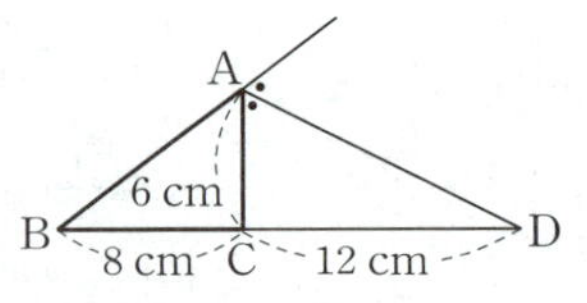

05 오른쪽 그림과 같은 △ABC에서 $\overline{AD}$는 ∠A의 이등분선이고 $\overline{AE}$는 ∠A의 외각의 이등분선이다. $\overline{AB}=8$ cm, $\overline{AC}=4$ cm, $\overline{BD}=4$ cm일 때, $\overline{CE}$의 길이를 구하시오.

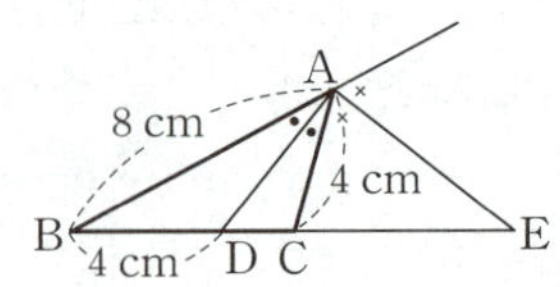

삼각형의 내각의 이등분선의 성질을 이용하여 $\overline{CD}$의 길이를 구한 후 삼각형의 외각의 이등분선의 성질을 이용하여 $\overline{CE}$의 길이를 구한다.

03 평행선 사이의 선분의 길이의 비

개념원리 이해

1 평행선 사이의 선분의 길이의 비는 어떻게 되는가?

○ 핵심문제 01

평행한 세 직선이 다른 두 직선과 만날 때, 평행선 사이의 선분의 길이의 비는 같다.

➡ 오른쪽 그림에서 $l /\!/ m /\!/ n$이면

$$a : b = c : d$$

(설명) $l /\!/ m /\!/ n$, $p /\!/ q$일 때, $\triangle$ACH에서 $\overline{BG} /\!/ \overline{CH}$이므로

$$\overline{AB} : \overline{BC} = \overline{AG} : \overline{GH}$$

또 $\square$AGED와 $\square$GHFE는 모두 평행사변형이므로

$$\overline{AG} = \overline{DE},\ \overline{GH} = \overline{EF} \qquad \therefore\ \overline{AB} : \overline{BC} = \overline{DE} : \overline{EF}$$

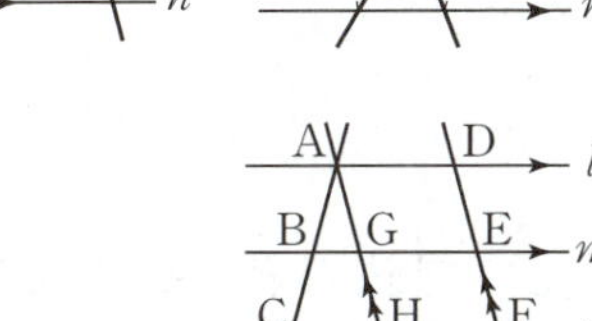

2 사다리꼴에서 평행선 사이의 선분의 길이의 비는 어떻게 되는가?

○ 핵심문제 02, 03

$\overline{AD} /\!/ \overline{BC}$인 사다리꼴 ABCD에서 $\overline{EF} /\!/ \overline{BC}$일 때, $\overline{EF}$의 길이를 구하는 방법은 다음과 같다.

방법 1 평행선 긋기

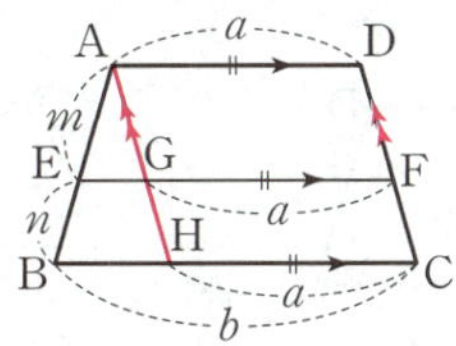

$\triangle$ABH에서

$$\overline{EG} : \overline{BH} = m : (m+n)$$

평행사변형 AHCD에서

$$\overline{GF} = \overline{HC} = \overline{AD}$$

➡ $\overline{EF} = \overline{EG} + \overline{GF}$ ← $\overline{EF} = \dfrac{an+bm}{m+n}$

방법 2 대각선 긋기

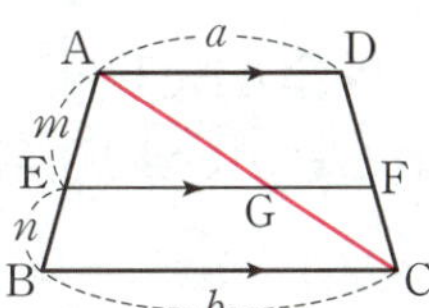

$\triangle$ABC에서

$$\overline{EG} : \overline{BC} = m : (m+n)$$

$\triangle$ACD에서

$$\overline{GF} : \overline{AD} = n : (m+n)$$

➡ $\overline{EF} = \overline{EG} + \overline{GF}$ ← $\overline{EF} = \dfrac{an+bm}{m+n}$

3 평행선 사이의 선분의 길이의 비는 어떻게 응용되는가?

○ 핵심문제 04

두 삼각형 ABC와 BCD에서 $\overline{AC}$와 $\overline{BD}$의 교점을 E라 할 때, $\overline{AB} /\!/ \overline{EF} /\!/ \overline{DC}$이고 $\overline{AB} = a$, $\overline{DC} = b$이면

① $\overline{BF} : \overline{FC} = a : b$ 　　　　　 ② $\overline{EF} = \dfrac{ab}{a+b}$

(설명) $\triangle$ABE$\backsim\triangle$CDE (AA닮음)이므로 　　$\overline{BE} : \overline{DE} = \overline{AB} : \overline{CD} = a : b$

$\triangle$BCD에서 $\overline{EF} /\!/ \overline{DC}$이므로 　　$\overline{BF} : \overline{FC} = \overline{BE} : \overline{ED} = a : b$

또 $\triangle$BCD에서 　　$\overline{EF} : \overline{DC} = \overline{BE} : \overline{BD}$, 　　$\overline{EF} : b = a : (a+b)$ 　　$\therefore\ \overline{EF} = \dfrac{ab}{a+b}$

01 다음 그림에서 $l /\!/ m /\!/ n$일 때, x의 값을 구하시오.

(1)

(2)

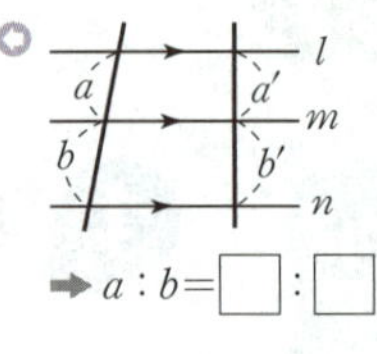

➡ $a : b =$ ☐ : ☐

02 오른쪽 그림과 같은 사다리꼴 ABCD에서 $\overline{AD} /\!/ \overline{EF} /\!/ \overline{BC}$, $\overline{AH} /\!/ \overline{DC}$이고, 점 G는 $\overline{AH}$와 $\overline{EF}$의 교점일 때, 다음을 구하시오.

(1) $\overline{GF}$의 길이　　　　(2) $\overline{BH}$의 길이

(3) $\overline{EG}$의 길이　　　　(4) $\overline{EF}$의 길이

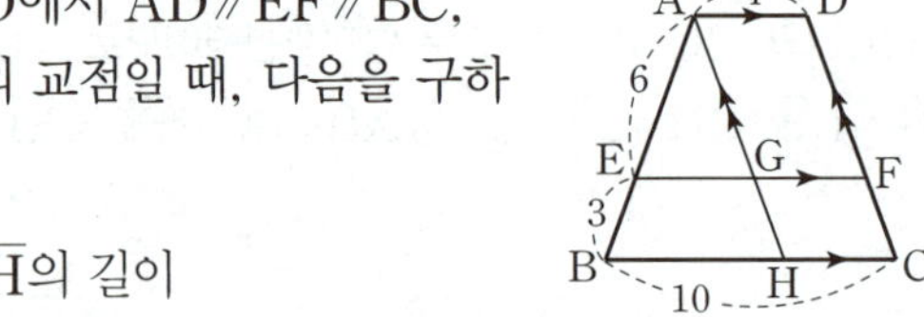

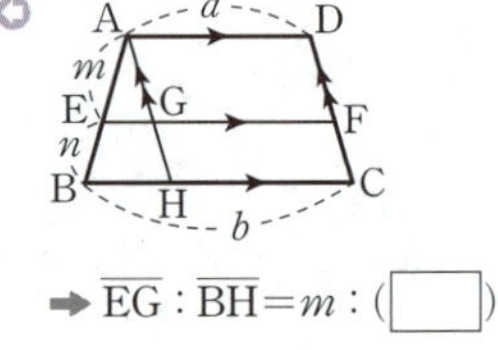
➡ $\overline{EG} : \overline{BH} = m : ($ ☐ $)$

03 오른쪽 그림과 같은 사다리꼴 ABCD에서 $\overline{AD} /\!/ \overline{EF} /\!/ \overline{BC}$이고, 점 G는 $\overline{AC}$와 $\overline{EF}$의 교점일 때, 다음을 구하시오.

(1) $\overline{EG}$의 길이　　　　(2) $\overline{GF}$의 길이

(3) $\overline{EF}$의 길이

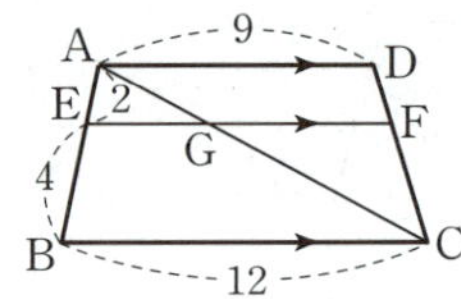

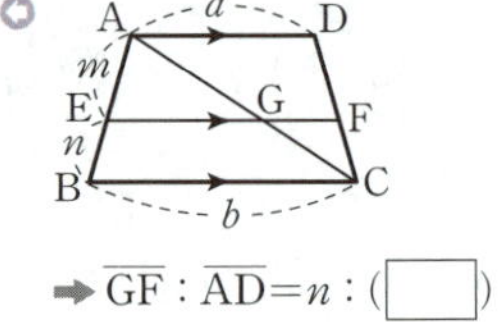
➡ $\overline{GF} : \overline{AD} = n : ($ ☐ $)$

04 오른쪽 그림에서 $\overline{AB} /\!/ \overline{EF} /\!/ \overline{DC}$일 때, 다음 물음에 답하시오.

(1) $\overline{BE} : \overline{DE}$를 가장 간단한 자연수의 비로 나타내시오.

(2) $\overline{BF} : \overline{BC}$를 가장 간단한 자연수의 비로 나타내시오.

(3) $\overline{EF}$의 길이를 구하시오.

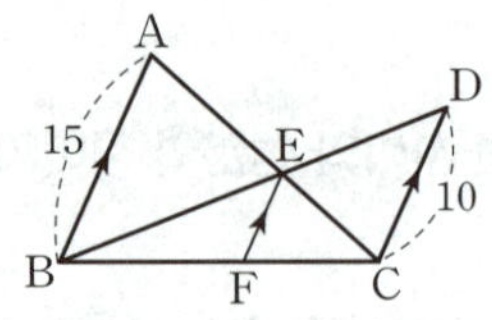

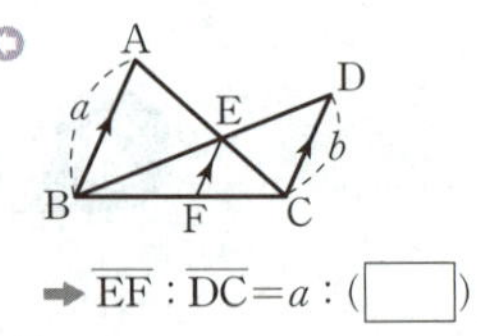
➡ $\overline{EF} : \overline{DC} = a : ($ ☐ $)$

01 평행선 사이의 선분의 길이의 비

● 더 다양한 문제는 RPM 2–2 98쪽

오른쪽 그림에서 $l /\!/ m /\!/ n$일 때, x, y의 값을 구하시오.

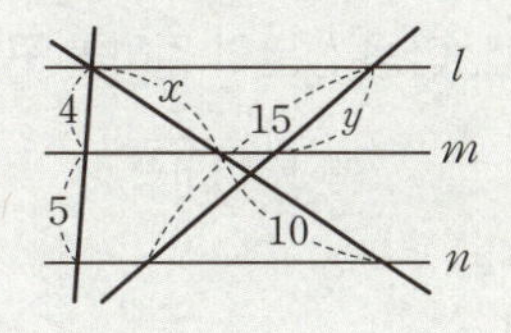

KEY POINT

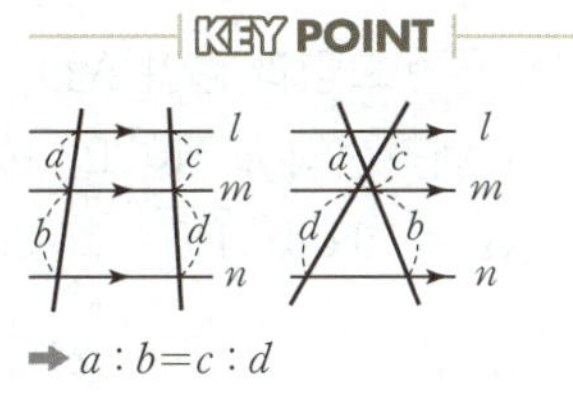

➡ $a : b = c : d$

풀이

$4 : 5 = x : 10$이므로　　$5x = 40$　　$\therefore x = 8$

$4 : 5 = y : (15 - y)$이므로　　$5y = 4(15 - y)$

　　$9y = 60$　　$\therefore y = \dfrac{20}{3}$

답 $x = 8$, $y = \dfrac{20}{3}$

확인 ① 다음 그림에서 $l /\!/ m /\!/ n$일 때, x, y의 값을 구하시오.

(1) 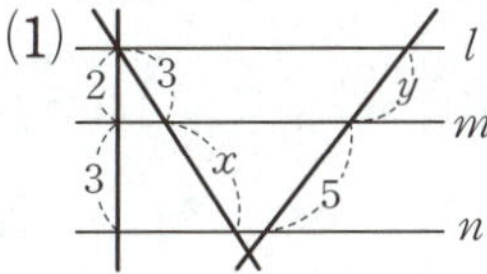

(2) 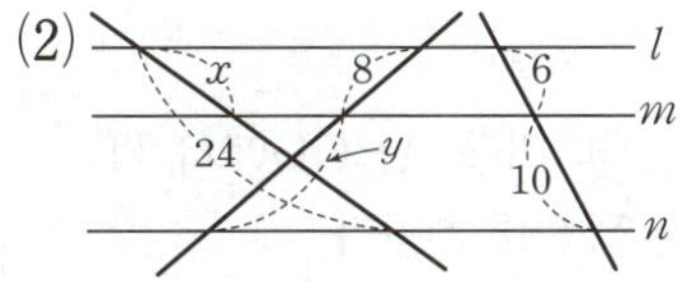

02 사다리꼴에서 평행선 사이의 선분의 길이의 비

● 더 다양한 문제는 RPM 2–2 98쪽

오른쪽 그림과 같은 사다리꼴 ABCD에서 $\overline{AD} /\!/ \overline{EF} /\!/ \overline{BC}$이고 $\overline{AD} = 10 \, \text{cm}$, $\overline{AE} = 4 \, \text{cm}$, $\overline{BE} = 6 \, \text{cm}$, $\overline{BC} = 20 \, \text{cm}$일 때, $\overline{EF}$의 길이를 구하시오.

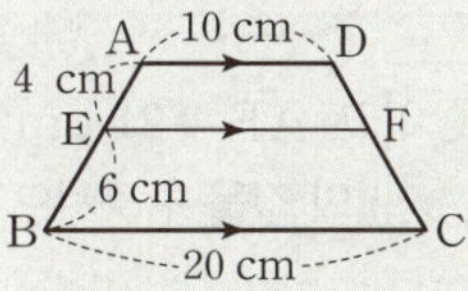

KEY POINT

사다리꼴 ABCD에서
$\overline{AD} /\!/ \overline{EF} /\!/ \overline{BC}$일 때, $\overline{EF}$의 길이 구하기

➡ 평행선 또는 대각선을 긋는다.

풀이 오른쪽 그림과 같이 점 A를 지나고 $\overline{CD}$에 평행한 $\overline{AH}$를 긋고 $\overline{AH}$와 $\overline{EF}$의 교점을 G라 하면

　　$\overline{GF} = \overline{HC} = \overline{AD} = 10 \, (\text{cm})$

　　$\therefore \overline{BH} = \overline{BC} - \overline{HC} = 20 - 10 = 10 \, (\text{cm})$

$\triangle ABH$에서 $\overline{EG} /\!/ \overline{BH}$이므로

　　$4 : (4 + 6) = \overline{EG} : 10$, 즉 $2 : 5 = \overline{EG} : 10$

　　$5\overline{EG} = 20$　　$\therefore \overline{EG} = 4 \, (\text{cm})$

　　$\therefore \overline{EF} = \overline{EG} + \overline{GF} = 4 + 10 = 14 \, (\text{cm})$

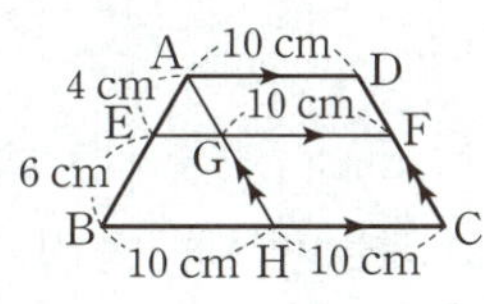

답 14 cm

확인 ② 오른쪽 그림과 같은 사다리꼴 ABCD에서 $\overline{AD} /\!/ \overline{EF} /\!/ \overline{BC}$이다. $\overline{AD} = 6 \, \text{cm}$, $\overline{AE} = 6 \, \text{cm}$, $\overline{BC} = 15 \, \text{cm}$, $\overline{BE} = 3 \, \text{cm}$일 때, $\overline{EF}$의 길이를 구하시오.

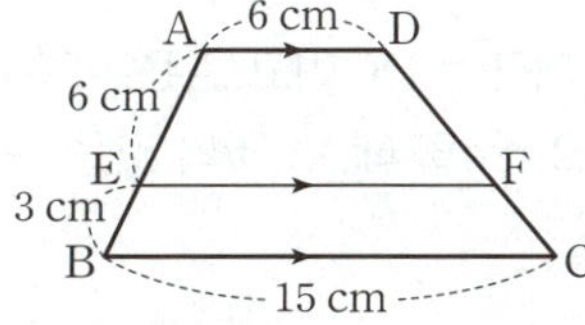

03 사다리꼴에서 평행선 사이의 선분의 길이의 비의 응용

● 더 다양한 문제는 RPM 2–2 99쪽

오른쪽 그림과 같이 $\overline{AD} /\!/ \overline{BC}$인 사다리꼴 ABCD에서 점 O는 두 대각선의 교점이고, $\overline{EF}$는 점 O를 지난다. $\overline{EF} /\!/ \overline{BC}$이고 $\overline{AD}=10$ cm, $\overline{BC}=15$ cm일 때, 다음 선분의 길이를 구하시오.

(1) $\overline{EO}$　　　　(2) $\overline{OF}$　　　　(3) $\overline{EF}$

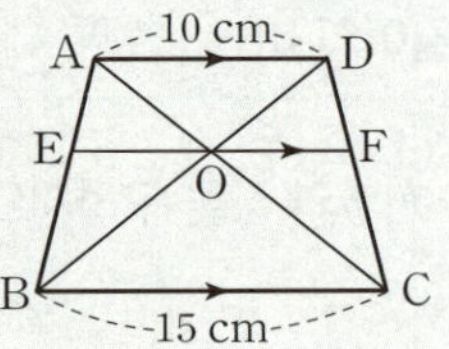

KEY POINT

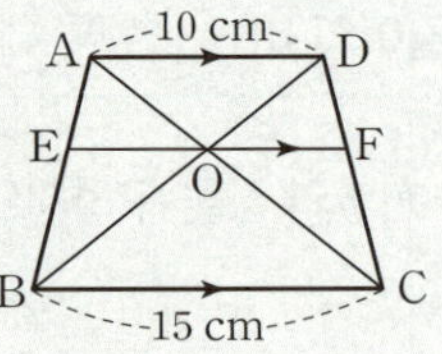

$\triangle AOD \backsim \triangle COB$ (AA 닮음)
➡ $\overline{AO} : \overline{CO} = \overline{DO} : \overline{BO}$
　　$= a : b$

풀이　(1) $\triangle AOD \backsim \triangle COB$ (AA 닮음)이므로
　　　　$\overline{AO} : \overline{CO} = \overline{AD} : \overline{CB} = 10 : 15 = 2 : 3$
　　　　$\triangle ABC$에서 $\overline{EO} /\!/ \overline{BC}$이므로　　$2 : (2+3) = \overline{EO} : 15$
　　　　$5\overline{EO} = 30$　　$\therefore \overline{EO} = 6$ (cm)
　　(2) $\triangle ACD$에서 $\overline{OF} /\!/ \overline{AD}$이므로　　$3 : (3+2) = \overline{OF} : 10$
　　　　$5\overline{OF} = 30$　　$\therefore \overline{OF} = 6$ (cm)
　　(3) $\overline{EF} = \overline{EO} + \overline{OF} = 6 + 6 = 12$ (cm)

답 (1) 6 cm　(2) 6 cm　(3) 12 cm

확인 3　오른쪽 그림과 같이 $\overline{AD} /\!/ \overline{BC}$인 사다리꼴 ABCD에서 점 O는 두 대각선의 교점이고, $\overline{EF}$는 점 O를 지난다. $\overline{EF} /\!/ \overline{AD}$이고 $\overline{AD}=6$ cm, $\overline{BC}=10$ cm일 때, $\overline{EF}$의 길이를 구하시오.

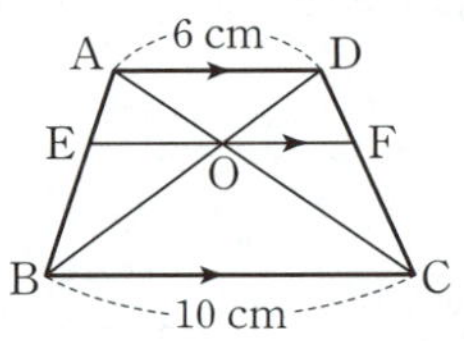

UP 04 평행선 사이의 선분의 길이의 비의 응용

● 더 다양한 문제는 RPM 2–2 99쪽

오른쪽 그림에서 $\overline{AB} /\!/ \overline{EF} /\!/ \overline{DC}$이고 $\overline{AB}=21$ cm, $\overline{BC}=35$ cm, $\overline{CD}=28$ cm일 때, x, y의 값을 구하시오.

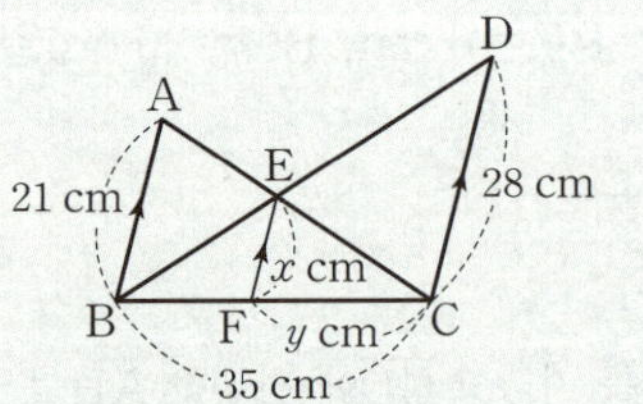

KEY POINT

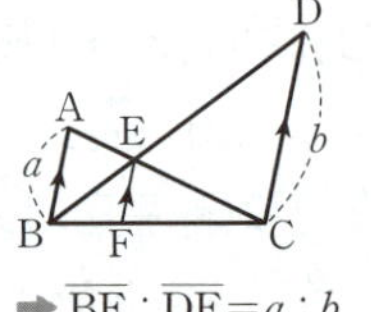

➡ $\overline{BE} : \overline{DE} = a : b$
　$\overline{BF} : \overline{FC} = a : b$

풀이　$\triangle ABE \backsim \triangle CDE$ (AA 닮음)이므로　　$\overline{BE} : \overline{DE} = \overline{AB} : \overline{CD} = 21 : 28 = 3 : 4$
　　　$\triangle BCD$에서 $\overline{EF} /\!/ \overline{DC}$이므로
　　　　$3 : (3+4) = x : 28$,　　$7x = 84$　　$\therefore x = 12$
　　　$\triangle ABC$에서 $\overline{EF} /\!/ \overline{AB}$이므로
　　　　$12 : 21 = y : 35$, 즉 $4 : 7 = y : 35$
　　　　$7y = 140$　　$\therefore y = 20$

답 $x = 12$, $y = 20$

확인 4　오른쪽 그림에서 $\overline{AB} /\!/ \overline{EF} /\!/ \overline{DC}$이고 $\overline{AB}=20$ cm, $\overline{BC}=24$ cm, $\overline{CD}=12$ cm일 때, x, y의 값을 구하시오.

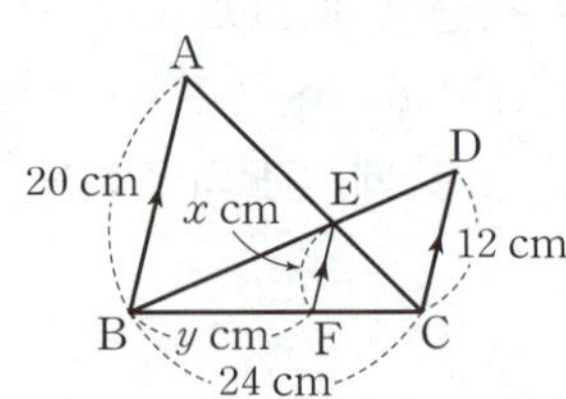

01 오른쪽 그림에서 $k /\!/ l /\!/ m /\!/ n$일 때, $x-y$의 값은?

① 6 　　　② 7 　　　③ 8
④ 9 　　　⑤ 10

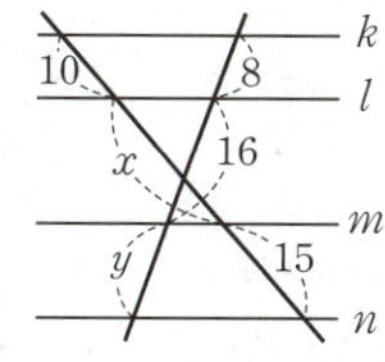

02 오른쪽 그림과 같은 사다리꼴 ABCD에서
$\overline{AD} /\!/ \overline{EF} /\!/ \overline{BC}$이고 $\overline{AE} : \overline{EB} = 3 : 2$이다. $\overline{AD} = 4\,cm$,
$\overline{BC} = 9\,cm$일 때, $\overline{EF}$의 길이를 구하시오.

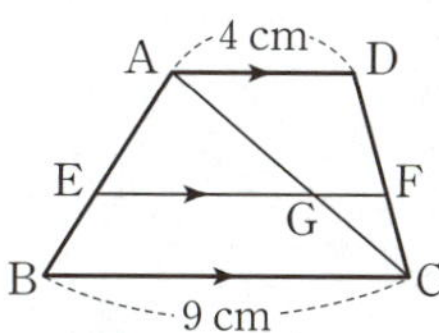

△ABC와 △ACD에서 평행선 사이의 선분의 길이의 비를 이용한다.

03 오른쪽 그림과 같은 사다리꼴 ABCD에서 $\overline{AD} /\!/ \overline{EF} /\!/ \overline{BC}$이고 두 점 M, N은 각각 $\overline{EF}$와 $\overline{BD}$, $\overline{AC}$의 교점이다. $\overline{AE} = 2\overline{EB}$이고 $\overline{AD} = 24\,cm$, $\overline{BC} = 27\,cm$일 때, $\overline{MN}$의 길이를 구하시오.

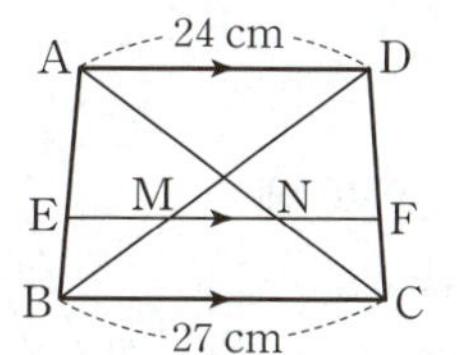

$\overline{MN} = \overline{EN} - \overline{EM}$임을 이용한다.

04 오른쪽 그림과 같은 사다리꼴 ABCD에서
$\overline{AD} /\!/ \overline{EF} /\!/ \overline{BC}$이고, 두 대각선의 교점 O는 $\overline{EF}$ 위의 점이다. $\overline{AE} = 6\,cm$, $\overline{BC} = 12\,cm$, $\overline{BE} = 9\,cm$일 때, $\overline{AD}$의 길이를 구하시오.

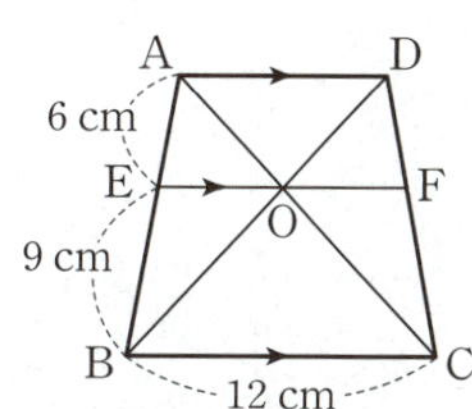

05 오른쪽 그림에서 $\overline{AB}$, $\overline{EF}$, $\overline{DC}$가 모두 $\overline{BC}$에 수직이다. $\overline{AB} = 12\,cm$, $\overline{CD} = 24\,cm$일 때, 다음 중 옳지 <u>않은</u> 것은?

① $\overline{BE} : \overline{BD} = 1 : 3$ 　　② $\overline{EF} = 8\,cm$
③ △ABE∽△CDE 　　④ △CAB∽△CEF
⑤ △ABC∽△EFB

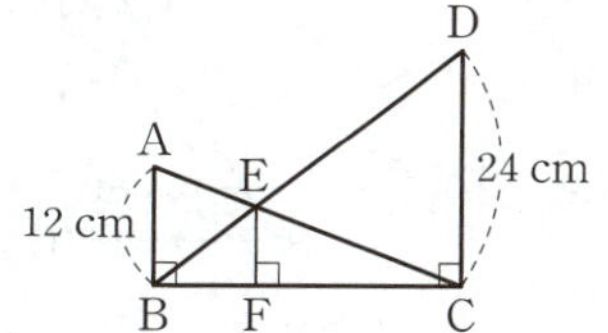

닮은 삼각형을 이용하여 선분의 길이의 비를 구한다.

01 오른쪽 그림과 같은 △ABC에서 $\overline{DE} /\!/ \overline{BC}$일 때, 다음 중 옳지 <u>않은</u> 것은?

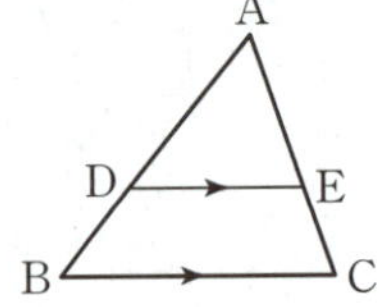

① $\overline{AD} : \overline{AB} = \overline{AE} : \overline{AC}$
② $\overline{AB} : \overline{BD} = \overline{AC} : \overline{CE}$
③ $\overline{AD} : \overline{DB} = \overline{AE} : \overline{EC}$
④ $\overline{AD} : \overline{DB} = \overline{DE} : \overline{BC}$
⑤ $\overline{AC} : \overline{AE} = \overline{BC} : \overline{DE}$

꼭나와

02 오른쪽 그림과 같은 △ABC에서 $\overline{AB} /\!/ \overline{DE}$이다. $\overline{AB}=20$, $\overline{BC}=15$, $\overline{AC}=20$, $\overline{DE}=16$일 때, $x+y$의 값은?

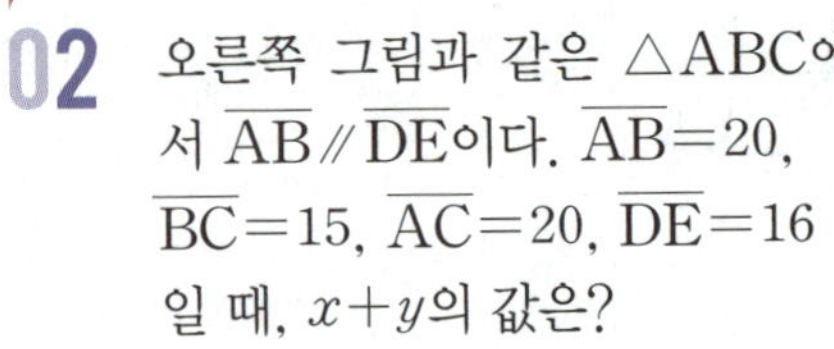
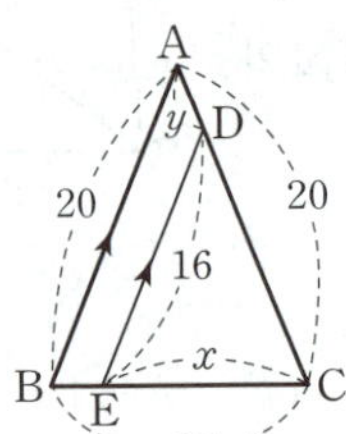

① 15 ② 16
③ 17 ④ 18
⑤ 19

03 오른쪽 그림과 같은 △ABC에서 $\overline{BC} /\!/ \overline{DE}$이고 점 F는 $\overline{BE}$와 $\overline{CD}$의 교점이다. $\overline{AD}=\dfrac{1}{2}\overline{DB}$이고 $\overline{BE}=16\ \text{cm}$일 때, $\overline{BF}$의 길이를 구하시오.

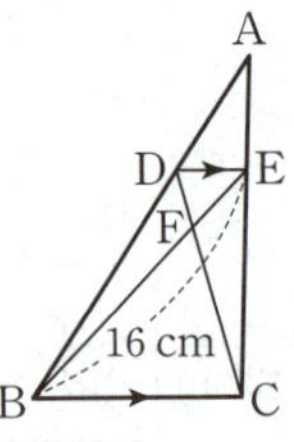

04 오른쪽 그림과 같은 △ABC에서 $\overline{BC} /\!/ \overline{DE}$이고 $\overline{AD}=9$, $\overline{BM}=6$, $\overline{DP}=4$, $\overline{PE}=8$일 때, xy의 값을 구하시오.

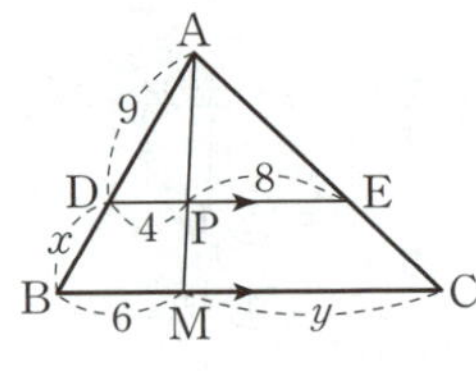

05 다음 **보기** 중 $\overline{BC} /\!/ \overline{DE}$인 것은 모두 몇 개인지 구하시오.

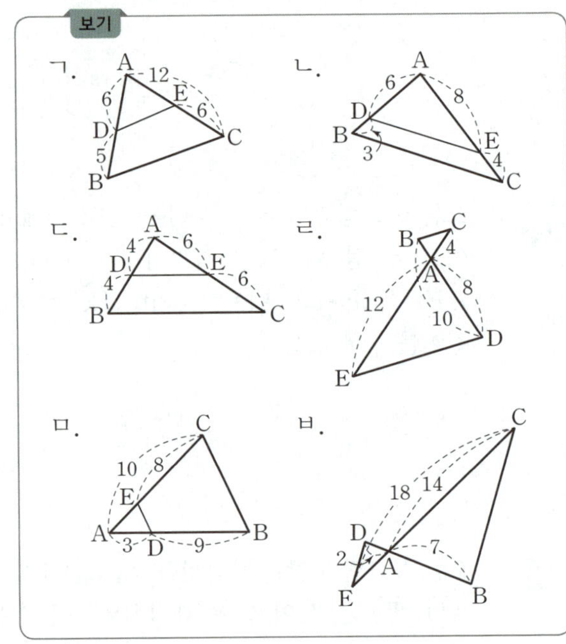

06 오른쪽 그림과 같은 △ABC에서 $\overline{AD}$는 ∠A의 이등분선이다. $\overline{AB}=8\ \text{cm}$, $\overline{BC}=9\ \text{cm}$, $\overline{AC}=10\ \text{cm}$일 때, $\overline{BD}$의 길이는?

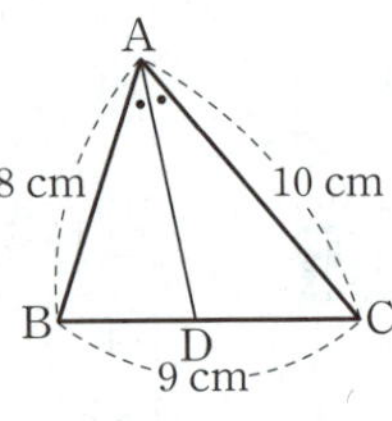

① $3\ \text{cm}$ ② $\dfrac{7}{2}\ \text{cm}$ ③ $4\ \text{cm}$
④ $\dfrac{9}{2}\ \text{cm}$ ⑤ $5\ \text{cm}$

07 오른쪽 그림과 같은 △ABC에서 $\overline{AD}$는 ∠A의 외각의 이등분선이다. $\overline{AB}=4$ cm, $\overline{AC}=6$ cm, $\overline{DB}=6$ cm일 때, $\overline{BC}$의 길이를 구하시오.

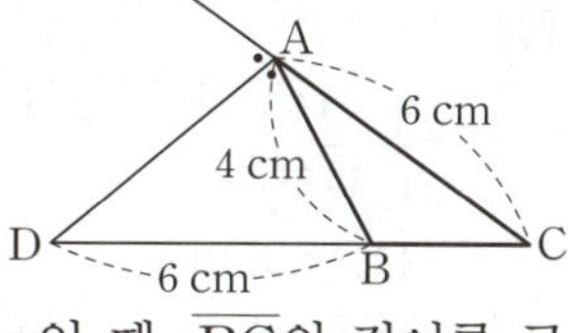

08 오른쪽 그림은 평행하게 다리가 놓여 있는 사다리 일부의 길이를 나타낸 것이다. $y-x$의 값은? (단, 다리의 두께는 생각하지 않는다.)

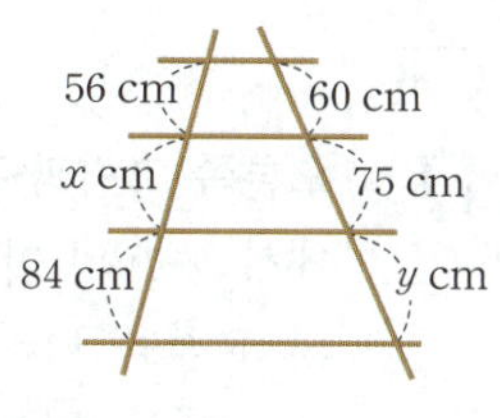

① 18　　② 20　　③ 22
④ 24　　⑤ 26

09 오른쪽 그림과 같은 사다리꼴 ABCD에서 $\overline{AD}\parallel\overline{EF}\parallel\overline{BC}$이다. $\overline{AE}=6$ cm, $\overline{EB}=2$ cm, $\overline{BC}=8$ cm, $\overline{EF}=7$ cm일 때, $\overline{AD}$의 길이는?

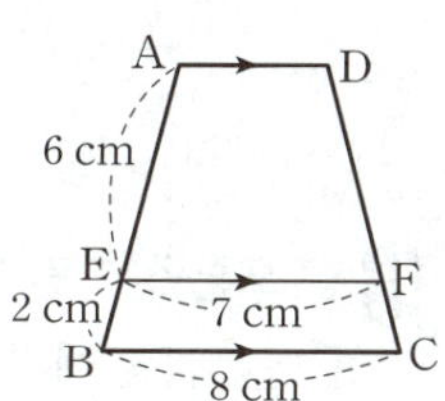

① 2 cm　　② 3 cm　　③ 4 cm
④ 5 cm　　⑤ 6 cm

10 오른쪽 그림과 같은 사다리꼴 ABCD에서 $\overline{AD}\parallel\overline{EF}\parallel\overline{BC}$이고 두 점 G, H는 각각 $\overline{EF}$와 $\overline{BD}$, $\overline{AC}$의 교점이다. $\overline{AE}:\overline{EB}=3:1$이고 $\overline{AD}=8$ cm, $\overline{BC}=12$ cm일 때, $\overline{GH}$의 길이를 구하시오.

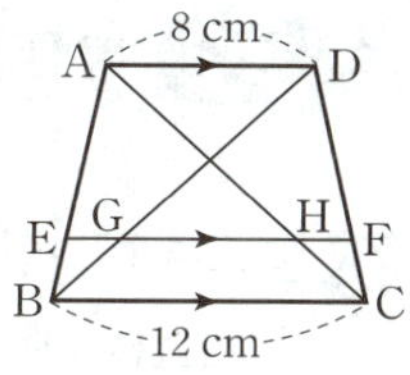

11 오른쪽 그림과 같은 사다리꼴 ABCD에서 $\overline{AD}\parallel\overline{EF}\parallel\overline{BC}$이고 두 대각선 AC, DB의 교점 O는 $\overline{EF}$ 위의 점이다. 다음 중 옳지 않은 것은?

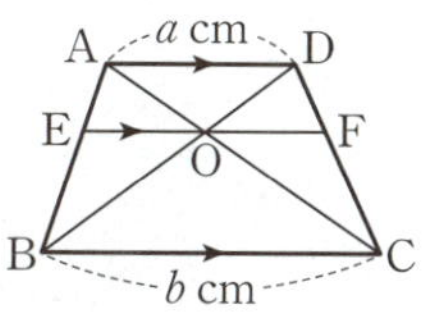

① △AOD∽△COB
② $\overline{AO}:\overline{OC}=a:b$
③ $\overline{DF}:\overline{FC}=a:b$
④ $\overline{EO}=\overline{OF}$
⑤ △ABC∽△DCB

12 오른쪽 그림에서 $\overline{AB}\parallel\overline{EF}\parallel\overline{DC}$이고 $\overline{AB}=12$ cm, $\overline{BF}=12$ cm, $\overline{CD}=15$ cm일 때, $3x-y$의 값은?

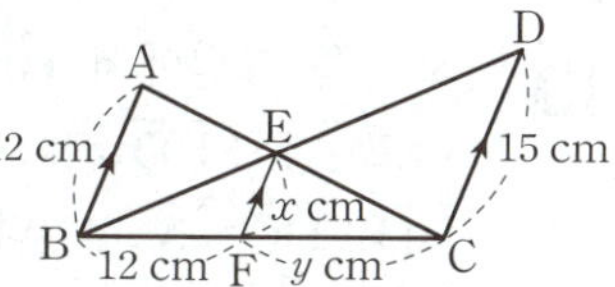

① 1　　② 2　　③ 3
④ 4　　⑤ 5

13 오른쪽 그림과 같은 △ABC에서 세 변 위의 점 D, E, F에 대하여 □DFCE는 마름모이다. $\overline{AC}=6$ cm, $\overline{BC}=9$ cm일 때, □DFCE의 둘레의 길이는?

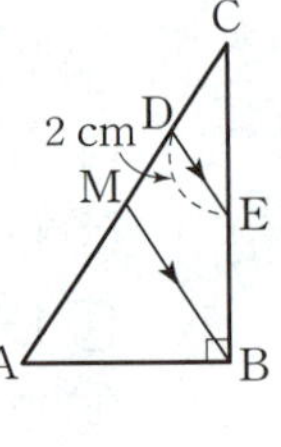

① $\dfrac{68}{5}$ cm   ② 14 cm   ③ $\dfrac{72}{5}$ cm

④ $\dfrac{74}{5}$ cm   ⑤ $\dfrac{76}{5}$ cm

14 오른쪽 그림과 같이 ∠B=90°인 직각삼각형 ABC에서 $\overline{AM}=\overline{CM}$, $\overline{DE}/\!/\overline{MB}$이고, $\overline{CD}:\overline{CM}=1:2$이다. $\overline{DE}=2$ cm일 때, $\overline{AC}$의 길이를 구하시오.

꼭나와

15 오른쪽 그림에서 $\overline{BE}/\!/\overline{DF}$이고 $\overline{AP}:\overline{PD}=3:2$, $\overline{BD}:\overline{DC}=3:2$이다. $\overline{AE}=18$ cm일 때, $\overline{CF}$의 길이는?

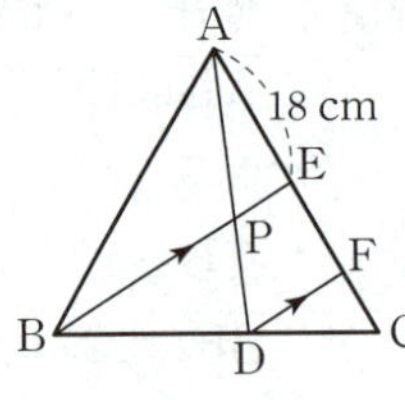

① 4 cm   ② 5 cm   ③ 6 cm
④ 7 cm   ⑤ 8 cm

16 오른쪽 그림에서 점 I는 △ABC의 내심이다. $\overline{AD}=3$ cm, $\overline{DB}=6$ cm, $\overline{BC}=12$ cm일 때, $\overline{CE}$의 길이는?

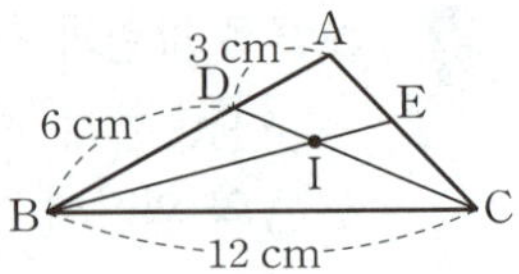

① 3 cm   ② $\dfrac{24}{7}$ cm   ③ $\dfrac{26}{7}$ cm

④ 4 cm   ⑤ $\dfrac{30}{7}$ cm

꼭나와

17 오른쪽 그림과 같은 △ABC에서 ∠A의 이등분선과 $\overline{BC}$의 교점을 D라 하고, 두 점 B, C에서 $\overline{AD}$ 또는 그 연장선에 내린 수선의 발을 각각 E, F라 하자. $\overline{AB}=6$ cm, $\overline{AC}=4$ cm, $\overline{DE}=1$ cm일 때, $\overline{DF}$의 길이는?

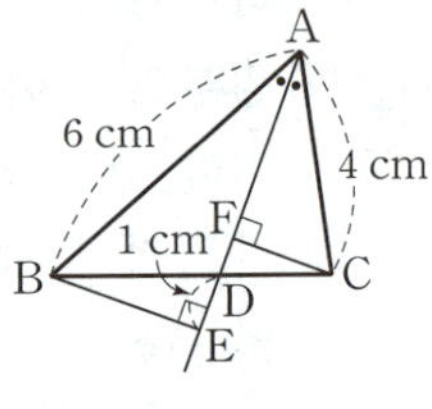

① $\dfrac{1}{3}$ cm   ② $\dfrac{1}{2}$ cm   ③ $\dfrac{2}{3}$ cm

④ $\dfrac{5}{6}$ cm   ⑤ 1 cm

18 오른쪽 그림과 같은 △ABC에서 $\overline{AD}$는 ∠A의 외각의 이등분선이고 $\overline{AD}/\!/\overline{EC}$이다. $\overline{AC}=9$ cm, $\overline{BC}=7$ cm, $\overline{CD}=14$ cm일 때, $\overline{BE}$의 길이를 구하시오.

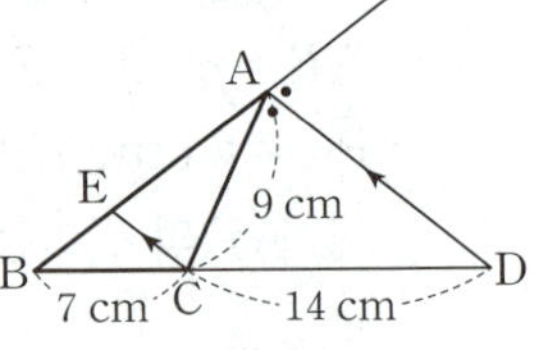

19 다음 그림에서 $l /\!/ m /\!/ n$일 때, x의 값은?

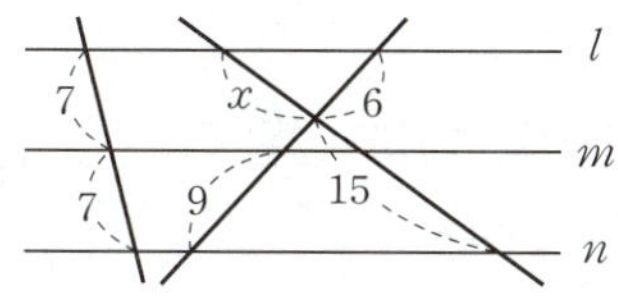

① 6　　② $\dfrac{13}{2}$　　③ 7

④ $\dfrac{15}{2}$　　⑤ 8

20 오른쪽 그림과 같은 사다리꼴 ABCD에서 $\overline{AD} /\!/ \overline{EF} /\!/ \overline{BC}$이고 두 점 P, Q는 각각 $\overline{EF}$와 $\overline{BD}$, $\overline{AC}$의 교점이다. $\overline{AE} : \overline{EB} = 2 : 1$이고 $\overline{AD} = 6$ cm, $\overline{PQ} = 6$ cm일 때, $\overline{BC}$의 길이는?

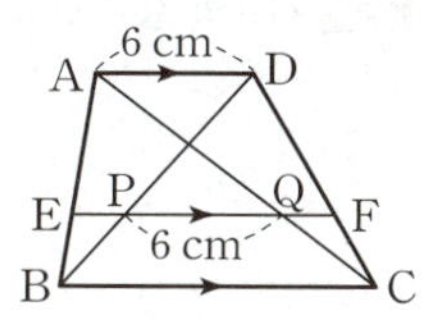

① 10 cm　　② 11 cm　　③ 12 cm

④ 13 cm　　⑤ 14 cm

21 오른쪽 그림에서 △ABC와 △DBC는 직각삼각형이고 $\overline{AB} = 8$ cm, $\overline{BC} = 12$ cm, $\overline{CD} = 4$ cm일 때, △EBC의 넓이를 구하시오.

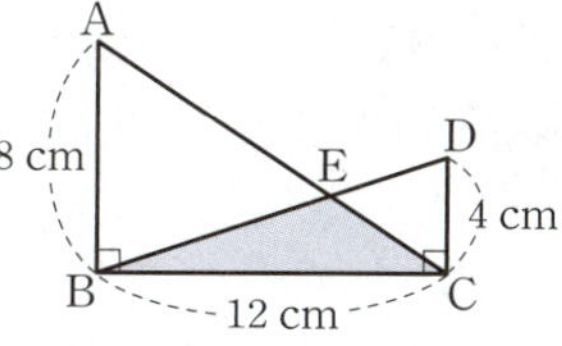

22 오른쪽 그림에서 $\overline{AB} /\!/ \overline{CD} /\!/ \overline{EF}$, $\overline{BC} /\!/ \overline{DE}$이다. $\overline{AB} = 3$ cm, $\overline{EF} = 12$ cm일 때, $\overline{CD}$의 길이를 구하시오.

해설 강의

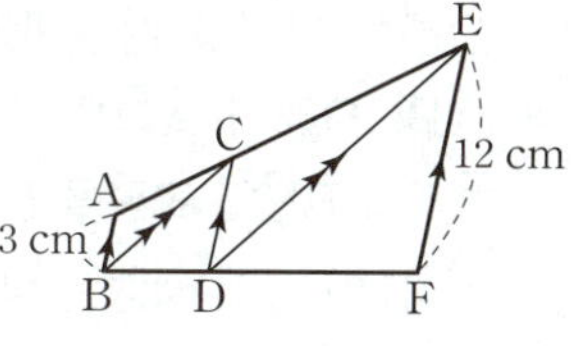

23 오른쪽 그림과 같은 △ABC에서 $\angle DAB = \angle ACB$, $\angle DAE = \angle CAE$이고 $\overline{AB} = 10$ cm, $\overline{BC} = 20$ cm, $\overline{AC} = 18$ cm일 때, $\overline{DE}$의 길이를 구하시오.

해설 강의

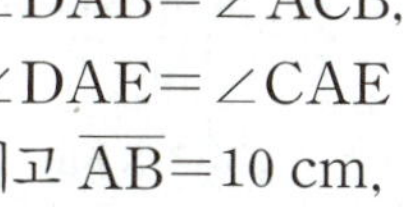

24 오른쪽 그림과 같은 사다리꼴 ABCD에서 $\overline{AD} /\!/ \overline{EF} /\!/ \overline{BC}$이고 점 O는 두 대각선의 교점이다. $\overline{BD}$와 $\overline{CE}$의 교점 G를 지나면서 $\overline{EF}$에 평행한 직선과 $\overline{AC}$의 교점을 H라 하자. $\overline{AD} = 18$ cm, $\overline{BC} = 36$ cm일 때, $\overline{GH}$의 길이를 구하시오.

해설 강의

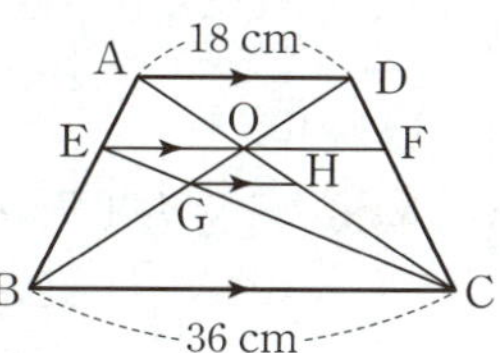

예제 1

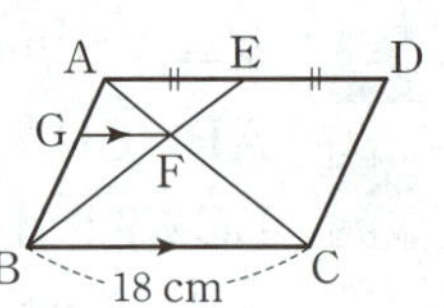

오른쪽 그림과 같은 평행사변형 ABCD에서 $\overline{AD}$의 중점을 E, $\overline{AC}$와 $\overline{BE}$의 교점을 F, 점 F를 지나고 $\overline{BC}$에 평행한 직선과 $\overline{AB}$의 교점을 G라 하자. $\overline{BC}=18$ cm일 때, $\overline{GF}$의 길이를 구하시오. [6점]

풀이 과정

1단계 $\overline{EF}:\overline{BF}$ 구하기 ・3점

$\overline{AE}=\dfrac{1}{2}\overline{BC}=\dfrac{1}{2}\times18=9\,(\text{cm})$

$\overline{AE}/\!/\overline{BC}$이므로

$\overline{EF}:\overline{BF}=\overline{AE}:\overline{CB}=9:18=1:2$

2단계 $\overline{GF}$의 길이 구하기 ・3점

$\triangle ABE$에서 $\overline{GF}/\!/\overline{AE}$이므로

$\overline{BF}:\overline{BE}=\overline{GF}:\overline{AE}$

$2:(2+1)=\overline{GF}:9,\qquad 3\overline{GF}=18$

$\therefore \overline{GF}=6\,(\text{cm})$

답 6 cm

유제 1

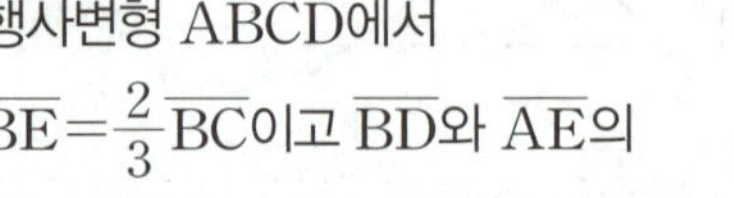

오른쪽 그림과 같은 평행사변형 ABCD에서 $\overline{BE}=\dfrac{2}{3}\overline{BC}$이고 $\overline{BD}$와 $\overline{AE}$의 교점을 F, 점 F를 지나고 $\overline{AD}$에 평행한 직선과 $\overline{AB}$의 교점을 G라 하자. $\overline{AD}=15$ cm일 때, $\overline{GF}$의 길이를 구하시오. [6점]

풀이 과정

1단계 $\overline{AF}:\overline{EF}$ 구하기 ・3점

2단계 $\overline{GF}$의 길이 구하기 ・3점

답

예제 2

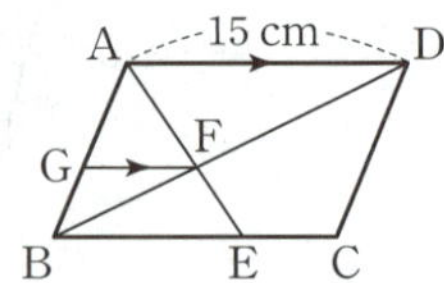

오른쪽 그림과 같은 $\triangle ABC$에서 $\overline{AD}$는 $\angle A$의 이등분선이고 $\overline{AE}$는 $\angle A$의 외각의 이등분선이다. $\overline{AB}=10$ cm, $\overline{BC}=8$ cm, $\overline{AC}=6$ cm일 때, $\overline{DE}$의 길이를 구하시오. [7점]

풀이 과정

1단계 $\overline{CD}$의 길이 구하기 ・3점

$\overline{BD}:\overline{CD}=\overline{AB}:\overline{AC}=10:6=5:3$이므로

$\overline{CD}=\dfrac{3}{5+3}\overline{BC}=\dfrac{3}{8}\times8=3\,(\text{cm})$

2단계 $\overline{CE}$의 길이 구하기 ・3점

$\overline{BE}:\overline{CE}=\overline{AB}:\overline{AC}$이므로

$(8+\overline{CE}):\overline{CE}=10:6,\ 즉\ (8+\overline{CE}):\overline{CE}=5:3$

$5\overline{CE}=3(8+\overline{CE}),\qquad 2\overline{CE}=24$

$\therefore \overline{CE}=12\,(\text{cm})$

3단계 $\overline{DE}$의 길이 구하기 ・1점

$\overline{DE}=\overline{CD}+\overline{CE}=3+12=15\,(\text{cm})$

답 15 cm

유제 2

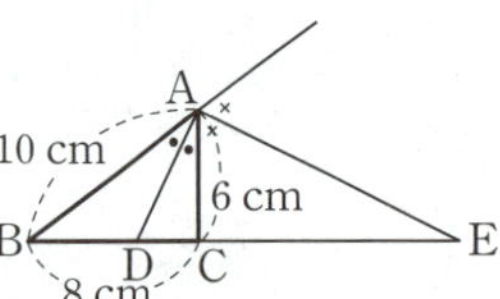

오른쪽 그림과 같은 $\triangle ABC$에서 $\overline{BD}$는 $\angle B$의 이등분선이고 $\overline{BE}$는 $\angle B$의 외각의 이등분선이다. $\overline{AB}=4$ cm, $\overline{AD}=2$ cm, $\overline{BC}=8$ cm일 때, $\overline{CE}$의 길이를 구하시오. [7점]

풀이 과정

1단계 $\overline{CD}$의 길이 구하기 ・3점

2단계 $\overline{AE}$의 길이 구하기 ・3점

3단계 $\overline{CE}$의 길이 구하기 ・1점

답

스스로 **서술하기**

유제 3 오른쪽 그림과 같은
$\triangle ABC$에서 $\overline{AC}\,/\!/\,\overline{DE}$, $\overline{DC}\,/\!/\,\overline{FE}$
이다. $2\overline{BE}=3\overline{EC}$이고 $\overline{AD}=8$ cm
일 때, $\overline{DF}$의 길이를 구하시오. [6점]

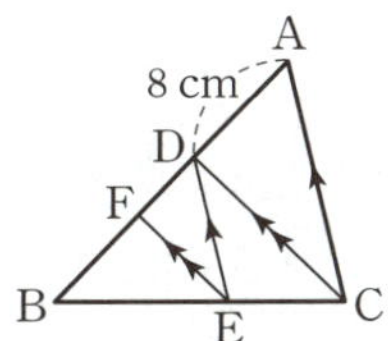

풀이 과정

답

유제 5 다음 그림에서 $l\,/\!/\,m\,/\!/\,n$일 때, xy의 값을 구
하시오. [6점]

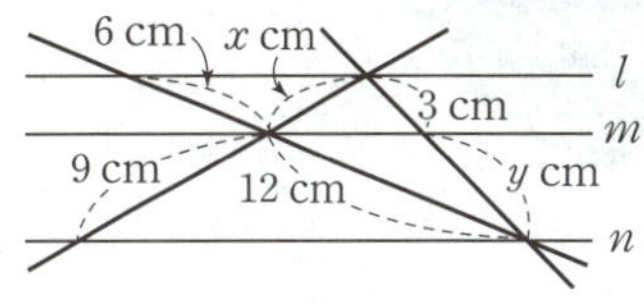

풀이 과정

답

유제 4 다음 그림과 같은 $\triangle ABC$에서
$\angle BAD=\angle CAD=45°$이고 $\overline{AB}=12$ cm,
$\overline{AC}=4$ cm일 때, $\triangle ADC$의 넓이를 구하시오. [7점]

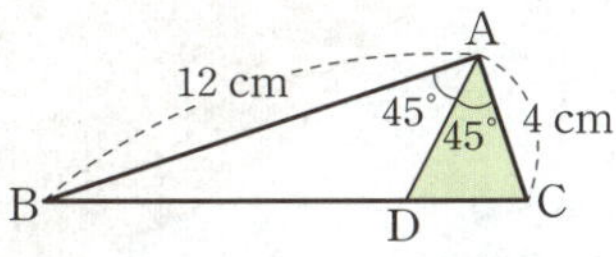

풀이 과정

답

유제 6 오른쪽 그림과 같은
사다리꼴 ABCD에서
$\overline{AD}\,/\!/\,\overline{EF}\,/\!/\,\overline{GH}\,/\!/\,\overline{BC}$이고
$\overline{AE}=\overline{EG}=\overline{GB}$,
$\overline{DF}=\overline{FH}=\overline{HC}$이다.
$\overline{AD}=8$ cm, $\overline{BC}=14$ cm일 때, $\overline{GH}$의 길이를 구하시
오. [7점]

풀이 과정

답

너는
누구보다
소중한
사람
이야

서령(@seoryung_213)

Ⅲ-3

삼각형의 무게중심

이 단원의 학습 계획을 세우고
하나하나 실천하는 습관을 기르자!!

		공부한 날		학습 완료도
01 삼각형의 두 변의 중점을 연결한 선분	개념원리 이해 & 개념원리 확인하기	월	일	□□□
	핵심문제 익히기	월	일	○○○
	이런 문제가 시험에 나온다	월	일	○○○
02 삼각형의 무게중심	개념원리 이해 & 개념원리 확인하기	월	일	□□□
	핵심문제 익히기	월	일	○○○
	이런 문제가 시험에 나온다	월	일	○○○
중단원 마무리하기		월	일	○○○
서술형 대비 문제		월	일	○○○

개념 학습 guide

- 개념을 이해했으면 ■■■, 개념을 문제에 적용할 수 있으면 ■■■, 개념을 친구에게 설명할 수 있으면 ■■■ 로 색칠한다.

- 부족한 부분의 개념을 반복 학습하여 ■■■ 3칸 모두 색칠하면 학습을 마친다.

문제 학습 guide

- 맞힌 문제가 전체의 50% 미만이면 ●●●, 맞힌 문제가 50% 이상 90% 미만이면 ●●●, 맞힌 문제가 90% 이상이면 ●●● 로 색칠한다.

- 틀린 문제는 왜 틀렸는지 그 이유를 파악한 후 다시 풀어 본다. 며칠 후 틀린 문제를 다시 풀어 보고, 풀이 과정과 답이 맞으면 학습을 마친다.

01 삼각형의 두 변의 중점을 연결한 선분

개념원리 이해

1 삼각형의 두 변의 중점을 연결한 선분에는 어떤 성질이 있는가?　◆ 핵심문제 01~05

(1) 삼각형의 두 변의 중점을 연결한 선분은 나머지 한 변과 평행하고, 그 길이는 나머지 한 변의 길이의 $\dfrac{1}{2}$이다.

➡ $\triangle ABC$에서 $\overline{AM}=\overline{MB}$, $\overline{AN}=\overline{NC}$이면

$$\overline{MN}/\!/\overline{BC},\ \overline{MN}=\dfrac{1}{2}\overline{BC}$$

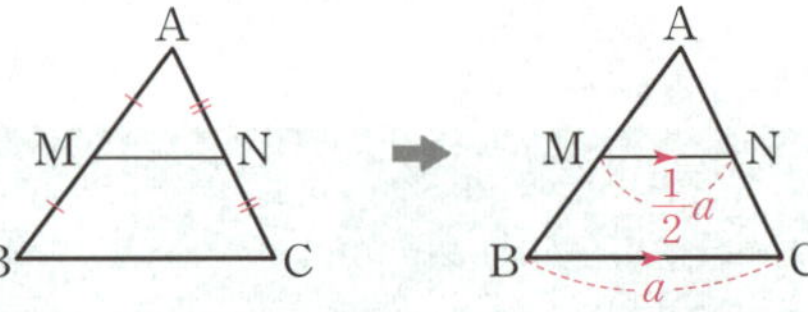

(2) 삼각형의 한 변의 중점을 지나고, 다른 한 변과 평행한 직선은 나머지 한 변의 중점을 지난다.

➡ $\triangle ABC$에서 $\overline{AM}=\overline{MB}$, $\overline{MN}/\!/\overline{BC}$이면

$$\overline{AN}=\overline{NC}$$

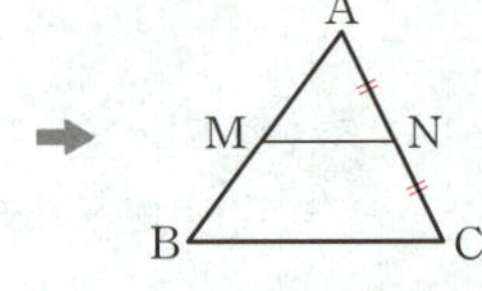

설명 (1) $\triangle ABC$에서 $\overline{AB}$, $\overline{AC}$의 중점을 각각 M, N이라 하면

$$\overline{AM}:\overline{AB}=\overline{AN}:\overline{AC}=1:2$$

이므로　$\overline{MN}/\!/\overline{BC}$

따라서 $\overline{MN}:\overline{BC}=\overline{AM}:\overline{AB}=1:2$이므로

$$\overline{MN}=\dfrac{1}{2}\overline{BC}$$

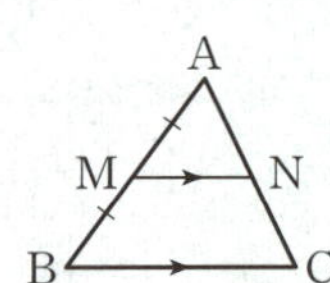

(2) $\triangle ABC$에서 $\overline{AB}$의 중점을 M이라 하고, $\overline{MN}/\!/\overline{BC}$이면

$$\overline{AN}:\overline{NC}=\overline{AM}:\overline{MB}=1:1$$

$$\therefore \overline{AN}=\overline{NC}$$

2 사다리꼴의 두 변의 중점을 연결한 선분에는 어떤 성질이 있는가?　◆ 핵심문제 06

$\overline{AD}/\!/\overline{BC}$인 사다리꼴 ABCD에서 $\overline{AB}$, $\overline{DC}$의 중점을 각각 M, N이라 하면

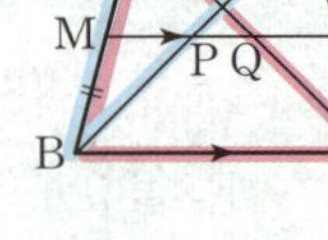

(1) $\overline{AD}/\!/\overline{MN}/\!/\overline{BC}$　┌→ $\triangle ABC$에서 $\overline{MQ}=\dfrac{1}{2}\overline{BC}$이고, $\triangle DBC$에서 $\overline{PN}=\dfrac{1}{2}\overline{BC}$

(2) $\overline{MQ}=\overline{PN}=\dfrac{1}{2}\overline{BC}$, $\overline{MP}=\overline{QN}=\dfrac{1}{2}\overline{AD}$

(3) $\overline{MN}=\overline{MQ}+\overline{QN}=\dfrac{1}{2}(\overline{AD}+\overline{BC})$　┌→ $\triangle ABD$에서 $\overline{MP}=\dfrac{1}{2}\overline{AD}$이고,

$\qquad\qquad\qquad\qquad\qquad\qquad\qquad\qquad$ $\triangle ACD$에서 $\overline{QN}=\dfrac{1}{2}\overline{AD}$

(4) $\overline{PQ}=\overline{MQ}-\overline{MP}=\dfrac{1}{2}(\overline{BC}-\overline{AD})$ (단, $\overline{BC}>\overline{AD}$)

설명 (1) $\overline{AN}$과 $\overline{BC}$의 연장선의 교점을 E라 하면 $\triangle AND$와 $\triangle ENC$에서

$$\overline{DN}=\overline{CN},\ \angle AND=\angle ENC\ (맞꼭지각),$$

$$\angle ADN=\angle ECN\ (엇각)$$

이므로　$\triangle AND\equiv\triangle ENC$ (ASA 합동)　$\therefore \overline{AN}=\overline{EN}$

따라서 $\triangle ABE$에서 두 변의 중점을 연결한 선분의 성질에 의하여　$\overline{MN}/\!/\overline{BE}$

이때 사다리꼴 ABCD에서 $\overline{AD}/\!/\overline{BC}$이므로　$\overline{AD}/\!/\overline{MN}/\!/\overline{BC}$

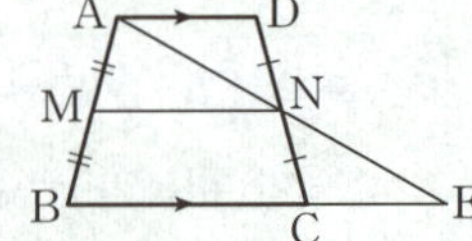

01 다음 그림과 같은 △ABC에서 두 점 M, N은 각각 $\overline{AB}$, $\overline{AC}$의 중점일 때, x, y
의 값을 구하시오.

(1)

(2)

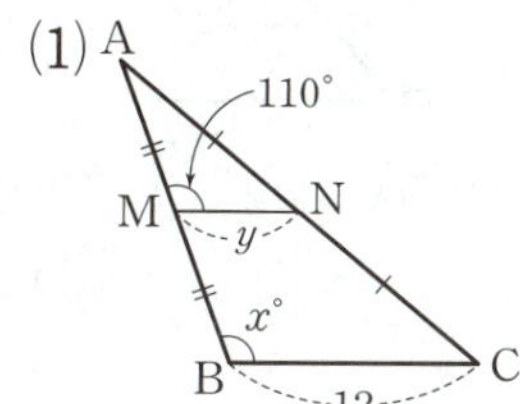

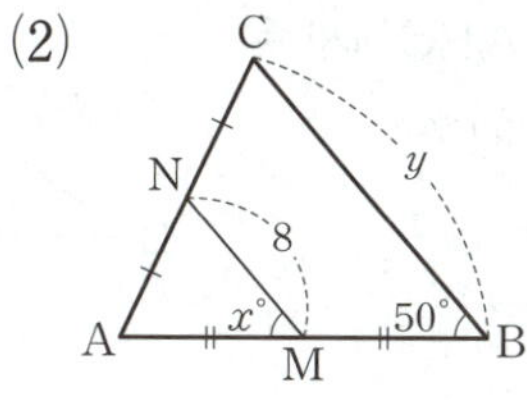

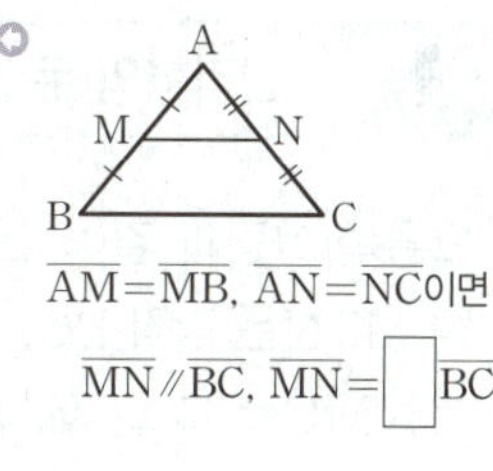

$\overline{AM}=\overline{MB}$, $\overline{AN}=\overline{NC}$이면

$\overline{MN}\,/\!/\,\overline{BC}$, $\overline{MN}=\boxed{}\overline{BC}$

02 다음 그림과 같은 △ABC에서 점 M은 $\overline{AB}$의 중점이고 $\overline{MN}\,/\!/\,\overline{BC}$일 때, x의 값
을 구하시오.

(1)

(2)

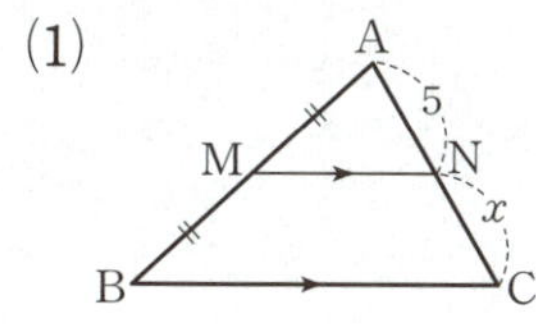

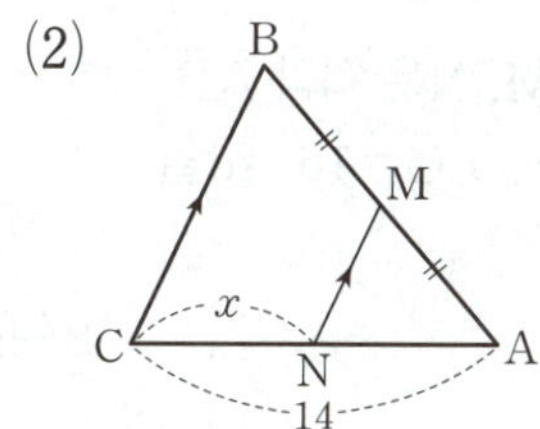

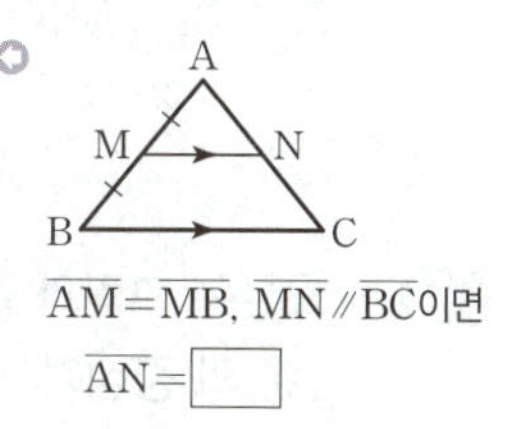

$\overline{AM}=\overline{MB}$, $\overline{MN}\,/\!/\,\overline{BC}$이면

$\overline{AN}=\boxed{}$

03 오른쪽 그림과 같이 $\overline{AD}\,/\!/\,\overline{BC}$인 사다리꼴 ABCD에서
$\overline{AB}$, $\overline{DC}$의 중점을 각각 M, N이라 하고, $\overline{AC}$와 $\overline{MN}$의
교점을 P라 하자. $\overline{AD}=4$ cm, $\overline{BC}=10$ cm일 때, 다음
을 구하시오.

(1) $\overline{MP}$의 길이

(2) $\overline{PN}$의 길이

(3) $\overline{MN}$의 길이

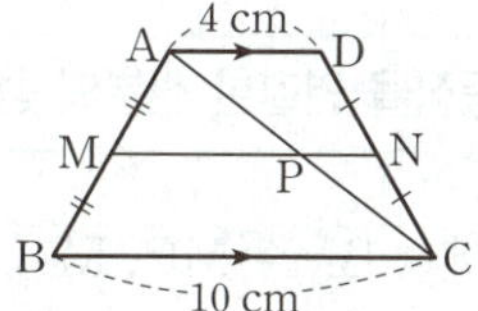

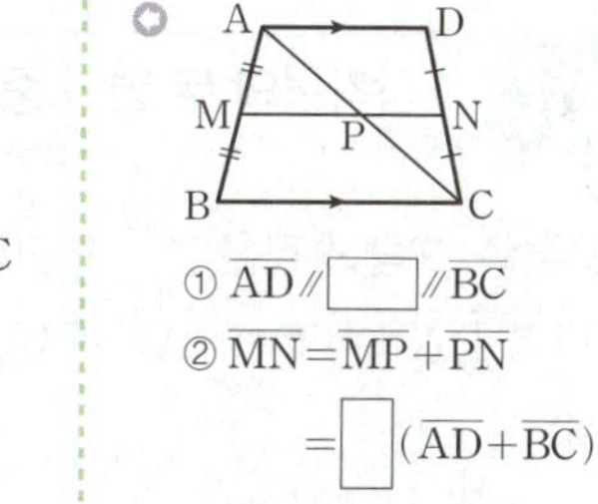

① $\overline{AD}\,/\!/\,\boxed{}\,/\!/\,\overline{BC}$

② $\overline{MN}=\overline{MP}+\overline{PN}$

$\qquad=\boxed{}(\overline{AD}+\overline{BC})$

04 다음 그림과 같이 $\overline{AD}\,/\!/\,\overline{BC}$인 사다리꼴 ABCD에서 $\overline{AB}$, $\overline{DC}$의 중점을 각각 M,
N이라 할 때, $\overline{MN}$의 길이를 구하시오.

(1)

(2)

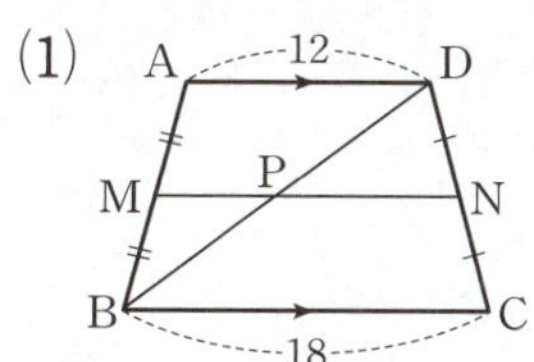

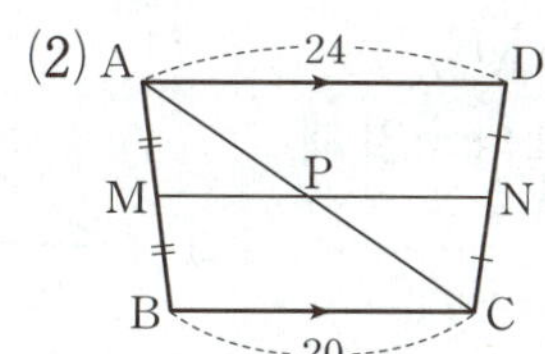

01 삼각형의 두 변의 중점을 연결한 선분의 성질 (1)
● 더 다양한 문제는 RPM 2–2 106쪽

오른쪽 그림과 같이 ∠A=90°인 직각삼각형 ABC에서 두 점 M, N은 각각 $\overline{BC}$, $\overline{AC}$의 중점이다. $\overline{MN}$=5 cm, ∠NMC=35°일 때, $x-y$의 값을 구하시오.

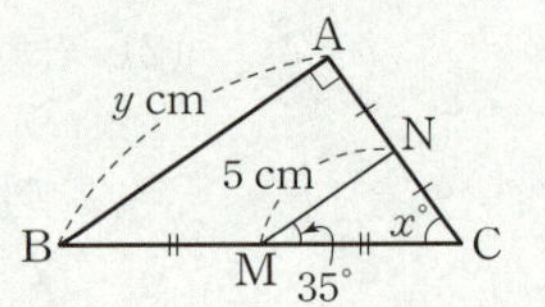

KEY POINT

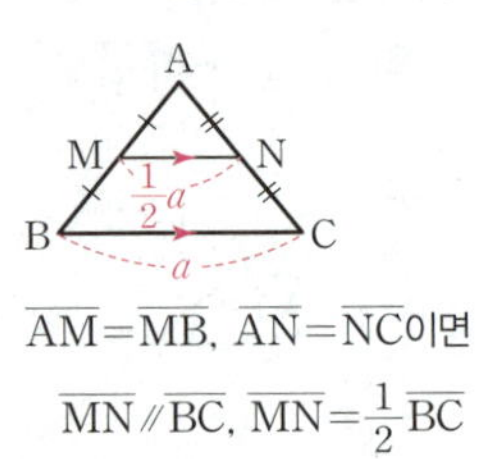

$\overline{AM}=\overline{MB}$, $\overline{AN}=\overline{NC}$이면
$\overline{MN}/\!/\overline{BC}$, $\overline{MN}=\dfrac{1}{2}\overline{BC}$

풀이 ▶ $\overline{CM}=\overline{MB}$, $\overline{CN}=\overline{NA}$이므로 $\overline{MN}/\!/\overline{BA}$
따라서 ∠MNC=∠A=90° (동위각)이므로 △NMC에서
∠C=180°−(35°+90°)=55° ∴ $x=55$
또 $\overline{AB}=2\overline{MN}=2\times5=10$ (cm)이므로 $y=10$
∴ $x-y=55-10=45$

답 45

확인 1 오른쪽 그림과 같은 △ABC에서 두 점 M, N은 각각 $\overline{AB}$, $\overline{AC}$의 중점이다. ∠A=80°, ∠B=60°, $\overline{BC}$=16 cm일 때, $x+y$의 값을 구하시오.

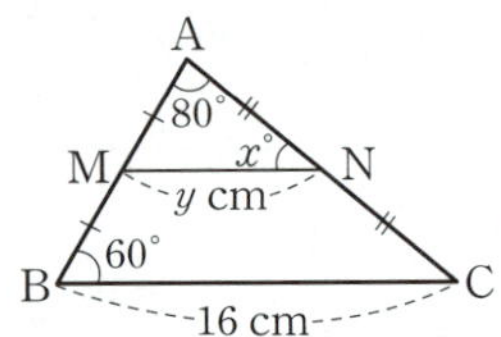

02 삼각형의 두 변의 중점을 연결한 선분의 성질 (2)
● 더 다양한 문제는 RPM 2–2 106쪽

오른쪽 그림과 같은 △ABC에서 $\overline{BM}=\overline{MC}$, $\overline{MN}/\!/\overline{CA}$ 이다. $\overline{BN}$=4 cm, $\overline{AC}$=10 cm일 때, $x+y$의 값을 구하시오.

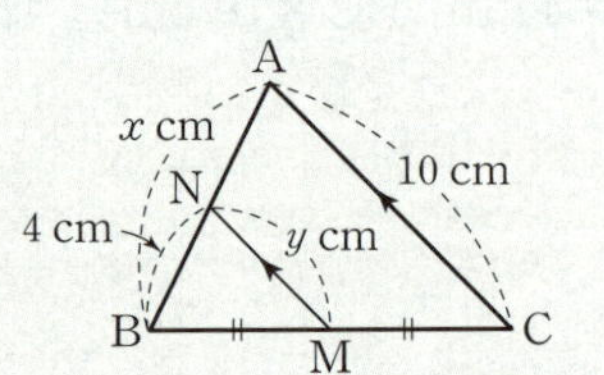

KEY POINT

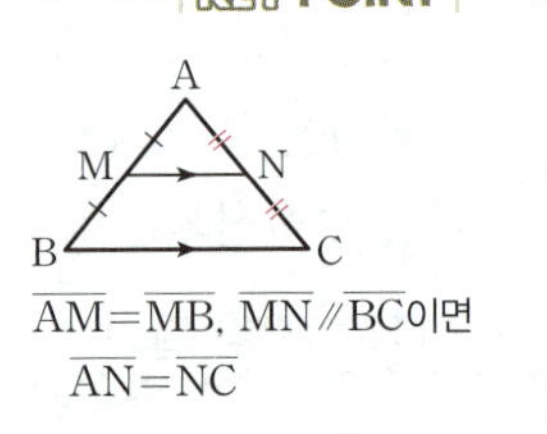

$\overline{AM}=\overline{MB}$, $\overline{MN}/\!/\overline{BC}$이면
$\overline{AN}=\overline{NC}$

풀이 ▶ $\overline{BM}=\overline{MC}$, $\overline{MN}/\!/\overline{CA}$이므로
$\overline{AB}=2\overline{BN}=2\times4=8$ (cm) ∴ $x=8$
또 $\overline{MN}=\dfrac{1}{2}\overline{AC}=\dfrac{1}{2}\times10=5$ (cm)이므로 $y=5$
∴ $x+y=8+5=13$

답 13

확인 2 오른쪽 그림과 같은 △ABC에서 $\overline{AM}=\overline{MB}$, $\overline{MN}/\!/\overline{BC}$이다. $\overline{MN}$=13 cm, $\overline{AC}$=14 cm일 때, $y-x$의 값을 구하시오.

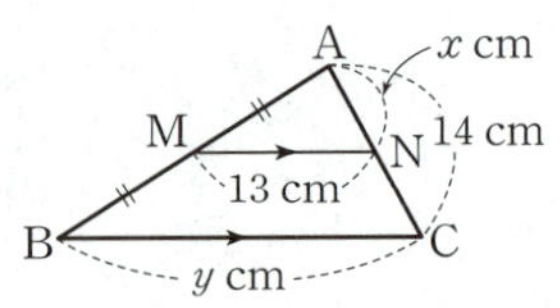

03 삼각형의 두 변의 중점을 연결한 선분의 성질의 응용 (1) ● 더 다양한 문제는 RPM 2-2 107쪽

오른쪽 그림과 같은 △ABC에서 점 D는 $\overline{AB}$의 중점이고, 두 점 E, F는 $\overline{AC}$의 삼등분점이다. $\overline{GF}=5\,$cm일 때, $\overline{BG}$의 길이를 구하시오.

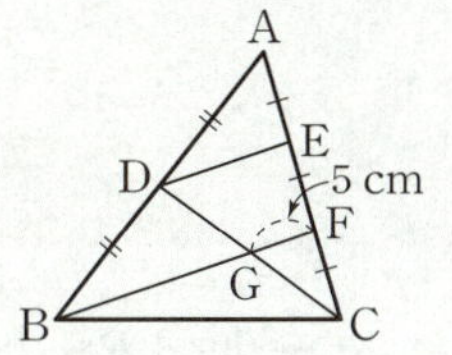

풀이 △ABF에서 $\overline{AD}=\overline{DB}$, $\overline{AE}=\overline{EF}$이므로　$\overline{DE}\,/\!/\,\overline{BF}$
△CED에서 $\overline{CF}=\overline{FE}$, $\overline{GF}\,/\!/\,\overline{DE}$이므로　$\overline{DE}=2\overline{GF}=2\times5=10\,(\text{cm})$
△ABF에서　$\overline{BF}=2\overline{DE}=2\times10=20\,(\text{cm})$
$\therefore \overline{BG}=\overline{BF}-\overline{GF}=20-5=15\,(\text{cm})$

답 15 cm

확인 ③ 오른쪽 그림과 같은 △ABC에서 두 점 D, E는 $\overline{AB}$의 삼등분점이고, 점 F는 $\overline{AC}$의 중점이다. 점 G는 $\overline{DF}$와 $\overline{BC}$의 연장선의 교점이고 $\overline{DF}=2\,$cm일 때, $\overline{FG}$의 길이를 구하시오.

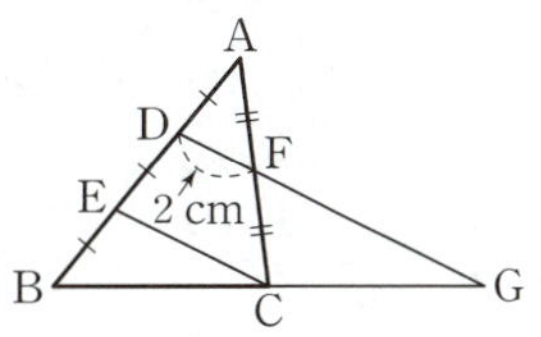

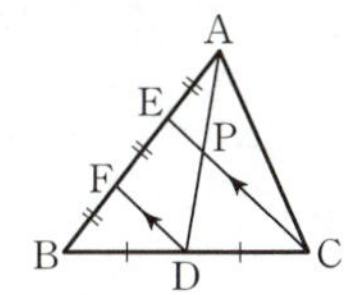

KEY POINT

04 삼각형의 두 변의 중점을 연결한 선분의 성질의 응용 (2) ● 더 다양한 문제는 RPM 2-2 107쪽

오른쪽 그림과 같은 △ABC에서 $\overline{AB}$의 연장선 위에 $\overline{BA}=\overline{AD}$가 되도록 점 D를 잡고, 점 D와 $\overline{AC}$의 중점 M을 연결한 직선과 $\overline{BC}$의 교점을 E라 하자. $\overline{EC}=6\,$cm일 때, $\overline{BC}$의 길이를 구하시오.

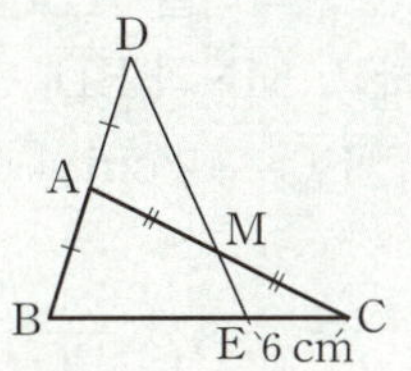

풀이 오른쪽 그림과 같이 점 A를 지나고 $\overline{BC}$에 평행한 직선을 긋고, 이 직선과 $\overline{DE}$의 교점을 F라 하자.
△AMF와 △CME에서
$\overline{AM}=\overline{CM}$, $\angle MAF=\angle MCE$ (엇각),
$\quad\angle AMF=\angle CME$ (맞꼭지각)
이므로　△AMF≡△CME (ASA 합동)
$\quad\therefore \overline{AF}=\overline{CE}=6\,(\text{cm})$
△DBE에서 $\overline{DA}=\overline{AB}$, $\overline{AF}\,/\!/\,\overline{BE}$이므로
$\quad\overline{BE}=2\overline{AF}=2\times6=12\,(\text{cm})$
$\quad\therefore \overline{BC}=\overline{BE}+\overline{EC}=12+6=18\,(\text{cm})$

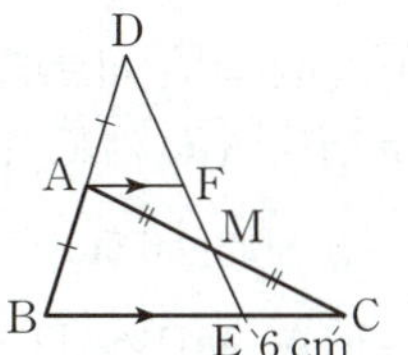

답 18 cm

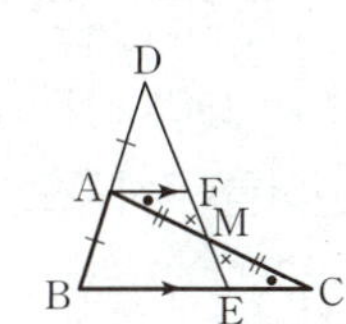

KEY POINT

확인 ④ 오른쪽 그림과 같은 △ABC에서 점 D는 $\overline{AB}$의 중점이고 점 M은 $\overline{AC}$ 위의 점이다. $\overline{BC}$의 연장선 위의 점 E에 대하여 $\overline{EM}=\overline{DM}$이고 $\overline{BC}=10\,$cm일 때, $\overline{CE}$의 길이를 구하시오.

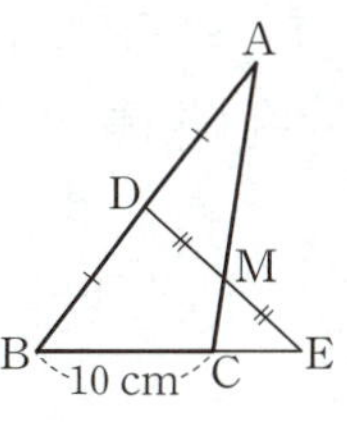

▶ 정답 및 풀이 56쪽

05 사각형의 네 변의 중점을 연결하여 만든 사각형

● 더 다양한 문제는 RPM 2–2 108쪽

오른쪽 그림과 같은 □ABCD에서 네 변의 중점을 각각 P, Q, R, S라 하자. $\overline{AC}=10$ cm, $\overline{BD}=12$ cm일 때, □PQRS의 둘레의 길이를 구하시오.

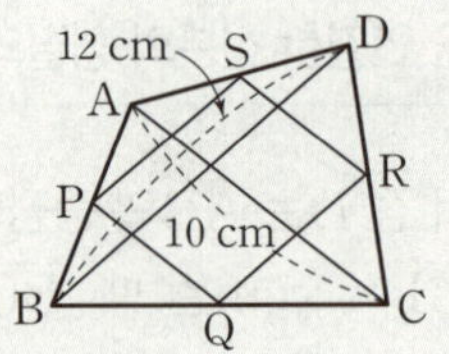

풀이
$$(\text{□PQRS의 둘레의 길이})=\overline{PQ}+\overline{QR}+\overline{RS}+\overline{SP}$$
$$=\frac{1}{2}\overline{AC}+\frac{1}{2}\overline{BD}+\frac{1}{2}\overline{AC}+\frac{1}{2}\overline{BD}$$
$$=\overline{AC}+\overline{BD}=10+12=22 \text{ (cm)}$$

답 22 cm

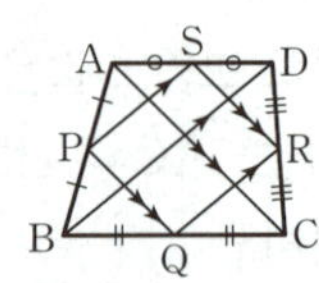

□ABCD에서
$\overline{AP}=\overline{PB}$, $\overline{BQ}=\overline{QC}$,
$\overline{CR}=\overline{RD}$, $\overline{DS}=\overline{SA}$
일 때

➡ $\overline{PQ}/\!/\overline{AC}/\!/\overline{SR}$
$\overline{PS}/\!/\overline{BD}/\!/\overline{QR}$
$\overline{PQ}=\overline{SR}=\frac{1}{2}\overline{AC}$
$\overline{PS}=\overline{QR}=\frac{1}{2}\overline{BD}$

확인 5 오른쪽 그림과 같은 직사각형 ABCD에서 네 변의 중점을 각각 P, Q, R, S라 하자. $\overline{BD}=6$ cm일 때, □PQRS의 둘레의 길이를 구하시오.

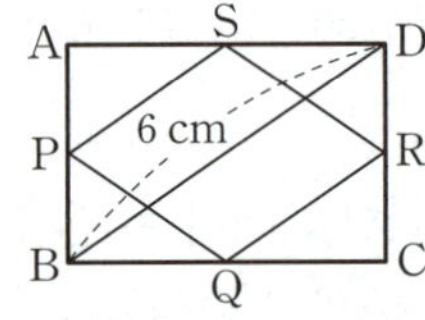

06 사다리꼴의 두 변의 중점을 연결한 선분의 성질

● 더 다양한 문제는 RPM 2–2 109쪽

오른쪽 그림과 같이 $\overline{AD}/\!/\overline{BC}$인 사다리꼴 ABCD에서 $\overline{AB}$, $\overline{DC}$의 중점을 각각 M, N이라 하고, $\overline{MN}$과 $\overline{BD}$, $\overline{AC}$의 교점을 각각 P, Q라 하자. $\overline{AD}=8$ cm, $\overline{BC}=12$ cm일 때, 다음 선분의 길이를 구하시오.

(1) $\overline{MQ}$　　　(2) $\overline{MP}$　　　(3) $\overline{PQ}$

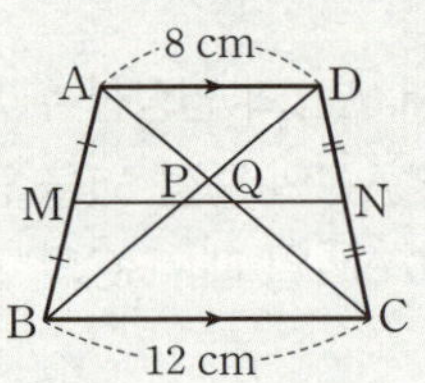

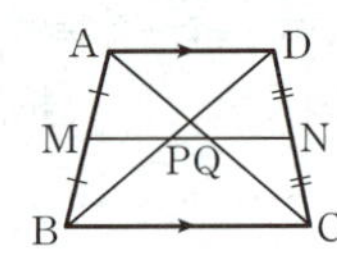

$\overline{AD}/\!/\overline{BC}$인 사다리꼴 ABCD에서 $\overline{AB}$, $\overline{DC}$의 중점을 각각 M, N이라 할 때

① $\overline{AD}/\!/\overline{MN}/\!/\overline{BC}$
② $\overline{PQ}=\overline{MQ}-\overline{MP}$
$=\frac{1}{2}(\overline{BC}-\overline{AD})$

(단, $\overline{BC}>\overline{AD}$)

풀이
$\overline{AD}/\!/\overline{BC}$, $\overline{AM}=\overline{MB}$, $\overline{DN}=\overline{NC}$이므로　$\overline{AD}/\!/\overline{MN}/\!/\overline{BC}$
(1) △ABC에서 $\overline{AM}=\overline{MB}$, $\overline{MQ}/\!/\overline{BC}$이므로
$$\overline{MQ}=\frac{1}{2}\overline{BC}=\frac{1}{2}\times12=6 \text{ (cm)}$$
(2) △ABD에서 $\overline{BM}=\overline{MA}$, $\overline{MP}/\!/\overline{AD}$이므로
$$\overline{MP}=\frac{1}{2}\overline{AD}=\frac{1}{2}\times8=4 \text{ (cm)}$$
(3) $\overline{PQ}=\overline{MQ}-\overline{MP}=6-4=2 \text{ (cm)}$

답 (1) 6 cm　(2) 4 cm　(3) 2 cm

확인 6 오른쪽 그림과 같이 $\overline{AD}/\!/\overline{BC}$인 사다리꼴 ABCD에서 두 점 M, N은 각각 $\overline{AB}$, $\overline{DC}$의 중점이다. $\overline{AD}=4$ cm, $\overline{BC}=10$ cm일 때, $\overline{PQ}$의 길이를 구하시오.

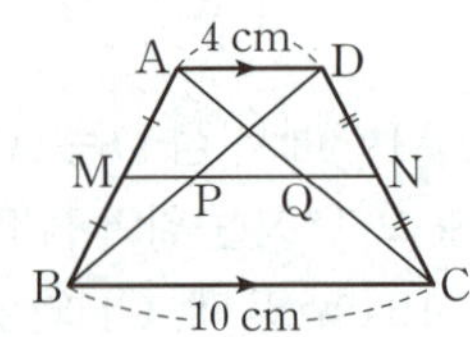

01 오른쪽 그림과 같은 △ABC에서 두 점 D, E는 각각 $\overline{AB}$, $\overline{AC}$의 중점일 때, 다음 중 옳지 <u>않은</u> 것은?

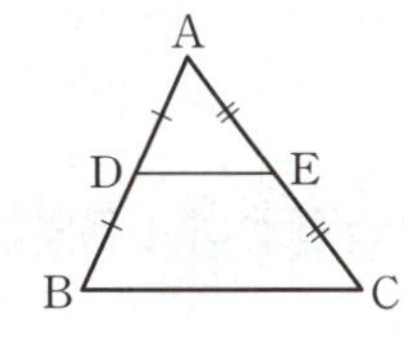

① △ABC∽△ADE ② $\overline{DE} /\!/ \overline{BC}$
③ $\overline{DE} : \overline{BC} = 1 : 2$ ④ $\overline{AD} : \overline{DB} = \overline{DE} : \overline{BC}$
⑤ △ADE와 △ABC의 닮음비는 1 : 2이다.

02 오른쪽 그림과 같은 △ABC에서 세 변의 중점을 각각 D, E, F라 하자. $\overline{AB} = 10$ cm, $\overline{BC} = 12$ cm, $\overline{CA} = 8$ cm일 때, △DEF의 둘레의 길이를 구하시오.

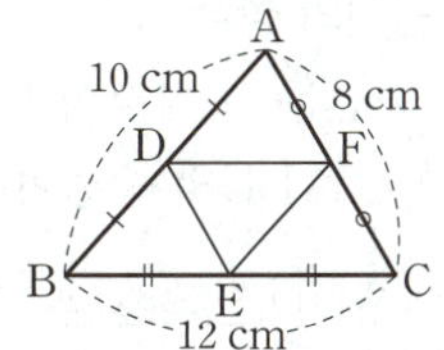

삼각형의 두 변의 중점을 연결한 선분의 성질을 이용하여 $\overline{DE}$, $\overline{EF}$, $\overline{FD}$의 길이를 각각 구한다.

03 오른쪽 그림과 같은 △ABC에서 점 D는 $\overline{AB}$의 중점이고, $\overline{DE} /\!/ \overline{BC}$, $\overline{AB} /\!/ \overline{EF}$이다. $\overline{AB} = 16$ cm, $\overline{BF} = 6$ cm일 때, $\overline{CF}$의 길이를 구하시오.

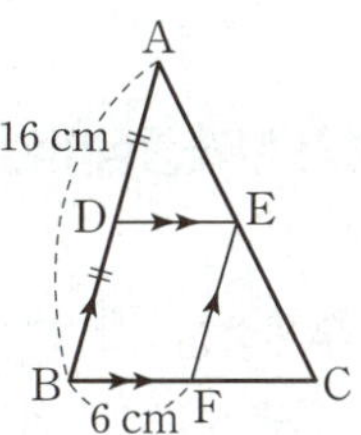

04 오른쪽 그림과 같은 △ABC에서 점 D는 $\overline{AB}$의 중점이고, 두 점 E, F는 $\overline{AC}$의 삼등분점이다. $\overline{DE} = 4$ cm일 때, $\overline{BG}$의 길이를 구하시오.

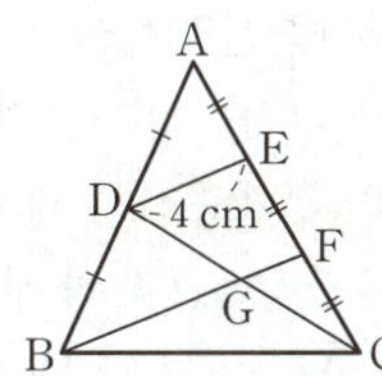

△ABF와 △CED에서 각각 $\overline{BF}$, $\overline{GF}$의 길이를 구한다.

05 오른쪽 그림과 같은 △ABC와 △DFC에서 두 점 D, E는 각각 $\overline{AC}$, $\overline{DF}$의 중점이다. $\overline{CF} = 12$ cm일 때, $\overline{BF}$의 길이를 구하시오.

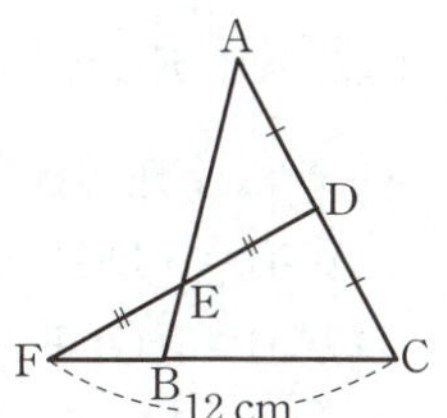

점 D를 지나고 $\overline{BC}$에 평행한 직선을 긋는다.

06 오른쪽 그림과 같이 $\overline{AD} /\!/ \overline{BC}$인 사다리꼴 ABCD에서 $\overline{AB}$, $\overline{DC}$의 중점을 각각 M, N이라 하자. $\overline{MN} = 7$ cm일 때, $x + y$의 값을 구하시오.

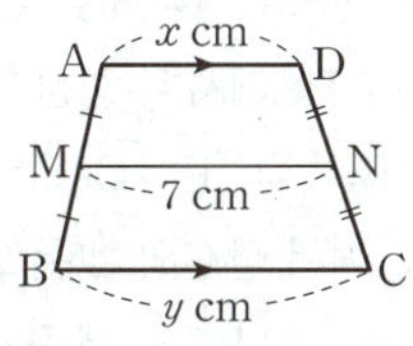

02 삼각형의 무게중심

1 삼각형의 중선이란 무엇인가?

◆ 핵심문제 01

(1) **삼각형의 중선**: 삼각형에서 한 꼭짓점과 그 대변의 중점을 이은 선분

▶ 한 삼각형에는 3개의 중선이 있다.

참고 정삼각형의 세 중선의 길이는 같다.

(2) **삼각형의 중선의 성질**

삼각형의 중선은 그 삼각형의 넓이를 이등분한다.

➡ $\overline{AD}$가 $\triangle ABC$의 중선이면

$$\triangle ABD = \triangle ADC = \frac{1}{2}\triangle ABC$$

└▶ 밑변의 길이와 높이가 각각 같은 두 삼각형의 넓이는 같다.

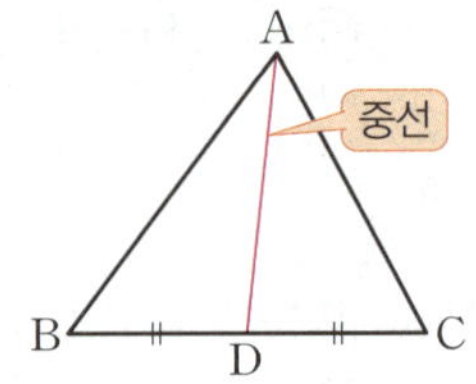

2 삼각형의 무게중심이란 무엇인가?

◆ 핵심문제 02~04, 06

(1) **삼각형의 무게중심**: 삼각형의 세 중선의 교점

참고 ① 이등변삼각형의 외심, 내심, 무게중심은 모두 꼭지각의 이등분선 위에 있다.

② 정삼각형의 외심, 내심, 무게중심은 모두 일치한다.

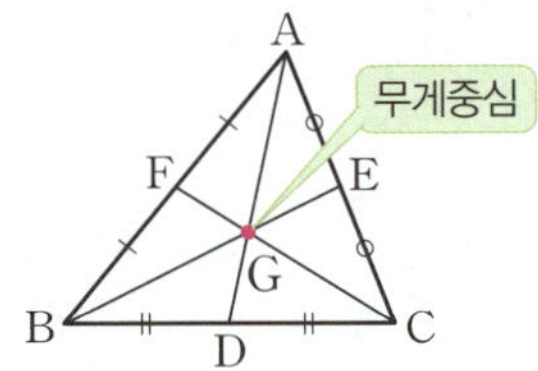

(2) **삼각형의 무게중심의 성질**

① 삼각형의 세 중선은 한 점(무게중심)에서 만난다.

② 삼각형의 무게중심은 세 중선의 길이를 각 꼭짓점으로부터 각각 2 : 1로 나눈다.

➡ 점 G가 $\triangle ABC$의 무게중심이면

$$\overline{AG} : \overline{GD} = \overline{BG} : \overline{GE} = \overline{CG} : \overline{GF} = 2 : 1$$

설명 $\triangle ABC$에서 두 중선 AD와 BE의 교점을 G라 하자.

삼각형의 두 변의 중점을 연결한 선분의 성질에 의하여

$$\overline{ED} /\!/ \overline{AB}, \ \overline{ED} = \frac{1}{2}\overline{AB}$$

$\triangle GAB$와 $\triangle GDE$에서

$\angle AGB = \angle DGE$ (맞꼭지각),

$\angle GAB = \angle GDE$ (엇각)

이므로　　$\triangle GAB \backsim \triangle GDE$ (AA 닮음)

이때 $\overline{ED} = \frac{1}{2}\overline{AB}$이므로

$$\overline{AG} : \overline{GD} = \overline{BG} : \overline{GE} = \overline{AB} : \overline{ED} = 2 : 1 \qquad \cdots\cdots\ \text{㉠}$$

또 $\triangle ABC$에서 두 중선 BE와 CF의 교점을 G'이라 하면 위와 같은 방법으로

$$\overline{BG'} : \overline{G'E} = \overline{CG'} : \overline{G'F} = \overline{BC} : \overline{FE} = 2 : 1 \qquad \cdots\cdots\ \text{㉡}$$

㉠, ㉡에서 점 G와 G'은 모두 $\overline{BE}$를 2 : 1로 나누는 점이므로 일치한다.

따라서 $\triangle ABC$의 세 중선 AD, BE, CF는 한 점 G에서 만나고, 점 G는 세 중선의 길이를 각 꼭짓점으로부터 각각 2 : 1로 나눈다.

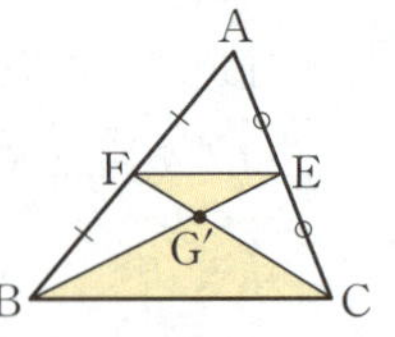

점 G가 $\triangle$ABC의 무게중심일 때

(1) 삼각형의 세 중선에 의하여 삼각형의 넓이는 6등분된다.

➡ $\triangle GAF = \triangle GFB = \triangle GBD = \triangle GDC = \triangle GCE$
$$= \triangle GEA = \frac{1}{6}\triangle ABC$$

주의 6개의 삼각형은 넓이는 같지만 합동은 아니다.

(2) 삼각형의 무게중심과 세 꼭짓점을 이어서 생기는 세 삼각형의 넓이는 같다.

➡ $\triangle GAB = \triangle GBC = \triangle GCA = \frac{1}{3}\triangle ABC$

주의 3개의 삼각형은 넓이는 같지만 합동은 아니다.

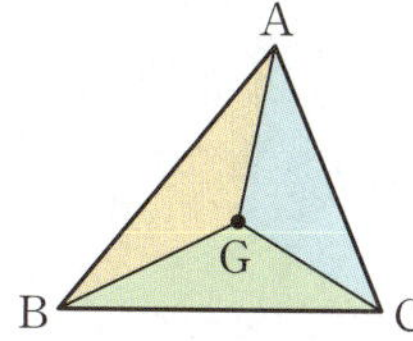

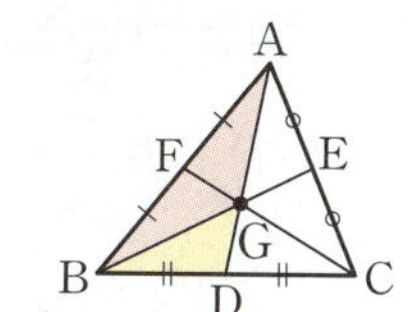

설명 점 G가 $\triangle$ABC의 무게중심일 때
$$\triangle ABD = \triangle ADC = \frac{1}{2}\triangle ABC, \ \overline{AG}:\overline{GD}=2:1$$

이므로

$$\triangle GBD = \frac{1}{3}\triangle ABD = \frac{1}{3}\times\frac{1}{2}\triangle ABC = \frac{1}{6}\triangle ABC$$

$$\triangle GAB = \frac{2}{3}\triangle ABD = \frac{2}{3}\times\frac{1}{2}\triangle ABC = \frac{1}{3}\triangle ABC$$

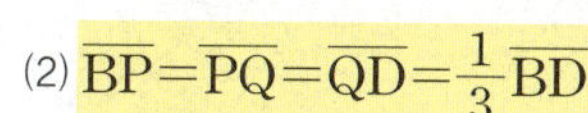

보충학습 평행사변형에서 삼각형의 무게중심의 응용

평행사변형 ABCD에서 $\overline{BC}$, $\overline{CD}$의 중점을 각각 M, N이라 하고 $\overline{BD}$와 $\overline{AC}$, $\overline{AM}$, $\overline{AN}$의 교점을 각각 O, P, Q라 하면

(1) 점 P는 $\triangle$ABC의 무게중심이고, 점 Q는 $\triangle$ACD의 무게중심이다.

(2) $\overline{BP}=\overline{PQ}=\overline{QD}=\dfrac{1}{3}\overline{BD}$

(3) $\triangle ABP = \triangle APQ = \triangle AQD = \dfrac{1}{3}\triangle ABD = \dfrac{1}{6}\square ABCD$

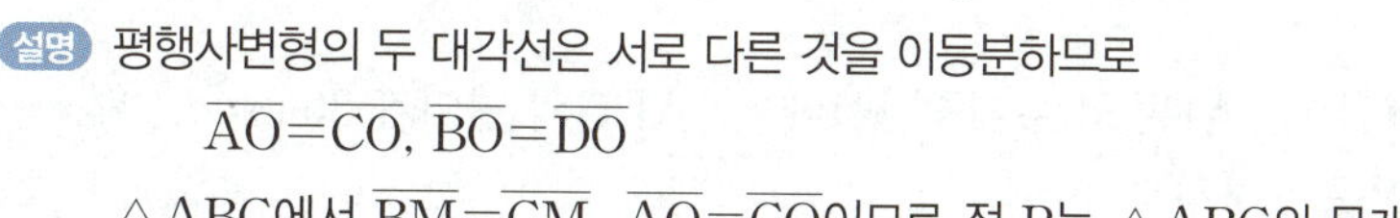

설명 평행사변형의 두 대각선은 서로 다른 것을 이등분하므로
$$\overline{AO}=\overline{CO}, \ \overline{BO}=\overline{DO}$$

$\triangle$ABC에서 $\overline{BM}=\overline{CM}$, $\overline{AO}=\overline{CO}$이므로 점 P는 $\triangle$ABC의 무게중심이다.

$$\therefore \overline{BP}=\frac{2}{3}\overline{BO}=\frac{2}{3}\times\frac{1}{2}\overline{BD}=\frac{1}{3}\overline{BD} \quad \cdots\cdots ㉠$$

$$\overline{PO}=\frac{1}{3}\overline{BO}$$

$\triangle$ACD에서 $\overline{DN}=\overline{CN}$, $\overline{AO}=\overline{CO}$이므로 점 Q는 $\triangle$ACD의 무게중심이다.

$$\therefore \overline{DQ}=\frac{2}{3}\overline{DO}=\frac{2}{3}\times\frac{1}{2}\overline{BD}=\frac{1}{3}\overline{BD} \quad \cdots\cdots ㉡$$

$$\overline{QO}=\frac{1}{3}\overline{DO}$$

이때

$$\overline{PQ}=\overline{PO}+\overline{QO}=\frac{1}{3}(\overline{BO}+\overline{DO})=\frac{1}{3}\overline{BD} \quad \cdots\cdots ㉢$$

이므로 ㉠, ㉡, ㉢에서 　　$\overline{BP}=\overline{PQ}=\overline{QD}=\dfrac{1}{3}\overline{BD}$

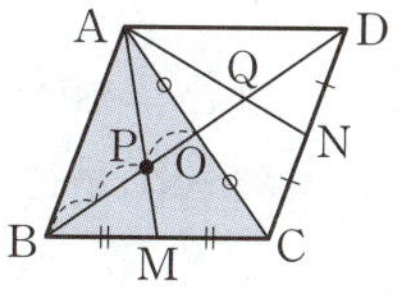

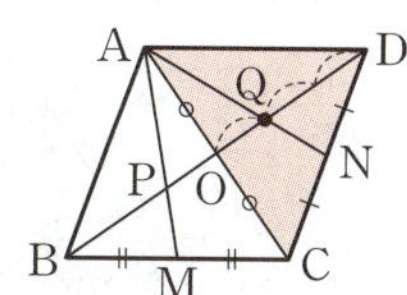

01 오른쪽 그림에서 $\overline{AD}$는 $\triangle ABC$의 중선일 때, 다음을 구하시오.

(1) $\overline{BC}$의 길이가 8 cm일 때, $\overline{BD}$의 길이

(2) $\triangle ABC$의 넓이가 20 cm^{2}일 때, $\triangle ADC$의 넓이

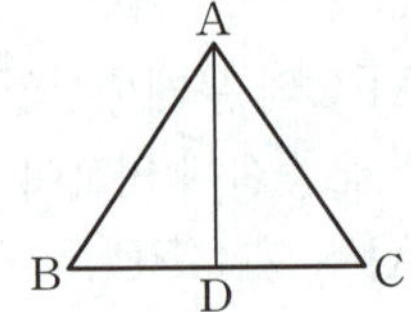

○ 삼각형의 중선은 그 삼각형의 넓이를 ☐등분한다.

02 다음 그림에서 점 G는 $\triangle ABC$의 무게중심일 때, x의 값을 구하시오.

(1) 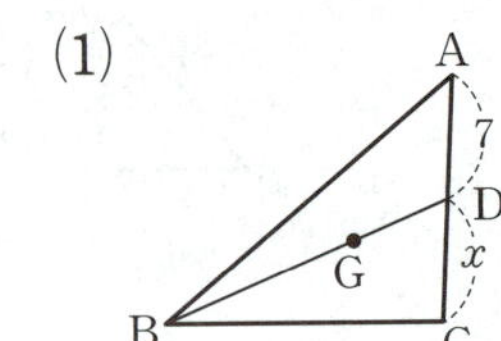

(2) 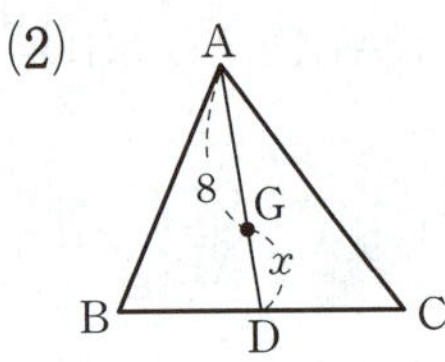

(3) 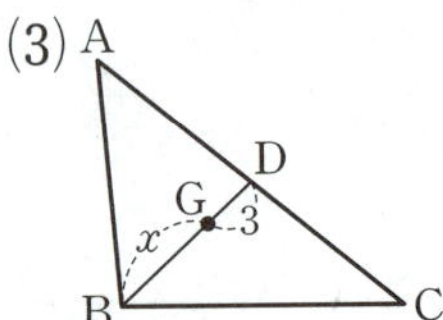

(4) 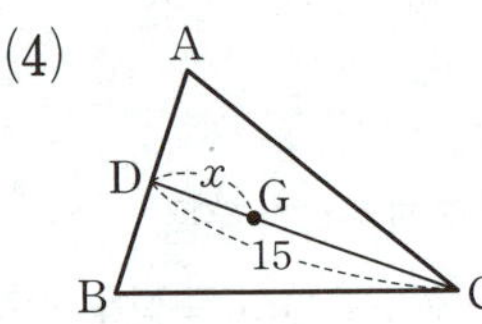

○ 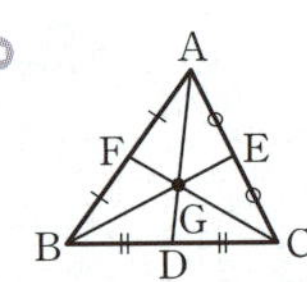

점 G가 $\triangle ABC$의 무게중심이면
$$\overline{AG} : \overline{GD} = \overline{BG} : \overline{GE}$$
$$= \overline{CG} : \overline{GF}$$
$$= \boxed{} : \boxed{}$$

03 다음 그림에서 점 G는 $\triangle ABC$의 무게중심이다. $\triangle ABC$의 넓이가 30 cm^{2}일 때, 색칠한 부분의 넓이를 구하시오.

(1) 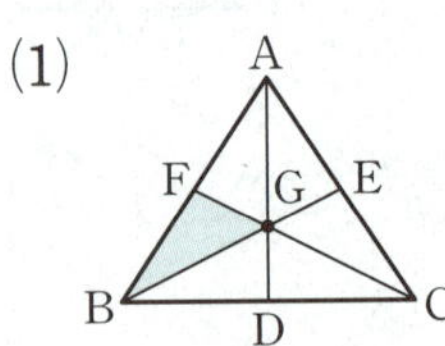

(2) 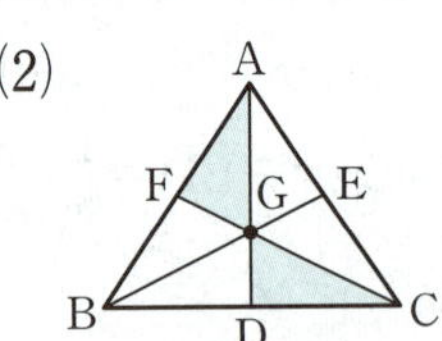

(3) 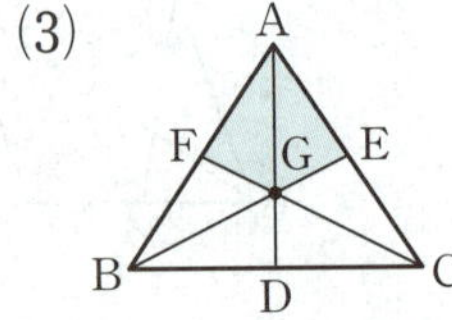

(4) 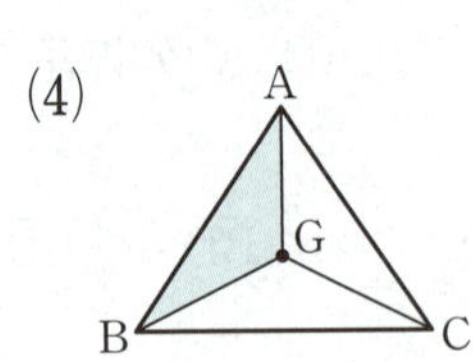

○ 삼각형의 세 중선에 의하여 삼각형의 넓이는 ☐등분된다.

01 삼각형의 중선의 성질

● 더 다양한 문제는 RPM 2-2 109쪽

오른쪽 그림에서 $\overline{\mathrm{AD}}$는 $\triangle \mathrm{ABC}$의 중선이고, $\overline{\mathrm{CE}}$는 $\triangle \mathrm{ADC}$의 중선이다. $\triangle \mathrm{ABC}$의 넓이가 $28 \mathrm{~cm}^2$일 때, $\triangle \mathrm{AEC}$의 넓이를 구하시오.

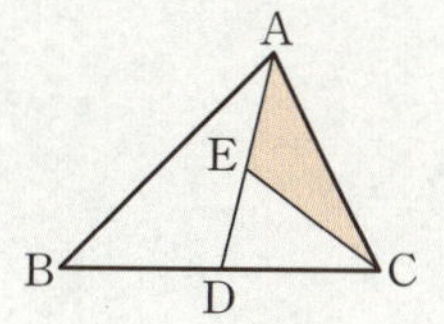

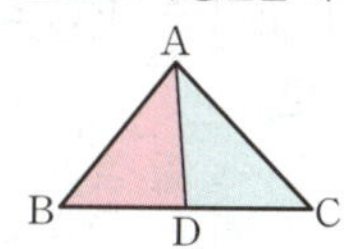

풀이 삼각형의 중선은 그 삼각형의 넓이를 이등분하므로

$$\triangle \mathrm{AEC}=\frac{1}{2}\triangle \mathrm{ADC}=\frac{1}{2}\times\frac{1}{2}\triangle \mathrm{ABC}$$

$$=\frac{1}{4}\triangle \mathrm{ABC}=\frac{1}{4}\times 28=7 \text{ (cm}^2)$$

답 $7 \mathrm{~cm}^2$

확인 1 오른쪽 그림에서 $\overline{\mathrm{AD}}$는 $\triangle \mathrm{ABC}$의 중선이고, $\overline{\mathrm{AE}}=\overline{\mathrm{EF}}=\overline{\mathrm{FD}}$이다. $\triangle \mathrm{BFE}$의 넓이가 $4 \mathrm{~cm}^2$일 때, $\triangle \mathrm{ABC}$의 넓이를 구하시오.

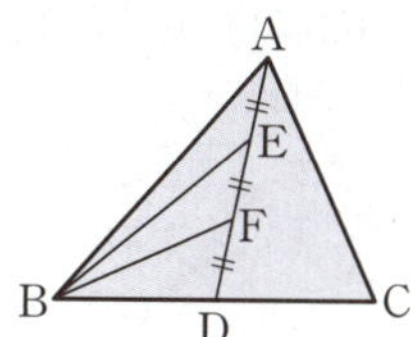

02 삼각형의 무게중심의 성질

● 더 다양한 문제는 RPM 2-2 110쪽

오른쪽 그림에서 $\overline{\mathrm{AD}}$는 $\triangle \mathrm{ABC}$의 중선이고, 두 점 G와 G′은 각각 $\triangle \mathrm{ABC}$와 $\triangle \mathrm{GBC}$의 무게중심이다. $\overline{\mathrm{GG'}}=4 \mathrm{~cm}$일 때, $\overline{\mathrm{AG}}$의 길이를 구하시오.

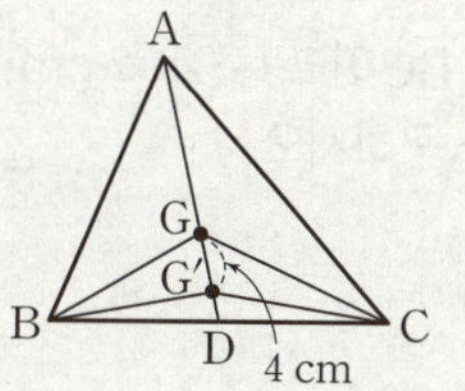

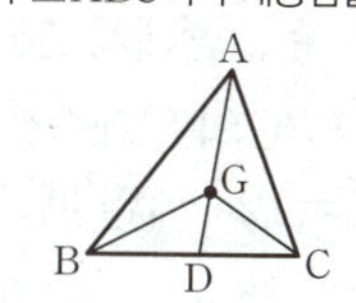

풀이 점 G′은 $\triangle \mathrm{GBC}$의 무게중심이므로

$$\overline{\mathrm{GD}}=\frac{3}{2}\overline{\mathrm{GG'}}=\frac{3}{2}\times 4=6 \text{ (cm)}$$

점 G는 $\triangle \mathrm{ABC}$의 무게중심이므로

$$\overline{\mathrm{AG}}=2\overline{\mathrm{GD}}=2\times 6=12 \text{ (cm)}$$

답 $12 \mathrm{~cm}$

확인 2 오른쪽 그림에서 $\overline{\mathrm{BD}}$는 $\triangle \mathrm{ABC}$의 중선이고, 두 점 G와 G′은 각각 $\triangle \mathrm{ABC}$와 $\triangle \mathrm{AGC}$의 무게중심이다. $\overline{\mathrm{BD}}=27 \mathrm{~cm}$일 때, $\overline{\mathrm{GG'}}$의 길이를 구하시오.

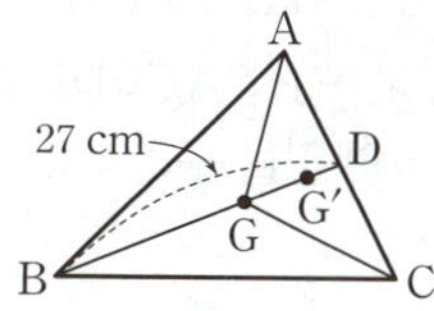

Ⅲ-3
삼각형의 무게중심

03 삼각형의 무게중심의 응용 (1)

● 더 다양한 문제는 RPM 2–2 111쪽

오른쪽 그림과 같은 $\triangle ABC$의 두 중선 AD, BE의 교점을 G라 하자. 점 F는 $\overline{EC}$의 중점이고 $\overline{GE}=6$ cm일 때, x, y의 값을 구하시오.

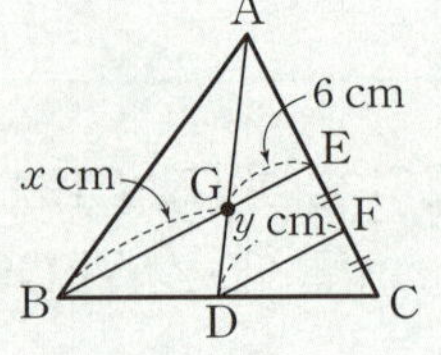

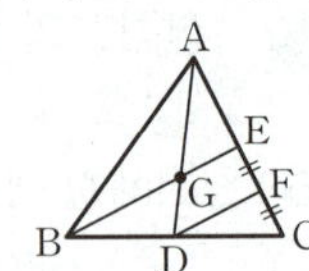

① $\overline{BE}=3\overline{GE}$

② $\overline{DF}=\dfrac{1}{2}\overline{BE}=\dfrac{3}{2}\overline{GE}$

풀이 점 G는 $\triangle ABC$의 무게중심이므로
$$\overline{BG}=2\overline{GE}=2\times 6=12\,(\text{cm}) \qquad \therefore x=12$$
또 $\triangle BCE$에서 $\overline{CD}=\overline{DB}$, $\overline{CF}=\overline{FE}$이므로
$$\overline{DF}=\frac{1}{2}\overline{BE}=\frac{1}{2}\times(12+6)=9\,(\text{cm}) \qquad \therefore y=9$$

답 $x=12,\ y=9$

확인 ③ 오른쪽 그림에서 $\overline{CE}$는 $\triangle ABC$의 중선이고 점 G는 $\triangle ABC$의 무게중심이다. $\overline{AD}/\!/\overline{EF}$이고 $\overline{EF}=9$ cm일 때, $x-y$의 값을 구하시오.

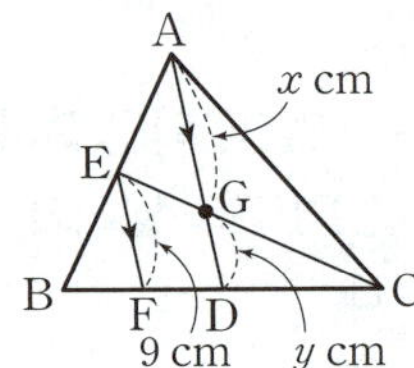

---

04 삼각형의 무게중심의 응용 (2)

● 더 다양한 문제는 RPM 2–2 111쪽

오른쪽 그림에서 $\overline{AD}$는 $\triangle ABC$의 중선이고 점 G는 $\triangle ABC$의 무게중심이다. $\overline{EF}/\!/\overline{BC}$이고 $\overline{GD}=2$ cm, $\overline{BC}=12$ cm일 때, x, y의 값을 구하시오.

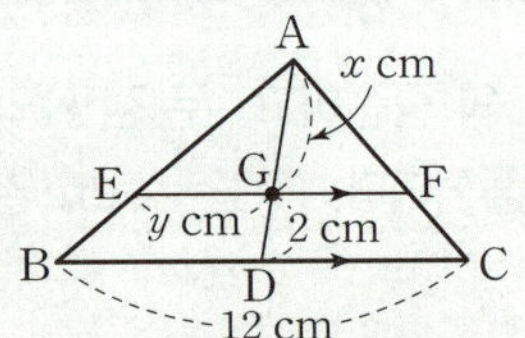

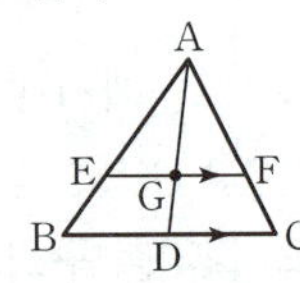

① $\triangle AEG \backsim \triangle ABD$ (AA 닮음)
➡ $\overline{EG}:\overline{BD}=\overline{AG}:\overline{AD}$
$=2:3$

② $\triangle AGF \backsim \triangle ADC$ (AA 닮음)
➡ $\overline{GF}:\overline{DC}=\overline{AG}:\overline{AD}$
$=2:3$

풀이 점 G가 $\triangle ABC$의 무게중심이므로
$$\overline{AG}=2\overline{GD}=2\times 2=4\,(\text{cm}) \qquad \therefore x=4$$
한편 $\overline{BD}=\dfrac{1}{2}\overline{BC}=\dfrac{1}{2}\times 12=6\,(\text{cm})$이고 $\triangle ABD$에서 $\overline{EG}/\!/\overline{BD}$이므로
$$\overline{EG}:\overline{BD}=\overline{AG}:\overline{AD}=2:3, \qquad \overline{EG}:6=2:3$$
$$3\overline{EG}=12 \qquad \therefore \overline{EG}=4\,(\text{cm}) \qquad \therefore y=4$$

답 $x=4,\ y=4$

확인 ④ 오른쪽 그림에서 $\overline{BD}$는 $\triangle ABC$의 중선이고 점 G는 $\triangle ABC$의 무게중심이다. $\overline{EF}/\!/\overline{AC}$이고 $\overline{BG}=14$ cm, $\overline{FG}=5$ cm일 때, $x+y$의 값을 구하시오.

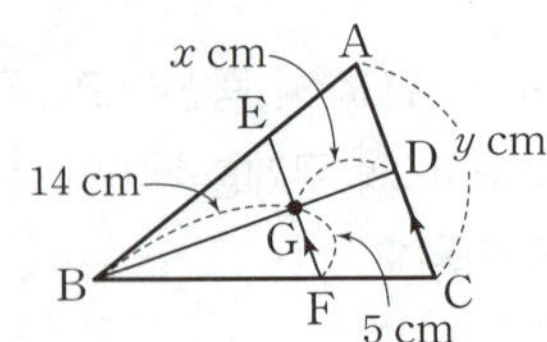

정답 및 풀이 58쪽

05 삼각형의 무게중심과 넓이

● 더 다양한 문제는 RPM 2–2 112쪽

오른쪽 그림에서 점 G는 △ABC의 무게중심이다. △ABC의 넓이가 45 cm²일 때, □GDCE의 넓이를 구하시오.

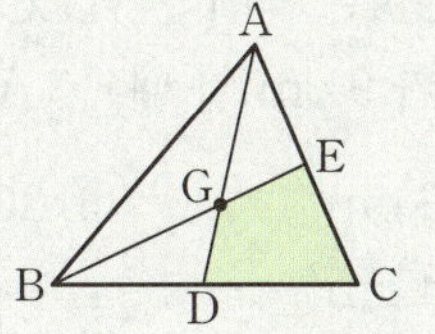

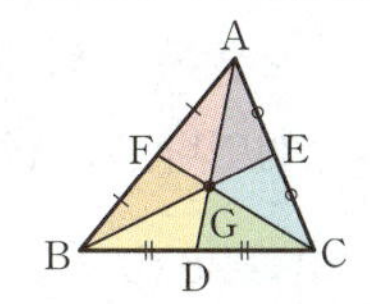

풀이 ▶ 점 G가 △ABC의 무게중심이므로 오른쪽 그림과 같이 중선 CF를 그으면

$$□GDCE=△GDC+△GCE=\frac{1}{6}△ABC+\frac{1}{6}△ABC$$
$$=\frac{1}{3}△ABC=\frac{1}{3}×45=15\ (\text{cm}^2)$$

답 15 cm²

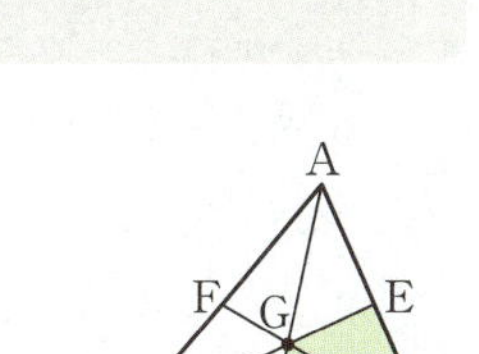

확인 5 오른쪽 그림에서 점 G는 △ABC의 무게중심이고 $\overline{GE}=\overline{EC}$ 이다. △GDE의 넓이가 3 cm²일 때, △ABC의 넓이를 구하시오.

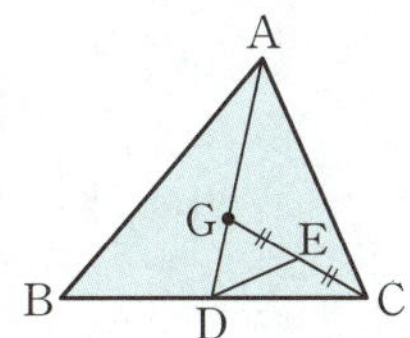

UP 06 평행사변형에서 삼각형의 무게중심의 응용

● 더 다양한 문제는 RPM 2–2 113쪽

오른쪽 그림과 같은 평행사변형 ABCD에서 $\overline{BC}$, $\overline{CD}$의 중점을 각각 M, N이라 하고 $\overline{BD}$와 $\overline{AC}$, $\overline{AM}$, $\overline{AN}$의 교점을 각각 O, P, Q라 하자. $\overline{PO}=4$ cm일 때, $\overline{BD}$의 길이를 구하시오.

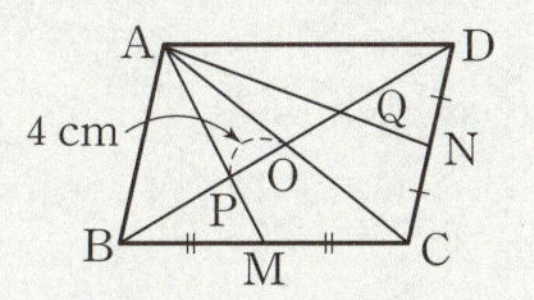

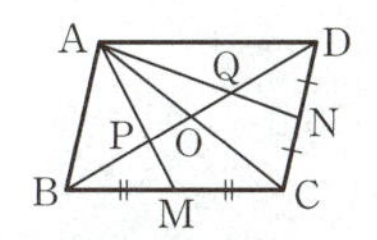

① 점 P는 △ABC의 무게중심
② 점 Q는 △ACD의 무게중심
③ $\overline{BP}=\overline{PQ}=\overline{QD}=\frac{1}{3}\overline{BD}$
④ $\overline{PO}=\overline{QO}=\frac{1}{6}\overline{BD}$

풀이 ▶ 점 P는 △ABC의 무게중심이므로 　　$\overline{BP}=2\overline{PO}=2×4=8\ (\text{cm})$
　　∴ $\overline{BO}=\overline{BP}+\overline{PO}=8+4=12\ (\text{cm})$
이때 $\overline{BO}=\overline{DO}$이므로 　　$\overline{BD}=2\overline{BO}=2×12=24\ (\text{cm})$

답 24 cm

확인 6 오른쪽 그림과 같은 평행사변형 ABCD에서 $\overline{AD}$, $\overline{BC}$의 중점을 각각 M, N이라 하고 $\overline{AC}$와 $\overline{BM}$, $\overline{DN}$의 교점을 각각 P, Q라 하자. $\overline{AC}=15$ cm일 때, $\overline{AQ}$의 길이를 구하시오.

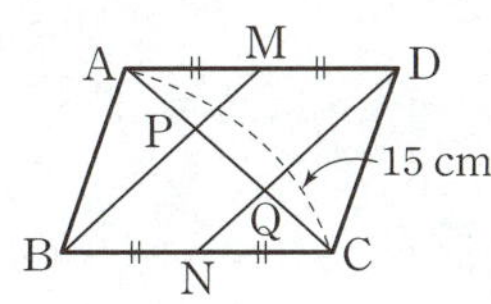

확인 7 오른쪽 그림과 같은 평행사변형 ABCD에서 $\overline{BC}$, $\overline{CD}$의 중점을 각각 M, N이라 하고 $\overline{BD}$와 $\overline{AM}$, $\overline{AN}$의 교점을 각각 P, Q라 하자. □ABCD의 넓이가 48 cm²일 때, △APQ의 넓이를 구하시오.

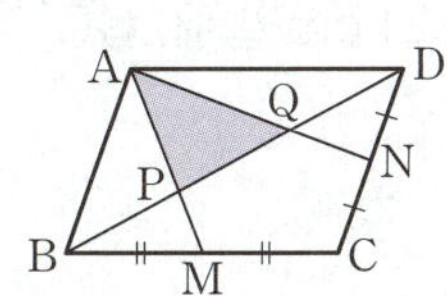

01 오른쪽 그림에서 $\overline{AM}$, $\overline{CN}$은 각각 △ABC, △AMC의 중선이다. △ANC의 넓이가 9 cm²일 때, △ABC의 넓이는?

① 28 cm² ② 32 cm² ③ 36 cm²
④ 40 cm² ⑤ 44 cm²

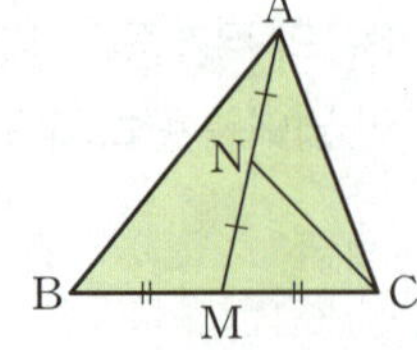

삼각형의 한 중선은 그 삼각형의 넓이를 이등분한다.

02 오른쪽 그림에서 점 G는 △ABC의 무게중심이다. $\overline{AD}=18$, $\overline{BG}=10$일 때, $\overline{AG}+\overline{GE}$의 길이를 구하시오.

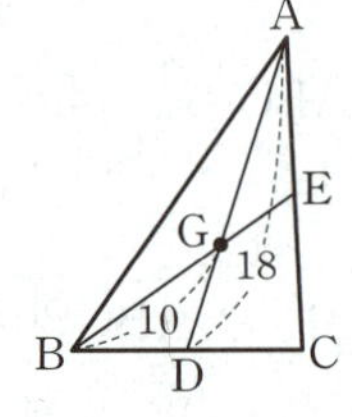

03 오른쪽 그림에서 점 G는 △ABC의 무게중심이고 $\overline{DE}=\overline{EC}$이다. $\overline{FE}=6$ cm일 때, $\overline{AG}$의 길이를 구하시오.

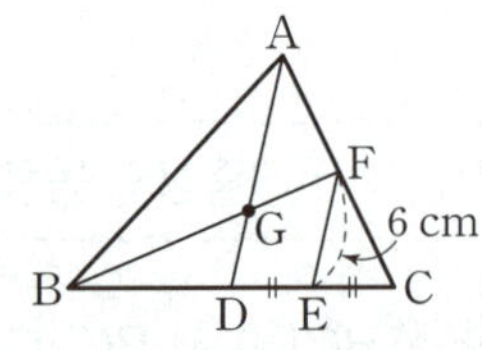

삼각형의 두 변의 중점을 연결한 선분의 성질을 이용한다.

04 오른쪽 그림에서 점 G는 ∠B=90°인 직각삼각형 ABC의 무게중심이고 $\overline{BE}/\!/\overline{DF}$이다. $\overline{AC}=12$일 때, xy의 값은?

① 8 ② 10 ③ 12
④ 14 ⑤ 16

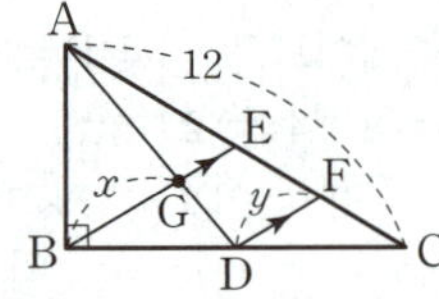

직각삼각형의 외심은 빗변의 중점임을 이용하여 $\overline{BE}$의 길이를 구한다.

05 오른쪽 그림과 같이 $\overline{AB}=\overline{AC}$인 이등변삼각형 ABC에서 $\overline{BC}$의 중점을 D, △ABD와 △ADC의 무게중심을 각각 G와 G'이라 하자. $\overline{BC}=24$ cm일 때, $\overline{GG'}$의 길이를 구하시오.

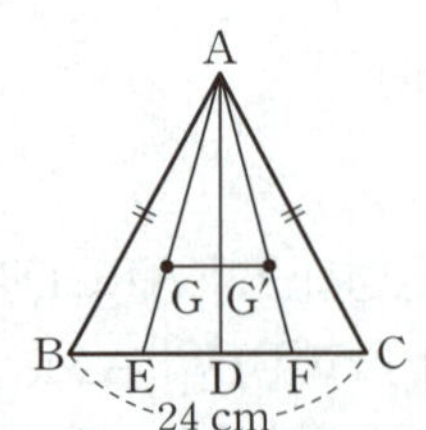

△AGG'∽△AEF임을 이용한다.

▶ 정답 및 풀이 58쪽

06 오른쪽 그림에서 점 G는 △ABC의 무게중심일 때, 다음 **보기** 중 옳은 것을 모두 고르시오.

> **보기**
> ㄱ. $\overline{AE}=\overline{CE}$ ㄴ. $\overline{BG} : \overline{GE}=2 : 1$
> ㄷ. $\overline{GD}=\overline{GE}=\overline{GF}$ ㄹ. $\triangle GAB=\dfrac{1}{6}\triangle ABC$
> ㅁ. $\square FBDG=\dfrac{1}{3}\triangle ABC$

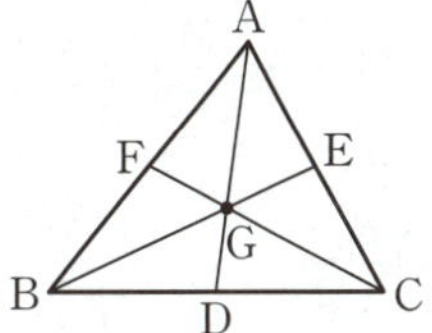

삼각형의 세 중선에 의하여 삼각형의 넓이는 6등분된다.

07 오른쪽 그림에서 두 점 G, G′은 각각 △ABC, △GBC의 무게중심이다. △ABC의 넓이가 $36\ \text{cm}^2$일 때, △GBG′의 넓이는?

① $3\ \text{cm}^2$ ② $4\ \text{cm}^2$ ③ $5\ \text{cm}^2$
④ $6\ \text{cm}^2$ ⑤ $7\ \text{cm}^2$

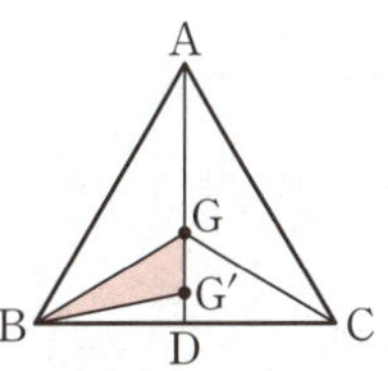

08 오른쪽 그림에서 점 G는 △ABC의 무게중심이다. △ABC의 넓이가 $60\ \text{cm}^2$일 때, △DGE의 넓이를 구하시오.

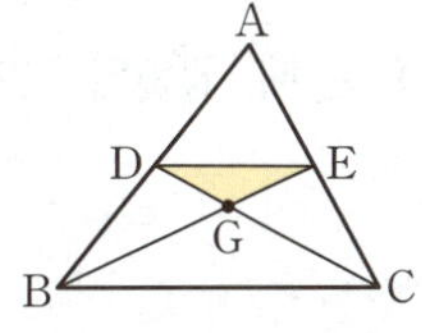

먼저 △DBG의 넓이를 구한다.

09 오른쪽 그림과 같은 평행사변형 ABCD에서 $\overline{BC}$, $\overline{CD}$의 중점을 각각 M, N이라 하고 $\overline{BD}$와 $\overline{AC}$, $\overline{AM}$, $\overline{AN}$의 교점을 각각 O, P, Q라 하자. $\overline{BP}=8\ \text{cm}$일 때, $\overline{MN}$의 길이를 구하시오.

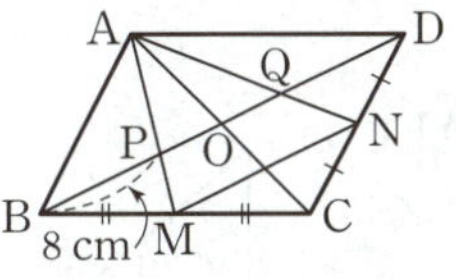

두 점 P, Q는 각각 △ABC, △ACD의 무게중심임을 이용한다.

10 오른쪽 그림과 같은 평행사변형 ABCD에서 $\overline{BC}$, $\overline{CD}$의 중점을 각각 M, N이라 하자. $\square ABCD$의 넓이가 $60\ \text{cm}^2$일 때, 색칠한 부분의 넓이를 구하시오.

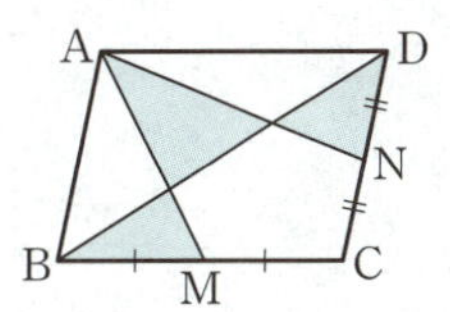

$\overline{AC}$를 긋고 색칠한 부분의 넓이를 △ABC와 △ACD의 넓이로 나타낸다.

STEP **1** 기본 문제

01 오른쪽 그림과 같은 △ABC에서 $\overline{AB}$, $\overline{AC}$의 중점을 각각 M, N이라 하자. $\overline{BC}=14$ cm, $\overline{ME}=4$ cm일 때, $\overline{EN}$의 길이는?

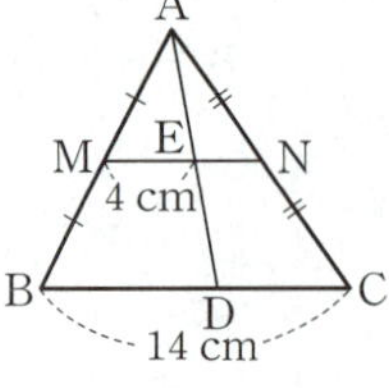

① 2 cm ② $\dfrac{7}{3}$ cm ③ $\dfrac{8}{3}$ cm

④ 3 cm ⑤ $\dfrac{10}{3}$ cm

02 오른쪽 그림에서 두 점 M, N은 각각 $\overline{AB}$, $\overline{AC}$의 중점이고, 두 점 P, Q는 각각 $\overline{DB}$, $\overline{DC}$의 중점이다. $\overline{MN}=6$ cm, $\overline{PR}=2$ cm일 때, $\overline{RQ}$의 길이를 구하시오.

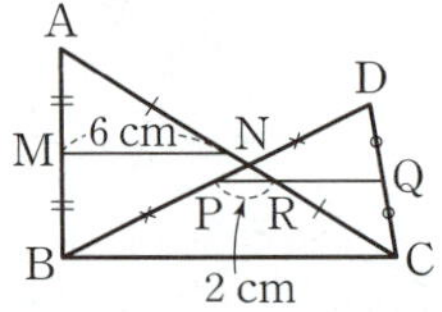

꼭나와

03 오른쪽 그림과 같은 △ABC에서 세 점 D, E, F는 각각 $\overline{AB}$, $\overline{BC}$, $\overline{CA}$의 중점일 때, △ABC의 둘레의 길이는?

① 38 cm ② 40 cm
③ 42 cm ④ 44 cm
⑤ 46 cm

04 오른쪽 그림과 같이 $\overline{AD} /\!/ \overline{BC}$인 등변사다리꼴 ABCD에서 점 N은 $\overline{BC}$의 중점이고 $\overline{AB} /\!/ \overline{MP}$, $\overline{PN} /\!/ \overline{DC}$이다. $\overline{PN}=5$ cm일 때, $\overline{MP}$의 길이는?

① 4 cm ② $\dfrac{9}{2}$ cm ③ 5 cm

④ $\dfrac{11}{2}$ cm ⑤ 6 cm

꼭나와

05 오른쪽 그림과 같은 △ABC와 △DBF에서 두 점 D, E는 각각 $\overline{AB}$, $\overline{DF}$의 중점이다. $\overline{AE}=9$ cm일 때, $\overline{EC}$의 길이를 구하시오.

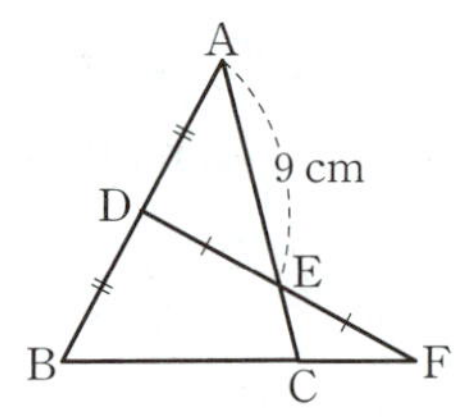

06 오른쪽 그림과 같이 $\overline{AD} /\!/ \overline{BC}$인 사다리꼴 ABCD에서 $\overline{AB}$, $\overline{DC}$의 중점을 각각 M, N이라 하고 $\overline{MN}$과 $\overline{BD}$, $\overline{AC}$의 교점을 각각 P, Q라 하자. $\overline{AD}=6$ cm, $\overline{PQ}=4$ cm일 때, $\overline{BC}$의 길이는?

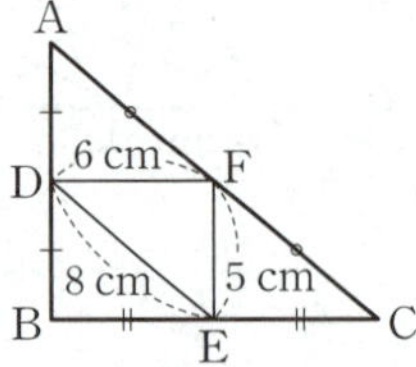

① 10 cm ② 11 cm ③ 12 cm
④ 13 cm ⑤ 14 cm

07 오른쪽 그림에서 $\overline{AD}$는 △ABC의 중선이고 $\overline{AH}\perp\overline{BC}$이다. $\overline{BD}=6$ cm이고 △ABC의 넓이가 54 cm²일 때, $\overline{AH}$의 길이는?

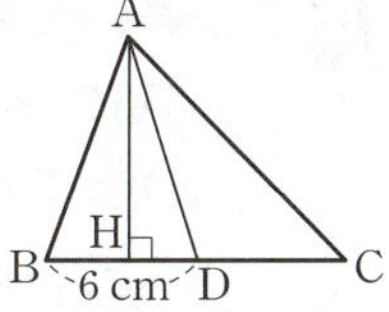

① 9 cm
② $\dfrac{19}{2}$ cm
③ 10 cm
④ $\dfrac{21}{2}$ cm
⑤ 11 cm

08 오른쪽 그림에서 두 점 G, G′은 각각 △ABC, △GBC의 무게중심이다. $\overline{GG'}=10$ cm일 때, $\overline{AD}$의 길이는?

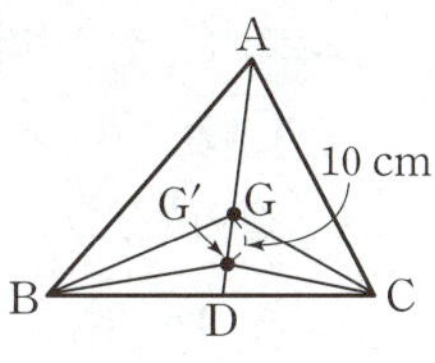

① 30 cm
② 35 cm
③ 40 cm
④ 45 cm
⑤ 50 cm

09 오른쪽 그림과 같이 ∠A＝90°인 직각삼각형 ABC에서 점 G는 △ABC의 무게중심이다. $\overline{BC}=18$ cm일 때, $\overline{AG}$의 길이를 구하시오.

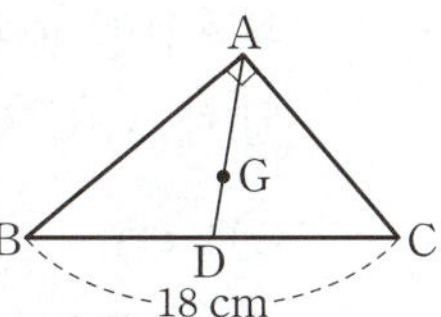

10 오른쪽 그림에서 점 G는 △ABC의 무게중심이고 $\overline{DE}\,/\!/\,\overline{BC}$이다. $\overline{AM}=24$ cm, $\overline{DG}=10$ cm일 때, xy의 값을 구하시오.

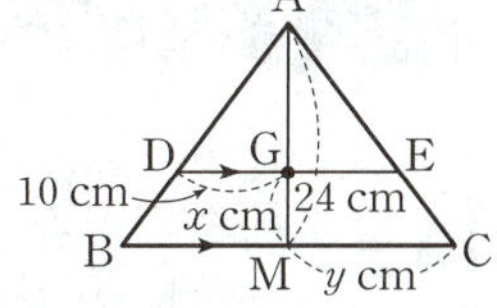

11 오른쪽 그림에서 점 G는 △ABC의 무게중심이다. △AGC의 넓이가 16 cm²일 때, △GBD의 넓이를 구하시오.

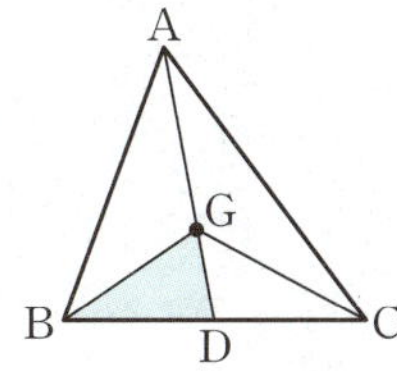

12 오른쪽 그림과 같은 평행사변형 ABCD에서 $\overline{BC}$, $\overline{CD}$의 중점을 각각 M, N이라 하고 $\overline{BD}$와 $\overline{AC}$, $\overline{AM}$, $\overline{AN}$의 교점을 각각 O, P, Q라 할 때, 다음 중 옳지 <u>않은</u> 것은?

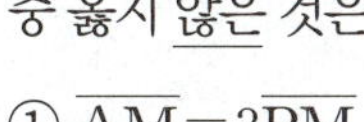

① $\overline{AM}=3\overline{PM}$
② $\overline{QO}=\dfrac{1}{2}\overline{DQ}$
③ $\overline{BP}=\overline{PQ}=\overline{QD}$
④ △PBM$=\dfrac{1}{6}$△ABC
⑤ △APQ$=\dfrac{1}{8}$□ABCD

III-3 삼각형의 무게중심

13 오른쪽 그림과 같은 △ABC에서 세 점 D, E, F가 각각 $\overline{AB}$, $\overline{BC}$, $\overline{CA}$의 중점일 때, 다음 **보기** 중 옳은 것을 모두 고른 것은?

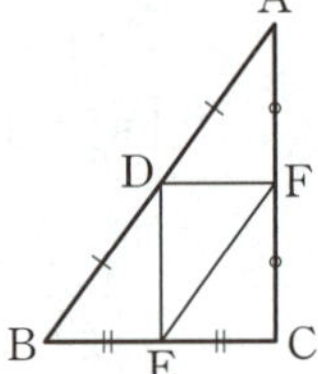

> **보기**
>
> ㄱ. $\overline{AB} /\!/ \overline{FE}$
> ㄴ. $\angle BDE = \angle A$
> ㄷ. $\triangle ABC = 4\triangle DEF$

① ㄱ   ② ㄴ   ③ ㄱ, ㄴ
④ ㄴ, ㄷ   ⑤ ㄱ, ㄴ, ㄷ

14 오른쪽 그림과 같은 △ABC에서 점 D는 $\overline{BC}$의 중점이고 점 E는 $\overline{AD}$의 중점이다. $\overline{BF} /\!/ \overline{DG}$이고 $\overline{DG} = 6$ cm일 때, $\overline{BE}$의 길이를 구하시오.

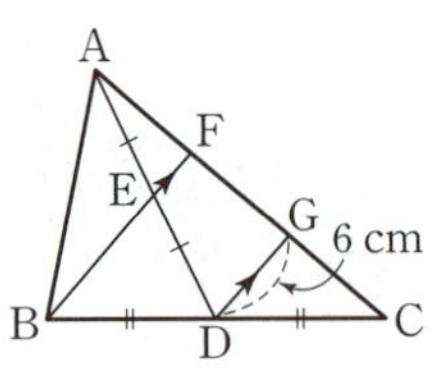

15 오른쪽 그림과 같은 마름모 ABCD에서 네 변의 중점을 각각 E, F, G, H라 하자. $\overline{AC} = 12$ cm, $\overline{BD} = 16$ cm일 때, □EFGH의 넓이는?

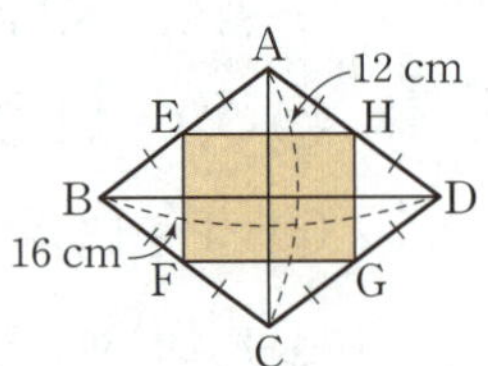

① 32 cm^2 ② 48 cm^2 ③ 64 cm^2
④ 80 cm^2 ⑤ 96 cm^2

16 오른쪽 그림에서 $\overline{AD}$는 △ABC의 중선이다. $\overline{AD} = 12$ cm이고 $\triangle PBD = \dfrac{1}{6}\triangle ABC$일 때, $\overline{PD}$의 길이를 구하시오.

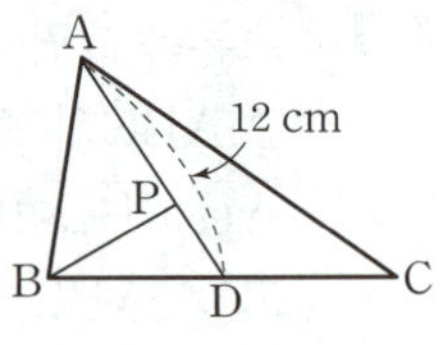

17 오른쪽 그림과 같은 △ABC에서 △ABD와 △ADC의 무게중심을 각각 G, G′이라 하자. $\overline{GG'} = 6$ cm일 때, $\overline{BC}$의 길이는?

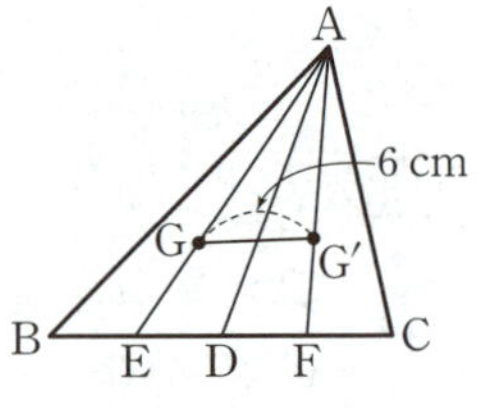

① 12 cm   ② 14 cm   ③ 16 cm
④ 18 cm   ⑤ 20 cm

18 오른쪽 그림에서 두 점 G, G′은 각각 △ABC, △AMN의 무게중심이다. $\overline{AL} = 36$ cm일 때, $\overline{G'G}$의 길이는?

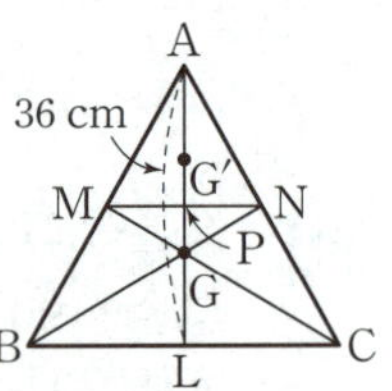

① 9 cm   ② 10 cm
③ 11 cm   ④ 12 cm
⑤ 13 cm

19 오른쪽 그림에서 점 G는 △ABC의 무게중심이고 $\overline{EF} /\!/ \overline{AD} /\!/ \overline{IH}$이다. 점 H는 $\overline{CD}$의 중점이고 $\overline{EF}=9$ cm일 때, $\overline{IH}$의 길이는?

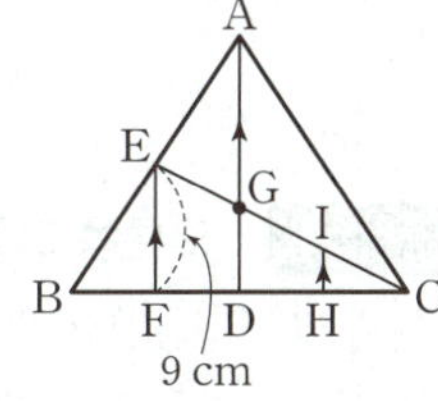

① 2 cm ② $\dfrac{5}{2}$ cm ③ 3 cm

④ $\dfrac{7}{2}$ cm ⑤ 4 cm

꼭나와

20 오른쪽 그림에서 점 G는 △ABC의 무게중심이다. △ABG의 넓이가 4 cm²일 때, △EDC의 넓이는?

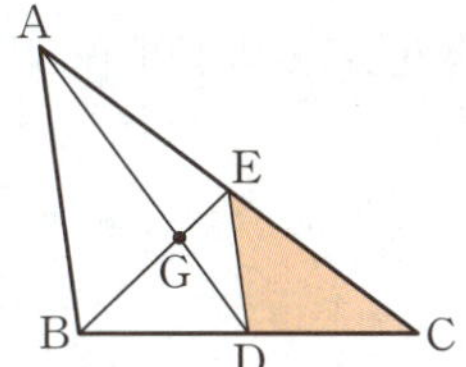

① $\dfrac{5}{2}$ cm² ② $\dfrac{8}{3}$ cm²

③ 3 cm² ④ $\dfrac{10}{3}$ cm²

⑤ $\dfrac{7}{2}$ cm²

21 오른쪽 그림과 같은 평행사변형 ABCD에서 $\overline{BC}$, $\overline{CD}$의 중점을 각각 M, N이라 하고 $\overline{BD}$와 $\overline{AM}$, $\overline{AN}$의 교점을 각각 E, F라 하자. $\overline{EF}=10$ cm일 때, $\overline{MN}$의 길이를 구하시오.

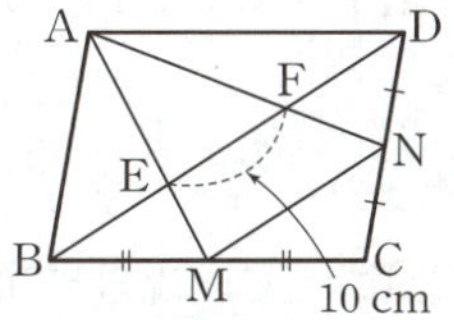

22 오른쪽 그림과 같은 □ABCD에서 세 점 M, N, P는 각각 $\overline{AD}$, $\overline{BC}$, $\overline{AC}$의 중점이고 $\overline{AB}=\overline{DC}$이다. ∠BAC=80°, ∠ACD=42°일 때, ∠PMN의 크기를 구하시오.

해설 강의

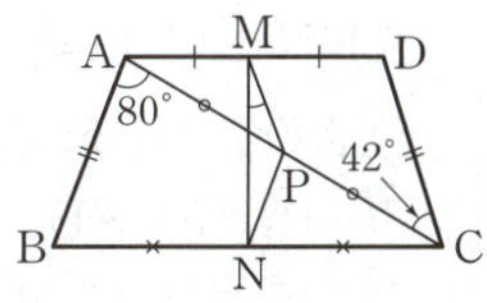

23 오른쪽 그림과 같은 △ABC에서 $\overline{BC}$의 삼등분점을 각각 D, E, $\overline{AC}$의 중점을 F라 하고 $\overline{BF}$와 $\overline{AD}$, $\overline{AE}$의 교점을 각각 P, Q라 하자. $\overline{BF}=20$ cm일 때, $\overline{PQ}$의 길이를 구하시오.

해설 강의

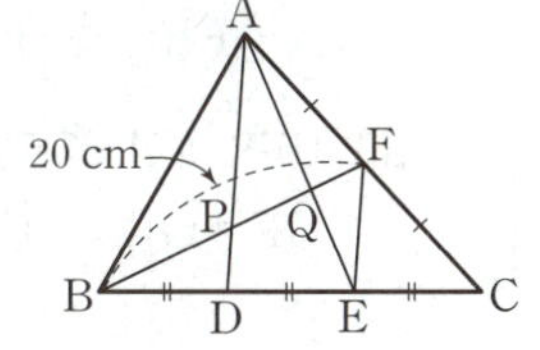

24 오른쪽 그림과 같이 ∠A=90°이고 $\overline{AB}=8$ cm, $\overline{AC}=7$ cm인 직각삼각형 ABC에서 두 점 I, G는 각각 △ABC의 내심과 무게중심이다. $\overline{AG}$, $\overline{AI}$의 연장선과 $\overline{BC}$의 교점을 각각 D, E라 할 때, △ADE의 넓이를 구하시오.

해설 강의

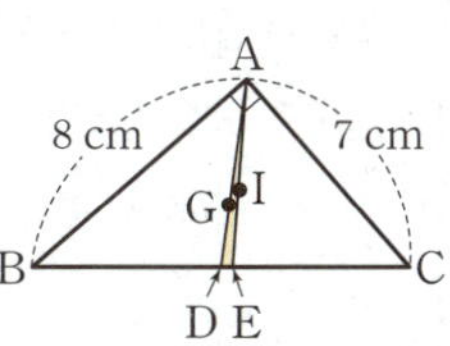

예제 1

해설 강의

오른쪽 그림과 같은 △ABC, △ADC에서 점 E는 $\overline{AC}$의 중점이고 $\overline{DA}\,/\!/\,\overline{FE}\,/\!/\,\overline{BC}$이다. 점 G는 $\overline{FE}$의 연장선과 $\overline{AB}$의 교점이고 $\overline{BC}=12\ \text{cm}$, $\overline{DA}=6\ \text{cm}$일 때, $\overline{GF}$의 길이를 구하시오. [7점]

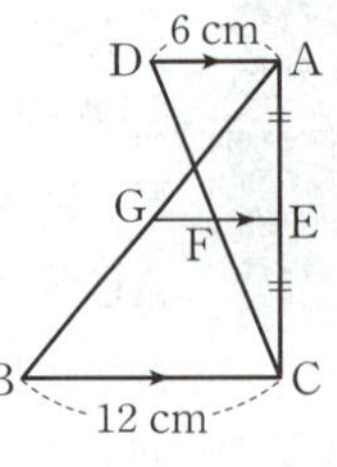

풀이 과정

1단계 $\overline{GE}$의 길이 구하기 · 3점

△ABC에서 $\overline{AE}=\overline{EC}$, $\overline{GE}\,/\!/\,\overline{BC}$이므로

$$\overline{GE}=\frac{1}{2}\overline{BC}=\frac{1}{2}\times12=6\,(\text{cm})$$

2단계 $\overline{FE}$의 길이 구하기 · 3점

△ADC에서 $\overline{CE}=\overline{EA}$, $\overline{DA}\,/\!/\,\overline{FE}$이므로

$$\overline{FE}=\frac{1}{2}\overline{DA}=\frac{1}{2}\times6=3\,(\text{cm})$$

3단계 $\overline{GF}$의 길이 구하기 · 1점

$$\overline{GF}=\overline{GE}-\overline{FE}=6-3=3\,(\text{cm})$$

답 3 cm

유제 1

오른쪽 그림과 같은 △ABC, △ABD에서 $\overline{AE}=\overline{EB}$이고, $\overline{AD}\,/\!/\,\overline{EF}\,/\!/\,\overline{BC}$이다. 점 G는 $\overline{EF}$의 연장선과 $\overline{AC}$의 교점이고 $\overline{AD}=14\ \text{cm}$, $\overline{BC}=18\ \text{cm}$일 때, $\overline{FG}$의 길이를 구하시오. [7점]

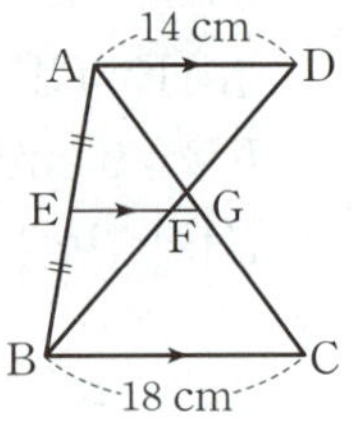

풀이 과정

1단계 $\overline{EG}$의 길이 구하기 · 3점

2단계 $\overline{EF}$의 길이 구하기 · 3점

3단계 $\overline{FG}$의 길이 구하기 · 1점

답

예제 2

해설 강의

오른쪽 그림에서 점 G는 △ABC의 무게중심이다. □GDBE의 넓이가 $4\ \text{cm}^2$일 때, △ABC의 넓이를 구하시오. [7점]

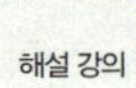

풀이 과정

1단계 보조선 긋기 · 1점

오른쪽 그림과 같이 중선 BF를 긋자.

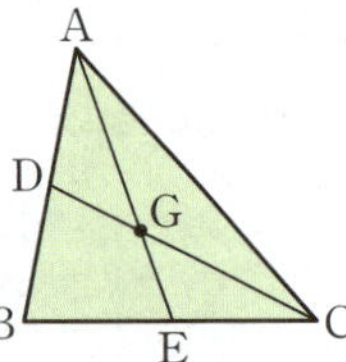

2단계 □GDBE의 넓이를 △ABC의 넓이로 나타내기 · 4점

$$\square GDBE=\triangle GDB+\triangle GBE$$
$$=\frac{1}{6}\triangle ABC+\frac{1}{6}\triangle ABC=\frac{1}{3}\triangle ABC$$

3단계 △ABC의 넓이 구하기 · 2점

□GDBE의 넓이가 $4\ \text{cm}^2$이므로

$$\frac{1}{3}\triangle ABC=4\qquad\therefore\ \triangle ABC=12\,(\text{cm}^2)$$

답 12 cm²

유제 2

오른쪽 그림에서 점 G는 △ABC의 무게중심이다. $\angle C=90°$, $\overline{AC}=5\ \text{cm}$, $\overline{BC}=12\ \text{cm}$일 때, □GDCE의 넓이를 구하시오. [7점]

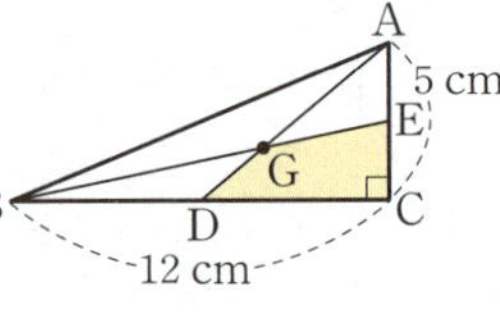

풀이 과정

1단계 보조선 긋기 · 1점

2단계 □GDCE의 넓이를 △ABC의 넓이로 나타내기 · 4점

3단계 □GDCE의 넓이 구하기 · 2점

답

스스로 서술하기

유제 3 오른쪽 그림과 같이 △ABC에서 $\overline{BA}$의 연장선 위에 $\overline{BA}=\overline{AD}$인 점 D를 잡고, 점 D와 $\overline{AC}$의 중점 M을 연결한 직선이 $\overline{BC}$와 만나는 점을 E라 하자. $\overline{BC}=15$ cm일 때, $\overline{EC}$의 길이를 구하시오. [8점]

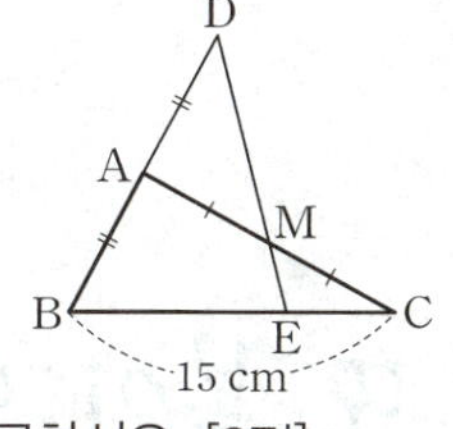

풀이 과정

답

유제 5 오른쪽 그림에서 점 G는 △ABC의 무게중심이다. $\overline{FG}=2$ cm일 때, $\overline{AF}$의 길이를 구하시오. [8점]

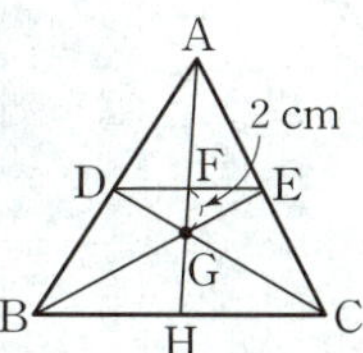

풀이 과정

답

유제 4 오른쪽 그림과 같이 $\overline{AD}/\!/\overline{BC}$인 사다리꼴 ABCD에서 $\overline{AB}$, $\overline{DC}$의 중점을 각각 M, N이라 하고, $\overline{MN}$과 $\overline{BD}$, $\overline{AC}$의 교점을 각각 P, Q라 하자. $\overline{MP}=\overline{PQ}=\overline{QN}$이고 $\overline{AD}=6$ cm일 때, $\overline{BC}$의 길이를 구하시오. [7점]

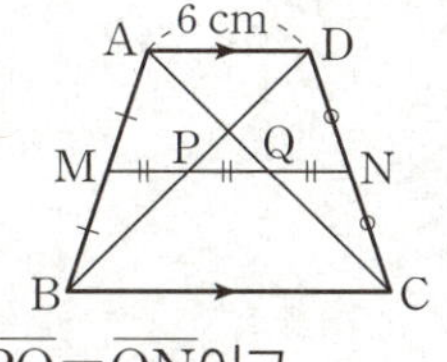

풀이 과정

답

유제 6 오른쪽 그림과 같은 평행사변형 ABCD에서 네 점 E, F, G, H는 각각 $\overline{AB}$, $\overline{BC}$, $\overline{CD}$, $\overline{DA}$의 중점이고 점 I는 $\overline{AF}$와 $\overline{CE}$의 교점, 점 J는 $\overline{AG}$와 $\overline{CH}$의 교점이다. △IFC의 넓이가 4 cm²일 때, □AICJ의 넓이를 구하시오. [7점]

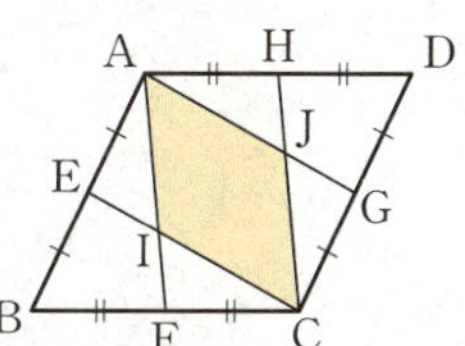

풀이 과정

답

"추운 겨울이 가면 또 봄이 오듯이
큰 슬픔 뒤에는 기쁨이 있어!"

Ⅲ-4

피타고라스 정리

이 단원의 학습 계획을 세우고
하나하나 실천하는 습관을 기르자!!

나는 할 수 있어!

			공부한 날		학습 완료도
01 피타고라스 정리	개념원리 이해 & 개념원리 확인하기		월	일	□□□
	핵심문제 익히기		월	일	○○○
	이런 문제가 시험에 나온다		월	일	○○○
02 피타고라스 정리의 활용	개념원리 이해 & 개념원리 확인하기		월	일	□□□
	핵심문제 익히기		월	일	○○○
	이런 문제가 시험에 나온다		월	일	○○○
중단원 마무리하기			월	일	○○○
서술형 대비 문제			월	일	○○○

개념 학습 guide

- 개념을 이해했으면 ■■■, 개념을 문제에 적용할 수 있으면 ■■■, 개념을 친구에게 설명할 수 있으면 ■■■ 로 색칠한다.
- 부족한 부분의 개념을 반복 학습하여 ■■■ 3칸 모두 색칠하면 학습을 마친다.

문제 학습 guide

- 맞힌 문제가 전체의 50% 미만이면 ●●●, 맞힌 문제가 50% 이상 90% 미만이면 ●●●, 맞힌 문제가 90% 이상이면 ●●● 로 색칠한다.

문제를 찍지 말자!

- 틀린 문제는 왜 틀렸는지 그 이유를 파악한 후 다시 풀어 본다. 며칠 후 틀린 문제를 다시 풀어 보고, 풀이 과정과 답이 맞으면 학습을 마친다.

01 피타고라스 정리

1 피타고라스 정리란 무엇인가?

◎ 핵심문제 01, 02

피타고라스 정리

직각삼각형에서 직각을 낀 두 변의 길이를 각각 a, b라 하고, 빗변의 길이를 c라 하면

$$a^2+b^2=c^2 \quad \rightarrow \text{직각을 낀 두 변의 길이의 제곱의 합은 빗변의 길이의 제곱과 같다.}$$

이 성립한다.

▶ 피타고라스 정리는 직각삼각형에서만 성립한다.

참고 변의 길이 a, b, c는 항상 양수이다.

2 피타고라스 정리는 어떻게 증명하는가?

◎ 핵심문제 03, 04

⑴ **유클리드의 방법**

오른쪽 그림과 같이 직각삼각형 ABC의 세 변을 각각 한 변으로 하는 정사각형 ACDE, BHIC, AFGB를 만들자. 또 점 C에서 $\overline{AB}$에 내린 수선의 발을 L, 그 연장선과 $\overline{FG}$의 교점을 M이라 하자.

이때 다음 그림에서 4개의 삼각형의 넓이가 같음을 알 수 있다. 즉

$$\triangle ACE = \triangle ABE = \triangle AFC = \triangle AFL$$

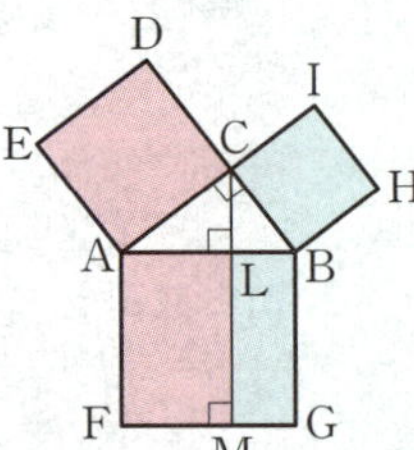

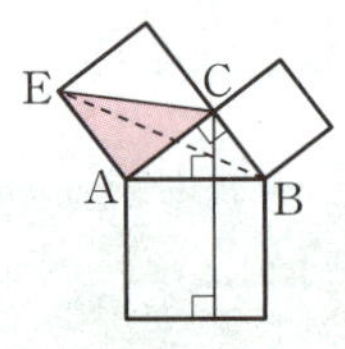 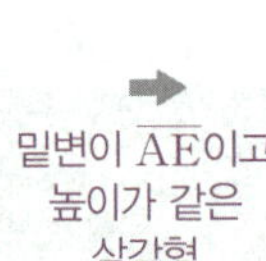 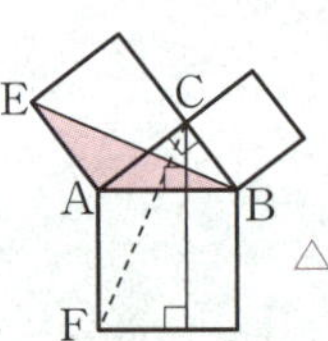 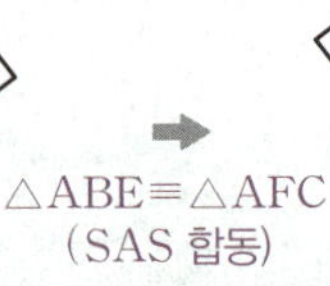 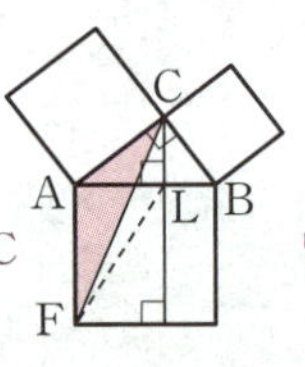 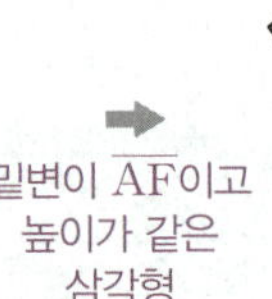 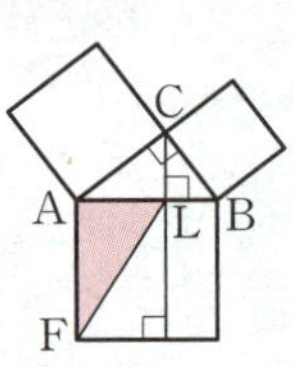

밑변이 $\overline{AE}$이고 높이가 같은 삼각형

$\triangle ABE \equiv \triangle AFC$ (SAS 합동)

밑변이 $\overline{AF}$이고 높이가 같은 삼각형

$\triangle ACE = \triangle AFL$이므로 $\square ACDE = \square AFML$

같은 방법으로 하면 $\square BHIC = \square LMGB$

따라서 $\square ACDE + \square BHIC = \square AFGB$이므로

$$\overline{AC}^2 + \overline{BC}^2 = \overline{AB}^2$$

⑵ **피타고라스의 방법**

[그림 1]과 같이 직각삼각형 ABC에서 두 변 AC, BC를 연장하여 한 변의 길이가 $a+b$인 정사각형 CDEF를 만들면

$$\triangle ABC \equiv \triangle GAD \equiv \triangle HGE$$
$$\equiv \triangle BHF \text{ (SAS 합동)}$$

즉 $\square AGHB$는 한 변의 길이가 c인 정사각형이다.

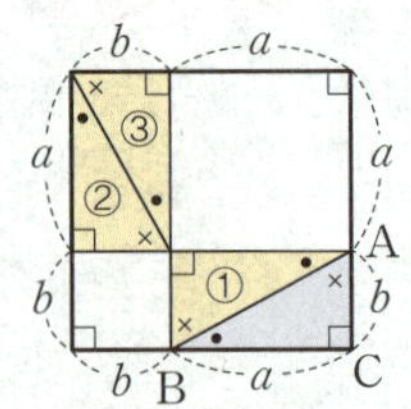

[그림 1]   [그림 2]

한편 [그림 1]에서 세 개의 직각삼각형 ①, ②, ③을 옮겨 붙여서 [그림 2]를 만들 수 있다.

따라서 [그림 1]의 한 변의 길이가 c인 정사각형 AGHB의 넓이는 [그림 2]의 한 변의 길이가 각각 a, b인 두 정사각형의 넓이의 합과 같다.

➡ $a^2+b^2=c^2$

(3) **바스카라의 방법**

[그림 1]과 같이 한 변의 길이가 c인 정사각형 ABCD에서 정사각형의 한 변을 빗변으로 하는 합동인 4개의 직각삼각형을 만들고 이 직각삼각형을 옮겨 붙여서 [그림 2]를 만들 수 있다.

따라서 [그림 1]의 한 변의 길이가 c인 정사각형 ABCD의 넓이는 [그림 3]의 한 변의 길이가 각각 a, b인 두 정사각형의 넓이의 합과 같다.

➡ $a^2+b^2=c^2$

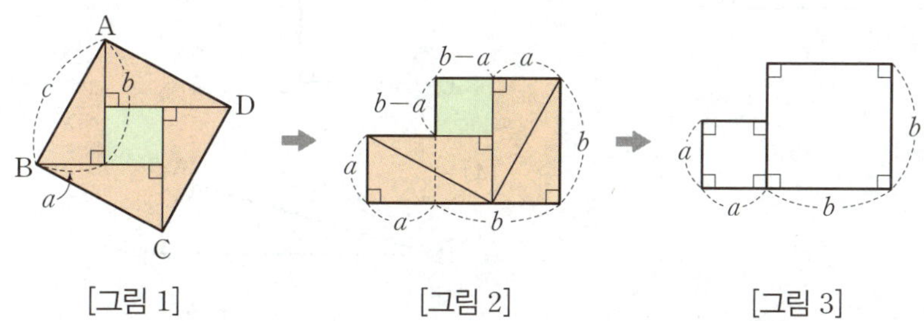

[그림 1]   [그림 2]   [그림 3]

---

3 **직각삼각형이 되기 위한 조건은 무엇인가?** ◑ 핵심문제 05

세 변의 길이가 각각 a, b, c인 △ABC에서

$$a^2+b^2=c^2$$

이면 이 삼각형은 빗변의 길이가 c인 직각삼각형이다.

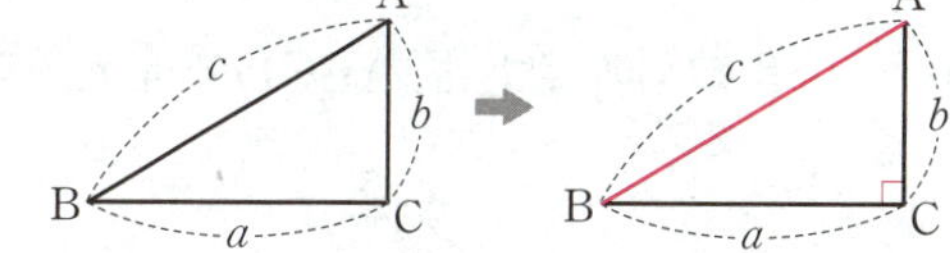

(예) 세 변의 길이가 각각

① 3, 4, 5인 삼각형 ➡ $3^2+4^2=5^2$ ➡ 빗변의 길이가 5인 직각삼각형이다.

② 4, 5, 6인 삼각형 ➡ $4^2+5^2 \neq 6^2$ ➡ 직각삼각형이 아니다.

(참고) 피타고라스 정리를 만족시키는 세 자연수를 피타고라스 수라 한다.

(예) $(3, 4, 5)$, $(5, 12, 13)$, $(6, 8, 10)$, $(7, 24, 25)$, $(8, 15, 17)$, $(9, 12, 15)$, …

---

4 **삼각형의 변의 길이와 각의 크기 사이에는 어떤 관계가 있는가?** ◑ 핵심문제 06

△ABC에서 $\overline{AB}=c$, $\overline{BC}=a$, $\overline{CA}=b$이고 c가 가장 긴 변의 길이일 때

(1) $c^2<a^2+b^2$이면 $\angle C<90°$이고 △ABC는 예각삼각형이다.

(2) $c^2=a^2+b^2$이면 $\angle C=90°$이고 △ABC는 직각삼각형이다.

(3) $c^2>a^2+b^2$이면 $\angle C>90°$이고 △ABC는 둔각삼각형이다.

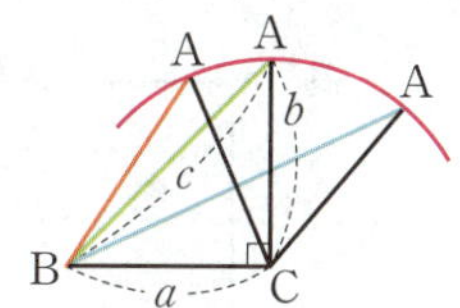

(예) (1) 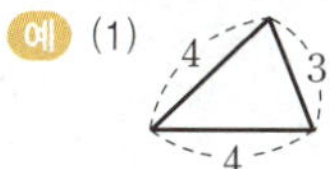 $4^2<4^2+3^2$ ➡ 예각삼각형

(2) 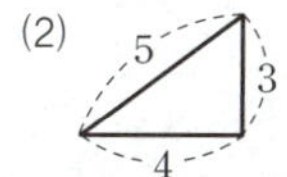 $5^2=4^2+3^2$ ➡ 직각삼각형

(3) 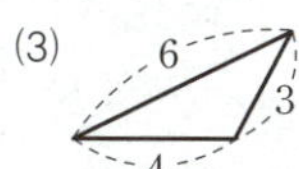 $6^2>4^2+3^2$ ➡ 둔각삼각형

(주의) △ABC에서 c가 가장 긴 변의 길이가 아닐 때에는 $c^2<a^2+b^2$이지만 예각삼각형이 아닐 수도 있으므로 삼각형의 모양을 알고자 할 때에는 먼저 가장 긴 변의 길이를 찾는다.

(예) 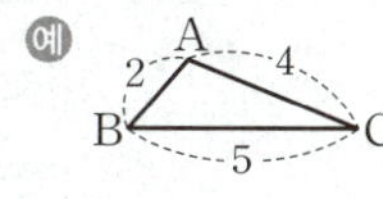 $2^2<4^2+5^2$이지만 △ABC는 둔각삼각형이다.

01 다음 그림과 같은 직각삼각형 ABC에서 x의 값을 구하시오.

(1) 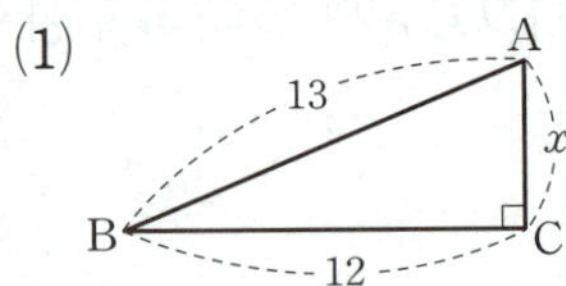

(2) 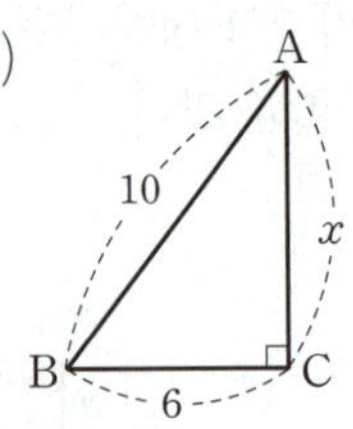

(3) 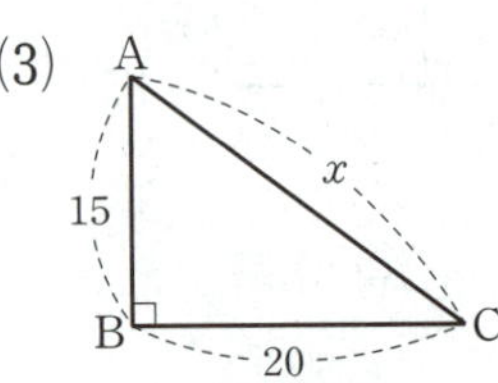

(4) 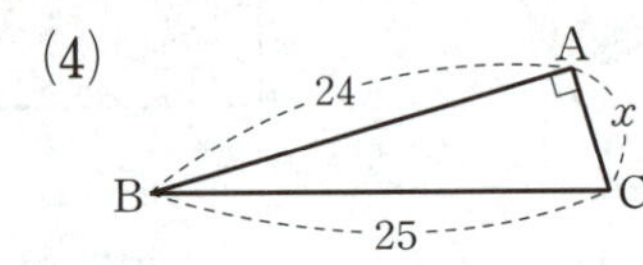

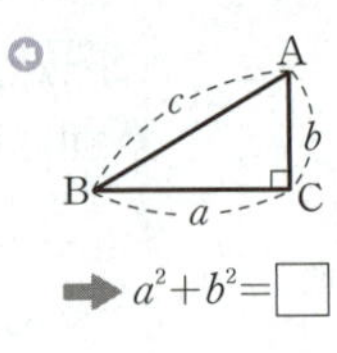

$\Rightarrow a^2+b^2=\boxed{}$

02 다음 그림과 같은 □ABCD에서 x, y의 값을 구하시오.

(1) 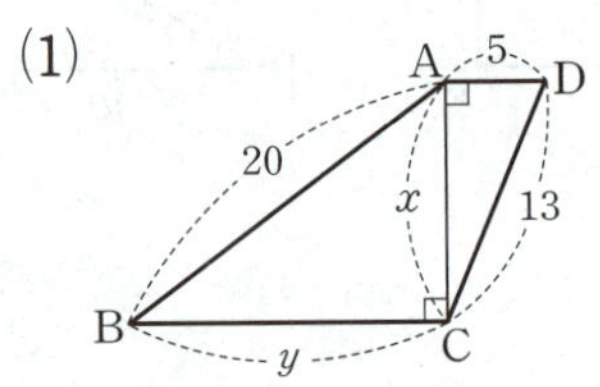

(2) 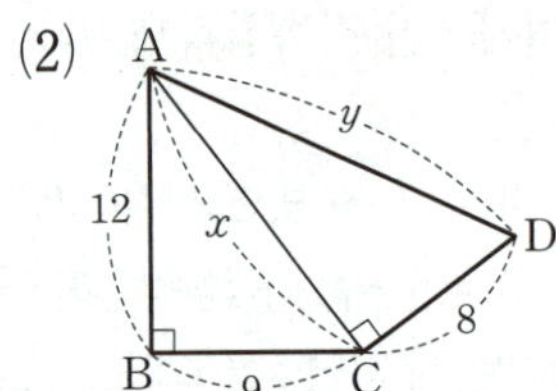

◆ 각각의 직각삼각형에서 피타고라스 정리를 이용하여 변의 길이를 차례대로 구한다.

03 다음 그림과 같은 직사각형 ABCD의 대각선의 길이를 구하시오.

(1) 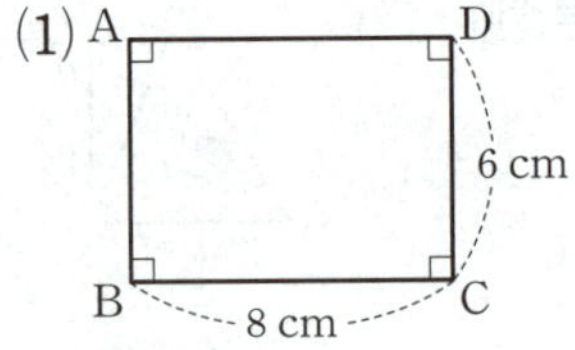

(2) 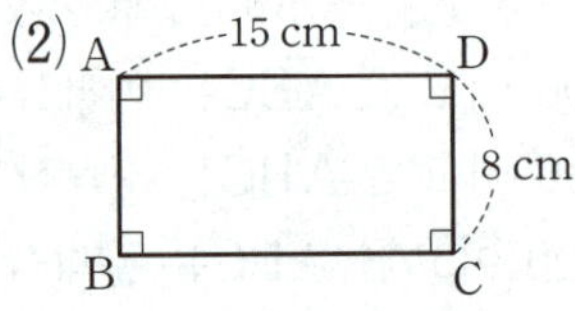

◆ 피타고라스 정리를 이용할 수 있도록 대각선을 긋는다.

04 세 변의 길이가 각각 다음과 같은 삼각형은 어떤 삼각형인지 말하시오.

(1) 3, 4, 5

(2) 4, 6, 8

(3) 5, 6, 7

(4) 5, 12, 13

◆ 삼각형의 세 변의 길이가 각각 a, b, c (c가 가장 긴 변의 길이)일 때
① $c^2<a^2+b^2$
$\Rightarrow \boxed{}$삼각형
② $c^2=a^2+b^2$
$\Rightarrow \boxed{}$삼각형
③ $c^2>a^2+b^2$
$\Rightarrow \boxed{}$삼각형

01 삼각형에서 피타고라스 정리의 이용
● 더 다양한 문제는 RPM 2–2 122쪽

오른쪽 그림과 같은 △ABC에서 $\overline{AD}\perp\overline{BC}$이고, $\overline{AB}=15\,\text{cm}$, $\overline{BD}=9\,\text{cm}$, $\overline{CD}=5\,\text{cm}$일 때, $\overline{AC}$의 길이를 구하시오.

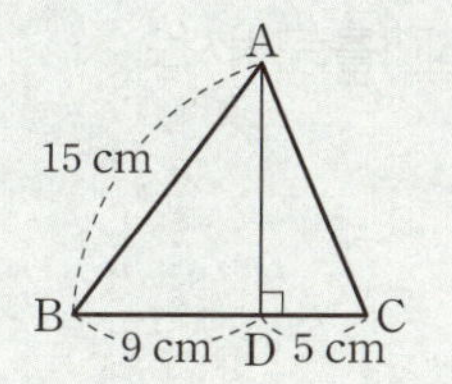

KEY POINT

먼저 직각삼각형 ABD에서 $\overline{AD}$의 길이를 구한 후 직각삼각형 ADC에서 $\overline{AC}$의 길이를 구한다.

풀이 △ABD에서 $\overline{AD}^2+9^2=15^2$, $\overline{AD}^2=144$ ∴ $\overline{AD}=12\,(\text{cm})$
△ADC에서 $12^2+5^2=\overline{AC}^2$, $\overline{AC}^2=169$ ∴ $\overline{AC}=13\,(\text{cm})$ **답** 13 cm

확인 ① 오른쪽 그림과 같이 ∠B$=90°$인 직각삼각형 ABC에서 $\overline{AD}=17\,\text{cm}$, $\overline{BD}=8\,\text{cm}$, $\overline{CD}=12\,\text{cm}$일 때, $\overline{AC}$의 길이를 구하시오.

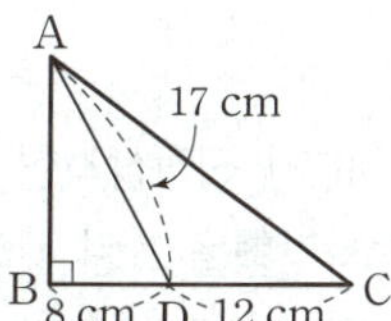

02 사각형에서 피타고라스 정리의 이용
● 더 다양한 문제는 RPM 2–2 123쪽

다음 그림과 같은 □ABCD에서 x의 값을 구하시오.

(1)
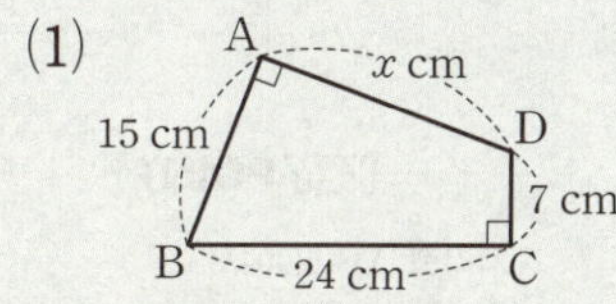

(2)
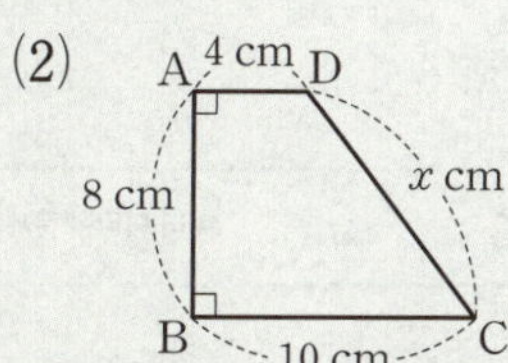

KEY POINT

적당한 보조선을 그어 직각삼각형을 만든 후 피타고라스 정리를 이용한다.
(1) 사각형에서 한 쌍의 대각이 직각인 경우
➡ 대각선을 그어 두 개의 직각삼각형을 만든다.
(2) 사다리꼴인 경우
➡ 수선을 그어 직각삼각형을 만든다.

풀이 (1) 오른쪽 그림과 같이 $\overline{BD}$를 그으면 △BCD에서
  $24^2+7^2=\overline{BD}^2$, $\overline{BD}^2=625$
  △ABD에서 $15^2+x^2=625$
  $x^2=400$ ∴ $x=20$

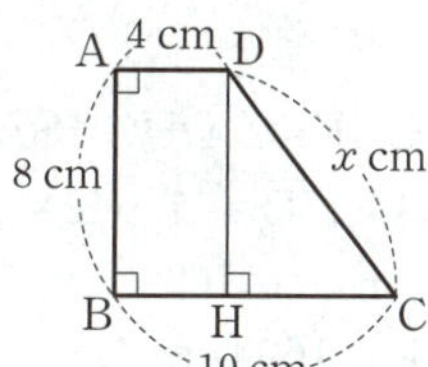

  (2) 오른쪽 그림과 같이 점 D에서 $\overline{BC}$에 내린 수선의 발을 H라 하면 $\overline{CH}=10-4=6\,(\text{cm})$
  △DHC에서 $8^2+6^2=x^2$, $x^2=100$
  ∴ $x=10$

답 (1) 20 (2) 10

확인 ② 다음 그림과 같은 □ABCD에서 x의 값을 구하시오.

(1)
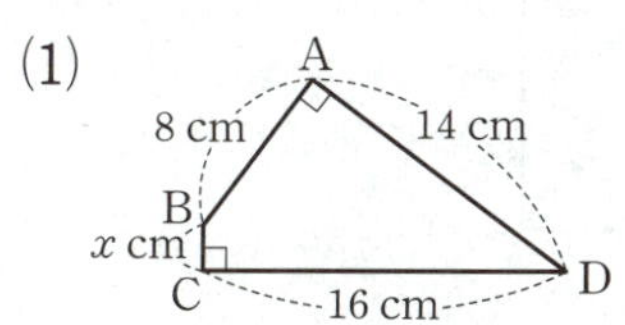

(2)
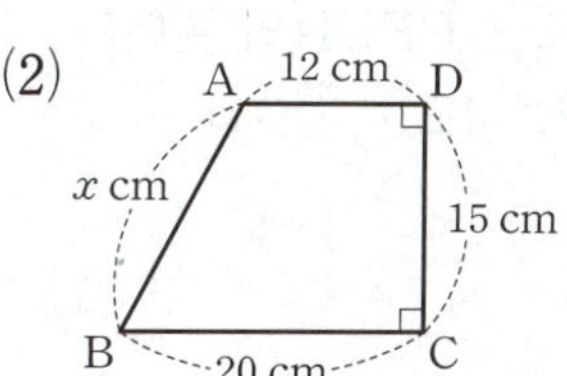

Ⅲ-4
피타고라스 정리

오른쪽 그림은 $\angle C=90°$인 직각삼각형 ABC의 세 변을 각각 한 변으로 하는 정사각형을 그린 것이다. $\overline{AB}=10$ cm, $\overline{BC}=6$ cm일 때, $\triangle AFL$의 넓이를 구하시오.

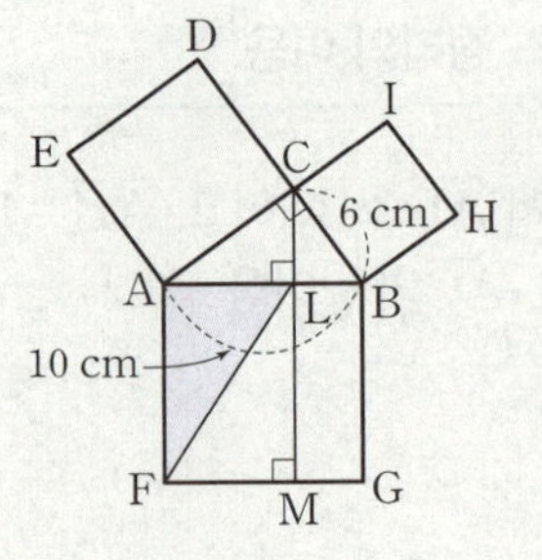

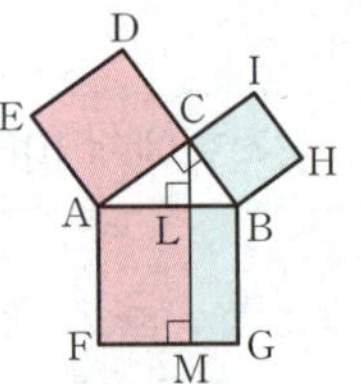

풀이　$\triangle ABC$에서　$\overline{AC}^2+6^2=10^2$,　$\overline{AC}^2=64$　$\therefore \overline{AC}=8$ (cm)

$\therefore \triangle AFL=\dfrac{1}{2}\square AFML=\dfrac{1}{2}\square ACDE=\dfrac{1}{2}\overline{AC}^2=\dfrac{1}{2}\times8^2=32$ (cm²)

답 32 cm²

확인 ③　오른쪽 그림은 $\angle B=90°$인 직각삼각형 ABC의 세 변을 각각 한 변으로 하는 정사각형을 그린 것이다. □ACHI의 넓이가 13 cm²이고 □BFGC의 넓이가 9 cm²일 때, $\overline{AB}$의 길이를 구하시오.

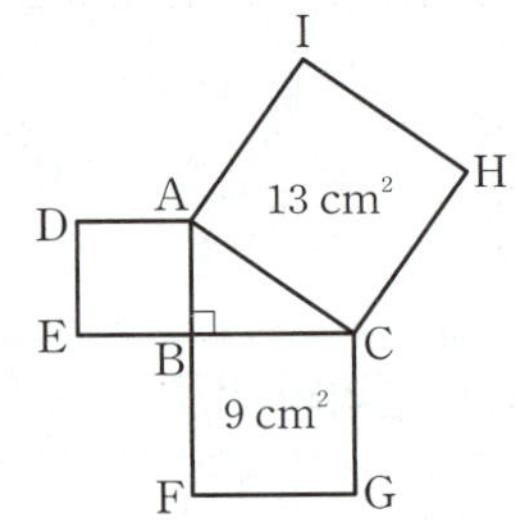

오른쪽 그림에서 □ABCD는 한 변의 길이가 17 cm인 정사각형이다. $\overline{AE}=\overline{BF}=\overline{CG}=\overline{DH}=12$ cm일 때, □EFGH의 넓이를 구하시오.

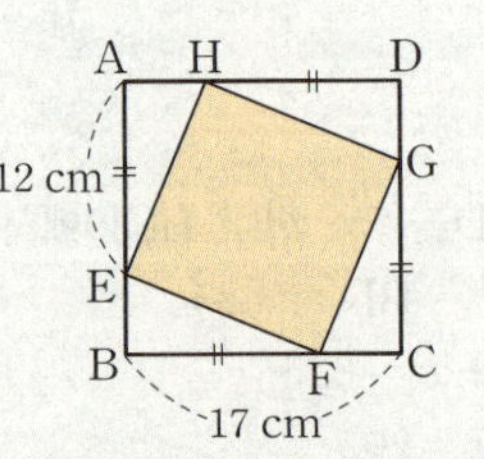

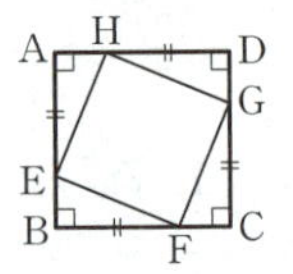

풀이　$\triangle AEH≡\triangle BFE≡\triangle CGF≡\triangle DHG$ (SAS 합동)이므로 □EFGH는 정사각형이다.

$\triangle AEH$에서 $\overline{AH}=\overline{AD}-\overline{HD}=17-12=5$ (cm)이므로

$\quad 12^2+5^2=\overline{EH}^2$,　$\overline{EH}^2=169$

$\quad \therefore \square EFGH=\overline{EH}^2=169$ (cm²)

답 169 cm²

확인 ④　오른쪽 그림과 같은 정사각형 ABCD에서 $\overline{AE}=\overline{BF}=\overline{CG}=\overline{DH}=2$ cm이고 □EFGH의 넓이가 20 cm²일 때, □ABCD의 넓이를 구하시오.

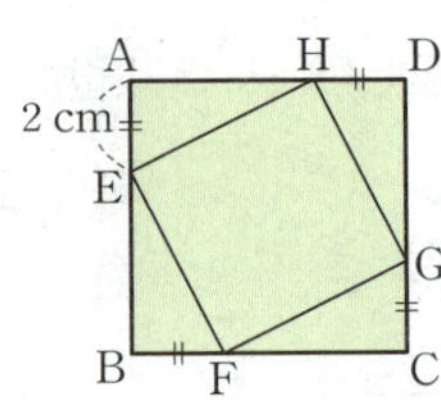

05 직각삼각형이 되기 위한 조건

● 더 다양한 문제는 RPM 2-2 125쪽

세 변의 길이가 각각 다음과 같은 삼각형 중에서 직각삼각형인 것은?

① 4 cm, 4 cm, 6 cm
② 4 cm, 7 cm, 8 cm
③ 6 cm, 9 cm, 12 cm
④ 8 cm, 10 cm, 13 cm
⑤ 9 cm, 12 cm, 15 cm

KEY POINT

세 변의 길이가 각각 a, b, c인 $\triangle ABC$에서 $a^2+b^2=c^2$이 성립
➡ $\triangle ABC$는 빗변의 길이가 c인 직각삼각형이다.

풀이

① $4^2+4^2\neq6^2$이므로 직각삼각형이 아니다.
② $4^2+7^2\neq8^2$이므로 직각삼각형이 아니다.
③ $6^2+9^2\neq12^2$이므로 직각삼각형이 아니다.
④ $8^2+10^2\neq13^2$이므로 직각삼각형이 아니다.
⑤ $9^2+12^2=15^2$이므로 직각삼각형이다.
따라서 직각삼각형인 것은 ⑤이다.

답 ⑤

확인 5 세 변의 길이가 각각 16 cm, 30 cm, 34 cm인 삼각형의 넓이를 구하시오.

06 삼각형의 변의 길이와 각의 크기 사이의 관계

● 더 다양한 문제는 RPM 2-2 125쪽

$\triangle ABC$에서 $\overline{AB}=10$ cm, $\overline{BC}=8$ cm, $\overline{CA}=x$ cm일 때, 다음 중 옳은 것은?

① $x=3$이면 예각삼각형이다.
② $x=4$이면 예각삼각형이다.
③ $x=5$이면 직각삼각형이다.
④ $x=6$이면 둔각삼각형이다.
⑤ $x=8$이면 예각삼각형이다.

KEY POINT

삼각형의 세 변의 길이가 각각 a, b, c (c가 가장 긴 변의 길이)일 때
① $c^2<a^2+b^2$이면 예각삼각형
② $c^2=a^2+b^2$이면 직각삼각형
③ $c^2>a^2+b^2$이면 둔각삼각형

풀이

① $10^2>8^2+3^2$이므로 둔각삼각형이다.
② $10^2>8^2+4^2$이므로 둔각삼각형이다.
③ $10^2>8^2+5^2$이므로 둔각삼각형이다.
④ $10^2=8^2+6^2$이므로 직각삼각형이다.
⑤ $10^2<8^2+8^2$이므로 예각삼각형이다.
따라서 옳은 것은 ⑤이다.

답 ⑤

확인 6 세 변의 길이가 각각 다음과 같은 삼각형 중에서 둔각삼각형인 것은?

① 5 cm, 7 cm, 8 cm
② 6 cm, 10 cm, 11 cm
③ 7 cm, 9 cm, 12 cm
④ 7 cm, 24 cm, 25 cm
⑤ 12 cm, 16 cm, 20 cm

III-4 피타고라스 정리

01 오른쪽 그림과 같이 $\angle C = 90°$인 직각삼각형 ABC에서 $\overline{AC} = 8$ cm, $\overline{AD} = 10$ cm, $\overline{BD} = 9$ cm일 때, $\overline{AB}$의 길이를 구하시오.

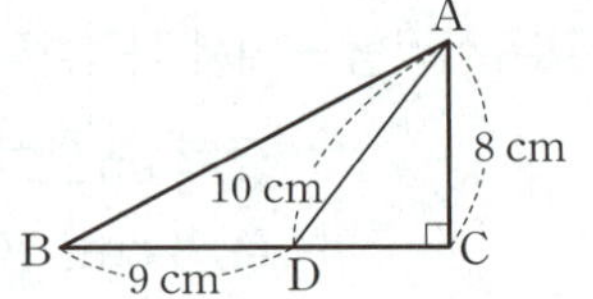

△ADC에서 피타고라스 정리를 이용하여 $\overline{DC}$의 길이를 먼저 구한다.

02 오른쪽 그림과 같이 $\overline{AD} /\!/ \overline{BC}$이고 $\overline{AB} = \overline{DC} = 15$ cm, $\overline{AD} = 7$ cm, $\overline{BC} = 25$ cm인 등변사다리꼴 ABCD의 넓이는?

① 186 cm²
② 188 cm²
③ 190 cm²
④ 192 cm²
⑤ 194 cm²

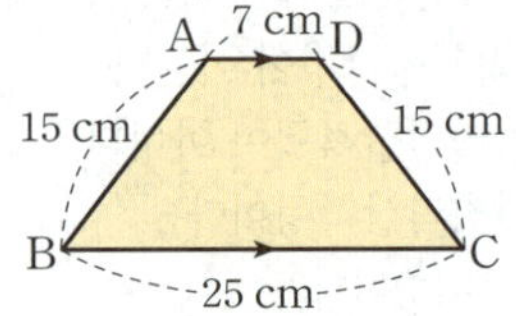

직각삼각형을 만들 수 있도록 보조선을 긋는다.

03 오른쪽 그림은 $\angle A = 90°$인 직각삼각형 ABC의 세 변을 각각 한 변으로 하는 정사각형을 그린 것이다. $\overline{BC} \perp \overline{AL}$, $\overline{FG} \perp \overline{AM}$이고 $\overline{AB} = 12$ cm, $\overline{AC} = 9$ cm일 때, $\overline{FM}$의 길이를 구하시오.

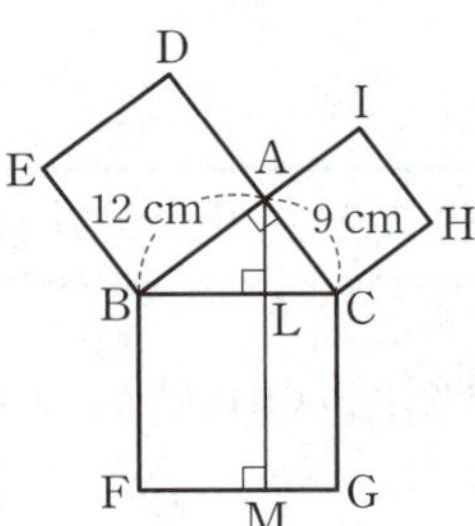

▱BFML = ▱ADEB임을 이용한다.

04 오른쪽 그림과 같이 합동인 네 개의 직각삼각형을 모아 정사각형 ABCD를 만들었다. □EFGH의 넓이가 400 cm²이고, $\overline{AH} = 16$ cm일 때, 정사각형 ABCD의 둘레의 길이를 구하시오.

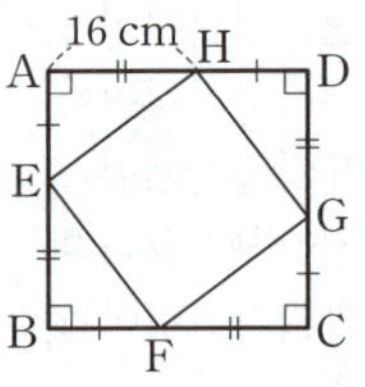

05 오른쪽 그림과 같은 △ABC에서 $90° < \angle A < 180°$일 때, x의 값이 될 수 있는 모든 자연수의 합은?

① 17
② 19
③ 27
④ 30
⑤ 33

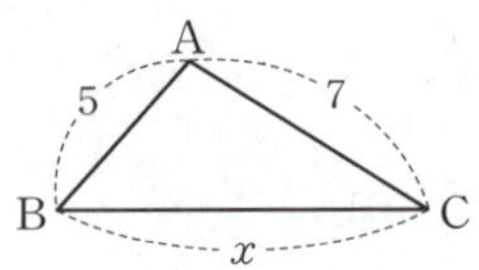

삼각형이 되려면
　(가장 긴 변의 길이)
　　< (나머지 두 변의 길이의 합)
이어야 한다.

02 피타고라스 정리의 활용

1 피타고라스 정리를 이용한 도형의 성질에는 어떤 것이 있는가? ◐ 핵심문제 01, 02

(1) **피타고라스 정리를 이용한 직각삼각형의 성질**

∠A=90°인 직각삼각형 ABC에서 두 점 D, E가 각각 $\overline{AB}$, $\overline{AC}$ 위에 있을 때,

$$\overline{DE}^2+\overline{BC}^2=\overline{BE}^2+\overline{CD}^2$$

설명 $\overline{DE}^2+\overline{BC}^2=(\overline{AD}^2+\overline{AE}^2)+(\overline{AB}^2+\overline{AC}^2)$
$=(\overline{AE}^2+\overline{AB}^2)+(\overline{AD}^2+\overline{AC}^2)=\overline{BE}^2+\overline{CD}^2$

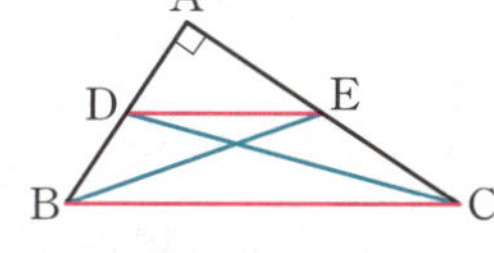

(2) **두 대각선이 직교하는 사각형의 성질**

사각형 ABCD에서 두 대각선이 직교할 때, 즉 $\overline{AC}\perp\overline{BD}$일 때,

$$\overline{AB}^2+\overline{CD}^2=\overline{BC}^2+\overline{DA}^2$$

설명 $\overline{AB}^2+\overline{CD}^2=(\overline{AO}^2+\overline{BO}^2)+(\overline{CO}^2+\overline{DO}^2)$
$=(\overline{BO}^2+\overline{CO}^2)+(\overline{AO}^2+\overline{DO}^2)=\overline{BC}^2+\overline{DA}^2$

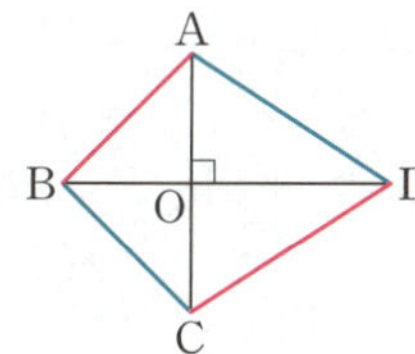

(3) **피타고라스 정리를 이용한 직사각형의 성질**

직사각형 ABCD의 내부에 있는 점 P에 대하여

$$\overline{AP}^2+\overline{CP}^2=\overline{BP}^2+\overline{DP}^2$$

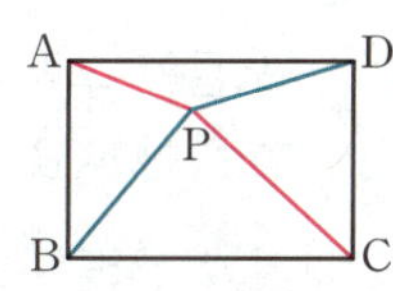

설명 $\overline{HF}\,/\!/\,\overline{AB}$, $\overline{EG}\,/\!/\,\overline{AD}$가 되도록 $\overline{HF}$, $\overline{EG}$를 그으면
$\overline{AP}^2+\overline{CP}^2=(\overline{AH}^2+\overline{HP}^2)+(\overline{PG}^2+\overline{GC}^2)$
$=(\overline{AH}^2+\overline{GC}^2)+(\overline{HP}^2+\overline{PG}^2)$
$=(\overline{BF}^2+\overline{PF}^2)+(\overline{DG}^2+\overline{PG}^2)=\overline{BP}^2+\overline{DP}^2$

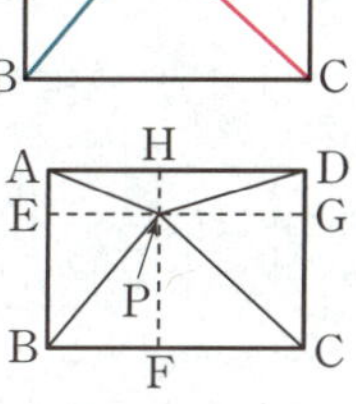

2 직각삼각형에서 세 반원 사이에는 어떤 관계가 있는가? ◐ 핵심문제 03, 04

(1) ∠A=90°인 직각삼각형 ABC에서 세 변 AB, AC, BC를 각각 지름으로 하는 세 반원의 넓이를 각각 S_1, S_2, S_3이라 할 때,

$$S_1+S_2=S_3$$

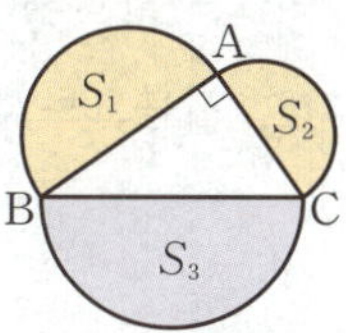

(2) ∠A=90°인 직각삼각형 ABC의 세 변 AB, AC, BC를 각각 지름으로 하는 세 반원을 그렸을 때,

$$(\text{색칠한 부분의 넓이})=\triangle ABC=\frac{1}{2}bc$$

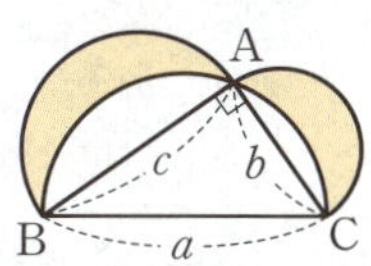

▶ 색칠한 부분의 넓이를 '히포크라테스의 원의 넓이'라 한다.

설명 ∠A=90°인 직각삼각형 ABC에서 $\overline{AB}$, $\overline{AC}$, $\overline{BC}$를 각각 지름으로 하는 세 반원의 넓이를 각각 S_1, S_2, S_3이라 하고, $\overline{AB}=c$, $\overline{BC}=a$, $\overline{CA}=b$라 하면

(1) $S_1+S_2=\frac{1}{2}\times\pi\times\left(\frac{c}{2}\right)^2+\frac{1}{2}\times\pi\times\left(\frac{b}{2}\right)^2=\frac{1}{8}\pi(b^2+c^2)$, $S_3=\frac{1}{2}\times\pi\times\left(\frac{a}{2}\right)^2=\frac{1}{8}\pi a^2$

그런데 직각삼각형 ABC에서 $b^2+c^2=a^2$이므로 $S_1+S_2=S_3$

(2) (색칠한 부분의 넓이)$=(S_1+S_2)+\triangle ABC-S_3=S_3+\triangle ABC-S_3=\triangle ABC$

01 오른쪽 그림과 같이 $\angle A = 90°$인 직각삼각형 ABC에서 $\overline{BC} = 9$, $\overline{BE} = 6$, $\overline{CD} = 8$일 때, x^2의 값을 구하시오.

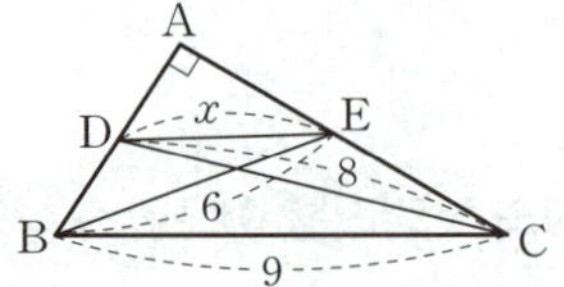

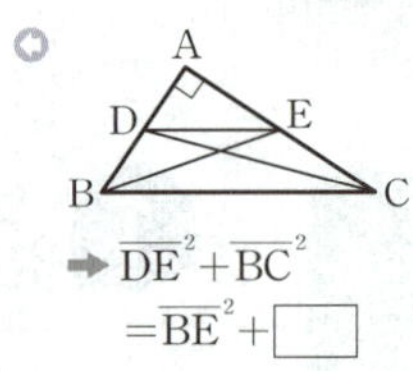

➡ $\overline{DE}^2 + \overline{BC}^2$
$= \overline{BE}^2 + \boxed{}$

02 오른쪽 그림과 같은 □ABCD에서 $\overline{AC} \perp \overline{BD}$이다. $\overline{AB} = 6$, $\overline{BC} = 7$, $\overline{CD} = 5$일 때, x^2의 값을 구하시오.

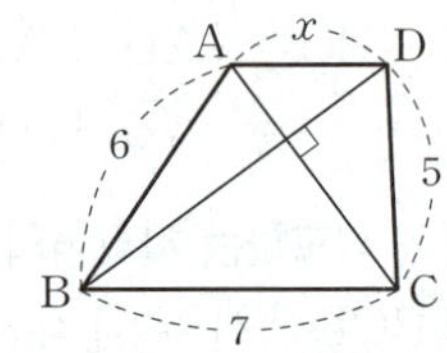

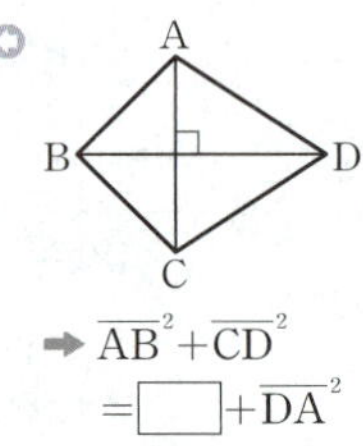

➡ $\overline{AB}^2 + \overline{CD}^2$
$= \boxed{} + \overline{DA}^2$

03 오른쪽 그림과 같이 직사각형 ABCD의 내부의 한 점 P에 대하여 $\overline{AP} = 6$, $\overline{BP} = 5$, $\overline{DP} = 4$일 때, x^2의 값을 구하시오.

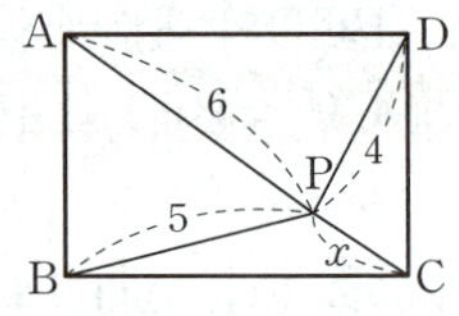

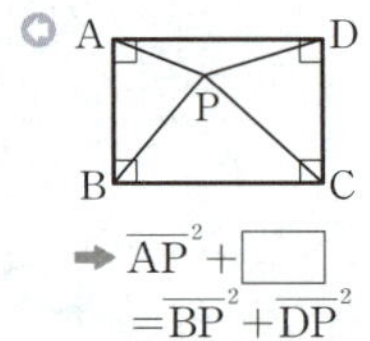

➡ $\overline{AP}^2 + \boxed{}$
$= \overline{BP}^2 + \overline{DP}^2$

04 오른쪽 그림은 $\angle A = 90°$인 직각삼각형 ABC의 세 변을 각각 지름으로 하는 세 반원을 그린 것이다. $\overline{AB}$, $\overline{BC}$를 지름으로 하는 반원의 넓이가 각각 $60\pi \ \text{cm}^2$, $90\pi \ \text{cm}^2$일 때, $\overline{AC}$를 지름으로 하는 반원의 넓이를 구하시오.

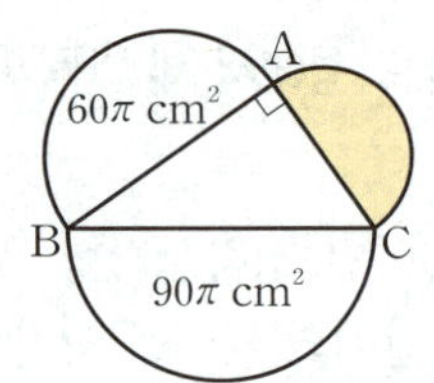

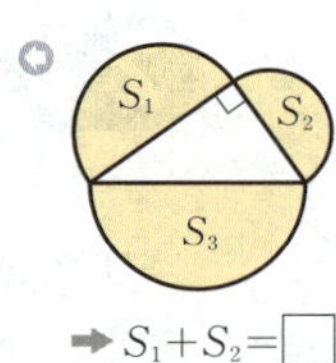

➡ $S_1 + S_2 = \boxed{}$

05 오른쪽 그림은 $\angle A = 90°$인 직각삼각형 ABC의 세 변을 각각 지름으로 하는 세 반원을 그린 것이다. 빗금 친 두 부분의 넓이가 각각 $18 \ \text{cm}^2$, $12 \ \text{cm}^2$일 때, $\triangle ABC$의 넓이를 구하시오.

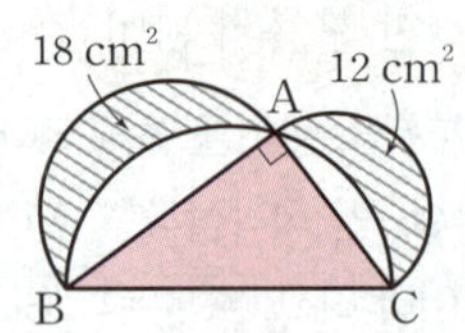

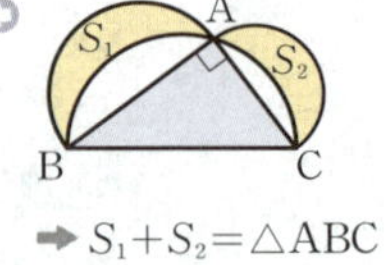

➡ $S_1 + S_2 = \triangle ABC$

01 피타고라스 정리를 이용한 직각삼각형의 성질

● 더 다양한 문제는 RPM 2-2 126쪽

오른쪽 그림과 같이 $\angle A = 90°$인 직각삼각형 ABC에서 $\overline{BE} = 5$, $\overline{CD} = 6$일 때, $\overline{DE}^2 + \overline{BC}^2$의 값을 구하시오.

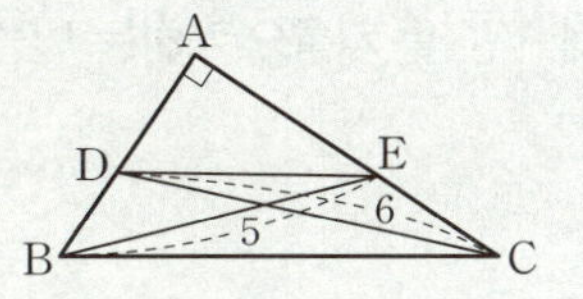

KEY POINT

$\Rightarrow a^2 + b^2 = c^2 + d^2$

풀이 $\overline{DE}^2 + \overline{BC}^2 = \overline{BE}^2 + \overline{CD}^2$이므로
$\overline{DE}^2 + \overline{BC}^2 = 5^2 + 6^2 = 61$

답 61

확인 1 오른쪽 그림과 같이 $\angle A = 90°$인 직각삼각형 ABC에서 $\overline{AD} = 3$, $\overline{AE} = 4$, $\overline{BC} = 8$일 때, $\overline{BE}^2 + \overline{CD}^2$의 값을 구하시오.

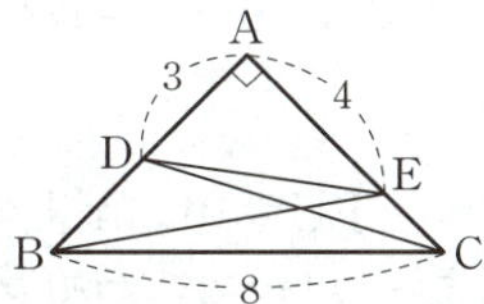

02 피타고라스 정리를 이용한 사각형의 성질

● 더 다양한 문제는 RPM 2-2 127쪽

오른쪽 그림과 같은 □ABCD에서 $\overline{AC} \perp \overline{BD}$이다. $\overline{AB} = 4\ \text{cm}$, $\overline{BC} = 5\ \text{cm}$일 때, $y^2 - x^2$의 값을 구하시오.

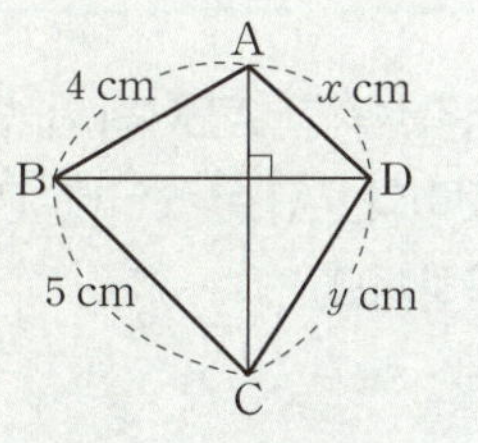

KEY POINT

(1) 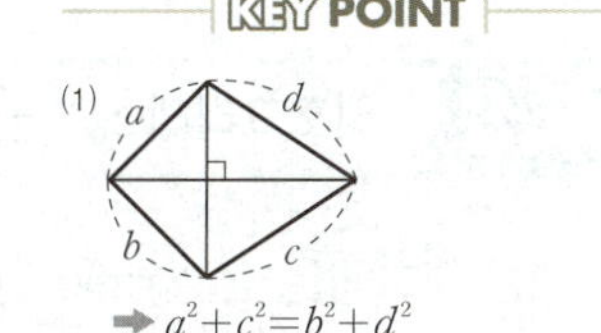

$\Rightarrow a^2 + c^2 = b^2 + d^2$

(2) 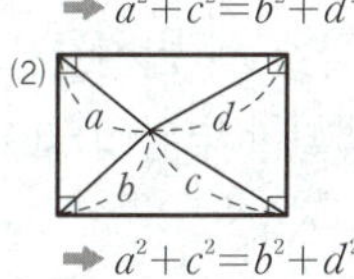

$\Rightarrow a^2 + c^2 = b^2 + d^2$

풀이 $\overline{AB}^2 + \overline{CD}^2 = \overline{BC}^2 + \overline{DA}^2$이므로
$4^2 + y^2 = 5^2 + x^2$ $\quad \therefore y^2 - x^2 = 9$

답 9

확인 2 오른쪽 그림과 같이 직사각형 ABCD의 내부의 한 점 P에 대하여 $\overline{AP} = 3$, $\overline{CP} = 6$일 때, $\overline{BP}^2 + \overline{DP}^2$의 값을 구하시오.

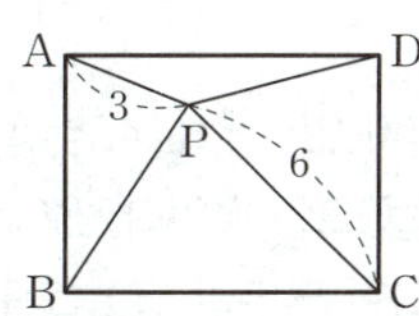

| KEY POINT |

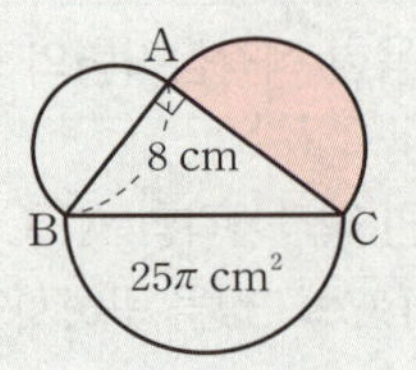
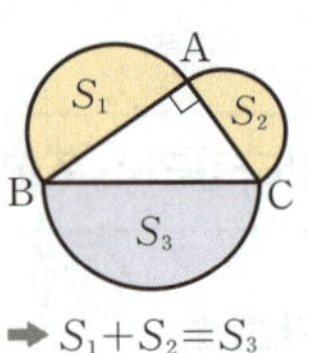

➡ $S_1+S_2=S_3$

03 직각삼각형에서 세 반원 사이의 관계

● 더 다양한 문제는 RPM 2-2 128쪽

오른쪽 그림은 $\angle A=90°$, $\overline{AB}=8$ cm인 직각삼각형 ABC의 세 변을 각각 지름으로 하는 세 반원을 그린 것이다. $\overline{BC}$를 지름으로 하는 반원의 넓이가 25π cm²일 때, $\overline{AC}$를 지름으로 하는 반원의 넓이를 구하시오.

풀이 ($\overline{AB}$를 지름으로 하는 반원의 넓이)$+$($\overline{AC}$를 지름으로 하는 반원의 넓이)
$=$($\overline{BC}$를 지름으로 하는 반원의 넓이)
이므로
$$(\overline{AC}\text{를 지름으로 하는 반원의 넓이})=25\pi-\frac{1}{2}\times\pi\times 4^2$$
$$=17\pi\ (\text{cm}^2)$$

답 17π cm²

확인 ③ 오른쪽 그림은 $\angle A=90°$, $\overline{BC}=10$ cm인 직각삼각형 ABC의 세 변을 각각 지름으로 하는 세 반원을 그린 것이다. 색칠한 부분의 넓이를 구하시오.

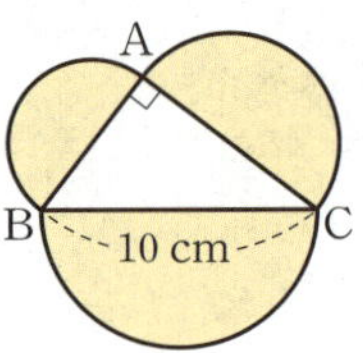

| KEY POINT |

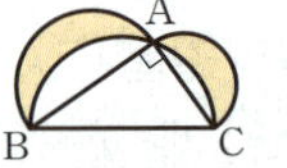

➡ (색칠한 부분의 넓이)
$=\triangle ABC$

04 히포크라테스의 원의 넓이

● 더 다양한 문제는 RPM 2-2 128쪽

오른쪽 그림은 $\angle A=90°$인 직각삼각형 ABC의 세 변을 각각 지름으로 하는 세 반원을 그린 것이다. $\overline{AB}=5$ cm, $\overline{BC}=13$ cm일 때, 색칠한 부분의 넓이를 구하시오.

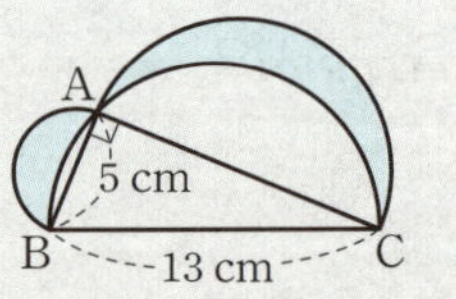

풀이 $\triangle ABC$에서 $5^2+\overline{AC}^2=13^2$, $\overline{AC}^2=144$
$\therefore \overline{AC}=12$ (cm)
$\therefore$ (색칠한 부분의 넓이)$=\triangle ABC=\frac{1}{2}\times 5\times 12=30$ (cm²)

답 30 cm²

확인 ④ 오른쪽 그림은 $\angle A=90°$인 직각삼각형 ABC의 세 변을 각각 지름으로 하는 세 반원을 그린 것이다. $\overline{BC}=15$ cm, $\overline{CA}=9$ cm일 때, 색칠한 부분의 넓이를 구하시오.

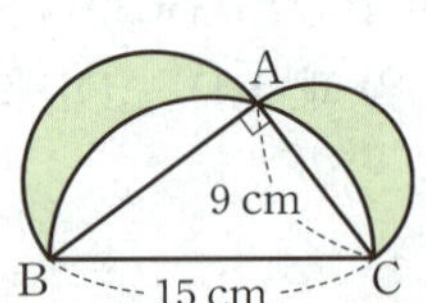

▶ 정답 및 풀이 66쪽

01 오른쪽 그림과 같이 ∠C=90°인 직각삼각형 ABC에서 두 점 D, E는 각각 $\overline{AC}$, $\overline{BC}$의 중점이다. $\overline{AB}=10$일 때, $\overline{AE}^2+\overline{BD}^2$의 값은?

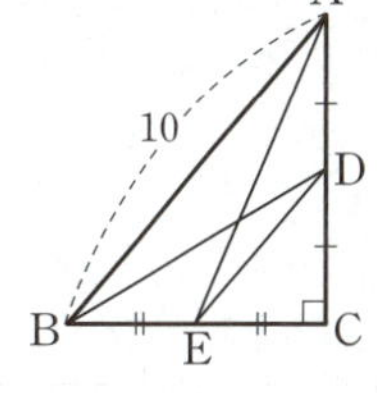

① 115   ② 120   ③ 125
④ 130   ⑤ 135

삼각형의 두 변의 중점을 연결한 선분의 성질을 이용하여 $\overline{DE}$의 길이를 구한다.

02 오른쪽 그림과 같은 □ABCD에서 두 대각선이 직교한다. $\overline{AD}=7$, $\overline{BP}=3$, $\overline{CP}=5$일 때, $\overline{AB}^2+\overline{CD}^2$의 값을 구하시오.

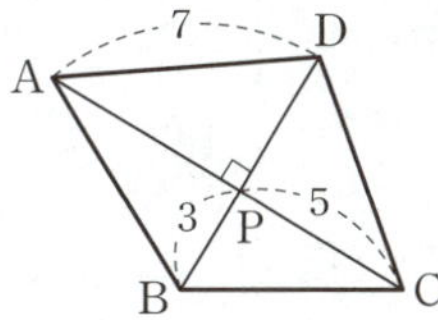

03 어느 박람회장에 오른쪽 그림과 같이 직사각형 모양으로 A, B, C, D 4개의 부스가 설치되어 있다. 안내소 P에서 A, B, D 부스까지의 거리가 각각 200 m, 600 m, 700 m일 때, 안내소 P에서 출발하여 분속 50 m로 C 부스까지 가는 데 걸리는 시간은?

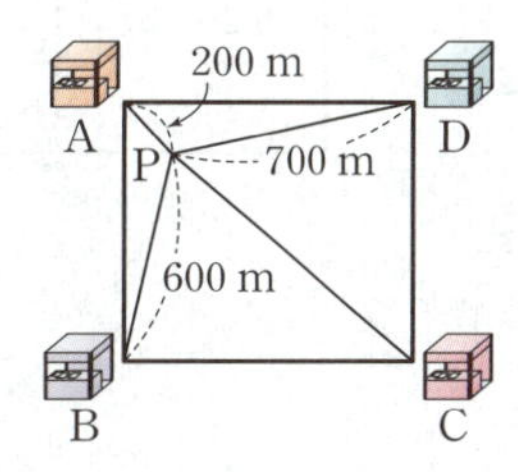

① 14분   ② 16분   ③ 18분
④ 20분   ⑤ 22분

04 오른쪽 그림은 ∠B=90°인 직각삼각형 ABC의 세 변을 각각 지름으로 하는 세 반원을 그린 것이다. $\overline{AB}$, $\overline{AC}$를 지름으로 하는 반원의 넓이가 각각 18π cm², 50π cm²일 때, △ABC의 넓이를 구하시오.

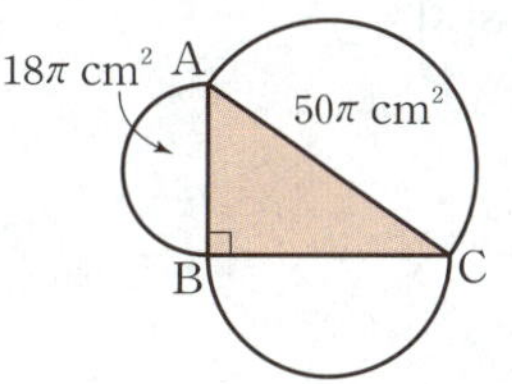

$\overline{BC}$를 지름으로 하는 반원의 넓이를 구한 후 $\overline{AB}$, $\overline{BC}$의 길이를 각각 구한다.

05 오른쪽 그림은 ∠A=90°인 직각삼각형 ABC의 세 변을 각각 지름으로 하는 세 반원을 그린 것이다. $\overline{AB}=4$ cm이고 색칠한 부분의 넓이가 6 cm²일 때, $\overline{BC}$의 길이를 구하시오.

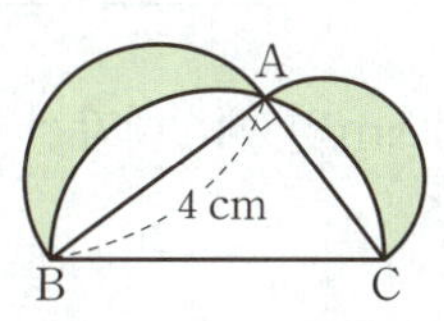

(색칠한 부분의 넓이)=△ABC

Ⅲ-4
피타고라스 정리

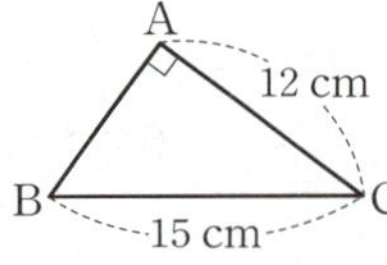

01 오른쪽 그림과 같이 ∠A=90°인 직각삼각형 ABC에서 $\overline{BC}$=15 cm, $\overline{CA}$=12 cm일 때, △ABC 의 둘레의 길이는?

① 33 cm ② 34 cm ③ 35 cm
④ 36 cm ⑤ 37 cm

02 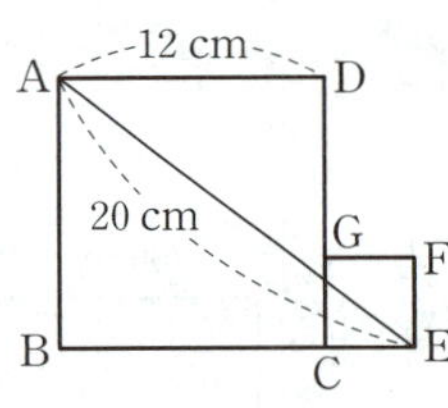 오른쪽 그림에서 □ABCD 와 □CEFG는 정사각형이 다. $\overline{AD}$=12 cm, $\overline{AE}$=20 cm일 때, $\overline{CE}$의 길이를 구하시오.

03 오른쪽 그림과 같은 □ABCD에서 $\overline{AB}$=$\overline{BC}$이 고 ∠B=∠D=90°이다. $\overline{AD}$=7 cm, $\overline{CD}$=1 cm 일 때, $\overline{AB}$의 길이를 구하시오.

04 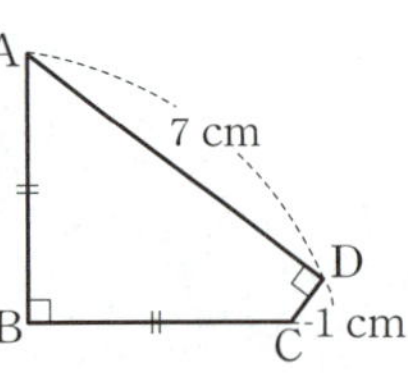 오른쪽 그림과 같은 사 다리꼴 ABCD에서 ∠A=∠B=90°이고 $\overline{AB}$=8 cm, $\overline{AD}$=9 cm, $\overline{CD}$=10 cm일 때, 대각선 AC의 길이를 구하시오.

05 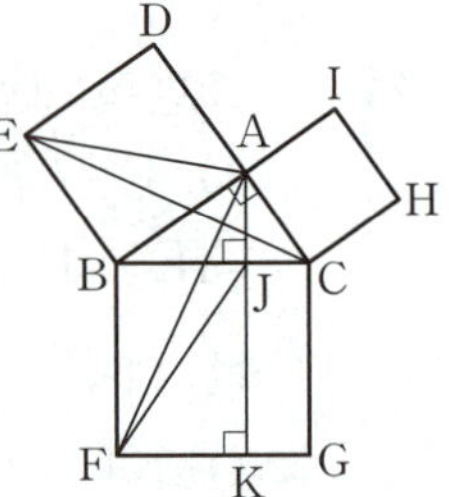 오른쪽 그림은 직각삼각형 ABC의 세 변을 각각 한 변으로 하는 정사각형을 그 린 것이다. 다음 중 옳지 않 은 것은?

① △AEB=△CEB
② △ABC=△BFJ
③ △EBC=△ABF
④ △EBA=$\frac{1}{2}$□BFKJ
⑤ □ACHI=□JKGC

06 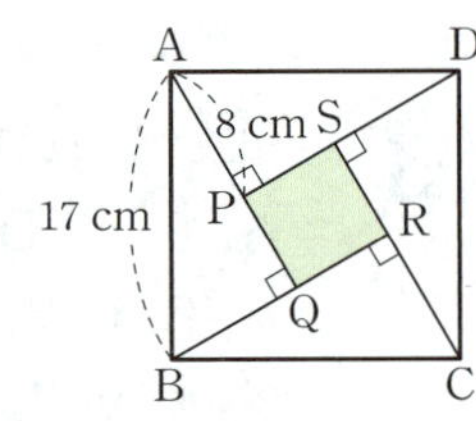 오른쪽 그림과 같은 정사각 형 ABCD에서 4개의 직각 삼각형은 모두 서로 합동이 다. $\overline{AB}$=17 cm, $\overline{AP}$=8 cm일 때, □PQRS의 넓이를 구하시오.

07 세 변의 길이가 **보기**와 같은 삼각형 중에서 직각삼 각형인 것을 모두 고른 것은?

> **보기**
>
> ㄱ. 5 cm, 12 cm, 13 cm
> ㄴ. 8 cm, 12 cm, 15 cm
> ㄷ. 8 cm, 15 cm, 18 cm
> ㄹ. 15 cm, 20 cm, 25 cm

① ㄱ, ㄷ ② ㄱ, ㄹ ③ ㄴ, ㄷ
④ ㄴ, ㄹ ⑤ ㄷ, ㄹ

08 오른쪽 그림과 같은
□ABCD에서 두 대각선이
직교한다. $\overline{AB}=9$,
$\overline{BC}=14$, $\overline{CD}=12$일 때,
x^2+y^2의 값은?

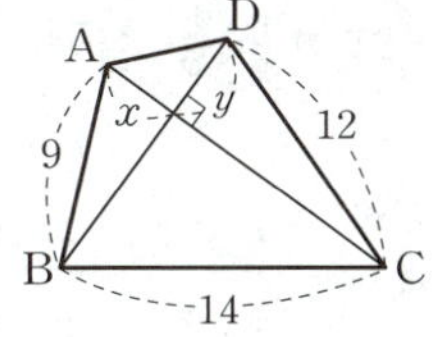

① 27　　② 28　　③ 29
④ 30　　⑤ 31

09 오른쪽 그림과 같이 $\angle C=90°$
인 직각삼각형 ABC의 세 변
을 각각 지름으로 하는 세 반
원을 그렸다. $\overline{AC}=4$ cm이고
$\overline{BC}$를 지름으로 하는 반원의
넓이가 24π cm²일 때, $\overline{AB}$를 지름으로 하는 반원
의 넓이를 구하시오.

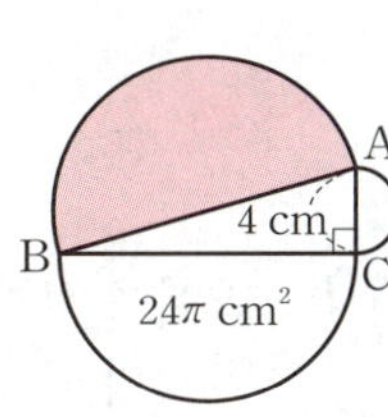

꼭나와

10 오른쪽 그림은 $\overline{AB}=\overline{AC}$인
직각이등변삼각형 ABC의 세
변을 각각 지름으로 하는 세
반원을 그린 것이다.
$\overline{BC}=10$ cm일 때, 색칠한 부분의 넓이는?

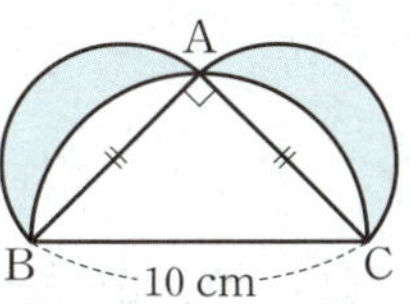

① 25 cm²　　② 30 cm²　　③ 35 cm²
④ 40 cm²　　⑤ 45 cm²

---

11 오른쪽 그림과 같이
$\angle C=90°$인 직각삼각형
ABC에서
$\angle BAD=\angle DAC$이다.
$\overline{AB}=10$ cm, $\overline{AC}=6$ cm일 때, $\overline{BD}$의 길이를 구
하시오.

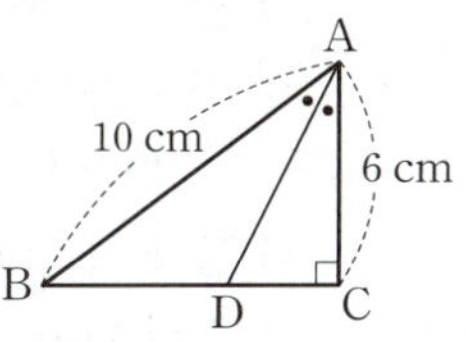

꼭나와

12 오른쪽 그림과 같이
$\angle B=90°$인 직각삼각형
ABC에서 $\overline{AC}\perp\overline{BD}$이다.
$\overline{AB}=20$ cm,
$\overline{BD}=12$ cm일 때, $\overline{BC}$의
길이는?

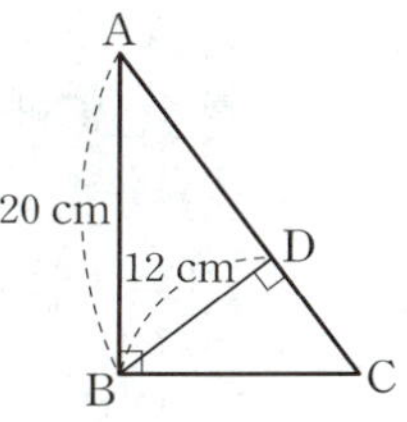

① 13 cm　　② 14 cm　　③ 15 cm
④ 16 cm　　⑤ 17 cm

13 오른쪽 그림과 같이 가로, 세
로의 길이가 모두 5 cm이고
높이가 8 cm인 직육면체의
꼭짓점 B에서 출발하여 겉면
을 따라 $\overline{CG}$, $\overline{DH}$를 지나 점
E에 이르는 최단 거리를 구
하시오.

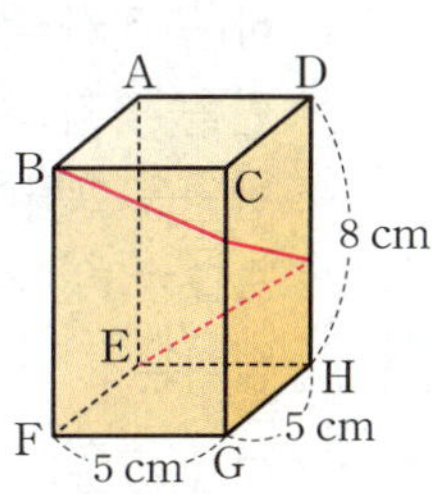

14 오른쪽 그림은 ∠A＝90°인 직각삼각형 ABC에서 $\overline{BC}$를 한 변으로 하는 정사각형 BDEC를 그린 것이다. 점 A에서 $\overline{DE}$에 내린 수선의 발을 F, $\overline{AF}$와 $\overline{BC}$의 교점을 G라 하고 $\overline{AB}=12$ cm, $\overline{BC}=15$ cm일 때, □GFEC의 넓이를 구하시오.

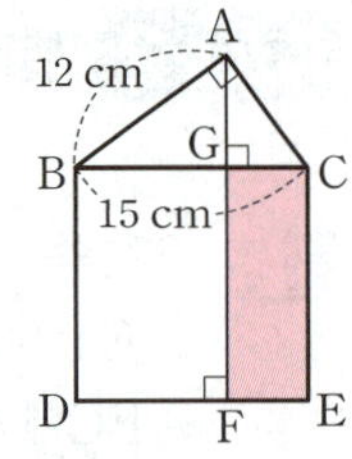

15 오른쪽 그림과 같이 ∠A＝90°인 직각삼각형 ABC에서 $\overline{AD}=6$, $\overline{AE}=8$, $\overline{BD}=9$일 때, $\overline{BC}^2-\overline{CD}^2$의 값은?

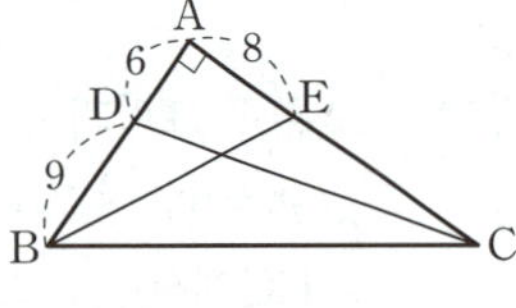

① 181 　② 183 　③ 185
④ 187 　⑤ 189

16 오른쪽 그림과 같이 원에 내접하는 직사각형 ABCD의 네 변을 각각 지름으로 하는 네 반원을 그렸다. $\overline{AB}=5$, $\overline{AD}=3$일 때, 색칠한 부분의 넓이는?

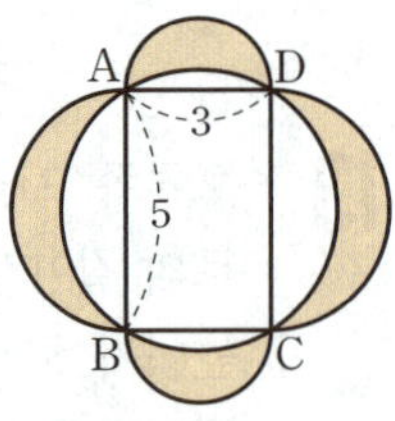

① 12 　② 15 　③ 18
④ 21 　⑤ 24

---

17 오른쪽 그림과 같이 ∠B＝90°인 직각삼각형 ABC에서 중심이 두 점 A, C이고, 반지름의 길이가 12 cm, 5 cm인 두 원을 그려 빗변 AC와 만나는 점을 각각 P, Q라 할 때, $\overline{QP}$의 길이를 구하시오.

해설 강의

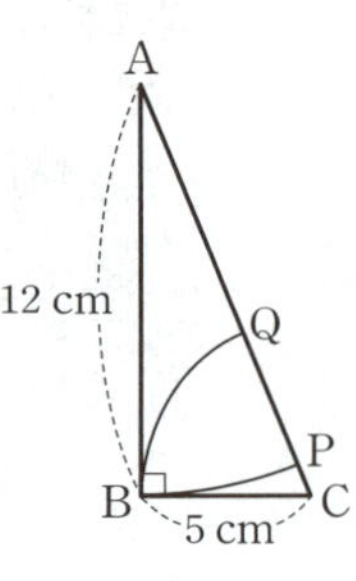

18 오른쪽 그림과 같이 가로, 세로의 길이가 각각 20 cm, 16 cm인 직사각형 모양의 종이 ABCD를 꼭짓점 D가 $\overline{BC}$ 위의 점 E에 오도록 $\overline{AF}$를 접는 선으로 하여 접었을 때, △ECF의 넓이를 구하시오.

해설 강의

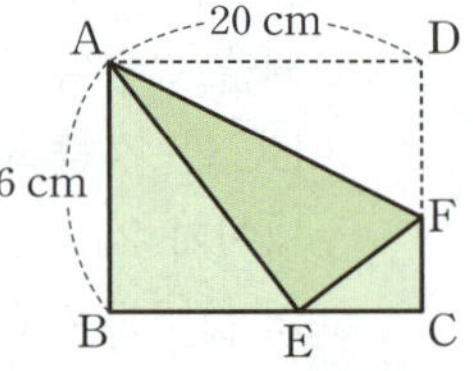

19 오른쪽 그림과 같은 직사각형 ABCD에서 $\overline{AC}\perp\overline{DP}$이고 $\overline{AD}=20$, $\overline{CD}=15$일 때, $\overline{BP}^2$의 값을 구하시오.

해설 강의

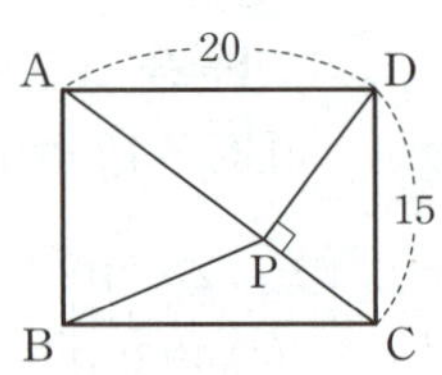

서술형 대비 문제

예제 1

해설 강의

오른쪽 그림에서 두 직각삼각형 ABC, CDE는 서로 합동이고 세 점 B, C, D는 한 직선 위에 있다. $\overline{BC}=4$ cm이고 △ACE의 넓이가 10 cm²일 때, 사다리꼴 ABDE의 넓이를 구하시오. [8점]

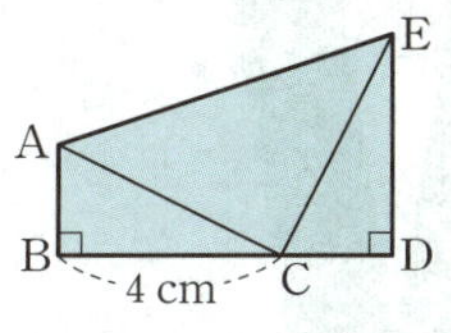

풀이 과정

1단계 △ACE가 직각이등변삼각형임을 알기 • 2점

△ABC≡△CDE이므로 △ACE는 ∠ACE=90° 인 직각이등변삼각형이다.

2단계 $\overline{AB}$의 길이 구하기 • 3점

△ACE=10 (cm²)이므로 $\dfrac{1}{2}\overline{AC}^2=10$

$\overline{AC}^2=20$

△ABC에서 $\overline{AB}^2+4^2=20$ ∴ $\overline{AB}=2$ (cm)

3단계 사다리꼴 ABDE의 넓이 구하기 • 3점

$\overline{CD}=\overline{AB}=2$ (cm), $\overline{DE}=\overline{BC}=4$ (cm)이므로

$\square ABDE=\dfrac{1}{2}\times(2+4)\times(4+2)=18$ (cm²)

답 18 cm²

유제 1

오른쪽 그림에서 두 직각삼각형 ABC, CDE는 서로 합동이고, 세 점 B, C, D는 한 직선 위에 있다. $\overline{AB}=8$ cm, $\overline{DE}=15$ cm일 때, △ACE의 넓이를 구하시오. [8점]

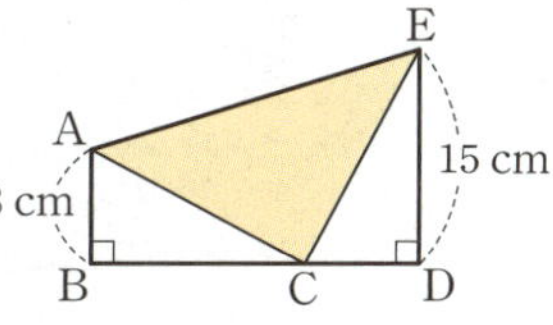

풀이 과정

1단계 △ACE가 직각이등변삼각형임을 알기 • 2점

2단계 $\overline{AC}$의 길이 구하기 • 3점

3단계 △ACE의 넓이 구하기 • 3점

답

유제 2

세 변의 길이가 각각 6, 10, x인 삼각형에서 다음을 구하시오. (단, $x>10$) [총 7점]

(1) 예각삼각형이 되도록 하는 자연수 x의 값 [4점]

(2) 둔각삼각형이 되도록 하는 자연수 x의 값 [3점]

풀이 과정

(1)

(2)

답 (1)   (2)

유제 3

오른쪽 그림과 같이 ∠A=90°인 직각삼각형 ABC에서 $\overline{AB}$, $\overline{BC}$를 지름으로 하는 두 반원의 넓이를 각각 S_1, S_2라 하자. $S_1=24\pi$, $S_2=56\pi$일 때, $\overline{AC}$의 길이를 구하시오. [7점]

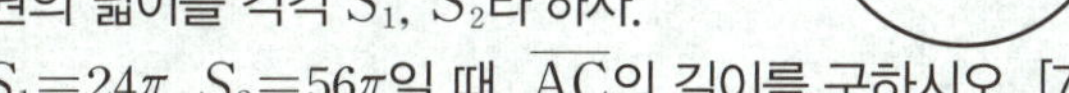

풀이 과정

답

IV

확률

이 단원에서는 경우의 수를 구해 보자.
또 확률의 개념과 그 기본 성질을 이해하고, 확률을 구해 보자.

이전에 배운 내용	이 단원의 내용	이후에 배울 내용
초5 가능성 **중1** 도수분포표와 상대도수	**1. 경우의 수** 　01 경우의 수 　02 여러 가지 경우의 수 **2. 확률** 　01 확률의 뜻과 성질 　02 확률의 계산	**중3** 산포도 　　　상관관계 **고1** 경우의 수 　　　순열과 조합

IV-1

경우의 수

이 단원의 학습 계획을 세우고
하나하나 실천하는 습관을 기르자!!

			공부한 날		학습 완료도
01 경우의 수	개념원리 이해 & 개념원리 확인하기		월	일	□□□
	핵심문제 익히기		월	일	○○○
	이런 문제가 시험에 나온다		월	일	○○○
02 여러 가지 경우의 수	개념원리 이해 & 개념원리 확인하기		월	일	□□□
	핵심문제 익히기		월	일	○○○
	이런 문제가 시험에 나온다		월	일	○○○
중단원 마무리하기			월	일	○○○
서술형 대비 문제			월	일	○○○

개념 학습 guide

- 개념을 이해했으면 ■■■, 개념을 문제에 적용할 수 있으면 ■■■, 개념을 친구에게 설명할 수 있으면 ■■■ 로 색칠한다.

- 부족한 부분의 개념을 반복 학습하여 ■■■ 3칸 모두 색칠하면 학습을 마친다.

문제 학습 guide

- 맞힌 문제가 전체의 50% 미만이면 ●●●, 맞힌 문제가 50% 이상 90% 미만이면 ●●●, 맞힌 문제가 90% 이상이면 ●●● 로 색칠한다.

- 틀린 문제는 왜 틀렸는지 그 이유를 파악한 후 다시 풀어 본다. 며칠 후 틀린 문제를 다시 풀어 보고, 풀이 과정과 답이 맞으면 학습을 마친다.

01 경우의 수

1 사건과 경우의 수란 무엇인가?

◐ 핵심문제 01, 02

(1) **사건**: 같은 조건에서 반복할 수 있는 실험이나 관찰에 의하여 나타나는 결과

(2) **경우의 수**: 어떤 사건이 일어나는 경우의 가짓수

▶ 경우의 수는 빠짐없이 중복되지 않게 구해야 한다.

예		
실험, 관찰	한 개의 주사위를 던진다.	
사건	짝수의 눈이 나온다.	
경우	⚁ ⚃ ⚅	
경우의 수	3	

2 사건 A 또는 사건 B가 일어나는 경우의 수는 어떻게 구하는가?

◐ 핵심문제 03, 04

두 사건 A, B가 동시에 일어나지 않을 때, 사건 A가 일어나는 경우의 수가 m, 사건 B가 일어나는 경우의 수가 n이면

$$(\text{사건 } A \text{ 또는 사건 } B\text{가 일어나는 경우의 수}) = m + n \leftarrow \text{각 사건이 일어나는 경우의 수를 더한다.}$$

▶ 두 사건 A, B가 동시에 일어나지 않는다는 것은 사건 A가 일어나면 사건 B는 일어나지 않는다는 것이다.

참고 문제에 '또는', '~이거나'와 같은 표현이 있으면 두 사건이 일어나는 경우의 수를 더한다.

예 한 개의 주사위를 던질 때, 2 이하 또는 4 이상의 눈이 나오는 경우의 수를 구해 보자.

➡ 2 이하의 눈이 나오는 경우는 1, 2의 2가지

4 이상의 눈이 나오는 경우는 4, 5, 6의 3가지

따라서 구하는 경우의 수는

$$2 + 3 = 5$$

3 두 사건 A, B가 동시에 일어나는 경우의 수는 어떻게 구하는가?

◐ 핵심문제 05, 06

사건 A가 일어나는 경우의 수가 m, 그 각각에 대하여 사건 B가 일어나는 경우의 수가 n이면

$$(\text{두 사건 } A, B\text{가 동시에 일어나는 경우의 수}) = m \times n \leftarrow \text{각 사건이 일어나는 경우의 수를 곱한다.}$$

▶ 두 사건 A, B가 동시에 일어난다는 것은 두 사건 A, B가 같은 시간에 일어나는 것만을 뜻하는 것이 아니라 두 사건 A, B가 모두 일어난다는 것이다.

참고 문제에 '동시에', '그리고', '~와', '~하고 나서'와 같은 표현이 있으면 두 사건이 일어나는 경우의 수를 곱한다.

예 서로 다른 두 개의 주사위를 동시에 던질 때, 일어나는 모든 경우의 수를 구해 보자.

➡ 주사위 한 개를 던질 때 나오는 모든 경우는 1, 2, 3, 4, 5, 6의 6가지이므로 구하는 경우의 수는

$$6 \times 6 = 36$$

01 한 개의 주사위를 던질 때, 다음을 구하시오.

(1) 5 이상의 눈이 나오는 경우의 수

(2) 소수의 눈이 나오는 경우의 수

◯ 경우의 수: 어떤 ☐이 일어나는 가짓수

02 1부터 10까지의 자연수가 각각 하나씩 적힌 10장의 카드 중에서 한 장을 뽑을 때, 다음을 구하시오.

(1) 홀수가 적힌 카드가 나오는 경우의 수

(2) 3의 배수가 적힌 카드가 나오는 경우의 수

03 어느 서점에 수학 참고서가 5종류, 영어 참고서가 4종류 있을 때, 다음을 구하시오.

(1) 수학 참고서 한 권을 사는 경우의 수

(2) 영어 참고서 한 권을 사는 경우의 수

(3) 수학 참고서 또는 영어 참고서 중 한 권을 사는 경우의 수

◯ 두 사건 A, B가 동시에 일어나지 않을 때, 사건 A 또는 사건 B가 일어나는 경우의 수
➡ 두 사건 A, B가 일어나는 경우의 수를 ☐.

04 빨간색, 노란색, 초록색의 3종류의 티셔츠와 검정색, 보라색, 파란색, 흰색의 4종류의 바지가 있을 때, 다음을 구하시오.

(1) 티셔츠를 선택하는 경우의 수

(2) 바지를 선택하는 경우의 수

(3) 티셔츠와 바지를 각각 하나씩 짝 지어 입는 경우의 수

◯ 두 사건 A, B가 동시에 일어나는 경우의 수
➡ 두 사건 A, B가 일어나는 경우의 수를 ☐.

05 동전 한 개와 주사위 한 개를 동시에 던질 때, 다음을 구하시오.

(1) 일어나는 모든 경우의 수

(2) 동전은 앞면이 나오고 주사위는 홀수의 눈이 나오는 경우의 수

(3) 동전은 뒷면이 나오고 주사위는 5 미만의 눈이 나오는 경우의 수

01 경우의 수
● 더 다양한 문제는 **RPM** 2–2 140쪽

서로 다른 두 개의 주사위를 동시에 던질 때, 나오는 두 눈의 수의 합이 6인 경우의 수를 구하시오.

풀이 두 주사위에서 나오는 눈의 수를 순서쌍으로 나타내면 두 눈의 수의 합이 6인 경우는
$(1, 5), (2, 4), (3, 3), (4, 2), (5, 1)$
따라서 구하는 경우의 수는 5이다. **답** 5

> **KEY POINT**
> 두 주사위에서 나오는 눈의 수를 각각 a, b라 할 때, 순서쌍 (a, b)로 나타내어 모든 경우를 구해 본다.

확인 1 서로 다른 두 개의 주사위를 동시에 던질 때, 나오는 두 눈의 수의 차가 3인 경우의 수를 구하시오.

확인 2 한 개의 동전을 세 번 던질 때, 앞면이 두 번 나오는 경우의 수를 구하시오.

02 돈을 지불하는 방법의 수
● 더 다양한 문제는 **RPM** 2–2 140쪽

민지가 편의점에서 400원짜리 사탕 1개를 사려고 한다. 50원짜리 동전과 100원짜리 동전을 각각 4개씩 가지고 있을 때, 사탕 값을 지불하는 방법의 수를 구하시오.

> **KEY POINT**
> 금액이 큰 동전의 개수를 먼저 정한 다음 지불하는 돈에 맞게 나머지 동전의 개수를 정한다.

풀이 400원을 지불하는 방법을 표로 나타내면 오른쪽과 같다.
따라서 구하는 방법의 수는 3이다.

100원(개)	50원(개)
4	0
3	2
2	4

답 3

확인 3 100원짜리 동전 2개, 50원짜리 동전 4개, 10원짜리 동전 5개가 있다. 이 동전을 사용하여 250원을 지불하는 방법의 수를 구하시오.

확인 4 100원짜리 동전 2개, 50원짜리 동전 3개가 있다. 이 두 종류의 동전을 각각 1개 이상 사용하여 지불할 수 있는 금액은 몇 가지인지 구하시오.

03 경우의 수의 합: 수를 뽑거나 주사위를 던지는 경우 ● 더 다양한 문제는 RPM 2–2 141쪽

1부터 15까지의 자연수가 각각 하나씩 적힌 15장의 카드 중에서 한 장을 뽑을 때, 4의 배수 또는 15의 약수가 적힌 카드가 나오는 경우의 수를 구하시오.

풀이 4의 배수가 나오는 경우는 4, 8, 12의 3가지
15의 약수가 나오는 경우는 1, 3, 5, 15의 4가지
따라서 구하는 경우의 수는 $3+4=7$ 답 7

확인 5 1부터 20까지의 자연수가 각각 하나씩 적힌 20개의 공이 들어 있는 주머니에서 한 개의 공을 꺼낼 때, 9의 배수 또는 소수가 적힌 공이 나오는 경우의 수를 구하시오.

확인 6 서로 다른 두 개의 주사위를 동시에 던질 때, 나오는 두 눈의 수의 합이 4 또는 7인 경우의 수를 구하시오.

04 경우의 수의 합: 교통수단 또는 물건을 선택하는 경우 ● 더 다양한 문제는 RPM 2–2 141쪽

지우네 집에서 도서관까지 가는 지하철 노선은 2가지, 버스 노선은 4가지가 있다. 지하철 또는 버스를 이용하여 지우네 집에서 도서관까지 가는 경우의 수를 구하시오.

풀이 지하철을 이용하는 경우는 2가지, 버스를 이용하는 경우는 4가지이므로 구하는 경우의 수는
$2+4=6$ 답 6

확인 7 학교 앞 분식점에는 5종류의 김밥과 3종류의 라면을 팔고 있다. 이 분식점에서 김밥 또는 라면 중 한 가지를 주문하는 경우의 수를 구하시오.

확인 8 형우의 스마트폰에는 가요 7곡, 팝송 8곡, 클래식 4곡이 들어 있다. 형우가 스마트폰에서 음악을 임의로 재생시켜 한 곡을 듣는 경우의 수를 구하시오.

05 경우의 수의 곱; 길 또는 물건을 선택하는 경우

● 더 다양한 문제는 **RPM** 2–2 142쪽

어느 놀이동산에서 다음 그림과 같은 길을 따라 정문에서 출발하여 매점에 들렀다가 관람차를 타러 가는 경우의 수를 구하시오. (단, 한 번 지나간 지점은 다시 지나가지 않는다.)

풀이 정문에서 매점까지 가는 경우는 5가지, 매점에서 관람차까지 가는 경우는 3가지이므로 구하는 경우의 수는

$$5 \times 3 = 15$$

답 15

확인 9 오른쪽 그림과 같이 네 지점 A, B, C, D를 연결하는 도로가 있다. A 지점에서 출발하여 D 지점까지 가는 경우의 수를 구하시오. (단, 한 번 지나간 지점은 다시 지나가지 않는다.)

확인 10 어느 가구점에 5종류의 책상과 7종류의 의자가 있다. 책상과 의자를 각각 한 개씩 짝지어 한 쌍으로 팔 때, 판매할 수 있는 경우의 수를 구하시오.

KEY POINT

- '동시에', '그리고', '~와', '~하고 나서'
  ➡ 각 사건이 일어나는 경우의 수를 곱한다.
- A 지점에서 B 지점까지 가는 경우가 m가지, B 지점에서 C 지점까지 가는 경우가 n가지일 때, A 지점에서 출발하여 B 지점을 거쳐 C 지점까지 가는 경우의 수
  ➡ $m \times n$

06 경우의 수의 곱; 동전 또는 주사위를 던지는 경우

● 더 다양한 문제는 **RPM** 2–2 143쪽

서로 다른 동전 두 개와 주사위 한 개를 동시에 던질 때, 동전은 서로 다른 면이 나오고 주사위는 짝수의 눈이 나오는 경우의 수를 구하시오.

풀이 동전 두 개를 던질 때 나오는 면을 순서쌍으로 나타내면 서로 다른 면이 나오는 경우는 (앞, 뒤), (뒤, 앞)의 2가지이고, 주사위 한 개를 던질 때 짝수의 눈이 나오는 경우는 2, 4, 6의 3가지이다.
따라서 구하는 경우의 수는　　$2 \times 3 = 6$

답 6

확인 11 동전 한 개와 서로 다른 주사위 두 개를 동시에 던질 때, 일어나는 모든 경우의 수를 구하시오.

확인 12 한 개의 주사위를 두 번 던질 때, 첫 번째는 홀수의 눈이 나오고 두 번째는 소수의 눈이 나오는 경우의 수를 구하시오.

KEY POINT

- 서로 다른 동전 n개를 동시에 던질 때, 일어나는 모든 경우의 수
  ➡ $\underbrace{2 \times 2 \times \cdots \times 2}_{n개} = 2^n$
- 서로 다른 주사위 m개를 동시에 던질 때, 일어나는 모든 경우의 수
  ➡ $\underbrace{6 \times 6 \times \cdots \times 6}_{m개} = 6^m$

01 길이가 3, 4, 5, 8인 선분이 각각 한 개씩 있다. 이 중에서 3개의 선분으로 만들 수 있는 삼각형의 개수를 구하시오.

삼각형의 세 변의 길이가 주어졌을 때, 삼각형이 될 수 있는 조건을 생각해 본다.

02 500원, 100원, 50원짜리 동전이 각각 5개씩 있다. 이 동전을 사용하여 2500원을 지불하는 방법의 수를 구하시오.

03 한 개의 주사위를 두 번 던질 때, 나오는 두 눈의 수의 차가 4 이상인 경우의 수를 구하시오.

두 눈의 수의 차가 4 이상인 경우는 차가 4 또는 5일 때이다.

04 어느 영화관에서 서로 다른 3편의 코미디 영화, 4편의 액션 영화, 1편의 만화 영화가 상영되고 있다. 영서가 이 영화관에서 상영되고 있는 영화 중 한 편을 관람하는 경우의 수를 구하시오.

05 다음과 같이 3개의 자음, 4개의 모음이 각각 적힌 7장의 카드가 있다. 이때 자음이 적힌 카드와 모음이 적힌 카드를 각각 한 장씩 사용하여 만들 수 있는 글자의 개수를 구하시오.

06 오른쪽 그림과 같이 세 지점 A, B, C를 연결하는 길이 있다. A 지점에서 출발하여 C 지점까지 가는 경우의 수를 구하시오. (단, 한 번 지나간 지점은 다시 지나가지 않는다.)

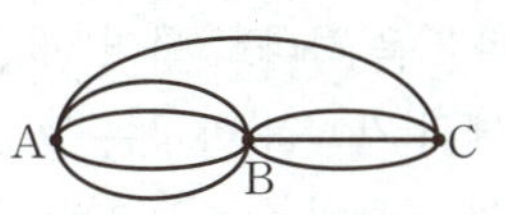

A 지점에서 C 지점까지 가는 경우를 나누어 생각해 본다.

07 서로 다른 동전 두 개와 주사위 한 개를 동시에 던질 때, 동전은 서로 같은 면이 나오고 주사위는 6의 약수의 눈이 나오는 경우의 수를 구하시오.

02 여러 가지 경우의 수

1 한 줄로 세우는 경우의 수는 어떻게 구하는가? ◉ 핵심문제 01

① n명을 한 줄로 세우는 경우의 수

➡ $n\times(n-1)\times(n-2)\times\cdots\times2\times1$
- 2명을 뽑고 남은 $(n-2)$명 중에서 1명을 뽑는 경우의 수
- 1명을 뽑고 남은 $(n-1)$명 중에서 1명을 뽑는 경우의 수
- n명 중에서 1명을 뽑는 경우의 수

(예) A, B, C, D 4명을 한 줄로 세우는 경우의 수는 $4\times3\times2\times1=24$

② n명 중에서 2명을 뽑아 한 줄로 세우는 경우의 수

➡ $n\times(n-1)$

(예) A, B, C, D 4명 중에서 2명을 뽑아 한 줄로 세우는 경우의 수는 $4\times3=12$

③ n명 중에서 3명을 뽑아 한 줄로 세우는 경우의 수

➡ $n\times(n-1)\times(n-2)$

(예) A, B, C, D 4명 중에서 3명을 뽑아 한 줄로 세우는 경우의 수는 $4\times3\times2=24$

(참고) n명 중에서 r명을 뽑아 한 줄로 세우는 경우의 수 (단, $n\geq r$)

➡ $\underbrace{n\times(n-1)\times(n-2)\times\cdots\times\{n-(r-1)\}}_{r개}$ ← n부터 1씩 작아지는 수를 차례대로 r개 곱한다.

(보충학습) **특정한 사람의 자리를 고정할 때 한 줄로 세우는 경우의 수**

특정한 사람의 자리를 고정할 때 한 줄로 세우는 경우의 수는 자리가 정해진 사람을 제외한 나머지를 한 줄로 세우는 경우의 수와 같다.

(예) A, B, C, D 4명을 한 줄로 세울 때, A를 맨 앞에 세우는 경우의 수를 구해 보자.

➡ A를 맨 앞에 고정시키고 A를 제외한 B, C, D 3명을 한 줄로 세우는 경우의 수와 같으므로

$3\times2\times1=6$

2 한 줄로 세울 때 이웃하게 세우는 경우의 수는 어떻게 구하는가? ◉ 핵심문제 02

한 줄로 세울 때 이웃하게 세우는 경우의 수는 다음과 같이 구한다.

❶ 이웃하는 것을 하나로 묶어 한 줄로 세우는 경우의 수를 구한다.

❷ 묶음 안에서 자리를 바꾸는 경우의 수를 구한다.

❸ ❶과 ❷의 경우의 수를 곱한다.

➡ $\left(\begin{array}{c}\text{이웃하는 것을 하나로 묶어}\\\text{한 줄로 세우는 경우의 수}\end{array}\right)\times\left(\begin{array}{c}\text{묶음 안에서 자리를}\\\text{바꾸는 경우의 수}\end{array}\right)$

(예) A, B, C, D 4명을 한 줄로 세울 때, A, B를 이웃하게 세우는 경우의 수를 구해 보자.

❶ A, B를 한 사람으로 생각하여 (A, B), C, D 3명을 한 줄로 세우는 경우의 수는

$3\times2\times1=6$

❷ ❶의 각각에 대하여 A, B가 자리를 바꾸는 경우는 (A, B), (B, A)의 2가지

❸ 따라서 구하는 경우의 수는

$6\times2=12$

3 자연수의 개수는 어떻게 구하는가?   ◎ 핵심문제 03, 04

(1) 0을 포함하지 않는 경우

0이 아닌 서로 다른 한 자리 숫자가 각각 하나씩 적힌 n장의 카드 중에서

① 2장을 뽑아 만들 수 있는 두 자리 자연수의 개수

➡ $n \times (n-1)$ ┌➤ 일의 자리에 올 수 있는 숫자는 십의 자리의 숫자를 제외한 $(n-1)$개

└➤ 십의 자리에 올 수 있는 숫자는 n개

② 3장을 뽑아 만들 수 있는 세 자리 자연수의 개수

➡ $n \times (n-1) \times (n-2)$

[예] 1, 2, 3, 4의 숫자가 각각 하나씩 적힌 4장의 카드 중에서 2장을 뽑아 만들 수 있는 두 자리 자연수의 개수는 $4 \times 3 = 12$

(2) 0을 포함하는 경우

0을 포함한 서로 다른 한 자리 숫자가 각각 하나씩 적힌 n장의 카드 중에서

① 2장을 뽑아 만들 수 있는 두 자리 자연수의 개수

➡ $(n-1) \times (n-1)$ ┌➤ 일의 자리에 올 수 있는 숫자는 십의 자리의 숫자를 제외한 $(n-1)$개

└➤ 십의 자리에 올 수 있는 숫자는 0을 제외한 $(n-1)$개

② 3장을 뽑아 만들 수 있는 세 자리 자연수의 개수

➡ $(n-1) \times (n-1) \times (n-2)$

[주의] 맨 앞자리에는 0이 올 수 없다.

[예] 0, 1, 2, 3의 숫자가 각각 하나씩 적힌 4장의 카드 중에서 2장을 뽑아 만들 수 있는 두 자리 자연수의 개수는 $3 \times 3 = 9$

4 대표를 뽑는 경우의 수는 어떻게 구하는가?   ◎ 핵심문제 05~07

(1) 자격이 다른 대표를 뽑는 경우 → 뽑는 순서와 관계가 있다.

① n명 중에서 자격이 다른 대표 2명을 뽑는 경우의 수 ➡ $n \times (n-1)$

② n명 중에서 자격이 다른 대표 3명을 뽑는 경우의 수 ➡ $n \times (n-1) \times (n-2)$

[예] A, B, C 3명 중에서 회장 1명, 부회장 1명을 뽑는 경우의 수는 $3 \times 2 = 6$

(2) 자격이 같은 대표를 뽑는 경우 → 뽑는 순서와 관계가 없다.

① n명 중에서 자격이 같은 대표 2명을 뽑는 경우의 수 ➡ $\dfrac{n \times (n-1)}{2}$

② n명 중에서 자격이 같은 대표 3명을 뽑는 경우의 수 ➡ $\dfrac{n \times (n-1) \times (n-2)}{3 \times 2 \times 1}$

▶ ① 순서와 관계가 없을 때, (A, B)와 (B, A)는 같은 경우이므로 2로 나눈다.

② 순서와 관계가 없을 때, (A, B, C), (A, C, B), (B, A, C), (B, C, A), (C, A, B), (C, B, A)는 같은 경우이므로 6으로 나눈다.

[예] A, B, C 3명 중에서 대표 2명을 뽑는 경우의 수는 $\dfrac{3 \times 2}{2} = 3$

[참고] (1) n명 중에서 자격이 다른 r명을 뽑는 경우의 수는 n명 중에서 r명을 뽑아 한 줄로 세우는 경우의 수와 같다.

(2) n명 중에서 자격이 같은 r명을 뽑는 경우의 수는 n명 중에서 r명을 뽑아 한 줄로 세우는 경우의 수를 r명을 한 줄로 세우는 경우의 수로 나누어 구한다.

01 A, B, C, D, E 5명의 학생이 있을 때, 다음을 구하시오.

(1) 5명을 한 줄로 세우는 경우의 수

(2) 5명 중 2명을 뽑아 한 줄로 세우는 경우의 수

(3) 5명 중 3명을 뽑아 한 줄로 세우는 경우의 수

> ◎ 한 줄로 세우는 경우의 수는?

02 A, B, C, D 4명을 한 줄로 세울 때, A, C를 이웃하게 세우는 경우의 수를 구하려고 한다. □ 안에 알맞은 수를 써넣으시오.

$$\left(\begin{array}{c}\text{A, C를 하나로 묶어} \\ \text{한 줄로 세우는 경우의 수}\end{array}\right) \times \left(\begin{array}{c}\text{묶음 안에서 A, C가} \\ \text{자리를 바꾸는 경우의 수}\end{array}\right)$$
$$= \square \times 2 = \square$$

> ◎ (한 줄로 세울 때 이웃하게 세우는 경우의 수)
> $= \left(\begin{array}{c}\text{이웃하는 것을 하나로 묶어} \\ \text{한 줄로 세우는 경우의 수}\end{array}\right)$
> $\times \left(\begin{array}{c}\text{묶음 안에서 자리를} \\ \text{바꾸는 경우의 수}\end{array}\right)$

03 1, 3, 5, 7, 9의 숫자가 각각 하나씩 적힌 5장의 카드가 있을 때, 다음을 구하시오.

(1) 2장을 뽑아 만들 수 있는 두 자리 자연수의 개수

(2) 3장을 뽑아 만들 수 있는 세 자리 자연수의 개수

> ◎ 0을 포함하지 않는 경우 만들 수 있는 자연수의 개수는?

04 0, 2, 4, 6, 8의 숫자가 각각 하나씩 적힌 5장의 카드가 있을 때, 다음을 구하시오.

(1) 2장을 뽑아 만들 수 있는 두 자리 자연수의 개수

(2) 3장을 뽑아 만들 수 있는 세 자리 자연수의 개수

> ◎ 0을 포함하는 경우 만들 수 있는 자연수의 개수는?

05 A, B, C, D 4명의 후보 중에서 대표를 뽑을 때, 다음을 구하시오.

(1) 회장 1명, 부회장 1명을 뽑는 경우의 수

(2) 대표 2명을 뽑는 경우의 수

> ◎ n명 중에서
> (1) 자격이 다른 대표 2명을 뽑는 경우의 수
> ➡ □
> (2) 자격이 같은 대표 2명을 뽑는 경우의 수
> ➡ □

01 한 줄로 세우는 경우의 수

● 더 다양한 문제는 RPM 2–2 143쪽

• n명 중 r명을 뽑아 한 줄로 세우는 경우의 수 (단, $n \geq r$)
➡ $\underbrace{n \times (n-1) \times \cdots \times \{n-(r-1)\}}_{r개}$

• 특정한 사람의 자리를 고정하는 경우
➡ 자리가 정해진 사람을 제외한 나머지를 한 줄로 세우는 경우와 같다.

다음을 구하시오.

(1) 6명의 학생 중에서 4명을 뽑아 한 줄로 세우는 경우의 수

(2) 선생님 1명과 학생 3명을 한 줄로 세울 때, 선생님을 두 번째에 세우는 경우의 수

풀이 (1) 6명의 학생 중에서 4명을 뽑아 한 줄로 세우는 경우의 수는
$$6 \times 5 \times 4 \times 3 = 360$$

(2) 선생님을 두 번째에 고정시키고 선생님을 제외한 학생 3명을 한 줄로 세우면 되므로 구하는 경우의 수는
$$3 \times 2 \times 1 = 6$$

답 (1) 360 (2) 6

확인 ① 다음을 구하시오.

(1) 긴 의자에 5명의 학생이 나란히 앉는 경우의 수

(2) 7명의 학생 중에서 3명을 뽑아 이어달리기를 하는 순서를 정하는 경우의 수

확인 ② 5개의 문자 K, O, R, E, A를 한 줄로 나열할 때, K가 맨 뒤에 오는 경우의 수를 구하시오.

02 한 줄로 세우는 경우의 수; 이웃하는 경우

● 더 다양한 문제는 RPM 2–2 144쪽

이웃하는 것을 한 묶음으로 생각한다.

A, B, C, D, E 5명을 한 줄로 세울 때, A, B를 이웃하게 세우는 경우의 수를 구하시오.

풀이 A, B를 한 사람으로 생각하여 (A, B), C, D, E 4명을 한 줄로 세우는 경우의 수는
$$4 \times 3 \times 2 \times 1 = 24$$
이때 A, B가 자리를 바꾸는 경우의 수는 2이므로 구하는 경우의 수는
$$24 \times 2 = 48$$

답 48

확인 ③ 여학생 2명과 남학생 4명을 한 줄로 세울 때, 여학생끼리 이웃하게 세우는 경우의 수를 구하시오.

03 자연수의 개수; 0을 포함하지 않는 경우

● 더 다양한 문제는 RPM 2-2 144쪽

1, 2, 3, 4, 5의 숫자가 각각 하나씩 적힌 5장의 카드가 있을 때, 다음을 구하시오.

(1) 2장을 뽑아 만들 수 있는 두 자리 자연수의 개수

(2) 2장을 뽑아 만들 수 있는 두 자리 짝수의 개수

풀이 (1) 십의 자리에 올 수 있는 숫자는 5개, 일의 자리에 올 수 있는 숫자는 십의 자리의 숫자
를 제외한 4개이므로 구하는 자연수의 개수는

$$5 \times 4 = 20$$

(2) 짝수가 되려면 일의 자리의 숫자가 2 또는 4이어야 한다.

   (i) □2인 경우: 십의 자리에 올 수 있는 숫자는 2를 제외한 4개

   (ii) □4인 경우: 십의 자리에 올 수 있는 숫자는 4를 제외한 4개

   (i), (ii)에서 구하는 짝수의 개수는 $4 + 4 = 8$

답 (1) 20 (2) 8

확인 ④ 1, 2, 3, 4의 숫자가 각각 하나씩 적힌 4장의 카드가 있을 때, 다음을 구하시오.

(1) 3장을 뽑아 만들 수 있는 세 자리 자연수의 개수

(2) 3장을 뽑아 만들 수 있는 세 자리 홀수의 개수

---

04 자연수의 개수; 0을 포함하는 경우

● 더 다양한 문제는 RPM 2-2 145쪽

0, 1, 2, 3, 4의 숫자가 각각 하나씩 적힌 5장의 카드가 있을 때, 다음을 구하시오.

(1) 2장을 뽑아 만들 수 있는 두 자리 자연수의 개수

(2) 2장을 뽑아 만들 수 있는 두 자리 홀수의 개수

풀이 (1) 십의 자리에 올 수 있는 숫자는 0을 제외한 4개, 일의 자리에 올 수 있는 숫자는 십의
자리의 숫자를 제외한 4개이므로 구하는 자연수의 개수는

$$4 \times 4 = 16$$

(2) 홀수가 되려면 일의 자리의 숫자가 1 또는 3이어야 한다.

   (i) □1인 경우: 십의 자리에 올 수 있는 숫자는 0, 1을 제외한 3개

   (ii) □3인 경우: 십의 자리에 올 수 있는 숫자는 0, 3을 제외한 3개

   (i), (ii)에서 구하는 홀수의 개수는 $3 + 3 = 6$

답 (1) 16 (2) 6

확인 ⑤ 0, 1, 2, 3의 숫자가 각각 하나씩 적힌 4장의 카드가 있을 때, 다음을 구하시오.

(1) 3장을 뽑아 만들 수 있는 세 자리 자연수의 개수

(2) 3장을 뽑아 만들 수 있는 세 자리 짝수의 개수

05 대표 뽑기; 자격이 다른 경우

● 더 다양한 문제는 RPM 2–2 145쪽

A, B, C, D, E 5명의 학생 중에서 대표를 뽑을 때, 다음을 구하시오.

(1) 반장 1명, 부반장 1명을 뽑는 경우의 수

(2) 반장 1명, 부반장 1명, 총무 1명을 뽑는 경우의 수

풀이 (1) A, B, C, D, E 5명 중에서 자격이 다른 대표 2명을 뽑는 경우의 수와 같으므로
$$5 \times 4 = 20$$
(2) A, B, C, D, E 5명 중에서 자격이 다른 대표 3명을 뽑는 경우의 수와 같으므로
$$5 \times 4 \times 3 = 60$$

답 (1) 20 (2) 60

확인 6 자전거 동호회 회원 7명 중에서 회장, 부회장을 각각 1명씩 뽑는 경우의 수를 구하시오.

확인 7 여학생 4명과 남학생 6명으로 이루어진 스터디 모임에서 대표를 뽑으려고 한다. 여학생 중에서 조장 1명을, 남학생 중에서 총무 1명과 서기 1명을 뽑는 경우의 수를 구하시오.

06 대표 뽑기; 자격이 같은 경우

● 더 다양한 문제는 RPM 2–2 146쪽

독서 동호회 회원 7명 중에서 대표를 뽑을 때, 다음을 구하시오.

(1) 대표 2명을 뽑는 경우의 수

(2) 대표 3명을 뽑는 경우의 수

풀이 (1) 7명 중에서 자격이 같은 대표 2명을 뽑는 경우의 수는
$$\frac{7 \times 6}{2} = 21$$
(2) 7명 중에서 자격이 같은 대표 3명을 뽑는 경우의 수는
$$\frac{7 \times 6 \times 5}{3 \times 2 \times 1} = 35$$

답 (1) 21 (2) 35

확인 8 어느 학급의 8명의 학생 중에서 이어달리기 경기에 출전할 대표 2명을 뽑는 경우의 수를 구하시오.

확인 9 시하, 은서, 재현, 상호, 지우, 서진 6명 중에서 글짓기 대회에 나갈 학생 3명을 뽑으려고 한다. 이때 시하는 반드시 뽑히는 경우의 수를 구하시오.

IV-1 경우의 수

07 선분 또는 삼각형의 개수

● 더 다양한 문제는 **RPM** 2–2 146쪽

● 더 다양한 문제는 **RPM** 2–2 146쪽

오른쪽 그림과 같이 원 위에 A, B, C, D 4개의 점이 있을 때, 다음을 구하시오.

(1) 두 점을 연결하여 만들 수 있는 선분의 개수

(2) 세 점을 연결하여 만들 수 있는 삼각형의 개수

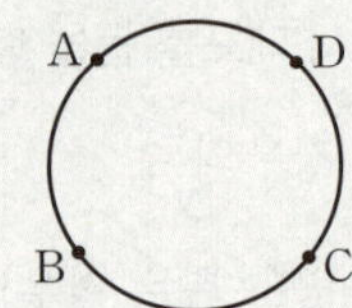

풀이 (1) 선분의 개수는 4개의 점 중에서 순서와 관계없이 2개를 선택하는 경우의 수와 같으므로

$$\frac{4 \times 3}{2} = 6$$

(2) 삼각형의 개수는 4개의 점 중에서 순서와 관계없이 3개를 선택하는 경우의 수와 같으므로

$$\frac{4 \times 3 \times 2}{3 \times 2 \times 1} = 4$$

답 (1) 6 (2) 4

확인 ⑩ 오른쪽 그림과 같이 원 위에 A, B, C, D, E, F 6개의 점이 있다. 이 중에서 두 점을 연결하여 만들 수 있는 선분의 개수와 세 점을 연결하여 만들 수 있는 삼각형의 개수를 차례대로 구하시오.

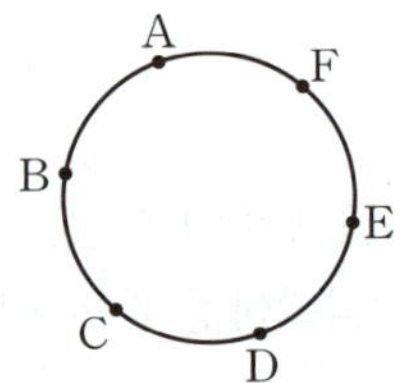

UP 08 색칠하는 경우의 수

● 더 다양한 문제는 **RPM** 2–2 147쪽

오른쪽 그림과 같은 A, B, C, D 네 부분에 빨강, 노랑, 파랑, 초록의 4가지 색을 사용하여 칠하려고 한다. 같은 색을 여러 번 사용해도 좋으나 이웃하는 부분은 서로 다른 색을 칠하는 경우의 수를 구하시오.

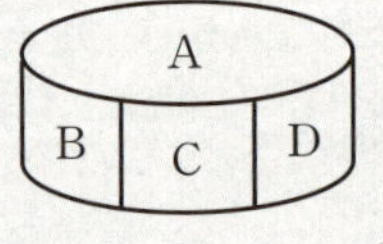

풀이 A에 칠할 수 있는 색은 4가지,
B에 칠할 수 있는 색은 A에 칠한 색을 제외한 3가지,
C에 칠할 수 있는 색은 A, B에 칠한 색을 제외한 2가지,
D에 칠할 수 있는 색은 A, C에 칠한 색을 제외한 2가지이다.
따라서 구하는 경우의 수는

$$4 \times 3 \times 2 \times 2 = 48$$

답 48

확인 ⑪ 오른쪽 그림과 같은 A, B, C 세 부분에 빨강, 파랑, 초록, 노랑, 보라의 5가지 색을 사용하여 칠하려고 한다. 각 부분에 서로 다른 색을 칠하는 경우의 수를 구하시오.

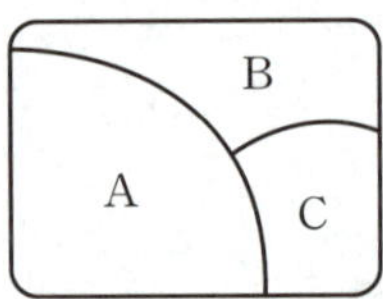

01 A, B, C, D, E 5명을 한 줄로 세울 때, B 또는 D가 맨 앞에 오는 경우의 수를 구하시오.

02 케이크 가게에서 딸기, 바나나, 초콜릿, 망고, 치즈 케이크를 한 줄로 진열할 때, 딸기, 초콜릿, 치즈 케이크를 이웃하게 진열하는 경우의 수를 구하시오.

이웃하는 것을 한 묶음으로 생각한다.

03 0부터 5까지의 숫자가 각각 하나씩 적힌 6장의 카드 중에서 2장을 뽑아 두 자리 자연수를 만들 때, 34보다 작은 자연수의 개수를 구하시오.

십의 자리의 숫자에 따라 경우를 나누어 생각해 본다.

04 8명의 학생이 참가한 교내 독서 퀴즈 대회에서 금상, 은상, 동상 수상자를 각각 1명씩 뽑는 경우의 수를 구하시오.

05 어느 서점에 서로 다른 수학 참고서 4권과 서로 다른 국어 참고서 5권이 있다. 이 중에서 수학 참고서와 국어 참고서를 각각 2권씩 사는 경우의 수를 구하시오.

06 오른쪽 그림과 같이 평행한 두 직선 l, m 위에 6개의 점이 있다. 직선 l 위의 한 점과 직선 m 위의 한 점을 연결하여 만들 수 있는 선분의 개수를 구하시오.

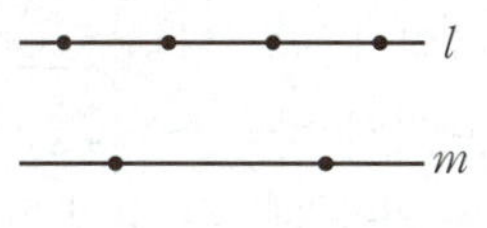

07 오른쪽 그림과 같은 A, B, C 세 부분에 빨강, 노랑, 파랑의 3가지 색을 사용하여 칠하려고 한다. 각 부분에 서로 다른 색을 칠하는 경우의 수를 구하시오.

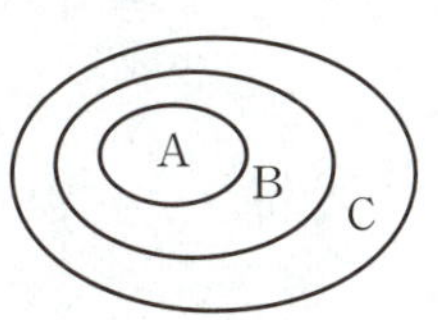

A, B, C 각 부분에 칠할 수 있는 경우의 수를 따져 본다.

STEP **1** 기본 문제

01 1부터 10까지의 자연수가 각각 하나씩 적힌 10개의 공이 들어 있는 주머니에서 한 개의 공을 꺼낼 때, 다음 중 경우의 수가 가장 큰 사건은?

① 홀수가 나온다.
② 3의 배수가 나온다.
③ 5 이상의 수가 나온다.
④ 소수가 나온다.
⑤ 10의 약수가 나온다.

02 어느 공원의 입장료가 800원일 때, 50원짜리 동전 10개와 100원짜리 동전 8개로 이 공원의 입장료를 지불하는 방법의 수를 구하시오.

(꼭나와)

03 오른쪽 그림과 같이 각 면에 1부터 12까지의 자연수가 각각 적힌 정십이면체 모양의 주사위가 있다. 이 주사위를 두 번 던져서 바닥에 닿은 면에 적힌 수를 읽을 때, 두 수의 차가 7 또는 9인 경우의 수는?

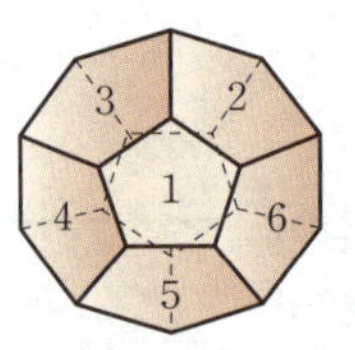

① 12　　② 13　　③ 14
④ 15　　⑤ 16

04 다음 표는 재혁이네 반 학생 20명의 혈액형을 조사하여 나타낸 것이다. 재혁이네 반 학생 중에서 한 명을 선택할 때, 그 학생의 혈액형이 A형 또는 B형인 경우의 수는?

혈액형	A형	B형	O형	AB형
학생 수(명)	8	6	4	2

① 6　　② 8　　③ 10
④ 12　　⑤ 14

(꼭나와)

05 오른쪽 그림은 어느 전시회장의 평면도이다. 제1전시장에서 나와 복도를 거쳐 제2전시장으로 들어가는 방법의 수는?

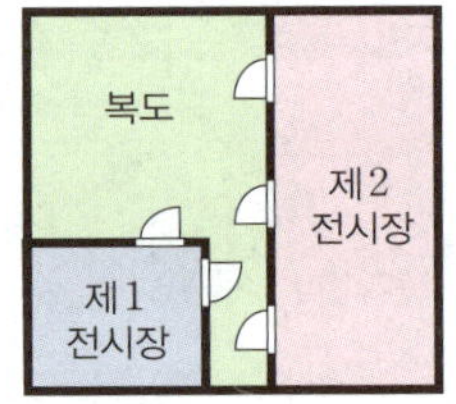

① 4　　② 5　　③ 6
④ 8　　⑤ 9

06 다음은 어느 샌드위치 가게의 메뉴판이다. 건우가 샌드위치와 음료수를 각각 한 가지씩 선택하여 주문하는 경우의 수를 구하시오.

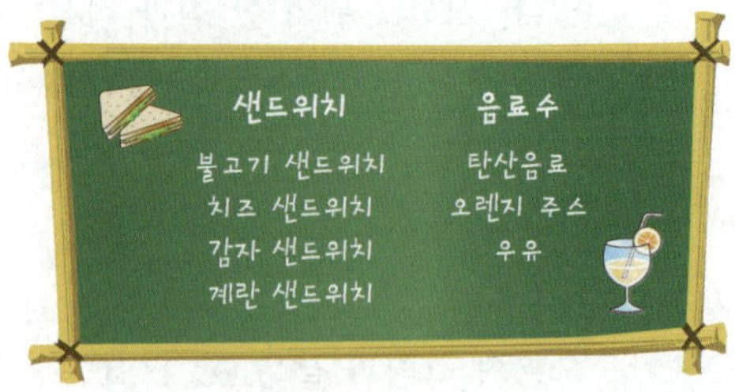

07 서로 다른 동전 두 개와 주사위 한 개를 동시에 던질 때, 주사위에서는 3 이상의 눈이 나오는 경우의 수를 구하시오.

꼭나와

08 이서네 반 5명의 학생이 월요일부터 금요일까지 하루에 한 명씩 순서를 정하여 청소 당번을 하려고 한다. 이때 청소 당번을 하는 순서를 정하는 경우의 수는?

① 24 ② 48 ③ 60
④ 120 ⑤ 240

09 6개의 문자 F, L, O, W, E, R를 한 줄로 나열할 때, E가 맨 앞에 오고 W가 맨 뒤에 오는 경우의 수는?

① 12 ② 24 ③ 36
④ 48 ⑤ 60

10 1부터 7까지의 자연수가 각각 하나씩 적힌 7장의 카드 중에서 3장을 뽑아 만들 수 있는 세 자리 자연수의 개수를 구하시오.

꼭나와

11 0, 1, 2, 3, 4의 숫자가 각각 하나씩 적힌 5장의 카드 중에서 2장을 뽑아 두 자리 자연수를 만들 때, 32 이상인 자연수의 개수를 구하시오.

12 지애네 반 학생들이 직업 체험 프로그램에 참여하려고 한다. 10명의 학생 중에서 의사, 기자를 체험할 학생을 각각 1명씩 뽑는 경우의 수를 구하시오.

13 6개의 축구팀이 서로 한 번씩 시합을 한다고 할 때, 모두 몇 번의 시합을 치러야 하는지 구하시오.

14 A, B, C, D, E, F, G 7명의 후보 중에서 4명의 대표를 뽑을 때, F가 반드시 뽑히는 경우의 수는?

① 10 ② 15 ③ 20
④ 25 ⑤ 30

15 3명이 가위바위보를 할 때, 승부가 나지 않는 경우의 수는?

① 3　　　　② 6　　　　③ 9
④ 12　　　⑤ 15

16 상자 속에 1부터 15까지의 자연수가 각각 하나씩 적힌 15장의 카드가 들어 있다. 이 중에서 한 장을 뽑을 때, 2의 배수 또는 3의 배수가 적힌 카드를 뽑는 경우의 수를 구하시오.

꼭나와

17 두 개의 주사위 A, B를 동시에 던져서 나오는 눈의 수를 각각 a, b라 할 때, x에 대한 방정식 $ax=b$의 해가 $x=1$ 또는 $x=3$인 경우의 수는?

① 8　　　　② 9　　　　③ 10
④ 11　　　⑤ 12

18 파란색, 빨간색, 노란색, 초록색, 보라색 전구가 각각 하나씩 있을 때, 이 5개의 전구를 켜거나 꺼서 만들 수 있는 신호의 개수를 구하시오.
(단, 전구는 동시에 켜지거나 꺼지고, 전구가 모두 꺼진 경우도 신호로 생각한다.)

꼭나와

19 부모님, 형, 누나, 호영, 동생으로 구성된 6명의 가족이 한 줄로 서서 사진을 찍으려고 한다. 부모님은 이웃하여 서고, 호영이와 동생이 양 끝에 서서 사진을 찍는 경우의 수는?

① 6　　　　② 12　　　　③ 18
④ 24　　　⑤ 36

20 1, 2, 3, 4 네 개의 숫자를 이용하여 만들 수 있는 네 자리 자연수를 작은 수부터 차례대로 나열할 때, 13번째 수를 구하시오.

21 어느 독서 모임에 남학생 4명과 여학생 3명이 있다. 이 중에서 대표 2명을 뽑을 때, 남학생이 1명 이상 포함되는 경우의 수를 구하시오.

꼭나와

22 어떤 모임에서 모든 회원이 서로 한 번씩 악수를 하였더니 모두 55번의 악수를 하였다. 이 모임의 회원 수를 구하시오.

23 오른쪽 그림과 같이 반원 위에 7개의 점이 있다. 이 중에서 세 점을 꼭짓점으로 하는 삼각형의 개수는?

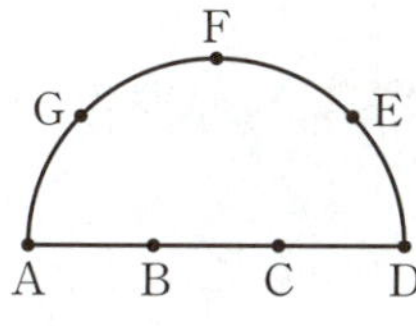

① 31 ② 32 ③ 33
④ 34 ⑤ 35

24 오른쪽 그림과 같은 A, B, C, D, E 5개의 영역에 빨강, 노랑, 파랑, 초록, 보라의 5가지 색을 사용하여 칠하려고 한다. 같은 색을 여러 번 사용해도 좋으나 이웃한 영역은 서로 다른 색을 칠하는 경우의 수는?

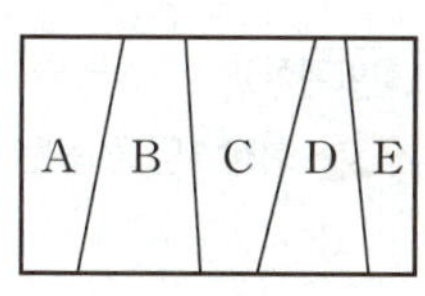

① 120 ② 240 ③ 480
④ 720 ⑤ 1280

STEP 3 실력 UP

25 상준이는 병원에 계신 할머니께 병문안을 가려고 한다. 길이 오른쪽 그림과 같을 때, 집에서 출발하여 과일 가게에 들러서 과일을 산 다음 병원까지 최단 거리로 가는 경우의 수를 구하시오.

해설 강의

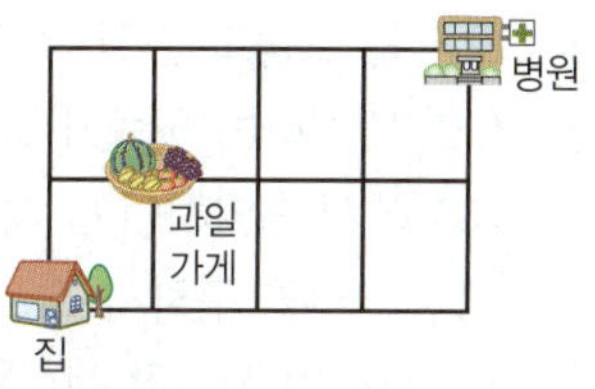

26 a, b, c, d 4개의 문자를
$$abcd,\ abdc,\ acbd,\ \cdots,\ dcba$$
와 같이 사전식으로 나열할 때, $dacb$는 몇 번째 문자열인지 구하시오.

해설 강의

27 어느 시험장에는 수험 번호가 적혀 있는 5개의 의자가 있다. 5명의 수험생이 무심코 자리에 앉을 때, 2명만 자신의 수험 번호가 적힌 의자에 앉고, 나머지 3명은 다른 사람의 수험 번호가 적힌 의자에 앉게 되는 경우의 수를 구하시오.

해설 강의

예제 1

오른쪽 그림과 같이 세 지점 A, B, C를 연결하는 도로가 있다. 이때 A 지점에서 출발하여 C 지점까지 가는 경우의 수를 구하시오.
(단, 한 번 지나간 지점은 다시 지나가지 않는다.) [7점]

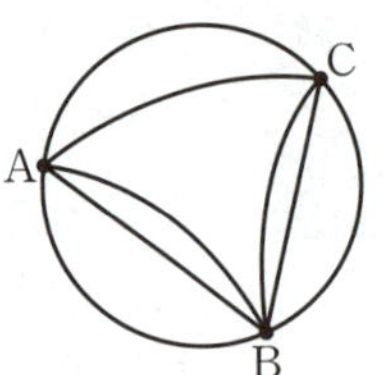

풀이 과정

1단계 A → B → C로 가는 경우의 수 구하기 ・3점
　(i) A → B → C로 가는 경우의 수는　　$3 \times 3 = 9$

2단계 A → C로 가는 경우의 수 구하기 ・2점
　(ii) A → C로 가는 경우의 수는　　2

3단계 A 지점에서 출발하여 C 지점까지 가는 경우의 수 구하기 ・2점
　(i), (ii)에서 구하는 경우의 수는
　　　$9 + 2 = 11$

답 11

유제 1

오른쪽 그림과 같이 세 지점 A, B, C를 연결하는 도로가 있다. 이때 A 지점에서 출발하여 C 지점까지 가는 경우의 수를 구하시오.
(단, 한 번 지나간 지점은 다시 지나가지 않는다.) [7점]

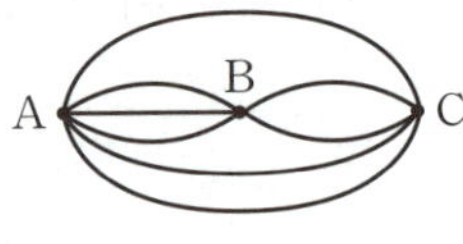

풀이 과정

1단계 A → B → C로 가는 경우의 수 구하기 ・3점

2단계 A → C로 가는 경우의 수 구하기 ・2점

3단계 A 지점에서 출발하여 C 지점까지 가는 경우의 수 구하기 ・2점

답

예제 2

5명의 학생 중에서 반장 1명, 부반장 2명을 뽑는 경우의 수를 구하시오. [7점]

풀이 과정

1단계 반장 1명을 뽑는 경우의 수 구하기 ・2점
　5명 중에서 반장 1명을 뽑는 경우의 수는　　5

2단계 부반장 2명을 뽑는 경우의 수 구하기 ・3점
　반장 1명을 제외한 나머지 4명 중에서 부반장 2명을 뽑는 경우의 수는
　　　$\dfrac{4 \times 3}{2} = 6$

3단계 반장 1명, 부반장 2명을 뽑는 경우의 수 구하기 ・2점
　구하는 경우의 수는
　　　$5 \times 6 = 30$

답 30

유제 2

6명의 후보 중에서 회장 1명, 총무 2명을 뽑는 경우의 수를 구하시오. [7점]

풀이 과정

1단계 회장 1명을 뽑는 경우의 수 구하기 ・2점

2단계 총무 2명을 뽑는 경우의 수 구하기 ・3점

3단계 회장 1명, 총무 2명을 뽑는 경우의 수 구하기 ・2점

답

스스로 서술하기

유제 3 다음 그림과 같이 6등분된 서로 다른 두 개의 원판에 1부터 6까지의 자연수가 각각 적혀 있다. 두 원판을 돌린 후 멈추었을 때, 두 원판의 각 바늘이 가리킨 수의 합이 5 또는 8인 경우의 수를 구하시오. (단, 바늘이 경계선을 가리키는 경우는 생각하지 않는다.) [6점]

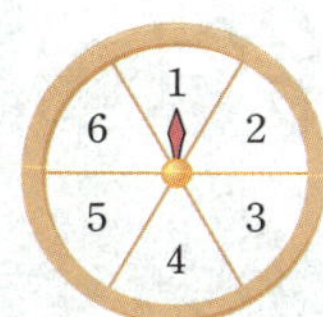

풀이 과정

답

유제 4 서로 다른 수학책 3권, 영어책 2권, 국어책 1권을 책꽂이에 나란히 꽂을 때, 수학책은 수학책끼리, 영어책은 영어책끼리 이웃하게 꽂는 경우의 수를 구하시오. [7점]

풀이 과정

답

유제 5 0, 1, 2, 3, 4, 5의 숫자가 각각 하나씩 적힌 6장의 카드 중에서 3장을 뽑아 세 자리 자연수를 만들 때, 5의 배수의 개수를 구하시오. [8점]

풀이 과정

답

유제 6 오른쪽 그림과 같이 원 위에 5개의 점이 있다. 이 중에서 두 점을 연결하여 만들 수 있는 선분의 개수를 a, 세 점을 연결하여 만들 수 있는 삼각형의 개수를 b라 할 때, $a+b$의 값을 구하시오. [7점]

풀이 과정

답

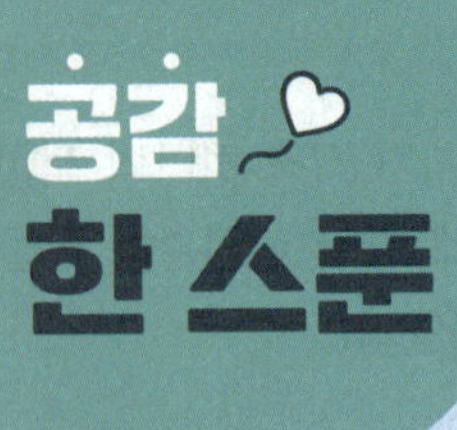

"어제로 돌아가는 것은 소용없어.
나는 어제와 다른 사람이거든!"

Ⅳ-2

확률

이 단원의 학습 계획을 세우고
하나하나 실천하는 습관을 기르자!!

		공부한 날		학습 완료도
01 확률의 뜻과 성질	개념원리 이해 & 개념원리 확인하기	월	일	□□□
	핵심문제 익히기	월	일	○○○
	이런 문제가 시험에 나온다	월	일	○○○
02 확률의 계산	개념원리 이해 & 개념원리 확인하기	월	일	□□□
	핵심문제 익히기	월	일	○○○
	이런 문제가 시험에 나온다	월	일	○○○
중단원 마무리하기		월	일	○○○
서술형 대비 문제		월	일	○○○

개념 학습 guide

• 개념을 이해했으면 ■■■, 개념을 문제에 적용할 수 있으면 ■■■, 개념을 친구에게 설명할 수 있으면 ■■■
로 색칠한다.

• 부족한 부분의 개념을 반복 학습하여 ■■■ 3칸 모두 색칠하면 학습을 마친다.

문제 학습 guide

• 맞힌 문제가 전체의 50% 미만이면 ●●●, 맞힌 문제가 50% 이상 90% 미만이면 ●●●, 맞힌 문제가 90% 이
상이면 ●●● 로 색칠한다.

• 틀린 문제는 왜 틀렸는지 그 이유를 파악한 후 다시 풀어 본다. 며칠 후 틀린 문제를 다시 풀어 보고, 풀이 과정과
답이 맞으면 학습을 마친다.

01 확률의 뜻과 성질

1 확률이란 무엇인가?

같은 조건에서 실험이나 관찰을 여러 번 반복할 때, 어떤 사건이 일어나는 상대도수가 일정한 값에 가까워지면 이 일정한 값은 일어나는 모든 경우의 수에 대한 어떤 사건이 일어나는 경우의 수의 비율과 같다. 이 비율을 그 사건이 일어날 **확률**이라 한다.

▶ (상대도수)$=\dfrac{(\text{그 계급의 도수})}{(\text{도수의 총합})}$

2 확률은 어떻게 구하는가?

◎ 핵심문제 01, 02, 06

어떤 실험이나 관찰에서 일어나는 모든 경우의 수가 n이고 각 경우가 일어날 가능성이 모두 같을 때, 사건 A가 일어나는 경우의 수가 a이면 사건 A가 일어날 확률 p는 다음과 같다.

$$p=\frac{(\text{사건 } A \text{가 일어나는 경우의 수})}{(\text{일어나는 모든 경우의 수})}=\frac{a}{n}$$

예 빨간 공 3개와 파란 공 5개가 들어 있는 상자에서 한 개의 공을 꺼낼 때

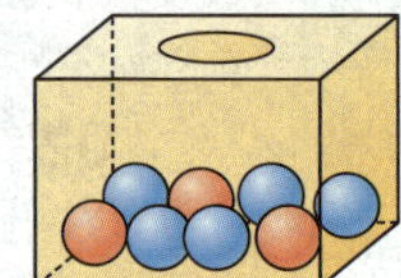

(1) 빨간 공이 나올 확률

➡ $\dfrac{(\text{빨간 공이 나오는 경우의 수})}{(\text{일어나는 모든 경우의 수})}=\dfrac{3}{8}$

(2) 파란 공이 나올 확률

➡ $\dfrac{(\text{파란 공이 나오는 경우의 수})}{(\text{일어나는 모든 경우의 수})}=\dfrac{5}{8}$

3 확률에는 어떤 성질이 있는가?

◎ 핵심문제 03

(1) 어떤 사건이 일어날 확률을 p라 하면 $0\leq p\leq 1$이다.

(2) 반드시 일어나는 사건의 확률은 1이다.

(3) 절대로 일어나지 않는 사건의 확률은 0이다.

▶ 확률이 클수록 그 사건이 일어날 가능성이 크고, 확률이 작을수록 그 사건이 일어날 가능성이 작다.

설명 일어나는 모든 경우의 수가 n, 사건 A가 일어나는 경우의 수가 a이면 $0\leq a\leq n$이므로

$$0\leq \frac{a}{n}\leq 1$$

참고 확률이 음수이거나 1보다 큰 경우는 없다.

예 한 개의 주사위를 던질 때

(1) 홀수의 눈이 나올 확률은 $\dfrac{3}{6}=\dfrac{1}{2}$

(2) 6 이하의 눈이 나올 확률은 $\dfrac{6}{6}=1$

(3) 7의 눈이 나올 확률은 $\dfrac{0}{6}=0$

4. 어떤 사건이 일어나지 않을 확률은 어떻게 구하는가?

사건 A가 일어날 확률이 p일 때,

$$\text{(사건 } A \text{가 일어나지 않을 확률)} = 1 - p$$

예 1부터 10까지의 자연수가 각각 하나씩 적힌 10장의 카드 중에서 한 장을 뽑을 때, 소수가 적힌 카드가 나오지 않을 확률을 구해 보자.

➡ 카드에 적힌 수가 소수인 경우는 2, 3, 5, 7의 4가지이므로

$$\text{(소수가 적힌 카드가 나올 확률)} = \frac{4}{10} = \frac{2}{5}$$

$$\therefore \text{(소수가 적힌 카드가 나오지 않을 확률)}$$

$$= 1 - \frac{2}{5} = \frac{3}{5}$$

참고 사건 A가 일어날 확률을 p, 사건 A가 일어나지 않을 확률을 q라 하면

$$p + q = 1$$

5. 적어도 하나는 ~일 확률은 어떻게 구하는가?

적어도 하나는 ~일 확률은 어떤 사건이 일어나지 않을 확률을 이용한다.

$$\text{(적어도 하나는 ~일 확률)} = 1 - \text{(모두 ~가 아닐 확률)}$$

참고 일반적으로 문제에 '적어도 하나는 ~일', '~가 아닐', '~을 못할'이라는 표현이 있으면 어떤 사건이 일어나지 않을 확률을 이용하는 것이 편리하다.

예 서로 다른 두 개의 동전을 동시에 던질 때, 적어도 하나는 앞면이 나올 확률을 구해 보자.

➡ 동전 두 개를 동시에 던질 때 일어나는 모든 경우의 수는

$$2 \times 2 = 4$$

두 개 모두 뒷면이 나오는 경우의 수는 1이므로 두 개 모두 뒷면이 나올 확률은 $\dfrac{1}{4}$

└─ 두 개 모두 앞면이 나오지 않을 확률

$$\therefore \text{(적어도 하나는 앞면이 나올 확률)} = 1 - \text{(두 개 모두 앞면이 나오지 않을 확률)}$$

$$= 1 - \text{(두 개 모두 뒷면이 나올 확률)}$$

$$= 1 - \frac{1}{4} = \frac{3}{4}$$

보충학습 **도형에서의 확률**

모든 경우의 수는 도형의 전체 넓이로 생각하고, 어떤 사건이 일어나는 경우의 수는 도형에서 해당하는 부분의 넓이로 생각한다. 즉

$$\text{(도형에서의 확률)} = \frac{\text{(사건에 해당하는 부분의 넓이)}}{\text{(도형의 전체 넓이)}}$$

예 오른쪽 그림과 같이 8등분된 원판에 화살을 쏘았을 때, 색칠한 부분을 맞힐 확률을 구해 보자. (단, 화살은 경계선에 맞지 않고 원판을 벗어나지 않는다.)

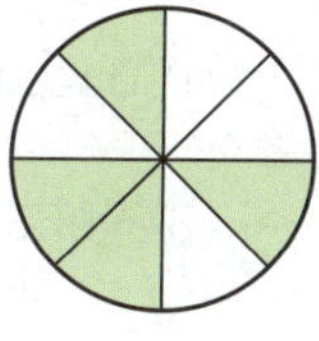

➡ 8등분된 부분 1개의 넓이를 1이라 하면

$$\frac{\text{(색칠한 부분의 넓이)}}{\text{(원판 전체의 넓이)}} = \frac{4}{8} = \frac{1}{2}$$

01 1부터 10까지의 자연수가 각각 하나씩 적힌 10장의 카드 중에서 한 장을 뽑을 때, 다음을 구하시오.

(1) 일어나는 모든 경우의 수

(2) 카드에 적힌 수가 3의 배수인 경우의 수

(3) 카드에 적힌 수가 3의 배수일 확률

◆ (사건 A가 일어날 확률)
$$=\frac{()}{(\text{일어나는 모든 경우의 수})}$$

02 다음 물음에 답하시오.

(1) 15개의 제비 중 당첨 제비가 6개 들어 있는 상자에서 한 개를 뽑을 때, 당첨 제비를 뽑을 확률을 구하시오.

(2) 세준이랑 유민이가 가위바위보를 할 때, 유민이가 이길 확률을 구하시오.

03 서로 다른 두 개의 주사위를 동시에 던질 때, 다음을 구하시오.

(1) 나오는 두 눈의 수의 합이 12 이하일 확률

(2) 나오는 두 눈의 수의 차가 6일 확률

◆ (반드시 일어나는 사건의 확률)
$=\boxed{}$
(절대로 일어나지 않는 사건의 확률)$=\boxed{}$

04 검은 공 3개, 흰 공 7개가 들어 있는 주머니에서 한 개의 공을 꺼낼 때, 다음을 구하시오.

(1) 검은 공이 나올 확률

(2) 검은 공이 나오지 않을 확률

◆ (사건 A가 일어나지 않을 확률)
$=1-()$

05 다음 물음에 답하시오.

(1) 내일 비가 올 확률이 $\dfrac{1}{6}$일 때, 비가 오지 않을 확률을 구하시오.

(2) 명중률이 $\dfrac{2}{9}$인 선수가 활을 쏠 때, 명중하지 못할 확률을 구하시오.

06 ○, ×로 답하는 3개의 문제에 임의로 답할 때, 다음을 구하시오.

(1) 모든 문제를 틀릴 확률

(2) 적어도 한 문제는 맞힐 확률

◆ (적어도 하나는 ~일 확률)
$=1-()$

▶정답 및 풀이 78쪽

01 확률

● 더 다양한 문제는 RPM 2–2 156쪽

서로 다른 두 개의 주사위를 동시에 던질 때, 나오는 두 눈의 수의 합이 4 이하일 확률은?

① $\dfrac{1}{12}$ ② $\dfrac{1}{6}$ ③ $\dfrac{1}{4}$

④ $\dfrac{1}{3}$ ⑤ $\dfrac{5}{12}$

> **KEY POINT**
>
> $$(\text{사건 } A\text{가 일어날 확률})$$
> $$=\dfrac{(\text{사건 } A\text{가 일어나는 경우의 수})}{(\text{일어나는 모든 경우의 수})}$$

IV-2
확률

풀이 모든 경우의 수는 $6\times6=36$
두 눈의 수의 합이 4 이하인 경우는
　　$(1, 1), (1, 2), (2, 1), (1, 3), (2, 2), (3, 1)$
의 6가지이므로 구하는 확률은 $\dfrac{6}{36}=\dfrac{1}{6}$　　　**답** ②

확인 ❶ 1, 2, 3, 4, 5의 숫자가 각각 하나씩 적힌 5장의 카드 중에서 서로 다른 두 장을 뽑아 만든 두 자리 자연수가 짝수일 확률을 구하시오.

확인 ❷ 남학생 3명, 여학생 2명 중에서 대표 2명을 뽑을 때, 모두 남학생이 뽑힐 확률을 구하시오.

02 방정식, 부등식에서의 확률

● 더 다양한 문제는 RPM 2–2 157쪽

한 개의 주사위를 두 번 던져서 첫 번째에 나온 눈의 수를 x, 두 번째에 나온 눈의 수를 y라 할 때, $2x+y=7$일 확률을 구하시오.

> **KEY POINT**
>
> ❶ 모든 경우의 수를 구한다.
> ❷ 방정식을 만족시키는 경우의 수를 구한다.
> ❸ 확률을 구한다.

풀이 모든 경우의 수는 $6\times6=36$
$2x+y=7$을 만족시키는 순서쌍 (x, y)는
　　$(1, 5), (2, 3), (3, 1)$
의 3가지이므로 구하는 확률은 $\dfrac{3}{36}=\dfrac{1}{12}$　　　**답** $\dfrac{1}{12}$

확인 ❸ 두 개의 주사위 A, B를 동시에 던져서 A 주사위에서 나온 눈의 수를 x, B 주사위에서 나온 눈의 수를 y라 할 때, $x+5y<12$일 확률을 구하시오.

1부터 5까지의 자연수가 각각 하나씩 적힌 5장의 카드 중에서 한 장을 뽑을 때, 다음 중 옳지 <u>않은</u> 것을 모두 고르면? (정답 2개)

① 0이 적힌 카드가 나올 확률은 0이다.
② 6의 배수가 적힌 카드가 나올 확률은 0이다.
③ 6 미만의 자연수가 적힌 카드가 나올 확률은 1이다.
④ 1이 적힌 카드가 나올 확률은 1이다.
⑤ 5 이하의 자연수가 적힌 카드가 나올 확률은 5이다.

풀이 ④ 1이 적힌 카드가 나올 확률은 $\dfrac{1}{5}$이다.

⑤ 5 이하의 자연수가 적힌 카드가 나올 확률은 1이다.
따라서 옳지 않은 것은 ④, ⑤이다. **답** ④, ⑤

확인 ④ 다음 중 확률이 1인 것은?

① 한 개의 동전을 던질 때, 앞면이 나올 확률
② A, B, C 세 명 중 대표 한 명을 뽑을 때, D가 뽑힐 확률
③ 두 명이 가위바위보를 할 때, 비길 확률
④ 서로 다른 두 개의 주사위를 동시에 던질 때, 나오는 눈의 수의 합이 13일 확률
⑤ 빨간 공 3개, 노란 공 5개가 들어 있는 주머니에서 한 개의 공을 꺼낼 때, 빨간 공 또는 노란 공이 나올 확률

태오를 포함한 6명의 후보 중에서 대표 2명을 뽑을 때, 태오가 뽑히지 않을 확률을 구하시오.

풀이 모든 경우의 수는 $\dfrac{6 \times 5}{2} = 15$

태오가 뽑히는 경우의 수는 태오를 제외한 5명 중에서 대표 1명을 뽑는 경우의 수와 같으므로 5

따라서 태오가 뽑힐 확률은 $\dfrac{5}{15} = \dfrac{1}{3}$이므로 구하는 확률은

$$1 - \dfrac{1}{3} = \dfrac{2}{3}$$

답 $\dfrac{2}{3}$

확인 ⑤ 서로 다른 두 개의 주사위를 동시에 던질 때, 서로 다른 눈이 나올 확률을 구하시오.

KEY POINT
• 반드시 일어나는 사건의 확률은 1이다.
• 절대로 일어나지 않는 사건의 확률은 0이다.

KEY POINT
(태오가 뽑히지 않을 확률)
$=1-$(태오가 뽑힐 확률)

05 적어도 하나는 ~일 확률

● 더 다양한 문제는 RPM 2-2 158쪽

3개의 당첨 제비를 포함한 10개의 제비가 들어 있는 상자에서 2개를 뽑을 때, 적어도 한
개는 당첨 제비일 확률을 구하시오.

풀이 10개의 제비 중에서 2개를 뽑는 경우의 수는 $\dfrac{10\times 9}{2}=45$

당첨 제비가 아닌 7개 중에서 2개를 뽑는 경우의 수는 $\dfrac{7\times 6}{2}=21$

2개 모두 당첨 제비가 아닐 확률은 $\dfrac{21}{45}=\dfrac{7}{15}$

따라서 구하는 확률은 $1-\dfrac{7}{15}=\dfrac{8}{15}$ **답** $\dfrac{8}{15}$

확인 6 어느 음식점에서 후식으로 케이크 4종류, 쿠키 3종류가 제공된다. 후식 중 2가지를
택할 때, 적어도 한 가지는 케이크를 택할 확률을 구하시오.

06 도형에서의 확률

● 더 다양한 문제는 RPM 2-2 153쪽

오른쪽 그림과 같은 과녁에 화살을 쏘아서 맞힌 부분에 적힌 숫자
만큼 점수를 받을 때, 화살을 한 번 쏘아서 2점을 받을 확률을 구
하시오. (단, 화살은 경계선에 맞지 않고 과녁을 벗어나지 않는다.)

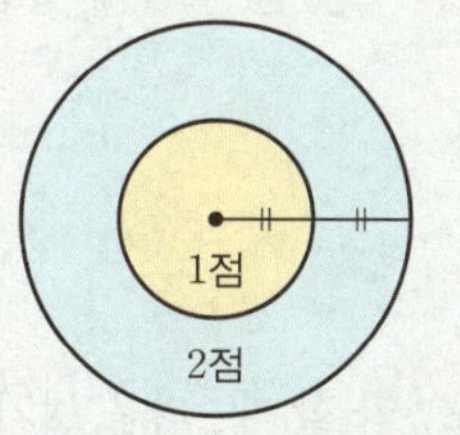

풀이 작은 원의 반지름의 길이를 r라 하면 과녁의 반지름의 길이는 $2r$이므로 과녁 전체의 넓이
는 $\pi\times(2r)^2=4\pi r^2$
2점에 해당하는 부분의 넓이는
$4\pi r^2-\pi\times r^2=3\pi r^2$

따라서 구하는 확률은 $\dfrac{3\pi r^2}{4\pi r^2}=\dfrac{3}{4}$ **답** $\dfrac{3}{4}$

확인 7 오른쪽 그림과 같이 9등분된 정사각형 모양의 표적에 1부터 9까
지의 자연수가 각각 하나씩 적혀 있다. 이 표적에 화살을 한 번
쏠 때, 8의 약수가 적힌 부분을 맞힐 확률을 구하시오.
(단, 화살은 경계선에 맞지 않고 표적을 벗어나지 않는다.)

1	2	3
4	5	6
7	8	9

01 오른쪽 그래프는 어느 회사 직원 200명을 대상으로 혈액형을 조사하여 나타낸 것이다. 이 회사 직원 중에서 한 명을 임의로 선택할 때, 그 직원의 혈액형이 B형일 확률을 구하시오.

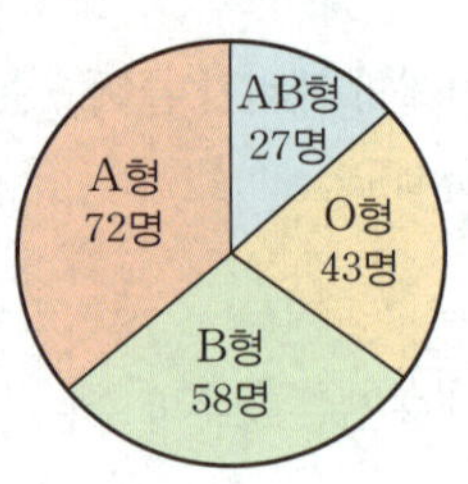

02 한 개의 주사위를 두 번 던져서 첫 번째에 나온 눈의 수를 x, 두 번째에 나온 눈의 수를 y라 할 때, $x+4y<17$일 확률을 구하시오.

주어진 부등식을 만족시키는 순서쌍 $(x,\ y)$의 개수를 구한다.

03 다음 중 확률이 나머지 넷과 <u>다른</u> 하나는?

① 한 개의 동전을 던질 때, 앞면 또는 뒷면이 나올 확률
② 한 개의 주사위를 던질 때, 한 자리 자연수의 눈이 나올 확률
③ 한 개의 주사위를 던질 때, 6 이하의 눈이 나올 확률
④ 서로 다른 두 개의 주사위를 동시에 던질 때, 나온 두 눈의 수의 곱이 36보다 작을 확률
⑤ 딸기 맛 사탕이 10개 들어 있는 상자에서 한 개의 사탕을 꺼낼 때, 그 사탕이 딸기 맛 사탕일 확률

반드시 일어나는 사건의 확률
➡ 1

04 사건 A가 일어날 확률을 p라 할 때, 다음 **보기** 중 옳은 것을 모두 고른 것은?

> **보기**
> ㄱ. p의 값의 범위는 $0<p<1$이다.
> ㄴ. $p=\dfrac{(\text{일어나는 모든 경우의 수})}{(\text{사건 }A\text{가 일어나는 경우의 수})}$
> ㄷ. $p=0$이면 사건 A는 절대로 일어나지 않는다.
> ㄹ. $p=1$이면 사건 A는 반드시 일어난다.

① ㄱ, ㄴ   ② ㄱ, ㄷ   ③ ㄴ, ㄷ
④ ㄴ, ㄹ   ⑤ ㄷ, ㄹ

05 부모님을 포함한 5명의 가족을 일렬로 세워서 사진을 찍을 때, 부모님을 이웃하게 세우지 않을 확률을 구하시오.

(어떤 사건이 일어나지 않을 확률)
=1−(어떤 사건이 일어날 확률)

06 두 개의 주사위 A, B를 동시에 던질 때, A 주사위에서 나온 눈의 수를 x, B 주사위에서 나온 눈의 수를 y라 하자. 이때 $2x \neq y$일 확률은?

① $\dfrac{1}{12}$ ② $\dfrac{1}{6}$ ③ $\dfrac{3}{4}$

④ $\dfrac{5}{6}$ ⑤ $\dfrac{11}{12}$

$(2x \neq y$일 확률$)$
$= 1 - (2x = y$일 확률$)$

07 검은 공 3개와 흰 공 2개가 들어 있는 상자에서 2개의 공을 꺼낼 때, 적어도 한 개는 흰 공이 나올 확률을 구하시오.

$($적어도 하나는 ~일 확률$)$
$= 1 - ($모두 ~가 아닐 확률$)$

08 알파벳 S, E, A가 각각 하나씩 적힌 3장의 카드를 오른쪽 그림과 같이 일렬로 나열하였다. 이것을 잘 섞은 후 다시 나열할 때, 적어도 한 카드는 처음의 위치에 있을 확률을 구하시오.

09 다음 그림과 같은 과녁에 화살을 한 번 쏠 때, 색칠한 부분을 맞힐 확률이 가장 큰 것은? (단, 한 과녁에 대하여 각 부분의 넓이는 모두 같고, 화살은 경계선에 맞지 않고 과녁을 벗어나지 않는다.)

n등분된 부분 1개의 넓이를 1이라 하고 과녁 전체의 넓이와 색칠한 부분의 넓이를 구한다.

① 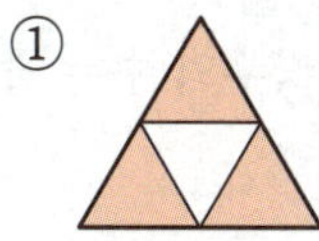 ② 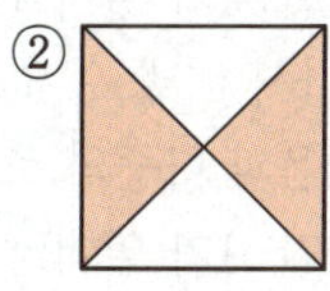 ③ 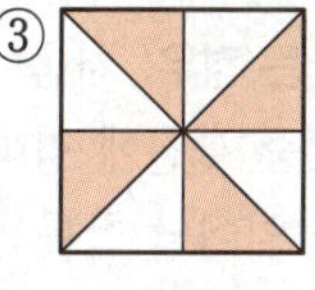

④ 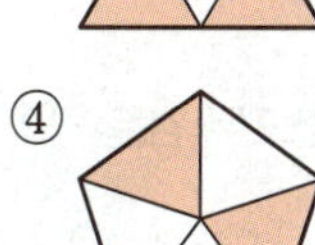 ⑤ 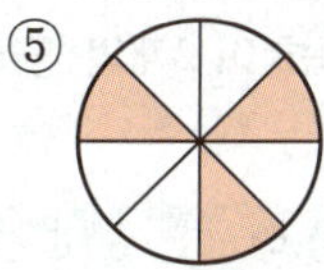

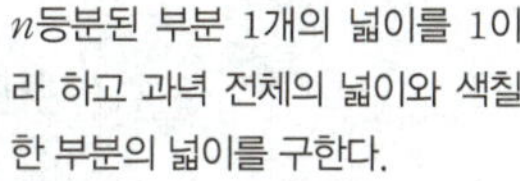

02 확률의 계산

개념원리 이해

1 사건 A 또는 사건 B가 일어날 확률은 어떻게 구하는가?

핵심문제 01, 04

두 사건 A, B가 동시에 일어나지 않을 때, 사건 A가 일어날 확률을 p, 사건 B가 일어날 확률을 q 라 하면

└→ 사건 A가 일어나면 사건 B는 일어나지 않고, 사건 B가 일어나면 사건 A는 일어나지 않는다.

$$(사건\ A\ 또는\ 사건\ B가\ 일어날\ 확률) = p + q\ \leftarrow 두\ 확률의\ 덧셈$$

▶ 사건 A 또는 사건 B가 일어날 확률은 문장에서 '또는', '~이거나'로 표현되어 있다.

예 한 개의 주사위를 던질 때, 짝수의 눈 또는 5의 약수의 눈이 나올 확률을 구해 보자.

➡ 짝수의 눈이 나올 확률은 $\dfrac{3}{6}$, 5의 약수의 눈이 나올 확률은 $\dfrac{2}{6}$이므로 구하는 확률은

$$\dfrac{3}{6} + \dfrac{2}{6} = \dfrac{5}{6}$$

2 두 사건 A, B가 동시에 일어날 확률은 어떻게 구하는가?

핵심문제 02~04

두 사건 A, B가 서로 영향을 끼치지 않을 때, 사건 A가 일어날 확률을 p, 사건 B가 일어날 확률을 q라 하면

└→ 두 사건이 같은 시간에 일어난다는 것만을 의미하는 것이 아니라 사건 A가 일어나는 각각의 경우에 대하여 사건 B가 일어남을 뜻한다.

$$(두\ 사건\ A,\ B가\ 동시에\ 일어날\ 확률) = p \times q\ \leftarrow 두\ 확률의\ 곱셈$$

▶ 두 사건 A, B가 동시에 일어날 확률은 문장에서 '~이고', '동시에'로 표현되어 있다.

예 동전 한 개와 주사위 한 개를 동시에 던질 때, 동전은 앞면이 나오고 주사위는 홀수의 눈이 나올 확률을 구해 보자.

➡ 동전에서 앞면이 나올 확률은 $\dfrac{1}{2}$, 주사위에서 홀수의 눈이 나올 확률은 $\dfrac{3}{6} = \dfrac{1}{2}$이므로 구하는 확률은

$$\dfrac{1}{2} \times \dfrac{1}{2} = \dfrac{1}{4}$$

3 연속하여 뽑는 경우의 확률은 어떻게 구하는가?

핵심문제 05, 06

(1) **꺼낸 것을 다시 넣는 경우**: 처음에 꺼낸 것을 다시 꺼낼 수 있으므로 전체 경우의 수는 변함이 없다. 즉 처음 사건이 나중 사건에 영향을 주지 않으므로 처음과 나중의 조건이 같다.

➡ (처음에 사건 A가 일어날 확률) $=$ (나중에 사건 A가 일어날 확률)

(2) **꺼낸 것을 다시 넣지 않는 경우**: 처음에 꺼낸 것을 다시 꺼낼 수 없으므로 전체 경우의 수는 줄어든다. 즉 처음 사건이 나중 사건에 영향을 주므로 처음과 나중의 조건이 다르다.

➡ (처음에 사건 A가 일어날 확률) $\neq$ (나중에 사건 A가 일어날 확률)

예 흰 공 2개와 검은 공 3개가 들어 있는 주머니에서 연속하여 2개의 공을 꺼낼 때, 2개 모두 검은 공이 나올 확률을 구해 보자.

	첫 번째 꺼낸 공을 다시 넣을 때	첫 번째 꺼낸 공을 다시 넣지 않을 때
주머니의 변화		
확률	$\dfrac{3}{5} \times \dfrac{3}{5} = \dfrac{9}{25}$	$\dfrac{3}{5} \times \dfrac{2}{4} = \dfrac{3}{10}$

01 흰 구슬 5개, 검은 구슬 7개, 빨간 구슬 8개가 들어 있는 주머니에서 한 개의 구슬을 꺼낼 때, 다음을 구하시오.

(1) 흰 구슬이 나올 확률

(2) 검은 구슬이 나올 확률

(3) 흰 구슬 또는 검은 구슬이 나올 확률

◎ (사건 A 또는 사건 B가 일어날 확률)
= (사건 A가 일어날 확률)
$\square$ (사건 B가 일어날 확률)

IV-2
확률

02 어느 야구팀의 5번 타자와 6번 타자가 안타를 칠 확률은 각각 0.2, 0.3이다. 5번 타자와 6번 타자가 연속으로 안타를 칠 확률을 구하시오.

◎ (두 사건 A, B가 동시에 일어날 확률)
= (사건 A가 일어날 확률)
$\square$ (사건 B가 일어날 확률)

03 어떤 문제를 지안이가 맞힐 확률은 $\dfrac{1}{3}$, 서진이가 맞힐 확률은 $\dfrac{3}{5}$이다. 두 사람이 이 문제를 풀 때, 다음을 구하시오.

(1) 지안이만 문제를 맞힐 확률

(2) 서진이만 문제를 맞힐 확률

(3) 지안이와 서진이 중 한 명만 문제를 맞힐 확률

04 오른쪽 그림과 같은 전기 회로에서 스위치 A, B가 닫힐 확률이 각각 $\dfrac{1}{3}$, $\dfrac{2}{5}$일 때, 다음을 구하시오.

(1) 전구에 불이 들어오지 않을 확률

(2) 전구에 불이 들어올 확률

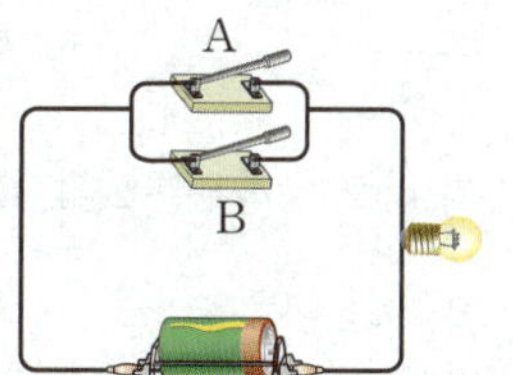

◎ (전구에 불이 들어오지 않을 확률)
= (스위치 A, B가 모두 열릴 확률)

05 2개의 당첨 제비를 포함한 5개의 제비가 들어 있는 주머니에서 A, B 두 사람이 차례대로 제비를 한 개씩 뽑을 때, A, B 모두 당첨 제비를 뽑을 확률을 다음 각 경우에 대하여 구하시오.

(1) A가 뽑은 제비를 주머니에 다시 넣을 때

(2) A가 뽑은 제비를 주머니에 다시 넣지 않을 때

◎ (1) 꺼낸 것을 다시 넣는 경우
(처음 조건) $\square$ (나중 조건)
(2) 꺼낸 것을 다시 넣지 않는 경우
(처음 조건) $\square$ (나중 조건)

01 사건 A 또는 사건 B가 일어날 확률

● 더 다양한 문제는 RPM 2–2 159쪽

1부터 12까지의 자연수가 각각 하나씩 적힌 12장의 카드 중에서 한 장을 뽑을 때, 카드에 적힌 수가 소수 또는 6의 배수일 확률을 구하시오.

풀이 모든 경우의 수는　12

카드에 적힌 수가 소수인 경우는 2, 3, 5, 7, 11의 5가지이므로 그 확률은　$\dfrac{5}{12}$

카드에 적힌 수가 6의 배수인 경우는 6, 12의 2가지이므로 그 확률은

$$\dfrac{2}{12}=\dfrac{1}{6}$$

따라서 구하는 확률은

$$\dfrac{5}{12}+\dfrac{1}{6}=\dfrac{7}{12}$$

답 $\dfrac{7}{12}$

확인 1 5개의 문자 G, R, E, A, T를 한 줄로 나열할 때, E 또는 T가 맨 앞에 올 확률을 구하시오.

> **KEY POINT**
> 두 사건 A, B가 동시에 일어나지 않을 때, 사건 A 또는 사건 B가 일어날 확률은
> (사건 A가 일어날 확률)
> $+$(사건 B가 일어날 확률)

02 두 사건 A, B가 동시에 일어날 확률

● 더 다양한 문제는 RPM 2–2 159쪽

두 개의 주사위 A, B를 동시에 던질 때, A 주사위는 2의 배수의 눈이 나오고 B 주사위는 6의 약수의 눈이 나올 확률을 구하시오.

풀이 A 주사위에서 2의 배수가 나오는 경우는 2, 4, 6의 3가지이므로 그 확률은

$$\dfrac{3}{6}=\dfrac{1}{2}$$

B 주사위에서 6의 약수가 나오는 경우는 1, 2, 3, 6의 4가지이므로 그 확률은

$$\dfrac{4}{6}=\dfrac{2}{3}$$

따라서 구하는 확률은

$$\dfrac{1}{2}\times\dfrac{2}{3}=\dfrac{1}{3}$$

답 $\dfrac{1}{3}$

확인 2 A 주머니에는 흰 공 2개, 검은 공 4개가 들어 있고, B 주머니에는 흰 공 3개, 검은 공 3개가 들어 있다. A, B 두 주머니에서 각각 한 개의 공을 꺼낼 때, 두 공이 모두 흰 공일 확률을 구하시오.

> **KEY POINT**
> 두 사건 A, B가 서로 영향을 끼치지 않을 때, 두 사건 A, B가 동시에 일어날 확률은
> (사건 A가 일어날 확률)
> $\times$(사건 B가 일어날 확률)

03 두 사건 A, B 중 적어도 하나가 일어날 확률

● 더 다양한 문제는 RPM 2–2 160쪽

명중률이 각각 $\dfrac{1}{4}$, $\dfrac{5}{6}$인 A, B 두 사람이 동시에 한 과녁에 화살을 쏠 때, 적어도 한 사람은 과녁을 맞힐 확률을 구하시오.

풀이 A, B 모두 과녁을 맞히지 못할 확률은

$$\left(1-\frac{1}{4}\right)\times\left(1-\frac{5}{6}\right)=\frac{3}{4}\times\frac{1}{6}=\frac{1}{8}$$

따라서 구하는 확률은

$$1-\frac{1}{8}=\frac{7}{8}$$

답 $\dfrac{7}{8}$

확인 3 치료율이 $75\,\%$인 약으로 환자 두 명을 치료하였을 때, 적어도 한 명은 치료될 확률을 구하시오.

04 확률의 덧셈과 곱셈

● 더 다양한 문제는 RPM 2–2 160쪽

A 주머니에는 빨간 공 3개, 흰 공 5개가 들어 있고, B 주머니에는 빨간 공 4개, 흰 공 2개가 들어 있다. A, B 두 주머니에서 각각 한 개씩 공을 꺼낼 때, 두 공이 서로 같은 색일 확률을 구하시오.

풀이 (ⅰ) A, B 두 주머니에서 모두 빨간 공을 꺼낼 확률은

$$\frac{3}{8}\times\frac{4}{6}=\frac{1}{4}$$

(ⅱ) A, B 두 주머니에서 모두 흰 공을 꺼낼 확률은

$$\frac{5}{8}\times\frac{2}{6}=\frac{5}{24}$$

(ⅰ), (ⅱ)에서 구하는 확률은

$$\frac{1}{4}+\frac{5}{24}=\frac{11}{24}$$

답 $\dfrac{11}{24}$

확인 4 A 상자에는 팥빵 8개, 크림빵 4개가 들어 있고, B 상자에는 팥빵 5개, 크림빵 7개가 들어 있다. A, B 두 상자에서 각각 한 개씩 빵을 꺼낼 때, 한 개만 팥빵일 확률을 구하시오.

▶ 정답 및 풀이 81쪽

05 연속하여 꺼내는 경우의 확률; 꺼낸 것을 다시 넣는 경우 ● 더 다양한 문제는 RPM 2-2 161쪽

주머니 속에 흰 공 10개와 검은 공 6개가 들어 있다. 처음에 이 주머니에서 한 개의 공을 꺼내어 색을 확인하고 주머니에 다시 넣은 후 한 개의 공을 꺼낼 때, 두 번 모두 검은 공이 나올 확률을 구하시오.

풀이 첫 번째에 검은 공이 나올 확률은 $\dfrac{6}{16}=\dfrac{3}{8}$

두 번째에 검은 공이 나올 확률은 $\dfrac{3}{8}$

따라서 구하는 확률은 $\dfrac{3}{8}\times\dfrac{3}{8}=\dfrac{9}{64}$

답 $\dfrac{9}{64}$

확인 5 5장의 행운권을 포함한 30장의 응모권이 들어 있는 상자에서 지성이가 한 장의 응모권을 뽑아서 확인하고 상자에 다시 넣은 후 해린이가 한 장의 응모권을 뽑을 때, 지성이만 행운권을 뽑을 확률을 구하시오.

KEY POINT

꺼낸 것을 다시 넣는 경우
➡ (처음 꺼낼 때의 공의 개수)
  =(나중에 꺼낼 때의 공의 개수)

---

06 연속하여 꺼내는 경우의 확률; 꺼낸 것을 다시 넣지 않는 경우 ● 더 다양한 문제는 RPM 2-2 161쪽

상자 안에 들어 있는 25개의 제품 중에는 4개의 불량품이 섞여 있다. 이 상자에서 연속하여 제품을 한 개씩 두 번 꺼낼 때, 두 번 모두 불량품이 나올 확률을 구하시오.
(단, 꺼낸 제품은 다시 넣지 않는다.)

풀이 첫 번째에 불량품이 나올 확률은 $\dfrac{4}{25}$

두 번째에 불량품이 나올 확률은 $\dfrac{3}{24}=\dfrac{1}{8}$

따라서 구하는 확률은 $\dfrac{4}{25}\times\dfrac{1}{8}=\dfrac{1}{50}$

답 $\dfrac{1}{50}$

확인 6 초콜릿 맛 사탕 5개, 바닐라 맛 사탕 3개, 캐러멜 맛 사탕 2개가 들어 있는 주머니에서 사탕을 한 개씩 3번 꺼낼 때, 첫 번째에는 초콜릿 맛 사탕이 나오고, 두 번째, 세 번째에는 바닐라 맛 사탕이 나올 확률을 구하시오.
(단, 꺼낸 사탕은 다시 넣지 않는다.)

KEY POINT

꺼낸 것을 다시 넣지 않는 경우
➡ (처음 꺼낼 때의 제품의 개수)
  ≠(나중에 꺼낼 때의 제품의 개수)

01 서로 다른 두 개의 주사위를 동시에 던질 때, 나오는 두 눈의 수의 차가 2 또는 3일 확률을 구하시오.

'또는', '~이거나'
➡ 확률의 덧셈을 이용한다.

02 오른쪽 그림과 같이 크기가 같은 16개의 정사각형으로 이루어진 표적에 화살을 두 번 쏘아 두 번 모두 색칠한 부분을 맞힐 확률을 구하시오.
　　　　(단, 화살은 경계선에 맞지 않고 표적을 벗어나지 않는다.)

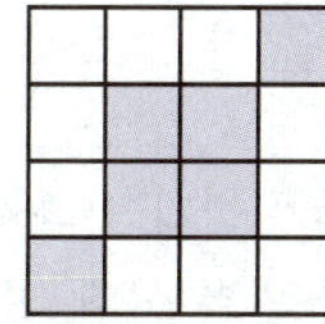

03 A, B, C 세 학생이 어떤 문제를 맞힐 확률이 각각 $\dfrac{1}{2}$, $\dfrac{1}{3}$, $\dfrac{3}{5}$일 때, B만 이 문제를 맞힐 확률을 구하시오.

(문제를 틀릴 확률)
$=1-$(문제를 맞힐 확률)

04 규민이가 약속 시간에 늦지 않을 확률은 $\dfrac{3}{4}$, 지율이가 약속 시간에 늦지 않을 확률은 $\dfrac{2}{5}$일 때, 두 사람 중에서 적어도 한 명은 약속 시간에 늦지 않을 확률을 구하시오.

(적어도 한 명은 약속 시간에 늦지 않을 확률)
$=1-$(두 사람 모두 약속 시간에 늦을 확률)

05 A 상자에는 파란 구슬 4개, 흰 구슬 3개가 들어 있고, B 상자에는 파란 구슬 2개, 흰 구슬 5개가 들어 있다. 임의로 한 개의 상자를 선택하여 한 개의 구슬을 꺼낼 때, 흰 구슬일 확률을 구하시오. (단, 두 상자 A, B를 선택할 확률은 같다.)

06 어느 아이스크림 가게에서 이벤트로 16개의 아이스크림 중 4개에 무료 쿠폰을 넣어 두었다. 16개의 아이스크림 중 A가 먼저 한 개를 택하고, B가 한 개를 택했을 때, B가 택한 아이스크림에만 무료 쿠폰이 있을 확률을 구하시오.
　　　　　　　(단, 택한 아이스크림은 다시 택하지 않는다.)

01 다음 중 확률이 가장 큰 것은?

① 한 개의 주사위를 던질 때, 홀수의 눈이 나올 확률

② A, B, C 3명의 학생을 한 줄로 세울 때, C가 맨 앞에 서게 될 확률

③ 1부터 5까지의 자연수가 각각 하나씩 적힌 5장의 카드 중에서 한 장을 뽑을 때, 소수가 나올 확률

④ 서로 다른 두 개의 동전을 동시에 던질 때, 둘 다 앞면이 나올 확률

⑤ 흰 공 5개와 검은 공 3개가 들어 있는 주머니에서 한 개의 공을 꺼낼 때, 검은 공이 나올 확률

02 키가 서로 다른 A, B, C 3명의 학생을 한 줄로 세울 때, 키 순서대로 서게 될 확률을 구하시오.

03 미화, 수민, 상호, 연주 4명 중에서 두 명의 청소 당번을 뽑을 때, 연주가 청소 당번에 뽑힐 확률은?

① $\dfrac{1}{6}$ ② $\dfrac{1}{4}$ ③ $\dfrac{1}{3}$

④ $\dfrac{1}{2}$ ⑤ $\dfrac{2}{3}$

04 어떤 사건이 일어날 확률을 p, 그 사건이 일어나지 않을 확률을 q라 할 때, 다음 중 옳은 것은?

① $p \times q = 1$ ② $p + q = 0$ ③ $p = 1 + q$
④ $0 < p < 1$ ⑤ $q = 1 - p$

05 민아와 승준이가 같은 건물 1층에서 서로 다른 엘리베이터를 탔다. 두 사람이 각각 2층에서 9층까지 중 한 층에서 내릴 때, 두 사람이 서로 다른 층에서 내릴 확률을 구하시오.

꼭나와

06 시험에 출제된 5개의 ○, × 문제에 임의로 답할 때, 적어도 한 문제는 맞힐 확률은?

① $\dfrac{23}{32}$ ② $\dfrac{25}{32}$ ③ $\dfrac{27}{32}$

④ $\dfrac{29}{32}$ ⑤ $\dfrac{31}{32}$

07 오른쪽 그림과 같은 과녁에 화살을 쏘아서 맞힌 부분에 적힌 숫자를 점수로 받는다고 할 때, 화살을 한 번 쏘아서 6점을 받을 확률을 구하시오. (단, 화살은 경계선에 맞지 않고 과녁을 벗어나지 않는다.)

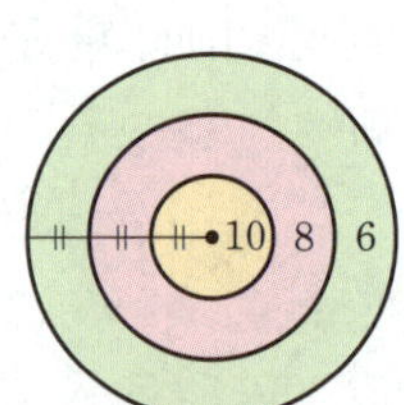

08 다음 표는 예진이네 학교 학생 100명의 DISC 행동 유형 검사 결과이다. 이 학생들 중에서 한 명을 임의로 택할 때, 행동 유형이 주도형 또는 사교형일 확률은?

행동 유형	주도형	사교형	안정형	신중형	합계
학생 수(명)	20	24	40	16	100

① $\dfrac{2}{5}$ ② $\dfrac{21}{50}$ ③ $\dfrac{11}{25}$

④ $\dfrac{23}{50}$ ⑤ $\dfrac{12}{25}$

09 0, 1, 2, 3, 4의 숫자가 각각 하나씩 적힌 5장의 카드 중에서 3장을 뽑아 세 자리 자연수를 만들 때, 200 이하 또는 400 이상일 확률을 구하시오.

10 A, B 두 팀의 농구 경기에서 현재 점수가 76 : 77이고 76점을 득점한 A 팀이 2개의 자유투를 하면 경기가 종료된다고 한다. 자유투를 할 선수의 자유투 성공률이 $\dfrac{4}{5}$일 때, A 팀이 이길 확률은?

(단, 자유투 1개를 성공시키면 1점을 득점한다.)

① $\dfrac{9}{25}$ ② $\dfrac{2}{5}$ ③ $\dfrac{3}{5}$

④ $\dfrac{16}{25}$ ⑤ $\dfrac{4}{5}$

11 창민이와 현우는 오후 2시에 만나기로 약속을 하였다. 창민이가 약속을 지킬 확률은 $\dfrac{2}{3}$, 현우가 약속을 지킬 확률은 $\dfrac{1}{4}$일 때, 두 사람이 만나지 못할 확률은?

① $\dfrac{1}{2}$ ② $\dfrac{7}{12}$ ③ $\dfrac{2}{3}$

④ $\dfrac{3}{4}$ ⑤ $\dfrac{5}{6}$

12 4개의 문자 L, O, V, E가 각각 적힌 4장의 카드 중에서 한 장을 뽑아 확인하고 넣은 다음 다시 한 장을 뽑을 때, 2장 모두 같은 문자가 적힌 카드를 뽑을 확률을 구하시오.

13 흰 바둑돌 7개, 검은 바둑돌 3개가 들어 있는 상자에서 바둑돌을 한 개씩 두 번 꺼낼 때, 두 번 모두 검은 바둑돌이 나올 확률은?

(단, 꺼낸 바둑돌은 다시 넣지 않는다.)

① $\dfrac{1}{15}$ ② $\dfrac{9}{100}$ ③ $\dfrac{3}{25}$

④ $\dfrac{2}{15}$ ⑤ $\dfrac{3}{20}$

꼭나와

14 모양과 크기가 같은 노란 구슬 2개, 파란 구슬 6개, 빨간 구슬 몇 개가 들어 있는 주머니에서 구슬 1개를 꺼낼 때, 노란 구슬이 나올 확률이 $\dfrac{1}{6}$이라 한다. 이때 주머니에 들어 있는 빨간 구슬은 몇 개인가?

① 1개　　② 2개　　③ 3개
④ 4개　　⑤ 5개

15 두 개의 주사위 A, B를 동시에 던져서 A 주사위에서 나오는 눈의 수를 a, B 주사위에서 나오는 눈의 수를 b라 할 때, 두 직선 $y=2x-a$와 $y=-x+b$의 교점의 x좌표가 1일 확률을 구하시오.

16 1부터 20까지의 자연수가 각각 하나씩 적힌 20개의 공이 있다. 이 중에서 한 개의 공을 뽑아 나온 수를 30으로 나눌 때, 그 수가 유한소수가 아닐 확률은?

① $\dfrac{3}{5}$　　② $\dfrac{13}{20}$　　③ $\dfrac{7}{10}$
④ $\dfrac{3}{4}$　　⑤ $\dfrac{4}{5}$

17 어느 동물원에서 다음과 같은 방법으로 선물 증정 행사를 실시하였다.

> ❶ 각 면에 1부터 4까지의 숫자가 각각 하나씩 적힌 정사면체 모양의 주사위 한 개와 각 면에 1부터 6까지의 숫자가 각각 하나씩 적힌 정육면체 모양의 주사위 한 개를 동시에 던지세요.
> ❷ 주사위의 바닥에 놓인 면에 적힌 두 수의 합이 자신의 나이 이상이면 선물을 드립니다.

이 행사에 참여한 9살 어린이가 선물을 받을 확률을 구하시오.

18 다음 그림은 어느 중학교 2학년 축구 대회의 대진표이다. 각 반이 각각의 경기에서 이길 확률은 $\dfrac{1}{2}$일 때, 6반이 우승할 확률을 구하시오.
　　　　　　(단, 매 경기마다 무승부는 없다.)

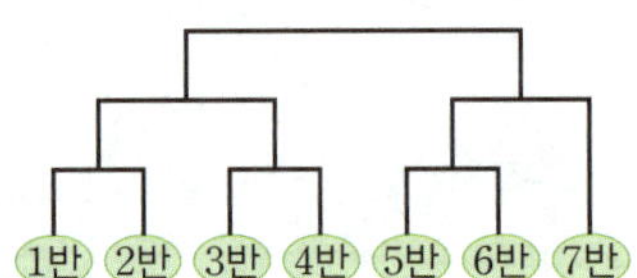

꼭나와

19 예은이와 지성이가 한국사능력검정시험에 함께 응시하였다. 예은이가 합격할 확률은 $\dfrac{5}{7}$이고, 예은이와 지성이가 모두 합격할 확률은 $\dfrac{3}{7}$이다. 이때 예은이는 불합격하고 지성이는 합격할 확률을 구하시오.

20 공을 던져 표적을 맞히는 게임이 있다. 경호가 이 게임에서 표적을 맞힐 확률이 $\dfrac{2}{3}$일 때, 4개의 공을 던져 3개 이하를 맞힐 확률을 구하시오.

21 1부터 9까지의 자연수가 각각 하나씩 적힌 9장의 카드가 들어 있는 상자에서 한 장을 꺼내 확인하고 상자에 넣은 후 다시 한 장을 꺼낼 때, 두 장의 카드에 적힌 수의 합이 짝수일 확률은?

① $\dfrac{4}{9}$ ② $\dfrac{41}{81}$ ③ $\dfrac{5}{9}$

④ $\dfrac{49}{81}$ ⑤ $\dfrac{2}{3}$

22 A, B 두 사람이 1회에는 A, 2회에는 B, 3회에는 A, 4회에는 B, …의 순서로 번갈아 가며 주사위 1개를 던지는 놀이를 하려고 한다. 5의 약수의 눈이 먼저 나오는 사람이 이기는 것으로 할 때, 4회 이내에 B가 이길 확률은?

① $\dfrac{16}{81}$ ② $\dfrac{7}{27}$ ③ $\dfrac{26}{81}$

④ $\dfrac{3}{9}$ ⑤ $\dfrac{32}{81}$

23 다음 그림과 같이 4장의 문자 카드를 일렬로 나열하였다. 이들을 잘 섞은 후 임의로 다시 일렬로 나열할 때, 적어도 한 문자는 원래의 위치에 있을 확률을 구하시오.

 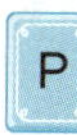 

24 오른쪽 그림과 같이 한 변의 길이가 1 cm인 정오각형 ABCDE에서 점 P는 점 A에서 출발하여 화살표 방향으로 정오각형의 변을 따라 움직인다. 한 개의 주사위를 던져 나오는 눈의 수가 a이면 점 P는 화살표 방향으로 $3a$ cm만큼 움직일 때, 주사위를 두 번 던져 점 P가 점 E에 위치할 확률을 구하시오.

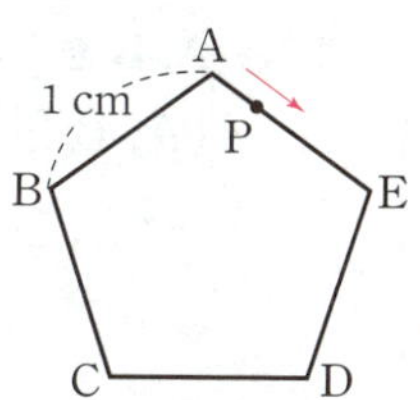

25 오른쪽 그림과 같이 공을 A에 넣으면 P, Q, R, S 중 어느 한 곳으로 공이 나오는 관이 있다. 공을 A에 넣었을 때, 공이 Q로 나올 확률을 구하시오. (단, 각 갈림길에서 공이 어느 한쪽으로 이동할 확률은 같다.)

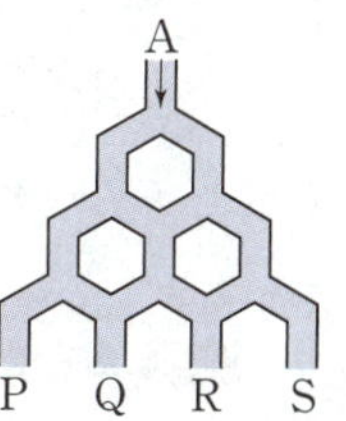

예제 1

해설 강의

어느 시험에서 A가 합격할 확률은 $\dfrac{2}{5}$이고 B가 합격할 확률은 $\dfrac{1}{3}$일 때, A, B 중 적어도 한 명은 합격할 확률을 구하시오. [7점]

풀이 과정

1단계 A가 불합격할 확률 구하기 • 2점

A가 불합격할 확률은 $1-\dfrac{2}{5}=\dfrac{3}{5}$

2단계 B가 불합격할 확률 구하기 • 2점

B가 불합격할 확률은 $1-\dfrac{1}{3}=\dfrac{2}{3}$

3단계 A, B 중 적어도 한 명은 합격할 확률 구하기 • 3점

(A, B 중 적어도 한 명은 합격할 확률)

$=1-($둘 다 불합격할 확률$)=1-\dfrac{3}{5}\times\dfrac{2}{3}=\dfrac{3}{5}$

답 $\dfrac{3}{5}$

유제 1

중간고사에서 준이가 10등 안에 들 확률은 $\dfrac{3}{7}$이고 기쁨이가 10등 안에 들 확률은 $\dfrac{5}{6}$일 때, 준이와 기쁨이 중 적어도 한 명은 10등 안에 들 확률을 구하시오. [7점]

풀이 과정

1단계 준이가 10등 안에 들지 못할 확률 구하기 • 2점

2단계 기쁨이가 10등 안에 들지 못할 확률 구하기 • 2점

3단계 준이와 기쁨이 중 적어도 한 명은 10등 안에 들 확률 구하기 • 3점

답

예제 2

해설 강의

어느 지역의 일기 예보에 따르면 이번 주 월요일, 화요일, 수요일에 비가 올 확률은 각각 $\dfrac{1}{2}$, $\dfrac{1}{3}$, $\dfrac{1}{4}$이다. 이 사흘 중에서 이틀만 연속으로 비가 올 확률을 구하시오. [8점]

풀이 과정

1단계 월요일, 화요일에만 비가 올 확률 구하기 • 3점

(ⅰ) 수요일에 비가 오지 않을 확률은 $1-\dfrac{1}{4}=\dfrac{3}{4}$이므로

월요일, 화요일에만 비가 올 확률은

$\dfrac{1}{2}\times\dfrac{1}{3}\times\dfrac{3}{4}=\dfrac{1}{8}$

2단계 화요일, 수요일에만 비가 올 확률 구하기 • 3점

(ⅱ) 월요일에 비가 오지 않을 확률은 $1-\dfrac{1}{2}=\dfrac{1}{2}$이므로

화요일, 수요일에만 비가 올 확률은

$\dfrac{1}{2}\times\dfrac{1}{3}\times\dfrac{1}{4}=\dfrac{1}{24}$

3단계 이틀만 연속으로 비가 올 확률 구하기 • 2점

(ⅰ), (ⅱ)에서 구하는 확률은 $\dfrac{1}{8}+\dfrac{1}{24}=\dfrac{1}{6}$

답 $\dfrac{1}{6}$

유제 2

어느 지역에서 비가 온 날의 다음 날에 비가 올 확률은 $\dfrac{2}{5}$, 비가 오지 않은 날의 다음 날에 비가 올 확률은 $\dfrac{1}{3}$이라 한다. 화요일에 비가 왔을 때, 그 주의 목요일에 비가 올 확률을 구하시오. [8점]

풀이 과정

1단계 수요일에 비가 오고 목요일에 비가 올 확률 구하기 • 3점

2단계 수요일에 비가 오지 않고 목요일에 비가 올 확률 구하기 • 3점

3단계 목요일에 비가 올 확률 구하기 • 2점

답

<u>스스로 서술하기</u>

유제 3 길이가 각각 2 cm, 4 cm, 5 cm, 7 cm, 9 cm인 5개의 막대가 있다. 이 중에서 3개를 선택하여 삼각형을 만들 때, 삼각형이 만들어질 확률을 구하시오. [7점]

풀이 과정 ─────────────────────

답

유제 5 다음 그림과 같이 주어진 전개도를 접어 정육면체 A, B를 만들었다. 두 정육면체 A, B를 동시에 던질 때, 정육면체 A의 윗면에 적힌 수가 정육면체 B의 윗면에 적힌 수보다 더 클 확률을 구하시오. [7점]

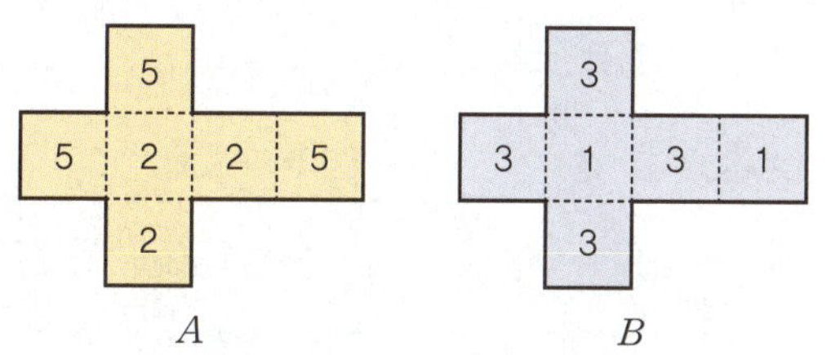

풀이 과정 ─────────────────────

답

유제 4 주머니 속에 1부터 50까지의 자연수가 각각 하나씩 적힌 50장의 카드가 들어 있다. 이 주머니에서 한 장을 꺼낼 때, 2의 배수 또는 3의 배수가 나올 확률을 구하시오. [8점]

풀이 과정 ─────────────────────

답

유제 6 A 주머니에는 모양과 크기가 같은 흰 공 2개, 검은 공 3개가 들어 있고, B 주머니에는 모양과 크기가 같은 흰 공 3개, 검은 공 2개가 들어 있다. A 주머니에서 한 개의 공을 꺼내어 B 주머니에 넣어 섞은 다음 B 주머니에서 한 개의 공을 꺼낼 때, 흰 공이 나올 확률을 구하시오. [7점]

풀이 과정 ─────────────────────

답

강원

김서인 세모가꿈꾸는수학당학원
노명희 탑클래스
박면순 순수학교습소
박준규 홍인학원
원혜경 최상위수학마루슬기로운 영어생활학원
이상록 입시전문유승학원

경기

김기영 이화수학플러스학원
김도완 프라매쓰 수학학원
김도훈 양서고등학교
김민정 은여울교실
김상윤 막강한 수학학원
김서림 엠베스트SE갈매학원
김영아 브레인캐슬 사고력학원
김영준 청솔교육
김용삼 백영고등학교
김은지 탑브레인 수학과학학원
김종대 김앤문연세학원
김지현 GMT수학과학학원
김태익 설봉중학교
김태환 제이스터디 수학교습소
김혜정 수학을 말하다
두보경 성문고등학교
류지애 류지애수학학원
류진성 마테마티카 수학학원
문태현 한올학원
박미영 루멘수학교습소
박민선 성남최상위 수학학원
박상욱 양명고등학교
박선민 수원고등학교
박세환 부천 류수학학원
박수현 씨앗학원
박수현 리더가되는수학교습소
박용성 진접최강학원
박재연 아이셀프 수학교습소
박재현 렛츠학원
박중혁 미라클왕수학학원
박진규 M&S Academy
성진석 마스터수학학원
손귀순 남다른수학학원
손윤미 생각하는 아이들 학원
신현아 양명고등학교
심현아 수리인수학학원
엄보용 경안고등학교
유환 도당비젼스터디
윤재원 양명고등학교
이나래 토리103수학학원
이수연 매향여자정보고등학교
이영현 찐사고력학원
이윤정 브레인수학학원
이진수 안양고등학교
이태현 류지애수학학원
임태은 김상희 수학학원
임호직 열정 수학학원
전원중 큐이디학원
정수연 the오름수학
정윤상 제이에스학원
조기민 일산동고등학교
조정기 김포페이스메이커학원
주효은 성남최상위수학학원

천기분 이지(EZ)수학
최영성 에이블수학영어학원
한수민 SM수학학원
한지희 이음수학
홍흥선 잠원중학교
황정민 하이수학학원

경상

강성민 진주대아고등학교
강혜연 BK영수전문학원
김보배 참수학교습소
김양준 이룸학원
김영석 진주동명고등학교
김형도 진주제일여자고등학교
남영준 아르베수학전문학원
백은애 매쓰플랜수학학원 양산물금지점
송민수 창원남고등학교
신승용 유신수학전문학원
우하람 하람수학교습소
이준현 진샘제이에스학원
장초향 이룸수학교습소
정은미 수학의봄학원
정진희 위드멘토 수학학원
최병헌 프라임수학전문학원

광주

김대균 김대균수학학원
박서정 더강한수학전문학원
오성진 오성진선생의 수학스케치학원
오재은 바이블수학교습소
정은정 이화수학교습소
최희철 Speedmath학원

대구

김동현 달콤 수학학원
김미경 민쌤 수학교습소
김봉수 범어신사고학원
박주영 에픽수학
배세혁 수클래스학원
이동우 더프라임수학학원
이수현 하이매쓰수학교습소
최진혁 시원수학교습소

대전

강옥선 한밭고등학교
김영상 루틴아카데미학원
정서인 안녕, 수학
홍진국 저스트 수학

부산

김민규 다비드수학학원
김성완 드림에듀학원
모상철 수학에반하다수학학원
박경옥 좋은문화학원
박정호 웰수학
서지원 코어영어수학전문학원
윤종성 경혜여자고등학교
이재관 황소 수학전문학원
임종화 필 수학전문학원
정지원 감각수학
조태환 HU수학학원
주유미 M2수학

차용화 리바이브 수학전문학원
채송화 채송화 수학
허윤정 올림수학전문학원

서울

강성철 목동일타수학학원
고수현 강북세일학원
권대중 PGA NEO H
김경희 TYP 수학학원
김미란 퍼펙트 수학
김수환 CSM 17
김여옥 매쓰홀릭학원
김재남 문영여자고등학교
김진규 서울바움수학(역삼러키)
남정민 강동중학교
박경보 최고수챌린지에듀학원
박다슬 매쓰필드 수학교습소
박병민 CSM 17
박태원 솔루션수학
배재형 배재형수학
백승정 CSM 17
변만섭 빼어날수학원
소병호 세일교육
손아름 에스온수리영재아카데미
송우성 에듀서강고등부
연홍자 강북세일학원
윤기원 용문고등학교
윤상문 청어람수학원
윤세현 두드림에듀
이건우 송파이지엠수학학원
이무성 백인백색수학학원
이상일 수학불패학원
이세미 이쌤수학교습소
이승현 신도림케이투학원
이재서 최상위수학학원
이혜림 다오른수학
정수정 대치수학클리닉
정연화 풀우리수학교습소
최윤정 최쌤수학

세종

김수경 김수경 수학교실
김우진 정진수학학원
이후랑 새으뜸수학교습소
전알찬 알매쓰 수학학원
최시안 데카르트 수학학원

울산

김대순 더셀럽학원
김봉조 퍼스트클래스 수학영어전문학원
김정수 필로매쓰학원
박동민 동지수학과학전문학원
박성애 알수록수학교습소
이아영 아이비수학학원
이재광 이재광수학전문학원
이재문 포스텍수학전문학원
정나경 하이레벨정쌤수학학원
정인규 옥동명인학원

인천

권기우 하늘스터디수학학원
권혁동 매쓰뷰학원
김기주 이명학원

김남희 올심수학학원
김민성 민성학원
김유미 꼼꼼수학교습소
김정원 이명학원
김현순 이명학원
박미현 강한수학
박소이 다빈치창의수학교습소
박승국 이명학원
박주원 이명학원
서명철 남동솔로몬2관학원
서해나 이명학원
오성민 코다연세수학
왕재훈 청라현수학학원
윤경원 서울대치수학
윤여태 호크마수학전문학원
이명신 이명학원
이성희 과수원학원
이정홍 이명학원
이창성 틀세움수학
이현희 애프터스쿨학원
정청용 고대수학원
조성환 수플러스수학교습소
차승민 황제수학학원
최낙현 이명학원
허갑재 허갑재 수학학원
황면식 늘품과학수학학원

전라

강대웅 오송길벗학원
강민정 유일여자고등학교
강선희 태강수학영어학원
강원택 탑시드영수학원
김진실 전주고등학교
나일강 전주고등학교
박경문 전주해성중학교
박상준 전주근영여자고등학교
백향선 멘토스쿨학원
심은정 전주고등학교
안정은 최상위영재학원
양예슬 전라고등학교
진의섭 제이투엠학원
진인섭 호남제일고등학교

충청

김경희 점프업수학
김미경 시티자이수학
김서한 운호고등학교
김성완 상당고등학교
김현태 운호고등학교
김희범 세광고등학교
안승현 중앙학원(충북혁신)
옥정화 당진수학나무
우명제 필즈수학학원
윤석봉 세광고등학교
이선영 운호고등학교
이아람 퍼펙트브레인학원
이은빈 주성고등학교
이혜진 주성고등학교
임은아 청주일신여자고등학교
홍순동 홍수학영어학원

함께 만드는 개념원리

개념원리는

교육 콘텐츠를 만듭니다.

전국 **360명** 선생님이 교재 개발 참여

총 **2,540명** 학생의 실사용 의견 청취

(2017년도~2023년도 교재 VOC 누적)

NEW
2022 개정 도서

중학 수학 1-1

5,500 만
누적 5천5백만의
인정을 받은 **신뢰성**

(2003년도~2022년도
매출 수량 누적)

1/2
학생 2명 중 1명이
선택하는 **대중성**

(고등학생 수 대비
개념원리 판매기준)

10
10차례 검토
과정을 마친 **정확성**

SINCE 1991
30년 이상
축적된 **전문성**

2022 개정 교재는 학습자의 학습 편의성을 강화했습니다.
학습 과정에서 필요한 각종 학습자료를 추가해 더욱더 완전한 학습을 지원합니다.

A

2022 개정 교재 + 교재 연계 서비스

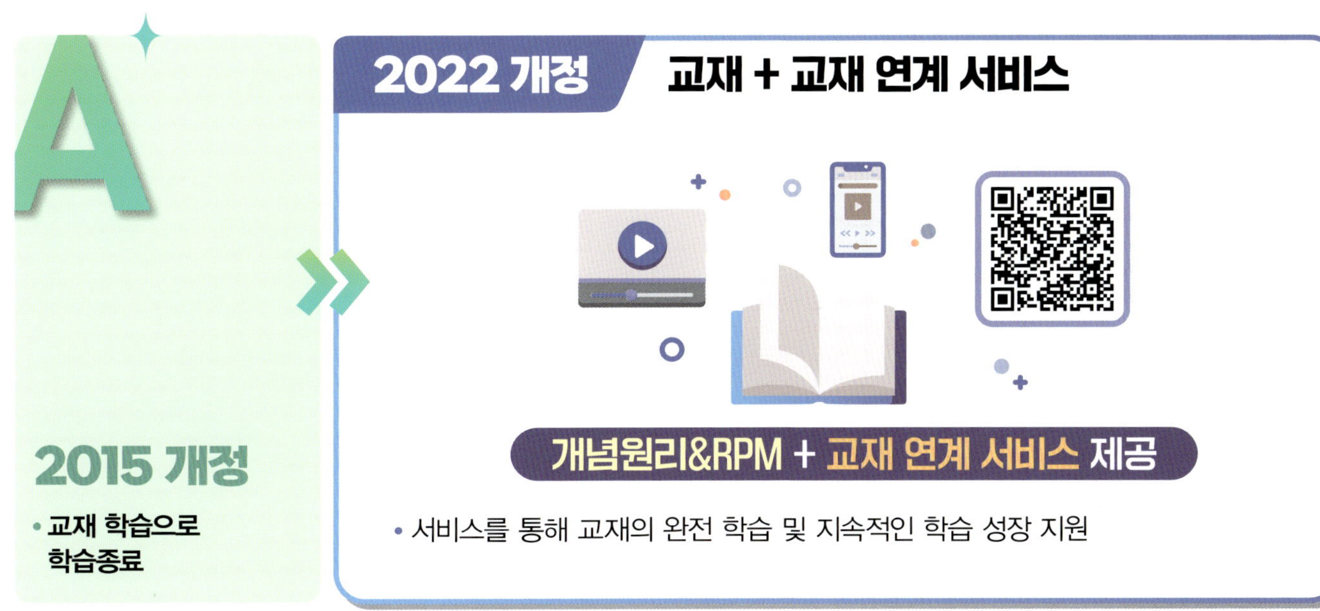

• 서비스를 통해 교재의 완전 학습 및 지속적인 학습 성장 지원

2015 개정
• 교재 학습으로 학습종료

B

2022 개정 무료 해설 강의 확대

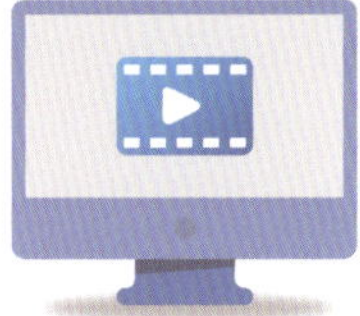

• QR 1개당 1년 평균 **3,900명** 이상 인입 (2015 개정 개념원리 수학(상) p.34 기준)
• 완전한 학습을 위해 RPM **전 문항 무료 해설 강의** 제공

2015 개정
• 개념원리 주요 문항만 무료 해설 강의 제공 (RPM 미제공)

학생 모두가 수학을 쉽게 배울 수 있는 환경이 조성될 때까지
개념원리의 노력은 계속됩니다.

개념원리 중학 수학 **2-2**

중학 수학 **2-2**

정답 및 풀이

개념원리 수학연구소

개념원리 중학 수학 2-2

정답 및 풀이

 **친절한 풀이** 정확하고 이해하기 쉬운 친절한 풀이 제시

 **다른 풀이** 수학적 사고력을 키우는 다양한 해결 방법 제시

 **개념 더하기** 문제와 연관된 중요개념과 보충설명 제공

 **해결 전략** 중단원 마무리 문제 해결의 실마리 제시

교재 만족도 조사

이 교재는 학생 2,540명과 선생님 360명의
의견을 반영하여 만든 교재입니다.

개념원리는 개념원리, RPM을 공부하는
여러분의 목소리에 항상 귀 기울이겠습니다.

여러분의 소중한 의견을 전해 주세요.
단 5분이면 충분해요!
매월 초 10명을 추첨하여 문화상품권
1만 원권을 선물로 드립니다.

정답 및 풀이

01 이등변삼각형의 성질

개념원리 확인하기 ▶ 본문 12쪽

01 (1) $70°$ (2) $40°$
02 (1) $65°$ (2) $110°$
03 (1) 10 (2) 30
04 (1) 11 (2) 8

01 (1) $\triangle ABC$에서 $\overline{AB}=\overline{AC}$이므로
$$\angle C=\angle B=55°$$
삼각형의 세 내각의 크기의 합은 $180°$이므로
$$\angle x+55°+55°=180°$$
$$\therefore \angle x=70°$$
(2) $\triangle ABC$에서 $\overline{AB}=\overline{AC}$이므로
$$\angle B=\angle C=\angle x$$
삼각형의 세 내각의 크기의 합은 $180°$이므로
$$100°+\angle x+\angle x=180°, \qquad 2\angle x=80°$$
$$\therefore \angle x=40°$$

답 (1) $70°$ (2) $40°$

02 (1) $\angle ABC=180°-115°=65°$
$\triangle ABC$에서 $\overline{AB}=\overline{AC}$이므로
$$\angle x=\angle ABC=65°$$
(2) $\triangle ABC$에서 $\overline{AB}=\overline{AC}$이므로
$$\angle ACB=\angle B=\frac{1}{2}\times(180°-40°)=70°$$
$$\therefore \angle x=180°-70°=110°$$

답 (1) $65°$ (2) $110°$

03 (1) 이등변삼각형의 꼭지각의 이등분선은 밑변을 수직이등
분하므로
$$\overline{BC}=2\overline{BD}=2\times5=10 \,(\mathrm{cm})$$
$$\therefore x=10$$
(2) 이등변삼각형의 꼭지각의 이등분선은 밑변을 수직이등
분하므로
$$\angle ADB=90°$$
$\angle B=60°$이므로 $\triangle ABD$에서
$$\angle BAD=180°-(60°+90°)=30°$$
$$\therefore x=30$$

답 (1) 10 (2) 30

04 (1) $\angle B=\angle C$이므로 $\triangle ABC$는 $\overline{AB}=\overline{AC}$인 이등변삼각
형이다.
즉 $\overline{AB}=\overline{AC}=11 \,(\mathrm{cm})$이므로
$$x=11$$
(2) $\triangle ABC$에서
$$\angle C=180°-(65°+50°)=65°$$
따라서 $\angle A=\angle C$이므로 $\triangle ABC$는 $\overline{BA}=\overline{BC}$인 이
등변삼각형이다.
즉 $\overline{BC}=\overline{BA}=8 \,(\mathrm{cm})$이므로
$$x=8$$

답 (1) 11 (2) 8

핵심문제 익히기 ▶ 본문 13~15쪽

1 $42°$ **2** 79 **3** $35°$
4 $32°$ **5** $3\,\mathrm{cm}$ **6** 31

1 $\angle BDC=180°-106°=74°$
$\triangle BCD$에서 $\overline{BC}=\overline{BD}$이므로
$$\angle C=\angle BDC=74°$$
$$\therefore \angle CBD=180°-(74°+74°)=32°$$
$\triangle ABC$에서 $\overline{AB}=\overline{AC}$이므로
$$\angle ABC=\angle C=74°$$
$$\therefore \angle x=\angle ABC-\angle CBD=74°-32°=42°$$

답 $42°$

2 이등변삼각형의 꼭지각의 이등분선은 밑변을 수직이등분
하므로
$$\overline{BC}=2\overline{BD}=2\times7=14 \,(\mathrm{cm})$$
$$\therefore x=14$$
$\triangle ADC$에서 $\angle ADC=90°$, $\angle CAD=\angle BAD=25°$이
므로
$$\angle C=180°-(90°+25°)=65°$$
$$\therefore y=65$$
$$\therefore x+y=14+65=79$$ **답** 79

3 $\triangle DBC$에서 $\overline{DB}=\overline{DC}$이므로
$$\angle B=\angle DCB=\angle x$$
$$\therefore \angle CDA=\angle x+\angle x=2\angle x$$
$\triangle CAD$에서 $\overline{CD}=\overline{CA}$이므로
$$\angle A=\angle CDA=2\angle x$$
따라서 $\triangle ABC$에서
$$\angle x+2\angle x=105°, \qquad 3\angle x=105°$$
$$\therefore \angle x=35°$$ **답** $35°$

4 △ABC에서 $\overline{AB}=\overline{AC}$이므로

$$\angle ACB=\angle ABC=\frac{1}{2}\times(180^\circ-76^\circ)=52^\circ$$

$\angle ACE=180^\circ-\angle ACB=180^\circ-52^\circ=128^\circ$이므로

$$\angle DCE=\frac{1}{2}\angle ACE=\frac{1}{2}\times128^\circ=64^\circ$$

△DBC에서 $\overline{CB}=\overline{CD}$이므로

$$\angle DBC=\angle D=\angle x$$

따라서 △DBC에서

$$\angle x+\angle x=64^\circ, \qquad 2\angle x=64^\circ$$
$$\therefore \angle x=32^\circ$$

🇪 32°

5 △DBC에서

$$\angle ADC=30^\circ+30^\circ=60^\circ$$

△ADC에서

$$\angle ACD=180^\circ-(60^\circ+60^\circ)=60^\circ$$

따라서 △ADC는 정삼각형이므로

$$\overline{CD}=\overline{AD}=3\,(cm)$$

이때 $\angle B=\angle DCB=30^\circ$이므로 △DBC는 $\overline{DB}=\overline{DC}$인 이등변삼각형이다.

$$\therefore \overline{BD}=\overline{CD}=3\,(cm)$$

🇪 3 cm

6 $\angle BAC=\angle DAC=70^\circ$ (접은 각)

$\angle BCA=\angle DAC=70^\circ$ (엇각)

따라서 △ABC에서

$$\angle ABC=180^\circ-(70^\circ+70^\circ)=40^\circ$$
$$\therefore x=40$$

또 $\angle BAC=\angle BCA$에서 △ABC는 $\overline{BA}=\overline{BC}$인 이등변삼각형이므로

$$\overline{BC}=\overline{BA}=9\,(cm) \qquad \therefore y=9$$
$$\therefore x-y=40-9=31$$

🇪 31

이런 문제가 시험 에 나온다 ▶본문 16~17쪽

01 ④	**02** 100°	**03** ③	**04** 6 cm
05 ②	**06** ④		
07 ㈎ ∠ACB ㈏ ∠DCB ㈐ 이등변		**08** 13 cm	

01 ④ ㈐ SAS

따라서 옳지 않은 것은 ④이다.

🇪 ④

02 △BCD에서 $\overline{BC}=\overline{BD}$이므로

$$\angle BCD=\angle D=70^\circ$$
$$\therefore \angle B=180^\circ-(70^\circ+70^\circ)=40^\circ$$

△ABC에서 $\overline{AB}=\overline{AC}$이므로

$$\angle ACB=\angle B=40^\circ$$
$$\therefore \angle x=180^\circ-(40^\circ+40^\circ)=100^\circ$$

🇪 100°

03 $\overline{AE}\,/\!/\,\overline{BC}$이므로

$$\angle B=\angle DAE=50^\circ \ (\text{동위각})$$

△ABC에서 $\overline{BA}=\overline{BC}$이므로

$$\angle C=\angle BAC=\frac{1}{2}\times(180^\circ-50^\circ)=65^\circ$$
$$\therefore \angle EAC=\angle C=65^\circ \ (\text{엇각})$$

🇪 ③

04 $\overline{AD}$는 $\angle A$의 이등분선이므로

$$\overline{BD}=\frac{1}{2}\overline{BC}=\frac{1}{2}\times10=5\,(cm),\ \angle ADB=90^\circ$$

△ABD의 넓이가 15 cm²이므로

$$\frac{1}{2}\times5\times\overline{AD}=15$$
$$\therefore \overline{AD}=6\,(cm)$$

🇪 6 cm

05 △EBD에서 $\overline{EB}=\overline{ED}$이므로

$$\angle EDB=\angle B=\angle x$$
$$\therefore \angle AED=\angle x+\angle x=2\angle x$$

△EDA에서 $\overline{DE}=\overline{DA}$이므로

$$\angle DAE=\angle DEA=2\angle x$$

△ABD에서

$$\angle ADC=\angle x+2\angle x=3\angle x$$

△ADC에서 $\overline{AD}=\overline{AC}$이므로

$$\angle ACD=\angle ADC=3\angle x$$

△ABC에서

$$\angle x+3\angle x=88^\circ, \qquad 4\angle x=88^\circ$$
$$\therefore \angle x=22^\circ$$

🇪 ②

06 △ABC에서 $\overline{AB}=\overline{AC}$이므로

$$\angle ABC=\angle ACB=\frac{1}{2}\times(180^\circ-60^\circ)=60^\circ$$
$$\therefore \angle DBC=\frac{1}{2}\angle ABC=\frac{1}{2}\times60^\circ=30^\circ$$

또 $\angle ACE=180^\circ-\angle ACB=180^\circ-60^\circ=120^\circ$이므로

$$\angle DCE=\frac{2}{1+2}\angle ACE=\frac{2}{3}\times120^\circ=80^\circ$$

따라서 △DBC에서

$$30^\circ+\angle x=80^\circ \qquad \therefore \angle x=50^\circ$$

🇪 ④

07 △ABC에서 $\overline{AB}=\overline{AC}$이므로

$$\angle ABC=\boxed{\angle ACB}$$
$$\therefore \angle DBC=\frac{1}{2}\angle ABC=\frac{1}{2}\boxed{\angle ACB}=\boxed{\angle DCB}$$

따라서 △DBC는 $\overline{DB}=\overline{DC}$인 $\boxed{\text{이등변}}$ 삼각형이다.

🇪 ㈎ ∠ACB ㈏ ∠DCB ㈐ 이등변

08 ∠BAC=∠DAC (접은 각),
∠BCA=∠DAC (엇각)이므로
　　∠BAC=∠BCA
즉 △ABC는 $\overline{\rm BA}=\overline{\rm BC}$인 이등변
삼각형이므로
　　$\overline{\rm BA}=\overline{\rm BC}=4\,({\rm cm})$
따라서 △ABC의 둘레의 길이는
　　$4+4+5=13\,({\rm cm})$

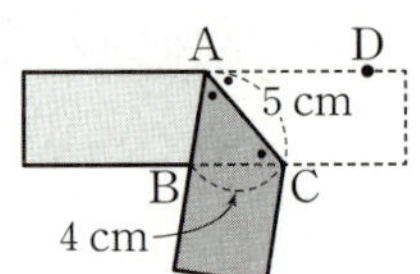

답 13 cm

02 직각삼각형의 합동 조건

개념원리 확인하기

› 본문 20쪽

01 (1) $\overline{\rm DE}$, ∠E, RHA　(2) ∠E, $\overline{\rm DF}$, $\overline{\rm FE}$, RHS
02 (1) 8　(2) 25　　**03** 4　　**04** 28

01 (1) △ABC와 △DEF에서
　　∠C=∠F=90°, $\overline{\rm AB}=\boxed{\overline{\rm DE}}$, ∠B=$\boxed{∠{\rm E}}$
　이므로　△ABC≡△DEF ($\boxed{\rm RHA}$ 합동)
(2) △ABC와 △DFE에서
　　∠C=$\boxed{∠{\rm E}}$=90°, $\overline{\rm AB}=\boxed{\overline{\rm DF}}$, $\overline{\rm BC}=\boxed{\overline{\rm FE}}$
　이므로　△ABC≡△DFE ($\boxed{\rm RHS}$ 합동)

답 (1) $\overline{\rm DE}$, ∠E, RHA　(2) ∠E, $\overline{\rm DF}$, $\overline{\rm FE}$, RHS

02 (1) △ABC와 △FED에서
　　∠B=∠E=90°, $\overline{\rm AC}=\overline{\rm FD}$,
　　∠A=180°−(90°+50°)=40°=∠F
　이므로　△ABC≡△FED (RHA 합동)
따라서 $\overline{\rm FE}=\overline{\rm AB}=8\,({\rm cm})$이므로
　　$x=8$
(2) △ABC와 △DEF에서
　　∠B=∠E=90°, $\overline{\rm AC}=\overline{\rm DF}$, $\overline{\rm AB}=\overline{\rm DE}$
　이므로　△ABC≡△DEF (RHS 합동)
따라서 ∠C=∠F=180°−(65°+90°)=25°이므로
　　$x=25$

답 (1) 8　(2) 25

03 ∠AOP=∠BOP이므로
　　$\overline{\rm PB}=\overline{\rm PA}=4\,({\rm cm})$
　　∴ $x=4$

답 4

04 $\overline{\rm PA}=\overline{\rm PB}$이므로
　　∠BOP=∠AOP=28°
　　∴ $x=28$

답 28

핵심문제 익히기

› 본문 21~23쪽

1 ④　　**2** ㄴ, ㄷ, ㄹ　　**3** 24 cm²　　**4** 24°
5 ㄱ, ㄴ, ㄹ　　**6** 20°

1 ① 빗변의 길이와 다른 한 변의 길이가 각각 같으므로
　　RHS 합동이다.
② 한 변의 길이가 같고 그 양 끝 각의 크기가 각각 같으므
　로 ASA 합동이다.
③ 두 변의 길이가 각각 같고 그 끼인각의 크기가 같으므
　로 SAS 합동이다.
④ 세 내각의 크기가 각각 같다고 해서 두 삼각형이 항상
　합동이 되는 것은 아니다.
⑤ 빗변의 길이와 한 예각의 크기가 각각 같으므로 RHA
　합동이다.
따라서 합동이 되는 조건이 아닌 것은 ④이다.

답 ④

개념 더하기

삼각형의 합동 조건
① 대응하는 세 변의 길이가 각각 같을 때 ➡ SSS 합동
② 대응하는 두 변의 길이가 각각 같고 그 끼인각의 크기가 같을 때
　➡ SAS 합동
③ 대응하는 한 변의 길이가 같고 그 양 끝 각의 크기가 각각 같을 때
　➡ ASA 합동

2 ㄴ. 빗변의 길이와 한 예각의 크기가 각각 같으므로 RHA
　　합동이다.
ㄷ. 나머지 한 각의 크기는
　　180°−(30°+90°)=60°
　따라서 한 변의 길이가 같고 그 양 끝 각의 크기가 각
　각 같으므로 ASA 합동이다.
ㄹ. 빗변의 길이와 다른 한 변의 길이가 각각 같으므로
　　RHS 합동이다.
이상에서 직각삼각형 ABC와 합동인 것은 ㄴ, ㄷ, ㄹ이
다.

답 ㄴ, ㄷ, ㄹ

3 △BDM과 △CEM에서
　　∠BDM=∠CEM=90°, $\overline{\rm BM}=\overline{\rm CM}$,
　　∠BMD=∠CME (맞꼭지각)
　이므로　△BDM≡△CEM (RHA 합동)
따라서 $\overline{\rm BD}=\overline{\rm CE}=4\,({\rm cm})$, $\overline{\rm DM}=\overline{\rm EM}=3\,({\rm cm})$이므로
　　$\triangle{\rm ABD}=\dfrac{1}{2}\times4\times(9+3)=24\,({\rm cm}^2)$

답 24 cm²

4 △EBC와 △DCB에서

$\angle BEC = \angle CDB = 90°$, $\overline{BC}$는 공통, $\overline{BE} = \overline{CD}$

이므로　△EBC≡△DCB (RHS 합동)

따라서 $\angle EBC = \angle DCB = \dfrac{1}{2} \times (180° - 48°) = 66°$이므로

△EBC에서

$\angle ECB = 180° - (90° + 66°) = 24°$　　**답** $24°$

5 ㄹ. △POQ와 △POR에서

$\angle OQP = \angle ORP = 90°$, $\overline{OP}$는 공통, $\overline{PQ} = \overline{PR}$

이므로　△POQ≡△POR (RHS 합동)

ㄱ, ㄴ. △POQ≡△POR이므로

$\overline{OQ} = \overline{OR}$, $\angle QOP = \angle ROP$

이상에서 옳은 것은 ㄱ, ㄴ, ㄹ이다.　　**답** ㄱ, ㄴ, ㄹ

6 $\overline{PA} = \overline{PB}$이므로

$\angle AOP = \angle BOP = \angle x$

따라서 사각형 AOBP에서

$90° + \angle x + \angle x + 90° + 140° = 360°$

$2\angle x = 40°$　　∴ $\angle x = 20°$　　**답** $20°$

이런 문제가 시험 에 나온다　　▶ 본문 24~25쪽

01 ㄴ과 ㅂ: RHA 합동, ㄷ과 ㅁ: RHS 합동

02 ③, ⑤　　**03** ④　　**04** 98 cm²　　**05** ③

06 ②　　**07** ④　　**08** 55°

---

01 ㄴ과 ㅂ: ㄴ에서 나머지 한 각의 크기는

$180° - (90° + 50°) = 40°$

즉 빗변의 길이와 한 예각의 크기가 각각 같으므로
RHA 합동이다.

ㄷ과 ㅁ: 빗변의 길이와 다른 한 변의 길이가 각각 같으므
로 RHS 합동이다.

답 ㄴ과 ㅂ: RHA 합동, ㄷ과 ㅁ: RHS 합동

02 ①, ②, ③ 한 변의 길이가 같고 그 양 끝 각의 크기가 각
각 같으므로 ASA 합동이다.

④ 두 변의 길이가 각각 같고 그 끼인각의 크기가 같으므
로 SAS 합동이다.

⑤ 빗변의 길이와 다른 한 변의 길이가 각각 같으므로
RHS 합동이다.

따라서 옳은 것은 ③, ⑤이다.　　**답** ③, ⑤

03 ① △ABC에서 $\overline{AB} = \overline{AC}$이므로

$\angle ABC = \angle ACB$

⑤ △EBC와 △DCB에서

$\angle BEC = \angle CDB = 90°$, $\overline{BC}$는 공통,

$\angle EBC = \angle DCB$

이므로　△EBC≡△DCB (RHA 합동)

②, ③ △EBC≡△DCB이므로

$\overline{BD} = \overline{CE}$, $\overline{BE} = \overline{CD}$

따라서 옳지 않은 것은 ④이다.　　**답** ④

04 △ABD와 △CAE에서

$\angle BDA = \angle AEC = 90°$, $\overline{AB} = \overline{CA}$,

$\angle DBA = 90° - \angle DAB = \angle EAC$

이므로　△ABD≡△CAE (RHA 합동)

따라서 $\overline{AE} = \overline{BD} = 8\,(\text{cm})$, $\overline{AD} = \overline{CE} = 6\,(\text{cm})$이므로

$\overline{DE} = \overline{DA} + \overline{AE} = 6 + 8 = 14\,(\text{cm})$

∴ (사각형 DBCE의 넓이) $= \dfrac{1}{2} \times (8 + 6) \times 14$

$= 98\,(\text{cm}^2)$

답 98 cm²

05 △ABC와 △DEC에서

$\angle ACB = \angle DCE = 90°$, $\overline{AB} = \overline{DE}$, $\overline{AC} = \overline{DC}$

이므로　△ABC≡△DEC (RHS 합동)

따라서 $\angle ABC = \angle DEC = 180° - (90° + 30°) = 60°$이므로

사각형 BCEF에서

$\angle x = 360° - (60° + 90° + 60°) = 150°$　　**답** ③

06 △ABC에서 $\overline{BA} = \overline{BC}$이므로

$\angle C = \angle BAC = \dfrac{1}{2} \times (180° - 90°) = 45°$

이때 △CED에서 $\angle CED = 90°$이므로

$\angle EDC = 180° - (90° + 45°) = 45°$

즉 $\angle EDC = \angle C$이므로

$\overline{DE} = \overline{CE} = 2\,(\text{cm})$

한편 △ABD와 △AED에서

$\angle ABD = \angle AED = 90°$, $\overline{AD}$는 공통, $\overline{AB} = \overline{AE}$

이므로　△ABD≡△AED (RHS 합동)

∴ $\overline{BD} = \overline{ED} = 2\,(\text{cm})$　　**답** ②

07 $\overline{AD}$는 $\angle BAC$의 이등분선이므로

$\overline{DE} = \overline{DC} = 4\,(\text{cm})$

∴ $\triangle ABD = \dfrac{1}{2} \times 15 \times 4 = 30\,(\text{cm}^2)$　　**답** ④

08 $\overline{PA} = \overline{PB}$이므로 $\overline{OP}$는 $\angle AOB$의 이등분선이다.

따라서 $\angle POB = \angle POA = 35°$이므로

$\angle x = 180° - (90° + 35°) = 55°$　　**답** $55°$

01 (가) $\angle$C (나) $\angle$A (다) $\angle$B			**02** $100°$
03 ②	**04** ④	**05** ③	**06** 8 cm
07 ㄴ과 ㅁ, ㄷ과 ㅂ		**08** ③	**09** 70
10 ⑤	**11** ④	**12** $69°$	**13** ④
14 ⑤	**15** $36°$	**16** ③	**17** ②
18 5 cm	**19** ③	**20** 5 cm	**21** $30°$
22 12 cm	**23** $\dfrac{5}{2}$ cm	**24** 70 cm^2	

01 전략 정삼각형의 세 변의 길이는 모두 같음을 이용한다.

△ABC가 정삼각형이라 하자.

△ABC는 $\overline{AB}=\overline{AC}$인 이등변삼각형이므로

$$\angle B = \boxed{\angle C} \qquad \cdots\cdots ㉠$$

또 △ABC는 $\overline{BA}=\overline{BC}$인 이등변삼각형이므로

$$\boxed{\angle A} = \angle C \qquad \cdots\cdots ㉡$$

㉠, ㉡에서 $\quad \angle A = \boxed{\angle B} = \angle C$

답 (가) $\angle$C (나) $\angle$A (다) $\angle$B

02 전략 두 직선이 평행하면 동위각 또는 엇각의 크기가 같음을 이용한다.

$\overline{AD}\,/\!/\,\overline{BC}$이므로

$$\angle ADB = \angle DBC = 40° \ (\text{엇각})$$

$\overline{AB}=\overline{AD}$이므로

$$\angle ABD = \angle ADB = 40°$$

따라서 △ABD에서

$$\angle x = 180° - (40° + 40°) = 100°$$

답 $100°$

03 전략 이등변삼각형의 꼭지각의 이등분선은 밑변을 수직이등분한다.

△ABD에서 $\angle ADB = 90°$, $\angle BAD = 32°$이므로

$$\angle B = 180° - (90° + 32°) = 58°$$

$$\therefore x = 58$$

또 $\overline{BD}=\overline{CD}$이므로

$$\overline{CD} = \frac{1}{2}\overline{BC} = \frac{1}{2} \times 10 = 5 \,(\text{cm})$$

$$\therefore y = 5$$

$$\therefore x - y = 58 - 5 = 53$$

답 ②

04 전략 삼각형의 한 외각의 크기는 그와 이웃하지 않는 두 내각의 크기의 합과 같다.

△ABD에서 $\overline{AD}=\overline{BD}$이므로

$$\angle BAD = \angle B = 38°$$

$$\therefore \angle ADC = 38° + 38° = 76°$$

따라서 △ADC에서 $\overline{AD}=\overline{CD}$이므로

$$\angle x = \frac{1}{2} \times (180° - 76°) = 52°$$

답 ④

05 전략 이등변삼각형의 성질과 삼각형의 내각과 외각 사이의 관계를 이용한다.

△ABC에서 $\overline{AB}=\overline{AC}$이므로

$$\angle ABC = \angle ACB = \frac{1}{2} \times (180° - 52°) = 64°$$

$$\therefore \angle DBC = \frac{1}{2}\angle ABC = \frac{1}{2} \times 64° = 32°$$

$\angle ACE = 180° - 64° = 116°$이므로

$$\angle DCE = \frac{1}{2}\angle ACE = \frac{1}{2} \times 116° = 58°$$

따라서 △DBC에서

$$32° + \angle x = 58° \qquad \therefore \angle x = 26°$$

답 ③

06 전략 두 내각의 크기가 같은 삼각형은 이등변삼각형임을 이용한다.

△DBC에서 $\quad \angle DCB = 40° - 20° = 20°$

즉 $\angle B = \angle DCB$이므로 △DBC는 $\overline{DB}=\overline{DC}$인 이등변삼각형이다.

$$\therefore \overline{DC} = \overline{DB} = 8 \,(\text{cm})$$

한편 $\angle CAD = 180° - 140° = 40°$이고 $\angle CDA = \angle CAD$이므로 △CAD는 $\overline{DC}=\overline{AC}$인 이등변삼각형이다.

$$\therefore \overline{AC} = \overline{DC} = 8 \,(\text{cm})$$

답 8 cm

07 전략 두 직각삼각형에서 빗변의 길이와 한 예각의 크기가 각각 같으면 RHA 합동, 빗변의 길이와 다른 한 변의 길이가 각각 같으면 RHS 합동이다.

ㄴ과 ㅁ: ㄴ에서 나머지 한 각의 크기는

$$180° - (60° + 90°) = 30°$$

즉 빗변의 길이와 한 예각의 크기가 각각 같으므로 RHA 합동이다.

ㄷ과 ㅂ: 빗변의 길이와 다른 한 변의 길이가 각각 같으므로 RHS 합동이다.

답 ㄴ과 ㅁ, ㄷ과 ㅂ

08 전략 직각삼각형의 합동 조건을 생각해 본다.

①, ② 빗변의 길이와 한 예각의 크기가 각각 같으므로 RHA 합동이다.

④, ⑤ 빗변의 길이와 다른 한 변의 길이가 각각 같으므로 RHS 합동이다.

따라서 필요한 조건이 아닌 것은 ③이다.

답 ③

09 전략 빗변의 길이가 같은 두 직각삼각형에서 한 예각의 크기가 같으면 RHA 합동이다.

△ACM과 △BDM에서

$$\angle ACM = \angle BDM = 90°, \ \overline{AM} = \overline{BM},$$
$$\angle AMC = \angle BMD \ (\text{맞꼭지각})$$

이므로 $\quad$ △ACM $\equiv$ △BDM (RHA 합동)

따라서 $\angle A = \angle B = 63°$이므로 $x = 63$

또 $\overline{BD} = \overline{AC} = 7$ (cm)이므로 $y = 7$

$\therefore x + y = 63 + 7 = 70$ 답 70

10 전략 빗변의 길이가 같은 두 직각삼각형에서 빗변을 제외한 나머지 변 중 어느 한 변의 길이가 같으면 RHS 합동이다.

$\triangle BMD$와 $\triangle CME$에서

$\angle BDM = \angle CEM = 90°$, $\overline{BM} = \overline{CM}$, $\overline{MD} = \overline{ME}$

이므로 $\triangle BMD \equiv \triangle CME$ (RHS 합동)

$\therefore \angle B = \angle C$

$\triangle ABC$에서

$\angle C = \dfrac{1}{2} \times (180° - 56°) = 62°$

따라서 $\triangle EMC$에서

$\angle EMC = 180° - (90° + 62°) = 28°$ 답 ⑤

11 전략 직각삼각형의 합동 조건을 이용하여 각의 이등분선의 성질을 알아본다.

ㄹ. $\triangle DBC$와 $\triangle DEC$에서

$\angle DBC = \angle DEC = 90°$, $\overline{CD}$는 공통,

$\angle DCB = \angle DCE$

이므로 $\triangle DBC \equiv \triangle DEC$ (RHA 합동)

ㄱ, ㄴ. $\triangle DBC \equiv \triangle DEC$이므로

$\overline{DB} = \overline{DE}$, $\angle CDB = \angle CDE$

이상에서 옳은 것은 ㄱ, ㄴ, ㄹ이다.   답 ④

12 전략 각의 두 변에서 같은 거리에 있는 점은 그 각의 이등분 선 위에 있음을 이용한다.

$\overline{PA} = \overline{PB}$이므로

$\angle AOP = \angle BOP = \dfrac{1}{2} \angle AOB = \dfrac{1}{2} \times 42° = 21°$

따라서 $\triangle AOP$에서

$\angle x = 180° - (90° + 21°) = 69°$ 답 69

13 전략 $\triangle BDF \equiv \triangle CED$임을 이용하여 크기가 같은 각을 찾는다.

$\triangle ABC$에서 $\overline{AB} = \overline{AC}$이므로

$\angle B = \angle C = \dfrac{1}{2} \times (180° - 50°) = 65°$

$\triangle BDF$와 $\triangle CED$에서

$\overline{BF} = \overline{CD}$, $\overline{BD} = \overline{CE}$, $\angle B = \angle C$

이므로 $\triangle BDF \equiv \triangle CED$ (SAS 합동)

따라서 $\angle BFD = \angle CDE = \angle a$, $\angle BDF = \angle CED = \angle b$

라 하면 $\triangle BDF$에서

$\angle a + \angle b = 180° - 65° = 115°$

또 $\angle b + \angle x + \angle a = 180°$이므로

$115° + \angle x = 180°$ $\therefore \angle x = 65°$ 답 ④

14 전략 이등변삼각형의 꼭지각의 이등분선은 밑변을 수직이등 분한다.

①, ② $\overline{AD}$는 $\angle A$의 이등분선이므로

$\angle BDP = 90°$, $\overline{BD} = \overline{CD}$

③ $\triangle PBD$와 $\triangle PCD$에서

$\overline{BD} = \overline{CD}$, $\overline{PD}$는 공통, $\angle BDP = \angle CDP = 90°$

이므로 $\triangle PBD \equiv \triangle PCD$ (SAS 합동)

④ $\triangle PBD \equiv \triangle PCD$이므로

$\angle PBD = \angle PCD$

따라서 옳지 않은 것은 ⑤이다.   답 ⑤

15 전략 이등변삼각형의 성질과 삼각형의 내각과 외각 사이의 관계를 이용한다.

$\triangle ABD$에서 $\overline{AD} = \overline{BD}$이므로

$\angle A = \angle ABD = \angle x$

$\therefore \angle BDC = \angle x + \angle x = 2\angle x$

$\triangle BCD$에서 $\overline{BC} = \overline{BD}$이므로

$\angle C = \angle BDC = 2\angle x$

이때 $\triangle ABC$에서 $\overline{AB} = \overline{AC}$이므로

$\angle ABC = \angle C = 2\angle x$

따라서 $\triangle ABC$에서

$\angle x + 2\angle x + 2\angle x = 180°$

$5\angle x = 180°$ $\therefore \angle x = 36°$ 답 36°

16 전략 $\overline{AP}$를 긋고 $\triangle ABC$의 넓이를 이용하여 $\overline{PM} + \overline{PN}$의 길이를 구한다.

$\triangle ABC$에서 $\angle B = \angle C$이므로

$\overline{AC} = \overline{AB} = 12$ (cm)

오른쪽 그림과 같이 $\overline{AP}$를 그으면

$\triangle ABC = \triangle ABP + \triangle APC$이므로

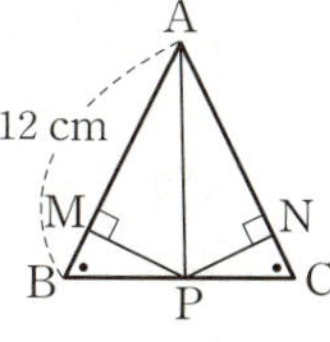

$60 = \dfrac{1}{2} \times 12 \times \overline{PM} + \dfrac{1}{2} \times 12 \times \overline{PN}$

$60 = 6(\overline{PM} + \overline{PN})$

$\therefore \overline{PM} + \overline{PN} = 10$ (cm)   답 ③

17 전략 접은 각과 엇각의 크기가 각각 같음을 이용하여 크기가 같은 각을 찾는다.

$\angle ABC = \angle CBD$ (접은 각),

$\angle ACB = \angle CBD$ (엇각)이므로

$\angle ABC = \angle ACB$

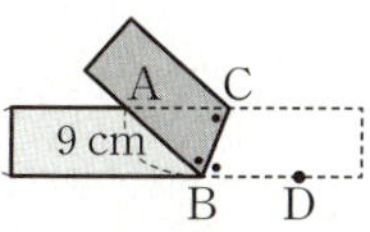

따라서 $\triangle ABC$는 $\overline{AB} = \overline{AC}$인 이등변삼각형이므로

$\overline{AC} = \overline{AB} = 9$ (cm)

$\therefore \triangle ABC = \dfrac{1}{2} \times 9 \times 6 = 27$ (cm^2)   답 ②

18 전략 $\triangle ABD \equiv \triangle CAE$임을 이용하여 $\overline{AD}$, $\overline{AE}$의 길이를 구한다.

$\triangle ABD$와 $\triangle CAE$에서

$$\angle ADB = \angle CEA = 90°, \ \overline{AB} = \overline{CA},$$
$$\angle ABD = 90° - \angle BAD = \angle CAE$$

이므로 $\triangle ABD \equiv \triangle CAE$ (RHA 합동)

따라서 $\overline{AD} = \overline{CE} = 7\,(cm)$, $\overline{AE} = \overline{BD} = 12\,(cm)$이므로

$$\overline{DE} = \overline{AE} - \overline{AD} = 12 - 7 = 5\,(cm)$$

답 5 cm

19 전략 $\triangle ADE \equiv \triangle ACE$임을 이용하여 길이가 같은 변을 찾는다.

$\triangle ADE$와 $\triangle ACE$에서

$$\angle ADE = \angle ACE = 90°, \ \overline{AE}는 \ 공통, \ \overline{AD} = \overline{AC}$$

이므로 $\triangle ADE \equiv \triangle ACE$ (RHS 합동)

$$\therefore \overline{DE} = \overline{CE}$$

이때 $\overline{BD} = \overline{AB} - \overline{AD} = 13 - 5 = 8\,(cm)$이므로

$$\begin{aligned}(\triangle BED의 \ 둘레의 \ 길이) &= \overline{BE} + \overline{ED} + \overline{DB} \\ &= (\overline{BE} + \overline{EC}) + 8 \\ &= \overline{BC} + 8 \\ &= 12 + 8 = 20\,(cm)\end{aligned}$$

답 ③

20 전략 점 D에서 $\overline{AB}$에 수선을 긋는다.

오른쪽 그림과 같이 점 D에서 $\overline{AB}$에 내린 수선의 발을 E라 하면 $\triangle ABD$의 넓이에서

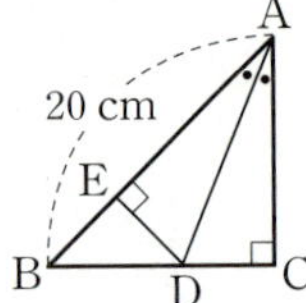

$$\frac{1}{2} \times 20 \times \overline{DE} = 50$$
$$\therefore \overline{DE} = 5\,(cm)$$

이때 $\overline{AD}$는 $\angle A$의 이등분선이므로

$$\overline{CD} = \overline{DE} = 5\,(cm)$$

답 5 cm

21 전략 $\triangle AMN \equiv \triangle CMN$임을 이용하여 크기가 같은 각을 찾는다.

$\triangle AMN$과 $\triangle CMN$에서

$$\overline{AM} = \overline{CM}, \ \angle AMN = \angle CMN = 90°, \ \overline{MN}은 \ 공통$$

이므로 $\triangle AMN \equiv \triangle CMN$ (SAS 합동)

$$\therefore \angle MAN = \angle MCN = \angle x$$

또 $\overline{BN} = \overline{MN}$이므로

$$\angle BAN = \angle MAN = \angle x$$

따라서 $\triangle ABC$에서

$$2\angle x + 90° + \angle x = 180°, \quad 3\angle x = 90°$$
$$\therefore \angle x = 30°$$

답 30°

22 전략 $\triangle ABD$의 넓이를 이용하여 $\overline{BD}$의 길이를 구한다.

$\overline{AD}$는 $\angle A$의 이등분선이므로

$$\overline{AD} \perp \overline{BC}, \ \overline{BD} = \overline{CD}$$

$\triangle ABD$의 넓이에서

$$\frac{1}{2} \times \overline{BD} \times \overline{AD} = \frac{1}{2} \times \overline{AB} \times \overline{DE}$$
$$\frac{1}{2} \times \overline{BD} \times 8 = \frac{1}{2} \times 10 \times \frac{24}{5}$$
$$\therefore \overline{BD} = 6\,(cm)$$
$$\therefore \overline{BC} = 2\overline{BD} = 2 \times 6 = 12\,(cm)$$

답 12 cm

23 전략 $\triangle AFD$가 어떤 삼각형인지 알아본다.

$\triangle ABC$에서 $\overline{AB} = \overline{AC}$이므로

$$\angle B = \angle C$$

$\triangle BED$와 $\triangle CEF$에서

$$\angle BDE = 90° - \angle B$$
$$= 90° - \angle C = \angle F \quad \cdots\cdots ㉠$$
$$\angle BDE = \angle ADF \ (맞꼭지각) \quad \cdots\cdots ㉡$$

㉠, ㉡에서 $\angle F = \angle ADF$이므로 $\triangle AFD$는 $\overline{AF} = \overline{AD}$인 이등변삼각형이다.

$\overline{AF} = \overline{AD} = x\,(cm)$라 하면

$$\overline{AB} = \overline{AD} + \overline{DB} = x + 3\,(cm),$$
$$\overline{AC} = \overline{CF} - \overline{AF} = 8 - x\,(cm)$$

이때 $\overline{AB} = \overline{AC}$이므로

$$x + 3 = 8 - x$$
$$2x = 5 \quad \therefore x = \frac{5}{2}$$
$$\therefore \overline{AF} = \frac{5}{2}\,(cm)$$

답 $\dfrac{5}{2}$ cm

24 전략 수선을 그어 합동인 직각삼각형을 찾는다.

오른쪽 그림과 같이 점 P에서 $\overline{AC}$에 내린 수선의 발을 H라 하자.

$\triangle PAD$와 $\triangle PAH$에서

$$\angle PDA = \angle PHA = 90°,$$
$$\overline{PA}는 \ 공통, \ \angle PAD = \angle PAH$$

이므로 $\triangle PAD \equiv \triangle PAH$ (RHA 합동)

$\triangle PCH$와 $\triangle PCE$에서

$$\angle PHC = \angle PEC = 90°, \ \overline{PC}는 \ 공통,$$
$$\angle PCH = \angle PCE$$

이므로 $\triangle PCH \equiv \triangle PCE$ (RHA 합동)

$$\therefore \overline{PH} = \overline{PE} = 10\,(cm)$$
$$\begin{aligned}\therefore \triangle PAD + \triangle PCE &= \triangle PAH + \triangle PCH \\ &= \triangle PAC \\ &= \frac{1}{2} \times \overline{AC} \times \overline{PH} \\ &= \frac{1}{2} \times 14 \times 10 = 70\,(cm^2)\end{aligned}$$

답 70 cm²

| 1 40° | 2 26 cm² | 3 70° |
| 4 38° | 5 124° | 6 40 cm² |

1

[1단계] △ABE에서 $\overline{BA}=\overline{BE}$이므로
$$\angle BEA=\angle BAE=\frac{1}{2}\times(180°-50°)=65°$$

[2단계] △CDE에서 $\overline{CD}=\overline{CE}$이므로
$$\angle CED=\angle CDE=\frac{1}{2}\times(180°-30°)=75°$$

[3단계] $\angle AED=180°-(65°+75°)=40°$

답 40°

2

[1단계] △ABD와 △CAE에서
$$\angle BDA=\angle AEC=90°,\ \overline{AB}=\overline{CA},$$
$$\angle BAD=90°-\angle CAE=\angle ACE$$
이므로　△ABD≡△CAE (RHA 합동)

[2단계] $\overline{AE}=\overline{BD}=6\,(cm)$이므로
$$\overline{CE}=\overline{AD}$$
$$=\overline{DE}-\overline{AE}$$
$$=10-6=4\,(cm)$$

[3단계] $\triangle ABC=\frac{1}{2}\times(6+4)\times10-2\times\left(\frac{1}{2}\times4\times6\right)$
$$=26\,(cm^2)$$

답 26 cm²

3

[1단계] △ABC에서 $\overline{AB}=\overline{AC}$이므로
$$\angle ABC=\angle C=\angle x$$
$$\therefore \angle DBE=\angle x-30°$$

[2단계] 점 A가 점 B에 오도록 접었으므로
$$\angle A=\angle DBE=\angle x-30°\ (접은\ 각)$$

[3단계] △ABC에서
$$(\angle x-30°)+\angle x+\angle x=180°$$
$$3\angle x=210°\qquad \therefore \angle x=70°$$

답 70°

단계	채점 요소	배점
1	∠DBE의 크기를 ∠x를 사용하여 나타내기	2점
2	∠A의 크기를 ∠x를 사용하여 나타내기	2점
3	∠x의 크기 구하기	2점

4

[1단계] △ABC에서 $\overline{AB}=\overline{AC}$이므로
$$\angle B=\angle C$$
△ABD와 △ACE에서
$$\overline{AB}=\overline{AC},\ \overline{BD}=\overline{CE},\ \angle B=\angle C$$
이므로　△ABD≡△ACE (SAS 합동)

[2단계] $\overline{AD}=\overline{AE}$이므로 △ADE는 이등변삼각형이다.
$$\therefore \angle AED=\angle ADE=71°$$

[3단계] △ADE에서
$$\angle DAE=180°-(71°+71°)=38°$$

답 38°

단계	채점 요소	배점
1	△ABD≡△ACE임을 알기	3점
2	∠AED의 크기 구하기	2점
3	∠DAE의 크기 구하기	2점

5

[1단계] △AMD와 △BME에서
$$\angle ADM=\angle BEM=90°,\ \overline{AM}=\overline{BM},$$
$$\overline{MD}=\overline{ME}$$
이므로　△AMD≡△BME (RHS 합동)

[2단계] $\angle B=\angle A=28°$

[3단계] △ABC에서
$$\angle x=180°-(28°+28°)=124°$$

답 124°

단계	채점 요소	배점
1	△AMD≡△BME임을 알기	3점
2	∠B의 크기 구하기	2점
3	∠x의 크기 구하기	2점

6

[1단계] 오른쪽 그림과 같이 점 D에서 $\overline{AB}$에 내린 수선의 발을 E라 하자.

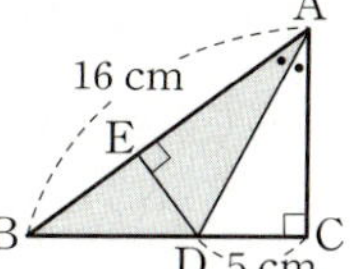

△AED와 △ACD에서
$$\angle AED=\angle ACD=90°,$$
$\overline{AD}$는 공통, $\angle DAE=\angle DAC$
이므로　△AED≡△ACD (RHA 합동)

[2단계] $\overline{DE}=\overline{DC}=5\,(cm)$

[3단계] $\triangle ABD=\frac{1}{2}\times16\times5=40\,(cm^2)$

답 40 cm²

단계	채점 요소	배점
1	△AED≡△ACD임을 알기	3점
2	$\overline{DE}$의 길이 구하기	2점
3	△ABD의 넓이 구하기	2점

I-2 삼각형의 외심과 내심

01 삼각형의 외심

개념원리 확인하기

본문 36쪽

01 ㄷ, ㄹ　　02 (1) 3　(2) 48
03 (1) 6　(2) 10　　04 (1) 30°　(2) 110°

01 ㄷ. 삼각형의 외심은 세 변의 수직이등분선의 교점이다.
ㄹ. 삼각형의 외심에서 세 꼭짓점에 이르는 거리는 같다.
이상에서 점 D가 $\triangle ABC$의 외심인 것은 ㄷ, ㄹ이다.

답 ㄷ, ㄹ

02 (1) 삼각형의 외심은 세 변의 수직이등분선의 교점이므로
$\overline{CD}=\overline{BD}=3\,(cm)$
$\therefore x=3$
(2) $\triangle OCA$에서 $\overline{OA}=\overline{OC}$이므로
$\angle OCA=\angle OAC=\frac{1}{2}\times(180^\circ-84^\circ)=48^\circ$
$\therefore x=48$

답 (1) 3　(2) 48

03 (1) $\overline{OA}=\overline{OB}=\overline{OC}$이므로
$\overline{OC}=\frac{1}{2}\overline{AB}=\frac{1}{2}\times12=6\,(cm)$
$\therefore x=6$
(2) $\overline{OA}=\overline{OB}=\overline{OC}$이므로
$\overline{BC}=2\overline{OA}=2\times5=10\,(cm)$
$\therefore x=10$

답 (1) 6　(2) 10

04 (1) $20^\circ+\angle x+40^\circ=90^\circ$　　$\therefore \angle x=30^\circ$
(2) $\angle x=2\angle A=2\times55^\circ=110^\circ$

답 (1) 30°　(2) 110°

핵심문제 익히기

본문 37~38쪽

1 ④, ⑤　　2 17π cm
3 (1) 30°　(2) 44°　　4 (1) 58°　(2) 15°

1 ④, ⑤ 점 O는 $\triangle ABC$의 외심이므로
$\overline{OA}=\overline{OB}=\overline{OC}$
$\triangle OCA$에서 $\overline{OA}=\overline{OC}$이므로
$\angle OAC=\angle OCA$
따라서 옳은 것은 ④, ⑤이다.

답 ④, ⑤

2 직각삼각형의 외심은 빗변의 중점이므로 $\triangle ABC$의 외접원의 반지름의 길이는
$\frac{1}{2}\overline{AB}=\frac{1}{2}\times17=\frac{17}{2}\,(cm)$
따라서 $\triangle ABC$의 외접원의 둘레의 길이는
$2\pi\times\frac{17}{2}=17\pi\,(cm)$

답 17π cm

3 (1) $\angle x+32^\circ+28^\circ=90^\circ$　　$\therefore \angle x=30^\circ$
(2) $\angle x+20^\circ+26^\circ=90^\circ$　　$\therefore \angle x=44^\circ$

답 (1) 30°　(2) 44°

4 (1) $\triangle OCA$에서 $\overline{OA}=\overline{OC}$이므로
$\angle OCA=\angle OAC=32^\circ$
따라서 $\angle AOC=180^\circ-(32^\circ+32^\circ)=116^\circ$이므로
$\angle x=\frac{1}{2}\angle AOC=\frac{1}{2}\times116^\circ=58^\circ$
(2) 오른쪽 그림과 같이 $\overline{OA}$를 그으면

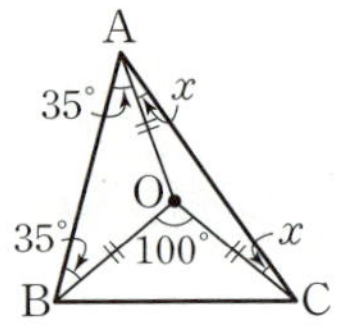

$\triangle OAB$에서 $\overline{OA}=\overline{OB}$이므로
$\angle OAB=\angle OBA=35^\circ$
$\triangle OCA$에서 $\overline{OA}=\overline{OC}$이므로
$\angle OAC=\angle OCA=\angle x$
이때 $\angle A=\frac{1}{2}\angle BOC=\frac{1}{2}\times100^\circ=50^\circ$이므로
$35^\circ+\angle x=50^\circ$　　$\therefore \angle x=15^\circ$

답 (1) 58°　(2) 15°

다른 풀이
(2) $\triangle OBC$에서 $\overline{OB}=\overline{OC}$이므로
$\angle OBC=\angle OCB=\frac{1}{2}\times(180^\circ-100^\circ)=40^\circ$
이때 $35^\circ+40^\circ+\angle x=90^\circ$이므로　　$\angle x=15^\circ$

이런 문제가 시험에 나온다

본문 39쪽

01 (1) ⑤　(2) 36 cm　　02 15 cm^2
03 ④　　04 45°

01 (1) ① 점 O는 $\triangle ABC$의 외심이므로
$\overline{OA}=\overline{OB}=\overline{OC}$
② 외심은 세 변의 수직이등분선의 교점이므로
$\overline{AD}=\overline{BD}$
③ $\triangle OAB$에서 $\overline{OA}=\overline{OB}$이므로
$\angle OAB=\angle OBA$
④ $\triangle OBE$와 $\triangle OCE$에서
$\angle OEB=\angle OEC=90^\circ$, $\overline{OB}=\overline{OC}$, $\overline{OE}$는 공통
이므로　　$\triangle OBE\equiv\triangle OCE$ (RHS 합동)
$\therefore \angle BOE=\angle COE$
따라서 옳지 않은 것은 ⑤이다.

(2) 점 O는 △ABC의 외심이므로

$\overline{BD}=\overline{AD}=5\,(cm)$, $\overline{CE}=\overline{BE}=6\,(cm)$,

$\overline{AF}=\overline{CF}=7\,(cm)$

∴ (△ABC의 둘레의 길이)

$=\overline{AB}+\overline{BC}+\overline{CA}$

$=(5+5)+(6+6)+(7+7)$

$=36\,(cm)$

답 (1) ⑤ (2) 36 cm

02 직각삼각형의 외심은 빗변의 중점이므로

$\overline{OB}=\overline{OC}$

$\therefore \triangle ABO=\triangle AOC=\frac{1}{2}\triangle ABC$

$=\frac{1}{2}\times\left(\frac{1}{2}\times 12\times 5\right)=15\,(cm^2)$

답 15 cm^2

03 오른쪽 그림과 같이 $\overline{OA}$, $\overline{OB}$를 그으면 △OCA에서 $\overline{OA}=\overline{OC}$이므로

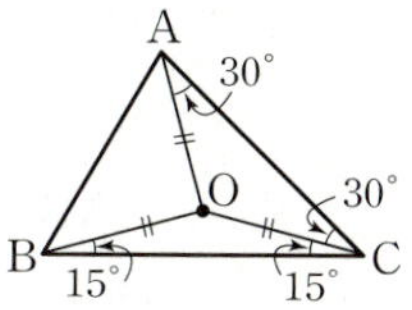

$\angle OAC=\angle OCA=30^\circ$

△OBC에서 $\overline{OB}=\overline{OC}$이므로

$\angle OBC=\angle OCB=15^\circ$

이때 $\angle OAB+30^\circ+15^\circ=90^\circ$이므로

$\angle OAB=45^\circ$

△OAB에서 $\overline{OA}=\overline{OB}$이므로

$\angle OBA=\angle OAB=45^\circ$

따라서 $\angle A=45^\circ+30^\circ=75^\circ$, $\angle B=45^\circ+15^\circ=60^\circ$이므로

$\angle A+2\angle B=75^\circ+2\times 60^\circ=195^\circ$

답 ④

04 $\angle AOB:\angle BOC:\angle COA=3:4:5$이고

$\angle AOB+\angle BOC+\angle COA=360^\circ$이므로

$\angle AOB=360^\circ\times\frac{3}{3+4+5}=90^\circ$

점 O는 △ABC의 외심이므로

$\angle ACB=\frac{1}{2}\angle AOB=\frac{1}{2}\times 90^\circ=45^\circ$

답 45°

02 삼각형의 내심

개념원리 확인하기

본문 42쪽

01 ㄴ, ㄹ	**02** (1) 26 (2) 3
03 (1) 45° (2) 118°	**04** 48, 12, 3

01 ㄴ. 삼각형의 내심은 세 내각의 이등분선의 교점이다.

ㄹ. 삼각형의 내심에서 세 변에 이르는 거리는 같다.

이상에서 점 D가 △ABC의 내심인 것은 ㄴ, ㄹ이다.

답 ㄴ, ㄹ

02 (1) 삼각형의 내심은 세 내각의 이등분선의 교점이므로

$\angle IBC=\angle IBA=26^\circ$ $\quad\therefore x=26$

(2) 삼각형의 내심에서 세 변에 이르는 거리는 같으므로

$\overline{IF}=\overline{ID}=3\,(cm)$ $\quad\therefore x=3$

답 (1) 26 (2) 3

03 (1) $\angle x+25^\circ+20^\circ=90^\circ$ $\quad\therefore \angle x=45^\circ$

(2) $\angle x=90^\circ+\frac{1}{2}\angle A=90^\circ+\frac{1}{2}\times 56^\circ=118^\circ$

답 (1) 45° (2) 118°

04 △ABC의 내접원의 반지름의 길이를 r cm라 하면

△ABC=△IAB+△IBC+△ICA

이므로

$\boxed{48}=\frac{1}{2}\times r\times(10+\boxed{12}+10)$

$16r=48$ $\quad\therefore r=\boxed{3}$

답 48, 12, 3

핵심문제 익히기

본문 43~45쪽

1 ④, ⑤	**2** (1) 43° (2) 25°
3 (1) 50° (2) 122°	**4** 4 cm
5 1 cm	**6** 30 cm

1 ④ 점 I가 △ABC의 내심이므로

$\angle ICA=\angle ICB$

⑤ 삼각형의 내심에서 세 변에 이르는 거리는 같다.

따라서 옳은 것은 ④, ⑤이다.

답 ④, ⑤

2 (1) $29^\circ+\angle x+18^\circ=90^\circ$ $\quad\therefore \angle x=43^\circ$

(2) 오른쪽 그림과 같이 $\overline{CI}$를 그으면

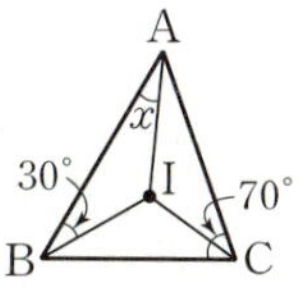

$\angle ICA=\frac{1}{2}\angle C=\frac{1}{2}\times 70^\circ=35^\circ$

이므로

$\angle x+30^\circ+35^\circ=90^\circ$

$\therefore \angle x=25^\circ$

답 (1) 43° (2) 25°

3 (1) $115^\circ=90^\circ+\frac{1}{2}\angle x$이므로 $\quad\angle x=50^\circ$

(2) $\angle IAB = \angle IAC$이므로

$$\angle x = 90° + \frac{1}{2}\angle BAC$$
$$= 90° + \angle IAC$$
$$= 90° + 32° = 122°$$

답 (1) $50°$ (2) $122°$

4 점 I가 $\triangle ABC$의 내심이므로

$$\angle DBI = \angle IBC, \ \angle ECI = \angle ICB$$

$\overline{DE} \,/\!/\, \overline{BC}$이므로

$$\angle DIB = \angle IBC \ (\text{엇각}), \ \angle EIC = \angle ICB \ (\text{엇각})$$

즉 $\angle DBI = \angle DIB, \ \angle ECI = \angle EIC$이므로

$$\overline{DB} = \overline{DI}, \ \overline{EC} = \overline{EI}$$

따라서 $\overline{DE} = \overline{DI} + \overline{EI} = \overline{DB} + \overline{EC}$이므로

$$7 = \overline{DB} + 3 \quad \therefore \overline{DB} = 4 \ (\text{cm})$$

답 4 cm

5 $\triangle ABC$의 내접원의 반지름의 길이를 r cm라 하면

$$\frac{1}{2} \times 3 \times 4 = \frac{1}{2} \times r \times (4+3+5)$$
$$6r = 6 \quad \therefore r = 1$$

따라서 $\triangle ABC$의 내접원의 반지름의 길이는 1 cm이다.

답 1 cm

6 $\overline{AD} = \overline{AF} = 10 \ (\text{cm})$이므로

$$\overline{BE} = \overline{BD} = 32 - 10 = 22 \ (\text{cm}),$$
$$\overline{CE} = \overline{CF} = 18 - 10 = 8 \ (\text{cm})$$
$$\therefore \overline{BC} = \overline{BE} + \overline{CE} = 22 + 8 = 30 \ (\text{cm})$$

답 30 cm

이런 문제가 시험 에 나온다 〉 본문 46 ∼ 47쪽

01 ④ 02 29° 03 ③ 04 130°
05 ② 06 9π cm² 07 2 cm 08 ①

01 ① 점 I가 $\triangle ABC$의 내심이므로
$$\angle IBD = \angle IBE$$
② 삼각형의 내심에서 세 변에 이르는 거리는 같으므로
$$\overline{ID} = \overline{IE} = \overline{IF}$$
③ $\triangle IAD$와 $\triangle IAF$에서
$$\angle IDA = \angle IFA = 90°, \ \overline{AI}\text{는 공통},$$
$$\angle IAD = \angle IAF$$
이므로 $\triangle IAD \equiv \triangle IAF$ (RHA 합동)
⑤ $\triangle ICE$와 $\triangle ICF$에서
$$\angle IEC = \angle IFC = 90°, \ \overline{CI}\text{는 공통},$$
$$\angle ICE = \angle ICF$$
이므로 $\triangle ICE \equiv \triangle ICF$ (RHA 합동)
$$\therefore \overline{CE} = \overline{CF}$$
따라서 옳지 않은 것은 ④이다.

답 ④

02 $\triangle ABC$에서 $\overline{AB} = \overline{AC}$이므로

$$\angle ABC = \angle ACB = \frac{1}{2} \times (180° - 64°) = 58°$$

점 I가 $\triangle ABC$의 내심이므로

$$\angle x = \frac{1}{2}\angle ABC = \frac{1}{2} \times 58° = 29°$$

답 29°

03 점 I가 $\triangle ABC$의 내심이므로

$$\angle x = \angle IAC = 21°$$
$$21° + 32° + \angle y = 90°$$이므로 $\angle y = 37°$
$$\therefore \angle y - \angle x = 37° - 21° = 16°$$

답 ③

04 $\angle A : \angle ABC : \angle ACB = 4 : 3 : 2$이고

$$\angle A + \angle ABC + \angle ACB = 180°$$이므로
$$\angle A = 180° \times \frac{4}{4+3+2} = 80°$$

점 I는 $\triangle ABC$의 내심이므로

$$\angle BIC = 90° + \frac{1}{2}\angle A$$
$$= 90° + \frac{1}{2} \times 80° = 130°$$

답 130°

05 점 I가 $\triangle ABC$의 내심이므로

$$\angle DBI = \angle IBC, \ \angle ECI = \angle ICB$$

$\overline{DE} \,/\!/\, \overline{BC}$이므로

$$\angle DIB = \angle IBC \ (\text{엇각}), \ \angle EIC = \angle ICB \ (\text{엇각})$$

즉 $\angle DBI = \angle DIB, \ \angle ECI = \angle EIC$이므로

$$\overline{DB} = \overline{DI}, \ \overline{EC} = \overline{EI}$$
$$\therefore (\triangle ABC\text{의 둘레의 길이})$$
$$= \overline{AB} + \overline{BC} + \overline{CA}$$
$$= (\overline{AD} + \overline{DB}) + \overline{BC} + (\overline{EC} + \overline{EA})$$
$$= \overline{AD} + (\overline{DI} + \overline{EI}) + \overline{EA} + \overline{BC}$$
$$= \overline{AD} + \overline{DE} + \overline{EA} + \overline{BC}$$
$$= 13 + 12 + 11 + 18$$
$$= 54 \ (\text{cm})$$

답 ②

06 $\triangle ABC$의 내접원의 반지름의 길이를 r cm라 하면

$$\frac{1}{2} \times 12 \times 9 = \frac{1}{2} \times r \times (15 + 12 + 9)$$
$$18r = 54 \quad \therefore r = 3$$
$$\therefore (\text{내접원의 넓이}) = \pi \times 3^2 = 9\pi \ (\text{cm}^2)$$

답 9π cm²

07 $\overline{AD} = \overline{AF} = x \ (\text{cm})$라 하면

$$\overline{BE} = \overline{BD} = 6 - x \ (\text{cm}), \ \overline{CE} = \overline{CF} = 5 - x \ (\text{cm})$$

이때 $\overline{BC} = \overline{BE} + \overline{CE}$이므로

$$7 = (6 - x) + (5 - x), \quad 2x = 4$$
$$\therefore x = 2$$
$$\therefore \overline{AD} = 2 \ (\text{cm})$$

답 2 cm

08 △OBC에서 $\overline{OB}=\overline{OC}$이므로

$$\angle OCB=\angle OBC=42°$$
$$\therefore \angle BOC=180°-(42°+42°)=96°$$

점 O는 △ABC의 외심이므로

$$\angle A=\frac{1}{2}\angle BOC=\frac{1}{2}\times 96°=48°$$

또 점 I는 △ABC의 내심이므로

$$\angle BIC=90°+\frac{1}{2}\angle A=90°+\frac{1}{2}\times 48°=114°$$

답 ①

중단원 마무리하기 ▶ 본문 48~51쪽

01 ③	**02** ②	**03** 26°	**04** ④
05 80°	**06** ⑤	**07** 127°	**08** ③
09 ④	**10** ②	**11** ①	**12** 12 cm
13 20 cm²	**14** ④	**15** ③	**16** 외심
17 ②	**18** ③	**19** ⑤	**20** 52 cm²
21 150°	**22** 4 cm	**23** 5 cm	**24** 15°

01 전략 삼각형의 외심의 성질을 생각해 본다.

세 지점 A, B, C에서 같은 거리에 있는 지점은 △ABC의 외심이다.

③ 삼각형의 외심은 세 변의 수직이등분선의 교점이므로 $\overline{AC}$와 $\overline{BC}$의 수직이등분선이 만나는 점에 부품 공급 센터를 지어야 한다.

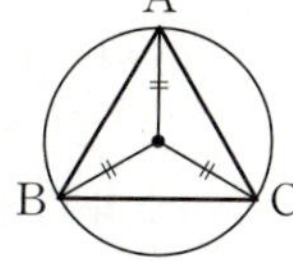

답 ③

02 전략 $\overline{OB}$를 긋고 $\overline{OA}=\overline{OB}=\overline{OC}$임을 이용한다.

오른쪽 그림과 같이 $\overline{OB}$를 그으면 $\overline{OA}=\overline{OB}$이므로

$$\angle OBA=\angle OAB=37°$$

$\overline{OB}=\overline{OC}$이므로

$$\angle OBC=\angle OCB=19°$$
$$\therefore \angle x=\angle OBA+\angle OBC=37°+19°=56°$$

답 ②

03 전략 직각삼각형의 외심은 빗변의 중점임을 이용한다.

점 M은 $\overline{BC}$의 중점이므로 △ABC의 외심이다.

△ABM에서 $\overline{MA}=\overline{MB}$이므로

$$\angle MAB=\angle B=32°$$
$$\therefore \angle AMH=32°+32°=64°$$

따라서 △AMH에서

$$\angle MAH=180°-(90°+64°)=26°$$

답 26°

---

04 전략 $\angle OAB+\angle OBC+\angle OCA=90°$임을 이용한다.

△OBC에서 $\overline{OB}=\overline{OC}$이므로

$$\angle OBC=\angle OCB=\frac{1}{2}\times(180°-110°)=35°$$
$$\angle x+35°+30°=90°$$이므로
$$\angle x=25°$$

답 ④

05 전략 $\angle ACB$의 크기를 구한 후 $\angle AOB=2\angle ACB$임을 이용한다.

$\angle ABC:\angle BCA:\angle CAB=4:2:3$이고

$\angle ABC+\angle BCA+\angle CAB=180°$이므로

$$\angle ACB=180°\times\frac{2}{4+2+3}=40°$$

점 O는 △ABC의 외심이므로

$$\angle AOB=2\angle ACB=2\times 40°=80°$$

답 80°

06 전략 삼각형의 외심과 내심의 성질을 생각해 본다.

① 점 O가 △ABC의 외심이므로 $\overline{OB}=\overline{OC}$

$$\therefore \angle OBC=\angle OCB$$

② 점 I가 △ABC의 내심이므로 $\angle ICB=\angle ICA$

③ 삼각형의 내심은 항상 삼각형의 내부에 있다.

④ 삼각형의 내심에서 세 변에 이르는 거리는 같다.

⑤ $\angle A$의 이등분선은 내심 I를 지난다.

따라서 옳지 않은 것은 ⑤이다.

답 ⑤

07 전략 삼각형의 내심의 성질을 이용하여 $\angle IBC$, $\angle ICB$의 크기를 구한다.

점 I가 △ABC의 내심이므로

$$\angle IBC=\angle IBA=25°, \quad \angle ICB=\angle ICA=28°$$

따라서 △IBC에서

$$\angle BIC=180°-(25°+28°)=127°$$

답 127°

08 전략 $\overline{AI}$를 긋고 $\angle IAB+\angle IBC+\angle ICA=90°$임을 이용한다.

오른쪽 그림과 같이 $\overline{AI}$를 그으면 점 I가 △ABC의 내심이므로

$$\angle IAB=\frac{1}{2}\angle A$$
$$=\frac{1}{2}\times 70°=35°$$
$$35°+\angle x+\angle y=90°$$이므로
$$\angle x+\angle y=55°$$

답 ③

다른 풀이 점 I가 △ABC의 내심이므로

$$70°+2\angle x+2\angle y=180°$$
$$2(\angle x+\angle y)=110°$$
$$\therefore \angle x+\angle y=55°$$

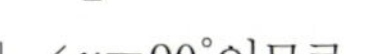

09 이등변삼각형의 성질을 이용하여 $\angle B$의 크기를 구한 후 $\angle AIC = 90° + \dfrac{1}{2}\angle B$임을 이용한다.

$\triangle ABC$에서 $\overline{AB} = \overline{AC}$이므로
$$\angle B = \angle ACB = \frac{1}{2} \times (180° - 56°) = 62°$$
점 I가 $\triangle ABC$의 내심이므로
$$\angle AIC = 90° + \frac{1}{2}\angle B = 90° + \frac{1}{2} \times 62° = 121°$$
답 ④

10 삼각형의 내심과 평행선의 성질을 이용한다.

① 점 I가 $\triangle ABC$의 내심이므로
$$\angle DBI = \angle IBC, \quad \angle ECI = \angle ICB$$
③ $\overline{DE} /\!/ \overline{BC}$이므로
$$\angle DIB = \angle IBC \, (엇각), \quad \angle EIC = \angle ICB \, (엇각)$$
즉 $\angle DBI = \angle DIB$, $\angle ECI = \angle EIC$이므로
$$\overline{DB} = \overline{DI}, \quad \overline{EC} = \overline{EI}$$
④ $\overline{DE} = \overline{DI} + \overline{EI} = \overline{DB} + \overline{EC}$
⑤ ($\triangle ADE$의 둘레의 길이)
$$= \overline{AD} + \overline{DE} + \overline{EA}$$
$$= \overline{AD} + (\overline{DI} + \overline{EI}) + \overline{EA}$$
$$= (\overline{AD} + \overline{DB}) + (\overline{EC} + \overline{EA})$$
$$= \overline{AB} + \overline{AC}$$
따라서 옳지 않은 것은 ②이다. 답 ②

11 $\triangle ABC$의 내접원의 반지름의 길이가 r일 때, $\triangle ABC = \dfrac{1}{2}r(\overline{AB} + \overline{BC} + \overline{CA})$임을 이용한다.

$\triangle ABC$의 넓이가 21 cm^2이므로
$$\frac{1}{2} \times 2 \times (\overline{AB} + \overline{BC} + \overline{CA}) = 21$$
$$\therefore \overline{AB} + \overline{BC} + \overline{CA} = 21 \text{ (cm)}$$
따라서 $\triangle ABC$의 둘레의 길이는 21 cm이다.

답 ①

12 $\overline{AD} = \overline{AF}$, $\overline{BD} = \overline{BE}$, $\overline{CE} = \overline{CF}$임을 이용한다.

$\overline{BD} = \overline{BE} = 8 \text{ (cm)}$이므로
$$\overline{AF} = \overline{AD} = 15 - 8 = 7 \text{ (cm)},$$
$$\overline{CF} = \overline{CE} = 13 - 8 = 5 \text{ (cm)}$$
$$\therefore \overline{AC} = \overline{AF} + \overline{CF} = 7 + 5 = 12 \text{ (cm)}$$
답 12 cm

13 삼각형의 외심의 성질을 이용하여 합동인 삼각형을 찾는다.

점 O는 $\triangle ABC$의 외심이므로
$$\triangle OAF \equiv \triangle OCF, \quad \triangle OAD \equiv \triangle OBD,$$
$$\triangle OBE \equiv \triangle OCE$$

따라서 $\triangle ABC = 2(\triangle OBD + \triangle OBE + \triangle OAF)$이므로
(사각형 ODBE의 넓이) $= \triangle OBD + \triangle OBE$
$$= \frac{1}{2}\triangle ABC - \triangle OAF$$
$$= \frac{1}{2} \times 60 - \frac{1}{2} \times 5 \times 4$$
$$= 20 \text{ (cm}^2)$$
답 20 cm^2

14 $\overline{OA} = \overline{OB} = \overline{OC}$임을 이용하여 크기가 같은 각을 찾는다.

점 O는 $\triangle ABC$의 외심이므로
$$\overline{OA} = \overline{OB} = \overline{OC}$$
$\overline{OA} = \overline{OC}$이므로
$$\angle OCA = \angle OAC = 34°$$
$\overline{OB} = \overline{OC}$이므로
$$\angle OBC = \angle OCB = 34° + 18° = 52°$$
$\overline{OA} = \overline{OB}$이므로
$$\angle OBA = \angle OAB = 34° + \angle x$$
$\triangle ABC$에서
$$\angle x + (34° + \angle x + 52°) + 18° = 180°$$
$$2\angle x = 76° \qquad \therefore \angle x = 38°$$
답 ④

15 먼저 $\angle OAB + \angle OBC + \angle OCA = 90°$임을 이용하여 $\angle OCA$의 크기를 구한다.

점 O가 $\triangle ABC$의 외심이므로
$$23° + 15° + \angle OCA = 90° \qquad \therefore \angle OCA = 52°$$
$\triangle OBC$에서 $\overline{OB} = \overline{OC}$이므로
$$\angle OCB = \angle OBC = 15°$$
$$\therefore \angle ACH = \angle OCA + \angle OCB$$
$$= 52° + 15° = 67°$$
따라서 $\triangle ACH$에서
$$\angle CAH = 180° - (90° + 67°) = 23°$$
답 ③

16 삼각형의 외심과 내심의 성질을 생각해 본다.

점 I는 $\triangle ABC$의 내심이므로
$$\overline{ID} = \overline{IE} = \overline{IF}$$
즉 점 I는 $\triangle DEF$의 외접원의 중심이다.
따라서 점 I는 $\triangle DEF$의 외심이다. 답 외심

17 삼각형의 한 외각의 크기는 그와 이웃하지 않는 두 내각의 크기의 합과 같다.

점 I는 $\triangle ABC$의 내심이므로
$$\angle BAD = \angle CAD = \angle x,$$
$$\angle ABE = \angle CBE = \angle y$$
라 하면 $\triangle ABC$에서
$$2\angle x + 2\angle y + 80° = 180°$$
$$\therefore \angle x + \angle y = 50°$$

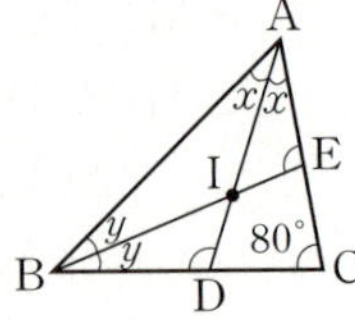

$\triangle ADC$에서
$$\angle ADB=\angle x+80^\circ$$
$\triangle BCE$에서
$$\angle AEB=\angle y+80^\circ$$
$$\therefore \angle ADB+\angle AEB$$
$$=(\angle x+80^\circ)+(\angle y+80^\circ)$$
$$=(\angle x+\angle y)+160^\circ$$
$$=50^\circ+160^\circ=210^\circ$$

답 ②

18 전략 먼저 $\angle BIC$의 크기를 구한다.

점 I가 $\triangle ABC$의 내심이므로
$$\angle BIC=90^\circ+\frac{1}{2}\angle BAC$$
$$=90^\circ+\angle BAI$$
$$=90^\circ+20^\circ=110^\circ$$

또 점 I'이 $\triangle IBC$의 내심이므로
$$\angle BI'C=90^\circ+\frac{1}{2}\angle BIC$$
$$=90^\circ+\frac{1}{2}\times110^\circ=145^\circ$$

답 ③

19 전략 $\overline{BI}$, $\overline{CI}$를 긋고 삼각형의 내심과 평행선의 성질을 이용한다.

오른쪽 그림과 같이 $\overline{BI}$, $\overline{CI}$를 긋고 점 I에서 $\overline{BC}$에 내린 수선의 발을 F라 하자.

점 I는 $\triangle ABC$의 내심이므로
$$\angle DBI=\angle IBC,$$
$$\angle ECI=\angle ICB$$
$\overline{DE}/\!/\overline{BC}$이므로
$$\angle DIB=\angle IBC\ (엇각),\quad \angle EIC=\angle ICB\ (엇각)$$
즉 $\angle DBI=\angle DIB$, $\angle ECI=\angle EIC$이므로
$$\overline{DI}=\overline{DB}=13\ (cm),\quad \overline{EI}=\overline{EC}=15\ (cm)$$
$\therefore$ (사각형 DBCE의 넓이)
$$=\frac{1}{2}\times(\overline{DE}+\overline{BC})\times\overline{IF}$$
$$=\frac{1}{2}\times\{(13+15)+42\}\times12$$
$$=420\ (cm^2)$$

답 ⑤

20 전략 $\triangle ABC$의 넓이를 이용하여 내접원의 반지름의 길이를 구한다.

$\triangle ABC$의 내접원의 반지름의 길이를 r cm라 하면
$$\frac{1}{2}\times24\times10=\frac{1}{2}\times r\times(26+24+10)$$
$$30r=120 \qquad \therefore r=4$$
$$\therefore \triangle IAB=\frac{1}{2}\times26\times4=52\ (cm^2)$$

답 $52\ cm^2$

오른쪽 그림과 같이 $\triangle ABC$의 내접원과 세 변의 접점을 각각 D, E, F라 하자.

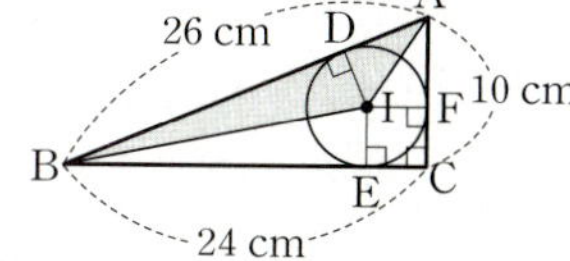

$\overline{CE}=\overline{CF}=x\ (cm)$라 하면
$$\overline{AD}=\overline{AF}=10-x\ (cm),$$
$$\overline{BD}=\overline{BE}=24-x\ (cm)$$
이때 $\overline{AB}=\overline{AD}+\overline{BD}$이므로
$$26=(10-x)+(24-x),\qquad 2x=8$$
$$\therefore x=4$$
$\overline{ID}=\overline{IF}=\overline{EC}=4\ (cm)$이므로
$$\triangle IAB=\frac{1}{2}\times26\times4=52\ (cm^2)$$

21 전략 먼저 $\angle ACB$의 크기를 구한 후 삼각형의 외심과 내심의 성질을 이용하여 $\angle OBC$, $\angle ICB$의 크기를 구한다.

$\triangle ABC$에서
$$\angle ACB=180^\circ-(90^\circ+70^\circ)=20^\circ$$
점 O는 $\triangle ABC$의 외심이므로 $\overline{OB}=\overline{OC}$
$$\therefore \angle OBC=\angle OCB=20^\circ$$
점 I는 $\triangle ABC$의 내심이므로
$$\angle ICB=\frac{1}{2}\angle ACB=\frac{1}{2}\times20^\circ=10^\circ$$
따라서 $\triangle PBC$에서
$$\angle BPC=180^\circ-(20^\circ+10^\circ)=150^\circ$$

답 150°

22 전략 정삼각형과 평행선의 성질을 이용하여 크기가 같은 각을 찾는다.

$\triangle ABC$는 정삼각형이므로
$$\angle B=\angle C=60^\circ$$
오른쪽 그림과 같이 $\overline{IB}$, $\overline{IC}$를 그으면 점 I는 $\triangle ABC$의 내심이므로
$$\angle ABI=\angle IBD,\quad \angle ACI=\angle ICE$$
$\overline{AB}/\!/\overline{ID}$이므로
$$\angle BID=\angle ABI\ (엇각)$$
$\overline{AC}/\!/\overline{IE}$이므로
$$\angle CIE=\angle ACI\ (엇각)$$
즉 $\angle BID=\angle IBD$, $\angle CIE=\angle ICE$이므로
$$\overline{BD}=\overline{ID},\ \overline{CE}=\overline{IE} \qquad \cdots\cdots\ \text{㉠}$$
또 $\angle IDE=\angle B=60^\circ$ (동위각),
$\angle IED=\angle C=60^\circ$ (동위각)이므로 $\triangle IDE$는 정삼각형이다.
$$\therefore \overline{ID}=\overline{DE}=\overline{EI} \qquad \cdots\cdots\ \text{㉡}$$
따라서 ㉠, ㉡에서 $\overline{BD}=\overline{DE}=\overline{EC}$이므로
$$\overline{DE}=\frac{1}{3}\overline{BC}=\frac{1}{3}\overline{AB}=\frac{1}{3}\times12=4\ (cm)$$

답 $4\ cm$

23 전략 $\overline{AE}=\overline{AG}=x\,(\text{cm})$로 놓고 $\overline{BH}$, $\overline{CH}$의 길이를 x를 사용한 식으로 나타낸다.

$\overline{AE}=\overline{AG}=x\,(\text{cm})$라 하면
$$\overline{BH}=\overline{BG}=15-x\,(\text{cm}),$$
$$\overline{CH}=\overline{CE}=25-x\,(\text{cm})$$
이때 $\overline{BC}=\overline{BH}+\overline{CH}$이므로
$$20=(15-x)+(25-x),\qquad 2x=20$$
$$\therefore x=10$$
$$\therefore \overline{AE}=10\,(\text{cm})$$
같은 방법으로
$$\overline{CF}=10\,(\text{cm})$$
$$\therefore \overline{EF}=\overline{AC}-\overline{AE}-\overline{CF}$$
$$=25-10-10=5\,(\text{cm})$$

답 5 cm

24 전략 삼각형의 외심과 내심의 성질을 이용하여 $\angle OAC$, $\angle IAC$의 크기를 구한다.

오른쪽 그림과 같이 $\overline{OC}$를 그으면
점 O는 $\triangle ABC$의 외심이므로
$$\angle AOC=2\angle B$$
$$=2\times 35^\circ=70^\circ$$
$\triangle OCA$에서 $\overline{OA}=\overline{OC}$이므로
$$\angle OAC=\angle OCA=\frac{1}{2}\times(180^\circ-70^\circ)=55^\circ$$
$\triangle ABC$에서
$$\angle BAC=180^\circ-(35^\circ+65^\circ)=80^\circ$$
점 I는 $\triangle ABC$의 내심이므로
$$\angle IAC=\frac{1}{2}\angle BAC=\frac{1}{2}\times 80^\circ=40^\circ$$
$$\therefore \angle OAI=\angle OAC-\angle IAC$$
$$=55^\circ-40^\circ=15^\circ$$

답 15°

▶ 본문 52~53쪽

1 $81\pi\,\text{cm}^2$	**2** 15°	**3** $3\pi\,\text{cm}^2$
4 174°	**5** $9\,\text{cm}$	**6** $21\pi\,\text{cm}^2$

1 1단계 점 O는 $\triangle ABC$의 외심이므로
$$\overline{AC}=2\overline{CD}=2\times 6=12\,(\text{cm})$$

2단계 $\overline{OA}=\overline{OC}$이고 $\triangle AOC$의 둘레의 길이가 30 cm이므로
$$\overline{OA}+\overline{OC}+12=30,\qquad 2\overline{OA}=18$$
$$\therefore \overline{OA}=9\,(\text{cm})$$

3단계 $\triangle ABC$의 외접원의 넓이는
$$\pi\times 9^2=81\pi\,(\text{cm}^2)$$

답 $81\pi\,\text{cm}^2$

2 1단계 점 O는 $\triangle ABC$의 외심이므로
$$\angle BOC=2\angle A=2\times 40^\circ=80^\circ$$
$\triangle OBC$에서 $\overline{OB}=\overline{OC}$이므로
$$\angle OBC=\frac{1}{2}\times(180^\circ-80^\circ)=50^\circ$$

2단계 $\overline{AB}=\overline{AC}$이므로
$$\angle ABC=\frac{1}{2}\times(180^\circ-40^\circ)=70^\circ$$
점 I는 $\triangle ABC$의 내심이므로
$$\angle IBC=\frac{1}{2}\angle ABC$$
$$=\frac{1}{2}\times 70^\circ=35^\circ$$

3단계 $\angle OBI=\angle OBC-\angle IBC$
$$=50^\circ-35^\circ=15^\circ$$

답 15°

3 1단계 오른쪽 그림과 같이 $\overline{BC}$를 그으면 점 O는 $\triangle ABC$의 외심이므로 $\overline{OA}=\overline{OB}=\overline{OC}$에서
$$\angle OAB=\angle OBA=25^\circ,$$
$$\angle OAC=\angle OCA=35^\circ$$
$$\therefore \angle BAC=\angle OAB+\angle OAC$$
$$=25^\circ+35^\circ=60^\circ$$

2단계 $\angle BOC=2\angle BAC$
$$=2\times 60^\circ=120^\circ$$

3단계 외접원의 반지름의 길이가 3 cm이므로
$$(\text{부채꼴 BOC의 넓이})=\pi\times 3^2\times\frac{120}{360}$$
$$=3\pi\,(\text{cm}^2)$$

답 $3\pi\,\text{cm}^2$

단계	채점 요소	배점
1	$\angle BAC$의 크기 구하기	2점
2	$\angle BOC$의 크기 구하기	2점
3	부채꼴 BOC의 넓이 구하기	2점

반지름의 길이가 r, 중심각의 크기가 x°인 부채꼴의 호의 길이를 l, 넓이를 S라 하면

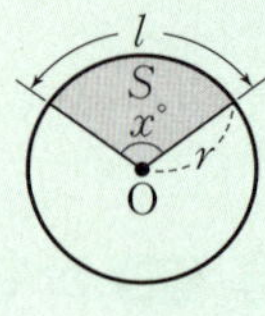

① $l=2\pi r\times\dfrac{x}{360}$

② $S=\pi r^2\times\dfrac{x}{360}=\dfrac{1}{2}rl$

4 1단계 점 I가 $\triangle ABC$의 내심이므로
$$\angle IAB=\angle IAC=30^\circ$$
$\triangle ABI$에서
$$\angle x=180^\circ-(30^\circ+32^\circ)=118^\circ$$

2단계 $\angle x=90^\circ+\dfrac{1}{2}\angle y$이므로

$$118^\circ=90^\circ+\dfrac{1}{2}\angle y, \qquad \dfrac{1}{2}\angle y=28^\circ$$

$$\therefore \angle y=56^\circ$$

3단계 $\angle x+\angle y=118^\circ+56^\circ=174^\circ$

답 174°

단계	채점 요소	배점
1	$\angle x$의 크기 구하기	3점
2	$\angle y$의 크기 구하기	3점
3	$\angle x+\angle y$의 크기 구하기	1점

5 1단계 점 I가 $\triangle ABC$의 내심이므로

$$\angle DBI=\angle IBC, \ \angle ECI=\angle ICB$$

$\overline{DE}\,/\!/\,\overline{BC}$이므로

$$\angle DIB=\angle IBC \ (엇각),$$

$$\angle EIC=\angle ICB \ (엇각)$$

즉 $\angle DBI=\angle DIB, \ \angle ECI=\angle EIC$이므로

$$\overline{DB}=\overline{DI}, \ \overline{EC}=\overline{EI}$$

2단계 ($\triangle ADE$의 둘레의 길이)

$$=\overline{AD}+\overline{DE}+\overline{AE}$$
$$=\overline{AD}+(\overline{DI}+\overline{EI})+\overline{AE}$$
$$=(\overline{AD}+\overline{DB})+(\overline{EC}+\overline{AE})$$
$$=\overline{AB}+\overline{AC}$$
$$=2\overline{AB}=18 \,(\text{cm})$$
$$\therefore \overline{AB}=9 \,(\text{cm})$$

답 9 cm

단계	채점 요소	배점
1	$\overline{DB}=\overline{DI}, \ \overline{EC}=\overline{EI}$임을 알기	4점
2	$\overline{AB}$의 길이 구하기	3점

6 1단계 $\triangle ABC$의 외접원의 반지름의 길이는

$$\dfrac{1}{2}\overline{BC}=\dfrac{1}{2}\times10=5 \,(\text{cm})$$

즉 외접원의 넓이는 $\quad \pi\times5^2=25\pi \,(\text{cm}^2)$

2단계 $\triangle ABC$의 내접원의 반지름의 길이를 r cm라 하면

$$\dfrac{1}{2}\times8\times6=\dfrac{1}{2}\times r\times(8+10+6)$$

$$12r=24 \qquad \therefore r=2$$

즉 내접원의 넓이는 $\quad \pi\times2^2=4\pi \,(\text{cm}^2)$

3단계 색칠한 부분의 넓이는

$$25\pi-4\pi=21\pi \,(\text{cm}^2)$$

답 21π cm^2

단계	채점 요소	배점
1	$\triangle ABC$의 외접원의 넓이 구하기	3점
2	$\triangle ABC$의 내접원의 넓이 구하기	3점
3	색칠한 부분의 넓이 구하기	2점

II-1 평행사변형

01 평행사변형의 성질

개념원리 확인하기　　　＞본문 58쪽

01 (1)○　(2)×　(3)○　(4)○
02 (1) $\angle x=50^\circ$, $\angle y=32^\circ$　(2) $\angle x=40^\circ$, $\angle y=65^\circ$
03 (1) $x=6$, $y=9$　(2) $x=110$, $y=70$
04 (1) $x=2$, $y=3$　(2) $x=12$, $y=7$

01 (2) 평행사변형의 두 대각선은 서로 다른 것을 이등분하므로

$$\overline{AO}=\overline{CO}, \ \overline{BO}=\overline{DO}$$

답 (1)○　(2)×　(3)○　(4)○

02 (1) $\overline{AD}\,/\!/\,\overline{BC}$이므로

$$\angle DBC=\angle BDA \ (엇각),$$
$$\angle ACB=\angle CAD \ (엇각)$$
$$\therefore \angle x=50^\circ, \ \angle y=32^\circ$$

(2) $\overline{AB}\,/\!/\,\overline{DC}$이므로

$$\angle ABD=\angle CDB \ (엇각),$$
$$\angle DCA=\angle BAC \ (엇각)$$
$$\therefore \angle x=40^\circ, \ \angle y=65^\circ$$

답 (1) $\angle x=50^\circ$, $\angle y=32^\circ$
　　(2) $\angle x=40^\circ$, $\angle y=65^\circ$

03 (1) $\overline{AB}=\overline{DC}=6 \,(\text{cm})$이므로

$$x=6$$

$\overline{BC}=\overline{AD}=9 \,(\text{cm})$이므로

$$y=9$$

(2) $\angle A=\angle C=110^\circ$이므로

$$x=110$$

$\angle B=180^\circ-110^\circ=70^\circ$이므로

$$y=70$$

답 (1) $x=6$, $y=9$　(2) $x=110$, $y=70$

04 (1) $\overline{AO}=\overline{CO}=2 \,(\text{cm})$이므로

$$x=2$$

$\overline{DO}=\overline{BO}=3 \,(\text{cm})$이므로

$$y=3$$

(2) $\overline{AC}=2\overline{AO}=2\times6=12 \,(\text{cm})$이므로

$$x=12$$

$\overline{BO}=\dfrac{1}{2}\overline{BD}=\dfrac{1}{2}\times14=7 \,(\text{cm})$이므로

$$y=7$$

답 (1) $x=2$, $y=3$　(2) $x=12$, $y=7$

핵심문제 익히기

> **1** (1) $x=3$, $y=-2$ (2) $x=91$, $y=65$ (3) $x=1$, $y=3$
> **2** 3 cm **3** 112° **4** 17 cm

1 (1) $\overline{AB}=\overline{DC}$이므로

$$7=3x+y \qquad \cdots\cdots ㉠$$

$\overline{AD}=\overline{BC}$이므로

$$9=x-3y \qquad \cdots\cdots ㉡$$

㉠, ㉡을 연립하여 풀면 $x=3$, $y=-2$

(2) $\angle BAD=\angle C=115°$이므로

$$\angle BAE=\angle BAD-\angle DAE=115°-24°=91°$$

이때 $\overline{AB}\,/\!/\,\overline{DC}$이므로

$$\angle AED=\angle BAE=91° \text{ (엇각)}$$

$$\therefore x=91$$

또 $\angle B+\angle C=180°$이므로

$$\angle B=180°-\angle C=180°-115°=65°$$

$$\therefore y=65$$

(3) $\overline{AO}=\overline{CO}=\dfrac{1}{2}\overline{AC}=\dfrac{1}{2}\times 10=5$이므로

$$2x+y=5 \qquad \cdots\cdots ㉠$$

$\overline{BO}=\overline{DO}$이므로

$$3y-x=8 \qquad \cdots\cdots ㉡$$

㉠, ㉡을 연립하여 풀면 $x=1$, $y=3$

> **답** (1) $x=3$, $y=-2$ (2) $x=91$, $y=65$
> (3) $x=1$, $y=3$

다른 풀이

(2) $\angle C+\angle D=180°$이므로

$$\angle D=180°-\angle C=180°-115°=65°$$

$\triangle AED$에서 $\angle AED=180°-(65°+24°)=91°$

$$\therefore x=91$$

또 $\angle B=\angle D=65°$이므로 $y=65$

2 $\overline{AD}\,/\!/\,\overline{BC}$이므로

$$\angle BEA=\angle DAE \text{ (엇각)}$$

또 $\angle BAE=\angle DAE$이므로

$$\angle BAE=\angle BEA$$

따라서 $\triangle ABE$는 이등변삼각형이므로

$$\overline{BE}=\overline{BA}=5 \text{ (cm)}$$

이때 $\overline{BC}=\overline{AD}=8$ (cm)이므로

$$\overline{EC}=\overline{BC}-\overline{BE}=8-5=3 \text{ (cm)}$$

> **답** 3 cm

3 $\overline{AD}\,/\!/\,\overline{BC}$이므로

$$\angle ADE=\angle DEC=34° \text{ (엇각)}$$

$$\therefore \angle CDE=\angle ADE=34°$$

따라서 $\triangle DEC$에서

$$\angle C=180°-(34°+34°)=112°$$

$$\therefore \angle x=\angle C=112°$$

> **답** 112°

4 (△OAB의 둘레의 길이)$=\overline{AO}+\overline{AB}+\overline{BO}$

$$=\dfrac{1}{2}\overline{AC}+\overline{DC}+\dfrac{1}{2}\overline{BD}$$

$$=\overline{DC}+\dfrac{1}{2}(\overline{AC}+\overline{BD})$$

$$=6+\dfrac{1}{2}\times 22$$

$$=17 \text{ (cm)}$$

> **답** 17 cm

> **01** (가) $\overline{AC}$ (나) $\angle DCA$ (다) ASA (라) $\overline{BC}$
> **02** 14 cm **03** 38° **04** ③

01 평행사변형 ABCD에서 대각선 AC 를 그으면 $\triangle ABC$와 $\triangle CDA$에서 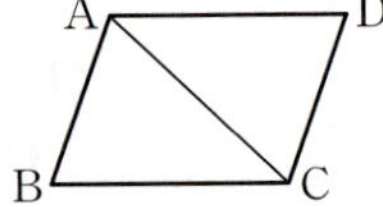 $\boxed{\overline{AC}}$는 공통,

$$\angle ACB=\angle CAD \text{ (엇각)},$$

$$\angle BAC=\boxed{\angle DCA} \text{ (엇각)}$$

이므로 $\triangle ABC\equiv\triangle CDA$ ($\boxed{ASA}$ 합동)

$$\therefore \overline{AB}=\overline{DC},\ \overline{AD}=\boxed{\overline{BC}}$$

> **답** (가) $\overline{AC}$ (나) $\angle DCA$ (다) ASA (라) $\overline{BC}$

02 $\triangle ABE$와 $\triangle FCE$에서

$$\overline{BE}=\overline{CE},\ \angle AEB=\angle FEC \text{ (맞꼭지각)}$$

$\overline{AB}\,/\!/\,\overline{DF}$이므로

$$\angle ABE=\angle FCE \text{ (엇각)}$$

따라서 $\triangle ABE\equiv\triangle FCE$ (ASA 합동)이므로

$$\overline{FC}=\overline{AB}=7 \text{ (cm)}$$

또 □ABCD가 평행사변형이므로

$$\overline{DC}=\overline{AB}=7 \text{ (cm)}$$

$$\therefore \overline{DF}=\overline{DC}+\overline{CF}=7+7=14 \text{ (cm)}$$

> **답** 14 cm

03 $\angle BAD+\angle D=180°$이므로

$$\angle BAD=180°-\angle D=180°-76°=104°$$

$$\therefore \angle BAP=\dfrac{1}{2}\angle BAD$$

$$=\dfrac{1}{2}\times 104°=52°$$

$\triangle ABP$에서

$$\angle ABP=180°-(90°+52°)=38°$$

이때 $\angle ABC=\angle D=76°$이므로

$$\angle x=\angle ABC-\angle ABP$$

$$=76°-38°=38°$$

> **답** 38°

04 ①, ④, ⑤ △AOP와 △COQ에서
$\overline{AO}=\overline{CO}$, ∠OAP=∠OCQ (엇각),
∠AOP=∠COQ (맞꼭지각)
이므로　　△AOP≡△COQ (ASA 합동)
② △AOP≡△COQ이므로
$\overline{PO}=\overline{QO}$
따라서 옳지 않은 것은 ③이다.　　　　답 ③

02 평행사변형이 되는 조건

01 (1) $\overline{DC}$, $\overline{BC}$　(2) $\overline{DC}$, $\overline{BC}$　(3) ∠C, ∠D
　　(4) $\overline{CO}$, $\overline{DO}$　(5) $\overline{DC}$, $\overline{DC}$
02 (1) ×　(2) ○　(3) ○　(4) ×
03 (1) 20 cm²　(2) 10 cm²
04 25 cm²

01 (1) 두 쌍의 대변이 각각 평행해야 하므로
$\overline{AB}/\!\!/\boxed{\overline{DC}}$, $\overline{AD}/\!\!/\boxed{\overline{BC}}$
(2) 두 쌍의 대변의 길이가 각각 같아야 하므로
$\overline{AB}=\boxed{\overline{DC}}$, $\overline{AD}=\boxed{\overline{BC}}$
(3) 두 쌍의 대각의 크기가 각각 같아야 하므로
∠A=$\boxed{∠C}$, ∠B=$\boxed{∠D}$
(4) 두 대각선이 서로 다른 것을 이등분해야 하므로
$\overline{AO}=\boxed{\overline{CO}}$, $\overline{BO}=\boxed{\overline{DO}}$
(5) 한 쌍의 대변이 평행하고 그 길이가 같아야 하므로
$\overline{AB}/\!\!/\boxed{\overline{DC}}$, $\overline{AB}=\boxed{\overline{DC}}$

　　답 (1) $\overline{DC}$, $\overline{BC}$　(2) $\overline{DC}$, $\overline{BC}$　(3) ∠C, ∠D
　　(4) $\overline{CO}$, $\overline{DO}$　(5) $\overline{DC}$, $\overline{DC}$

02 (1) 오른쪽 그림에서 □ABCD는
$\overline{AB}=\overline{BC}=4$ cm,
$\overline{CD}=\overline{DA}=6$ cm이지만 평행
사변형이 아니다.
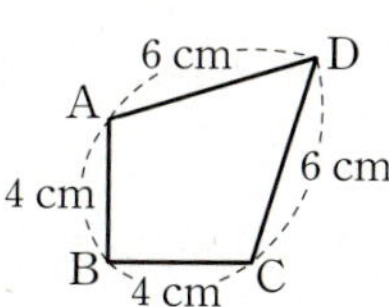
(2) ∠D=360°−(65°+115°+65°)=115°
이때 ∠A=∠C, ∠B=∠D에서 두 쌍의 대각의 크
기가 각각 같으므로 □ABCD는 평행사변형이다.
(3) $\overline{AO}=\overline{CO}$, $\overline{BO}=\overline{DO}$에서 두 대각선은 서로 다른 것을
이등분하므로 □ABCD는 평행사변형이다.
(4) 오른쪽 그림에서 □ABCD는
$\overline{AD}/\!\!/\overline{BC}$, $\overline{AB}=\overline{DC}=8$ cm
이지만 평행사변형이 아니다.
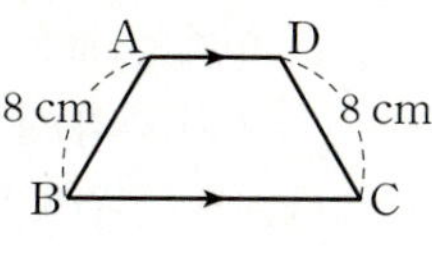
　　답 (1) ×　(2) ○　(3) ○　(4) ×

03 (1) △ABC=$\dfrac{1}{2}$□ABCD
$=\dfrac{1}{2}\times40=20$ (cm²)
(2) △CDO=$\dfrac{1}{4}$□ABCD
$=\dfrac{1}{4}\times40=10$ (cm²)
　　답 (1) 20 cm²　(2) 10 cm²

04 △PAB+△PCD=△PDA+△PBC이므로
15+△PCD=13+27
∴ △PCD=25 (cm²)　　답 25 cm²

1 ④　　　　　**2** (1) $x=55$, $y=65$　(2) $x=7$, $y=4$
3 (1) (가) $\overline{CF}$　(나) RHA　(다) $\overline{AE}$
(2) 한 쌍의 대변이 평행하고 그 길이가 같다.
4 두 쌍의 대변이 각각 평행하다.
5 7 cm²　　**6** 6 cm²

1 ① ∠ABD=∠CDB, 즉 엇각의 크기가 같으므로
$\overline{AB}/\!\!/\overline{DC}$
∠ADB=∠CBD, 즉 엇각의 크기가 같으므로
$\overline{AD}/\!\!/\overline{BC}$
이때 $\overline{AB}/\!\!/\overline{DC}$, $\overline{AD}/\!\!/\overline{BC}$에서 두 쌍의 대변이 각각
평행하므로 □ABCD는 평행사변형이다.
② $\overline{AB}=\overline{DC}$, $\overline{AD}=\overline{BC}$에서 두 쌍의 대변의 길이가 각
각 같으므로 □ABCD는 평행사변형이다.
③ ∠A=360°−(55°+125°+55°)=125°
이때 ∠A=∠C, ∠B=∠D에서 두 쌍의 대각의 크
기가 각각 같으므로 □ABCD는 평행사변형이다.
④ $\overline{AO}=\overline{CO}$, $\overline{BO}\neq\overline{DO}$에서 두 대각선이 서로 다른 것
을 이등분하지 않으므로 □ABCD는 평행사변형이 아
니다.
⑤ ∠ADB=∠CBD, 즉 엇각의 크기가 같으므로
$\overline{AD}/\!\!/\overline{BC}$
이때 $\overline{AD}/\!\!/\overline{BC}$, $\overline{AD}=\overline{BC}$에서 한 쌍의 대변이 평행
하고 그 길이가 같으므로 □ABCD는 평행사변형이다.
따라서 □ABCD가 평행사변형이 아닌 것은 ④이다.
　　답 ④

2 (1) □ABCD가 평행사변형이 되려면 $\overline{AB}/\!\!/\overline{DC}$, $\overline{AD}/\!\!/\overline{BC}$
이어야 한다.

$\overline{AB} \parallel \overline{DC}$에서

$$\angle ACD = \angle CAB = 65°\ (\text{엇각})$$
$$\therefore y = 65$$

$\triangle ABC$에서

$$\angle ACB = 180° - (65° + 60°) = 55°$$

$\overline{AD} \parallel \overline{BC}$에서

$$\angle DAC = \angle ACB = 55°\ (\text{엇각})$$
$$\therefore x = 55$$

(2) $\square ABCD$가 평행사변형이 되려면 $\overline{AB} = \overline{DC}$, $\overline{AD} = \overline{BC}$
이어야 한다.

$2x + 1 = 3x - 6$에서
$$x = 7$$
$3y + 7 = 4y + 3$에서
$$y = 4$$

🔲 (1) $x = 55$, $y = 65$ (2) $x = 7$, $y = 4$

3 $\angle AED = \angle CFB = 90°$, 즉 엇각의 크기가 같으므로
$$\overline{AE} \parallel \boxed{\overline{CF}} \qquad\qquad \cdots\cdots ㉠$$
$\triangle ABE$와 $\triangle CDF$에서
$$\angle AEB = \angle CFD = 90°,\ \overline{AB} = \overline{CD},$$
$$\angle ABE = \angle CDF\ (\text{엇각})$$
이므로 $\quad \triangle ABE \equiv \triangle CDF\ (\boxed{RHA}\ \text{합동})$
$$\therefore \boxed{\overline{AE}} = \overline{CF} \qquad\qquad \cdots\cdots ㉡$$
㉠, ㉡에서 한 쌍의 대변이 평행하고 그 길이가 같으므로
$\square AECF$는 평행사변형이다.

🔲 (1) ㈎ $\overline{CF}$ ㈏ RHA   ㈐ $\overline{AE}$
(2) 한 쌍의 대변이 평행하고 그 길이가 같다.

4 $\overline{AD} \parallel \overline{BC}$이므로
$$\overline{AH} \parallel \overline{FC}$$
$\overline{AD} = \overline{BC}$이고 $\overline{AH} = \dfrac{1}{2}\overline{AD}$, $\overline{FC} = \dfrac{1}{2}\overline{BC}$이므로
$$\overline{AH} = \overline{FC}$$
즉 $\overline{AH} \parallel \overline{FC}$, $\overline{AH} = \overline{FC}$이므로 $\square AFCH$는 평행사변형
이다.
$$\therefore \overline{PQ} \parallel \overline{SR} \qquad\qquad \cdots\cdots ㉠$$
$\overline{AB} \parallel \overline{DC}$이므로
$$\overline{EB} \parallel \overline{DG}$$
$\overline{AB} = \overline{DC}$이고 $\overline{EB} = \dfrac{1}{2}\overline{AB}$, $\overline{DG} = \dfrac{1}{2}\overline{DC}$이므로
$$\overline{EB} = \overline{DG}$$
즉 $\overline{EB} \parallel \overline{DG}$, $\overline{EB} = \overline{DG}$이므로 $\square EBGD$는 평행사변형
이다.
$$\therefore \overline{PS} \parallel \overline{QR} \qquad\qquad \cdots\cdots ㉡$$
㉠, ㉡에서 두 쌍의 대변이 각각 평행하므로 $\square PQRS$는
평행사변형이다.

🔲 두 쌍의 대변이 각각 평행하다.

5 $\square ABNM$, $\square MNCD$는 모두 평행사변형이고 밑변의 길
이와 높이가 각각 같으므로

$$\triangle MPN = \frac{1}{4}\square ABNM$$
$$= \frac{1}{4} \times \frac{1}{2}\square ABCD$$
$$= \frac{1}{8}\square ABCD$$
$$\triangle QMN = \frac{1}{4}\square MNCD$$
$$= \frac{1}{4} \times \frac{1}{2}\square ABCD$$
$$= \frac{1}{8}\square ABCD$$
$$\therefore \square MPNQ = \triangle MPN + \triangle QMN$$
$$= \frac{1}{8}\square ABCD + \frac{1}{8}\square ABCD$$
$$= \frac{1}{4}\square ABCD$$
$$= \frac{1}{4} \times 28 = 7\ (\text{cm}^2)$$

🔲 $7\ \text{cm}^2$

6 $\square ABCD = 8 \times 5 = 40\ (\text{cm}^2)$이므로

$$\triangle PAB + \triangle PCD = \frac{1}{2}\square ABCD$$
$$= \frac{1}{2} \times 40 = 20\ (\text{cm}^2)$$

이때 $\triangle PCD$의 넓이가 $14\ \text{cm}^2$이므로
$$\triangle PAB + 14 = 20$$
$$\therefore \triangle PAB = 6\ (\text{cm}^2)$$

🔲 $6\ \text{cm}^2$

이런 문제가 시험 에 나온다 ▷ 본문 68~69쪽

01 ⑤   **02** ①, ⑤   **03** 69
04 ㈎ $\overline{DO}$ ㈏ $\overline{CO}$ ㈐ $\overline{FO}$
두 대각선이 서로 다른 것을 이등분한다.
05 10 cm   **06** 9 cm²   **07** 12 cm²

01 ⑤ ㈐ 엇각
따라서 옳지 않은 것은 ⑤이다. 🔲 ⑤

02 ① $\overline{AB} = \overline{DC}$, $\overline{AB} \parallel \overline{DC}$에서 한 쌍의 대변이 평행하고 그
길이가 같으므로 $\square ABCD$는 평행사변형이다.
⑤ $\angle D = 360° - (95° + 85° + 95°) = 85°$
이때 $\angle A = \angle C$, $\angle B = \angle D$에서 두 쌍의 대각의 크
기가 각각 같으므로 $\square ABCD$는 평행사변형이다.
따라서 $\square ABCD$가 평행사변형이 되는 것은 ①, ⑤이다.

🔲 ①, ⑤

03 □ABCD가 평행사변형이 되려면 $\overline{AB}\,/\!/\,\overline{DC}$, $\overline{AB}=\overline{DC}$

이어야 한다.

△ABC에서 $\quad\angle BAC=180°-(75°+45°)=60°$

$\overline{AB}\,/\!/\,\overline{DC}$에서

$\qquad\angle ACD=\angle BAC=60°$ (엇각) $\qquad\therefore x=60$

또 $\overline{AB}=\overline{DC}$에서

$\qquad\overline{DC}=\overline{AB}=9$ (cm) $\qquad\therefore y=9$

$\qquad\therefore x+y=60+9=69$ 답 69

04 □ABCD는 평행사변형이므로

$\qquad\overline{AO}=\overline{CO}$, $\overline{BO}=\boxed{\overline{DO}}$ $\qquad\cdots\cdots$ ㉠

그런데 $\overline{AE}=\overline{CF}$이므로

$\qquad\overline{EO}=\overline{AO}-\overline{AE}=\boxed{\overline{CO}}-\overline{CF}=\boxed{\overline{FO}}$ $\qquad\cdots\cdots$ ㉡

㉠, ㉡에서 두 대각선이 서로 다른 것을 이등분하므로

□EBFD는 평행사변형이다.

답 (가) $\overline{DO}$ (나) $\overline{CO}$ (다) $\overline{FO}$

두 대각선이 서로 다른 것을 이등분한다.

05 $\overline{AD}\,/\!/\,\overline{BC}$이므로 $\quad\overline{AF}\,/\!/\,\overline{EC}$ $\qquad\cdots\cdots$ ㉠

$\qquad\angle DAE=\angle BEA$ (엇각)이고 $\angle BAE=\angle DAE$이므로

$\qquad\angle BEA=\angle BAE$

즉 △ABE는 $\overline{BE}=\overline{BA}=10$ (cm)인 이등변삼각형이다.

같은 방법으로 △DFC는 $\overline{DF}=\overline{DC}=10$ (cm)인 이등변

삼각형이므로

$\qquad\overline{AF}=\overline{EC}=14-10=4$ (cm) $\qquad\cdots\cdots$ ㉡

㉠, ㉡에서 □AECF는 평행사변형이다.

따라서 $\overline{AE}=\overline{FC}$이고 □AECF의 둘레의 길이가 28 cm

이므로

$\qquad 2(\overline{AE}+4)=28$, $\qquad 2\overline{AE}=20$

$\qquad\therefore \overline{AE}=10$ (cm) 답 10 cm

06 △BOE와 △DOF에서

$\qquad\overline{BO}=\overline{DO}$, $\angle OBE=\angle ODF$ (엇각),

$\qquad\angle BOE=\angle DOF$ (맞꼭지각)

이므로 $\quad$ △BOE≡△DOF (ASA 합동)

$\qquad\therefore$ (색칠한 부분의 넓이)$=$△AOE$+$△DOF

$\qquad\qquad\qquad\qquad\qquad\quad=$△AOE$+$△BOE

$\qquad\qquad\qquad\qquad\qquad\quad=$△ABO

$\qquad\qquad\qquad\qquad\qquad\quad=\dfrac{1}{4}$□ABCD

$\qquad\qquad\qquad\qquad\qquad\quad=\dfrac{1}{4}\times36=9$ (cm^2)

답 9 cm^2

07 △PAB$+$△PCD$=\dfrac{1}{2}$□ABCD

$\qquad\qquad\qquad\qquad\quad=\dfrac{1}{2}\times60=30$ (cm^2)

이때 △PAB : △PCD$=2:3$이므로

$\qquad$△PAB$=30\times\dfrac{2}{2+3}=12$ (cm^2) 답 12 cm^2

01 ③	**02** ③	**03** 4 cm
04 ∠C$=108°$, ∠D$=72°$	**05** ③	**06** ⑤
07 ④	**08** ②	**09** (가) $\overline{DF}$ (나) $\overline{AB}$ (다) $\overline{EB}$
10 ④	**11** 35 cm^2	**12** ① **13** ②
14 14 cm	**15** ③	**16** ③ **17** ④
18 44	**19** ③	**20** 110° **21** ⑤
22 25°	**23** 20 cm	**24** ④

01 전략 평행사변형의 두 쌍의 대변은 각각 평행함을 이용한다.

$\overline{AB}\,/\!/\,\overline{DC}$이므로

$\qquad\angle ABD=\angle CDB=35°$ (엇각)

$\qquad\therefore \angle ABC=35°+25°=60°$

따라서 △ABC에서

$\qquad\angle x=180°-(80°+60°)=40°$ 답 ③

02 전략 평행사변형의 성질을 만족시키는지 확인한다.

① $\overline{DC}=\overline{AB}=7$ (cm)

② $\angle ADC=\angle ABC=100°$

③ $\angle DAB+\angle ABC=180°$이므로

$\qquad\angle DAB=180°-100°=80°$

④ $\overline{AO}=\dfrac{1}{2}\overline{AC}=\dfrac{1}{2}\times12=6$ (cm)

⑤ $\overline{BD}=2\overline{BO}=2\times5=10$ (cm)

따라서 옳지 않은 것은 ③이다. 답 ③

03 전략 평행사변형의 두 쌍의 대변의 길이는 각각 같음을 이용

한다.

$\overline{AD}\,/\!/\,\overline{BC}$이므로

$\qquad\angle BEA=\angle DAE$ (엇각)

$\qquad\therefore \angle BAE=\angle BEA$

따라서 △ABE는 이등변삼각형이므로

$\qquad\overline{BE}=\overline{BA}=7$ (cm)

이때 $\overline{BC}=\overline{AD}=11$ (cm)이므로

$\qquad\overline{EC}=\overline{BC}-\overline{BE}=11-7=4$ (cm) 답 4 cm

04 전략 평행사변형의 두 쌍의 대각의 크기는 각각 같음을 이용

한다.

$\angle A+\angle B=180°$이고 $\angle A:\angle B=3:2$이므로

$\qquad\angle A=180°\times\dfrac{3}{3+2}=108°$,

$\qquad\angle B=180°\times\dfrac{2}{3+2}=72°$

$\qquad\therefore \angle C=\angle A=108°$, $\angle D=\angle B=72°$

답 ∠C$=108°$, ∠D$=72°$

05 전략 이등변삼각형과 평행사변형의 성질을 이용한다.

$\overline{AD}=\overline{DF}$이므로 $\triangle AFD$는 이등변삼각형이다.

이때 $\angle D=\angle B=70°$이므로 $\triangle AFD$에서

$$\angle DAF=\angle DFA=\frac{1}{2}\times(180°-70°)=55°$$

$\overline{AD}\,/\!/\,\overline{BC}$이므로

$$\angle x=\angle DAE=55° \;(\text{엇각})$$ 답 ③

06 전략 평행사변형의 두 대각선은 서로 다른 것을 이등분함을 이용한다.

$\overline{DC}=\overline{AB}=9\,(\text{cm})$

$\overline{OC}=\frac{1}{2}\overline{AC}=\frac{1}{2}\times 14=7\,(\text{cm})$

$\overline{OD}=\frac{1}{2}\overline{BD}=\frac{1}{2}\times 18=9\,(\text{cm})$

$$\therefore (\triangle OCD\text{의 둘레의 길이})=\overline{OC}+\overline{OD}+\overline{DC}$$
$$=7+9+9=25\,(\text{cm})$$ 답 ⑤

07 전략 평행사변형이 되기 위한 조건을 생각해 본다.

① 두 쌍의 대변의 길이가 각각 같으므로 $\square ABCD$는 평행사변형이다.

② $\angle C=360°-(120°+60°+60°)=120°$

이때 $\angle A=\angle C$, $\angle B=\angle D$에서 두 쌍의 대각의 크기가 각각 같으므로 $\square ABCD$는 평행사변형이다.

③ 오른쪽 그림과 같이 $\overline{CD}$의 연장선 위에 점 E를 잡으면

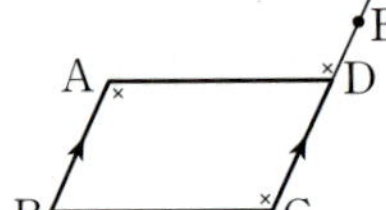

$\overline{AB}\,/\!/\,\overline{DC}$이므로

$$\angle A=\angle ADE \;(\text{엇각})$$

이때 $\angle A=\angle C$이므로

$$\angle C=\angle ADE$$

즉 동위각의 크기가 같으므로

$$\overline{AD}\,/\!/\,\overline{BC}$$

즉 두 쌍의 대변이 각각 평행하므로 $\square ABCD$는 평행사변형이다.

④ 오른쪽 그림에서 $\square ABCD$는 $\overline{AB}=\overline{DC}$, $\overline{AD}\,/\!/\,\overline{BC}$이지만 평행사변형이 아니다.

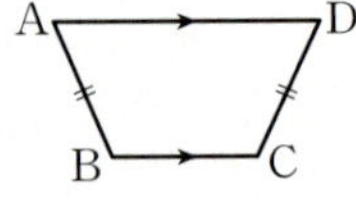

⑤ 두 대각선이 서로 다른 것을 이등분하므로 $\square ABCD$는 평행사변형이다.

따라서 $\square ABCD$가 평행사변형이 되는 조건이 아닌 것은 ④이다. 답 ④

08 전략 두 대각선이 서로 다른 것을 이등분하는 사각형은 평행사변형임을 이용한다.

$\square ABCD$가 평행사변형이 되려면 $\overline{AO}=\overline{CO}$, $\overline{BO}=\overline{DO}$
이어야 한다.

$\overline{AO}=\overline{CO}$에서

$$3=x-2 \qquad \therefore x=5$$

$\overline{BO}=\overline{DO}$에서

$$2y+1=5,\qquad 2y=4\qquad \therefore y=2$$
$$\therefore xy=5\times 2=10$$ 답 ②

09 전략 $\square EBFD$가 평행사변형이 되기 위한 조건을 생각해 본다.

$\square ABCD$가 평행사변형이므로

$$\overline{EB}\,/\!/\,\boxed{\overline{DF}} \qquad\qquad \cdots\cdots \;㉠$$

$\overline{AB}=\overline{DC}$, $\overline{AE}=\overline{CF}$이므로

$$\boxed{\overline{EB}}=\overline{DF} \qquad\qquad \cdots\cdots \;㉡$$

㉠, ㉡에서 한 쌍의 대변이 평행하고 그 길이가 같으므로 $\square EBFD$는 평행사변형이다.

답 (가) $\overline{DF}$ (나) $\overline{AB}$ (다) $\overline{EB}$

10 전략 $\square PQRS$가 평행사변형이 되기 위한 조건을 생각해 본다.

$\square ABCD$는 평행사변형이므로

$$\overline{AO}=\overline{CO},\ \overline{BO}=\overline{DO}$$

이때 $\overline{AP}=\overline{CR}$, $\overline{BQ}=\overline{DS}$이므로

$$\overline{PO}=\overline{AO}-\overline{AP}=\overline{CO}-\overline{CR}=\overline{RO}$$
$$\overline{QO}=\overline{BO}-\overline{BQ}=\overline{DO}-\overline{DS}=\overline{SO}$$

따라서 $\square PQRS$는 두 대각선이 서로 다른 것을 이등분하므로 평행사변형이다. 답 ④

11 전략 평행사변형의 넓이는 한 대각선에 의하여 이등분됨을 이용한다.

(색칠한 부분의 넓이)
$$=\triangle APH+\triangle EBP+\triangle PCG+\triangle HPD$$
$$=\frac{1}{2}(\square AEPH+\square EBFP+\square PFCG+\square HPGD)$$
$$=\frac{1}{2}\square ABCD$$
$$=\frac{1}{2}\times 70=35\,(\text{cm}^2)$$ 답 $35\,\text{cm}^2$

12 전략 평행사변형 ABCD의 내부의 한 점 P에 대하여 $\triangle PDA+\triangle PBC=\frac{1}{2}\square ABCD$임을 이용한다.

$\square ABCD=8\times 6=48\,(\text{cm}^2)$이므로

$(\text{색칠한 부분의 넓이})=\triangle PDA+\triangle PBC$
$$=\frac{1}{2}\square ABCD$$
$$=\frac{1}{2}\times 48=24\,(\text{cm}^2)$$ 답 ①

13 전략 접은 각은 그 크기가 같음을 이용한다.

$\angle FDB=\angle BDC=40° \;(\text{접은 각})$

$\overline{AB}\,/\!/\,\overline{DC}$이므로

$$\angle FBD=\angle BDC=40° \;(\text{엇각})$$

따라서 $\triangle FBD$에서

$$\angle F=180°-(40°+40°)=100°$$ 답 ②

14 전략 이등변삼각형의 성질을 이용하여 길이가 같은 두 변을 찾는다.

$\overline{AB}/\!/\overline{DC}$이므로

$$\angle BAE=\angle DEA \text{ (엇각)}$$
$$\therefore \angle DAE=\angle DEA$$

즉 △DAE는 이등변삼각형이므로

$$\overline{DE}=\overline{DA}=12 \text{ (cm)}$$

또 $\angle ABF=\angle CFB$ (엇각)이므로

$$\angle CBF=\angle CFB$$

즉 △BCF는 이등변삼각형이므로

$$\overline{CF}=\overline{CB}=\overline{AD}=12 \text{ (cm)}$$

이때 $\overline{CD}=\overline{AB}=10 \text{ (cm)}$이므로

$$\overline{EF}=\overline{FC}+\overline{DE}-\overline{CD}$$
$$=12+12-10=14 \text{ (cm)}$$

답 14 cm

15 전략 평행사변형의 두 쌍의 대각의 크기는 각각 같음을 이용한다.

$\angle ADC=\angle B=60°$이고 $\angle ADE : \angle EDC=2 : 1$이므로

$$\angle ADE=60°\times\frac{2}{2+1}=40°$$

△AED에서

$$\angle DAE=180°-(75°+40°)=65°$$

이때 $\overline{AD}/\!/\overline{BC}$이므로

$$\angle x=\angle DAE=65° \text{ (엇각)}$$

답 ③

다른 풀이

$\angle ADC=\angle B=60°$이고 $\angle ADE : \angle EDC=2 : 1$이므로

$$\angle EDC=60°\times\frac{1}{2+1}=20°$$

또 $\angle B+\angle C=180°$이므로

$$\angle C=180°-\angle B=180°-60°=120°$$

△DEC에서

$$\angle DEC=180°-(120°+20°)=40°$$
$$\therefore \angle x=180°-(75°+40°)=65°$$

16 전략 평행사변형의 이웃하는 두 내각의 크기의 합은 180°임을 이용한다.

$\overline{HB}/\!/\overline{DC}$이므로

$$\angle FCD=\angle AHF=40° \text{ (엇각)}$$
$$\therefore \angle FCB=\angle FCD=40°$$
$$\angle ABC+\angle BCD=180°$$이므로
$$\angle ABC=180°-(40°+40°)=100°$$
$$\therefore \angle EBC=\frac{1}{2}\angle ABC=\frac{1}{2}\times100°=50°$$

$\overline{AD}/\!/\overline{BC}$이므로

$$\angle FEB=\angle EBC=50° \text{ (엇각)}$$
$$\therefore \angle x=180°-50°=130°$$

답 ③

17 전략 평행사변형의 성질을 이용하여 합동인 두 삼각형을 찾는다.

△OAP와 △OCQ에서

$$\overline{OA}=\overline{OC}, \angle APO=\angle CQO=90° \text{ (엇각)},$$
$$\angle AOP=\angle COQ \text{ (맞꼭지각)}$$

이므로 △OAP≡△OCQ (RHA 합동)

이때 $\overline{AP}=\overline{AB}-\overline{PB}=\overline{DC}-\overline{PB}=13-9=4 \text{ (cm)}$이므로

$$\triangle OCQ=\triangle OAP=\frac{1}{2}\times4\times7=14 \text{ (cm}^2\text{)}$$

답 ④

18 전략 평행사변형이 되기 위한 조건을 생각해 본다.

$\overline{AB}/\!/\overline{GH}, \overline{AD}/\!/\overline{EF}$에서 □AEPG가 평행사변형이므로

$$\angle A=\angle EPG=110° \qquad \therefore x=110$$

□ABCD가 평행사변형이므로 $\overline{AB}/\!/\overline{DC}, \overline{AD}/\!/\overline{BC}$에서

$$\overline{GH}/\!/\overline{DC}, \overline{EF}/\!/\overline{BC}$$

즉 □PHCF가 평행사변형이므로

$$\angle PHC=\angle EPH=180°-110°=70° \text{ (엇각)}$$
$$\therefore y=70$$

또 $\overline{PF}=\overline{HC}=\overline{BC}-\overline{BH}=\overline{AD}-\overline{BH}=11-7=4 \text{ (cm)}$

이므로 $z=4$

$$\therefore x-y+z=110-70+4=44$$

답 44

19 전략 평행사변형의 성질을 이용하여 합동인 두 삼각형을 찾는다.

①, ④ △AFD와 △CEB에서

$$\angle ADF=\angle CBE \text{ (엇각)}, \overline{AD}=\overline{CB}, \overline{DF}=\overline{BE}$$

이므로 △AFD≡△CEB (SAS 합동)

$$\therefore \overline{AF}=\overline{CE} \qquad\qquad \cdots\cdots ㉠$$

② △ABE와 △CDF에서

$$\angle ABE=\angle CDF \text{ (엇각)}, \overline{AB}=\overline{CD}, \overline{BE}=\overline{DF}$$

이므로 △ABE≡△CDF (SAS 합동)

$$\therefore \overline{AE}=\overline{CF} \qquad\qquad \cdots\cdots ㉡$$

⑤ ㉠, ㉡에서 □AECF는 평행사변형이다.

따라서 옳지 않은 것은 ③이다.

답 ③

20 전략 □ANCM과 □MBND가 어떤 사각형인지 생각해 본다.

$\overline{AM}/\!/\overline{NC}, \overline{AM}=\overline{NC}$이므로 □ANCM은 평행사변형이다.

$$\therefore \angle NCM=\angle NAM=72°$$

$\overline{MD}/\!/\overline{BN}, \overline{MD}=\overline{BN}$이므로 □MBND는 평행사변형이다.

즉 $\overline{MB}/\!/\overline{DN}$이므로

$$\angle FNC=\angle MBN=38° \text{ (동위각)}$$

따라서 △FNC에서

$$\angle x=38°+72°=110°$$

답 110°

21 전략 □BFED가 어떤 사각형인지 생각해 본다.

$\triangle BCD = 2\triangle AOD = 2 \times 8 = 16 \, (cm^2)$

$\overline{BC} = \overline{CE}$, $\overline{DC} = \overline{CF}$이므로 □BFED는 평행사변형이다.

$\therefore$ □BFED$= 4\triangle BCD = 4 \times 16 = 64 \, (cm^2)$

답 ⑤

22 전략 보조선을 긋고 합동인 두 삼각형을 찾는다.

오른쪽 그림과 같이 $\overline{AD}$, $\overline{BM}$의 연장선의 교점을 F 라 하자.

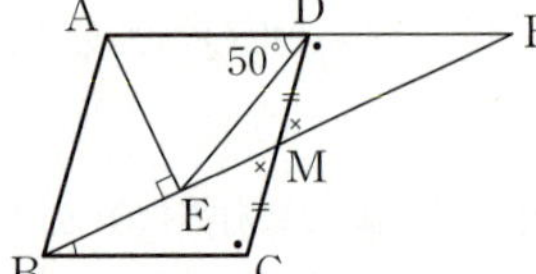

$\triangle DMF$와 $\triangle CMB$에서

$\overline{DM} = \overline{CM}$,

$\angle DMF = \angle CMB$ (맞꼭지각),

$\angle MDF = \angle MCB$ (엇각)

이므로 $\triangle DMF \equiv \triangle CMB$ (ASA 합동)

$\therefore \overline{DF} = \overline{CB}$

이때 $\overline{AD} = \overline{BC}$에서 $\overline{AD} = \overline{DF}$이므로 점 D는 직각삼각형 AEF의 외심이다.

$\therefore \overline{AD} = \overline{DE} = \overline{DF}$

따라서 $\triangle DEF$는 $\overline{DE} = \overline{DF}$인 이등변삼각형이므로

$\angle DFE = \angle DEF = \dfrac{1}{2} \angle ADE = \dfrac{1}{2} \times 50^\circ = 25^\circ$

$\therefore \angle MBC = \angle MFD = 25^\circ$

답 25°

23 전략 이등변삼각형의 성질을 이용하여 길이가 같은 두 변을 찾는다.

$\triangle ABC$가 $\overline{AB} = \overline{AC}$인 이등변삼각형이므로

$\angle B = \angle C$

$\overline{AC} /\!/ \overline{EP}$이므로

$\angle C = \angle EPB$ (동위각)

$\therefore \angle B = \angle EPB$

따라서 $\triangle EBP$는 이등변삼각형이므로

$\overline{EB} = \overline{EP}$

이때 $\overline{AE} /\!/ \overline{DP}$, $\overline{AD} /\!/ \overline{EP}$이므로 □AEPD는 평행사변형이다.

$\therefore$ (□AEPD의 둘레의 길이)

$= 2(\overline{AE} + \overline{EP})$

$= 2(\overline{AE} + \overline{EB})$

$= 2\overline{AB}$

$= 2 \times 10 = 20 \, (cm)$

답 20 cm

24 전략 정삼각형의 성질을 이용하여 $\triangle ABC$와 합동인 삼각형을 찾는다.

① $\triangle ABC$와 $\triangle FEC$에서

$\overline{AC} = \overline{FC}$, $\overline{BC} = \overline{EC}$,

$\angle ACB = 60^\circ - \angle ECA = \angle FCE$

이므로 $\triangle ABC \equiv \triangle FEC$ (SAS 합동) …… ㉠

② $\triangle ABC$와 $\triangle DBE$에서

$\overline{AB} = \overline{DB}$, $\overline{BC} = \overline{BE}$,

$\angle ABC = 60^\circ - \angle EBA = \angle DBE$

이므로 $\triangle ABC \equiv \triangle DBE$ (SAS 합동) …… ㉡

③, ⑤ ㉠, ㉡에서

$\triangle ABC \equiv \triangle DBE \equiv \triangle FEC$

이때 $\overline{DA} = \overline{DB} = \overline{EF}$, $\overline{DE} = \overline{AC} = \overline{AF}$이므로

□AFED는 두 쌍의 대변의 길이가 각각 같다.

즉 □AFED는 평행사변형이다.

따라서 옳지 않은 것은 ④이다.

답 ④

서술형 **대비 문제** ▶본문 74~75쪽

1 56° **2** 38° **3** 5

4 (1) 129° (2) 4 cm **5** 11 cm

6 $80 \, cm^2$

1 1단계 $\angle ADC = \angle B = 68^\circ$이므로

$\angle ADF = \dfrac{1}{2} \angle ADC = \dfrac{1}{2} \times 68^\circ = 34^\circ$

$\triangle AFD$에서

$\angle DAF = 180^\circ - (90^\circ + 34^\circ) = 56^\circ$

2단계 $\angle BAD + \angle B = 180^\circ$이므로

$\angle BAD = 180^\circ - 68^\circ = 112^\circ$

3단계 $\angle BAF = \angle BAD - \angle DAF$

$= 112^\circ - 56^\circ = 56^\circ$

답 56°

2 1단계 $\angle BEF = \angle DFE = 90^\circ$이므로

$\overline{BE} /\!/ \overline{DF}$ …… ㉠

$\triangle ABE$와 $\triangle CDF$에서

$\angle AEB = \angle CFD = 90^\circ$, $\overline{AB} = \overline{CD}$,

$\angle BAE = \angle DCF$ (엇각)

이므로 $\triangle ABE \equiv \triangle CDF$ (RHA 합동)

$\therefore \overline{BE} = \overline{DF}$ …… ㉡

㉠, ㉡에서 □EBFD는 평행사변형이다.

2단계 $\overline{ED} /\!/ \overline{BF}$이므로

$\angle DEF = \angle BFE = 52^\circ$ (엇각)

3단계 $\triangle DEF$에서

$\angle EDF = 180^\circ - (52^\circ + 90^\circ) = 38^\circ$

답 38°

3 [1단계] $\overline{AB}=\overline{DC}$이므로

$$x+y=4y-3$$
$$\therefore x-3y=-3 \qquad \cdots\cdots \ \text{㉠}$$

$\overline{AD}=\overline{BC}$이므로

$$3x-1=2y+4$$
$$\therefore 3x-2y=5 \qquad \cdots\cdots \ \text{㉡}$$

[2단계] ㉠, ㉡을 연립하여 풀면

$$x=3, \ y=2$$

[3단계] $\overline{AB}=x+y=3+2=5$

[답] 5

단계	채점 요소	배점
1	연립방정식 세우기	3점
2	x, y의 값 구하기	2점
3	$\overline{AB}$의 길이 구하기	1점

4 [1단계] (1) □ABCD는 평행사변형이므로

$$\angle BAD+\angle B=180°$$
$$\therefore \angle BAD=180°-78°=102°$$
$$\therefore \angle BAF=\frac{1}{2}\angle BAD$$
$$=\frac{1}{2}\times 102°=51°$$

△ABF에서

$$\angle AFC=51°+78°=129°$$

[2단계] (2) $\overline{AD}\,/\!/\,\overline{BC}$이므로

$$\angle BFA=\angle DAF \ (\text{엇각})$$

즉 $\angle BFA=\angle BAF$이므로 △ABF는 $\overline{BA}=\overline{BF}$인 이등변삼각형이다.

$$\therefore \overline{BF}=\overline{BA}=7 \ (\text{cm})$$

이때 $\overline{BC}=\overline{AD}=10 \ (\text{cm})$이므로

$$\overline{FC}=\overline{BC}-\overline{BF}$$
$$=10-7=3 \ (\text{cm})$$

[3단계] $\overline{AD}\,/\!/\,\overline{BC}$이므로

$$\angle CED=\angle ADE \ (\text{엇각})$$

즉 $\angle CED=\angle CDE$이므로 △CDE는 $\overline{CD}=\overline{CE}$인 이등변삼각형이다.

이때 $\overline{CD}=\overline{AB}=7 \ (\text{cm})$이므로

$$\overline{CE}=\overline{CD}=7 \ (\text{cm})$$

[4단계] $\overline{EF}=\overline{EC}-\overline{FC}$
$$=7-3=4 \ (\text{cm})$$

[답] (1) 129°　(2) 4 cm

단계	채점 요소	배점
1	$\angle AFC$의 크기 구하기	3점
2	$\overline{FC}$의 길이 구하기	2점
3	$\overline{CE}$의 길이 구하기	2점
4	$\overline{EF}$의 길이 구하기	1점

5 [1단계] □ABCD와 □OCDE가 평행사변형이므로

$$\overline{ED}\,/\!/\,\overline{AO}, \ \overline{ED}=\overline{OC}=\overline{AO}$$

즉 □AODE는 평행사변형이다.

[2단계] $\overline{AF}=\dfrac{1}{2}\overline{AD}=\dfrac{1}{2}\overline{BC}=\dfrac{13}{2} \ (\text{cm})$

$\overline{EF}=\dfrac{1}{2}\overline{EO}=\dfrac{1}{2}\overline{DC}=\dfrac{1}{2}\overline{AB}=\dfrac{9}{2} \ (\text{cm})$

[3단계] $\overline{AF}$와 $\overline{EF}$의 길이의 합은

$$\frac{13}{2}+\frac{9}{2}=11 \ (\text{cm})$$

[답] 11 cm

단계	채점 요소	배점
1	□AODE가 평행사변형임을 알기	3점
2	$\overline{AF}$, $\overline{EF}$의 길이 구하기	3점
3	$\overline{AF}$와 $\overline{EF}$의 길이의 합 구하기	1점

6 [1단계] △AOE와 △COF에서

$$\overline{AO}=\overline{CO}, \ \angle OAE=\angle OCF \ (\text{엇각}),$$
$$\angle AOE=\angle COF \ (\text{맞꼭지각})$$

이므로　△AOE≡△COF (ASA 합동)

[2단계] △AOE+△OBF=△COF+△OBF
$$=△BCO=20 \ (\text{cm}^2)$$

[3단계] □ABCD=4△BCO=4×20=80 \ (\text{cm}^2)

[답] 80 cm²

단계	채점 요소	배점
1	△AOE≡△COF임을 알기	3점
2	△BCO의 넓이 구하기	2점
3	□ABCD의 넓이 구하기	2점

 여러 가지 사각형

01 여러 가지 사각형

01 (1) 40　(2) 7
02 (1) 3　(2) 55
03 (1) 12　(2) 45
04 (1) 70　(2) 95　(3) 5　(4) 9

01 (1) △ABC에서 ∠B=90°이므로
　　　∠ACB=180°−(50°+90°)=40°
　　　∴ $x=40$
(2) $\overline{BD}=\overline{AC}=14$ (cm)이므로
　　　$\overline{BO}=\dfrac{1}{2}\overline{BD}=\dfrac{1}{2}\times14=7$ (cm)
　　　∴ $x=7$

　　　　　　　　　　　　답 (1) 40　(2) 7

02 (1) $\overline{AD}=\overline{AB}=3$ (cm)이므로
　　　$x=3$
(2) △AOD에서 ∠AOD=90°이므로
　　　∠OAD=180°−(90°+35°)=55°
　　　∴ $x=55$

　　　　　　　　　　　　답 (1) 3　(2) 55

03 (1) $\overline{AC}=2\overline{AO}=2\times6=12$ (cm)
　　　$\overline{BD}=\overline{AC}=12$ (cm)이므로
　　　$x=12$
(2) △OBC에서 ∠BOC=90°, $\overline{OB}=\overline{OC}$이므로
　　　∠OBC=$\dfrac{1}{2}\times(180°−90°)=45°$
　　　∴ $x=45$

　　　　　　　　　　　　답 (1) 12　(2) 45

04 (1) ∠C=∠B=70°이므로
　　　$x=70$
(2) ∠B=∠C=85°이고 $\overline{AD}/\!/\overline{BC}$이므로
　　　∠A+∠B=180°
　　　∠A=180°−85°=95°
　　　∴ $x=95$
(3) $\overline{DC}=\overline{AB}=5$ (cm)이므로
　　　$x=5$
(4) $\overline{BD}=\overline{AC}=9$ (cm)이므로
　　　$x=9$

　　　　　　답 (1) 70　(2) 95　(3) 5　(4) 9

---

1 30°　　**2** 직사각형　**3** 45
4 (1) 마름모　(2) 28 cm　**5** 36 cm²　**6** ⑤
7 42°　　**8** 3 cm

1 ∠AOD=∠BOC=120° (맞꼭지각)
△AOD에서 $\overline{AO}=\overline{DO}$이므로
　　∠x=∠OAD=$\dfrac{1}{2}\times(180°−120°)=30°$
△ABD에서 ∠BAD=90°이므로
　　∠y=90°−30°=60°
　　∴ ∠y−∠x=60°−30°=30°　　　**답** 30°

2 ∠OCD=∠ODC이므로 △OCD는 이등변삼각형이다.
　　∴ $\overline{CO}=\overline{DO}$　　　　…… ㉠
□ABCD가 평행사변형이므로
　　$\overline{AO}=\overline{CO}$, $\overline{BO}=\overline{DO}$　　…… ㉡
㉠, ㉡에서
　　$\overline{AO}=\overline{BO}=\overline{CO}=\overline{DO}$
　　∴ $\overline{AC}=\overline{BD}$
따라서 두 대각선의 길이가 같으므로 □ABCD는 직사각형이다.　　　　　　**답** 직사각형

3 $\overline{AD}=\overline{CD}$이므로
　　$3x+1=10$,　　$3x=9$
　　∴ $x=3$
또 $\overline{AD}/\!/\overline{BC}$이므로
　　∠CAD=∠ACB=48° (엇각)
△AOD에서 ∠AOD=90°이므로
　　∠ADO=180°−(90°+48°)=42°
　　∴ $y=42$
　　∴ $x+y=3+42=45$　　　　　**답** 45

4 (1) $\overline{AB}/\!/\overline{DC}$이므로
　　　∠CDB=∠ABD (엇각)
　　즉 ∠ABD=∠CBD이고 ∠CDB=∠ABD이므로
　　　∠CBD=∠CDB
　　　∴ $\overline{CB}=\overline{CD}$
　　따라서 이웃하는 두 변의 길이가 같으므로 □ABCD는 마름모이다.
(2) □ABCD는 마름모이므로
　　　$\overline{AB}=\overline{BC}=\overline{CD}=\overline{DA}=7$ (cm)
　　　∴ (□ABCD의 둘레의 길이)=4×7=28 (cm)

　　　　　답 (1) 마름모　(2) 28 cm

5 $\overline{BD}=2\overline{BO}=2\times6=12\,(\text{cm})$
$\overline{AO}=\overline{BO}=6\,(\text{cm})$
$\overline{AO}\perp\overline{BD}$이므로
$$\triangle ABD=\frac{1}{2}\times12\times6=36\,(\text{cm}^2)$$
답 36 cm²

6 ⑤ $\overline{AC}=\overline{BD}$이면 두 대각선의 길이가 같으므로
$\square ABCD$는 정사각형이다.
따라서 마름모 ABCD가 정사각형이 되는 조건은 ⑤이다.
답 ⑤

7 $\triangle ABC$와 $\triangle DCB$에서
$\overline{AB}=\overline{DC}$, $\angle ABC=\angle DCB$, $\overline{BC}$는 공통
이므로 $\quad\triangle ABC\equiv\triangle DCB$ (SAS 합동)
$\therefore\ \angle DBC=\angle ACB=42\degree$
$\overline{AE}\,/\!/\,\overline{DB}$이므로
$\angle x=\angle DBC=42\degree$ (동위각)
답 42°

8 오른쪽 그림과 같이 점 D에서 $\overline{BC}$에
내린 수선의 발을 F라 하자.
$\square AEFD$는 직사각형이므로
$\overline{EF}=\overline{AD}=9\,(\text{cm})$
$\triangle ABE$와 $\triangle DCF$에서
$\angle AEB=\angle DFC=90\degree$,
$\overline{AB}=\overline{DC}$, $\angle B=\angle C$
이므로 $\quad\triangle ABE\equiv\triangle DCF$ (RHA 합동)
$\therefore\ \overline{BE}=\overline{CF}=\frac{1}{2}\times(15-9)=3\,(\text{cm})$
답 3 cm

이런 문제가 시험 에 나온다 ▶ 본문 85쪽

01 ④ 02 31 03 20° 04 ①, ⑤
05 40°

---

01 $\angle GAE=90\degree$이므로
$\angle FAE=90\degree-20\degree=70\degree$

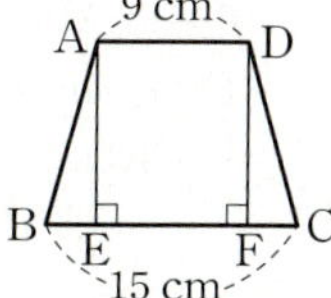

이때 $\angle AEF=\angle FEC$ (접은 각),
$\angle FEC=\angle AFE$ (엇각)이므로
$\angle AEF=\angle AFE$
즉 $\triangle AEF$는 $\overline{AE}=\overline{AF}$인 이등변삼각형이므로
$\angle AEF=\frac{1}{2}\times(180\degree-70\degree)=55\degree$
답 ④

02 $\overline{AD}\,/\!/\,\overline{BC}$이므로
$\angle ADB=\angle DBC=38\degree$ (엇각)
$\triangle AOD$에서
$\angle AOD=180\degree-(52\degree+38\degree)=90\degree$
따라서 평행사변형 ABCD에서 두 대각선이 서로 수직이
므로 $\square ABCD$는 마름모이다.
즉 $\overline{CD}=\overline{AD}=7\,(\text{cm})$이므로
$y=7$
또 $\overline{BC}=\overline{CD}$이므로 $\triangle BCD$에서
$\angle BDC=\angle DBC=38\degree$
$\therefore\ x=38$
$\therefore\ x-y=38-7=31$
답 31

03 $\triangle ADE$에서 $\overline{AD}=\overline{AE}$이므로
$\angle AED=\angle ADE=65\degree$
따라서 $\angle EAD=180\degree-(65\degree+65\degree)=50\degree$이므로
$\angle EAB=90\degree+50\degree=140\degree$
$\overline{AE}=\overline{AD}=\overline{AB}$이므로 $\triangle ABE$에서
$\angle ABE=\frac{1}{2}\times(180\degree-140\degree)=20\degree$
답 20°

04 ① $\overline{AB}=\overline{AD}$, $\overline{AO}=\overline{DO}$이면 이웃하는 두 변의 길이가
같고, 두 대각선의 길이가 같으므로 $\square ABCD$는 정사
각형이다.
② $\overline{AC}\perp\overline{BD}$이면 두 대각선이 서로 수직이므로 $\square ABCD$
는 마름모이다.
③ $\angle BAD=90\degree$이면 한 내각이 직각이므로 $\square ABCD$는
직사각형이다.
④ $\overline{AC}=\overline{BD}$이면 두 대각선의 길이가 같으므로
$\square ABCD$는 직사각형이다.
⑤ $\angle ADC=90\degree$, $\overline{AC}\perp\overline{BD}$이면 한 내각이 직각이고, 두
대각선이 서로 수직이므로 $\square ABCD$는 정사각형이다.
따라서 $\square ABCD$가 정사각형이 되는 조건은 ①, ⑤이다.
답 ①, ⑤

개념 더하기

평행사변형이 직사각형과 마름모의 성질을 동시에 가지고 있으면 정
사각형이 된다.
즉 평행사변형이 다음 조건을 만족시키면 정사각형이 된다.
① 한 내각이 직각이고 이웃하는 두 변의 길이가 같다.
　　직사각형　　　　　　마름모
② 한 내각이 직각이고 두 대각선이 서로 수직이다.
　　직사각형　　　　　　마름모
③ 두 대각선의 길이가 같고 이웃하는 두 변의 길이가 같다.
　　직사각형　　　　　　마름모
④ 두 대각선의 길이가 같고 두 대각선이 서로 수직이다.
　　직사각형　　　　　　마름모

05 $\triangle ABD$에서 $\overline{AB}=\overline{AD}$이므로

$$\angle ABD=\angle ADB=\angle x$$

또 $\overline{AD}/\!/\overline{BC}$이므로

$$\angle DBC=\angle ADB=\angle x \; (엇각)$$

이때 $\angle ABC=\angle C=80°$이고

$$\angle ABC=\angle ABD+\angle DBC=\angle x+\angle x=2\angle x$$

이므로

$$2\angle x=80° \qquad \therefore \angle x=40°$$

답 $40°$

02 여러 가지 사각형 사이의 관계

개념원리 **확인하기** ▷본문 87쪽

01 (1) ○ (2) × (3) ○ (4) ○
02 (1) 직사각형 (2) 마름모 (3) 직사각형 (4) 정사각형
03 (1) ○, ○, ○, × (2) ×, ○, ×, ○ (3) ○, ○, ×, ×
04 (1) 평행사변형 (2) 마름모 (3) 직사각형 (4) 정사각형

01 (2) 오른쪽 그림과 같은 직사각형은 마름모가 아니다.

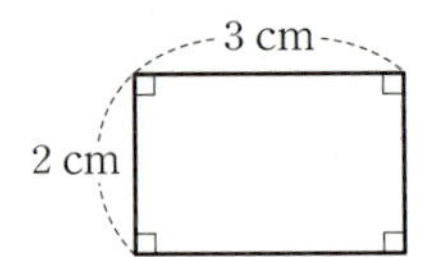

답 (1) ○ (2) × (3) ○ (4) ○

02 (1) $\angle BCD=90°$이면 한 내각이 직각이므로 $\square ABCD$는 직사각형이다.

(2) $\overline{AB}=\overline{BC}$이면 이웃하는 두 변의 길이가 같으므로 $\square ABCD$는 마름모이다.

(3) $\overline{AO}=\overline{BO}$이면 두 대각선의 길이가 같으므로 $\square ABCD$는 직사각형이다.

(4) $\overline{AC}=\overline{BD}$, $\overline{AC}\perp\overline{BD}$이면 두 대각선의 길이가 같고, 두 대각선이 서로 수직이므로 $\square ABCD$는 정사각형이다.

답 (1) 직사각형 (2) 마름모 (3) 직사각형 (4) 정사각형

03

대각선의 성질＼사각형	직사각형	마름모	정사각형	평행사변형	등변사다리꼴
(1) 서로 다른 것을 이등분한다.	○	○	○	○	×
(2) 길이가 같다.	○	×	○	×	○
(3) 서로 수직이다.	×	○	○	×	×

답 (1) ○, ○, ○, × (2) ×, ○, ×, ○
(3) ○, ○, ×, ×

04 (1) 평행사변형의 각 변의 중점을 연결하여 만든 사각형은 평행사변형이다.

(2) 직사각형의 각 변의 중점을 연결하여 만든 사각형은 마름모이다.

(3) 마름모의 각 변의 중점을 연결하여 만든 사각형은 직사각형이다.

(4) 정사각형의 각 변의 중점을 연결하여 만든 사각형은 정사각형이다.

답 (1) 평행사변형 (2) 마름모
(3) 직사각형 (4) 정사각형

개념 **더하기**

사각형의 각 변의 중점을 연결하여 만든 사각형

(1) 평행사변형 ABCD의 네 변의 중점을 각각 E, F, G, H라 하자.

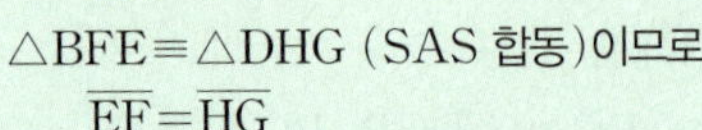

$\triangle AEH\equiv\triangle CGF$ (SAS 합동)이므로

$$\overline{EH}=\overline{FG}$$

$\triangle BFE\equiv\triangle DHG$ (SAS 합동)이므로

$$\overline{EF}=\overline{HG}$$

따라서 $\square EFGH$는 평행사변형이다.

(2) 직사각형 ABCD의 네 변의 중점을 각각 E, F, G, H라 하자.

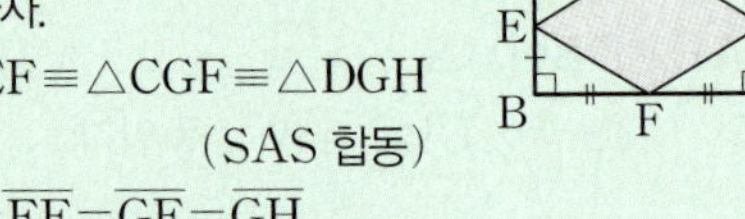

$\triangle AEH\equiv\triangle BEF\equiv\triangle CGF\equiv\triangle DGH$ (SAS 합동)

이므로 $\overline{EH}=\overline{EF}=\overline{GF}=\overline{GH}$

따라서 $\square EFGH$는 마름모이다.

(3) 마름모 ABCD의 네 변의 중점을 각각 E, F, G, H라 하자.

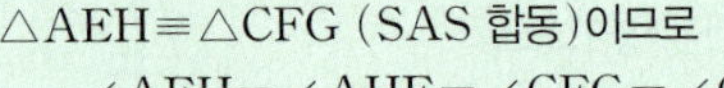

$\triangle AEH\equiv\triangle CFG$ (SAS 합동)이므로

$$\angle AEH=\angle AHE=\angle CFG=\angle CGF$$

$\triangle BFE\equiv\triangle DGH$ (SAS 합동)이므로

$$\angle BEF=\angle BFE=\angle DHG=\angle DGH$$

$\square EFGH$에서 $\angle HEF=\angle EFG=\angle FGH=\angle GHE$

따라서 $\square EFGH$는 직사각형이다.

(4) 정사각형 ABCD의 네 변의 중점을 각각 E, F, G, H라 하자.

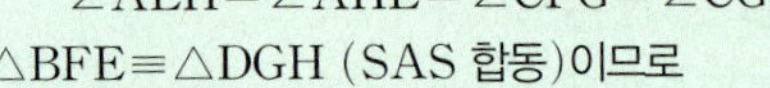

$\triangle AEH\equiv\triangle BEF\equiv\triangle CGF\equiv\triangle DGH$ (SAS 합동)

이므로 $\overline{EH}=\overline{EF}=\overline{GF}=\overline{GH}$

또 $\angle AEH=\angle AHE=\angle BEF=\angle BFE=\angle CFG$
$=\angle CGF=\angle DGH=\angle DHG$

이므로 $\angle HEF=\angle EFG=\angle FGH=\angle GHE$

따라서 $\square EFGH$는 정사각형이다.

핵심문제 **익히기** ▷본문 88∼89쪽

1 (1) 마름모 (2) 20 cm   **2** ①, ④   **3** ②, ④
4 16 cm^2

1 (1) $\triangle ODE$와 $\triangle OBF$에서

$$\overline{OD}=\overline{OB}, \; \angle EOD=\angle FOB \;(맞꼭지각),$$
$$\angle EDO=\angle FBO \;(엇각)$$

이므로 $\triangle ODE\equiv\triangle OBF$ (ASA 합동)

$$\therefore \overline{ED}=\overline{FB},\ \overline{EO}=\overline{FO}$$
즉 □BFDE는 $\overline{ED}/\!/\overline{BF}$, $\overline{ED}=\overline{BF}$이므로 평행사변형이고, 두 대각선이 서로 다른 것을 수직이등분하므로 마름모이다.

(2) $\overline{BF}=\overline{BC}-\overline{FC}=\overline{AD}-\overline{FC}=8-3=5\,(\text{cm})$이므로
$$(\square BFDE의 둘레의 길이)=4\times5=20\,(\text{cm})$$

답 (1) 마름모 (2) 20 cm

2 ② 오른쪽 그림과 같은 마름모는 정사각형이 아니다.

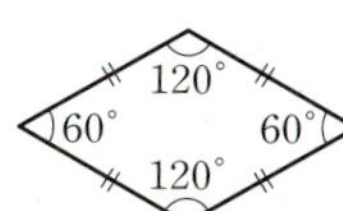

③ 오른쪽 그림과 같은 직사각형은 정사각형이 아니다.

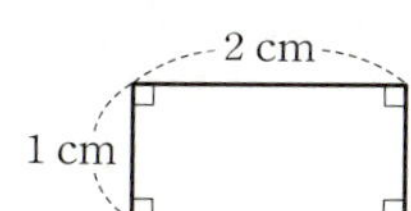

⑤ 등변사다리꼴은 평행사변형이 아니다.
따라서 옳은 것은 ①, ④이다.

답 ①, ④

3 두 대각선이 서로 다른 것을 수직이등분하는 사각형은 마름모, 정사각형이다.

답 ②, ④

4 정사각형의 네 변의 중점을 연결하여 만든 사각형은 정사각형이므로 □PQRS는 정사각형이다.
$$\therefore \square PQRS=4\times4=16\,(\text{cm}^2)$$

답 $16\,\text{cm}^2$

이런 문제가 시험 에 나온다 ▶본문 90쪽

01 마름모 　**02** ②, ⑤ 　**03** ② 　**04** 32 cm

01 $\angle AFB=\angle FBE$ (엇각)이므로
$$\angle ABF=\angle AFB$$
$$\therefore \overline{AB}=\overline{AF} \qquad\qquad \cdots\cdots \text{㉠}$$
또 $\angle BEA=\angle FAE$ (엇각)이므로
$$\angle BAE=\angle BEA$$
$$\therefore \overline{AB}=\overline{BE} \qquad\qquad \cdots\cdots \text{㉡}$$
㉠, ㉡에서 $\overline{AF}=\overline{BE}$이고 $\overline{AF}/\!/\overline{BE}$이므로 □ABEF는 평행사변형이다.
이때 $\overline{AB}=\overline{AF}$, 즉 이웃하는 두 변의 길이가 같으므로 □ABEF는 마름모이다.

답 마름모

02 ① $\overline{AB}=\overline{AD}$이면 이웃하는 두 변의 길이가 같으므로 평행사변형 ABCD는 마름모이다.
② $\overline{AC}\perp\overline{BD}$이면 두 대각선이 서로 수직이므로 평행사변형 ABCD는 마름모이다.
⑤ $\overline{AC}=\overline{BD}$이면 두 대각선의 길이가 같으므로 마름모 ABCD는 정사각형이다.
따라서 옳은 것은 ②, ⑤이다.

답 ②, ⑤

03 두 대각선이 서로 다른 것을 이등분하는 것은 ㄱ, ㄴ, ㄷ, ㄹ의 4개이므로
$$x=4$$
두 대각선의 길이가 같은 것은 ㄱ, ㄷ, ㅂ의 3개이므로
$$y=3$$
두 대각선이 서로 수직인 것은 ㄴ, ㄷ의 2개이므로
$$z=2$$
$$\therefore x+y+z=4+3+2=9$$

답 ②

04 사각형의 네 변의 중점을 연결하여 만든 사각형은 평행사변형이므로 □EFGH는 평행사변형이다.
따라서 $\overline{HG}=\overline{EF}=7\,(\text{cm})$, $\overline{EH}=\overline{FG}=9\,(\text{cm})$이므로
$$(\square EFGH의 둘레의 길이)=2\times(7+9)$$
$$=32\,(\text{cm})$$

답 32 cm

---

03 평행선과 넓이

개념원리 확인하기 ▶본문 92쪽

01 (1) $\triangle DBC$ 　(2) $\triangle ACD$ 　(3) $\triangle DOC$
02 (1) $\triangle ACE$ 　(2) $\triangle ABE$
03 (1) 4 : 3 　(2) 28 cm² 　(3) 21 cm² 　(4) 4 : 3
04 (1) 2 : 3 　(2) 30 cm²

01 (3) $\triangle ABO=\triangle ABC-\triangle OBC$
$$=\triangle DBC-\triangle OBC$$
$$=\triangle DOC$$

답 (1) $\triangle DBC$ 　(2) $\triangle ACD$ 　(3) $\triangle DOC$

02 (1) $\overline{AC}/\!/\overline{DE}$이므로
$$\triangle ACD=\triangle ACE$$
(2) $\square ABCD=\triangle ABC+\triangle ACD$
$$=\triangle ABC+\triangle ACE$$
$$=\triangle ABE$$

답 (1) $\triangle ACE$ 　(2) $\triangle ABE$

03 (1) $\overline{BD}:\overline{DC}=8:6=4:3$
(2) $\triangle ABD=\dfrac{1}{2}\times\overline{BD}\times\overline{AH}$
$$=\dfrac{1}{2}\times8\times7=28\,(\text{cm}^2)$$
(3) $\triangle ADC=\dfrac{1}{2}\times\overline{DC}\times\overline{AH}$
$$=\dfrac{1}{2}\times6\times7=21\,(\text{cm}^2)$$
(4) $\triangle ABD:\triangle ADC=28:21=4:3$

답 (1) 4 : 3 　(2) 28 cm² 　(3) 21 cm² 　(4) 4 : 3

04 (1) $\overline{\text{BP}} : \overline{\text{PC}} = 2 : 3$이므로

$\qquad \triangle\text{ABP} : \triangle\text{APC} = 2 : 3$

(2) $\triangle\text{APC} = \dfrac{3}{2+3}\triangle\text{ABC}$

$\qquad\qquad = \dfrac{3}{5} \times 50 = 30 \ (\text{cm}^2)$

답 (1) 2 : 3   (2) 30 cm²

---

1 36 cm²	**2** 20 cm²	**3** 12 cm²	**4** 70 cm²

1 $\overline{\text{AC}} /\!/ \overline{\text{DE}}$이므로

$\qquad \triangle\text{ACD} = \triangle\text{ACE}$

$\qquad \therefore \square\text{ABCD} = \triangle\text{ABC} + \triangle\text{ACD}$

$\qquad\qquad\qquad = \triangle\text{ABC} + \triangle\text{ACE}$

$\qquad\qquad\qquad = \triangle\text{ABE}$

$\qquad\qquad\qquad = \dfrac{1}{2} \times (8+4) \times 6 = 36 \ (\text{cm}^2)$

답 36 cm²

2 $\overline{\text{BM}} = \overline{\text{MC}}$이므로

$\qquad \triangle\text{ABM} = \triangle\text{AMC}$

$\qquad \therefore \triangle\text{AMC} = \dfrac{1}{2}\triangle\text{ABC} = \dfrac{1}{2} \times 64 = 32 \ (\text{cm}^2)$

$\overline{\text{AP}} : \overline{\text{PM}} = 3 : 5$이므로

$\qquad \triangle\text{APC} : \triangle\text{PMC} = 3 : 5$

$\qquad \therefore \triangle\text{PMC} = \dfrac{5}{3+5}\triangle\text{AMC}$

$\qquad\qquad\qquad = \dfrac{5}{8} \times 32 = 20 \ (\text{cm}^2)$

답 20 cm²

3 오른쪽 그림과 같이 $\overline{\text{AC}}$를 그으면

$\qquad \triangle\text{AFD} = \triangle\text{ACD}$

$\qquad\qquad = \dfrac{1}{2}\square\text{ABCD}$

$\qquad\qquad = \dfrac{1}{2} \times 84 = 42 \ (\text{cm}^2)$

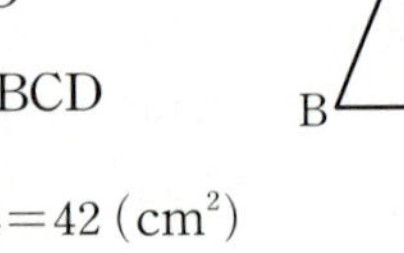

$\overline{\text{AE}} : \overline{\text{ED}} = 5 : 2$이므로

$\qquad \triangle\text{AFE} : \triangle\text{EFD} = 5 : 2$

$\qquad \therefore \triangle\text{EFD} = \dfrac{2}{5+2}\triangle\text{AFD}$

$\qquad\qquad\qquad = \dfrac{2}{7} \times 42 = 12 \ (\text{cm}^2)$

답 12 cm²

4 $\overline{\text{AO}} : \overline{\text{OC}} = 2 : 3$이므로

$\qquad \triangle\text{ABO} : \triangle\text{OBC} = 2 : 3$

즉 $28 : \triangle\text{OBC} = 2 : 3$이므로

$\qquad \triangle\text{OBC} = 42 \ (\text{cm}^2)$

또 $\triangle\text{DOC} = \triangle\text{ABO} = 28 \ (\text{cm}^2)$이므로

$\qquad \triangle\text{DBC} = \triangle\text{DOC} + \triangle\text{OBC}$

$\qquad\qquad = 28 + 42 = 70 \ (\text{cm}^2)$

답 70 cm²

01 12 cm²	**02** ②	**03** ③	**04** 10 cm²

01 $\overline{\text{AC}} /\!/ \overline{\text{DE}}$이므로

$\qquad \triangle\text{ACE} = \triangle\text{ACD}$

$\qquad\qquad = \square\text{ABCD} - \triangle\text{ABC}$

$\qquad\qquad = 39 - 27 = 12 \ (\text{cm}^2)$

답 12 cm²

02 $\overline{\text{AD}} : \overline{\text{DC}} = 3 : 2$이므로

$\qquad \triangle\text{AED} : \triangle\text{DEC} = 3 : 2$

$\qquad 6 : \triangle\text{DEC} = 3 : 2$

$\qquad \therefore \triangle\text{DEC} = 4 \ (\text{cm}^2)$

$\qquad \therefore \triangle\text{AEC} = \triangle\text{AED} + \triangle\text{DEC}$

$\qquad\qquad\qquad = 6 + 4 = 10 \ (\text{cm}^2)$

$\overline{\text{BE}} : \overline{\text{EC}} = 2 : 1$이므로

$\qquad \triangle\text{ABE} : \triangle\text{AEC} = 2 : 1$

$\qquad \triangle\text{ABE} : 10 = 2 : 1$

$\qquad \therefore \triangle\text{ABE} = 20 \ (\text{cm}^2)$

$\qquad \therefore \triangle\text{ABC} = \triangle\text{ABE} + \triangle\text{AEC}$

$\qquad\qquad\qquad = 20 + 10 = 30 \ (\text{cm}^2)$

답 ②

03 $\overline{\text{AD}} /\!/ \overline{\text{BC}}$이므로

$\qquad \triangle\text{ABE} = \triangle\text{DBE}$

$\overline{\text{BD}} /\!/ \overline{\text{EF}}$이므로

$\qquad \triangle\text{DBE} = \triangle\text{DBF}$

$\overline{\text{AB}} /\!/ \overline{\text{DC}}$이므로

$\qquad \triangle\text{DBF} = \triangle\text{DAF}$

$\qquad \therefore \triangle\text{ABE} = \triangle\text{DBE} = \triangle\text{DBF} = \triangle\text{DAF}$

따라서 넓이가 나머지 넷과 다른 하나는 ③이다.

답 ③

04 $\overline{\text{AD}} /\!/ \overline{\text{BC}}$이므로

$\qquad \triangle\text{ABC} = \triangle\text{DBC} = 60 \ (\text{cm}^2)$

$\qquad \therefore \triangle\text{OBC} = \triangle\text{ABC} - \triangle\text{ABO}$

$\qquad\qquad\qquad = 60 - 20 = 40 \ (\text{cm}^2)$

이때 $\triangle\text{ABO} : \triangle\text{OBC} = 20 : 40 = 1 : 2$이므로

$\qquad \overline{\text{AO}} : \overline{\text{OC}} = 1 : 2$

$\triangle\text{DOC} = \triangle\text{ABO} = 20 \ (\text{cm}^2)$이고

$\triangle\text{AOD} : \triangle\text{DOC} = \overline{\text{AO}} : \overline{\text{OC}} = 1 : 2$이므로

$\qquad \triangle\text{AOD} : 20 = 1 : 2$

$\qquad \therefore \triangle\text{AOD} = 10 \ (\text{cm}^2)$

답 10 cm²

01 ④	**02** ②, ④	**03** 58°	**04** 150°
05 ②	**06** ⑤	**07** ③, ④	**08** ⑤
09 36 cm²	**10** ③	**11** ③	**12** 16 cm²
13 ②	**14** 3 cm	**15** ④	**16** 60°
17 ①	**18** ⑤	**19** ②	**20** 4 cm²
21 27 cm²	**22** 8 cm²	**23** 190°	**24** 10 cm²

01 **전략** 직사각형의 두 대각선의 길이는 같음을 이용한다.
$\overline{AO}=\overline{BO}=\overline{CO}=\overline{DO}$이므로
$$4x+3=5x-1$$
$$\therefore x=4$$
$$\therefore \overline{AC}=2\overline{AO}=2\times(4\times4+3)=38$$
답 ④

02 **전략** 평행사변형이 직사각형이 되는 조건을 생각해 본다.
① $\overline{AB}=5$ cm이면 $\overline{AB}=\overline{AD}$, 즉 이웃하는 두 변의 길이가 같으므로 □ABCD는 마름모이다.
② $\overline{AC}=8$ cm이면 $\overline{AC}=\overline{BD}$, 즉 두 대각선의 길이가 같으므로 □ABCD는 직사각형이다.
③ 평행사변형의 성질이다.
④ $\angle BCD=90°$이면 한 내각이 직각이므로 □ABCD는 직사각형이다.
⑤ $\angle AOB=90°$이면 두 대각선이 서로 수직이므로 □ABCD는 마름모이다.
따라서 □ABCD가 직사각형이 되는 조건은 ②, ④이다.
답 ②, ④

03 **전략** 마름모의 네 변의 길이는 모두 같음을 이용한다.
△BCD에서 $\overline{CB}=\overline{CD}$이므로
$$\angle CDB=\frac{1}{2}\times(180°-116°)=32°$$
△DFE에서　$\angle DFE=180°-(90°+32°)=58°$
$$\therefore \angle x=\angle DFE=58° \text{ (맞꼭지각)}$$
답 58°

04 **전략** 정사각형과 정삼각형의 성질을 이용한다.
□ABCD는 정사각형이고 △PBC는 정삼각형이므로 △ABP와 △PCD는 각각 $\overline{BA}=\overline{BP}$, $\overline{CP}=\overline{CD}$인 이등변삼각형이다.
이때 $\angle ABP=\angle PCD=90°-60°=30°$이므로
$$\angle APB=\angle DPC=\frac{1}{2}\times(180°-30°)=75°$$
$$\therefore \angle APD=360°-(75°+60°+75°)=150°$$
답 150°

05 **전략** 등변사다리꼴의 아랫변의 양 끝 각의 크기는 같음을 이용한다.

$\angle x+65°=180°$이므로
$$\angle x=115°$$
$\angle C=\angle B=65°$이므로 △DEC에서
$$\angle y=180°-(90°+65°)=25°$$
$$\therefore \angle x+2\angle y=115°+2\times25°=165°$$
답 ②

06 **전략** 여러 가지 사각형 사이의 관계를 생각해 본다.
① 다른 한 쌍의 대변이 평행하다.
②, ⑤ 이웃하는 두 변의 길이가 같거나 두 대각선이 서로 수직이다.
③, ④ 한 내각이 직각이거나 두 대각선의 길이가 같다.
따라서 옳은 것은 ⑤이다.
답 ⑤

07 **전략** 여러 가지 사각형의 대각선의 성질을 이용한다.
두 대각선의 길이가 같은 사각형은 직사각형, 정사각형, 등변사다리꼴이다.
답 ③, ④

08 **전략** 사각형의 각 변의 중점을 연결하여 만들어지는 사각형을 생각해 본다.
⑤ 등변사다리꼴 − 마름모
따라서 옳지 않은 것은 ⑤이다.
답 ⑤

09 **전략** 평행선 사이에 있는 밑변이 공통인 삼각형의 넓이는 같음을 이용한다.
$\overline{AE}/\!/\overline{DB}$이므로
$$\triangle DAB=\triangle DEB$$
$$\therefore \square ABCD=\triangle DAB+\triangle DBC$$
$$=\triangle DEB+\triangle DBC$$
$$=\triangle DEC$$
$$=\frac{1}{2}\times(3+9)\times6$$
$$=36\ (\text{cm}^2)$$
답 36 cm²

10 **전략** 높이가 같은 삼각형의 넓이의 비는 밑변의 길이의 비와 같음을 이용한다.
$\overline{BM}=\overline{MC}$이므로
$$\triangle ABM=\triangle AMC$$
$$\therefore \triangle ABM=\frac{1}{2}\triangle ABC$$
$$=\frac{1}{2}\times60=30\ (\text{cm}^2)$$
$\overline{AP}:\overline{PM}=4:1$이므로
$$\triangle ABP:\triangle PBM=4:1$$
$$\therefore \triangle PBM=\frac{1}{4+1}\triangle ABM$$
$$=\frac{1}{5}\times30=6\ (\text{cm}^2)$$
답 ③

11 (전략) $\overline{AC}$를 긋고 △PBC와 △ABC의 넓이가 같음을 이용한다.

오른쪽 그림과 같이 $\overline{AC}$를 그으면

$$\begin{aligned} △PBC&=△ABC \\ &=\frac{1}{2}□ABCD \\ &=\frac{1}{2}\times42=21\,(cm^2) \end{aligned}$$

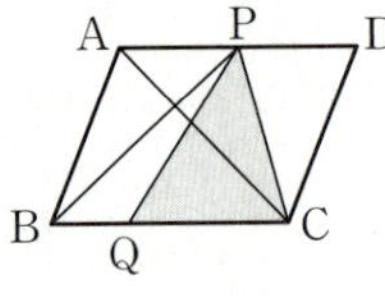

$\overline{BQ}:\overline{QC}=1:2$이므로

$$△PBQ:△PQC=1:2$$

$$\begin{aligned} \therefore △PQC&=\frac{2}{1+2}△PBC \\ &=\frac{2}{3}\times21=14\,(cm^2) \end{aligned}$$

답 ③

12 (전략) 먼저 △DBC의 넓이를 구한다.

$\overline{AD}/\!/\overline{BC}$이므로

$$△DBC=△ABC=52\,(cm^2)$$

$$\begin{aligned} \therefore △DOC&=△DBC-△OBC \\ &=52-36=16\,(cm^2) \end{aligned}$$

답 $16\,cm^2$

13 (전략) 도형을 접으면 접은 각의 크기가 같음을 이용한다.

$∠EBD=∠DBC=25°\,(접은\ 각)$

이므로

$$\begin{aligned} ∠ABE&=90°-(25°+25°) \\ &=40° \end{aligned}$$

$∠BED=∠C=90°$이므로

△BEF에서

$$40°+∠F=90°$$

$$\therefore ∠F=50°$$

답 ②

14 (전략) 이등변삼각형과 마름모의 성질을 이용한다.

△BFE에서 $\overline{BE}=\overline{BF}$이므로

$$∠BEF=∠BFE$$

$\overline{AB}/\!/\overline{DC}$이므로

$$∠BEF=∠DCF\,(엇각)$$

$∠BFE=∠DFC\,(맞꼭지각)$이므로

$$∠DCF=∠DFC$$

즉 △DFC는 $\overline{DC}=\overline{DF}$인 이등변삼각형이므로

$$\overline{DC}=\overline{DF}=\overline{BD}-\overline{BF}=13-5=8\,(cm)$$

$\overline{AB}=\overline{DC}=8\,(cm)$이므로

$$\overline{AE}=\overline{AB}-\overline{BE}=8-5=3\,(cm)$$

답 $3\,cm$

15 (전략) 정사각형의 성질을 이용하여 합동인 두 삼각형을 찾는다.

△ABE와 △BCF에서

$$\overline{AB}=\overline{BC},\ \overline{BE}=\overline{CF},\ ∠ABE=∠BCF=90°$$

이므로   △ABE≡△BCF (SAS 합동)

이때 $∠AEB=180°-118°=62°$이므로 △ABE에서

$$∠EAB=180°-(62°+90°)=28°$$

$$\therefore ∠GBE=∠EAB=28°$$

답 ④

16 (전략) 점 D를 지나면서 $\overline{AB}$에 평행한 직선을 긋는다.

오른쪽 그림과 같이 점 D를 지나고 $\overline{AB}$에 평행한 직선을 그어 $\overline{BC}$와 만나는 점을 E라 하면

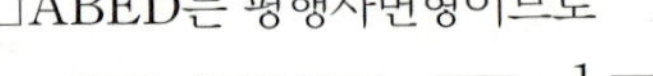

□ABED는 평행사변형이므로

$$\overline{AB}=\overline{DE},\ \overline{BE}=\overline{AD}=\frac{1}{2}\overline{BC}$$

$$\therefore \overline{EC}=\overline{BC}-\overline{BE}=\overline{BC}-\frac{1}{2}\overline{BC}=\frac{1}{2}\overline{BC}$$

즉 $\overline{EC}=\overline{BE}=\overline{AD}$이고 $\overline{AB}=\overline{DC}=\overline{AD}$이므로

$$\overline{DE}=\overline{EC}=\overline{DC}$$

따라서 △DEC는 정삼각형이므로

$$∠B=∠DEC=60°\,(동위각)$$

답 60°

17 (전략) □PNQM이 어떤 사각형인지 생각해 본다.

오른쪽 그림과 같이 $\overline{MN}$을 그으면 $\overline{AD}=2\overline{AB}$에서

$$\overline{AB}=\frac{1}{2}\overline{AD}=\overline{AM}$$

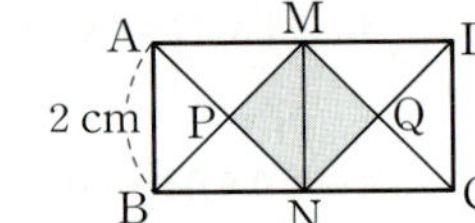

□ABNM은 정사각형이다.

$$\therefore \overline{PM}=\overline{PN},\ \overline{PM}\perp\overline{PN}$$

같은 방법으로 □MNCD도 정사각형이므로

$$\overline{QM}=\overline{QN},\ \overline{QM}\perp\overline{QN}$$

따라서 □PNQM은 정사각형이고

$\overline{PQ}=\overline{MN}=\overline{AB}=2\,(cm)$이므로

$$□PNQM=\frac{1}{2}\times2\times2=2\,(cm^2)$$

답 ①

18 (전략) □PQRS가 어떤 사각형인지 생각해 본다.

마름모의 각 변의 중점을 연결하여 만든 사각형은 직사각형이므로 □PQRS는 직사각형이다.

따라서 직사각형에 대한 설명으로 옳지 않은 것은 ⑤이다.

답 ⑤

19 (전략) 먼저 주어진 선분의 길이의 비를 이용하여 △PMQ의 넓이를 구한다.

$\overline{BM}:\overline{MQ}=2:3$이므로

$$△PBM:△PMQ=2:3$$

$$6:△PMQ=2:3$$

$$\therefore △PMQ=9\,(cm^2)$$

또 $\overline{PC}/\!/\overline{AQ}$이므로

$$△APC=△QPC$$

$$\therefore \square \text{APMC} = \triangle \text{APC} + \triangle \text{PMC}$$
$$= \triangle \text{QPC} + \triangle \text{PMC}$$
$$= \triangle \text{PMQ}$$
$$= 9 \ (\text{cm}^2)$$

답 ②

20 전략 먼저 $\triangle$ACD의 넓이를 구한다.

$$\triangle \text{ACD} = \frac{1}{2} \square \text{ABCD}$$
$$= \frac{1}{2} \times 60 = 30 \ (\text{cm}^2)$$

$\overline{\text{AP}} : \overline{\text{PC}} = 2 : 1$이므로

$$\triangle \text{DAP} : \triangle \text{DPC} = 2 : 1$$
$$\therefore \triangle \text{DPC} = \frac{1}{2+1} \triangle \text{ACD}$$
$$= \frac{1}{3} \times 30 = 10 \ (\text{cm}^2)$$

또 $\overline{\text{DQ}} : \overline{\text{QP}} = 3 : 2$이므로

$$\triangle \text{CDQ} : \triangle \text{CQP} = 3 : 2$$
$$\therefore \triangle \text{CQP} = \frac{2}{3+2} \triangle \text{DPC}$$
$$= \frac{2}{5} \times 10 = 4 \ (\text{cm}^2)$$

답 4 cm²

21 전략 높이가 같은 삼각형의 넓이의 비를 이용하여 밑변의 길이의 비를 구한다.

$\triangle \text{ABO} : \triangle \text{OBC} = 6 : 12 = 1 : 2$이므로

$$\overline{\text{AO}} : \overline{\text{OC}} = 1 : 2$$

$\triangle \text{DOC} = \triangle \text{ABO} = 6 \ (\text{cm}^2)$이고

$\triangle \text{AOD} : \triangle \text{DOC} = \overline{\text{AO}} : \overline{\text{OC}} = 1 : 2$이므로

$$\triangle \text{AOD} : 6 = 1 : 2$$
$$\therefore \triangle \text{AOD} = 3 \ (\text{cm}^2)$$
$$\therefore \square \text{ABCD}$$
$$= \triangle \text{ABO} + \triangle \text{OBC} + \triangle \text{DOC} + \triangle \text{AOD}$$
$$= 6 + 12 + 6 + 3 = 27 \ (\text{cm}^2)$$

답 27 cm²

22 전략 정사각형의 성질을 이용하여 합동인 두 삼각형을 찾는다.

$\triangle \text{OBE}$와 $\triangle \text{OCF}$에서

$$\overline{\text{OB}} = \overline{\text{OC}}, \ \angle \text{OBE} = \angle \text{OCF} = 45°,$$
$$\angle \text{BOE} = 90° - \angle \text{EOC} = \angle \text{COF}$$

이므로 $\triangle \text{OBE} \equiv \triangle \text{OCF}$ (ASA 합동)

이때 $\overline{\text{AC}} \perp \overline{\text{BD}}$이고

$$\overline{\text{OB}} = \overline{\text{OC}} = \frac{1}{2} \overline{\text{AC}} = \frac{1}{2} \times 8 = 4 \ (\text{cm})$$

이므로

$$\square \text{OECF} = \triangle \text{OEC} + \triangle \text{OCF}$$
$$= \triangle \text{OEC} + \triangle \text{OBE}$$
$$= \triangle \text{OBC}$$
$$= \frac{1}{2} \times 4 \times 4 = 8 \ (\text{cm}^2)$$

답 8 cm²

23 전략 $\square$ABGH가 어떤 사각형인지 생각해 본다.

$\triangle \text{ABH}$와 $\triangle \text{DFH}$에서

$$\overline{\text{AB}} = \overline{\text{DC}} = \overline{\text{DF}}, \ \angle \text{HBA} = \angle \text{HFD} \ (\text{엇각}),$$
$$\angle \text{HAB} = \angle \text{HDF} \ (\text{엇각})$$

이므로 $\triangle \text{ABH} \equiv \triangle \text{DFH}$ (ASA 합동)

$$\therefore \overline{\text{AH}} = \overline{\text{DH}}$$

그런데 $\overline{\text{AD}} = 2\overline{\text{AB}}$이므로

$$\overline{\text{AB}} = \overline{\text{AH}} \qquad \cdots\cdots \ \text{㉠}$$

같은 방법으로

$$\triangle \text{ABG} \equiv \triangle \text{ECG} \ (\text{ASA 합동})$$

이므로 $\overline{\text{BG}} = \overline{\text{CG}}$

$$\therefore \overline{\text{AB}} = \overline{\text{BG}} \qquad \cdots\cdots \ \text{㉡}$$

㉠, ㉡에서 $\overline{\text{AB}} = \overline{\text{AH}} = \overline{\text{BG}}$

따라서 $\square$ABGH는 $\overline{\text{AH}} /\!/ \overline{\text{BG}}$, $\overline{\text{AH}} = \overline{\text{BG}}$이므로 평행사변형이고, 이때 이웃하는 두 변의 길이가 같으므로 마름모이다.

$$\therefore \angle x = 90°$$

$\triangle \text{ABH}$에서 $\overline{\text{AB}} = \overline{\text{AH}}$이므로

$$\angle \text{AHB} = \angle \text{ABH} = 40°$$

즉 $\angle \text{HAB} = 180° - (40° + 40°) = 100°$이므로

$$\angle y = \angle \text{HAB} = 100° \ (\text{엇각})$$
$$\therefore \angle x + \angle y = 90° + 100° = 190°$$

답 190°

24 전략 평행선 사이에서 넓이가 같은 두 삼각형을 찾는다.

$\overline{\text{AB}} /\!/ \overline{\text{DC}}$이므로

$$\triangle \text{BED} = \triangle \text{AED}$$
$$\therefore \triangle \text{BEF} = \triangle \text{BED} - \triangle \text{DFE}$$
$$= \triangle \text{AED} - \triangle \text{DFE}$$
$$= \triangle \text{AFD} \qquad \cdots\cdots \ \text{㉠}$$

$\triangle \text{BCD} = \triangle \text{ABD}$이므로

$$\triangle \text{BCE} + \triangle \text{BEF} + \triangle \text{DFE} = \triangle \text{ABF} + \triangle \text{AFD}$$
$$35 + \triangle \text{DFE} = 45 \ (\because \ \text{㉠})$$
$$\therefore \triangle \text{DFE} = 10 \ (\text{cm}^2)$$

답 10 cm²

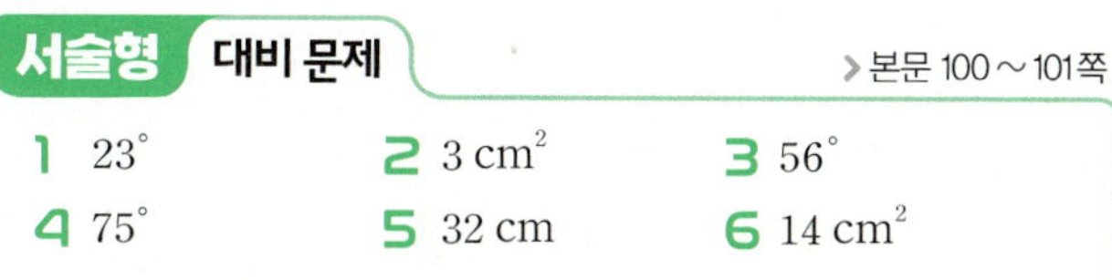

서술형 대비 문제 ▶본문 100~101쪽

1 23°	**2** 3 cm²	**3** 56°
4 75°	**5** 32 cm	**6** 14 cm²

1 1단계 $\triangle$ABP와 $\triangle$ADP에서

$$\overline{\text{AB}} = \overline{\text{AD}}, \ \overline{\text{AP}}\text{는 공통},$$
$$\angle \text{BAP} = \angle \text{DAP} = 45°$$

이므로 $\triangle \text{ABP} \equiv \triangle \text{ADP}$ (SAS 합동)

2단계 $\angle \text{ADP} = \angle \text{ABP} = \angle x$

3단계 $\triangle$APD에서

$$45°+\angle x=68° \qquad \therefore \angle x=23°$$

답 $23°$

2 **1단계** $\triangle$ACD$=\dfrac{1}{2}\square$ABCD

$$=\dfrac{1}{2}\times 60=30\,(\mathrm{cm}^2)$$

$\triangle$ACD에서 $\overline{\mathrm{DE}}:\overline{\mathrm{EC}}=2:1$이므로

$$\triangle\mathrm{AED}=\dfrac{2}{2+1}\triangle\mathrm{ACD}$$

$$=\dfrac{2}{3}\times 30=20\,(\mathrm{cm}^2)$$

2단계 $\triangle$AED에서 $\overline{\mathrm{AF}}:\overline{\mathrm{FE}}=3:2$이므로

$$\triangle\mathrm{AFD}=\dfrac{3}{3+2}\triangle\mathrm{AED}$$

$$=\dfrac{3}{5}\times 20=12\,(\mathrm{cm}^2)$$

3단계 $\triangle$AOD$=\dfrac{1}{4}\square$ABCD

$$=\dfrac{1}{4}\times 60=15\,(\mathrm{cm}^2)$$

$$\therefore \triangle\mathrm{AOF}=\triangle\mathrm{AOD}-\triangle\mathrm{AFD}$$

$$=15-12=3\,(\mathrm{cm}^2)$$

답 $3\ \mathrm{cm}^2$

3 **1단계** $\triangle$ABP와 $\triangle$ADQ에서

$$\angle\mathrm{APB}=\angle\mathrm{AQD}=90°,\ \overline{\mathrm{AB}}=\overline{\mathrm{AD}},$$

$$\angle\mathrm{ABP}=\angle\mathrm{ADQ}$$

이므로　$\triangle$ABP$\equiv$$\triangle$ADQ (RHA 합동)

2단계 $\angle$DAQ$=\angle$BAP$=180°-(90°+68°)=22°$

이때 $\angle$BAD$=180°-68°=112°$이므로

$$\angle\mathrm{PAQ}=112°-(22°+22°)=68°$$

3단계 $\triangle$APQ에서 $\overline{\mathrm{AP}}=\overline{\mathrm{AQ}}$이므로

$$\angle x=\dfrac{1}{2}\times(180°-68°)=56°$$

답 $56°$

단계	채점 요소	배점
1	$\triangle$ABP$\equiv$$\triangle$ADQ임을 알기	3점
2	$\angle$PAQ의 크기 구하기	2점
3	$\angle x$의 크기 구하기	2점

4 **1단계** $\overline{\mathrm{AD}}\,/\!/\,\overline{\mathrm{BC}}$이므로

$$\angle\mathrm{ACB}=\angle\mathrm{DAC}=30°\ (엇각)$$

2단계 $\angle$QPC$=45°$이므로 $\triangle$PQC에서

$$\angle x=45°+30°=75°$$

답 $75°$

단계	채점 요소	배점
1	$\angle$ACB의 크기 구하기	2점
2	$\angle x$의 크기 구하기	4점

5 **1단계** 등변사다리꼴의 각 변의 중점을 연결하여 만든 사각형은 마름모이므로 $\square$EFGH는 마름모이다.

2단계 $\square$EFGH의 둘레의 길이는

$$4\times 8=32\,(\mathrm{cm})$$

답 $32\ \mathrm{cm}$

단계	채점 요소	배점
1	$\square$EFGH가 마름모임을 알기	4점
2	$\square$EFGH의 둘레의 길이 구하기	2점

6 **1단계** $\overline{\mathrm{BD}}\,/\!/\,\overline{\mathrm{AE}}$이므로

$$\triangle\mathrm{BDA}=\triangle\mathrm{BDE}$$

$$\therefore \square\mathrm{ABCD}=\triangle\mathrm{BCD}+\triangle\mathrm{BDA}$$

$$=\triangle\mathrm{BCD}+\triangle\mathrm{BDE}$$

$$=\triangle\mathrm{BCE}$$

$$=50\,(\mathrm{cm}^2)$$

2단계 $\overline{\mathrm{BD}}$가 $\square$ABCD의 넓이를 이등분하므로

$$\triangle\mathrm{BDE}=\triangle\mathrm{BDA}$$

$$=\dfrac{1}{2}\square\mathrm{ABCD}$$

$$=\dfrac{1}{2}\times 50=25\,(\mathrm{cm}^2)$$

3단계 $\triangle$ODE$=\triangle$BDE$-\triangle$BDO

$$=25-11=14\,(\mathrm{cm}^2)$$

답 $14\ \mathrm{cm}^2$

단계	채점 요소	배점
1	$\square$ABCD의 넓이 구하기	3점
2	$\triangle$BDE의 넓이 구하기	2점
3	$\triangle$ODE의 넓이 구하기	2점

III-1 도형의 닮음

01 닮음과 닮은 도형

개념원리 확인하기

01 (1) 점 E (2) $\overline{FG}$ (3) ∠B (4) 1 : 2 (5) 8 cm
  (6) 80°

02 (1) $\overline{RU}$ (2) 면 PSTQ (3) 4 : 7 (4) $\dfrac{21}{2}$ cm

03 (1) 3 : 5 (2) 3 : 5 (3) 9 : 25

04 (1) 2 : 3 (2) 4 : 9 (3) 8 : 27

01 (4) □ABCD와 □EFGH의 닮음비는
 $\overline{AD} : \overline{EH} = 6 : 12 = 1 : 2$
(5) □ABCD와 □EFGH의 닮음비가 1 : 2이므로
 $\overline{AB} : \overline{EF} = 1 : 2$, 즉 $4 : \overline{EF} = 1 : 2$
 $\therefore \overline{EF} = 8$ (cm)
(6) ∠E의 대응각은 ∠A이므로
 $∠E = ∠A = 80°$

답 (1) 점 E (2) $\overline{FG}$ (3) ∠B
  (4) 1 : 2 (5) 8 cm (6) 80°

02 (3) 두 삼각기둥의 닮음비는
 $\overline{EF} : \overline{TU} = 8 : 14 = 4 : 7$
(4) 두 삼각기둥의 닮음비가 4 : 7이므로
 $\overline{DE} : \overline{ST} = 4 : 7$, 즉 $6 : \overline{ST} = 4 : 7$
 $4\overline{ST} = 42$ $\therefore \overline{ST} = \dfrac{21}{2}$ (cm)

답 (1) $\overline{RU}$ (2) 면 PSTQ (3) 4 : 7 (4) $\dfrac{21}{2}$ cm

03 (1) △ABC와 △DEF의 닮음비는
 $\overline{BC} : \overline{EF} = 6 : 10 = 3 : 5$
(2) △ABC와 △DEF의 둘레의 길이의 비는 닮음비와 같
 으므로 3 : 5이다.
(3) △ABC와 △DEF의 닮음비가 3 : 5이므로 넓이의 비는
 $3^2 : 5^2 = 9 : 25$

답 (1) 3 : 5 (2) 3 : 5 (3) 9 : 25

04 (1) 두 사각기둥 A, B의 닮음비는
 $8 : 12 = 2 : 3$
(2) 두 사각기둥 A, B의 닮음비가 2 : 3이므로 겉넓이의
 비는
 $2^2 : 3^2 = 4 : 9$
(3) 두 사각기둥 A, B의 닮음비가 2 : 3이므로 부피의 비는
 $2^3 : 3^3 = 8 : 27$

답 (1) 2 : 3 (2) 4 : 9 (3) 8 : 27

핵심문제 익히기

1 (1) $\overline{JK}$ (2) 면 AEHD **2** ⑤
3 17 **4** (1) 5 : 3 (2) 12π cm
5 30 cm² **6** 9 : 16

1 (1) $\overline{BC}$에 대응하는 모서리는 $\overline{JK}$이다.
(2) 면 IMPL에 대응하는 면은 면 AEHD이다.

답 (1) $\overline{JK}$ (2) 면 AEHD

2 ① ∠C의 대응각은 ∠G이므로
  $∠C = ∠G = 70°$
② ∠E의 대응각은 ∠A이므로
  $∠E = ∠A = 85°$
③ □ABCD와 □EFGH의 닮음비는
  $\overline{BC} : \overline{FG} = 15 : 9 = 5 : 3$
  $\therefore \overline{CD} : \overline{GH} = 5 : 3$
④ $\overline{AD} : \overline{EH} = 5 : 3$에서
  $\overline{AD} : 6 = 5 : 3$, $3\overline{AD} = 30$
  $\therefore \overline{AD} = 10$ (cm)
⑤ $\overline{AB} : \overline{EF} = 5 : 3$에서
  $12 : \overline{EF} = 5 : 3$, $5\overline{EF} = 36$
  $\therefore \overline{EF} = \dfrac{36}{5}$ (cm)

따라서 옳지 않은 것은 ⑤이다. 답 ⑤

3 두 삼각기둥의 닮음비는
 $\overline{AB} : \overline{GH} = 6 : 4 = 3 : 2$
 $\overline{BC} : \overline{HI} = 3 : 2$에서 $x : 6 = 3 : 2$
  $2x = 18$ $\therefore x = 9$
또 $\overline{CF} : \overline{IL} = 3 : 2$에서 $12 : y = 3 : 2$
  $3y = 24$ $\therefore y = 8$
  $\therefore x + y = 9 + 8 = 17$ 답 17

4 (1) 두 원기둥 A와 B의 닮음비는
  (원기둥 A의 높이) : (원기둥 B의 높이)
  $= 25 : 15$
  $= 5 : 3$
(2) 원기둥 B의 밑면의 반지름의 길이를 r cm라 하면
  $10 : r = 5 : 3$, $5r = 30$
  $\therefore r = 6$
 따라서 원기둥 B의 밑면의 반지름의 길이가 6 cm이므
 로 원기둥 B의 밑면의 둘레의 길이는
  $2π \times 6 = 12π$ (cm)

답 (1) 5 : 3 (2) 12π cm

원기둥 A의 밑면의 둘레의 길이는
$$2\pi \times 10 = 20\pi \ (\text{cm})$$
(2)에서 원기둥 B의 밑면의 둘레의 길이는 12π cm이므로 두 원기둥 A와 B의 밑면의 둘레의 길이의 비는
$$20\pi : 12\pi = 5 : 3$$
즉 두 원기둥 A와 B의 닮음비와 같다.
➡ 닮은 두 원기둥 또는 원뿔에서
　(닮음비) = (밑면의 둘레의 길이의 비)

5 □ABCD와 □A′BC′D′의 닮음비는
$$\overline{BC} : \overline{BC'} = (6+3) : 6 = 3 : 2$$
이므로 넓이의 비는
$$3^2 : 2^2 = 9 : 4$$
□ABCD : □A′BC′D′ = 9 : 4에서
$$□ABCD : 24 = 9 : 4$$
$$4□ABCD = 216 \quad \therefore \ □ABCD = 54 \ (\text{cm}^2)$$
$$\therefore \ (\text{색칠한 부분의 넓이}) = 54 - 24 = 30 \ (\text{cm}^2)$$
답 30 cm²

6 두 원뿔 A와 B의 부피의 비가
$$81\pi : 192\pi = 27 : 64 = 3^3 : 4^3$$
이므로 닮음비는 3 : 4이다.
따라서 두 원뿔 A와 B의 겉넓이의 비는
$$3^2 : 4^2 = 9 : 16$$
답 9 : 16

> 본문 110 ~ 111쪽

01 ㄴ, ㅁ, ㅂ　**02** ③　　**03** 6 cm　**04** ⑤
05 ③　　**06** 48 cm²　**07** ④　　**08** 8000개

01 다음의 경우에는 닮은 도형이 아니다.

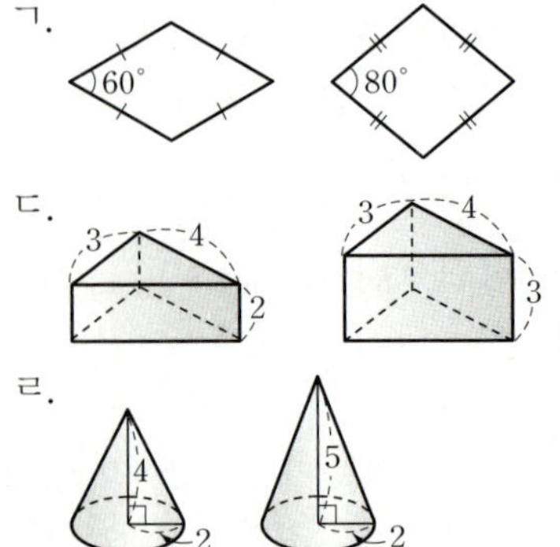

이상에서 항상 닮은 도형인 것은 ㄴ, ㅁ, ㅂ이다.
답 ㄴ, ㅁ, ㅂ

---

(1) 항상 닮은 평면도형
　① 두 원
　② 중심각의 크기가 같은 두 부채꼴
　③ 두 직각이등변삼각형
　④ 변의 개수가 같은 두 정다각형
(2) 항상 닮은 입체도형
　① 두 구
　② 면의 개수가 같은 두 정다면체

02 ① ∠B의 대응각은 ∠G이므로
$$\angle B = \angle G$$
② ∠F의 대응각은 ∠A이므로
$$\angle F = \angle A = 85°$$
③ 두 오각형 ABCDE, FGHIJ의 닮음비는
$$\overline{AB} : \overline{FG} = 12 : 9 = 4 : 3$$
$$\overline{BC} : \overline{GH} = 4 : 3 \text{에서}$$
$$3\overline{BC} = 4\overline{GH}$$
④ 두 오각형 ABCDE, FGHIJ의 닮음비가 4 : 3이므로
$$\overline{DE} : \overline{IJ} = 4 : 3$$
$$\overline{DE} : 6 = 4 : 3$$
$$3\overline{DE} = 24$$
$$\therefore \ \overline{DE} = 8 \ (\text{cm})$$
⑤ 두 오각형 ABCDE, FGHIJ의 닮음비가 4 : 3이므로
$$\overline{CD} : \overline{HI} = 4 : 3$$
$$8 : \overline{HI} = 4 : 3$$
$$4\overline{HI} = 24$$
$$\therefore \ \overline{HI} = 6 \ (\text{cm})$$
따라서 옳지 않은 것은 ③이다.
답 ③

03 △ABC와 △DEC의 닮음비는
$$\overline{AC} : \overline{DC} = (1+8) : 6 = 3 : 2$$
$$\overline{BC} : \overline{EC} = 3 : 2 \text{이므로}$$
$$(\overline{BD} + 6) : 8 = 3 : 2$$
$$2(\overline{BD} + 6) = 24$$
$$2\overline{BD} = 12$$
$$\therefore \ \overline{BD} = 6 \ (\text{cm})$$
답 6 cm

04 두 삼각뿔 V−ABC와 V′−A′B′C′의 닮음비는
$$\overline{VA} : \overline{V'A'} = 12 : 15 = 4 : 5$$
$$\overline{AB} : \overline{A'B'} = 4 : 5 \text{에서}$$
$$x : 5 = 4 : 5 \quad \therefore \ x = 4$$
∠B′A′C′의 대응각은 ∠BAC이므로
$$\angle B'A'C' = \angle BAC = 60° \quad \therefore \ y = 60$$
$$\therefore \ y - x = 60 - 4 = 56$$
답 ⑤

05 처음 원뿔과 원뿔을 밑면에 평행한 평면으로 자를 때 생기는 작은 원뿔은 닮은 도형이고 닮음비는

$$(15+6):15=7:5$$

처음 원뿔의 밑면의 반지름의 길이를 x cm라 하면

$$x:10=7:5, \qquad 5x=70$$
$$\therefore x=14$$

따라서 구하는 반지름의 길이는 14 cm이다.

답 ③

06 $\triangle$ABC와 $\triangle$ADE의 닮음비는

$$\overline{AB}:\overline{AD}=8:(12-8)=2:1$$

이므로 넓이의 비는

$$2^2:1^2=4:1$$
$$\triangle ABC:\triangle ADE=4:1에서$$
$$\triangle ABC:12=4:1$$
$$\therefore \triangle ABC=48\,(\text{cm}^2)$$

답 48 cm^2

07 두 직육면체 A와 B의 부피의 비가

$$54:250=27:125=3^3:5^3$$

이므로 닮음비는 $3:5$이다.

따라서 겉넓이의 비는 $3^2:5^2=9:25$이므로 직육면체 B의 겉넓이를 x cm^{2}라 하면

$$90:x=9:25, \qquad 9x=2250$$
$$\therefore x=250$$

따라서 직육면체 B의 겉넓이는 250 cm^{2}이다.

답 ④

08 두 쇠공의 지름의 길이는 각각 100 cm, 5 cm이므로 닮음비는

$$100:5=20:1$$

따라서 부피의 비는 $20^3:1^3=8000:1$이므로 작은 쇠공을 8000개 만들 수 있다.

답 8000개

02 삼각형의 닮음 조건

개념원리 확인하기 ▶

▶ 본문 114쪽

01 풀이 참조

02 (1) $\triangle$ABC∽$\triangle$ADB (SAS 닮음)

(2) $\triangle$ABC∽$\triangle$AED (AA 닮음)

(3) $\triangle$ABC∽$\triangle$DEA (SSS 닮음)

03 (1) $\overline{BH}$, 4, 64, 8   (2) $\overline{CB}$, 25, 225, 15

(3) $\overline{HC}$, 4, 9

---

01 (1) $\overline{AB}:\overline{EF}=4:12=\boxed{1}:\boxed{3}$,

$\overline{BC}:\overline{FD}=5:\boxed{15}=\boxed{1}:\boxed{3}$,

$\overline{CA}:\overline{DE}=\boxed{3}:9=\boxed{1}:\boxed{3}$

$\therefore \triangle ABC∽\triangle\boxed{EFD}$ ($\boxed{SSS}$ 닮음)

(2) $\overline{AB}:\overline{FD}=6:3=\boxed{2}:\boxed{1}$,

$\overline{AC}:\overline{FE}=4:\boxed{2}=2:\boxed{1}$,

$\angle A=\angle\boxed{F}=70°$

$\therefore \triangle ABC∽\triangle\boxed{FDE}$ ($\boxed{SAS}$ 닮음)

(3) $\angle A=\angle\boxed{F}=\boxed{65°}$,

$\angle B=\angle\boxed{D}=\boxed{35°}$

$\therefore \triangle ABC∽\triangle\boxed{FDE}$ ($\boxed{AA}$ 닮음)

답 풀이 참조

02 (1) $\triangle$ABC와 $\triangle$ADB에서

$\overline{AB}:\overline{AD}=6:4=3:2$,

$\overline{AC}:\overline{AB}=9:6=3:2$,

$\angle A$는 공통

이므로 $\triangle ABC∽\triangle ADB$ (SAS 닮음)

(2) $\triangle$ABC와 $\triangle$AED에서

$\angle B=\angle AED$, $\angle A$는 공통

이므로 $\triangle ABC∽\triangle AED$ (AA 닮음)

(3) $\triangle$ABC와 $\triangle$DEA에서

$\overline{AB}:\overline{DE}=9:6=3:2$,

$\overline{BC}:\overline{EA}=6:4=3:2$,

$\overline{AC}:\overline{DA}=(6+3):6=3:2$

이므로 $\triangle ABC∽\triangle DEA$ (SSS 닮음)

답 (1) $\triangle ABC∽\triangle ADB$ (SAS 닮음)

(2) $\triangle ABC∽\triangle AED$ (AA 닮음)

(3) $\triangle ABC∽\triangle DEA$ (SSS 닮음)

03 (1) $\overline{AB}^2=\boxed{BH}\times\overline{BC}$

$x^2=\boxed{4}\times16=\boxed{64}$

$\therefore x=\boxed{8}$

(2) $\overline{AC}^2=\overline{CH}\times\boxed{CB}$

$x^2=9\times\boxed{25}=\boxed{225}$

$\therefore x=\boxed{15}$

(3) $\overline{AH}^2=\overline{HB}\times\boxed{HC}$

$6^2=x\times\boxed{4}$

$\therefore x=\boxed{9}$

답 (1) $\overline{BH}$, 4, 64, 8

(2) $\overline{CB}$, 25, 225, 15

(3) $\overline{HC}$, 4, 9

1 (1) $\triangle \mathrm{JKL} \backsim \triangle \mathrm{FED}$ (SAS 닮음)

 (2) $\triangle \mathrm{MNO} \backsim \triangle \mathrm{HIG}$ (SSS 닮음)

 (3) $\triangle \mathrm{PQR} \backsim \triangle \mathrm{CAB}$ (AA 닮음)

2 (1) 6 (2) $\dfrac{9}{2}$ **3** (1) 9 (2) 6

4 18 cm **5** (1) 4 (2) 6 (3) 9

---

1 (1) $\triangle \mathrm{JKL}$과 $\triangle \mathrm{FED}$에서

 $\overline{\mathrm{KL}} : \overline{\mathrm{ED}} = 12 : 3 = 4 : 1,$

 $\overline{\mathrm{JL}} : \overline{\mathrm{FD}} = 16 : 4 = 4 : 1,$

 $\angle \mathrm{L} = \angle \mathrm{D} = 70°$

 이므로 $\triangle \mathrm{JKL} \backsim \triangle \mathrm{FED}$ (SAS 닮음)

 (2) $\triangle \mathrm{MNO}$와 $\triangle \mathrm{HIG}$에서

 $\overline{\mathrm{MN}} : \overline{\mathrm{HI}} = 14 : 7 = 2 : 1,$

 $\overline{\mathrm{NO}} : \overline{\mathrm{IG}} = 12 : 6 = 2 : 1,$

 $\overline{\mathrm{OM}} : \overline{\mathrm{GH}} = 10 : 5 = 2 : 1$

 이므로 $\triangle \mathrm{MNO} \backsim \triangle \mathrm{HIG}$ (SSS 닮음)

 (3) $\triangle \mathrm{PQR}$와 $\triangle \mathrm{CAB}$에서

 $\angle \mathrm{R} = \angle \mathrm{B} = 45°,$

 $\angle \mathrm{P} = 180° - (65° + 45°) = 70° = \angle \mathrm{C}$

 이므로 $\triangle \mathrm{PQR} \backsim \triangle \mathrm{CAB}$ (AA 닮음)

 답 (1) $\triangle \mathrm{JKL} \backsim \triangle \mathrm{FED}$ (SAS 닮음)

 (2) $\triangle \mathrm{MNO} \backsim \triangle \mathrm{HIG}$ (SSS 닮음)

 (3) $\triangle \mathrm{PQR} \backsim \triangle \mathrm{CAB}$ (AA 닮음)

2 (1) 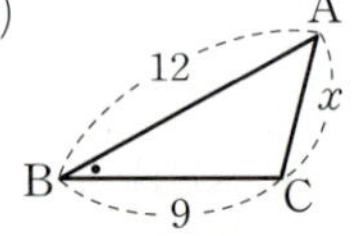 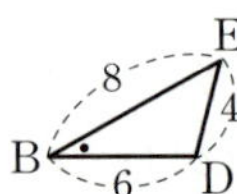

 $\triangle \mathrm{ABC}$와 $\triangle \mathrm{EBD}$에서

 $\overline{\mathrm{AB}} : \overline{\mathrm{EB}} = 12 : 8 = 3 : 2,$

 $\overline{\mathrm{BC}} : \overline{\mathrm{BD}} = 9 : 6 = 3 : 2,$

 $\angle \mathrm{B}$는 공통

 이므로 $\triangle \mathrm{ABC} \backsim \triangle \mathrm{EBD}$ (SAS 닮음)

 따라서 $\overline{\mathrm{AC}} : \overline{\mathrm{ED}} = 3 : 2$이므로

 $x : 4 = 3 : 2,$ $2x = 12$

 $\therefore\ x = 6$

 (2) 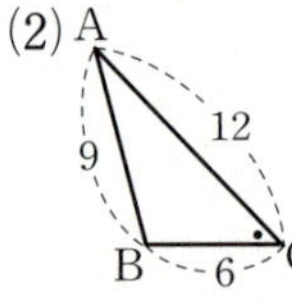 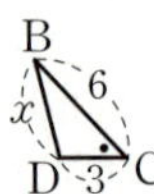

 $\triangle \mathrm{ABC}$와 $\triangle \mathrm{BDC}$에서

 $\overline{\mathrm{AC}} : \overline{\mathrm{BC}} = 12 : 6 = 2 : 1,$

 $\overline{\mathrm{BC}} : \overline{\mathrm{DC}} = 6 : 3 = 2 : 1,$

 $\angle \mathrm{C}$는 공통

 이므로 $\triangle \mathrm{ABC} \backsim \triangle \mathrm{BDC}$ (SAS 닮음)

 따라서 $\overline{\mathrm{AB}} : \overline{\mathrm{BD}} = 2 : 1$이므로

 $9 : x = 2 : 1,$ $2x = 9$

 $\therefore\ x = \dfrac{9}{2}$

 답 (1) 6 (2) $\dfrac{9}{2}$

3 (1) 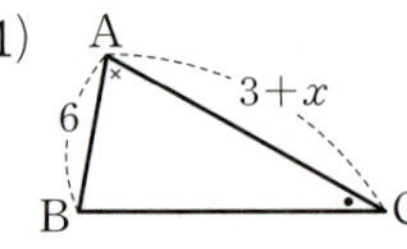 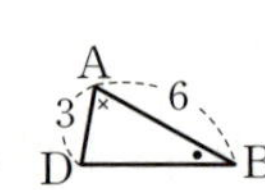

 $\triangle \mathrm{ABC}$와 $\triangle \mathrm{ADB}$에서

 $\angle \mathrm{C} = \angle \mathrm{ABD},\ \angle \mathrm{A}$는 공통

 이므로 $\triangle \mathrm{ABC} \backsim \triangle \mathrm{ADB}$ (AA 닮음)

 따라서 $\overline{\mathrm{AB}} : \overline{\mathrm{AD}} = \overline{\mathrm{AC}} : \overline{\mathrm{AB}}$이므로

 $6 : 3 = (3 + x) : 6$

 $2 : 1 = (3 + x) : 6,$ $3 + x = 12$

 $\therefore\ x = 9$

 (2) 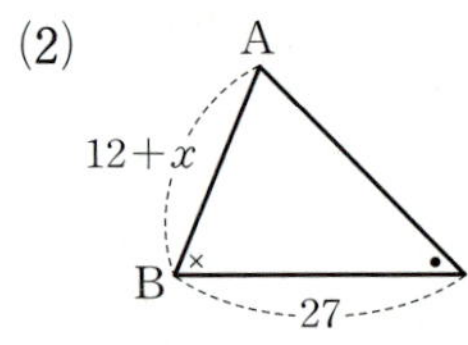 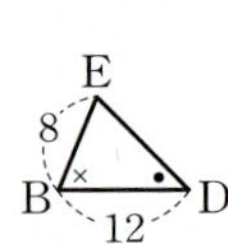

 $\triangle \mathrm{ABC}$와 $\triangle \mathrm{EBD}$에서

 $\angle \mathrm{C} = \angle \mathrm{EDB},\ \angle \mathrm{B}$는 공통

 이므로 $\triangle \mathrm{ABC} \backsim \triangle \mathrm{EBD}$ (AA 닮음)

 따라서 $\overline{\mathrm{AB}} : \overline{\mathrm{EB}} = \overline{\mathrm{BC}} : \overline{\mathrm{BD}}$이므로

 $(12 + x) : 8 = 27 : 12$

 $(12 + x) : 8 = 9 : 4,$ $4(12 + x) = 72$

 $4x = 24$ $\therefore\ x = 6$

 답 (1) 9 (2) 6

4 $\triangle \mathrm{ABD}$와 $\triangle \mathrm{CBE}$에서

 $\angle \mathrm{ADB} = \angle \mathrm{CEB} = 90°,\ \angle \mathrm{B}$는 공통

 이므로 $\triangle \mathrm{ABD} \backsim \triangle \mathrm{CBE}$ (AA 닮음)

 따라서 $\overline{\mathrm{AB}} : \overline{\mathrm{CB}} = \overline{\mathrm{BD}} : \overline{\mathrm{BE}}$이므로

 $(15 + 15) : 25 = \overline{\mathrm{BD}} : 15$

 $6 : 5 = \overline{\mathrm{BD}} : 15$

 $5\overline{\mathrm{BD}} = 90$

 $\therefore\ \overline{\mathrm{BD}} = 18\,(\mathrm{cm})$ **답** 18 cm

5 (1) $x^2 = 2 \times (6 + 2) = 16$이므로

 $x = 4$

 (2) $x^2 = (15 - 3) \times 3 = 36$이므로

 $x = 6$

 (3) $15^2 = x \times 25$이므로 $225 = 25x$

 $\therefore\ x = 9$

 답 (1) 4 (2) 6 (3) 9

01 ③	**02** 10 cm	**03** 12 cm	**04** ④
05 12 cm	**06** $\dfrac{15}{2}$ cm	**07** 8 cm	**08** ③
09 24 cm²	**10** 16 m		

01 ③ △ABC와 △DEF에서

$$\overline{AB}:\overline{DE}=16:12=4:3,$$
$$\overline{BC}:\overline{EF}=12:9=4:3,$$
$$\angle B=\angle E=45°$$

이므로　△ABC∽△DEF (SAS 닮음)

따라서 추가해야 하는 조건은 ③이다.　　답 ③

02 △ABC와 △EBD에서

$$\overline{AB}:\overline{EB}=(10+6):8=2:1,$$
$$\overline{BC}:\overline{BD}=(8+4):6=2:1,$$
$$\angle B는 공통$$

이므로　△ABC∽△EBD (SAS 닮음)

따라서 $\overline{AC}:\overline{ED}=2:1$이므로

$$\overline{AC}:5=2:1$$
$$\therefore \overline{AC}=10\ (cm)$$

답 10 cm

03 △AEB와 △DEC에서

$$\overline{AE}:\overline{DE}=6:8=3:4,$$
$$\overline{BE}:\overline{CE}=9:12=3:4,$$
$$\angle AEB=\angle DEC\ (맞꼭지각)$$

이므로　△AEB∽△DEC (SAS 닮음)

따라서 $\overline{AB}:\overline{DC}=3:4$이므로

$$\overline{AB}:16=3:4,\qquad 4\overline{AB}=48$$
$$\therefore \overline{AB}=12\ (cm)$$

답 12 cm

04 △ABC와 △BCD에서

$$\angle A=\angle DBC,$$
$$\angle ACB=\angle D$$

이므로　△ABC∽△BCD (AA 닮음)

따라서 $\overline{AB}:\overline{BC}=\overline{BC}:\overline{CD}$이므로

$$\overline{AB}:14=14:21,\qquad \overline{AB}:14=2:3$$
$$3\overline{AB}=28\qquad \therefore \overline{AB}=\dfrac{28}{3}\ (cm)$$

답 ④

05 △AEM과 △CEB에서

$$\angle MAE=\angle BCE\ (엇각),$$
$$\angle AME=\angle CBE\ (엇각)$$

이므로　△AEM∽△CEB (AA 닮음)

따라서 $\overline{AE}:\overline{CE}=\overline{AM}:\overline{CB}=1:2$이므로

$$\overline{CE}=\dfrac{2}{1+2}\overline{AC}=\dfrac{2}{3}\times18=12\ (cm)$$

답 12 cm

06 △ABC와 △MBD에서

$$\angle A=\angle BMD=90°,$$
$$\angle B는 공통$$

이므로　△ABC∽△MBD (AA 닮음)

따라서 $\overline{AB}:\overline{MB}=\overline{AC}:\overline{MD}$이므로

$$16:10=12:\overline{DM},\qquad 8:5=12:\overline{DM}$$
$$8\overline{DM}=60\qquad \therefore \overline{DM}=\dfrac{15}{2}\ (cm)$$

답 $\dfrac{15}{2}$ cm

07 △ABE와 △ADF에서

$$\angle AEB=\angle AFD=90°$$

□ABCD는 평행사변형이므로

$$\angle B=\angle D$$
$$\therefore △ABE∽△ADF\ (AA 닮음)$$

따라서 $\overline{AB}:\overline{AD}=\overline{AE}:\overline{AF}$이므로

$$12:15=\overline{AE}:10,\qquad 4:5=\overline{AE}:10$$
$$5\overline{AE}=40\qquad \therefore \overline{AE}=8\ (cm)$$　답 8 cm

08 $20^2=16\times(x+16)$이므로　$16x=144$

$$\therefore x=9$$

또 $y^2=9\times(9+16)=225$이므로

$$y=15$$
$$\therefore x+y=9+15=24$$

답 ③

09 $8^2=\overline{BH}\times4$이므로

$$\overline{BH}=16\ (cm)$$

이때 $\overline{BC}=16+4=20\ (cm)$이므로

$$\overline{BM}=\overline{MC}=\dfrac{1}{2}\overline{BC}=\dfrac{1}{2}\times20=10\ (cm)$$
$$\therefore \overline{MH}=\overline{MC}-\overline{HC}=10-4=6\ (cm)$$
$$\therefore △AMH=\dfrac{1}{2}\times\overline{MH}\times\overline{AH}$$
$$=\dfrac{1}{2}\times6\times8=24\ (cm^2)$$

답 24 cm²

10 △ABC와 △AB′C′에서

$$\angle ABC=\angle AB'C'=90°,\quad \angle A는 공통$$

이므로　△ABC∽△AB′C′ (AA 닮음)

$$\overline{BC}:\overline{B'C'}=\overline{AB}:\overline{AB'}$$이므로

$$1:\overline{B'C'}=2:32$$
$$1:\overline{B'C'}=1:16$$
$$\therefore \overline{B'C'}=16\ (m)$$

따라서 등대의 높이는 16 m이다.　　답 16 m

01 ㄱ, ㄴ, ㄷ	**02** ④	**03** ⑤	**04** 27 cm²
05 ①	**06** ②, ⑤	**07** ②	**08** 25 cm
09 ③, ⑤	**10** ②	**11** 10 cm	**12** 250 m
13 54π	**14** ⑤	**15** $25°$	**16** ③
17 ①	**18** 15 cm	**19** ④	**20** 150 cm²
21 ②	**22** 3 cm	**23** 48 cm	**24** $\dfrac{28}{5}$ cm

01 〔전략〕 닮은 두 평면도형의 대응각의 크기는 각각 같고, 대응변의 길이의 비는 일정하다.

ㄹ. 다음의 경우에는 닮은 도형이 아니다.

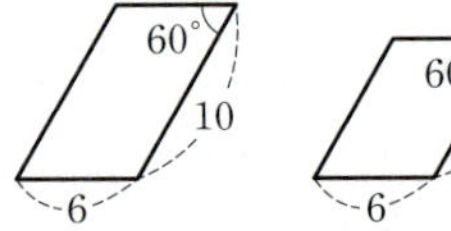

이상에서 항상 닮은 도형이라 할 수 있는 것은 ㄱ, ㄴ, ㄷ이다.　　　　　　　　**답** ㄱ, ㄴ, ㄷ

02 〔전략〕 닮은 두 평면도형에서 대응변의 길이의 비가 닮음비이다.

△ABC와 △EFD에서
$$\angle C = \angle D,$$
$$\angle A = 180° - (70° + 45°) = 65° = \angle E$$
이므로　△ABC∽△EFD (AA 닮음)
따라서 닮음비는
$$c : d = a : e = b : f$$
이므로 옳은 것은 ④이다.　　　　　　　**답** ④

03 〔전략〕 닮은 두 입체도형의 닮음비는 대응하는 모서리의 길이의 비이고, 대응하는 면은 닮은 도형임을 이용한다.

① $\overline{AC} : \overline{FH} = 10 : 15 = 2 : 3$이므로 두 사각뿔 P, Q의 닮음비는 $2 : 3$이다.

② $\overline{AB} : \overline{FG} = 2 : 3$이므로
$$\overline{AB} = \frac{2}{3}\overline{FG}$$

③ $\angle ACD = \angle FHI$

④ △ABE∽△FGJ

따라서 옳은 것은 ⑤이다.　　　　　　　**답** ⑤

04 〔전략〕 닮은 두 삼각형에서 대응변의 길이의 비는 닮음비와 같고, 이를 이용하여 넓이의 비를 구한다.

△ABC와 △DEF의 닮음비는 $4 : 3$이므로 넓이의 비는
$$4^2 : 3^2 = 16 : 9$$

△ABC : △DEF = 16 : 9에서
$$48 : \triangle DEF = 16 : 9$$
$$16\triangle DEF = 432$$
$$\therefore \triangle DEF = 27 \ (\text{cm}^2)$$
　　　　　　　　　　　　　　　　답 27 cm²

05 〔전략〕 넓이의 비를 이용하여 닮음비를 구한 후 부피의 비를 구한다.

닮은 두 원뿔의 밑넓이의 비가 $4 : 9 = 2^2 : 3^2$이므로 닮음비는 $2 : 3$이고 부피의 비는
$$2^3 : 3^3 = 8 : 27$$
작은 원뿔의 부피를 x cm³라 하면
$$x : 162 = 8 : 27, \qquad 27x = 1296$$
$$\therefore x = 48$$
따라서 작은 원뿔의 부피는 48 cm³이다.　　**답** ①

06 〔전략〕 변의 길이의 비와 공통인 각의 크기를 이용하여 주어진 삼각형과 닮은 도형을 찾는다.

$$\angle B = 180° - (90° + 30°) = 60°$$
② AA 닮음　⑤ SAS 닮음
따라서 닮은 도형인 것은 ②, ⑤이다.　　**답** ②, ⑤

07 〔전략〕 두 삼각형이 삼각형의 닮음 조건 중 어떤 조건을 만족시키는지 확인한다.

① SSS 닮음

② ∠B와 ∠E가 각각 $\overline{AB}$와 $\overline{AC}$, $\overline{DE}$와 $\overline{DF}$의 끼인각이 아니므로 △ABC와 △DEF가 닮은 도형이라 할 수 없다.

③ SAS 닮음

④, ⑤ AA 닮음

따라서 닮은 도형이라 할 수 없는 것은 ②이다.
　　　　　　　　　　　　　　　　답 ②

08 〔전략〕 크기가 같은 한 각이 주어졌으므로 그 각을 끼인각으로 하는 두 쌍의 대응변의 길이의 비를 비교한다.

△ACB와 △BCD에서
$$\overline{AC} : \overline{BC} = 16 : 20 = 4 : 5,$$
$$\overline{AB} : \overline{BD} = 12 : 15 = 4 : 5,$$
$$\angle A = \angle DBC$$
이므로　△ACB∽△BCD (SAS 닮음)
따라서 $\overline{CB} : \overline{CD} = 4 : 5$이므로
$$20 : \overline{CD} = 4 : 5$$
$$4\overline{CD} = 100$$
$$\therefore \overline{CD} = 25 \ (\text{cm})$$
　　　　　　　　　　　　　　　답 25 cm

09 전략 공통인 각을 기준으로 닮은 삼각형을 찾는다.

① △ABC와 △CBD에서

$$\overline{AB} : \overline{CB} = 16 : 12 = 4 : 3,$$
$$\overline{BC} : \overline{BD} = 12 : 9 = 4 : 3,$$
∠B는 공통

이므로 △ABC∽△CBD (SAS 닮음)

②, ③ $\overline{AC} : \overline{CD} = 4 : 3$이므로 $8 : \overline{CD} = 4 : 3$

$$4\overline{CD} = 24 \qquad \therefore \overline{CD} = 6\,(\text{cm})$$

④, ⑤ △ABC∽△CBD이므로

$$\angle ACB = \angle CDB, \quad \angle BAC = \angle BCD$$

따라서 옳지 않은 것은 ③, ⑤이다. 답 ③, ⑤

10 전략 닮음인 두 직각삼각형을 찾는다.

△ABC와 △FEC에서

$$\angle BAC = \angle EFC = 90°, \quad \angle C는 공통$$

이므로 △ABC∽△FEC (AA 닮음)

따라서 $\overline{BC} : \overline{EC} = \overline{CA} : \overline{CF}$이므로

$$15 : (14+6) = 6 : \overline{CF}$$
$$3 : 4 = 6 : \overline{CF}$$
$$3\overline{CF} = 24$$
$$\therefore \overline{CF} = 8\,(\text{cm})$$ 답 ②

11 전략 직각삼각형의 닮음을 이용한다.

$12^2 = 8 \times \overline{AC}$이므로 $\overline{AC} = 18\,(\text{cm})$

$$\therefore \overline{CD} = \overline{AC} - \overline{AD} = 18 - 8 = 10\,(\text{cm})$$

답 10 cm

12 전략 축척이 $\dfrac{1}{n}$인 축도에서 두 지점 A, B 사이의 거리가 l일 때, 두 지점 A, B 사이의 실제 거리는 $l \times n$이다.

△ABC와 △ADE에서

$$\angle ABC = \angle ADE \;(\text{동위각}), \quad \angle A는 공통$$

이므로 △ABC∽△ADE (AA 닮음)

$\overline{AC} : \overline{AE} = \overline{BC} : \overline{DE}$이므로

$$\overline{AC} : (\overline{AC} + 3) = 5 : 8$$
$$8\overline{AC} = 5(\overline{AC} + 3), \qquad 3\overline{AC} = 15$$
$$\therefore \overline{AC} = 5\,(\text{cm})$$

따라서 실제 강의 폭은

$$5 \times 5000 = 25000\,(\text{cm}) = 250\,(\text{m})$$

답 250 m

13 전략 원의 닮음비는 반지름의 길이의 비와 같음을 이용한다.

$\overline{AB} = \overline{BC} = \overline{CD}$이고 $\overline{OC} = \dfrac{1}{2}\overline{BC}$이므로

$$\overline{OC} : \overline{OD} = 1 : 3$$

즉 작은 원과 큰 원의 닮음비는 1 : 3이므로 넓이의 비는

$$1^2 : 3^2 = 1 : 9$$

큰 원의 넓이를 x라 하면

$$6\pi : x = 1 : 9 \qquad \therefore x = 54\pi$$ 답 54π

14 전략 원뿔의 닮음비는 높이의 비와 같음을 이용한다.

물과 그릇의 닮음비는 $12 : 16 = 3 : 4$이므로 부피의 비는

$$3^3 : 4^3 = 27 : 64$$

물의 부피를 $x\,\text{cm}^3$라 하면

$$x : 256 = 27 : 64, \qquad 64x = 6912$$
$$\therefore x = 108$$

따라서 더 필요한 물의 부피는

$$256 - 108 = 148\,(\text{cm}^3)$$ 답 ⑤

15 전략 공통인 각을 기준으로 닮은 삼각형을 찾는다.

△ABC와 △DAC에서

$$\overline{AC} : \overline{DC} = 10 : 4 = 5 : 2,$$
$$\overline{BC} : \overline{AC} = 25 : 10 = 5 : 2,$$
∠C는 공통

이므로 △ABC∽△DAC (SAS 닮음)

$$\therefore \angle B = \angle DAC$$

이때 △ADC에서

$$\angle DAC + 90° + 65° = 180°$$
$$\therefore \angle DAC = 25°$$
$$\therefore \angle B = \angle DAC = 25°$$ 답 25°

16 전략 삼각형의 내심의 성질과 평행선의 성질을 이용하여 크기가 같은 각을 찾는다.

점 I는 △ABC의 내심이므로

$$\angle IAB = \angle IAE,$$
$$\angle IBA = \angle IBD$$

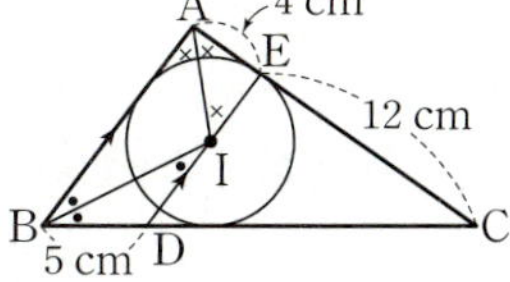

이때 $\overline{AB} /\!/ \overline{ED}$이므로

$$\angle AIE = \angle IAB \;(\text{엇각}),$$
$$\angle BID = \angle IBA \;(\text{엇각})$$
$$\therefore \angle AIE = \angle IAE, \quad \angle BID = \angle IBD$$

즉 $\overline{EI} = \overline{EA} = 4\,(\text{cm})$, $\overline{DI} = \overline{DB} = 5\,(\text{cm})$이므로

$$\overline{DE} = \overline{DI} + \overline{EI} = 5 + 4 = 9\,(\text{cm})$$

△ABC와 △EDC에서

$$\angle C는 공통, \quad \angle BAC = \angle DEC \;(\text{동위각})$$

이므로 △ABC∽△EDC (AA 닮음)

따라서 $\overline{AB} : \overline{ED} = \overline{AC} : \overline{EC}$이므로

$$\overline{AB} : 9 = 16 : 12$$
$$\overline{AB} : 9 = 4 : 3$$
$$3\overline{AB} = 36$$
$$\therefore \overline{AB} = 12\,(\text{cm})$$ 답 ③

17 전략 먼저 주어진 조건을 이용하여 $\overline{AD}$의 길이를 구한다.

$\overline{AD} : \overline{DC} = 3 : 1$이므로

$$\overline{AD} = \frac{3}{3+1}\overline{AC} = \frac{3}{4} \times 8 = 6\,(\text{cm})$$

$\triangle ABD$와 $\triangle ACE$에서

$\angle ADB = \angle AEC = 90°$, $\angle A$는 공통

이므로 $\triangle ABD \circ\!\!\!\!\triangle \triangle ACE$ (AA 닮음)

따라서 $\overline{AB} : \overline{AC} = \overline{AD} : \overline{AE}$이므로

$10 : 8 = 6 : \overline{AE}$

$5 : 4 = 6 : \overline{AE}$

$5\overline{AE} = 24$

$\therefore \overline{AE} = \dfrac{24}{5}\,(\text{cm})$ 답 ①

18 전략 직각삼각형의 닮음을 이용하여 $\overline{OP}$의 길이를 구한다.

$\triangle ABD$와 $\triangle OPD$에서

$\angle BAD = \angle POD = 90°$, $\angle D$는 공통

이므로 $\triangle ABD \circ\!\!\!\!\triangle \triangle OPD$ (AA 닮음)

따라서 $\overline{AB} : \overline{OP} = \overline{AD} : \overline{OD}$이므로

$12 : \overline{OP} = 16 : 10$

$12 : \overline{OP} = 8 : 5$

$8\overline{OP} = 60$

$\therefore \overline{OP} = \dfrac{15}{2}\,(\text{cm})$

그런데 $\triangle POD$와 $\triangle QOB$에서

$\overline{DO} = \overline{BO}$, $\angle ODP = \angle OBQ$ (엇각),

$\angle POD = \angle QOB$ (맞꼭지각)

이므로 $\triangle POD \equiv \triangle QOB$ (ASA 합동)

$\therefore \overline{OP} = \overline{OQ}$

$\therefore \overline{PQ} = 2\overline{OP} = 2 \times \dfrac{15}{2} = 15\,(\text{cm})$ 답 15 cm

19 전략 삼각형의 합동 조건을 이용하여 $\overline{AD}$의 길이를 구한다.

$\triangle AEC$와 $\triangle AED$에서

$\angle ACE = \angle ADE = 90°$,

$\overline{AE}$는 공통,

$\angle EAC = \angle EAD$

이므로 $\triangle AEC \equiv \triangle AED$ (RHA 합동)

$\therefore \overline{AD} = \overline{AC} = 6\,(\text{cm})$

또 $\triangle ABC$와 $\triangle EBD$에서

$\angle ACB = \angle EDB = 90°$, $\angle B$는 공통

이므로 $\triangle ABC \circ\!\!\!\!\triangle \triangle EBD$ (AA 닮음)

따라서 $\overline{AB} : \overline{EB} = \overline{BC} : \overline{BD}$이므로

$(6+4) : 5 = (5+\overline{CE}) : 4$

$2 : 1 = (5+\overline{CE}) : 4$

$5 + \overline{CE} = 8$

$\therefore \overline{CE} = 3\,(\text{cm})$ 답 ④

20 전략 직각삼각형의 닮음을 이용하여 $\overline{DH}$, $\overline{AH}$의 길이를 구한다.

$\triangle ABD$에서 $15^2 = 9 \times (9 + \overline{DH})$

$225 = 81 + 9\overline{DH}$

$\therefore \overline{DH} = 16\,(\text{cm})$

또 $\overline{AH}^2 = 9 \times 16 = 144$이므로

$\overline{AH} = 12\,(\text{cm})$

$\therefore \triangle ABD = \dfrac{1}{2} \times \overline{BD} \times \overline{AH}$

$\qquad\qquad = \dfrac{1}{2} \times (9+16) \times 12 = 150\,(\text{cm}^2)$

답 150 cm²

21 전략 송신탑의 실제 높이는 유신이의 눈높이와 $\overline{AC}$의 길이의 합과 같다.

$\triangle ABC$와 $\triangle A'B'C'$에서

$\angle B = \angle B'$, $\angle ACB = \angle A'C'B'$

이므로 $\triangle ABC \circ\!\!\!\!\triangle \triangle A'B'C'$ (AA 닮음)

$\overline{BC} : \overline{B'C'} = \overline{AC} : \overline{A'C'}$이므로

$6 : 3 = \overline{AC} : 1.7$

$2 : 1 = \overline{AC} : 1.7$

$\therefore \overline{AC} = 3.4\,(\text{m})$

따라서 송신탑의 실제 높이는

$3.4 + 1.6 = 5\,(\text{m})$ 답 ②

22 전략 삼각형의 한 외각의 크기는 그와 이웃하지 않는 두 내각의 크기의 합과 같음을 이용한다.

$\triangle DEF$와 $\triangle ABC$에서

$\angle EDF = \angle ABD + \angle BAD$

$\qquad\quad = \angle CAF + \angle BAD$

$\qquad\quad = \angle BAC,$

$\angle DEF = \angle BCE + \angle CBE$

$\qquad\quad = \angle ABD + \angle CBE$

$\qquad\quad = \angle ABC$

이므로 $\triangle DEF \circ\!\!\!\!\triangle \triangle ABC$ (AA 닮음)

따라서 $\overline{DE} : \overline{AB} = \overline{DF} : \overline{AC}$이므로

$4 : 8 = \overline{DF} : 6$

$1 : 2 = \overline{DF} : 6$

$2\overline{DF} = 6$

$\therefore \overline{DF} = 3\,(\text{cm})$ 답 3 cm

23 전략 한 예각의 크기가 같은 두 직각삼각형은 닮은 도형이다.

$\triangle ABC$와 $\triangle ADF$에서

$\angle ACB = \angle AFD = 90°$,

$\angle A$는 공통

이므로 $\triangle ABC \circ\!\!\!\!\triangle \triangle ADF$ (AA 닮음)

정사각형 DECF의 한 변의 길이를 x cm라 하면
$\overline{AC}:\overline{AF}=\overline{BC}:\overline{DF}$이므로
$$21:(21-x)=28:x, \qquad 21x=28(21-x)$$
$$49x=588 \qquad \therefore x=12$$
따라서 정사각형 DECF의 둘레의 길이는
$$4\times12=48\,(cm)$$

🟩 48 cm

24 전략 접은 각의 크기는 같고 정삼각형의 한 내각의 크기는 $60°$임을 이용하여 닮은 두 삼각형을 찾는다.

$\overline{AF}=\overline{EF}=7\,(cm)$이므로
$$\overline{AC}=7+5=12\,(cm)$$
즉 정삼각형 ABC의 한 변의 길이는 12 cm이다.
$$\therefore \overline{BE}=12-8=4\,(cm)$$
$\triangle BED$와 $\triangle CFE$에서
$$\angle B=\angle C=60°$$
$\angle DBE=\angle DEF=60°$이므로
$$\angle BDE=180°-(\angle DBE+\angle DEB)$$
$$=180°-(\angle DEF+\angle DEB)$$
$$=\angle CEF$$
$$\therefore \triangle BED\backsim\triangle CFE\,(AA\ 닮음)$$
따라서 $\overline{DE}:\overline{EF}=\overline{BE}:\overline{CF}$이므로
$$\overline{DE}:7=4:5$$
$$5\overline{DE}=28$$
$$\therefore \overline{DE}=\frac{28}{5}\,(cm)$$
$$\therefore \overline{AD}=\overline{DE}=\frac{28}{5}\,(cm)$$

🟩 $\dfrac{28}{5}$ cm

서술형 대비 문제

> 본문 124 ~ 125쪽

1 2400원 **2** 12 cm
3 (1) 12 cm² (2) 27 cm² (3) 15 cm²
4 18 cm **5** $\dfrac{54}{5}$ cm **6** $\dfrac{16}{5}$ cm

1 1단계 두 통조림 A, B의 닮음비는
$$6:9=2:3$$
이므로 부피의 비는
$$2^3:3^3=8:27$$
2단계 통조림 A의 가격을 x원이라 하면
$$x:8100=8:27, \qquad 27x=64800$$
$$\therefore x=2400$$
따라서 통조림 A의 가격은 2400원이다.

🟩 2400원

2 1단계 $\overline{DC}=\overline{AB}=16\,(cm)$이므로
$$\overline{DE}=\overline{DC}-\overline{EC}$$
$$=16-10=6\,(cm)$$
2단계 $\triangle ABF$와 $\triangle DFE$에서
$$\angle BAF=\angle FDE=90°,$$
$$\angle ABF=90°-\angle AFB=\angle DFE$$
이므로 $\triangle ABF\backsim\triangle DFE\,(AA\ 닮음)$
3단계 $\overline{AB}:\overline{DF}=\overline{AF}:\overline{DE}$이므로
$$16:8=\overline{AF}:6$$
$$2:1=\overline{AF}:6$$
$$\therefore \overline{AF}=12\,(cm)$$

🟩 12 cm

3 1단계 (1) $\triangle ADF$와 $\triangle AEG$에서
$$\overline{AD}:\overline{AE}=\overline{AF}:\overline{AG}=1:2,$$
$$\angle A는\ 공통$$
이므로 $\triangle ADF\backsim\triangle AEG\,(SAS\ 닮음)$
닮음비는 1 : 2이므로 넓이의 비는
$$1^2:2^2=1:4$$
따라서 $\triangle ADF:\triangle AEG=1:4$이므로
$$3:\triangle AEG=1:4$$
$$\therefore \triangle AEG=12\,(cm^2)$$
2단계 (2) $\triangle ADF$와 $\triangle ABC$에서
$$\overline{AD}:\overline{AB}=\overline{AF}:\overline{AC}=1:3,$$
$$\angle A는\ 공통$$
이므로 $\triangle ADF\backsim\triangle ABC\,(SAS\ 닮음)$
닮음비는 1 : 3이므로 넓이의 비는
$$1^2:3^2=1:9$$
따라서 $\triangle ADF:\triangle ABC=1:9$이므로
$$3:\triangle ABC=1:9$$
$$\therefore \triangle ABC=27\,(cm^2)$$
3단계 (3) $\square EBCG=\triangle ABC-\triangle AEG$
$$=27-12=15\,(cm^2)$$

🟩 (1) 12 cm² (2) 27 cm² (3) 15 cm²

단계	채점 요소	배점
1	$\triangle AEG$의 넓이 구하기	3점
2	$\triangle ABC$의 넓이 구하기	3점
3	$\square EBCG$의 넓이 구하기	2점

4 1단계 $\triangle ABC$와 $\triangle DBE$에서
$$\overline{AB}:\overline{DB}=24:16=3:2,$$
$$\overline{BC}:\overline{BE}=(16+2):12=3:2,$$
$$\angle B는\ 공통$$
이므로 $\triangle ABC\backsim\triangle DBE\,(SAS\ 닮음)$

2단계 $\overline{AC} : \overline{DE}=3 : 2$이므로

$$\overline{AC} : 12=3 : 2$$
$$2\overline{AC}=36 \qquad \therefore \overline{AC}=18 \,(\text{cm})$$

답 18 cm

단계	채점 요소	배점
1	$\triangle ABC \circ \triangle DBE$임을 알기	4점
2	$\overline{AC}$의 길이 구하기	3점

5 1단계 $\triangle ABE$와 $\triangle FDA$에서 $\overline{AB} /\!/ \overline{DF}$이므로

$$\angle EAB = \angle AFD \ (\text{엇각})$$

$\square ABCD$가 평행사변형이므로

$$\angle B = \angle D$$
$$\therefore \triangle ABE \circ \triangle FDA \ (\text{AA 닮음})$$

2단계 $\overline{AB}=\overline{DC}=9 \,(\text{cm})$이고

$\overline{AB} : \overline{FD}=\overline{BE} : \overline{DA}$이므로

$$9 : 15=\overline{BE} : 18$$
$$3 : 5=\overline{BE} : 18$$
$$5\overline{BE}=54$$
$$\therefore \overline{BE}=\frac{54}{5} \,(\text{cm})$$

답 $\dfrac{54}{5}$ cm

단계	채점 요소	배점
1	$\triangle ABE \circ \triangle FDA$임을 알기	4점
2	$\overline{BE}$의 길이 구하기	3점

6 1단계 $\overline{AD}^2=\overline{DB} \times \overline{DC}$이므로

$$\overline{AD}^2=8 \times 2=16$$
$$\therefore \overline{AD}=4 \,(\text{cm})$$

2단계 점 M은 $\triangle ABC$의 외심이므로

$$\overline{AM}=\overline{BM}=\overline{CM}$$
$$=\frac{1}{2}\overline{BC}=\frac{1}{2} \times 10=5 \,(\text{cm})$$

3단계 $\overline{AD}^2=\overline{AH} \times \overline{AM}$이므로

$$4^2=\overline{AH} \times 5$$
$$\therefore \overline{AH}=\frac{16}{5} \,(\text{cm})$$

답 $\dfrac{16}{5}$ cm

단계	채점 요소	배점
1	$\overline{AD}$의 길이 구하기	3점
2	$\overline{AM}$의 길이 구하기	2점
3	$\overline{AH}$의 길이 구하기	3점

III-2 평행선 사이의 선분의 길이의 비

01 삼각형과 평행선

개념원리 확인하기 ▸ 본문 129쪽

01 (1) 8 (2) 9 (3) 12 (4) 21
02 (1) 12 (2) 6
03 (1) × (2) ○ (3) ○ (4) ×

01 (1) $\overline{AB} : \overline{AD}=\overline{AC} : \overline{AE}$이므로

$$12 : x=9 : 6$$
$$12 : x=3 : 2$$
$$3x=24 \qquad \therefore x=8$$

(2) $\overline{AB} : \overline{AD}=\overline{AC} : \overline{AE}$이므로

$$8 : 6=(x+3) : x$$
$$4 : 3=(x+3) : x$$
$$4x=3(x+3) \qquad \therefore x=9$$

(3) $\overline{AB} : \overline{AD}=\overline{BC} : \overline{DE}$이므로

$$(x+8) : x=15 : 9$$
$$(x+8) : x=5 : 3$$
$$5x=3(x+8), \qquad 2x=24$$
$$\therefore x=12$$

(4) $\overline{AB} : \overline{AD}=\overline{AC} : \overline{AE}$이므로

$$14 : 8=x : 12$$
$$7 : 4=x : 12$$
$$4x=84 \qquad \therefore x=21$$

답 (1) 8 (2) 9 (3) 12 (4) 21

02 (1) $\overline{AD} : \overline{DB}=\overline{AE} : \overline{EC}$이므로

$$10 : 8=15 : x$$
$$5 : 4=15 : x$$
$$5x=60 \qquad \therefore x=12$$

(2) $\overline{AD} : \overline{DB}=\overline{AE} : \overline{EC}$이므로

$$9 : 21=x : 14$$
$$3 : 7=x : 14$$
$$7x=42 \qquad \therefore x=6$$

답 (1) 12 (2) 6

03 (1) $\overline{AD} : \overline{DB}=4 : 8=1 : 2$, $\overline{AE} : \overline{EC}=3 : 7$이므로

$$\overline{AD} : \overline{DB} \neq \overline{AE} : \overline{EC}$$

따라서 $\overline{BC}$와 $\overline{DE}$는 평행하지 않다.

(2) $\overline{AB} : \overline{AD}=10 : 4=5 : 2$,

$\overline{AC} : \overline{AE}=15 : 6=5 : 2$

이므로 $\overline{AB} : \overline{AD}=\overline{AC} : \overline{AE}$

$$\therefore \overline{BC} /\!/ \overline{DE}$$

(3) $\overline{AD} : \overline{DB} = 12 : 9 = 4 : 3$,
$\overline{AE} : \overline{EC} = 16 : 12 = 4 : 3$
이므로 $\overline{AD} : \overline{DB} = \overline{AE} : \overline{EC}$
$\therefore \overline{BC} /\!/ \overline{DE}$

(4) $\overline{AB} : \overline{AD} = 5 : (11-5) = 5 : 6$,
$\overline{AC} : \overline{AE} = 10 : 14 = 5 : 7$
이므로 $\overline{AB} : \overline{AD} \neq \overline{AC} : \overline{AE}$
따라서 $\overline{BC}$와 $\overline{DE}$는 평행하지 않다.

답 (1) × (2) ○ (3) ○ (4) ×

---

1 (1) $x=25$, $y=6$ (2) $x=28$, $y=30$

2 (1) 12   (2) 4

3 ⑤

4 ㄴ, ㄹ

---

1 (1) $\overline{AB} : \overline{AD} = \overline{AC} : \overline{AE}$이므로
$(20-12) : 20 = 10 : x$
$2 : 5 = 10 : x$
$2x = 50$ $\therefore x = 25$
$\overline{AC} : \overline{AE} = \overline{BC} : \overline{DE}$이므로
$10 : 25 = y : 15$
$2 : 5 = y : 15$
$5y = 30$ $\therefore y = 6$

(2) $\overline{AC} : \overline{AE} = \overline{BC} : \overline{DE}$이므로
$14 : 6 = x : 12$
$7 : 3 = x : 12$
$3x = 84$ $\therefore x = 28$
$\overline{AC} : \overline{CE} = \overline{AB} : \overline{BD}$이므로
$14 : (14+6) = 21 : y$
$7 : 10 = 21 : y$
$7y = 210$ $\therefore y = 30$

답 (1) $x=25$, $y=6$ (2) $x=28$, $y=30$

2 (1) △ABP에서
$\overline{DQ} : \overline{BP} = \overline{AQ} : \overline{AP}$
△APC에서
$\overline{AQ} : \overline{AP} = \overline{AE} : \overline{AC}$
따라서 $\overline{DQ} : \overline{BP} = \overline{AE} : \overline{AC}$이므로
$9 : 12 = x : (x+4)$
$3 : 4 = x : (x+4)$
$4x = 3(x+4)$
$\therefore x = 12$

(2) △ABC에서 $\overline{BC} /\!/ \overline{DE}$이므로
$\overline{AE} : \overline{EC} = \overline{AD} : \overline{DB} = 6 : 3 = 2 : 1$
△ADC에서 $\overline{DC} /\!/ \overline{FE}$이므로
$\overline{AF} : \overline{FD} = \overline{AE} : \overline{EC}$
$x : (6-x) = 2 : 1$, $x = 2(6-x)$
$3x = 12$ $\therefore x = 4$

답 (1) 12   (2) 4

3 ① $\overline{AD} : \overline{DB} = 13 : 3$, $\overline{AE} : \overline{EC} = 12 : 4 = 3 : 1$이므로
$\overline{AD} : \overline{DB} \neq \overline{AE} : \overline{EC}$
즉 $\overline{BC}$와 $\overline{DE}$는 평행하지 않다.

② $\overline{AB} : \overline{AD} = 4 : 8 = 1 : 2$, $\overline{AC} : \overline{AE} = 5 : 9$이므로
$\overline{AB} : \overline{AD} \neq \overline{AC} : \overline{AE}$
즉 $\overline{BC}$와 $\overline{DE}$는 평행하지 않다.

③ $\overline{AB} : \overline{BD} = 6 : 2 = 3 : 1$,
$\overline{AC} : \overline{CE} = (3+1) : 1 = 4 : 1$
이므로 $\overline{AB} : \overline{BD} \neq \overline{AC} : \overline{CE}$
즉 $\overline{BC}$와 $\overline{DE}$는 평행하지 않다.

④ $\overline{AB} : \overline{BD} = 6 : 3 = 2 : 1$,
$\overline{AC} : \overline{CE} = (10-4) : 4 = 3 : 2$
이므로 $\overline{AB} : \overline{BD} \neq \overline{AC} : \overline{CE}$
즉 $\overline{BC}$와 $\overline{DE}$는 평행하지 않다.

⑤ $\overline{AB} : \overline{BD} = 7.5 : 10 = 3 : 4$,
$\overline{AC} : \overline{CE} = 9 : 12 = 3 : 4$
이므로 $\overline{AB} : \overline{BD} = \overline{AC} : \overline{CE}$
$\therefore \overline{BC} /\!/ \overline{DE}$
따라서 $\overline{BC} /\!/ \overline{DE}$인 것은 ⑤이다.

답 ⑤

4 ㄱ. $\overline{CF} : \overline{FA} = 6 : 8 = 3 : 4$,
$\overline{CE} : \overline{EB} = 8 : 12 = 2 : 3$
이므로 $\overline{CF} : \overline{FA} \neq \overline{CE} : \overline{EB}$
즉 $\overline{AB}$와 $\overline{FE}$는 평행하지 않다.

ㄴ. $\overline{AD} : \overline{DB} = 12 : 9 = 4 : 3$,
$\overline{AF} : \overline{FC} = 8 : 6 = 4 : 3$
이므로 $\overline{AD} : \overline{DB} = \overline{AF} : \overline{FC}$
$\therefore \overline{DF} /\!/ \overline{BC}$

ㄷ. $\overline{BD} : \overline{DA} = 9 : 12 = 3 : 4$,
$\overline{BE} : \overline{EC} = 12 : 8 = 3 : 2$
이므로 $\overline{BD} : \overline{DA} \neq \overline{BE} : \overline{EC}$
즉 $\overline{DE}$와 $\overline{AC}$는 평행하지 않다.

ㄹ. ㄴ에서 $\overline{DF} /\!/ \overline{BC}$이므로
$\angle ADF = \angle ABC$ (동위각)
이상에서 옳은 것은 ㄴ, ㄹ이다.

답 ㄴ, ㄹ

01 2   **02** 7 cm   **03** ②   **04** 12 cm
05 ⑤

01 $\overline{AB} : \overline{AD} = \overline{BC} : \overline{DE}$이므로
$$(x+6) : x = 16 : 12$$
$$(x+6) : x = 4 : 3$$
$$4x = 3(x+6) \qquad \therefore x = 18$$
$\overline{AC} : \overline{AE} = \overline{BC} : \overline{DE}$이므로
$$y : 15 = 16 : 12$$
$$y : 15 = 4 : 3$$
$$3y = 60 \qquad \therefore y = 20$$
$$\therefore y - x = 20 - 18 = 2$$
답 2

02 $\overline{AE} /\!/ \overline{BC}$이므로 $\overline{AE} : \overline{CB} = \overline{AF} : \overline{CF}$에서
$$\overline{AE} : 14 = 6 : 12$$
$$\overline{AE} : 14 = 1 : 2$$
$$2\overline{AE} = 14$$
$$\therefore \overline{AE} = 7 \,(\text{cm})$$
답 7 cm

03 △ABF에서
$$\overline{DG} : \overline{BF} = \overline{AG} : \overline{AF}$$
△AFC에서
$$\overline{AG} : \overline{AF} = \overline{GE} : \overline{FC}$$
따라서 $\overline{DG} : \overline{BF} = \overline{GE} : \overline{FC}$이므로
$$\overline{DG} : 8 = (15 - \overline{DG}) : 12$$
$$12\overline{DG} = 8(15 - \overline{DG})$$
$$20\overline{DG} = 120$$
$$\therefore \overline{DG} = 6 \,(\text{cm})$$
답 ②

04 △ABC에서 $\overline{BC} /\!/ \overline{DE}$이므로
$$\overline{AD} : \overline{DB} = \overline{AE} : \overline{EC} = 3 : 2$$
△ABE에서 $\overline{BE} /\!/ \overline{DF}$이므로
$$\overline{AF} : \overline{FE} = \overline{AD} : \overline{DB} = 3 : 2$$
$$\therefore \overline{AF} = \frac{3}{3+2}\overline{AE} = \frac{3}{5} \times 20 = 12 \,(\text{cm})$$
답 12 cm

05 ① $\overline{AD} : \overline{DB} = \overline{AE} : \overline{EC}$이므로
$$\overline{BC} /\!/ \overline{DE}$$
② $\overline{BC} /\!/ \overline{DE}$이므로 △ABC와 △ADE에서
$$\angle ABC = \angle ADE \,(\text{동위각}),$$
$$\angle ACB = \angle AED \,(\text{동위각})$$
$$\therefore \triangle ABC \backsim \triangle ADE \,(\text{AA 닮음})$$

③ $\overline{AB} : \overline{AD} = \overline{BC} : \overline{DE} = 12 : 9 = 4 : 3$
④ $\overline{AD} : \overline{AB} = \overline{DE} : \overline{BC}$이므로
$$6 : (6 + \overline{DB}) = 9 : 12$$
$$6 : (6 + \overline{DB}) = 3 : 4$$
$$3(6 + \overline{DB}) = 24$$
$$3\overline{DB} = 6$$
$$\therefore \overline{DB} = 2 \,(\text{cm})$$
⑤ $\overline{AC} : \overline{EC} = \overline{AB} : \overline{DB} = 8 : 2 = 4 : 1$
따라서 옳지 않은 것은 ⑤이다.
답 ⑤

02 삼각형의 각의 이등분선

01 (1) 8   (2) 12   (3) 24   (4) 4
02 (1) 9   (2) 4   (3) 15   (4) 12
03 (1) 5 : 3   (2) 5 : 3   (3) 15 cm²

01 (1) $\overline{AB} : \overline{AC} = \overline{BD} : \overline{CD}$이므로
$$15 : 12 = 10 : x$$
$$5 : 4 = 10 : x$$
$$5x = 40 \qquad \therefore x = 8$$
(2) $\overline{AB} : \overline{AC} = \overline{BD} : \overline{CD}$이므로
$$9 : x = 6 : 8$$
$$9 : x = 3 : 4$$
$$3x = 36 \qquad \therefore x = 12$$
(3) $\overline{AB} : \overline{AC} = \overline{BD} : \overline{CD}$이므로
$$12 : 20 = (x - 15) : 15$$
$$3 : 5 = (x - 15) : 15$$
$$5(x - 15) = 45, \qquad 5x = 120$$
$$\therefore x = 24$$
(4) $\overline{AB} : \overline{AC} = \overline{BD} : \overline{CD}$이므로
$$15 : 6 = (14 - x) : x$$
$$5 : 2 = (14 - x) : x$$
$$5x = 2(14 - x), \qquad 7x = 28$$
$$\therefore x = 4$$
답 (1) 8   (2) 12   (3) 24   (4) 4

02 (1) $\overline{AB} : \overline{AC} = \overline{BD} : \overline{CD}$이므로
$$8 : 6 = 12 : x$$
$$4 : 3 = 12 : x$$
$$4x = 36 \qquad \therefore x = 9$$

(2) $\overline{AB}:\overline{AC}=\overline{BD}:\overline{CD}$이므로

$$6:x=9:6$$
$$6:x=3:2$$
$$3x=12 \qquad \therefore x=4$$

(3) $\overline{AB}:\overline{AC}=\overline{BD}:\overline{CD}$이므로

$$10:6=x:9$$
$$5:3=x:9$$
$$3x=45 \qquad \therefore x=15$$

(4) $\overline{AB}:\overline{AC}=\overline{BD}:\overline{CD}$이므로

$$14:8=(x+16):16$$
$$7:4=(x+16):16$$
$$4(x+16)=112, \qquad 4x=48$$
$$\therefore x=12$$

답 (1) 9 (2) 4 (3) 15 (4) 12

03 (1) $\overline{AB}:\overline{AC}=\overline{BD}:\overline{CD}$이므로

$$\overline{BD}:\overline{CD}=10:6=5:3$$

(2) $\triangle ABD$와 $\triangle ADC$의 높이는 같으므로

$$\triangle ABD:\triangle ADC=\overline{BD}:\overline{CD}=5:3$$

(3) $\triangle ABD:\triangle ADC=5:3$이므로

$$\triangle ABD:9=5:3$$
$$3\triangle ABD=45$$
$$\therefore \triangle ABD=15\,(\text{cm}^2)$$

답 (1) 5 : 3 (2) 5 : 3 (3) 15 cm²

---

1 3 cm **2** 8 cm

1 $\overline{BA}:\overline{BC}=\overline{AD}:\overline{CD}$이므로

$$8:6=(7-\overline{CD}):\overline{CD}$$
$$4:3=(7-\overline{CD}):\overline{CD}$$
$$4\overline{CD}=3(7-\overline{CD})$$
$$7\overline{CD}=21$$
$$\therefore \overline{CD}=3\,(\text{cm})$$

답 3 cm

2 $\overline{AC}:\overline{AB}=\overline{CD}:\overline{BD}$이므로

$$\overline{AC}:4=14:(14-7)$$
$$\overline{AC}:4=2:1$$
$$\therefore \overline{AC}=8\,(\text{cm})$$

답 8 cm

---

01 ③ **02** ② **03** 21 cm² **04** 24 cm
05 6 cm

01 $\overline{AB}:\overline{AC}=\overline{BD}:\overline{CD}$이므로

$$\overline{AB}:8=6:(10-6)$$
$$\overline{AB}:8=3:2$$
$$2\overline{AB}=24$$
$$\therefore \overline{AB}=12\,(\text{cm})$$

답 ③

02 ㄱ. $\overline{AD}$가 $\angle A$의 이등분선이므로

$$\overline{BD}:\overline{CD}=\overline{AB}:\overline{AC}$$
$$\therefore \overline{BD}:\overline{CD}=14:10=7:5$$

ㄴ. $\triangle EBC$에서 $\overline{AD}\,/\!/\,\overline{EC}$이므로

$$\overline{BA}:\overline{AE}=\overline{BD}:\overline{CD}=7:5$$

ㄷ. $\triangle EBC$에서 $\overline{AD}\,/\!/\,\overline{EC}$이므로

$$\overline{AD}:\overline{EC}=\overline{BA}:\overline{BE}$$
$$\therefore \overline{AD}:\overline{EC}=7:(7+5)=7:12$$

이상에서 옳은 것은 ㄱ, ㄴ이다.

답 ②

03 $\triangle ABD$와 $\triangle ADC$의 넓이의 비는 밑변의 길이의 비와 같으므로

$$\triangle ABD:\triangle ADC=\overline{BD}:\overline{CD}=\overline{AB}:\overline{AC}$$
$$=9:12=3:4$$
$$\therefore \triangle ABD=\frac{3}{3+4}\triangle ABC$$
$$=\frac{3}{7}\times49=21\,(\text{cm}^2)$$

답 21 cm²

04 $\overline{AB}:\overline{AC}=\overline{BD}:\overline{CD}$이므로

$$\overline{AB}:6=(8+12):12$$
$$\overline{AB}:6=5:3$$
$$3\overline{AB}=30$$
$$\therefore \overline{AB}=10\,(\text{cm})$$
$$\therefore (\triangle ABC\text{의 둘레의 길이})=10+8+6=24\,(\text{cm})$$

답 24 cm

05 $\overline{AB}:\overline{AC}=\overline{BD}:\overline{CD}$이므로

$$8:4=4:\overline{CD}$$
$$2:1=4:\overline{CD}$$
$$2\overline{CD}=4 \qquad \therefore \overline{CD}=2\,(\text{cm})$$
$$\therefore \overline{BC}=4+2=6\,(\text{cm})$$

또 $\overline{AB}:\overline{AC}=\overline{BE}:\overline{CE}$이므로

$$8:4=(6+\overline{CE}):\overline{CE}$$
$$2:1=(6+\overline{CE}):\overline{CE}$$
$$2\overline{CE}=6+\overline{CE}$$
$$\therefore \overline{CE}=6\,(\text{cm})$$

답 6 cm

03 평행선 사이의 선분의 길이의 비

개념원리 확인하기

01 (1) 15　(2) 4
02 (1) 4　(2) 6　(3) 4　(4) 8
03 (1) 4　(2) 6　(3) 10
04 (1) 3 : 2　(2) 3 : 5　(3) 6

01 (1) $4 : 10 = 6 : x$이므로
$$2 : 5 = 6 : x$$
$$2x = 30 \quad \therefore x = 15$$
(2) $5 : 15 = x : 12$이므로
$$1 : 3 = x : 12$$
$$3x = 12 \quad \therefore x = 4$$

답 (1) 15　(2) 4

02 (1) $\overline{GF} = \overline{AD} = 4$
(2) $\overline{HC} = \overline{AD} = 4$이므로
$$\overline{BH} = \overline{BC} - \overline{HC} = 10 - 4 = 6$$
(3) $\triangle ABH$에서 $\overline{EG} /\!/ \overline{BH}$이므로
$$6 : (6 + 3) = \overline{EG} : 6$$
$$2 : 3 = \overline{EG} : 6$$
$$3\overline{EG} = 12$$
$$\therefore \overline{EG} = 4$$
(4) $\overline{EF} = \overline{EG} + \overline{GF} = 4 + 4 = 8$

답 (1) 4　(2) 6　(3) 4　(4) 8

03 (1) $\triangle ABC$에서 $\overline{EG} /\!/ \overline{BC}$이므로
$$2 : (2 + 4) = \overline{EG} : 12$$
$$1 : 3 = \overline{EG} : 12$$
$$3\overline{EG} = 12 \quad \therefore \overline{EG} = 4$$
(2) $\triangle ACD$에서 $\overline{GF} /\!/ \overline{AD}$이므로
$$4 : (4 + 2) = \overline{GF} : 9$$
$$2 : 3 = \overline{GF} : 9$$
$$3\overline{GF} = 18 \quad \therefore \overline{GF} = 6$$
(3) $\overline{EF} = \overline{EG} + \overline{GF} = 4 + 6 = 10$

답 (1) 4　(2) 6　(3) 10

04 (1) $\triangle ABE \backsim \triangle CDE$ (AA 닮음)이므로
$$\overline{BE} : \overline{DE} = \overline{AB} : \overline{CD} = 15 : 10 = 3 : 2$$
(2) $\triangle BCD$에서 $\overline{EF} /\!/ \overline{DC}$이므로
$$\overline{BF} : \overline{BC} = \overline{BE} : \overline{BD} = 3 : (3 + 2) = 3 : 5$$
(3) $\triangle BCD$에서 $\overline{EF} /\!/ \overline{DC}$이므로
$$\overline{EF} : 10 = 3 : 5$$
$$5\overline{EF} = 30$$
$$\therefore \overline{EF} = 6$$

답 (1) 3 : 2　(2) 3 : 5　(3) 6

핵심문제 익히기

1 (1) $x = \dfrac{9}{2}$, $y = \dfrac{10}{3}$　(2) $x = 9$, $y = \dfrac{40}{3}$
2 12 cm　　**3** $\dfrac{15}{2}$ cm　　**4** $x = \dfrac{15}{2}$, $y = 15$

1 (1) $2 : 3 = 3 : x$이므로 $\quad 2x = 9$
$$\therefore x = \frac{9}{2}$$
$2 : 3 = y : 5$이므로 $\quad 3y = 10$
$$\therefore y = \frac{10}{3}$$
(2) $x : (24 - x) = 6 : 10$이므로
$$x : (24 - x) = 3 : 5$$
$$5x = 3(24 - x)$$
$$8x = 72 \quad \therefore x = 9$$
$8 : y = 6 : 10$이므로
$$8 : y = 3 : 5$$
$$3y = 40 \quad \therefore y = \frac{40}{3}$$

답 (1) $x = \dfrac{9}{2}$, $y = \dfrac{10}{3}$　(2) $x = 9$, $y = \dfrac{40}{3}$

2 오른쪽 그림과 같이 점 A를 지나고 $\overline{CD}$에 평행한 $\overline{AH}$를 긋고 $\overline{AH}$와 $\overline{EF}$의 교점을 G 라 하면

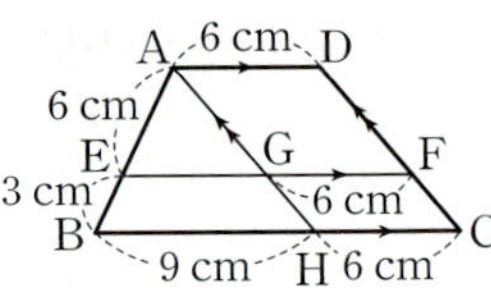

$$\overline{GF} = \overline{HC} = \overline{AD} = 6 \text{ (cm)}$$
$$\therefore \overline{BH} = 15 - 6 = 9 \text{ (cm)}$$
$\triangle ABH$에서 $\overline{EG} /\!/ \overline{BH}$이므로
$$6 : (6 + 3) = \overline{EG} : 9$$
$$2 : 3 = \overline{EG} : 9$$
$$3\overline{EG} = 18$$
$$\therefore \overline{EG} = 6 \text{ (cm)}$$
$$\therefore \overline{EF} = \overline{EG} + \overline{GF} = 6 + 6 = 12 \text{ (cm)}$$

답 12 cm

다른 풀이 오른쪽 그림과 같이 대각선 AC를 긋고 $\overline{AC}$와 $\overline{EF}$의 교점을 G라 하면 $\triangle ABC$에서 $\overline{EG} /\!/ \overline{BC}$이므로

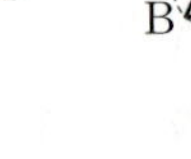

$$6 : (6 + 3) = \overline{EG} : 15$$
$$2 : 3 = \overline{EG} : 15$$
$$3\overline{EG} = 30$$
$$\therefore \overline{EG} = 10 \text{ (cm)}$$
$\triangle ACD$에서 $\overline{GF} /\!/ \overline{AD}$이므로
$$3 : (3 + 6) = \overline{GF} : 6$$
$$1 : 3 = \overline{GF} : 6$$
$$3\overline{GF} = 6$$
$$\therefore \overline{GF} = 2 \text{ (cm)}$$
$$\therefore \overline{EF} = \overline{EG} + \overline{GF} = 10 + 2 = 12 \text{ (cm)}$$

3 $\triangle AOD \sim \triangle COB$ (AA 닮음)이므로
$$\overline{AO}:\overline{CO}=\overline{AD}:\overline{CB}=6:10=3:5$$
$\triangle ABC$에서 $\overline{EO} /\!/ \overline{BC}$이므로
$$3:(3+5)=\overline{EO}:10, \qquad 8\overline{EO}=30$$
$$\therefore \overline{EO}=\frac{15}{4}\,(\text{cm})$$
$\triangle ACD$에서 $\overline{OF} /\!/ \overline{AD}$이므로
$$5:(5+3)=\overline{OF}:6, \qquad 8\overline{OF}=30$$
$$\therefore \overline{OF}=\frac{15}{4}\,(\text{cm})$$
$$\therefore \overline{EF}=\overline{EO}+\overline{OF}$$
$$=\frac{15}{4}+\frac{15}{4}=\frac{15}{2}\,(\text{cm})$$
답 $\dfrac{15}{2}$ cm

4 $\triangle ABE \sim \triangle CDE$ (AA 닮음)이므로
$$\overline{BE}:\overline{DE}=\overline{AB}:\overline{CD}=20:12=5:3$$
$\triangle BCD$에서 $\overline{EF} /\!/ \overline{DC}$이므로
$$x:12=5:(5+3)$$
$$8x=60 \qquad \therefore x=\frac{15}{2}$$
$\triangle BCD$에서 $\overline{EF} /\!/ \overline{DC}$이므로
$$\frac{15}{2}:12=y:24$$
$$5:8=y:24$$
$$8y=120 \qquad \therefore y=15$$
답 $x=\dfrac{15}{2},\ y=15$

이런 문제가 시험 에 나온다 ▶본문 141쪽

01 ③ **02** 7 cm **03** 10 cm **04** 8 cm
05 ⑤

01 $10:x=8:16$이므로
$$10:x=1:2$$
$$\therefore x=20$$
$20:15=16:y$이므로
$$4:3=16:y$$
$$4y=48 \qquad \therefore y=12$$
$$\therefore x-y=20-12=8$$
답 ③

02 $\triangle ABC$에서 $\overline{EG} /\!/ \overline{BC}$이므로
$$\overline{AE}:\overline{AB}=\overline{EG}:\overline{BC}$$
$$3:(3+2)=\overline{EG}:9$$
$$5\overline{EG}=27$$
$$\therefore \overline{EG}=\frac{27}{5}\,(\text{cm})$$

$\triangle ACD$에서 $\overline{GF} /\!/ \overline{AD}$이므로
$$\overline{GF}:\overline{AD}=\overline{CG}:\overline{CA}$$
$$\overline{GF}:4=2:(2+3)$$
$$5\overline{GF}=8$$
$$\therefore \overline{GF}=\frac{8}{5}\,(\text{cm})$$
$$\therefore \overline{EF}=\overline{EG}+\overline{GF}=\frac{27}{5}+\frac{8}{5}=7\,(\text{cm})$$
답 7 cm

03 $\overline{AE}=2\overline{EB}$에서
$$\overline{AE}:\overline{EB}=2:1$$
$\triangle ABD$에서 $\overline{EM} /\!/ \overline{AD}$이므로
$$1:(1+2)=\overline{EM}:24$$
$$3\overline{EM}=24$$
$$\therefore \overline{EM}=8\,(\text{cm})$$
$\triangle ABC$에서 $\overline{EN} /\!/ \overline{BC}$이므로
$$2:(2+1)=\overline{EN}:27$$
$$3\overline{EN}=54$$
$$\therefore \overline{EN}=18\,(\text{cm})$$
$$\therefore \overline{MN}=\overline{EN}-\overline{EM}$$
$$=18-8=10\,(\text{cm})$$
답 10 cm

04 $\triangle ABC$에서 $\overline{EO} /\!/ \overline{BC}$이므로
$$\overline{AO}:\overline{OC}=\overline{AE}:\overline{EB}=6:9=2:3$$
$\triangle AOD \sim \triangle COB$ (AA 닮음)이므로
$$\overline{AD}:\overline{CB}=\overline{OA}:\overline{OC}$$
$$\overline{AD}:12=2:3, \qquad 3\overline{AD}=24$$
$$\therefore \overline{AD}=8\,(\text{cm})$$
답 8 cm

05 ①, ③ $\overline{AB},\ \overline{EF},\ \overline{DC}$가 모두 $\overline{BC}$에 수직이므로
$$\overline{AB} /\!/ \overline{EF} /\!/ \overline{DC}$$
$\triangle ABE$와 $\triangle CDE$에서
$$\angle AEB=\angle CED \ (\text{맞꼭지각}),$$
$$\angle ABE=\angle CDE \ (\text{엇각})$$
이므로 $\triangle ABE \sim \triangle CDE$ (AA 닮음)
즉 $\overline{BE}:\overline{DE}=\overline{AB}:\overline{CD}=12:24=1:2$이므로
$$\overline{BE}:\overline{BD}=1:(1+2)=1:3$$
② $\triangle BCD$에서 $\overline{EF} /\!/ \overline{DC}$이므로
$$1:3=\overline{EF}:24, \qquad 3\overline{EF}=24$$
$$\therefore \overline{EF}=8\,(\text{cm})$$
④ $\triangle CAB$와 $\triangle CEF$에서
$$\angle CBA=\angle CFE=90°,$$
$$\angle C\text{는 공통}$$
이므로 $\triangle CAB \sim \triangle CEF$ (AA 닮음)
따라서 옳지 않은 것은 ⑤이다.
답 ⑤

01 ④	02 ②	03 12 cm	04 54
05 3개	06 ③	07 3 cm	08 ②
09 ③	10 7 cm	11 ⑤	12 ⑤
13 ③	14 8 cm	15 ⑤	16 ②
17 ③	18 $\frac{9}{2}$ cm	19 ④	20 ③
21 16 cm^2	22 6 cm	23 5 cm	24 9 cm

01 〔전략〕 $\triangle ABC$에서 평행선 사이의 선분의 길이의 비를 이용한다.

④ $\overline{AD} : \overline{AB} = \overline{DE} : \overline{BC}$이므로

$\overline{AD} : \overline{DB} \neq \overline{DE} : \overline{BC}$

따라서 옳지 않은 것은 ④이다.   답 ④

02 〔전략〕 $\overline{AB} /\!/ \overline{DE}$이므로 $\overline{CD} : \overline{CA} = \overline{CE} : \overline{CB} = \overline{DE} : \overline{AB}$임을 이용한다.

$x : 15 = 16 : 20$이므로

$\quad x : 15 = 4 : 5$

$\quad 5x = 60$

$\quad \therefore x = 12$

$(20-y) : 20 = 16 : 20$이므로

$\quad (20-y) : 20 = 4 : 5$

$\quad 80 = 5(20-y), \quad 5y = 20$

$\quad \therefore y = 4$

$\quad \therefore x + y = 12 + 4 = 16$ 답 ②

03 〔전략〕 $\overline{BC} /\!/ \overline{DE}$이므로 $\overline{EF} : \overline{BF} = \overline{DE} : \overline{BC} = \overline{AD} : \overline{AB}$임을 이용한다.

$\overline{AD} = \frac{1}{2}\overline{DB}$에서

$\quad \overline{AD} : \overline{DB} = 1 : 2$

$\triangle ABC$에서 $\overline{BC} /\!/ \overline{DE}$이므로

$\quad \overline{EF} : \overline{BF} = \overline{DE} : \overline{BC} = \overline{AD} : \overline{AB}$

$\quad\quad = 1 : (1+2) = 1 : 3$

$\quad \therefore \overline{BF} = \frac{3}{1+3}\overline{BE} = \frac{3}{4} \times 16 = 12 \ (\text{cm})$

답 12 cm

04 〔전략〕 $\triangle ABM$과 $\triangle AMC$에서 각각 평행선 사이의 선분의 길이의 비를 이용한다.

$\triangle ABM$에서

$\quad \overline{AD} : \overline{AB} = \overline{DP} : \overline{BM}$

$\quad 9 : (9+x) = 4 : 6$

$\quad 9 : (9+x) = 2 : 3$

$\quad 2(9+x) = 27, \quad 2x = 9$

$\quad \therefore x = \frac{9}{2}$

또 $\triangle ABM$에서

$\quad \overline{DP} : \overline{BM} = \overline{AP} : \overline{AM}$

이고 $\triangle AMC$에서

$\quad \overline{AP} : \overline{AM} = \overline{PE} : \overline{MC}$

이므로 $\quad \overline{DP} : \overline{BM} = \overline{PE} : \overline{MC}$

$\quad 4 : 6 = 8 : y$

$\quad 2 : 3 = 8 : y$

$\quad 2y = 24 \quad \therefore y = 12$

$\quad \therefore xy = \frac{9}{2} \times 12 = 54$ 답 54

05 〔전략〕 $\overline{AD} : \overline{DB} = \overline{AE} : \overline{EC}$ 또는 $\overline{AB} : \overline{AD} = \overline{AC} : \overline{AE}$이면 $\overline{BC} /\!/ \overline{DE}$이다.

ㄱ. $\overline{AD} : \overline{DB} = 6 : 5$, $\overline{AE} : \overline{EC} = (12-6) : 6 = 1 : 1$

이므로 $\quad \overline{AD} : \overline{DB} \neq \overline{AE} : \overline{EC}$

따라서 $\overline{BC}$와 $\overline{DE}$는 평행하지 않다.

ㄴ. $\overline{AD} : \overline{DB} = 6 : 3 = 2 : 1$, $\overline{AE} : \overline{EC} = 8 : 4 = 2 : 1$

이므로 $\quad \overline{AD} : \overline{DB} = \overline{AE} : \overline{EC}$

$\quad\quad \therefore \overline{BC} /\!/ \overline{DE}$

ㄷ. $\overline{AD} : \overline{DB} = 4 : 4 = 1 : 1$, $\overline{AE} : \overline{EC} = 6 : 6 = 1 : 1$

이므로 $\quad \overline{AD} : \overline{DB} = \overline{AE} : \overline{EC}$

$\quad\quad \therefore \overline{BC} /\!/ \overline{DE}$

ㄹ. $\overline{AB} : \overline{AD} = (10-8) : 8 = 1 : 4$,

$\overline{AC} : \overline{AE} = 4 : 12 = 1 : 3$

이므로 $\quad \overline{AB} : \overline{AD} \neq \overline{AC} : \overline{AE}$

따라서 $\overline{BC}$와 $\overline{DE}$는 평행하지 않다.

ㅁ. $\overline{AD} : \overline{DB} = 3 : 9 = 1 : 3$,

$\overline{AE} : \overline{EC} = (10-8) : 8 = 1 : 4$

이므로 $\quad \overline{AD} : \overline{DB} \neq \overline{AE} : \overline{EC}$

따라서 $\overline{BC}$와 $\overline{DE}$는 평행하지 않다.

ㅂ. $\overline{AB} : \overline{AD} = 7 : 2$,

$\overline{AC} : \overline{AE} = 14 : (18-14) = 7 : 2$

이므로 $\quad \overline{AB} : \overline{AD} = \overline{AC} : \overline{AE}$

$\quad\quad \therefore \overline{BC} /\!/ \overline{DE}$

이상에서 $\overline{BC} /\!/ \overline{DE}$인 것은 ㄴ, ㄷ, ㅂ의 3개이다.

답 3개

06 〔전략〕 삼각형의 내각의 이등분선의 성질을 이용한다.

$\overline{AB} : \overline{AC} = \overline{BD} : \overline{CD}$이므로

$\quad 8 : 10 = \overline{BD} : (9-\overline{BD})$

$\quad 4 : 5 = \overline{BD} : (9-\overline{BD})$

$\quad 5\overline{BD} = 4(9-\overline{BD})$

$\quad 9\overline{BD} = 36$

$\quad \therefore \overline{BD} = 4 \ (\text{cm})$ 답 ③

07 **전략** 삼각형의 외각의 이등분선의 성질을 이용한다.
$\overline{AC} : \overline{AB} = \overline{CD} : \overline{BD}$이므로
$$6 : 4 = (6 + \overline{BC}) : 6$$
$$3 : 2 = (6 + \overline{BC}) : 6$$
$$2(6 + \overline{BC}) = 18$$
$$2\overline{BC} = 6$$
$$\therefore \overline{BC} = 3 \, (\text{cm})$$
답 3 cm

08 **전략** 평행한 네 직선이 다른 두 직선과 만날 때, 평행선 사이의 선분의 길이의 비는 같음을 이용한다.
$56 : x = 60 : 75$이므로
$$56 : x = 4 : 5, \qquad 4x = 280$$
$$\therefore x = 70$$
$70 : 84 = 75 : y$이므로
$$5 : 6 = 75 : y$$
$$5y = 450 \qquad \therefore y = 90$$
$$\therefore y - x = 90 - 70 = 20$$
답 ②

09 **전략** 대각선 AC를 긋고 평행선 사이의 선분의 길이의 비를 이용한다.

오른쪽 그림과 같이 대각선 AC를 긋고 $\overline{AC}$와 $\overline{EF}$의 교점을 G라 하면 $\triangle ABC$에서 $\overline{EG} /\!/ \overline{BC}$이므로
$$6 : (6+2) = \overline{EG} : 8$$
$$3 : 4 = \overline{EG} : 8$$
$$4\overline{EG} = 24$$
$$\therefore \overline{EG} = 6 \, (\text{cm})$$
$$\therefore \overline{GF} = \overline{EF} - \overline{EG} = 7 - 6 = 1 \, (\text{cm})$$
또 $\triangle ACD$에서 $\overline{GF} /\!/ \overline{AD}$이므로
$$2 : (2+6) = 1 : \overline{AD}$$
$$1 : 4 = 1 : \overline{AD}$$
$$\therefore \overline{AD} = 4 \, (\text{cm})$$
답 ③

10 **전략** $\triangle ABC$와 $\triangle ABD$에서 각각 평행선 사이의 선분의 길이의 비를 이용한다.
$\triangle ABC$에서 $\overline{EH} /\!/ \overline{BC}$이므로
$$3 : (3+1) = \overline{EH} : 12$$
$$4\overline{EH} = 36$$
$$\therefore \overline{EH} = 9 \, (\text{cm})$$
$\triangle ABD$에서 $\overline{EG} /\!/ \overline{AD}$이므로
$$1 : (1+3) = \overline{EG} : 8$$
$$4\overline{EG} = 8$$
$$\therefore \overline{EG} = 2 \, (\text{cm})$$
$$\therefore \overline{GH} = \overline{EH} - \overline{EG} = 9 - 2 = 7 \, (\text{cm})$$
답 7 cm

11 **전략** 삼각형의 닮음을 이용하여 평행선 사이의 선분의 길이의 비를 구한다.
①, ② $\triangle AOD$와 $\triangle COB$에서
$$\angle DAO = \angle BCO \, (\text{엇각}),$$
$$\angle AOD = \angle COB \, (\text{맞꼭지각})$$
이므로 $\triangle AOD \circ \triangle COB \, (\text{AA 닮음})$
$$\therefore \overline{AO} : \overline{CO} = \overline{AD} : \overline{CB} = a : b$$
③ $\triangle DBC$에서 $\overline{OF} /\!/ \overline{BC}$이므로
$$\overline{DF} : \overline{FC} = \overline{DO} : \overline{OB}$$
$\triangle AOD \circ \triangle COB \, (\text{AA 닮음})$이므로
$$\overline{DO} : \overline{BO} = \overline{AD} : \overline{CB} = a : b$$
$$\therefore \overline{DF} : \overline{FC} = a : b$$
④ $\overline{EO} : \overline{BC} = \overline{AO} : \overline{AC} = \overline{DO} : \overline{DB} = \overline{OF} : \overline{BC}$이므로
$$\overline{EO} = \overline{OF}$$
따라서 옳지 않은 것은 ⑤이다.
답 ⑤

12 **전략** $\triangle ABE \circ \triangle CDE$임을 이용한다.
$\triangle ABE \circ \triangle CDE \, (\text{AA 닮음})$이므로
$$\overline{BE} : \overline{DE} = \overline{AB} : \overline{CD} = 12 : 15 = 4 : 5$$
$\triangle BCD$에서 $\overline{EF} /\!/ \overline{DC}$이므로
$$4 : (4+5) = x : 15, \qquad 9x = 60$$
$$\therefore x = \frac{20}{3}$$
또 $12 : y = 4 : 5$이므로
$$4y = 60 \qquad \therefore y = 15$$
$$\therefore 3x - y = 3 \times \frac{20}{3} - 15 = 5$$
답 ⑤

13 **전략** 마름모는 네 변의 길이가 모두 같고, 두 쌍의 대변이 각각 평행한 사각형임을 이용한다.
마름모 DFCE의 한 변의 길이를 x cm라 하자.
$\overline{DF} /\!/ \overline{AC}$이므로
$$\overline{BF} : \overline{BC} = \overline{DF} : \overline{AC}$$
$$(9-x) : 9 = x : 6, \qquad 9x = 6(9-x)$$
$$15x = 54 \qquad \therefore x = \frac{18}{5}$$
따라서 □DFCE의 둘레의 길이는
$$4 \times \frac{18}{5} = \frac{72}{5} \, (\text{cm})$$
답 ③

14 **전략** 직각삼각형의 빗변의 중점은 외심임을 이용한다.
$\triangle CMB$에서 $\overline{DE} /\!/ \overline{MB}$이고 $\overline{CD} : \overline{CM} = 1 : 2$이므로
$$2 : \overline{MB} = 1 : 2$$
$$\therefore \overline{MB} = 4 \, (\text{cm})$$

점 M은 직각삼각형 ABC의 빗변의 중점이므로 외심이다.
즉 $\overline{AM}=\overline{CM}=\overline{BM}=4\,(\text{cm})$이므로
$$\overline{AC}=\overline{AM}+\overline{MC}$$
$$=4+4=8\,(\text{cm})$$
답 8 cm

15 전략 $\triangle ADF$와 $\triangle CEB$에서 각각 평행선 사이의 선분의 길이의 비를 이용한다.

$\triangle ADF$에서 $\overline{PE}\,/\!/\,\overline{DF}$이므로
$$3:2=18:\overline{EF}$$
$$3\overline{EF}=36$$
$$\therefore \overline{EF}=12\,(\text{cm})$$
$\triangle CEB$에서 $\overline{DF}\,/\!/\,\overline{BE}$이므로
$$2:3=\overline{CF}:12$$
$$3\overline{CF}=24$$
$$\therefore \overline{CF}=8\,(\text{cm})$$
답 ⑤

16 전략 삼각형의 내심은 세 내각의 이등분선의 교점과 같다.

$\triangle ABC$에서 $\overline{CD}$는 $\angle C$의 이등분선이므로
$$\overline{CA}:\overline{CB}=\overline{AD}:\overline{BD}$$
$$\overline{CA}:12=3:6$$
$$\overline{CA}:12=1:2$$
$$2\overline{CA}=12$$
$$\therefore \overline{CA}=6\,(\text{cm})$$
또 $\overline{BE}$는 $\angle B$의 이등분선이므로
$$\overline{BC}:\overline{BA}=\overline{CE}:\overline{AE}$$
$$12:9=\overline{CE}:(6-\overline{CE})$$
$$4:3=\overline{CE}:(6-\overline{CE})$$
$$3\overline{CE}=4(6-\overline{CE})$$
$$7\overline{CE}=24$$
$$\therefore \overline{CE}=\frac{24}{7}\,(\text{cm})$$
답 ②

17 전략 삼각형의 내각의 이등분선의 성질과 삼각형의 닮음을 이용한다.

$\triangle ABC$에서 $\overline{AD}$는 $\angle A$의 이등분선이므로
$$\overline{BD}:\overline{CD}=\overline{AB}:\overline{AC}=6:4=3:2$$
또 $\triangle BED$와 $\triangle CFD$에서
$$\angle BDE=\angle CDF\ (\text{맞꼭지각}),$$
$$\angle BED=\angle CFD=90°$$
이므로 $\triangle BED\backsim\triangle CFD\ (\text{AA 닮음})$
즉 $\overline{DE}:\overline{DF}=\overline{BD}:\overline{CD}$이므로
$$1:\overline{DF}=3:2$$
$$3\overline{DF}=2$$
$$\therefore \overline{DF}=\frac{2}{3}\,(\text{cm})$$
답 ③

18 전략 삼각형의 외각의 이등분선의 성질을 이용하여 먼저 $\overline{AB}$의 길이를 구한다.

$\overline{AB}:\overline{AC}=\overline{BD}:\overline{CD}$이므로
$$\overline{AB}:9=(7+14):14$$
$$\overline{AB}:9=3:2$$
$$2\overline{AB}=27$$
$$\therefore \overline{AB}=\frac{27}{2}\,(\text{cm})$$
$\triangle ABD$에서 $\overline{AD}\,/\!/\,\overline{EC}$이므로
$$\overline{BE}:\overline{EA}=\overline{BC}:\overline{CD}=7:14=1:2$$
$$\therefore \overline{BE}=\frac{1}{1+2}\overline{AB}=\frac{1}{3}\times\frac{27}{2}=\frac{9}{2}\,(\text{cm})$$
답 $\dfrac{9}{2}$ cm

19 전략 평행선 사이의 선분의 길이의 비를 이용할 수 있도록 선분의 길이를 문자로 놓는다.

오른쪽 그림에서
$$(6+a):9=7:7$$
이므로 $(6+a):9=1:1$
$$6+a=9 \qquad \therefore a=3$$
또 $x:15=6:(3+9)$이므로
$$x:15=1:2$$
$$2x=15 \qquad \therefore x=\frac{15}{2}$$
답 ④

20 전략 평행선 사이의 선분의 길이의 비를 이용하여 $\overline{EP}$, $\overline{BC}$의 길이를 차례대로 구한다.

$\triangle ABD$에서 $\overline{EP}\,/\!/\,\overline{AD}$이므로
$$\overline{BE}:\overline{BA}=\overline{EP}:\overline{AD}$$
$$1:(1+2)=\overline{EP}:6$$
$$3\overline{EP}=6$$
$$\therefore \overline{EP}=2\,(\text{cm})$$
$\triangle ABC$에서 $\overline{EQ}\,/\!/\,\overline{BC}$이고
$$\overline{EQ}=\overline{EP}+\overline{PQ}=2+6=8\,(\text{cm})$$
이므로 $\overline{AE}:\overline{AB}=\overline{EQ}:\overline{BC}$
$$2:(2+1)=8:\overline{BC}$$
$$2\overline{BC}=24$$
$$\therefore \overline{BC}=12\,(\text{cm})$$
답 ③

21 전략 평행선 사이의 선분의 길이의 비를 이용하여 $\triangle EBC$의 높이를 구한다.

오른쪽 그림과 같이 점 E에서 $\overline{BC}$에 내린 수선의 발을 H라 하면
$$\overline{AB}\,/\!/\,\overline{EH}\,/\!/\,\overline{DC}$$

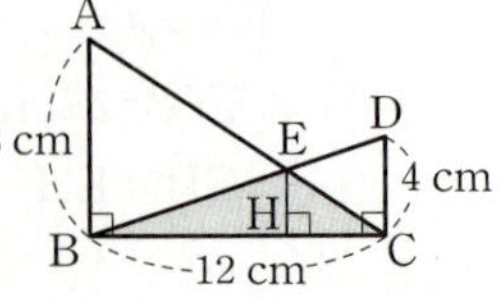

△ABE와 △CDE에서

$\qquad$ ∠AEB=∠CED (맞꼭지각),

$\qquad$ ∠ABE=∠CDE (엇각)

이므로 $\quad$ △ABE∽△CDE (AA 닮음)

$\qquad$ ∴ $\overline{BE}:\overline{DE}=\overline{AB}:\overline{CD}=8:4=2:1$

△BCD에서 $\overline{EH}\,/\!/\,\overline{DC}$이므로

$\qquad \overline{EH}:\overline{DC}=\overline{BE}:\overline{BD}$

$\qquad \overline{EH}:4=2:(2+1),\qquad 3\overline{EH}=8$

$\qquad$ ∴ $\overline{EH}=\dfrac{8}{3}\,(cm)$

$\qquad$ ∴ $\triangle EBC=\dfrac{1}{2}\times12\times\dfrac{8}{3}$

$\qquad\qquad\qquad =16\,(cm^2)$ $\qquad$ 답 $16\,cm^2$

22 전략 $\overline{AE}$와 $\overline{BF}$의 연장선을 그어 만들어진 삼각형에서 평행선 사이의 선분의 길이의 비를 이용한다.

오른쪽 그림과 같이 $\overline{AE}$와 $\overline{BF}$의 연장선의 교점을 O라 하자.

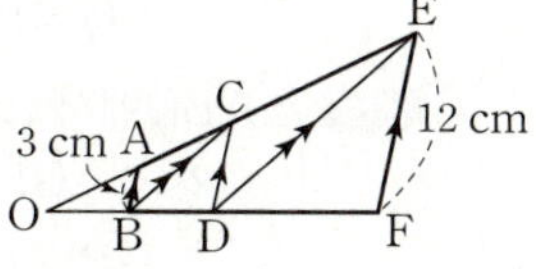

△ODC에서 $\overline{AB}\,/\!/\,\overline{CD}$이므로

$\qquad \overline{OB}:\overline{OD}=\overline{AB}:\overline{CD}$ $\qquad$ …… ㉠

△ODE에서 $\overline{CB}\,/\!/\,\overline{ED}$이므로

$\qquad \overline{OB}:\overline{OD}=\overline{OC}:\overline{OE}$ $\qquad$ …… ㉡

△OFE에서 $\overline{CD}\,/\!/\,\overline{EF}$이므로

$\qquad \overline{OC}:\overline{OE}=\overline{CD}:\overline{EF}$ $\qquad$ …… ㉢

㉠, ㉡, ㉢에서 $\quad \overline{AB}:\overline{CD}=\overline{CD}:\overline{EF}$

$\qquad 3:\overline{CD}=\overline{CD}:12,\qquad \overline{CD}^2=36$

$\qquad$ ∴ $\overline{CD}=6\,(cm)$ $\qquad$ 답 $6\,cm$

23 전략 삼각형의 내각의 이등분선의 성질과 삼각형의 닮음을 이용한다.

△DAB와 △ACB에서

$\qquad$ ∠DAB=∠ACB,

$\qquad$ ∠B는 공통

이므로 $\quad$ △DAB∽△ACB (AA 닮음)

$\overline{BA}:\overline{BC}=\overline{BD}:\overline{BA}$이므로

$\qquad 10:20=\overline{BD}:10$

$\qquad 1:2=\overline{BD}:10$

$\qquad 2\overline{BD}=10$

$\qquad$ ∴ $\overline{BD}=5\,(cm)$

$\qquad$ ∴ $\overline{CD}=\overline{BC}-\overline{BD}=20-5=15\,(cm)$

또 $\overline{BA}:\overline{BC}=\overline{AD}:\overline{CA}$이므로

$\qquad 10:20=\overline{AD}:18$

$\qquad 1:2=\overline{AD}:18$

$\qquad 2\overline{AD}=18$

$\qquad$ ∴ $\overline{AD}=9\,(cm)$

△ADC에서 $\overline{AE}$는 ∠CAD의 이등분선이므로

$\qquad \overline{AD}:\overline{AC}=\overline{DE}:\overline{CE}$

$\qquad 9:18=\overline{DE}:(15-\overline{DE})$

$\qquad 1:2=\overline{DE}:(15-\overline{DE})$

$\qquad 2\overline{DE}=15-\overline{DE}$

$\qquad 3\overline{DE}=15$

$\qquad$ ∴ $\overline{DE}=5\,(cm)$ $\qquad$ 답 $5\,cm$

24 전략 닮음인 삼각형을 찾아 평행선 사이의 선분의 길이의 비를 이용한다.

△AOD∽△COB (AA 닮음)이므로

$\qquad \overline{AO}:\overline{CO}=\overline{AD}:\overline{CB}=18:36=1:2$

△ABC에서 $\overline{EO}\,/\!/\,\overline{BC}$이므로

$\qquad \overline{EO}:\overline{BC}=\overline{AO}:\overline{AC}$

$\qquad \overline{EO}:36=1:(1+2)$

$\qquad 3\overline{EO}=36$

$\qquad$ ∴ $\overline{EO}=12\,(cm)$

△EGO∽△CGB (AA 닮음)이므로

$\qquad \overline{GO}:\overline{GB}=\overline{EO}:\overline{CB}=12:36=1:3$

△OBC에서 $\overline{GH}\,/\!/\,\overline{BC}$이므로

$\qquad \overline{GH}:\overline{BC}=\overline{OG}:\overline{OB}$

$\qquad \overline{GH}:36=1:(1+3)$

$\qquad 4\overline{GH}=36$

$\qquad$ ∴ $\overline{GH}=9\,(cm)$ $\qquad$ 답 $9\,cm$

서술형 대비 문제 $\qquad$ ▶본문 146~147쪽

1 $6\,cm$	**2** $12\,cm$	**3** $\dfrac{24}{5}\,cm$
4 $6\,cm^2$	**5** 27	**6** $12\,cm$

1 1단계 $\overline{BE}=\dfrac{2}{3}\overline{BC}=\dfrac{2}{3}\times15=10\,(cm)$

$\overline{AD}\,/\!/\,\overline{BE}$이므로

$\qquad \overline{AF}:\overline{EF}=\overline{AD}:\overline{EB}=15:10=3:2$

2단계 △ABE에서 $\overline{GF}\,/\!/\,\overline{BE}$이므로

$\qquad \overline{AF}:\overline{AE}=\overline{GF}:\overline{BE}$

$\qquad 3:(3+2)=\overline{GF}:10$

$\qquad 5\overline{GF}=30$

$\qquad$ ∴ $\overline{GF}=6\,(cm)$

$\qquad$ 답 $6\,cm$

2 1단계 $\overline{BD}$는 ∠B의 이등분선이므로

$\qquad \overline{BC}:\overline{BA}=\overline{CD}:\overline{AD}$

$\qquad 8:4=\overline{CD}:2$

$\qquad 2:1=\overline{CD}:2$

$\qquad$ ∴ $\overline{CD}=4\,(cm)$

[2단계] $\overline{BE}$는 ∠B의 외각의 이등분선이므로
$$\overline{BC}:\overline{BA}=\overline{CE}:\overline{AE}$$
$$8:4=(6+\overline{AE}):\overline{AE}$$
$$2:1=(6+\overline{AE}):\overline{AE}$$
$$2\overline{AE}=6+\overline{AE}$$
$$\therefore \overline{AE}=6\,(cm)$$
[3단계] $\overline{CE}=\overline{CD}+\overline{AD}+\overline{AE}$
$$=4+2+6=12\,(cm)$$

답 12 cm

3 [1단계] $2\overline{BE}=3\overline{EC}$이므로
$$\overline{BE}:\overline{EC}=3:2$$
△BCA에서 $\overline{DE}\,/\!/\,\overline{AC}$이므로
$$\overline{BD}:\overline{DA}=\overline{BE}:\overline{EC}$$
$$\overline{BD}:8=3:2$$
$$2\overline{BD}=24$$
$$\therefore \overline{BD}=12\,(cm)$$
[2단계] △BCD에서 $\overline{FE}\,/\!/\,\overline{DC}$이므로
$$\overline{BF}:\overline{FD}=\overline{BE}:\overline{EC}=3:2$$
$$\therefore \overline{DF}=\frac{2}{3+2}\overline{BD}=\frac{2}{5}\times12=\frac{24}{5}\,(cm)$$

답 $\dfrac{24}{5}$ cm

단계	채점 요소	배점
1	$\overline{BD}$의 길이 구하기	3점
2	$\overline{DF}$의 길이 구하기	3점

4 [1단계] △ABC는 ∠BAC＝90°인 직각삼각형이므로
$$△ABC=\frac{1}{2}\times12\times4=24\,(cm^2)$$
[2단계] $\overline{AD}$는 ∠A의 이등분선이므로
$$△ABD:△ADC=\overline{BD}:\overline{CD}$$
$$=\overline{AB}:\overline{AC}$$
$$=12:4=3:1$$
[3단계] $△ADC=\dfrac{1}{3+1}△ABC$
$$=\frac{1}{4}\times24=6\,(cm^2)$$

답 6 cm²

단계	채점 요소	배점
1	△ABC의 넓이 구하기	2점
2	△ABD : △ADC 구하기	3점
3	△ADC의 넓이 구하기	2점

5 [1단계] $x:9=6:12$이므로
$$x:9=1:2$$
$$2x=9$$
$$\therefore x=\frac{9}{2}$$

[2단계] $3:y=6:12$이므로
$$3:y=1:2$$
$$\therefore y=6$$
[3단계] $xy=\dfrac{9}{2}\times6=27$

답 27

단계	채점 요소	배점
1	x의 값 구하기	2점
2	y의 값 구하기	2점
3	xy의 값 구하기	2점

6 [1단계] 오른쪽 그림과 같이 점 A를 지나고 $\overline{CD}$에 평행한 $\overline{AQ}$를 긋고 $\overline{AQ}$와 $\overline{GH}$의 교점을 P라 하면

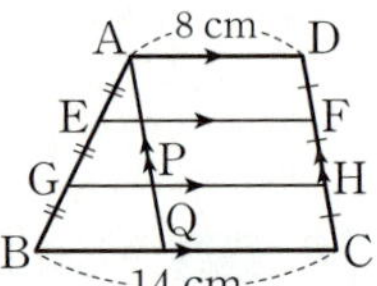

$$\overline{PH}=\overline{QC}=\overline{AD}=8\,(cm)$$
$$\therefore \overline{BQ}=14-8=6\,(cm)$$
[2단계] △ABQ에서 $\overline{AG}:\overline{AB}=2:3$이고 $\overline{GP}\,/\!/\,\overline{BQ}$이므로
$$2:3=\overline{GP}:6,\qquad 3\overline{GP}=12$$
$$\therefore \overline{GP}=4\,(cm)$$
[3단계] $\overline{GH}=\overline{GP}+\overline{PH}=4+8=12\,(cm)$

답 12 cm

단계	채점 요소	배점
1	$\overline{BQ}$의 길이 구하기	3점
2	$\overline{GP}$의 길이 구하기	3점
3	$\overline{GH}$의 길이 구하기	1점

01 삼각형의 두 변의 중점을 연결한 선분

개념원리 확인하기　▶본문 151쪽

01 (1) $x=110$, $y=6$　(2) $x=50$, $y=16$
02 (1) 5　(2) 7
03 (1) 5 cm　(2) 2 cm　(3) 7 cm
04 (1) 15　(2) 22

01 (1) $\overline{AM}=\overline{MB}$, $\overline{AN}=\overline{NC}$이므로
　　$\overline{MN} /\!/ \overline{BC}$
　　따라서 $\angle B=\angle AMN=110°$ (동위각)이므로
　　　$x=110$
　　또 $\overline{MN}=\dfrac{1}{2}\overline{BC}=\dfrac{1}{2}\times12=6$이므로
　　　$y=6$
(2) $\overline{AM}=\overline{MB}$, $\overline{AN}=\overline{NC}$이므로
　　$\overline{MN} /\!/ \overline{BC}$
　　따라서 $\angle AMN=\angle B=50°$ (동위각)이므로
　　　$x=50$
　　또 $\overline{MN}=\dfrac{1}{2}\overline{BC}$, 즉 $\overline{BC}=2\overline{MN}=2\times8=16$이므로
　　　$y=16$

　　　　　　답 (1) $x=110$, $y=6$　(2) $x=50$, $y=16$

02 (1) $\overline{AM}=\overline{MB}$, $\overline{MN} /\!/ \overline{BC}$이므로
　　$\overline{AN}=\overline{NC}=5$
　　　$\therefore x=5$
(2) $\overline{AM}=\overline{MB}$, $\overline{MN} /\!/ \overline{BC}$이므로
　　$\overline{AN}=\overline{NC}$
　　즉 $\overline{NC}=\dfrac{1}{2}\overline{AC}=\dfrac{1}{2}\times14=7$이므로
　　　$x=7$

　　　　　　　　　　답 (1) 5　(2) 7

03 $\overline{AD} /\!/ \overline{BC}$, $\overline{AM}=\overline{MB}$, $\overline{DN}=\overline{NC}$이므로
　　$\overline{AD} /\!/ \overline{MN} /\!/ \overline{BC}$
(1) △ABC에서 $\overline{AM}=\overline{MB}$, $\overline{MP} /\!/ \overline{BC}$이므로
　　　$\overline{MP}=\dfrac{1}{2}\overline{BC}=\dfrac{1}{2}\times10=5$ (cm)
(2) △ACD에서 $\overline{CN}=\overline{ND}$, $\overline{AD} /\!/ \overline{PN}$이므로
　　　$\overline{PN}=\dfrac{1}{2}\overline{AD}=\dfrac{1}{2}\times4=2$ (cm)
(3) $\overline{MN}=\overline{MP}+\overline{PN}=5+2=7$ (cm)

　　　　　　답 (1) 5 cm　(2) 2 cm　(3) 7 cm

04 (1) $\overline{AD} /\!/ \overline{BC}$, $\overline{AM}=\overline{MB}$, $\overline{DN}=\overline{NC}$이므로
　　$\overline{AD} /\!/ \overline{MN} /\!/ \overline{BC}$
　　△ABD에서 $\overline{AM}=\overline{MB}$, $\overline{AD} /\!/ \overline{MP}$이므로
　　　$\overline{MP}=\dfrac{1}{2}\overline{AD}=\dfrac{1}{2}\times12=6$
　　△DBC에서 $\overline{DN}=\overline{NC}$, $\overline{PN} /\!/ \overline{BC}$이므로
　　　$\overline{PN}=\dfrac{1}{2}\overline{BC}=\dfrac{1}{2}\times18=9$
　　　$\therefore \overline{MN}=\overline{MP}+\overline{PN}=6+9=15$
(2) $\overline{AD} /\!/ \overline{BC}$, $\overline{AM}=\overline{MB}$, $\overline{DN}=\overline{NC}$이므로
　　$\overline{AD} /\!/ \overline{MN} /\!/ \overline{BC}$
　　△ABC에서 $\overline{AM}=\overline{MB}$, $\overline{MP} /\!/ \overline{BC}$이므로
　　　$\overline{MP}=\dfrac{1}{2}\overline{BC}=\dfrac{1}{2}\times20=10$
　　△ACD에서 $\overline{DN}=\overline{NC}$, $\overline{AD} /\!/ \overline{PN}$이므로
　　　$\overline{PN}=\dfrac{1}{2}\overline{AD}=\dfrac{1}{2}\times24=12$
　　　$\therefore \overline{MN}=\overline{MP}+\overline{PN}=10+12=22$

　　　　　　　　　　답 (1) 15　(2) 22

핵심문제 익히기　▶본문 152~154쪽

1 48　　**2** 19　　**3** 6 cm　　**4** 5 cm
5 12 cm　　**6** 3 cm

1 $\overline{AM}=\overline{MB}$, $\overline{AN}=\overline{NC}$이므로
　　$\overline{MN} /\!/ \overline{BC}$
　　따라서 $\angle AMN=\angle B=60°$ (동위각)이므로 △AMN에서
　　　$\angle ANM=180°-(80°+60°)=40°$
　　　$\therefore x=40$
　　또 $\overline{MN}=\dfrac{1}{2}\overline{BC}=\dfrac{1}{2}\times16=8$ (cm)이므로
　　　$y=8$
　　　$\therefore x+y=40+8=48$　　　　**답** 48

2 $\overline{AM}=\overline{MB}$, $\overline{MN} /\!/ \overline{BC}$이므로
　　　$\overline{AN}=\dfrac{1}{2}\overline{AC}=\dfrac{1}{2}\times14=7$ (cm)
　　　$\therefore x=7$
　　또 $\overline{BC}=2\overline{MN}=2\times13=26$ (cm)이므로
　　　$y=26$
　　　$\therefore y-x=26-7=19$　　　　**답** 19

3 △AEC에서 $\overline{AD}=\overline{DE}$, $\overline{AF}=\overline{FC}$이므로 $\overline{DF} /\!/ \overline{EC}$이고
　　　$\overline{EC}=2\overline{DF}=2\times2=4$ (cm)
　　△DBG에서 $\overline{BE}=\overline{ED}$, $\overline{EC} /\!/ \overline{DG}$이므로
　　　$\overline{DG}=2\overline{EC}=2\times4=8$ (cm)
　　　$\therefore \overline{FG}=\overline{DG}-\overline{DF}=8-2=6$ (cm)　　**답** 6 cm

4 오른쪽 그림과 같이 점 D를 지나고 $\overline{BE}$에 평행한 직선을 긋고, 이 직선과 $\overline{AC}$의 교점을 F라 하자.

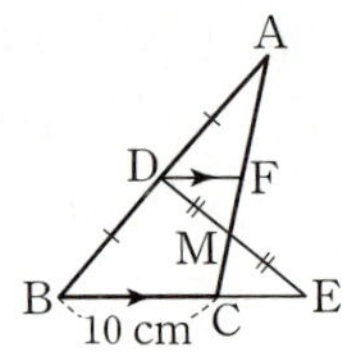

$\triangle ABC$에서 $\overline{AD}=\overline{DB}$, $\overline{DF}\,/\!/\,\overline{BC}$이므로

$$\overline{DF}=\frac{1}{2}\overline{BC}=\frac{1}{2}\times10=5\,(\text{cm})$$

$\triangle DMF$와 $\triangle EMC$에서

$$\overline{DM}=\overline{EM},\ \angle MDF=\angle MEC\ (\text{엇각}),$$
$$\angle DMF=\angle EMC\ (\text{맞꼭지각})$$

이므로 $\triangle DMF\equiv\triangle EMC$ (ASA 합동)

$$\therefore\ \overline{CE}=\overline{FD}=5\,(\text{cm})$$

답 5 cm

5 직사각형의 두 대각선의 길이는 같으므로

$$\overline{PQ}=\overline{QR}=\overline{RS}=\overline{SP}=\frac{1}{2}\overline{BD}=\frac{1}{2}\times6=3\,(\text{cm})$$

$$\therefore\ (\square PQRS의\ 둘레의\ 길이)=3\times4=12\,(\text{cm})$$

답 12 cm

참고 $\square PQRS$는 이웃하는 두 변의 길이가 같은 평행사변형이므로 마름모이다.

6 $\overline{AD}\,/\!/\,\overline{BC}$, $\overline{AM}=\overline{MB}$, $\overline{DN}=\overline{NC}$이므로

$$\overline{AD}\,/\!/\,\overline{MN}\,/\!/\,\overline{BC}$$

$\triangle ABC$에서 $\overline{AM}=\overline{MB}$, $\overline{MQ}\,/\!/\,\overline{BC}$이므로

$$\overline{MQ}=\frac{1}{2}\overline{BC}=\frac{1}{2}\times10=5\,(\text{cm})$$

$\triangle ABD$에서 $\overline{BM}=\overline{MA}$, $\overline{MP}\,/\!/\,\overline{AD}$이므로

$$\overline{MP}=\frac{1}{2}\overline{AD}=\frac{1}{2}\times4=2\,(\text{cm})$$

$$\therefore\ \overline{PQ}=\overline{MQ}-\overline{MP}=5-2=3\,(\text{cm})$$

답 3 cm

이런 문제가 **시험**에 나온다 　　　　　 ▶ 본문 155쪽

01 ④	02 15 cm	03 6 cm	04 6 cm
05 4 cm	06 14		

01 ① $\triangle ABC$와 $\triangle ADE$에서

$$\overline{AB}:\overline{AD}=\overline{AC}:\overline{AE}=2:1,\ \angle A는\ 공통$$

이므로 $\triangle ABC\backsim\triangle ADE$ (SAS 닮음)

②, ③ $\triangle ABC$에서 $\overline{AD}=\overline{DB}$, $\overline{AE}=\overline{EC}$이므로

$$\overline{DE}\,/\!/\,\overline{BC},\ \overline{DE}=\frac{1}{2}\overline{BC}$$

$$\therefore\ \overline{DE}:\overline{BC}=1:2$$

④ $\overline{AD}:\overline{DB}=1:1$, $\overline{DE}:\overline{BC}=1:2$이므로

$$\overline{AD}:\overline{DB}\neq\overline{DE}:\overline{BC}$$

⑤ 삼각형의 닮음비는 대응변의 길이의 비와 같으므로 $\overline{AD}:\overline{AB}=1:2$에서 $\triangle ADE$와 $\triangle ABC$의 닮음비는 $1:2$이다.

따라서 옳지 않은 것은 ④이다.

답 ④

02 $\overline{BD}=\overline{DA}$, $\overline{BE}=\overline{EC}$이므로

$$\overline{DE}=\frac{1}{2}\overline{AC}=\frac{1}{2}\times8=4\,(\text{cm})$$

$\overline{CE}=\overline{EB}$, $\overline{CF}=\overline{FA}$이므로

$$\overline{EF}=\frac{1}{2}\overline{AB}=\frac{1}{2}\times10=5\,(\text{cm})$$

$\overline{AD}=\overline{DB}$, $\overline{AF}=\overline{FC}$이므로

$$\overline{DF}=\frac{1}{2}\overline{BC}=\frac{1}{2}\times12=6\,(\text{cm})$$

$$\therefore\ (\triangle DEF의\ 둘레의\ 길이)=\overline{DE}+\overline{EF}+\overline{FD}$$
$$=4+5+6=15\,(\text{cm})$$

답 15 cm

개념 더하기

$\triangle ABC$에서 $\overline{AB}$, $\overline{BC}$, $\overline{CA}$의 중점을 각각 D, E, F라 하면

$$\overline{DE}=\frac{1}{2}\overline{AC},$$
$$\overline{EF}=\frac{1}{2}\overline{AB},$$
$$\overline{DF}=\frac{1}{2}\overline{BC}$$

이므로

$$(\triangle DEF의\ 둘레의\ 길이)=\frac{1}{2}\times(\triangle ABC의\ 둘레의\ 길이)$$

03 $\overline{AD}=\overline{DB}$, $\overline{DE}\,/\!/\,\overline{BC}$이므로

$$\overline{AE}=\overline{EC}$$

또 $\overline{AE}=\overline{EC}$, $\overline{AB}\,/\!/\,\overline{EF}$이므로

$$\overline{CF}=\overline{FB}=6\,(\text{cm})$$

답 6 cm

다른 풀이 $\square DBFE$는 평행사변형이므로

$$\overline{DE}=\overline{BF}=6\,(\text{cm})$$

$\overline{AD}=\overline{DB}$, $\overline{DE}\,/\!/\,\overline{BC}$이므로

$$\overline{BC}=2\overline{DE}=2\times6=12\,(\text{cm})$$

$$\therefore\ \overline{CF}=\overline{BC}-\overline{BF}=12-6=6\,(\text{cm})$$

04 $\triangle ABF$에서 $\overline{AD}=\overline{DB}$, $\overline{AE}=\overline{EF}$이므로 $\overline{DE}\,/\!/\,\overline{BF}$이고

$$\overline{BF}=2\overline{DE}=2\times4=8\,(\text{cm})$$

$\triangle CED$에서 $\overline{CF}=\overline{FE}$, $\overline{GF}\,/\!/\,\overline{DE}$이므로

$$\overline{GF}=\frac{1}{2}\overline{DE}=\frac{1}{2}\times4=2\,(\text{cm})$$

$$\therefore\ \overline{BG}=\overline{BF}-\overline{GF}=8-2=6\,(\text{cm})$$

답 6 cm

05 오른쪽 그림과 같이 점 D를 지나고 $\overline{BC}$에 평행한 직선을 긋고, 이 직선과 $\overline{AB}$의 교점을 G라 하자. $\overline{BF}=x\,(cm)$라 하면

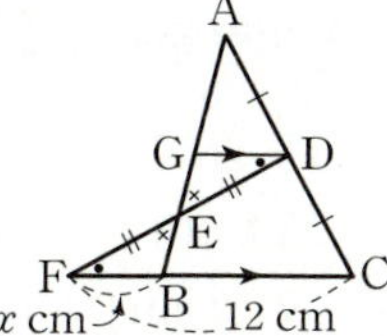

$$\triangle EDG \equiv \triangle EFB\,(ASA\ 합동)$$
이므로 $\overline{GD}=\overline{BF}=x\,(cm)$
$\triangle ABC$에서 $\overline{AD}=\overline{DC}$, $\overline{GD}\,/\!/\,\overline{BC}$이므로
$$\overline{BC}=2\overline{GD}=2x\,(cm)$$
이때 $\overline{FC}=\overline{FB}+\overline{BC}$이므로
$$12=x+2x \quad \therefore x=4$$
$$\therefore \overline{BF}=4\,(cm)$$

   답 4 cm

06 오른쪽 그림과 같이 $\overline{AC}$를 긋고 $\overline{AC}$와 $\overline{MN}$의 교점을 P라 하자. $\overline{AD}\,/\!/\,\overline{BC}$, $\overline{AM}=\overline{MB}$, $\overline{DN}=\overline{NC}$이므로

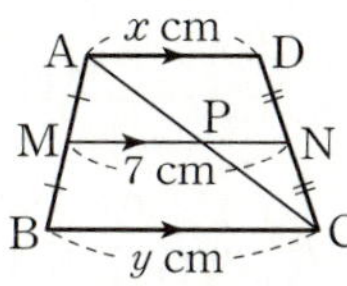

$$\overline{AD}\,/\!/\,\overline{MN}\,/\!/\,\overline{BC}$$
$\triangle ABC$에서 $\overline{AM}=\overline{MB}$, $\overline{MP}\,/\!/\,\overline{BC}$이므로
$$\overline{MP}=\frac{1}{2}\overline{BC}=\frac{1}{2}y\,(cm)$$
$\triangle ACD$에서 $\overline{CN}=\overline{ND}$, $\overline{PN}\,/\!/\,\overline{AD}$이므로
$$\overline{PN}=\frac{1}{2}\overline{AD}=\frac{1}{2}x\,(cm)$$
이때 $\overline{MN}=\overline{MP}+\overline{PN}$이므로
$$7=\frac{1}{2}y+\frac{1}{2}x, \qquad 7=\frac{1}{2}(x+y)$$
$$\therefore x+y=14$$

   답 14

02 삼각형의 무게중심

개념원리 확인하기　　　　　▶본문 158쪽

01 (1) 4 cm　(2) 10 cm²
02 (1) 7　(2) 4　(3) 6　(4) 5
03 (1) 5 cm²　(2) 10 cm²　(3) 10 cm²　(4) 10 cm²

01 (1) $\overline{BD}=\dfrac{1}{2}\overline{BC}=\dfrac{1}{2}\times 8=4\,(cm)$

(2) $\triangle ADC=\dfrac{1}{2}\triangle ABC=\dfrac{1}{2}\times 20=10\,(cm^2)$

   답 (1) 4 cm　(2) 10 cm²

02 (1) $\overline{AD}=\overline{CD}=7$이므로　$x=7$
(2) $\overline{AG}:\overline{GD}=2:1$이므로
$$8:x=2:1, \qquad 2x=8$$
$$\therefore x=4$$

(3) $\overline{BG}:\overline{GD}=2:1$이므로
$$x:3=2:1 \qquad \therefore x=6$$
(4) $\overline{CG}:\overline{GD}=2:1$이므로
$$\overline{GD}=\frac{1}{2+1}\overline{CD}=\frac{1}{3}\times 15=5$$
$$\therefore x=5$$

   답 (1) 7　(2) 4　(3) 6　(4) 5

03 (1) $\triangle BGF=\dfrac{1}{6}\triangle ABC$
$$=\frac{1}{6}\times 30=5\,(cm^2)$$

(2) $\triangle GAF+\triangle GDC=\dfrac{1}{6}\triangle ABC+\dfrac{1}{6}\triangle ABC$
$$=\frac{1}{3}\triangle ABC$$
$$=\frac{1}{3}\times 30=10\,(cm^2)$$

(3) $\square AFGE=\triangle GAF+\triangle GEA$
$$=\frac{1}{6}\triangle ABC+\frac{1}{6}\triangle ABC$$
$$=\frac{1}{3}\triangle ABC$$
$$=\frac{1}{3}\times 30=10\,(cm^2)$$

(4) $\triangle GAB=\dfrac{1}{3}\triangle ABC$
$$=\frac{1}{3}\times 30=10\,(cm^2)$$

   답 (1) 5 cm²　(2) 10 cm²　(3) 10 cm²　(4) 10 cm²

핵심문제 익히기　　　　　▶본문 159～161쪽

1 24 cm²	**2** 6 cm	**3** 6	**4** 22
5 36 cm²	**6** 10 cm	**7** 8 cm²	

1 $\overline{AE}=\overline{EF}=\overline{FD}$이므로
$$\triangle ABD=3\triangle BFE=3\times 4=12\,(cm^2)$$
삼각형의 중선은 그 삼각형의 넓이를 이등분하므로
$$\triangle ABC=2\triangle ABD$$
$$=2\times 12=24\,(cm^2)$$

   답 24 cm²

2 점 G는 $\triangle ABC$의 무게중심이므로
$$\overline{GD}=\frac{1}{3}\overline{BD}=\frac{1}{3}\times 27=9\,(cm)$$
점 G′은 $\triangle AGC$의 무게중심이므로
$$\overline{GG'}=\frac{2}{3}\overline{GD}=\frac{2}{3}\times 9=6\,(cm)$$

   답 6 cm

3 $\triangle ABD$에서 $\overline{BE}=\overline{EA}$, $\overline{EF} /\!/ \overline{AD}$이므로
$$\overline{AD}=2\overline{EF}=2\times 9=18\,(cm)$$
점 G는 $\triangle ABC$의 무게중심이므로
$$\overline{AG}=\frac{2}{3}\overline{AD}=\frac{2}{3}\times 18=12\,(cm),$$
$$\overline{GD}=\frac{1}{3}\overline{AD}=\frac{1}{3}\times 18=6\,(cm)$$
따라서 $x=12$, $y=6$이므로
$$x-y=12-6=6$$
답 6

4 점 G가 $\triangle ABC$의 무게중심이므로
$$\overline{GD}=\frac{1}{2}\overline{BG}=\frac{1}{2}\times 14=7\,(cm) \qquad \therefore x=7$$
$\triangle DBC$에서 $\overline{GF} /\!/ \overline{DC}$이므로
$$\overline{FG}:\overline{CD}=\overline{BG}:\overline{BD}=2:3$$
$$5:\overline{CD}=2:3, \quad 2\overline{CD}=15$$
$$\therefore \overline{CD}=\frac{15}{2}\,(cm)$$
따라서 $\overline{AC}=2\overline{CD}=2\times\frac{15}{2}=15\,(cm)$이므로
$$y=15$$
$$\therefore x+y=7+15=22$$
답 22

5 $\overline{GE}=\overline{EC}$이므로
$$\triangle GDC=2\triangle GDE$$
$$=2\times 3=6\,(cm^2)$$
점 G가 $\triangle ABC$의 무게중심이므로
$$\triangle ABC=6\triangle GDC$$
$$=6\times 6=36\,(cm^2)$$
답 $36\,cm^2$

6 오른쪽 그림과 같이 $\overline{BD}$를 긋고, $\overline{AC}$와 $\overline{BD}$의 교점을 O라 하면 두 점 P, Q는 각각 $\triangle ABD$, $\triangle DBC$의 무게중심이다.

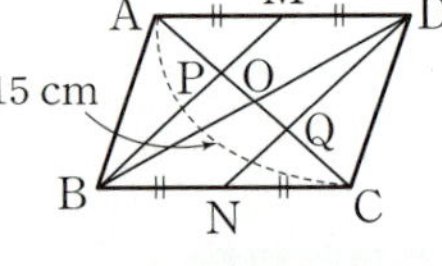

따라서 $\overline{AP}=2\overline{PO}$, $\overline{CQ}=2\overline{QO}$이고 $\overline{AO}=\overline{CO}$에서 $\overline{PO}=\overline{QO}$이므로
$$\overline{AP}=\overline{PQ}=\overline{QC}$$
$$\therefore \overline{AQ}=\frac{2}{3}\overline{AC}=\frac{2}{3}\times 15=10\,(cm)$$
답 $10\,cm$

7 오른쪽 그림과 같이 $\overline{AC}$를 그으면 두 점 P, Q는 각각 $\triangle ABC$, $\triangle ACD$의 무게중심이므로 $\overline{BP}=\overline{PQ}=\overline{QD}$이다.

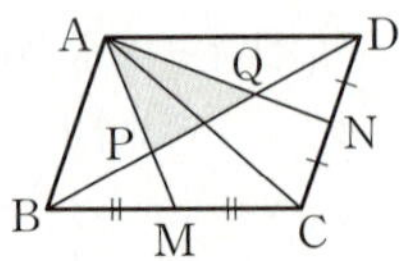

$$\therefore \triangle APQ=\frac{1}{3}\triangle ABD$$
$$=\frac{1}{3}\times\frac{1}{2}\square ABCD$$
$$=\frac{1}{6}\square ABCD$$
$$=\frac{1}{6}\times 48=8\,(cm^2)$$
답 $8\,cm^2$

01 ③ **02** 17 **03** 8 cm **04** ③
05 8 cm **06** ㄱ, ㄴ, ㅁ **07** ② **08** $5\,cm^2$
09 12 cm **10** $20\,cm^2$

01 $\triangle ABC=2\triangle AMC=2\times 2\triangle ANC$
$$=4\triangle ANC=4\times 9=36\,(cm^2)$$
답 ③

02 점 G가 $\triangle ABC$의 무게중심이므로
$$\overline{AG}=\frac{2}{3}\overline{AD}=\frac{2}{3}\times 18=12$$
$$\overline{GE}=\frac{1}{2}\overline{BG}=\frac{1}{2}\times 10=5$$
$$\therefore \overline{AG}+\overline{GE}=12+5=17$$
답 17

03 점 G가 $\triangle ABC$의 무게중심이므로
$$\overline{CF}=\overline{FA}$$
$\triangle ADC$에서 $\overline{CF}=\overline{FA}$, $\overline{CE}=\overline{ED}$이므로
$$\overline{AD}=2\overline{FE}=2\times 6=12\,(cm)$$
$$\therefore \overline{AG}=\frac{2}{3}\overline{AD}=\frac{2}{3}\times 12=8\,(cm)$$
답 8 cm

04 점 G가 $\triangle ABC$의 무게중심이므로
$$\overline{AE}=\overline{EC}$$
즉 점 E는 직각삼각형 ABC의 빗변의 중점이므로 $\triangle ABC$의 외심이다.
따라서 $\overline{BE}=\overline{AE}=\overline{CE}=\frac{1}{2}\overline{AC}=\frac{1}{2}\times 12=6$이므로
$$\overline{BG}=\frac{2}{3}\overline{BE}=\frac{2}{3}\times 6=4$$
$$\therefore x=4$$
$\triangle EBC$에서 $\overline{BD}=\overline{DC}$이고 $\overline{BE} /\!/ \overline{DF}$이므로
$$\overline{DF}=\frac{1}{2}\overline{BE}=\frac{1}{2}\times 6=3$$
$$\therefore y=3$$
$$\therefore xy=4\times 3=12$$
답 ③

05 $\overline{BD}=\overline{DC}$이고 두 점 G, G'이 각각 $\triangle ABD$, $\triangle ADC$의 무게중심이므로
$$\overline{BE}=\overline{ED}, \ \overline{DF}=\overline{FC}$$
$$\therefore \overline{EF}=\frac{1}{2}\overline{BC}=\frac{1}{2}\times 24=12\,(cm)$$
$\triangle AGG'$과 $\triangle AEF$에서
$$\angle A는 공통, \ \overline{AG}:\overline{AE}=\overline{AG'}:\overline{AF}=2:3$$
이므로 $\triangle AGG' \backsim \triangle AEF$ (SAS 닮음)
즉 $\overline{GG'}:\overline{EF}=\overline{AG}:\overline{AE}=2:3$에서
$$\overline{GG'}:12=2:3, \quad 3\overline{GG'}=24$$
$$\therefore \overline{GG'}=8\,(cm)$$
답 8 cm

06 ㄷ. $\overline{GD}=\dfrac{1}{3}\overline{AD}$, $\overline{GE}=\dfrac{1}{3}\overline{BE}$, $\overline{GF}=\dfrac{1}{3}\overline{CF}$

이때 세 중선 AD, BE, CF의 길이가 같은지 알 수 없으므로 $\overline{GD}$, $\overline{GE}$, $\overline{GF}$의 길이가 같은지 알 수 없다.

ㄹ. $\triangle GAB=\dfrac{1}{3}\triangle ABC$

ㅁ. $\square FBDG=\triangle FBG+\triangle GBD$

$\qquad\qquad =\dfrac{1}{6}\triangle ABC+\dfrac{1}{6}\triangle ABC$

$\qquad\qquad =\dfrac{1}{3}\triangle ABC$

이상에서 옳은 것은 ㄱ, ㄴ, ㅁ이다.　　　　**답** ㄱ, ㄴ, ㅁ

07 두 점 G, G′은 각각 △ABC, △GBC의 무게중심이므로

$\triangle GBG'=\dfrac{2}{3}\triangle GBD$

$\qquad\quad =\dfrac{2}{3}\times\dfrac{1}{6}\triangle ABC$

$\qquad\quad =\dfrac{1}{9}\triangle ABC$

$\qquad\quad =\dfrac{1}{9}\times36=4\,(\mathrm{cm}^2)$　　　　**답** ②

08 점 G가 △ABC의 무게중심이므로

$\triangle DBG=\dfrac{1}{6}\triangle ABC$

$\qquad\quad =\dfrac{1}{6}\times60=10\,(\mathrm{cm}^2)$

$\overline{BG}:\overline{GE}=2:1$이므로

$\triangle DGE=\dfrac{1}{2}\triangle DBG$

$\qquad\quad =\dfrac{1}{2}\times10=5\,(\mathrm{cm}^2)$　　　　**답** $5\,\mathrm{cm}^2$

09 두 점 P, Q는 각각 △ABC, △ACD의 무게중심이므로

$\overline{BP}=\overline{PQ}=\overline{QD}=8\,(\mathrm{cm})$

$\therefore\ \overline{BD}=3\overline{BP}=3\times8=24\,(\mathrm{cm})$

△BCD에서 $\overline{CM}=\overline{MB}$, $\overline{CN}=\overline{ND}$이므로

$\overline{MN}=\dfrac{1}{2}\overline{BD}=\dfrac{1}{2}\times24=12\,(\mathrm{cm})$　　**답** $12\,\mathrm{cm}$

10 오른쪽 그림과 같이 $\overline{AC}$를 긋고 $\overline{BD}$와 $\overline{AC}$, $\overline{AM}$, $\overline{AN}$의 교점을 각각 O, P, Q라 하면 $\overline{BM}=\overline{MC}$, $\overline{AO}=\overline{OC}$, $\overline{CN}=\overline{ND}$이므로 두 점 P, Q는 각각 △ABC, △ACD의 무게중심이다.

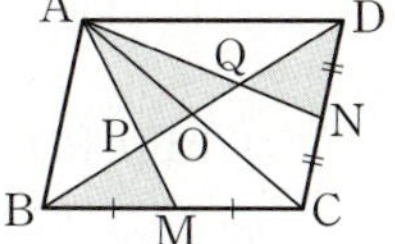

$\therefore\ \triangle PBM=\triangle POA$

$\qquad\qquad =\dfrac{1}{6}\triangle ABC$

$\qquad\qquad =\dfrac{1}{6}\times\dfrac{1}{2}\square ABCD$

$\qquad\qquad =\dfrac{1}{12}\square ABCD$

$\qquad\qquad =\dfrac{1}{12}\times60=5\,(\mathrm{cm}^2)$

$\triangle QAO=\triangle QND$

$\qquad\quad =\dfrac{1}{6}\triangle ACD$

$\qquad\quad =\dfrac{1}{6}\times\dfrac{1}{2}\square ABCD$

$\qquad\quad =\dfrac{1}{12}\square ABCD$

$\qquad\quad =\dfrac{1}{12}\times60=5\,(\mathrm{cm}^2)$

따라서 색칠한 부분의 넓이는

$\triangle PBM+\triangle POA+\triangle QAO+\triangle QND$

$=5+5+5+5=20\,(\mathrm{cm}^2)$　　　　**답** $20\,\mathrm{cm}^2$

중단원 마무리하기　　　　▶본문 164~167쪽

01 ④	**02** 4 cm	**03** ①	**04** ③
05 3 cm	**06** ⑤	**07** ①	**08** ④
09 6 cm	**10** 120	**11** 8 cm²	**12** ⑤
13 ⑤	**14** 9 cm	**15** ②	**16** 4 cm
17 ④	**18** ④	**19** ③	**20** ③
21 15 cm	**22** 19°	**23** 6 cm	**24** $\dfrac{14}{15}$ cm²

01 **전략** 삼각형의 두 변의 중점을 연결한 선분은 나머지 한 변과 평행하고, 그 길이는 나머지 한 변의 길이의 $\dfrac{1}{2}$이다.

$\overline{AM}=\overline{MB}$, $\overline{AN}=\overline{NC}$이므로

$\overline{MN}=\dfrac{1}{2}\overline{BC}=\dfrac{1}{2}\times14=7\,(\mathrm{cm})$

$\therefore\ \overline{EN}=\overline{MN}-\overline{ME}=7-4=3\,(\mathrm{cm})$　**답** ④

02 **전략** △ABC와 △DBC에서 삼각형의 두 변의 중점을 연결한 선분의 성질을 이용한다.

△ABC에서 $\overline{AM}=\overline{MB}$, $\overline{AN}=\overline{NC}$이므로

$\overline{BC}=2\overline{MN}=2\times6=12\,(\mathrm{cm})$

또 △DBC에서 $\overline{DP}=\overline{PB}$, $\overline{DQ}=\overline{QC}$이므로

$\overline{PQ}=\dfrac{1}{2}\overline{BC}=\dfrac{1}{2}\times12=6\,(\mathrm{cm})$

$\therefore\ \overline{RQ}=\overline{PQ}-\overline{PR}=6-2=4\,(\mathrm{cm})$　**답** 4 cm

03 **전략** 삼각형의 두 변의 중점을 연결한 선분의 성질을 이용하여 △ABC의 세 변의 길이를 각각 구한다.

$\overline{AB}=2\overline{FE}=2\times5=10\,(\mathrm{cm})$

$\overline{BC}=2\overline{DF}=2\times6=12\,(\mathrm{cm})$

$\overline{AC}=2\overline{DE}=2\times8=16\,(\mathrm{cm})$

$\therefore\ (\triangle ABC$의 둘레의 길이$)=10+12+16$

$\qquad\qquad\qquad\qquad\qquad =38\,(\mathrm{cm})$　**답** ①

04 전략 삼각형의 한 변의 중점을 지나고, 다른 한 변과 평행한 직선은 나머지 한 변의 중점을 지난다.

$\triangle BCD$에서 $\overline{BN}=\overline{NC}$, $\overline{PN}\,/\!/\,\overline{DC}$이므로 $\overline{BP}=\overline{PD}$이고

$$\overline{DC}=2\overline{PN}=2\times5=10\,(\mathrm{cm})$$

$\square ABCD$는 등변사다리꼴이므로

$$\overline{AB}=\overline{DC}=10\,(\mathrm{cm})$$

$\triangle ABD$에서 $\overline{BP}=\overline{PD}$, $\overline{AB}\,/\!/\,\overline{MP}$이므로

$$\overline{MP}=\frac{1}{2}\overline{AB}=\frac{1}{2}\times10=5\,(\mathrm{cm})$$

답 ③

05 전략 보조선을 그어서 합동인 두 삼각형을 찾는다.

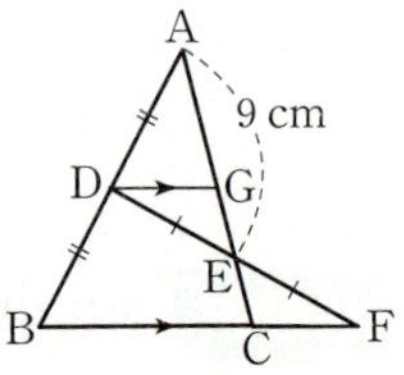

오른쪽 그림과 같이 점 D를 지나고 $\overline{BC}$에 평행한 직선을 긋고, 이 직선과 $\overline{AC}$의 교점을 G라 하자.

$\triangle ABC$에서 $\overline{AD}=\overline{DB}$, $\overline{DG}\,/\!/\,\overline{BC}$이므로

$$\overline{AG}=\overline{GC}$$

또 $\triangle DEG\equiv\triangle FEC$ (ASA 합동)이므로

$$\overline{GE}=\overline{CE}$$

즉 $\overline{AE}=3\overline{EC}$이므로

$$\overline{EC}=\frac{1}{3}\overline{AE}=\frac{1}{3}\times9=3\,(\mathrm{cm})$$

답 3 cm

06 전략 $\triangle ABD$와 $\triangle ABC$에서 삼각형의 한 변의 중점을 지나고 다른 한 변과 평행한 직선의 성질을 이용한다.

$\triangle ABD$에서 $\overline{BM}=\overline{MA}$, $\overline{MP}\,/\!/\,\overline{AD}$이므로

$$\overline{MP}=\frac{1}{2}\overline{AD}=\frac{1}{2}\times6=3\,(\mathrm{cm})$$

$$\therefore\ \overline{MQ}=\overline{MP}+\overline{PQ}=3+4=7\,(\mathrm{cm})$$

$\triangle ABC$에서 $\overline{AM}=\overline{MB}$, $\overline{MQ}\,/\!/\,\overline{BC}$이므로

$$\overline{BC}=2\overline{MQ}=2\times7=14\,(\mathrm{cm})$$

답 ⑤

07 전략 삼각형의 중선은 그 삼각형의 넓이를 이등분함을 이용한다.

$\overline{AD}$가 $\triangle ABC$의 중선이므로

$$\triangle ABD=\triangle ADC$$
$$=\frac{1}{2}\triangle ABC$$
$$=\frac{1}{2}\times54=27\,(\mathrm{cm}^2)$$

$\frac{1}{2}\times6\times\overline{AH}=27$이므로

$$\overline{AH}=9\,(\mathrm{cm})$$

답 ①

08 전략 삼각형의 무게중심은 세 중선의 길이를 각 꼭짓점으로부터 각각 $2:1$로 나눈다.

점 G′이 $\triangle GBC$의 무게중심이므로

$$\overline{GD}=\frac{3}{2}\overline{GG'}=\frac{3}{2}\times10=15\,(\mathrm{cm})$$

점 G가 $\triangle ABC$의 무게중심이므로

$$\overline{AD}=3\overline{GD}=3\times15=45\,(\mathrm{cm})$$

답 ④

09 전략 직각삼각형의 빗변의 중점은 외심과 같다.

점 G가 $\triangle ABC$의 무게중심이므로 $\overline{BD}=\overline{DC}$

즉 점 D는 직각삼각형 ABC의 빗변의 중점이므로 외심이다.

따라서 $\overline{AD}=\overline{BD}=\overline{CD}=\frac{1}{2}\overline{BC}=\frac{1}{2}\times18=9\,(\mathrm{cm})$이므로

$$\overline{AG}=\frac{2}{3}\overline{AD}=\frac{2}{3}\times9=6\,(\mathrm{cm})$$

답 6 cm

10 전략 삼각형의 무게중심의 성질과 평행선 사이의 선분의 길이의 비를 이용한다.

점 G가 $\triangle ABC$의 무게중심이므로

$$\overline{GM}=\frac{1}{3}\overline{AM}=\frac{1}{3}\times24=8\,(\mathrm{cm})$$

$$\therefore\ x=8$$

$\triangle ABM$에서 $\overline{DG}\,/\!/\,\overline{BM}$이므로

$$\overline{DG}:\overline{BM}=\overline{AG}:\overline{AM}=2:3$$
$$10:\overline{BM}=2:3,\qquad 2\overline{BM}=30$$
$$\therefore\ \overline{BM}=15\,(\mathrm{cm})$$

즉 $\overline{CM}=\overline{BM}=15\,(\mathrm{cm})$이므로 $y=15$

$$\therefore\ xy=8\times15=120$$

답 120

11 전략 삼각형의 무게중심과 세 꼭짓점을 이어서 생기는 세 삼각형의 넓이는 같다.

$$\triangle GBC=\triangle AGC=16\,(\mathrm{cm}^2)$$
$$\therefore\ \triangle GBD=\frac{1}{2}\triangle GBC=\frac{1}{2}\times16=8\,(\mathrm{cm}^2)$$

답 8 cm²

12 전략 두 점 P, Q는 각각 $\triangle ABC$와 $\triangle ACD$의 무게중심임을 이용한다.

① 점 P는 $\triangle ABC$의 무게중심이므로

$$\overline{AM}:\overline{PM}=3:1\qquad\therefore\ \overline{AM}=3\overline{PM}$$

② 점 Q는 $\triangle ACD$의 무게중심이므로

$$\overline{DQ}:\overline{QO}=2:1\qquad\therefore\ \overline{QO}=\frac{1}{2}\overline{DQ}$$

③ $\overline{BP}=\overline{PQ}=\overline{QD}=\frac{1}{3}\overline{BD}$

④ 점 P는 $\triangle ABC$의 무게중심이므로

$$\triangle PBM=\frac{1}{6}\triangle ABC$$

⑤ $\overline{BP}=\overline{PQ}=\overline{QD}$이므로

$$\triangle APQ=\frac{1}{3}\triangle ABD$$
$$=\frac{1}{3}\times\frac{1}{2}\square ABCD$$
$$=\frac{1}{6}\square ABCD$$

따라서 옳지 않은 것은 ⑤이다.

답 ⑤

13 (전략) 삼각형의 두 변의 중점을 연결한 선분의 성질을 이용하여 서로 합동인 삼각형을 찾는다.

ㄱ. $\triangle ABC$에서 $\overline{CF}=\overline{FA}$, $\overline{CE}=\overline{EB}$이므로

$\overline{AB}/\!/\overline{FE}$

ㄴ. $\triangle ABC$에서 $\overline{BD}=\overline{DA}$, $\overline{BE}=\overline{EC}$이므로

$\overline{DE}/\!/\overline{AC}$

$\therefore \angle BDE=\angle A$ (동위각)

ㄷ. $\overline{DE}=\dfrac{1}{2}\overline{AC}$, $\overline{FE}=\dfrac{1}{2}\overline{AB}$, $\overline{DF}=\dfrac{1}{2}\overline{BC}$이므로

$\overline{AD}=\overline{DB}=\overline{FE}$,

$\overline{AF}=\overline{FC}=\overline{DE}$,

$\overline{BE}=\overline{EC}=\overline{DF}$

따라서 $\triangle ADF\equiv\triangle DBE\equiv\triangle FEC\equiv\triangle EFD$ (SSS 합동)이므로

$\triangle ABC=4\triangle DEF$

이상에서 ㄱ, ㄴ, ㄷ 모두 옳다.　　　　(답) ⑤

14 (전략) $\triangle BCF$와 $\triangle ADG$에서 삼각형의 한 변의 중점을 지나고 다른 한 변과 평행한 직선의 성질을 이용한다.

$\triangle BCF$에서 $\overline{CD}=\overline{DB}$, $\overline{DG}/\!/\overline{BF}$이므로

$\overline{BF}=2\overline{DG}=2\times6=12\,(\text{cm})$

$\triangle ADG$에서 $\overline{AE}=\overline{ED}$, $\overline{EF}/\!/\overline{DG}$이므로

$\overline{EF}=\dfrac{1}{2}\overline{DG}=\dfrac{1}{2}\times6=3\,(\text{cm})$

$\therefore \overline{BE}=\overline{BF}-\overline{EF}=12-3=9\,(\text{cm})$　　(답) 9 cm

15 (전략) $\square EFGH$가 어떤 사각형인지 생각해 본다.

$\triangle ABD$에서

$\overline{EH}=\dfrac{1}{2}\overline{BD}=\dfrac{1}{2}\times16=8\,(\text{cm})$

$\triangle ABC$에서

$\overline{EF}=\dfrac{1}{2}\overline{AC}=\dfrac{1}{2}\times12=6\,(\text{cm})$

이때 마름모의 각 변의 중점을 연결하여 만든 사각형은 직사각형이므로 $\square EFGH$는 직사각형이다.

$\therefore \square EFGH=\overline{EH}\times\overline{EF}=8\times6=48\,(\text{cm}^2)$　　(답) ②

16 (전략) 삼각형의 중선은 그 삼각형의 넓이를 이등분함을 이용한다.

$\triangle PBD=\dfrac{1}{6}\triangle ABC$

$=\dfrac{1}{6}\times2\triangle ABD$

$=\dfrac{1}{3}\triangle ABD$

이므로　$\triangle PBD:\triangle ABD=1:3$

즉 $\overline{PD}:\overline{AD}=1:3$이므로

$\overline{PD}:12=1:3,\qquad 3\overline{PD}=12$

$\therefore \overline{PD}=4\,(\text{cm})$　　　　(답) 4 cm

17 (전략) 삼각형의 닮음을 이용하여 먼저 $\overline{EF}$의 길이를 구한다.

$\triangle AGG'$과 $\triangle AEF$에서

$\angle A$는 공통, $\overline{AG}:\overline{AE}=\overline{AG'}:\overline{AF}=2:3$

이므로　$\triangle AGG'\backsim\triangle AEF$ (SAS 닮음)

즉 $\overline{AG}:\overline{AE}=\overline{GG'}:\overline{EF}$에서

$2:3=6:\overline{EF},\qquad 2\overline{EF}=18$

$\therefore \overline{EF}=9\,(\text{cm})$

이때 $\overline{BE}=\overline{ED}$, $\overline{DF}=\overline{FC}$이므로

$\overline{BC}=2(\overline{ED}+\overline{DF})=2\overline{EF}=2\times9=18\,(\text{cm})$　　(답) ④

18 (전략) 삼각형의 무게중심의 성질을 이용하여 $\overline{AG}$, $\overline{AG'}$의 길이를 구한다.

점 G가 $\triangle ABC$의 무게중심이므로

$\overline{AG}=\dfrac{2}{3}\overline{AL}=\dfrac{2}{3}\times36=24\,(\text{cm})$

두 점 M, N이 각각 $\overline{AB}$, $\overline{AC}$의 중점이므로

$\overline{MN}/\!/\overline{BC}$

즉 $\triangle ABL$에서 $\overline{AP}=\overline{PL}$이므로

$\overline{AP}=\dfrac{1}{2}\overline{AL}=\dfrac{1}{2}\times36=18\,(\text{cm})$

이때 점 G'이 $\triangle AMN$의 무게중심이므로

$\overline{AG'}=\dfrac{2}{3}\overline{AP}=\dfrac{2}{3}\times18=12\,(\text{cm})$

$\therefore \overline{G'G}=\overline{AG}-\overline{AG'}$

$=24-12=12\,(\text{cm})$　　(답) ④

19 (전략) 삼각형의 한 변의 중점을 지나고 다른 한 변과 평행한 직선의 성질과 삼각형의 무게중심의 성질을 이용한다.

$\triangle ABD$에서 $\overline{BE}=\overline{EA}$, $\overline{EF}/\!/\overline{AD}$이므로

$\overline{AD}=2\overline{EF}=2\times9=18\,(\text{cm})$

점 G는 $\triangle ABC$의 무게중심이므로

$\overline{GD}=\dfrac{1}{3}\overline{AD}=\dfrac{1}{3}\times18=6\,(\text{cm})$

$\triangle GDC$에서 $\overline{DH}=\overline{HC}$, $\overline{GD}/\!/\overline{IH}$이므로

$\overline{IH}=\dfrac{1}{2}\overline{GD}=\dfrac{1}{2}\times6=3\,(\text{cm})$　　(답) ③

20 (전략) 삼각형의 중선은 그 삼각형의 넓이를 이등분함을 이용한다.

$\overline{DE}$는 $\triangle EBC$의 중선이므로

$\triangle EBD=\triangle EDC$

$\therefore \triangle EDC=\dfrac{1}{2}\triangle EBC=\dfrac{1}{2}\times\dfrac{1}{2}\triangle ABC$

$=\dfrac{1}{4}\triangle ABC=\dfrac{1}{4}\times3\triangle ABG$

$=\dfrac{3}{4}\triangle ABG$

$=\dfrac{3}{4}\times4=3\,(\text{cm}^2)$　　(답) ③

21 전략 두 점 E, F는 각각 △ABC와 △ACD의 무게중심임을 이용하여 먼저 $\overline{BD}$의 길이를 구한다.

오른쪽 그림과 같이 $\overline{AC}$를 긋고 $\overline{AC}$와 $\overline{BD}$의 교점을 O라 하면 $\overline{AO}=\overline{OC}$, $\overline{BM}=\overline{MC}$, $\overline{CN}=\overline{ND}$이므로 두 점 E, F는 각각 △ABC, △ACD의 무게중심이다.

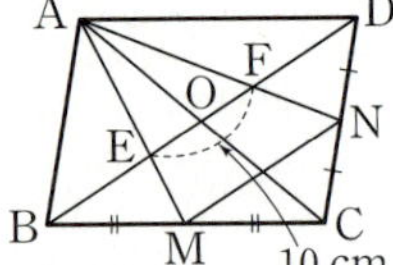

즉 $\overline{BE}=\overline{EF}=\overline{FD}$이므로
$$\overline{BD}=3\overline{EF}=3\times10=30\,(cm)$$
따라서 △BCD에서 $\overline{CM}=\overline{MB}$, $\overline{CN}=\overline{ND}$이므로
$$\overline{MN}=\frac{1}{2}\overline{BD}=\frac{1}{2}\times30=15\,(cm)$$

답 15 cm

22 전략 삼각형의 두 변의 중점을 연결한 선분의 성질과 평행선의 성질을 이용한다.

△ACD에서 $\overline{AP}=\overline{PC}$, $\overline{AM}=\overline{MD}$이므로
$$\overline{PM}\,/\!/\,\overline{CD}$$
$$\therefore \angle APM=\angle ACD=42°\,(동위각)$$
△ABC에서 $\overline{AP}=\overline{PC}$, $\overline{BN}=\overline{NC}$이므로
$$\overline{PN}\,/\!/\,\overline{AB}$$
$$\therefore \angle CPN=\angle CAB=80°\,(동위각)$$
이때
$$\angle APN=180°-\angle CPN$$
$$=180°-80°=100°$$
이므로
$$\angle MPN=\angle APM+\angle APN$$
$$=42°+100°=142°$$
$\overline{PM}=\frac{1}{2}\overline{CD}=\frac{1}{2}\overline{AB}=\overline{PN}$이므로 △PMN에서
$$\angle PMN=\angle PNM$$
$$\therefore \angle PMN=\frac{1}{2}\times(180°-\angle MPN)$$
$$=\frac{1}{2}\times(180°-142°)$$
$$=\frac{1}{2}\times38°=19°$$

답 19°

23 전략 $\overline{PD}=a$로 놓고 삼각형의 닮음비를 이용하여 선분의 길이의 비를 구한다.

△ADC에서 $\overline{AF}=\overline{FC}$, $\overline{DE}=\overline{EC}$이므로
$$\overline{AD}\,/\!/\,\overline{FE}$$
또 △BEF에서 $\overline{BD}=\overline{DE}$, $\overline{DP}\,/\!/\,\overline{EF}$이므로
$$\overline{BP}=\overline{PF},\ \overline{PD}=\frac{1}{2}\overline{EF}$$
$\overline{PD}=a$라 하면 △BEF에서
$$\overline{EF}=2a$$

△ADC에서
$$\overline{AD}=2\overline{EF}=2\times2a=4a$$
$$\therefore \overline{AP}=\overline{AD}-\overline{PD}=4a-a=3a$$
△QAP∽△QEF (AA 닮음)이므로
$$\overline{QP}:\overline{QF}=\overline{AP}:\overline{EF}=3a:2a=3:2$$
그런데 △BEF에서 $\overline{BP}=\overline{PF}$이므로
$$\overline{BP}:\overline{PQ}:\overline{QF}=5:3:2$$
$$\therefore \overline{PQ}=\frac{3}{5+3+2}\overline{BF}$$
$$=\frac{3}{10}\times20=6\,(cm)$$

답 6 cm

24 전략 삼각형의 내각의 이등분선의 성질을 이용하여 선분의 길이의 비를 구한다.

점 I가 △ABC의 내심이므로 $\overline{AE}$는 ∠A의 이등분선이다.

따라서 $\overline{BE}:\overline{CE}=\overline{AB}:\overline{AC}=8:7$이므로
$$\overline{BE}=\frac{8}{15}\overline{BC}$$
$\overline{AD}$가 △ABC의 중선이므로
$$\overline{BD}=\frac{1}{2}\overline{BC}$$
$$\therefore \overline{DE}=\overline{BE}-\overline{BD}$$
$$=\frac{8}{15}\overline{BC}-\frac{1}{2}\overline{BC}$$
$$=\frac{1}{30}\overline{BC}$$
$$\therefore △ADE=\frac{1}{30}△ABC$$
$$=\frac{1}{30}\times\left(\frac{1}{2}\times8\times7\right)$$
$$=\frac{14}{15}\,(cm^2)$$

답 $\frac{14}{15}$ cm²

서술형 대비 문제 ▶본문 168~169쪽

1 2 cm	**2** 10 cm²	**3** 5 cm
4 12 cm	**5** 6 cm	**6** 16 cm²

1 1단계 △ABC에서 $\overline{AE}=\overline{EB}$, $\overline{EG}\,/\!/\,\overline{BC}$이므로
$$\overline{EG}=\frac{1}{2}\overline{BC}$$
$$=\frac{1}{2}\times18=9\,(cm)$$
2단계 △ABD에서 $\overline{AE}=\overline{EB}$, $\overline{AD}\,/\!/\,\overline{EF}$이므로
$$\overline{EF}=\frac{1}{2}\overline{AD}$$
$$=\frac{1}{2}\times14=7\,(cm)$$
3단계 $\overline{FG}=\overline{EG}-\overline{EF}=9-7=2\,(cm)$

답 2 cm

2　1단계 오른쪽 그림과 같이 중
선 CF를 긋자.

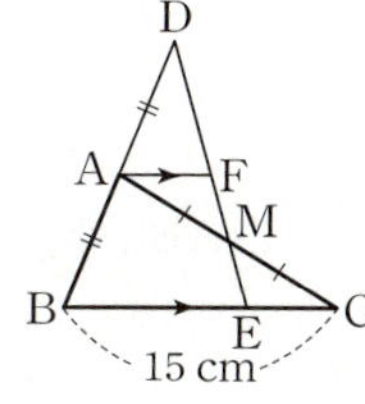

　　2단계 □GDCE

　　　　$=\triangle GDC+\triangle GCE$

　　　　$=\dfrac{1}{6}\triangle ABC+\dfrac{1}{6}\triangle ABC$

　　　　$=\dfrac{1}{3}\triangle ABC$

　　3단계 $\triangle ABC=\dfrac{1}{2}\times12\times5=30\,(\text{cm}^2)$이므로

　　　　　　□GDCE$=\dfrac{1}{3}\triangle ABC$

　　　　　　　　　　$=\dfrac{1}{3}\times30=10\,(\text{cm}^2)$

답 $10\,\text{cm}^2$

3　1단계 오른쪽 그림과 같이 점 A를 지
나고 $\overline{BC}$에 평행한 직선을 긋
고, 이 직선과 $\overline{DE}$의 교점을 F
라 하자.

　　　　$\triangle AMF$와 $\triangle CME$에서

　　　　　　$\overline{AM}=\overline{CM}$,

　　　　　　$\angle FAM=\angle ECM$ (엇각),

　　　　　　$\angle AMF=\angle CME$ (맞꼭지각)

　　　　이므로

　　　　　　$\triangle AMF\equiv\triangle CME$ (ASA 합동)

　　　　　　$\therefore \overline{AF}=\overline{CE}$

　　2단계 $\triangle DBE$에서 $\overline{DA}=\overline{AB}$, $\overline{AF}/\!/\overline{BE}$이므로

　　　　　　$\overline{BE}=2\overline{AF}=2\overline{CE}$

　　　　　　$\therefore \overline{BC}=\overline{BE}+\overline{EC}=2\overline{EC}+\overline{EC}=3\overline{EC}$

　　3단계 $\overline{BC}=15\,(\text{cm})$이므로

　　　　　　$\overline{EC}=\dfrac{1}{3}\overline{BC}=\dfrac{1}{3}\times15=5\,(\text{cm})$

답 $5\,\text{cm}$

단계	채점 요소	배점
1	$\overline{AF}=\overline{CE}$임을 알기	3점
2	$\overline{BC}=3\overline{EC}$임을 알기	3점
3	$\overline{EC}$의 길이 구하기	2점

4　1단계 $\overline{AD}/\!/\overline{BC}$, $\overline{AM}=\overline{MB}$, $\overline{DN}=\overline{NC}$이므로

　　　　　　$\overline{AD}/\!/\overline{MN}/\!/\overline{BC}$

　　　　$\triangle ABD$에서 $\overline{BM}=\overline{MA}$, $\overline{MP}/\!/\overline{AD}$이므로

　　　　　　$\overline{MP}=\dfrac{1}{2}\overline{AD}=\dfrac{1}{2}\times6=3\,(\text{cm})$

　　2단계 $\overline{MQ}=2\overline{MP}=2\times3=6\,(\text{cm})$

　　3단계 $\triangle ABC$에서 $\overline{AM}=\overline{MB}$, $\overline{MQ}/\!/\overline{BC}$이므로

　　　　　　$\overline{BC}=2\overline{MQ}=2\times6=12\,(\text{cm})$

답 $12\,\text{cm}$

단계	채점 요소	배점
1	$\overline{MP}$의 길이 구하기	3점
2	$\overline{MQ}$의 길이 구하기	1점
3	$\overline{BC}$의 길이 구하기	3점

5　1단계 $\triangle ABC$에서 $\overline{AD}=\overline{DB}$, $\overline{AE}=\overline{EC}$이므로

　　　　　　$\overline{DE}/\!/\overline{BC}$

　　2단계 $\triangle DGF$와 $\triangle CGH$에서

　　　　　　$\angle DGF=\angle CGH$ (맞꼭지각),

　　　　　　$\angle GDF=\angle GCH$ (엇각)

　　　　이므로

　　　　　　$\triangle DGF\backsim\triangle CGH$ (AA 닮음)

　　　　이때 $\overline{GF}:\overline{GH}=\overline{DG}:\overline{CG}=1:2$이므로

　　　　　　$2:\overline{GH}=1:2$

　　　　　　$\therefore \overline{GH}=4\,(\text{cm})$

　　3단계 $\triangle ABH$에서 $\overline{AD}=\overline{DB}$, $\overline{DF}/\!/\overline{BH}$이므로

　　　　　　$\overline{AF}=\overline{FH}$

　　　　　　　　$=\overline{FG}+\overline{GH}$

　　　　　　　　$=2+4=6\,(\text{cm})$

답 $6\,\text{cm}$

단계	채점 요소	배점
1	$\overline{DE}/\!/\overline{BC}$임을 알기	2점
2	$\overline{GH}$의 길이 구하기	3점
3	$\overline{AF}$의 길이 구하기	3점

6　1단계 오른쪽 그림과 같이 $\overline{AC}$를
그으면 $\overline{AE}=\overline{EB}$,
$\overline{BF}=\overline{FC}$이므로 점 I는
$\triangle ABC$의 무게중심이다.

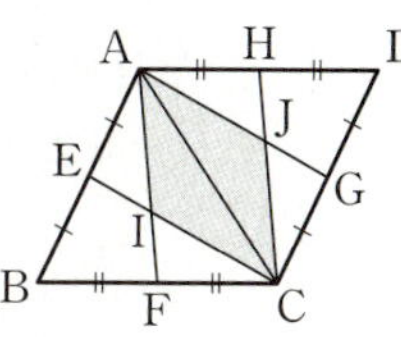

　　　　　　$\therefore \triangle AIC=2\triangle IFC$

　　　　　　　　　　$=2\times4=8\,(\text{cm}^2)$

　　2단계 $\overline{AH}=\overline{HD}$, $\overline{DG}=\overline{GC}$이므로 점 J는 $\triangle ACD$의 무
게중심이다.

　　　　이때 $\triangle ABC=\triangle ACD$이므로

　　　　　　$\triangle ACJ=\dfrac{1}{3}\triangle ACD=\dfrac{1}{3}\triangle ABC$

　　　　　　　　　　$=\triangle AIC=8\,(\text{cm}^2)$

　　3단계 □AICJ$=\triangle AIC+\triangle ACJ$

　　　　　　　　　　$=8+8=16\,(\text{cm}^2)$

답 $16\,\text{cm}^2$

단계	채점 요소	배점
1	$\triangle AIC$의 넓이 구하기	3점
2	$\triangle ACJ$의 넓이 구하기	3점
3	□AICJ의 넓이 구하기	1점

피타고라스 정리

01 피타고라스 정리

▶ 본문 174쪽

개념원리 확인하기

01 (1) 5 (2) 8 (3) 25 (4) 7
02 (1) $x=12$, $y=16$ (2) $x=15$, $y=17$
03 (1) 10 cm (2) 17 cm
04 (1) 직각삼각형 (2) 둔각삼각형 (3) 예각삼각형
  (4) 직각삼각형

01 (1) $x^2+12^2=13^2$에서 $x^2=25$
  $\therefore x=5$
  (2) $x^2+6^2=10^2$에서 $x^2=64$
  $\therefore x=8$
  (3) $15^2+20^2=x^2$에서 $x^2=625$
  $\therefore x=25$
  (4) $x^2+24^2=25^2$에서 $x^2=49$
  $\therefore x=7$

답 (1) 5 (2) 8 (3) 25 (4) 7

02 (1) $\triangle$ACD에서 $x^2+5^2=13^2$
  $x^2=144$ $\therefore x=12$
  $\triangle$ABC에서 $y^2+12^2=20^2$
  $y^2=256$ $\therefore y=16$
  (2) $\triangle$ABC에서 $12^2+9^2=x^2$
  $x^2=225$ $\therefore x=15$
  $\triangle$ACD에서 $15^2+8^2=y^2$
  $y^2=289$ $\therefore y=17$

답 (1) $x=12$, $y=16$ (2) $x=15$, $y=17$

03 (1) 오른쪽 그림과 같이 $\overline{BD}$를 그
  으면 $\triangle$BCD에서
  $8^2+6^2=\overline{BD}^2$
  $\overline{BD}^2=100$
  $\therefore \overline{BD}=10$ (cm)
  따라서 직사각형 ABCD의 대각선의 길이는 10 cm이
  다.
  (2) 오른쪽 그림과 같이 $\overline{AC}$를
  그으면 $\triangle$ACD에서
  $8^2+15^2=\overline{AC}^2$
  $\overline{AC}^2=289$
  $\therefore \overline{AC}=17$ (cm)
  따라서 직사각형 ABCD의 대각선의 길이는 17 cm이
  다.

답 (1) 10 cm (2) 17 cm

04 (1) $5^2=3^2+4^2$이므로 직각삼각형이다.
  (2) $8^2>4^2+6^2$이므로 둔각삼각형이다.
  (3) $7^2<5^2+6^2$이므로 예각삼각형이다.
  (4) $13^2=5^2+12^2$이므로 직각삼각형이다.

답 (1) 직각삼각형 (2) 둔각삼각형
  (3) 예각삼각형 (4) 직각삼각형

핵심문제 익히기

▶ 본문 175~177쪽

1 25 cm **2** (1) 2 (2) 17 **3** 2 cm
4 36 cm^2 **5** 240 cm^2 **6** ③

1 $\triangle$ABD에서
  $\overline{AB}^2+8^2=17^2$, $\overline{AB}^2=225$
  $\therefore \overline{AB}=15$ (cm)
  $\triangle$ABC에서
  $15^2+(8+12)^2=\overline{AC}^2$, $\overline{AC}^2=625$
  $\therefore \overline{AC}=25$ (cm)

답 25 cm

2 (1) 오른쪽 그림과 같이 $\overline{BD}$를
  그으면 $\triangle$ABD에서
  $8^2+14^2=\overline{BD}^2$
  $\overline{BD}^2=260$
  $\triangle$BCD에서
  $x^2+16^2=260$, $x^2=4$
  $\therefore x=2$

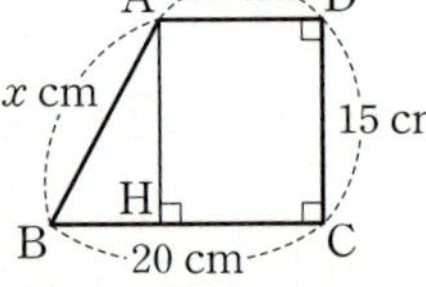

  (2) 오른쪽 그림과 같이 점 A에
  서 $\overline{BC}$에 내린 수선의 발을
  H라 하면
  $\overline{BH}=20-12=8$ (cm)
  $\triangle$ABH에서
  $8^2+15^2=x^2$, $x^2=289$
  $\therefore x=17$

답 (1) 2 (2) 17

3 $\square$ACHI, $\square$BFGC의 넓이가 각각 13 cm^2, 9 cm^{2}이므로
  $\overline{AC}^2=13$, $\overline{BC}^2=9$
  $\triangle$ABC에서 $\overline{AB}^2+\overline{BC}^2=\overline{AC}^2$이므로
  $\overline{AB}^2+9=13$, $\overline{AB}^2=4$
  $\therefore \overline{AB}=2$ (cm)

답 2 cm

4 $\triangle$AEH≡$\triangle$BFE≡$\triangle$CGF≡$\triangle$DHG (SAS 합동)이므
  로 $\square$EFGH는 정사각형이다.
  이때 $\square$EFGH의 넓이가 20 cm^{2}이므로
  $\overline{EH}^2=20$

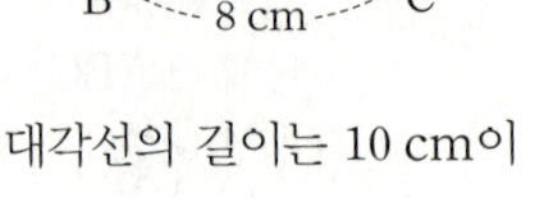

△AEH에서　　$\overline{\text{AH}}^2+2^2=20$
　　　　　$\overline{\text{AH}}^2=16$　　$\therefore \overline{\text{AH}}=4\,(\text{cm})$
$\overline{\text{EB}}=\overline{\text{HA}}=4\,(\text{cm})$이므로
　　　$\overline{\text{AB}}=\overline{\text{AE}}+\overline{\text{EB}}=2+4=6\,(\text{cm})$
　　　$\therefore \square\text{ABCD}=\overline{\text{AB}}^2=6^2=36\,(\text{cm}^2)$　　　답 36 cm²

5 $16^2+30^2=34^2$이므로 주어진 삼각형은 빗변의 길이가
34 cm인 직각삼각형이다.
따라서 구하는 넓이는
　　　$\dfrac{1}{2}\times16\times30=240\,(\text{cm}^2)$　　　답 240 cm²

6 ① $8^2<5^2+7^2$이므로 예각삼각형이다.
② $11^2<6^2+10^2$이므로 예각삼각형이다.
③ $12^2>7^2+9^2$이므로 둔각삼각형이다.
④ $25^2=7^2+24^2$이므로 직각삼각형이다.
⑤ $20^2=12^2+16^2$이므로 직각삼각형이다.
따라서 둔각삼각형인 것은 ③이다.　　　답 ③

▶본문 178쪽

이런 문제가 **시험** 에 나온다

01 17 cm　　**02** ④　　**03** $\dfrac{48}{5}$ cm　　**04** 112 cm
05 ④

01 △ADC에서
　　　$\overline{\text{DC}}^2+8^2=10^2$,　　$\overline{\text{DC}}^2=36$
　　　$\therefore \overline{\text{DC}}=6\,(\text{cm})$
△ABC에서
　　　$(9+6)^2+8^2=\overline{\text{AB}}^2$,　　$\overline{\text{AB}}^2=289$
　　　$\therefore \overline{\text{AB}}=17\,(\text{cm})$　　　답 17 cm

02 오른쪽 그림과 같이 두 꼭짓점
A, D에서 $\overline{\text{BC}}$에 내린 수선의 발
을 각각 E, F라 하자.
$\overline{\text{EF}}=\overline{\text{AD}}=7\,(\text{cm})$이므로
　　　$\overline{\text{BE}}=\overline{\text{CF}}=\dfrac{1}{2}\times(25-7)=9\,(\text{cm})$

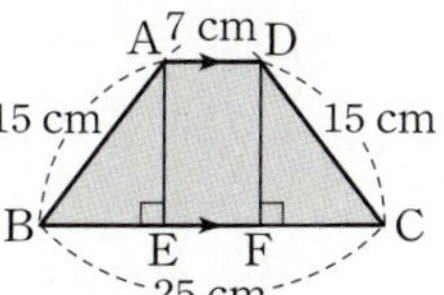

△ABE에서
　　　$9^2+\overline{\text{AE}}^2=15^2$,　　$\overline{\text{AE}}^2=144$
　　　$\therefore \overline{\text{AE}}=12\,(\text{cm})$
　　　$\therefore \square\text{ABCD}=\dfrac{1}{2}\times(7+25)\times12$
　　　　　　　　　　　$=192\,(\text{cm}^2)$　　　답 ④

03 △ABC에서
　　　$12^2+9^2=\overline{\text{BC}}^2$,　　$\overline{\text{BC}}^2=225$

　　　$\therefore \overline{\text{BC}}=15\,(\text{cm})$
$\overline{\text{BF}}=\overline{\text{BC}}=15\,(\text{cm})$이고 $\square\text{BFML}=\square\text{ADEB}$이므로
　　　$15\times\overline{\text{FM}}=12^2$　　$\therefore \overline{\text{FM}}=\dfrac{48}{5}\,(\text{cm})$
　　　답 $\dfrac{48}{5}$ cm

04 네 개의 직각삼각형이 합동이므로 $\square\text{EFGH}$는 정사각형
이다.
따라서 $\overline{\text{EH}}^2=400$이므로
　　　$\overline{\text{EH}}=20\,(\text{cm})$
△AEH에서　　$\overline{\text{AE}}^2+16^2=20^2$
　　　$\overline{\text{AE}}^2=144$　　$\therefore \overline{\text{AE}}=12\,(\text{cm})$
$\overline{\text{EB}}=\overline{\text{HA}}=16\,(\text{cm})$이므로
　　　$\overline{\text{AB}}=\overline{\text{AE}}+\overline{\text{EB}}=12+16=28\,(\text{cm})$
　　　$\therefore$ ($\square\text{ABCD}$의 둘레의 길이)$=4\times28$
　　　　　　　　　　　　　$=112\,(\text{cm})$
　　　답 112 cm

05 삼각형이 되기 위한 조건에 의하여
　　　$7<x<5+7$, 즉 $7<x<12$　　　……㉠
$x^2>5^2+7^2$에서　　$x^2>74$　　　……㉡
㉠, ㉡을 모두 만족시키는 자연수 x는 9, 10, 11이므로 구
하는 합은
　　　$9+10+11=30$　　　답 ④

개념 더하기

$\triangle\text{ABC}$에서 $\overline{\text{AB}}=c$, $\overline{\text{BC}}=a$, $\overline{\text{CA}}=b$이고 c가 가장 긴 변의 길
이일 때, $\triangle\text{ABC}$가 예각삼각형 또는 직각삼각형 또는 둔각삼각형이
되기 위한 c의 값은 다음과 같이 구한다.
(ⅰ) 삼각형이 되기 위한 조건에 의하여
　　　$c<a+b$
　　　이어야 한다.
(ⅱ) $\triangle\text{ABC}$가 예각삼각형, 즉 $\angle\text{C}<90°$이면　　$c^2<a^2+b^2$
　　　$\triangle\text{ABC}$가 직각삼각형, 즉 $\angle\text{C}=90°$이면　　$c^2=a^2+b^2$
　　　$\triangle\text{ABC}$가 둔각삼각형, 즉 $\angle\text{C}>90°$이면　　$c^2>a^2+b^2$
(ⅰ), (ⅱ)를 모두 만족시키는 c의 값을 찾는다.

02 피타고라스 정리의 활용

개념원리 **확인하기**　　　▶본문 180쪽

01 19　　**02** 12　　**03** 5　　**04** 30π cm²
05 30 cm²

01 $\overline{\text{DE}}^2+\overline{\text{BC}}^2=\overline{\text{BE}}^2+\overline{\text{CD}}^2$이므로
　　　$x^2+9^2=6^2+8^2$
　　　$\therefore x^2=19$　　　답 19

02 $\overline{AB}^2+\overline{CD}^2=\overline{BC}^2+\overline{DA}^2$이므로

$\qquad 6^2+5^2=7^2+x^2$

$\qquad \therefore x^2=12$ **답** 12

03 $\overline{AP}^2+\overline{CP}^2=\overline{BP}^2+\overline{DP}^2$이므로

$\qquad 6^2+x^2=5^2+4^2$

$\qquad \therefore x^2=5$ **답** 5

04 ($\overline{AB}$를 지름으로 하는 반원의 넓이)

$\quad +(\overline{AC}$를 지름으로 하는 반원의 넓이)

$\quad =(\overline{BC}$를 지름으로 하는 반원의 넓이)

이므로

$\qquad (\overline{AC}$를 지름으로 하는 반원의 넓이)

$\qquad =90\pi-60\pi=30\pi\ (\mathrm{cm}^2)$ **답** $30\pi\ \mathrm{cm}^2$

05 빗금 친 두 부분의 넓이의 합은 $\triangle ABC$의 넓이와 같으므로

$\qquad \triangle ABC=18+12=30\ (\mathrm{cm}^2)$ **답** $30\ \mathrm{cm}^2$

핵심문제 익히기 ❯본문 181∼182쪽

1 89 **2** 45 **3** $25\pi\ \mathrm{cm}^2$ **4** $54\ \mathrm{cm}^2$

1 $\triangle ADE$에서

$\qquad 3^2+4^2=\overline{DE}^2, \qquad \overline{DE}^2=25$

$\quad \overline{BE}^2+\overline{CD}^2=\overline{DE}^2+\overline{BC}^2$이므로

$\qquad \overline{BE}^2+\overline{CD}^2=25+8^2=89$ **답** 89

2 $\overline{AP}^2+\overline{CP}^2=\overline{BP}^2+\overline{DP}^2$이므로

$\qquad \overline{BP}^2+\overline{DP}^2=3^2+6^2=45$ **답** 45

3 ($\overline{AB}$를 지름으로 하는 반원의 넓이)

$\quad +(\overline{AC}$를 지름으로 하는 반원의 넓이)

$\quad =(\overline{BC}$를 지름으로 하는 반원의 넓이)

이므로

$\qquad$ (색칠한 부분의 넓이)

$\qquad =2\times(\overline{BC}$를 지름으로 하는 반원의 넓이)

$\qquad =2\times\left(\dfrac{1}{2}\times\pi\times5^2\right)$

$\qquad =25\pi\ (\mathrm{cm}^2)$ **답** $25\pi\ \mathrm{cm}^2$

4 $\triangle ABC$에서

$\qquad \overline{AB}^2+9^2=15^2, \qquad \overline{AB}^2=144$

$\qquad \therefore \overline{AB}=12\ (\mathrm{cm})$

$\qquad \therefore$ (색칠한 부분의 넓이)$=\triangle ABC$

$\qquad\qquad =\dfrac{1}{2}\times12\times9$

$\qquad\qquad =54\ (\mathrm{cm}^2)$ **답** $54\ \mathrm{cm}^2$

이런 문제가 시험 에 나온다 ❯본문 183쪽

01 ③ **02** 83 **03** ③ **04** $96\ \mathrm{cm}^2$
05 5 cm

01 $\triangle ABC$에서 $\overline{CD}=\overline{DA}, \overline{CE}=\overline{EB}$이므로

$\qquad \overline{DE}=\dfrac{1}{2}\overline{AB}=\dfrac{1}{2}\times10=5$

$\quad \overline{AE}^2+\overline{BD}^2=\overline{DE}^2+\overline{AB}^2$이므로

$\quad \overline{AE}^2+\overline{BD}^2=5^2+10^2=125$ **답** ③

02 $\triangle PBC$에서

$\qquad 3^2+5^2=\overline{BC}^2, \qquad \overline{BC}^2=34$

$\quad \overline{AB}^2+\overline{CD}^2=\overline{BC}^2+\overline{AD}^2$이므로

$\quad \overline{AB}^2+\overline{CD}^2=34+7^2=83$ **답** 83

03 $\overline{AP}^2+\overline{CP}^2=\overline{BP}^2+\overline{DP}^2$이므로

$\qquad 200^2+\overline{CP}^2=600^2+700^2$

$\qquad \overline{CP}^2=810000 \qquad \therefore \overline{CP}=900\ (\mathrm{m})$

따라서 안내소 P에서 출발하여 분속 50 m로 C 부스까지

가는 데 걸리는 시간은

$\qquad \dfrac{900}{50}=18\ (\text{분})$ **답** ③

04 ($\overline{AB}$를 지름으로 하는 반원의 넓이)

$\quad +(\overline{BC}$를 지름으로 하는 반원의 넓이)

$\quad =(\overline{AC}$를 지름으로 하는 반원의 넓이)

이므로

$\qquad (\overline{BC}$를 지름으로 하는 반원의 넓이)

$\qquad =50\pi-18\pi=32\pi\ (\mathrm{cm}^2)$

$\quad \overline{AB}$를 지름으로 하는 반원의 넓이가 $18\pi\ \mathrm{cm}^2$이므로

$\qquad \dfrac{1}{2}\times\pi\times\left(\dfrac{\overline{AB}}{2}\right)^2=18\pi$

$\qquad \overline{AB}^2=144 \qquad \therefore \overline{AB}=12\ (\mathrm{cm})$

또 $\overline{BC}$를 지름으로 하는 반원의 넓이가 $32\pi\ \mathrm{cm}^2$이므로

$\qquad \dfrac{1}{2}\times\pi\times\left(\dfrac{\overline{BC}}{2}\right)^2=32\pi$

$\qquad \overline{BC}^2=256 \qquad \therefore \overline{BC}=16\ (\mathrm{cm})$

$\qquad \therefore \triangle ABC=\dfrac{1}{2}\times\overline{AB}\times\overline{BC}$

$\qquad\qquad =\dfrac{1}{2}\times12\times16=96\ (\mathrm{cm}^2)$ **답** $96\ \mathrm{cm}^2$

05 색칠한 부분의 넓이는 △ABC의 넓이와 같으므로

$$6=\frac{1}{2}\times 4\times\overline{AC}$$

$$\therefore \overline{AC}=3\,(cm)$$

따라서 △ABC에서

$$4^2+3^2=\overline{BC}^2,\qquad \overline{BC}^2=25$$

$$\therefore \overline{BC}=5\,(cm)$$

답 5 cm

중단원 **마무리하기** ▶본문 184~186쪽

01 ④	**02** 4 cm	**03** 5 cm	**04** 17 cm
05 ②	**06** 49 cm²	**07** ②	**08** ③
09 26π cm²	**10** ①	**11** 5 cm	**12** ③
13 17 cm	**14** 81 cm²	**15** ⑤	**16** ②
17 4 cm	**18** 24 cm²	**19** 193	

---

01 전략 피타고라스 정리를 이용하여 $\overline{AB}$의 길이를 구한다.

$\overline{AB}^2+12^2=15^2$에서 $\qquad \overline{AB}^2=81$

$$\therefore \overline{AB}=9\,(cm)$$

$$\therefore (\triangle ABC의\ 둘레의\ 길이)=9+12+15$$
$$=36\,(cm)$$

답 ④

02 전략 $\overline{AE}$를 빗변으로 하는 직각삼각형을 찾아 피타고라스 정리를 이용한다.

$\overline{AB}=\overline{AD}=12\,(cm)$이므로 △ABE에서

$$12^2+\overline{BE}^2=20^2,\qquad \overline{BE}^2=256$$

$$\therefore \overline{BE}=16\,(cm)$$

이때 $\overline{BC}=\overline{AD}=12\,(cm)$이므로

$$\overline{CE}=\overline{BE}-\overline{BC}=16-12=4\,(cm)$$

답 4 cm

03 전략 보조선을 그어 직각삼각형을 만든다.

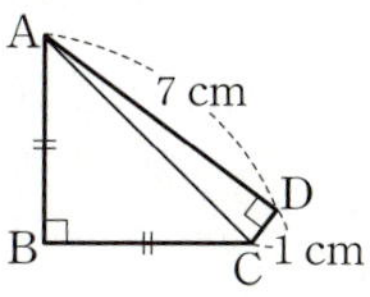

오른쪽 그림과 같이 $\overline{AC}$를 그으면

△ACD에서

$$7^2+1^2=\overline{AC}^2$$

$$\overline{AC}^2=50$$

△ABC에서

$$\overline{AB}^2+\overline{BC}^2=\overline{AC}^2=50$$

이때 $\overline{AB}=\overline{BC}$이므로

$$2\overline{AB}^2=50,\qquad \overline{AB}^2=25$$

$$\therefore \overline{AB}=5\,(cm)$$

답 5 cm

---

04 전략 꼭짓점 D에서 $\overline{BC}$에 수선을 긋고, 직각삼각형을 찾는다.

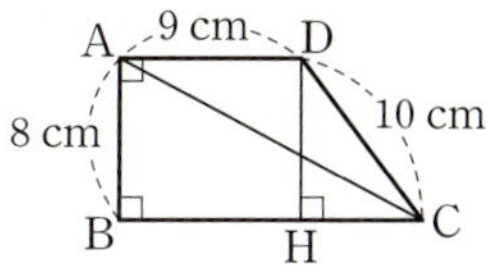

오른쪽 그림과 같이 꼭짓점 D에서 $\overline{BC}$에 내린 수선의 발을 H라 하자.

$\overline{DH}=\overline{AB}=8\,(cm)$이므로

△DHC에서

$$8^2+\overline{CH}^2=10^2,\qquad \overline{CH}^2=36$$

$$\therefore \overline{CH}=6\,(cm)$$

또 $\overline{BH}=\overline{AD}=9\,(cm)$이므로

$$\overline{BC}=9+6=15\,(cm)$$

△ABC에서

$$8^2+15^2=\overline{AC}^2,\qquad \overline{AC}^2=289$$

$$\therefore \overline{AC}=17\,(cm)$$

답 17 cm

05 전략 평행한 두 직선 사이의 거리는 일정하다는 성질과 삼각형의 합동을 이용하여 넓이가 같은 도형을 찾는다.

① $\overline{EB}\ /\!/\ \overline{AC}$이므로

$$\triangle AEB=\triangle CEB$$

③ △EBC≡△ABF (SAS 합동)이므로

$$\triangle EBC=\triangle ABF$$

④ $\triangle EBA=\triangle EBC=\triangle ABF=\triangle JBF=\frac{1}{2}\square BFKJ$

⑤ △HAC=△HBC=△AGC=△JGC이므로

$$\square ACHI=\square JKGC$$

따라서 옳지 않은 것은 ②이다.

답 ②

06 전략 4개의 직각삼각형이 모두 서로 합동임을 이용하여 직각삼각형의 변의 길이를 구한다.

$\overline{BQ}=\overline{AP}=8\,(cm)$이므로 △ABQ에서

$$\overline{AQ}^2+8^2=17^2,\qquad \overline{AQ}^2=225$$

$$\therefore \overline{AQ}=15\,(cm)$$

$$\therefore \overline{PQ}=\overline{AQ}-\overline{AP}$$
$$=15-8=7\,(cm)$$

이때 □PQRS는 정사각형이므로

$$\square PQRS=7^2=49\,(cm^2)$$

답 49 cm²

07 전략 세 변의 길이가 각각 a, b, c인 삼각형 ABC에서 $a^2+b^2=c^2$이면 △ABC는 빗변의 길이가 c인 직각삼각형이다.

ㄱ. $5^2+12^2=13^2$이므로 직각삼각형이다.

ㄴ. $8^2+12^2\neq 15^2$이므로 직각삼각형이 아니다.

ㄷ. $8^2+15^2\neq 18^2$이므로 직각삼각형이 아니다.

ㄹ. $15^2+20^2=25^2$이므로 직각삼각형이다.

이상에서 직각삼각형인 것은 ㄱ, ㄹ이다.

답 ②

08 전략 $\overline{AB}^2+\overline{CD}^2=\overline{BC}^2+\overline{DA}^2$임을 이용한다.

$\overline{AB}^2+\overline{CD}^2=\overline{AD}^2+\overline{BC}^2$이고 $\overline{AD}^2=x^2+y^2$이므로

$$9^2+12^2=(x^2+y^2)+14^2$$
$$\therefore x^2+y^2=29$$

답 ③

09 전략 먼저 $\overline{AC}$를 지름으로 하는 반원의 넓이를 구한다.

$\overline{AC}$를 지름으로 하는 반원의 넓이는

$$\frac{1}{2}\times\pi\times2^2=2\pi\ (\text{cm}^2)$$

$\therefore$ ($\overline{AB}$를 지름으로 하는 반원의 넓이)

  = ($\overline{BC}$를 지름으로 하는 반원의 넓이)

   + ($\overline{AC}$를 지름으로 하는 반원의 넓이)

  $=24\pi+2\pi=26\pi\ (\text{cm}^2)$

답 $26\pi\ \text{cm}^2$

10 전략 색칠한 부분의 넓이는 직각삼각형 ABC의 넓이와 같음을 이용한다.

$\triangle ABC$에서

$$\overline{AB}^2+\overline{AC}^2=10^2$$

이때 $\overline{AB}=\overline{AC}$이므로 $2\overline{AB}^2=100$

$$\therefore \overline{AB}^2=50$$

$\therefore$ (색칠한 부분의 넓이)

  $=\triangle ABC$

  $=\dfrac{1}{2}\times\overline{AB}^2=\dfrac{1}{2}\times50=25\ (\text{cm}^2)$

답 ①

11 전략 피타고라스 정리를 이용하여 $\overline{BC}$의 길이를 구한 후 삼각형의 내각의 이등분선의 성질을 이용한다.

$\triangle ABC$에서

$$\overline{BC}^2+6^2=10^2,\qquad \overline{BC}^2=64$$

$$\therefore \overline{BC}=8\ (\text{cm})$$

이때 $\overline{BD}:\overline{CD}=\overline{AB}:\overline{AC}$이므로

$$\overline{BD}:\overline{CD}=10:6=5:3$$

$$\therefore \overline{BD}=\frac{5}{5+3}\overline{BC}=\frac{5}{8}\times8=5\ (\text{cm})$$

답 5 cm

12 전략 피타고라스 정리와 직각삼각형의 닮음을 이용한다.

$\triangle ABD$에서

$$\overline{AD}^2+12^2=20^2,\qquad \overline{AD}^2=256$$

$$\therefore \overline{AD}=16\ (\text{cm})$$

또 $\triangle ABC$에서 $\overline{AB}^2=\overline{AD}\times\overline{AC}$이므로

$$20^2=16\times\overline{AC}$$

$$\therefore \overline{AC}=25\ (\text{cm})$$

이때 $20^2+\overline{BC}^2=25^2$에서 $\overline{BC}^2=225$

$$\therefore \overline{BC}=15\ (\text{cm})$$

답 ③

13 전략 옆면의 전개도를 그린 후 피타고라스 정리를 이용한다.

오른쪽 그림의 전개도에서 구하는 최단 거리는 $\overline{BE}$의 길이이다.

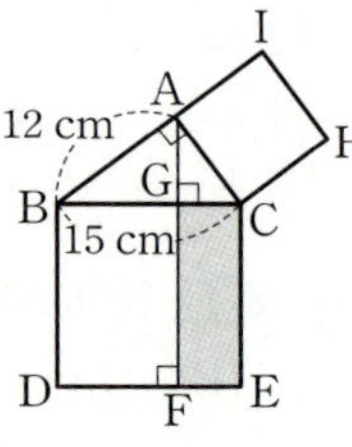

$\overline{FE}=5+5+5$

  $=15\ (\text{cm})$

이므로 $\triangle BFE$에서

$$15^2+8^2=\overline{BE}^2,\qquad \overline{BE}^2=289$$

$$\therefore \overline{BE}=17\ (\text{cm})$$

답 17 cm

14 전략 $\square GFEC$와 넓이가 같은 도형을 그려 본다.

$\triangle ABC$에서

$$\overline{AC}^2+12^2=15^2,\qquad \overline{AC}^2=81$$

$$\therefore \overline{AC}=9\ (\text{cm})$$

오른쪽 그림과 같이 $\overline{AC}$를 한 변으로 하는 정사각형 ACHI를 그리면

$\square GFEC=\square ACHI$

  $=9^2=81\ (\text{cm}^2)$

답 $81\ \text{cm}^2$

15 전략 $\overline{DE}^2+\overline{BC}^2=\overline{BE}^2+\overline{CD}^2$임을 이용한다.

오른쪽 그림과 같이 $\overline{DE}$를 그으면

$\triangle ADE$에서

$$6^2+8^2=\overline{DE}^2,\qquad \overline{DE}^2=100$$

$\triangle ABE$에서

$$(6+9)^2+8^2=\overline{BE}^2,\qquad \overline{BE}^2=289$$

이때 $\overline{DE}^2+\overline{BC}^2=\overline{BE}^2+\overline{CD}^2$이므로

$$100+\overline{BC}^2=289+\overline{CD}^2$$

$$\therefore \overline{BC}^2-\overline{CD}^2=189$$

답 ⑤

16 전략 보조선을 긋고 색칠한 부분과 넓이가 같은 부분을 찾는다.

오른쪽 그림과 같이 $\overline{BD}$를 그으면

$$S_1+S_2=\triangle ABD,$$
$$S_3+S_4=\triangle DBC$$

$\therefore$ (색칠한 부분의 넓이)

  $=\triangle ABD+\triangle DBC$

  $=\square ABCD$

  $=3\times5=15$

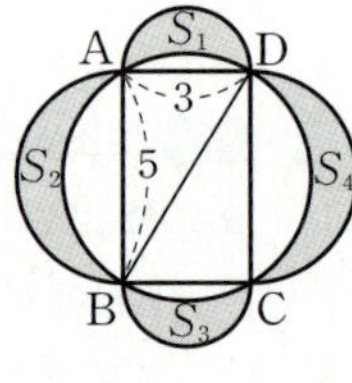

답 ②

17 전략 $\overline{AB}=\overline{AP}$, $\overline{CB}=\overline{CQ}$임을 이용한다.

$\triangle ABC$에서 $12^2+5^2=\overline{AC}^2$

$$\overline{AC}^2=169\qquad \therefore \overline{AC}=13\ (\text{cm})$$

이때 $\overline{AP}=\overline{AB}=12$ (cm), $\overline{CQ}=\overline{CB}=5$ (cm)이므로
$$\overline{CP}=\overline{AC}-\overline{AP}=13-12=1 \text{ (cm)}$$
$$\therefore \overline{QP}=\overline{CQ}-\overline{CP}=5-1=4 \text{ (cm)}$$

답 4 cm

18 전략 피타고라스 정리와 삼각형의 닮음을 이용한다.

$\overline{AE}=\overline{AD}=20$ (cm)이므로 △ABE에서
$$16^2+\overline{BE}^2=20^2, \quad \overline{BE}^2=144$$
$$\therefore \overline{BE}=12 \text{ (cm)}$$
$$\therefore \overline{EC}=\overline{BC}-\overline{BE}=20-12=8 \text{ (cm)}$$
△ABE∽△ECF (AA 닮음)이므로
$$\overline{AB}:\overline{EC}=\overline{BE}:\overline{CF}$$
$$16:8=12:\overline{CF}, \quad 2:1=12:\overline{CF}$$
$$2\overline{CF}=12$$
$$\therefore \overline{CF}=6 \text{ (cm)}$$
$$\therefore \triangle ECF=\frac{1}{2}\times 8\times 6=24 \text{ (cm}^2)$$

답 24 cm²

19 전략 $\overline{AP}^2+\overline{CP}^2=\overline{BP}^2+\overline{DP}^2$임을 이용한다.

△ACD에서 $20^2+15^2=\overline{AC}^2$
$$\overline{AC}^2=625 \quad \therefore \overline{AC}=25$$
$\overline{AD}\times\overline{DC}=\overline{AC}\times\overline{DP}$이므로
$$20\times 15=25\times\overline{DP} \quad \therefore \overline{DP}=12$$
△DPC에서 $12^2+\overline{CP}^2=15^2$
$$\overline{CP}^2=81 \quad \therefore \overline{CP}=9$$
$$\therefore \overline{AP}=\overline{AC}-\overline{CP}=25-9=16$$
따라서 $\overline{AP}^2+\overline{CP}^2=\overline{BP}^2+\overline{DP}^2$이므로
$$16^2+9^2=\overline{BP}^2+12^2$$
$$\therefore \overline{BP}^2=193$$

답 193

서술형 대비 문제　　　　　　　　　▶ 본문 187쪽

1 $\dfrac{289}{2}$ cm²　　**2** (1) 11　(2) 12, 13, 14, 15

3 16

1 1단계 △ABC≡△CDE에서
$$\overline{AC}=\overline{CE}$$
또 ∠ECD+∠ACB=∠CAB+∠ACB=90°
이므로
$$\angle ACE=90°$$
따라서 △ACE는 ∠ACE=90°인 직각이등변삼각형이다.

2단계 $\overline{BC}=\overline{DE}=15$ (cm)이므로 △ABC에서
$$8^2+15^2=\overline{AC}^2, \quad \overline{AC}^2=289$$
$$\therefore \overline{AC}=17 \text{ (cm)}$$

3단계 $\overline{CE}=\overline{AC}=17$ (cm)이므로
$$\triangle ACE=\frac{1}{2}\times 17\times 17=\frac{289}{2} \text{ (cm}^2)$$

답 $\dfrac{289}{2}$ cm²

2 1단계 (1) 삼각형이 되기 위한 조건에 의하여
$$10<x<6+10,$$
$$즉 10<x<16 \quad\quad \cdots\cdots ㉠$$
2단계 $x^2<6^2+10^2$에서
$$x^2<136 \quad\quad \cdots\cdots ㉡$$
㉠, ㉡을 모두 만족시키는 자연수 x는 11이다.

3단계 (2) $x^2>6^2+10^2$에서
$$x^2>136 \quad\quad \cdots\cdots ㉢$$
㉠, ㉢을 모두 만족시키는 자연수 x는 12, 13, 14, 15이다.

답 (1) 11　(2) 12, 13, 14, 15

단계	채점 요소	배점
1	삼각형이 되기 위한 x의 값의 범위 구하기	1점
2	예각삼각형이 되도록 하는 자연수 x의 값 구하기	3점
3	둔각삼각형이 되도록 하는 자연수 x의 값 구하기	3점

3 1단계 $\overline{AC}$를 지름으로 하는 반원의 넓이는
$$S_2-S_1=56\pi-24\pi$$
$$=32\pi$$
2단계 $\overline{AC}$를 지름으로 하는 반원의 넓이가 32π이므로
$$\frac{1}{2}\times\pi\times\left(\frac{\overline{AC}}{2}\right)^2=32\pi$$
$$\overline{AC}^2=256$$
$$\therefore \overline{AC}=16$$

답 16

단계	채점 요소	배점
1	$\overline{AC}$를 지름으로 하는 반원의 넓이 구하기	4점
2	$\overline{AC}$의 길이 구하기	3점

Ⅳ-1 경우의 수

01 경우의 수

01 (1) 2　(2) 3　　　　**02** (1) 5　(2) 3
03 (1) 5　(2) 4　(3) 9　　**04** (1) 3　(2) 4　(3) 12
05 (1) 12　(2) 3　(3) 4

01 (1) 5 이상의 눈이 나오는 경우는 5, 6의 2가지이다.
　(2) 소수의 눈이 나오는 경우는 2, 3, 5의 3가지이다.
　　　　　　　　　　　　　　　답 (1) 2　(2) 3

02 (1) 홀수가 나오는 경우는 1, 3, 5, 7, 9의 5가지이다.
　(2) 3의 배수가 나오는 경우는 3, 6, 9의 3가지이다.
　　　　　　　　　　　　　　　답 (1) 5　(2) 3

03 (1) 수학 참고서 한 권을 사는 경우의 수는 5이다.
　(2) 영어 참고서 한 권을 사는 경우의 수는 4이다.
　(3) 수학 참고서 또는 영어 참고서 중 한 권을 사는 경우의
　　　수는
　　　　　$5+4=9$
　　　　　　　　　　　　답 (1) 5　(2) 4　(3) 9

04 (1) 티셔츠를 선택하는 경우의 수는 3이다.
　(2) 바지를 선택하는 경우의 수는 4이다.
　(3) 티셔츠와 바지를 각각 하나씩 짝 지어 입는 경우의 수는
　　　　　$3×4=12$
　　　　　　　　　　　답 (1) 3　(2) 4　(3) 12

05 (1) 동전 한 개를 던질 때 나오는 모든 경우는 앞, 뒤의 2가
　　　지, 주사위 한 개를 던질 때 나오는 모든 경우는 1, 2,
　　　3, 4, 5, 6의 6가지이다.
　　　따라서 구하는 경우의 수는
　　　　　$2×6=12$
　(2) 동전에서 앞면이 나오는 경우는 1가지, 주사위에서 홀
　　　수의 눈이 나오는 경우는 1, 3, 5의 3가지이다.
　　　따라서 구하는 경우의 수는
　　　　　$1×3=3$
　(3) 동전에서 뒷면이 나오는 경우는 1가지, 주사위에서 5
　　　미만의 눈이 나오는 경우는 1, 2, 3, 4의 4가지이다.
　　　따라서 구하는 경우의 수는
　　　　　$1×4=4$
　　　　　　　　　　답 (1) 12　(2) 3　(3) 4

핵심문제　익히기

1 6	**2** 3	**3** 5	**4** 5가지
5 10	**6** 9	**7** 8	**8** 19
9 24	**10** 35	**11** 72	**12** 9

1 두 주사위에서 나오는 눈의 수를 순서쌍으로 나타내면 두
눈의 수의 차가 3인 경우는
　$(1, 4), (2, 5), (3, 6), (4, 1), (5, 2), (6, 3)$
따라서 구하는 경우의 수는 6이다.　　　답 6

2 한 개의 동전을 세 번 던질 때 나오는 면을 순서쌍으로 나
타내면 앞면이 두 번 나오는 경우는
　(앞, 앞, 뒤), (앞, 뒤, 앞), (뒤, 앞, 앞)
따라서 구하는 경우의 수는 3이다.　　　답 3

3 250원을 지불하는 방법을 표로 나타내면 다음과 같다.

100원(개)	50원(개)	10원(개)
2	1	0
2	0	5
1	3	0
1	2	5
0	4	5

따라서 구하는 방법의 수는 5이다.　　　답 5

4 지불할 수 있는 금액을 표로 나타내면 다음과 같다.

(단위: 원)

50원(개) ＼ 100원(개)	1	2
1	150	250
2	200	300
3	250	350

따라서 지불할 수 있는 금액은 150원, 200원, 250원,
300원, 350원의 5가지이다.　　　답 5가지

5 9의 배수가 나오는 경우는 9, 18의 2가지
소수가 나오는 경우는 2, 3, 5, 7, 11, 13, 17, 19의 8가지
따라서 구하는 경우의 수는
　$2+8=10$　　　　　　　　　답 10

6 두 주사위에서 나오는 눈의 수를 순서쌍으로 나타내면
두 눈의 수의 합이 4인 경우는
　$(1, 3), (2, 2), (3, 1)$
의 3가지
두 눈의 수의 합이 7인 경우는
　$(1, 6), (2, 5), (3, 4), (4, 3), (5, 2), (6, 1)$
의 6가지
따라서 구하는 경우의 수는
　$3+6=9$　　　　　　　　　답 9

7 김밥을 주문하는 경우는 5가지, 라면을 주문하는 경우는 3가지이므로 구하는 경우의 수는

$$5+3=8$$

답 8

8 가요를 듣는 경우는 7가지, 팝송을 듣는 경우는 8가지, 클래식을 듣는 경우는 4가지이므로 구하는 경우의 수는

$$7+8+4=19$$

답 19

9 A 지점에서 B 지점으로 가는 경우는 3가지, B 지점에서 C 지점으로 가는 경우는 2가지, C 지점에서 D 지점으로 가는 경우는 4가지이므로 구하는 경우의 수는

$$3×2×4=24$$

답 24

10 책상을 선택하는 경우는 5가지, 의자를 선택하는 경우는 7가지이므로 구하는 경우의 수는

$$5×7=35$$

답 35

11 동전 한 개를 던질 때 나오는 모든 경우는 앞, 뒤의 2가지, 주사위 한 개를 던질 때 나오는 모든 경우는 1, 2, 3, 4, 5, 6의 6가지이다.
따라서 구하는 경우의 수는

$$2×6×6=72$$

답 72

12 홀수의 눈이 나오는 경우는 1, 3, 5의 3가지, 소수의 눈이 나오는 경우는 2, 3, 5의 3가지이다.
따라서 구하는 경우의 수는

$$3×3=9$$

답 9

이런 문제가 시험 에 나온다 ❭ 본문 195쪽

01 2　　**02** 4　　**03** 6　　**04** 8
05 12　**06** 13　**07** 8

01 삼각형이 만들어지는 세 변의 길이를 순서쌍으로 나타내면

$$(3, 4, 5), (4, 5, 8)$$

따라서 구하는 삼각형의 개수는 2이다.

답 2

개념 더하기

삼각형의 세 변의 길이가 주어졌을 때 삼각형이 될 수 있는 조건
➡ (가장 긴 변의 길이)<(나머지 두 변의 길이의 합)

02 2500원을 지불하는 방법을 표로 나타내면 다음과 같다.

500원(개)	100원(개)	50원(개)
5	0	0
4	5	0
4	4	2
4	3	4

따라서 구하는 방법의 수는 4이다.

답 4

03 두 눈의 수의 차가 4 이상인 경우는 차가 4 또는 5일 때이다.
두 주사위에서 나오는 눈의 수를 순서쌍으로 나타내면
두 눈의 수의 차가 4인 경우는

$$(1, 5), (2, 6), (5, 1), (6, 2)$$

의 4가지
두 눈의 수의 차가 5인 경우는

$$(1, 6), (6, 1)$$

의 2가지
따라서 구하는 경우의 수는

$$4+2=6$$

답 6

04 코미디 영화를 관람하는 경우는 3가지, 액션 영화를 관람하는 경우는 4가지, 만화 영화를 관람하는 경우는 1가지이므로 구하는 경우의 수는

$$3+4+1=8$$

답 8

05 3개의 자음과 4개의 모음이 있으므로 만들 수 있는 글자의 개수는

$$3×4=12$$

답 12

06 (i) A → B → C로 가는 경우의 수는

$$4×3=12$$

(ii) A → C로 가는 경우의 수는　1
(i), (ii)에서 구하는 경우의 수는

$$12+1=13$$

답 13

07 동전 두 개를 던질 때 나오는 면을 순서쌍으로 나타내면 서로 같은 면이 나오는 경우는 (앞, 앞), (뒤, 뒤)의 2가지이고, 주사위 한 개를 던질 때 6의 약수의 눈이 나오는 경우는 1, 2, 3, 6의 4가지이다.
따라서 구하는 경우의 수는

$$2×4=8$$

답 8

02 여러 가지 경우의 수

개념원리 확인하기 ❭ 본문 198쪽

01 (1) 120　(2) 20　(3) 60　　**02** 6, 12
03 (1) 20　(2) 60　　**04** (1) 16　(2) 48
05 (1) 12　(2) 6

01 (1) 5명을 한 줄로 세우는 경우의 수는

$$5×4×3×2×1=120$$

(2) 5명 중 2명을 뽑아 한 줄로 세우는 경우의 수는

$$5×4=20$$

(3) 5명 중 3명을 뽑아 한 줄로 세우는 경우의 수는
$$5 \times 4 \times 3 = 60$$

답 (1) 120 (2) 20 (3) 60

02 A, C를 한 사람으로 생각하여 (A, C), B, D 3명을 한 줄로 세우는 경우의 수는 $3 \times 2 \times 1 = 6$
이때 A, C가 자리를 바꾸는 경우의 수는 2이므로 구하는 경우의 수는
$$\boxed{6} \times 2 = \boxed{12}$$

답 6, 12

03 (1) 십의 자리에 올 수 있는 숫자는 5개, 일의 자리에 올 수 있는 숫자는 십의 자리의 숫자를 제외한 4개이므로 구하는 자연수의 개수는
$$5 \times 4 = 20$$
(2) 백의 자리에 올 수 있는 숫자는 5개, 십의 자리에 올 수 있는 숫자는 백의 자리의 숫자를 제외한 4개, 일의 자리에 올 수 있는 숫자는 백의 자리와 십의 자리의 숫자를 제외한 3개이므로 구하는 자연수의 개수는
$$5 \times 4 \times 3 = 60$$

답 (1) 20 (2) 60

04 (1) 십의 자리에 올 수 있는 숫자는 0을 제외한 4개, 일의 자리에 올 수 있는 숫자는 십의 자리의 숫자를 제외한 4개이므로 구하는 자연수의 개수는
$$4 \times 4 = 16$$
(2) 백의 자리에 올 수 있는 숫자는 0을 제외한 4개, 십의 자리에 올 수 있는 숫자는 백의 자리의 숫자를 제외한 4개, 일의 자리에 올 수 있는 숫자는 백의 자리와 십의 자리의 숫자를 제외한 3개이므로 구하는 자연수의 개수는
$$4 \times 4 \times 3 = 48$$

답 (1) 16 (2) 48

05 (1) A, B, C, D 4명 중에서 자격이 다른 대표 2명을 뽑는 경우의 수와 같으므로
$$4 \times 3 = 12$$
(2) A, B, C, D 4명 중에서 자격이 같은 대표 2명을 뽑는 경우의 수는
$$\frac{4 \times 3}{2} = 6$$

답 (1) 12 (2) 6

핵심문제 익히기 ▶ 본문 199~202쪽

1 (1) 120 (2) 210		**2** 24
3 240	**4** (1) 24 (2) 12	**5** (1) 18 (2) 10
6 42	**7** 120	**8** 28
9 10	**10** 15, 20	**11** 60

1 (1) 5명을 한 줄로 세우는 경우의 수와 같으므로
$$5 \times 4 \times 3 \times 2 \times 1 = 120$$
(2) 7명의 학생 중에서 3명을 뽑아 한 줄로 세우는 경우의 수와 같으므로
$$7 \times 6 \times 5 = 210$$

답 (1) 120 (2) 210

2 K를 맨 뒤에 고정시키고 K를 제외한 나머지 네 문자를 한 줄로 나열하면 되므로 구하는 경우의 수는
$$4 \times 3 \times 2 \times 1 = 24$$

답 24

3 여학생 2명을 한 사람으로 생각하여 (여, 여), 남, 남, 남, 남 5명을 한 줄로 세우는 경우의 수는
$$5 \times 4 \times 3 \times 2 \times 1 = 120$$
이때 여학생 2명이 자리를 바꾸는 경우의 수는 2이므로 구하는 경우의 수는
$$120 \times 2 = 240$$

답 240

4 (1) 백의 자리에 올 수 있는 숫자는 4개, 십의 자리에 올 수 있는 숫자는 백의 자리의 숫자를 제외한 3개, 일의 자리에 올 수 있는 숫자는 백의 자리와 십의 자리의 숫자를 제외한 2개이므로 구하는 자연수의 개수는
$$4 \times 3 \times 2 = 24$$
(2) 홀수가 되려면 일의 자리의 숫자가 1 또는 3이어야 한다.
  (i) □□1인 경우: 백의 자리에 올 수 있는 숫자는 1을 제외한 3개, 십의 자리에 올 수 있는 숫자는 백의 자리의 숫자와 1을 제외한 2개이므로
$$3 \times 2 = 6$$
  (ii) □□3인 경우: 백의 자리에 올 수 있는 숫자는 3을 제외한 3개, 십의 자리에 올 수 있는 숫자는 백의 자리의 숫자와 3을 제외한 2개이므로
$$3 \times 2 = 6$$
  (i), (ii)에서 구하는 홀수의 개수는
$$6 + 6 = 12$$

답 (1) 24 (2) 12

5 (1) 백의 자리에 올 수 있는 숫자는 0을 제외한 3개, 십의 자리에 올 수 있는 숫자는 백의 자리의 숫자를 제외한 3개, 일의 자리에 올 수 있는 숫자는 백의 자리와 십의 자리의 숫자를 제외한 2개이므로 구하는 자연수의 개수는
$$3 \times 3 \times 2 = 18$$
(2) 짝수가 되려면 일의 자리의 숫자가 0 또는 2이어야 한다.

(i) □□0인 경우: 백의 자리에 올 수 있는 숫자는 0을 제외한 3개, 십의 자리에 올 수 있는 숫자는 백의 자리의 숫자와 0을 제외한 2개이므로
$$3 \times 2 = 6$$

(ii) □□2인 경우: 백의 자리에 올 수 있는 숫자는 0, 2를 제외한 2개, 십의 자리에 올 수 있는 숫자는 백의 자리의 숫자와 2를 제외한 2개이므로
$$2 \times 2 = 4$$

(i), (ii)에서 구하는 짝수의 개수는
$$6 + 4 = 10$$

답 (1) 18 (2) 10

6 7명 중에서 자격이 다른 대표 2명을 뽑는 경우의 수와 같으므로
$$7 \times 6 = 42$$

답 42

7 여학생 4명 중에서 조장 1명을 뽑는 경우의 수는   4
남학생 6명 중에서 총무 1명, 서기 1명을 뽑는 경우의 수는
$$6 \times 5 = 30$$
따라서 구하는 경우의 수는
$$4 \times 30 = 120$$

답 120

8 8명 중에서 자격이 같은 대표 2명을 뽑는 경우의 수와 같으므로
$$\frac{8 \times 7}{2} = 28$$

답 28

9 시하를 제외한 나머지 5명 중에서 자격이 같은 대표 2명을 뽑는 경우의 수와 같으므로
$$\frac{5 \times 4}{2} = 10$$

답 10

10 선분의 개수는 6개의 점 중에서 순서와 관계없이 2개를 선택하는 경우의 수와 같으므로
$$\frac{6 \times 5}{2} = 15$$
또 삼각형의 개수는 6개의 점 중에서 순서와 관계없이 3개를 선택하는 경우의 수와 같으므로
$$\frac{6 \times 5 \times 4}{3 \times 2 \times 1} = 20$$

답 15, 20

개념 더하기

선분 또는 삼각형의 개수
어느 세 점도 한 직선 위에 있지 않은 $n(n \geq 3)$개의 점 중에서
① 두 점을 연결하여 만들 수 있는 선분의 개수
➡ n개의 점 중에서 순서와 관계없이 2개를 선택하는 경우의 수와 같다.
➡ $\dfrac{n \times (n-1)}{2}$
② 세 점을 연결하여 만들 수 있는 삼각형의 개수
➡ n개의 점 중에서 순서와 관계없이 3개를 선택하는 경우의 수와 같다.
➡ $\dfrac{n \times (n-1) \times (n-2)}{3 \times 2 \times 1}$

---

11 A에 칠할 수 있는 색은 5가지,
B에 칠할 수 있는 색은 A에 칠한 색을 제외한 4가지,
C에 칠할 수 있는 색은 A, B에 칠한 색을 제외한 3가지이다.
따라서 구하는 경우의 수는
$$5 \times 4 \times 3 = 60$$

답 60

이런 문제가 시험 에 나온다 ▶본문 203쪽

01 48   **02** 36   **03** 13   **04** 336
05 60   **06** 8   **07** 6

01 (i) B가 맨 앞에 오는 경우
B를 제외한 4명을 한 줄로 세우는 경우의 수와 같으므로
$$4 \times 3 \times 2 \times 1 = 24$$
(ii) D가 맨 앞에 오는 경우
D를 제외한 4명을 한 줄로 세우는 경우의 수와 같으므로
$$4 \times 3 \times 2 \times 1 = 24$$
(i), (ii)에서 구하는 경우의 수는
$$24 + 24 = 48$$

답 48

02 딸기, 초콜릿, 치즈 케이크를 한 묶음으로 생각하여 3개를 한 줄로 진열하는 경우의 수는
$$3 \times 2 \times 1 = 6$$
이때 딸기, 초콜릿, 치즈 케이크가 서로 자리를 바꾸는 경우의 수는
$$3 \times 2 \times 1 = 6$$
따라서 구하는 경우의 수는
$$6 \times 6 = 36$$

답 36

03 (i) 3□인 경우: 30, 31, 32의 3개
(ii) 2□인 경우: 일의 자리에 올 수 있는 숫자는 십의 자리의 숫자를 제외한 5개이다.
(iii) 1□인 경우: 일의 자리에 올 수 있는 숫자는 십의 자리의 숫자를 제외한 5개이다.
이상에서 구하는 자연수의 개수는
$$3 + 5 + 5 = 13$$

답 13

04 8명 중에서 자격이 다른 대표 3명을 뽑는 경우의 수와 같으므로
$$8 \times 7 \times 6 = 336$$

답 336

05 수학 참고서 4권 중에서 2권을 사는 경우의 수는

$$\frac{4\times3}{2}=6$$

국어 참고서 5권 중에서 2권을 사는 경우의 수는

$$\frac{5\times4}{2}=10$$

따라서 구하는 경우의 수는

$$6\times10=60$$

답 60

06 선분의 개수는 직선 l 위의 4개의 점 중 1개와 직선 m 위의 2개의 점 중 1개를 선택하는 경우의 수와 같으므로

$$4\times2=8$$

답 8

07 A에 칠할 수 있는 색은 3가지,

B에 칠할 수 있는 색은 A에 칠한 색을 제외한 2가지,

C에 칠할 수 있는 색은 A, B에 칠한 색을 제외한 1가지이다.

따라서 구하는 경우의 수는

$$3\times2\times1=6$$

답 6

중단원 마무리하기

▶ 본문 204～207쪽

01 ③	**02** 6	**03** ⑤	**04** ⑤
05 ③	**06** 12	**07** 16	**08** ④
09 ②	**10** 210	**11** 6	**12** 90
13 15번	**14** ③	**15** ③	**16** 10
17 ①	**18** 32	**19** ④	**20** 3124
21 18	**22** 11	**23** ①	**24** ⑤
25 8	**26** 20번째	**27** 20	

01 전략 각 사건이 일어나는 경우의 수를 구해 본다.

① 홀수는 1, 3, 5, 7, 9의 5가지

② 3의 배수는 3, 6, 9의 3가지

③ 5 이상의 수는 5, 6, 7, 8, 9, 10의 6가지

④ 소수는 2, 3, 5, 7의 4가지

⑤ 10의 약수는 1, 2, 5, 10의 4가지

따라서 경우의 수가 가장 큰 사건은 ③이다.

답 ③

02 전략 주어진 동전으로 800원을 지불할 수 있는 경우를 표로 나타내어 본다.

800원을 지불하는 방법을 표로 나타내면 오른쪽과 같다.

따라서 구하는 방법의 수는 6이다.

100원(개)	50원(개)
8	0
7	2
6	4
5	6
4	8
3	10

답 6

03 전략 '또는', '～이거나' ➡ 각 사건이 일어나는 경우의 수를 더한다.

주사위에서 나오는 수를 순서쌍으로 나타내면

두 수의 차가 7인 경우는

$$(1, 8), (2, 9), (3, 10), (4, 11), (5, 12),$$
$$(8, 1), (9, 2), (10, 3), (11, 4), (12, 5)$$

의 10가지

두 수의 차가 9인 경우는

$$(1, 10), (2, 11), (3, 12), (10, 1), (11, 2),$$
$$(12, 3)$$

의 6가지

따라서 구하는 경우의 수는

$$10+6=16$$

답 ⑤

04 전략 A형인 학생을 선택하는 경우의 수와 B형인 학생을 선택하는 경우의 수를 더한다.

재혁이네 반 학생 중에서 A형인 학생을 선택하는 경우는 8가지, B형인 학생을 선택하는 경우는 6가지이므로 구하는 경우의 수는

$$8+6=14$$

답 ⑤

05 전략 '그리고', '동시에', '～하고 나서' ➡ 각 사건이 일어나는 경우의 수를 곱한다.

제1 전시장에서 나와 복도로 가는 방법은 2가지, 복도에서 제2 전시장으로 들어가는 방법은 3가지이므로 구하는 방법의 수는

$$2\times3=6$$

답 ③

06 전략 샌드위치를 선택하는 경우의 수와 음료수를 선택하는 경우의 수를 곱한다.

샌드위치를 선택하는 경우는 4가지, 음료수를 선택하는 경우는 3가지이므로 구하는 경우의 수는

$$4\times3=12$$

답 12

07 전략 동전과 주사위를 던질 때 일어나는 경우의 수를 각각 구한 후 곱한다.

동전 한 개를 던질 때 나오는 모든 경우는 앞, 뒤의 2가지, 주사위 한 개를 던질 때 3 이상의 눈이 나오는 경우는 3, 4, 5, 6의 4가지이다.

따라서 구하는 경우의 수는

$$2\times2\times4=16$$

답 16

08 전략 n명을 한 줄로 세우는 경우의 수는

$$n\times(n-1)\times(n-2)\times\cdots\times2\times1$$

임을 이용한다.

5명을 한 줄로 세우는 경우의 수와 같으므로

$$5\times4\times3\times2\times1=120$$

답 ④

09 〔전략〕 특정한 문자의 자리를 고정할 때 한 줄로 나열하는 경우의 수를 생각해 본다.

E를 맨 앞에, W를 맨 뒤에 고정시키고 E와 W를 제외한 나머지 네 문자를 한 줄로 나열하면 되므로 구하는 경우의 수는

$$4 \times 3 \times 2 \times 1 = 24$$

답 ②

10 〔전략〕 각 자리에 올 수 있는 숫자의 개수를 구한다.

백의 자리에 올 수 있는 숫자는 7개, 십의 자리에 올 수 있는 숫자는 백의 자리의 숫자를 제외한 6개, 일의 자리에 올 수 있는 숫자는 백의 자리와 십의 자리의 숫자를 제외한 5개이므로 구하는 자연수의 개수는

$$7 \times 6 \times 5 = 210$$

답 210

11 〔전략〕 십의 자리에 올 수 있는 숫자에 따라 경우를 나누어 생각해 본다.

(i) 3□인 경우: 32, 34의 2개

(ii) 4□인 경우: 40, 41, 42, 43의 4개

(i), (ii)에서 구하는 자연수의 개수는

$$2 + 4 = 6$$

답 6

12 〔전략〕 순서와 관계있으므로 자격이 다른 대표를 뽑는 경우의 수와 같음을 이용한다.

10명 중에서 자격이 다른 대표 2명을 뽑는 경우의 수와 같으므로

$$10 \times 9 = 90$$

답 90

13 〔전략〕 순서와 관계없으므로 자격이 같은 대표를 뽑는 경우의 수와 같음을 이용한다.

6개의 팀 중에서 순서와 관계없이 두 팀을 뽑는 경우의 수와 같으므로

$$\frac{6 \times 5}{2} = 15 \,(번)$$

답 15번

〔다른 풀이〕 A, B, C, D, E, F 6개의 팀이 서로 한 번씩 시합을 하는 경우를 수형도로 나타내면 다음과 같다.

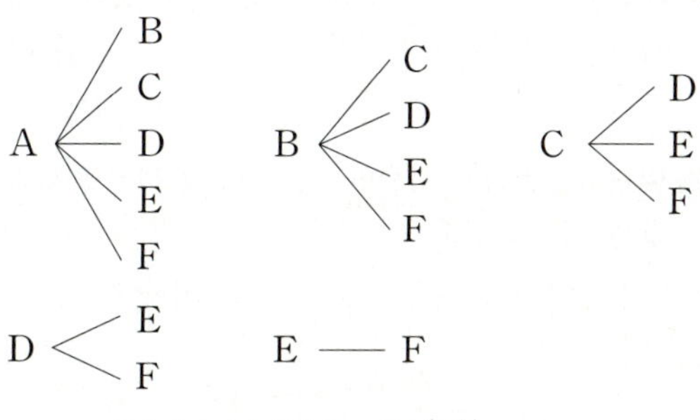

$$\therefore 5 + 4 + 3 + 2 + 1 = 15 \,(번)$$

14 〔전략〕 반드시 뽑히는 사람을 제외한 나머지 중에서 자격이 같은 대표를 뽑는 경우의 수를 구한다.

F를 제외한 나머지 6명 중에서 자격이 같은 대표 3명을 뽑는 경우의 수와 같으므로

$$\frac{6 \times 5 \times 4}{3 \times 2 \times 1} = 20$$

답 ③

15 〔전략〕 3명이 가위바위보를 할 때 승부가 나지 않는 경우를 생각해 본다.

3명이 가위바위보를 할 때 승부가 나지 않는 경우는 3명이 모두 같은 것을 내거나 3명이 모두 다른 것을 내는 경우이다.

3명이 내는 것을 순서쌍으로 나타내면

3명이 모두 같은 것을 내는 경우는

　　(가위, 가위, 가위), (바위, 바위, 바위), (보, 보, 보)

의 3가지

3명이 모두 다른 것을 내는 경우는

　　(가위, 바위, 보), (가위, 보, 바위), (바위, 가위, 보),

　　(바위, 보, 가위), (보, 가위, 바위), (보, 바위, 가위)

의 6가지

따라서 구하는 경우의 수는

$$3 + 6 = 9$$

답 ③

16 〔전략〕 2의 배수가 나오는 경우의 수와 3의 배수가 나오는 경우의 수를 더한 후 중복되는 경우의 수를 뺀다.

2의 배수가 나오는 경우는 2, 4, 6, 8, 10, 12, 14의 7가지

3의 배수가 나오는 경우는 3, 6, 9, 12, 15의 5가지

2와 3의 공배수, 즉 6의 배수가 나오는 경우는 6, 12의 2가지

따라서 구하는 경우의 수는

$$7 + 5 - 2 = 10$$

답 10

17 〔전략〕 해가 $x=1$인 경우와 해가 $x=3$인 경우로 나누어 각각의 경우의 수를 구한다.

(i) 해가 $x=1$인 경우

　$a=b$이므로 이를 만족시키는 순서쌍 (a, b)는

　　(1, 1), (2, 2), (3, 3), (4, 4), (5, 5), (6, 6)

　의 6가지

(ii) 해가 $x=3$인 경우

　$3a=b$이므로 이를 만족시키는 순서쌍 (a, b)는

　　(1, 3), (2, 6)

　의 2가지

(i), (ii)에서 구하는 경우의 수는

$$6 + 2 = 8$$

답 ①

18 〔전략〕 각 전구가 만들 수 있는 신호는 2가지임을 이용한다.

각 전구를 켜거나 끄는 2가지 경우가 있으므로 구하는 신호의 개수는

$$2 \times 2 \times 2 \times 2 \times 2 = 32$$

답 32

19 이웃하는 것을 한 묶음으로 생각한다.

호영이와 동생을 양 끝에 세우고 부모님을 한 사람으로 생각하여 가운데에 호영이와 동생을 제외한 3명을 한 줄로 세우는 경우의 수는

$$3 \times 2 \times 1 = 6$$

이때 부모님이 자리를 바꾸는 경우의 수는 2, 호영이와 동생이 자리를 바꾸는 경우의 수는 2이므로 구하는 경우의 수는

$$6 \times 2 \times 2 = 24$$

답 ④

20 천의 자리의 숫자가 작은 수부터 자연수의 개수를 구한다.

천의 자리의 숫자가 1인 네 자리 자연수의 개수는

$$3 \times 2 \times 1 = 6$$

천의 자리의 숫자가 2인 네 자리 자연수의 개수는

$$3 \times 2 \times 1 = 6$$

이때 $6 + 6 = 12$이므로 13번째 수는 천의 자리의 숫자가 3인 수 중에서 가장 작은 수이다.

따라서 13번째 수는 3124이다.

답 3124

21 남학생이 1명 이상 포함되는 경우를 생각해 본다.

1명은 남학생, 1명은 여학생이 뽑히는 경우의 수는

$$4 \times 3 = 12$$

2명 모두 남학생이 뽑히는 경우의 수는

$$\frac{4 \times 3}{2} = 6$$

따라서 구하는 경우의 수는

$$12 + 6 = 18$$

답 18

22 순서와 관계없으므로 자격이 같은 대표를 뽑는 경우의 수와 같음을 이용한다.

회원 수를 n이라 하면 악수를 한 횟수는 n명 중에서 자격이 같은 대표 2명을 뽑는 경우의 수와 같으므로

$$\frac{n \times (n-1)}{2} = 55$$

$$n \times (n-1) = 110 = 11 \times 10$$

$$\therefore n = 11$$

따라서 구하는 회원 수는 11이다.

답 11

23 7개의 점 중에서 순서와 관계없이 3개를 선택하는 경우의 수에서 삼각형이 만들어지지 않는 경우의 수를 뺀다.

7개의 점 중에서 3개의 점을 선택하는 경우의 수는

$$\frac{7 \times 6 \times 5}{3 \times 2 \times 1} = 35$$

이때 한 직선 위에 있는 4개의 점 A, B, C, D 중에서 3개의 점을 선택하는 경우에는 삼각형이 만들어지지 않으므로 삼각형이 만들어지지 않는 경우의 수는

$$\frac{4 \times 3 \times 2}{3 \times 2 \times 1} = 4$$

따라서 구하는 삼각형의 개수는

$$35 - 4 = 31$$

답 ①

24 각 영역에 칠할 수 있는 색의 가짓수를 구한다.

A에 칠할 수 있는 색은 5가지,
B에 칠할 수 있는 색은 A에 칠한 색을 제외한 4가지,
C에 칠할 수 있는 색은 B에 칠한 색을 제외한 4가지,
D에 칠할 수 있는 색은 C에 칠한 색을 제외한 4가지,
E에 칠할 수 있는 색은 D에 칠한 색을 제외한 4가지이다.

따라서 구하는 경우의 수는

$$5 \times 4 \times 4 \times 4 \times 4 = 1280$$

답 ⑤

25 집 → 과일 가게, 과일 가게 → 병원을 최단 거리로 가는 경우의 수를 각각 구한다.

집에서 과일 가게까지 최단 거리로 가는 경우는 2가지, 과일 가게에서 병원까지 최단 거리로 가는 경우는 4가지이다.

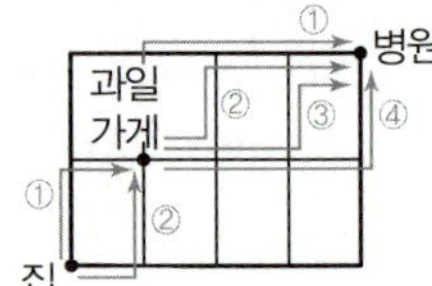

따라서 구하는 경우의 수는

$$2 \times 4 = 8$$

답 8

26 알파벳 순으로 문자를 정하고 각각의 경우의 수를 구한다.

(ⅰ) $a\square\square\square$인 경우: a를 제외한 나머지 b, c, d를 한 줄로 나열하는 경우이므로

$$3 \times 2 \times 1 = 6 \, (가지)$$

(ⅱ) $b\square\square\square$인 경우: b를 제외한 나머지 a, c, d를 한 줄로 나열하는 경우이므로

$$3 \times 2 \times 1 = 6 \, (가지)$$

(ⅲ) $c\square\square\square$인 경우: c를 제외한 나머지 a, b, d를 한 줄로 나열하는 경우이므로

$$3 \times 2 \times 1 = 6 \, (가지)$$

이상에서 $6 + 6 + 6 = 18$이므로 $dabc$는 19번째 문자열이고 $dacb$는 20번째 문자열이다.

답 20번째

27 먼저 5명 중에서 자신의 수험 번호가 적힌 의자에 앉는 2명을 뽑는 경우의 수를 구한다.

5명 중에서 자신의 수험 번호가 적힌 의자에 앉는 2명을 뽑는 경우의 수는

$$\frac{5 \times 4}{2} = 10$$

A, B, C, D, E 5명 중에서 A와 B는 자신의 수험 번호가 적힌 의자에 앉고, C, D, E는 다른 사람의 수험 번호가 적힌 의자에 앉는 경우는 다음 표와 같으므로 2가지이다.

의자에 적힌 수험 번호	A	B	C	D	E
의자에 앉은 사람	A	B	D	E	C
	A	B	E	C	D

}2가지

따라서 구하는 경우의 수는

$$10 \times 2 = 20$$

답 20

서술형 대비 문제 ▶ 본문 208~209쪽

1 9	**2** 60	**3** 9
4 72	**5** 36	**6** 20

---

1 1단계 (i) A → B → C로 가는 경우의 수는
$$3 \times 2 = 6$$

2단계 (ii) A → C로 가는 경우의 수는   3

3단계 (i), (ii)에서 구하는 경우의 수는
$$6 + 3 = 9$$

답 9

2 1단계 6명 중에서 회장 1명을 뽑는 경우의 수는   6

2단계 회장 1명을 제외한 나머지 5명 중에서 총무 2명을 뽑는 경우의 수는
$$\frac{5 \times 4}{2} = 10$$

3단계 구하는 경우의 수는
$$6 \times 10 = 60$$

답 60

3 1단계 두 원판에서 바늘이 가리킨 수를 순서쌍으로 나타내면 바늘이 가리킨 수의 합이 5인 경우는
$$(1, 4), (2, 3), (3, 2), (4, 1)$$
의 4가지

2단계 바늘이 가리킨 수의 합이 8인 경우는
$$(2, 6), (3, 5), (4, 4), (5, 3), (6, 2)$$
의 5가지

3단계 구하는 경우의 수는
$$4 + 5 = 9$$

답 9

단계	채점 요소	배점
1	바늘이 가리킨 수의 합이 5인 경우의 수 구하기	2점
2	바늘이 가리킨 수의 합이 8인 경우의 수 구하기	2점
3	바늘이 가리킨 수의 합이 5 또는 8인 경우의 수 구하기	2점

---

4 1단계 수학책 3권, 영어책 2권을 각각 한 묶음으로 생각하여 3권을 나란히 꽂는 경우의 수는
$$3 \times 2 \times 1 = 6$$

2단계 수학책끼리 자리를 바꾸는 경우의 수는
$$3 \times 2 \times 1 = 6$$
영어책끼리 자리를 바꾸는 경우의 수는
$$2$$

3단계 구하는 경우의 수는
$$6 \times 6 \times 2 = 72$$

답 72

단계	채점 요소	배점
1	이웃하는 것을 묶어서 나란히 꽂는 경우의 수 구하기	3점
2	각 묶음에서 자리를 바꾸는 경우의 수 구하기	2점
3	수학책끼리, 영어책끼리 이웃하게 꽂는 경우의 수 구하기	2점

5 1단계 5의 배수가 되려면 일의 자리의 숫자가 0 또는 5이어야 한다.
(i) □□0인 경우: 백의 자리에 올 수 있는 숫자는 0을 제외한 5개, 십의 자리에 올 수 있는 숫자는 0과 백의 자리의 숫자를 제외한 4개이므로
$$5 \times 4 = 20$$

2단계 (ii) □□5인 경우: 백의 자리에 올 수 있는 숫자는 5와 0을 제외한 4개, 십의 자리에 올 수 있는 숫자는 5와 백의 자리의 숫자를 제외한 4개이므로
$$4 \times 4 = 16$$

3단계 (i), (ii)에서 구하는 5의 배수의 개수는
$$20 + 16 = 36$$

답 36

단계	채점 요소	배점
1	일의 자리의 숫자가 0일 때 5의 배수의 개수 구하기	3점
2	일의 자리의 숫자가 5일 때 5의 배수의 개수 구하기	3점
3	5의 배수의 개수 구하기	2점

6 1단계 선분의 개수는 5개의 점 중에서 순서와 관계없이 2개를 선택하는 경우의 수와 같으므로
$$\frac{5 \times 4}{2} = 10 \qquad \therefore a = 10$$

2단계 삼각형의 개수는 5개의 점 중에서 순서와 관계없이 3개를 선택하는 경우의 수와 같으므로
$$\frac{5 \times 4 \times 3}{3 \times 2 \times 1} = 10 \qquad \therefore b = 10$$

3단계 $a + b = 10 + 10 = 20$

답 20

단계	채점 요소	배점
1	a의 값 구하기	3점
2	b의 값 구하기	3점
3	$a + b$의 값 구하기	1점

01 확률의 뜻과 성질

▶ 본문 214쪽

개념원리 확인하기

01 (1) 10 (2) 3 (3) $\dfrac{3}{10}$ **02** (1) $\dfrac{2}{5}$ (2) $\dfrac{1}{3}$

03 (1) 1 (2) 0   **04** (1) $\dfrac{3}{10}$ (2) $\dfrac{7}{10}$

05 (1) $\dfrac{5}{6}$ (2) $\dfrac{7}{9}$ **06** (1) $\dfrac{1}{8}$ (2) $\dfrac{7}{8}$

01 (2) 카드에 적힌 수가 3의 배수인 경우는 3, 6, 9의 3가지
이다.
(3) 일어나는 모든 경우의 수가 10이고, 카드에 적힌 수가
3의 배수인 경우의 수가 3이므로 구하는 확률은
$$\frac{3}{10}$$

답 (1) 10 (2) 3 (3) $\dfrac{3}{10}$

02 (1) 모든 경우의 수는 15이고, 당첨 제비가 나오는 경우의
수는 6이므로 구하는 확률은
$$\frac{6}{15}=\frac{2}{5}$$
(2) 모든 경우의 수는 $3\times3=9$
유민이가 이기는 경우의 수는 3이므로 구하는 확률은
$$\frac{3}{9}=\frac{1}{3}$$

답 (1) $\dfrac{2}{5}$ (2) $\dfrac{1}{3}$

03 (1) 두 눈의 수의 합은 항상 12 이하이므로 구하는 확률은
1이다.
(2) 두 눈의 수의 차가 6인 경우는 없으므로 구하는 확률은
0이다.

답 (1) 1 (2) 0

04 (1) 모든 경우의 수는 10이고, 검은 공이 나오는 경우의 수
는 3이므로 구하는 확률은
$$\frac{3}{10}$$
(2) (검은 공이 나오지 않을 확률)
$$=1-(검은 공이 나올 확률)$$
$$=1-\frac{3}{10}$$
$$=\frac{7}{10}$$

답 (1) $\dfrac{3}{10}$ (2) $\dfrac{7}{10}$

05 (1) (비가 오지 않을 확률)
$$=1-(비가 올 확률)$$
$$=1-\frac{1}{6}=\frac{5}{6}$$
(2) (명중하지 못할 확률)
$$=1-(명중할 확률)$$
$$=1-\frac{2}{9}=\frac{7}{9}$$

답 (1) $\dfrac{5}{6}$ (2) $\dfrac{7}{9}$

06 (1) 모든 경우의 수는
$$2\times2\times2=8$$
모든 문제를 틀리는 경우의 수는 1이므로 구하는 확률
은 $\dfrac{1}{8}$
(2) (적어도 한 문제는 맞힐 확률)
$$=1-(모든 문제를 틀릴 확률)$$
$$=1-\frac{1}{8}=\frac{7}{8}$$

답 (1) $\dfrac{1}{8}$ (2) $\dfrac{7}{8}$

핵심문제 익히기

▶ 본문 215 ~ 217쪽

1 $\dfrac{2}{5}$ **2** $\dfrac{3}{10}$ **3** $\dfrac{7}{36}$ **4** ⑤

5 $\dfrac{5}{6}$ **6** $\dfrac{6}{7}$ **7** $\dfrac{4}{9}$

1 모든 경우의 수는
$$5\times4=20$$
짝수인 경우는 일의 자리의 숫자가 2 또는 4인 경우이다.
(i) □2인 경우
십의 자리에 올 수 있는 숫자는 4가지
(ii) □4인 경우
십의 자리에 올 수 있는 숫자는 4가지
(i), (ii)에서 짝수인 경우의 수는
$$4+4=8$$
따라서 구하는 확률은
$$\frac{8}{20}=\frac{2}{5}$$

답 $\dfrac{2}{5}$

2 모든 경우의 수는
$$\frac{5\times4}{2}=10$$
모두 남학생이 뽑히는 경우의 수는
$$\frac{3\times2}{2}=3$$
따라서 구하는 확률은 $\dfrac{3}{10}$

답 $\dfrac{3}{10}$

3 모든 경우의 수는
$$6 \times 6 = 36$$
$x + 5y < 12$를 만족시키는 순서쌍 (x, y)는
$$(1, 1), (1, 2), (2, 1), (3, 1), (4, 1), (5, 1), (6, 1)$$
의 7가지

따라서 구하는 확률은 $\dfrac{7}{36}$

답 $\dfrac{7}{36}$

4 주어진 각 사건의 확률은 다음과 같다.

① $\dfrac{1}{2}$

② 0

③ 모든 경우의 수는 $3 \times 3 = 9$

비기는 경우는 (가위, 가위), (바위, 바위), (보, 보)
의 3가지이므로 그 확률은
$$\dfrac{3}{9} = \dfrac{1}{3}$$

④ 0

⑤ 1

따라서 확률이 1인 것은 ⑤이다.

답 ⑤

5 모든 경우의 수는
$$6 \times 6 = 36$$
서로 같은 눈이 나오는 경우는
$$(1, 1), (2, 2), (3, 3), (4, 4), (5, 5), (6, 6)$$
의 6가지이므로 그 확률은
$$\dfrac{6}{36} = \dfrac{1}{6}$$
따라서 구하는 확률은
$$1 - \dfrac{1}{6} = \dfrac{5}{6}$$

답 $\dfrac{5}{6}$

6 모든 경우의 수는
$$\dfrac{7 \times 6}{2} = 21$$
2가지 모두 쿠키를 택하는 경우의 수는
$$\dfrac{3 \times 2}{2} = 3$$
이므로 그 확률은
$$\dfrac{3}{21} = \dfrac{1}{7}$$
따라서 구하는 확률은
$$1 - \dfrac{1}{7} = \dfrac{6}{7}$$

답 $\dfrac{6}{7}$

7 9등분된 표적에서 8의 약수가 적힌 부분은 1, 2, 4, 8의 4
개이므로 구하는 확률은
$$\dfrac{4}{9}$$

답 $\dfrac{4}{9}$

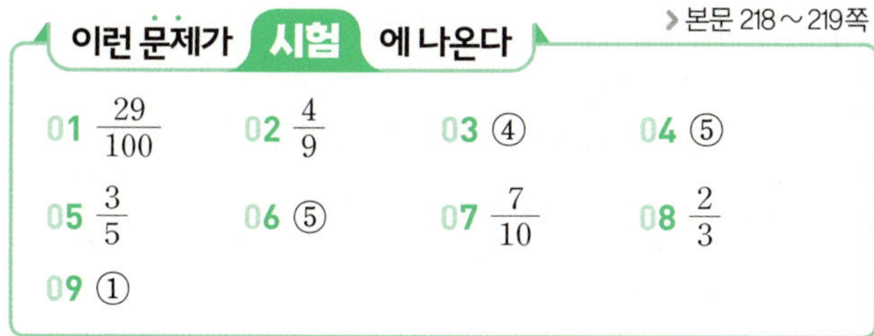

01 직원 200명 중에서 B형인 직원은 58명이므로 그 확률은
$$\dfrac{58}{200} = \dfrac{29}{100}$$

답 $\dfrac{29}{100}$

02 모든 경우의 수는
$$6 \times 6 = 36$$
$x + 4y < 17$을 만족시키는 순서쌍 (x, y)는
$$(1, 1), (1, 2), (1, 3), (2, 1), (2, 2),$$
$$(2, 3), (3, 1), (3, 2), (3, 3), (4, 1),$$
$$(4, 2), (4, 3), (5, 1), (5, 2), (6, 1),$$
$$(6, 2)$$
의 16가지이므로 구하는 확률은
$$\dfrac{16}{36} = \dfrac{4}{9}$$

답 $\dfrac{4}{9}$

03 주어진 각 사건의 확률은 다음과 같다.

①, ②, ③, ⑤ 1

④ $\dfrac{35}{36}$

따라서 확률이 나머지 넷과 다른 하나는 ④이다.

답 ④

04 ㄱ. $0 \le p \le 1$

ㄴ. $p = \dfrac{(\text{사건 } A \text{가 일어나는 경우의 수})}{(\text{일어나는 모든 경우의 수})}$

이상에서 옳은 것은 ㄷ, ㄹ이다.

답 ⑤

05 모든 경우의 수는
$$5 \times 4 \times 3 \times 2 \times 1 = 120$$
부모님을 한 사람으로 생각하여 4명을 일렬로 세우는 경
우의 수는
$$4 \times 3 \times 2 \times 1 = 24$$
이때 부모님이 자리를 바꾸는 경우의 수는 2
즉 부모님을 이웃하게 세우는 경우의 수는
$$24 \times 2 = 48$$
이므로 부모님을 이웃하게 세울 확률은
$$\dfrac{48}{120} = \dfrac{2}{5}$$
따라서 구하는 확률은
$$1 - \dfrac{2}{5} = \dfrac{3}{5}$$

답 $\dfrac{3}{5}$

06 모든 경우의 수는

$$6 \times 6 = 36$$

$2x = y$를 만족시키는 순서쌍 (x, y)는

$$(1, 2), (2, 4), (3, 6)$$

의 3가지이므로 그 확률은

$$\frac{3}{36} = \frac{1}{12}$$

따라서 구하는 확률은

$$1 - \frac{1}{12} = \frac{11}{12}$$

답 ⑤

07 모든 경우의 수는

$$\frac{5 \times 4}{2} = 10$$

2개 모두 검은 공이 나오는 경우의 수는

$$\frac{3 \times 2}{2} = 3$$

이므로 그 확률은 $\dfrac{3}{10}$

따라서 구하는 확률은

$$1 - \frac{3}{10} = \frac{7}{10}$$

답 $\dfrac{7}{10}$

08 모든 경우의 수는

$$3 \times 2 \times 1 = 6$$

모든 카드가 처음의 위치에 있지 않은 경우는

$$\text{EAS, ASE}$$

의 2가지이므로 그 확률은

$$\frac{2}{6} = \frac{1}{3}$$

따라서 구하는 확률은

$$1 - \frac{1}{3} = \frac{2}{3}$$

답 $\dfrac{2}{3}$

09 각 과녁에서 색칠한 부분을 맞힐 확률은 다음과 같다.

① $\dfrac{3}{4}$

② $\dfrac{2}{4} = \dfrac{1}{2}$

③ $\dfrac{4}{8} = \dfrac{1}{2}$

④ $\dfrac{2}{5}$

⑤ $\dfrac{3}{8}$

따라서 확률이 가장 큰 것은 ①이다.

답 ①

---

02 확률의 계산

> 본문 221쪽

01 (1) $\dfrac{1}{4}$　(2) $\dfrac{7}{20}$　(3) $\dfrac{3}{5}$

02 0.06

03 (1) $\dfrac{2}{15}$　(2) $\dfrac{2}{5}$　(3) $\dfrac{8}{15}$

04 (1) $\dfrac{2}{5}$　(2) $\dfrac{3}{5}$

05 (1) $\dfrac{4}{25}$　(2) $\dfrac{1}{10}$

01 모든 경우의 수는

$$5 + 7 + 8 = 20$$

(1) 흰 구슬이 나올 확률은

$$\frac{5}{20} = \frac{1}{4}$$

(2) 검은 구슬이 나올 확률은

$$\frac{7}{20}$$

(3) 두 사건은 동시에 일어나지 않으므로 흰 구슬 또는 검은 구슬이 나올 확률은

$$\frac{1}{4} + \frac{7}{20} = \frac{12}{20} = \frac{3}{5}$$

답 (1) $\dfrac{1}{4}$　(2) $\dfrac{7}{20}$　(3) $\dfrac{3}{5}$

02 $0.2 \times 0.3 = 0.06$

답 0.06

03 (1) $\dfrac{1}{3} \times \left(1 - \dfrac{3}{5}\right) = \dfrac{2}{15}$

(2) $\left(1 - \dfrac{1}{3}\right) \times \dfrac{3}{5} = \dfrac{2}{5}$

(3) $\dfrac{2}{15} + \dfrac{2}{5} = \dfrac{8}{15}$

답 (1) $\dfrac{2}{15}$　(2) $\dfrac{2}{5}$　(3) $\dfrac{8}{15}$

04 (1) 전구에 불이 들어오지 않으려면 스위치 A, B가 모두 열려 있어야 하므로 구하는 확률은

$$\left(1 - \frac{1}{3}\right) \times \left(1 - \frac{2}{5}\right) = \frac{2}{5}$$

(2) $1 - \dfrac{2}{5} = \dfrac{3}{5}$

답 (1) $\dfrac{2}{5}$　(2) $\dfrac{3}{5}$

05 (1) A가 당첨 제비를 뽑을 확률은 $\dfrac{2}{5}$

뽑은 제비를 다시 넣으므로 B가 당첨 제비를 뽑을 확률은 $\dfrac{2}{5}$

따라서 구하는 확률은

$$\frac{2}{5} \times \frac{2}{5} = \frac{4}{25}$$

(2) A가 당첨 제비를 뽑을 확률은 $\dfrac{2}{5}$

뽑은 제비를 다시 넣지 않으므로 B가 당첨 제비를 뽑을 확률은 $\dfrac{1}{4}$

따라서 구하는 확률은

$$\dfrac{2}{5}\times\dfrac{1}{4}=\dfrac{1}{10}$$

답 $(1)\dfrac{4}{25}$ $(2)\dfrac{1}{10}$

핵심문제 익히기 ＞본문 222~224쪽

| 1 $\dfrac{2}{5}$ | 2 $\dfrac{1}{6}$ | 3 $\dfrac{15}{16}$ | 4 $\dfrac{19}{36}$ |
| 5 $\dfrac{5}{36}$ | 6 $\dfrac{1}{24}$ | | |

1 모든 경우의 수는

$$5\times4\times3\times2\times1=120$$

E가 맨 앞에 오는 경우의 수는

$$4\times3\times2\times1=24$$

이므로 그 확률은

$$\dfrac{24}{120}=\dfrac{1}{5}$$

T가 맨 앞에 오는 경우의 수는

$$4\times3\times2\times1=24$$

이므로 그 확률은

$$\dfrac{24}{120}=\dfrac{1}{5}$$

따라서 구하는 확률은

$$\dfrac{1}{5}+\dfrac{1}{5}=\dfrac{2}{5}$$

답 $\dfrac{2}{5}$

2 A 주머니에서 흰 공을 꺼낼 확률은

$$\dfrac{2}{6}=\dfrac{1}{3}$$

B 주머니에서 흰 공을 꺼낼 확률은

$$\dfrac{3}{6}=\dfrac{1}{2}$$

따라서 구하는 확률은

$$\dfrac{1}{3}\times\dfrac{1}{2}=\dfrac{1}{6}$$

답 $\dfrac{1}{6}$

3 두 명 모두 치료되지 않을 확률은

$$\left(1-\dfrac{75}{100}\right)\times\left(1-\dfrac{75}{100}\right)=\dfrac{1}{4}\times\dfrac{1}{4}=\dfrac{1}{16}$$

따라서 구하는 확률은

$$1-\dfrac{1}{16}=\dfrac{15}{16}$$

답 $\dfrac{15}{16}$

4 (ⅰ) A 상자에서 팥빵, B 상자에서 크림빵을 꺼낼 확률은

$$\dfrac{8}{12}\times\dfrac{7}{12}=\dfrac{7}{18}$$

(ⅱ) A 상자에서 크림빵, B 상자에서 팥빵을 꺼낼 확률은

$$\dfrac{4}{12}\times\dfrac{5}{12}=\dfrac{5}{36}$$

(ⅰ), (ⅱ)에서 구하는 확률은

$$\dfrac{7}{18}+\dfrac{5}{36}=\dfrac{19}{36}$$

답 $\dfrac{19}{36}$

5 지성이가 행운권을 뽑을 확률은

$$\dfrac{5}{30}=\dfrac{1}{6}$$

해린이가 행운권을 뽑지 못할 확률은

$$\dfrac{25}{30}=\dfrac{5}{6}$$

따라서 구하는 확률은

$$\dfrac{1}{6}\times\dfrac{5}{6}=\dfrac{5}{36}$$

답 $\dfrac{5}{36}$

6 첫 번째에 초콜릿 맛 사탕이 나올 확률은

$$\dfrac{5}{10}=\dfrac{1}{2}$$

두 번째에 바닐라 맛 사탕이 나올 확률은

$$\dfrac{3}{9}=\dfrac{1}{3}$$

세 번째에 바닐라 맛 사탕이 나올 확률은

$$\dfrac{2}{8}=\dfrac{1}{4}$$

따라서 구하는 확률은

$$\dfrac{1}{2}\times\dfrac{1}{3}\times\dfrac{1}{4}=\dfrac{1}{24}$$

답 $\dfrac{1}{24}$

이런 문제가 시험 에 나온다 ＞본문 225쪽

| 01 $\dfrac{7}{18}$ | 02 $\dfrac{9}{64}$ | 03 $\dfrac{1}{15}$ | 04 $\dfrac{17}{20}$ |
| 05 $\dfrac{4}{7}$ | 06 $\dfrac{1}{5}$ | | |

01 모든 경우의 수는

$$6\times6=36$$

두 눈의 수의 차가 2인 경우는

$$(1, 3),\ (2, 4),\ (3, 1),\ (3, 5),\ (4, 2),\ (4, 6),$$
$$(5, 3),\ (6, 4)$$

의 8가지이므로 그 확률은

$$\dfrac{8}{36}=\dfrac{2}{9}$$

두 눈의 수의 차가 3인 경우는

$$(1,4), (2,5), (3,6), (4,1), (5,2), (6,3)$$

의 6가지이므로 그 확률은

$$\frac{6}{36}=\frac{1}{6}$$

따라서 구하는 확률은

$$\frac{2}{9}+\frac{1}{6}=\frac{7}{18}$$

답 $\dfrac{7}{18}$

02 크기가 같은 16개의 정사각형에서 색칠한 부분은 6개이므로 화살을 한 번 쏘아 색칠한 부분을 맞힐 확률은

$$\frac{6}{16}=\frac{3}{8}$$

따라서 구하는 확률은

$$\frac{3}{8}\times\frac{3}{8}=\frac{9}{64}$$

답 $\dfrac{9}{64}$

03 B만 문제를 맞힐 확률은 A, C는 문제를 틀리고 B는 문제를 맞힐 확률과 같으므로

$$\left(1-\frac{1}{2}\right)\times\frac{1}{3}\times\left(1-\frac{3}{5}\right)$$
$$=\frac{1}{2}\times\frac{1}{3}\times\frac{2}{5}=\frac{1}{15}$$

답 $\dfrac{1}{15}$

04 두 사람 모두 약속 시간에 늦을 확률은

$$\left(1-\frac{3}{4}\right)\times\left(1-\frac{2}{5}\right)=\frac{1}{4}\times\frac{3}{5}=\frac{3}{20}$$

따라서 구하는 확률은

$$1-\frac{3}{20}=\frac{17}{20}$$

답 $\dfrac{17}{20}$

05 A 상자를 선택하여 흰 구슬을 꺼낼 확률은

$$\frac{1}{2}\times\frac{3}{7}=\frac{3}{14}$$

B 상자를 선택하여 흰 구슬을 꺼낼 확률은

$$\frac{1}{2}\times\frac{5}{7}=\frac{5}{14}$$

따라서 구하는 확률은

$$\frac{3}{14}+\frac{5}{14}=\frac{8}{14}=\frac{4}{7}$$

답 $\dfrac{4}{7}$

06 A가 택한 아이스크림에 무료 쿠폰이 없을 확률은

$$\frac{12}{16}=\frac{3}{4}$$

B가 택한 아이스크림에 무료 쿠폰이 있을 확률은

$$\frac{4}{15}$$

따라서 구하는 확률은

$$\frac{3}{4}\times\frac{4}{15}=\frac{1}{5}$$

답 $\dfrac{1}{5}$

---

01 ③	**02** $\dfrac{1}{3}$	**03** ④	**04** ⑤
05 $\dfrac{7}{8}$	**06** ⑤	**07** $\dfrac{5}{9}$	**08** ③
09 $\dfrac{1}{2}$	**10** ④	**11** ⑤	**12** $\dfrac{1}{4}$
13 ①	**14** ④	**15** $\dfrac{1}{18}$	**16** ③
17 $\dfrac{1}{8}$	**18** $\dfrac{1}{8}$	**19** $\dfrac{6}{35}$	**20** $\dfrac{65}{81}$
21 ②	**22** ③	**23** $\dfrac{5}{8}$	**24** $\dfrac{2}{9}$
25 $\dfrac{3}{8}$			

01 **전략** (사건 A가 일어날 확률)
$$=\frac{(\text{사건 }A\text{가 일어나는 경우의 수})}{(\text{일어나는 모든 경우의 수})}$$

① 홀수의 눈이 나오는 경우는 1, 3, 5의 3가지이므로 그 확률은 $\dfrac{3}{6}=\dfrac{1}{2}$

② 모든 경우의 수는 $3\times2\times1=6$
C가 맨 앞에 서는 경우의 수는 $2\times1=2$이므로 그 확률은 $\dfrac{2}{6}=\dfrac{1}{3}$

③ 소수가 나오는 경우는 2, 3, 5의 3가지이므로 그 확률은 $\dfrac{3}{5}$

④ 모든 경우의 수는 $2\times2=4$
둘 다 앞면이 나오는 경우는 (앞, 앞)의 1가지이므로 그 확률은 $\dfrac{1}{4}$

⑤ $\dfrac{3}{8}$

따라서 확률이 가장 큰 것은 ③이다. **답** ③

02 **전략** 키 순서대로 서는 경우는 작은 순서대로 또는 큰 순서대로 서는 경우의 2가지이다.

모든 경우의 수는

$$3\times2\times1=6$$

키 순서대로 서게 되는 경우는 작은 순서대로 서는 경우와 큰 순서대로 서는 경우의 2가지이므로 구하는 확률은

$$\frac{2}{6}=\frac{1}{3}$$

답 $\dfrac{1}{3}$

03 **전략** 연주가 청소 당번에 뽑혔다고 생각하고 나머지 1명의 청소 당번을 뽑는 경우의 수를 구한다.

모든 경우의 수는

$$\frac{4\times3}{2}=6$$

연주가 청소 당번에 뽑히는 경우의 수는 연주를 제외한 나머지 3명 중에서 청소 당번 1명을 뽑는 경우의 수와 같으므로
$$3$$
따라서 구하는 확률은
$$\frac{3}{6}=\frac{1}{2}$$
답 ④

학생 100명 중에서 사교형인 학생은 24명이므로 그 확률은
$$\frac{24}{100}=\frac{6}{25}$$
따라서 구하는 확률은
$$\frac{1}{5}+\frac{6}{25}=\frac{11}{25}$$
답 ③

04 전략 확률의 성질을 이용한다.
② $p+q=1$
③ $p=1-q$
④ $0\leq p\leq 1$
따라서 옳은 것은 ⑤이다.
답 ⑤

05 전략 어떤 사건이 일어나지 않을 확률을 이용한다.
모든 경우의 수는 $8\times 8=64$
두 사람이 같은 층에서 내리는 경우는
2층, 3층, 4층, 5층, 6층, 7층, 8층, 9층
의 8가지이므로 그 확률은
$$\frac{8}{64}=\frac{1}{8}$$
따라서 구하는 확률은
$$1-\frac{1}{8}=\frac{7}{8}$$
답 $\dfrac{7}{8}$

06 전략 (적어도 하나는 A일 확률)$=1-$(모두 A가 아닐 확률)
모든 경우의 수는
$$2\times 2\times 2\times 2\times 2=32$$
모두 틀리는 경우는 1가지이므로 그 확률은 $\dfrac{1}{32}$
따라서 구하는 확률은
$$1-\frac{1}{32}=\frac{31}{32}$$
답 ⑤

07 전략 과녁의 세 원의 반지름의 길이를 각각 x, $2x$, $3x$라 하고 필요한 부분의 넓이를 구한다.
세 원의 반지름의 길이의 비가 $1:2:3$이므로 세 원의 반지름의 길이를 각각 x, $2x$, $3x$라 하자.
과녁 전체의 넓이는
$$\pi\times(3x)^2=9\pi x^2$$
6점에 해당하는 부분의 넓이는
$$9\pi x^2-\pi\times(2x)^2=5\pi x^2$$
따라서 구하는 확률은
$$\frac{5\pi x^2}{9\pi x^2}=\frac{5}{9}$$
답 $\dfrac{5}{9}$

08 전략 '또는', '이거나' ➡ 두 사건의 확률을 더한다.
학생 100명 중에서 주도형인 학생은 20명이므로 그 확률은
$$\frac{20}{100}=\frac{1}{5}$$

09 전략 200 이하인 세 자리 자연수일 확률과 400 이상인 세 자리 자연수일 확률을 각각 구한다.
모든 경우의 수는
$$4\times 4\times 3=48$$
(i) 200 이하인 경우
백의 자리의 숫자가 1이어야 하므로 200 이하인 경우의 수는 $4\times 3=12$이고, 그 확률은
$$\frac{12}{48}=\frac{1}{4}$$
(ii) 400 이상인 경우
백의 자리의 숫자가 4이어야 하므로 400 이상인 경우의 수는 $4\times 3=12$이고, 그 확률은
$$\frac{12}{48}=\frac{1}{4}$$
(i), (ii)에서 구하는 확률은
$$\frac{1}{4}+\frac{1}{4}=\frac{2}{4}=\frac{1}{2}$$
답 $\dfrac{1}{2}$

10 전략 '동시에', '그리고' ➡ 두 사건의 확률을 곱한다.
A 팀이 이기려면 자유투 2개를 모두 성공시켜야 하고 자유투 성공률은 $\dfrac{4}{5}$이므로 구하는 확률은
$$\frac{4}{5}\times\frac{4}{5}=\frac{16}{25}$$
답 ④

11 전략 (두 사건 A, B 중 적어도 하나가 일어날 확률)
$=1-$(두 사건 A, B가 모두 일어나지 않을 확률)
두 사람이 만나지 못하려면 적어도 한 사람은 약속을 지키지 않아야 한다.
이때 두 사람이 모두 약속을 지킬 확률은
$$\frac{2}{3}\times\frac{1}{4}=\frac{1}{6}$$
따라서 구하는 확률은
$$1-\frac{1}{6}=\frac{5}{6}$$
답 ⑤

12 전략 첫 번째 카드를 뽑을 때 카드의 전체 개수와 두 번째 카드를 뽑을 때 카드의 전체 개수가 같음을 이용한다.
4장의 카드 중에서 L이 적힌 카드를 뽑을 확률은 $\dfrac{1}{4}$이고 2장 모두 L이 적힌 카드를 뽑을 확률은
$$\frac{1}{4}\times\frac{1}{4}=\frac{1}{16}$$

이때 2장 모두 O, V, E가 적힌 카드를 뽑을 확률도 각각 $\dfrac{1}{16}$이므로 구하는 확률은

$$\dfrac{1}{16}+\dfrac{1}{16}+\dfrac{1}{16}+\dfrac{1}{16}=\dfrac{4}{16}=\dfrac{1}{4}$$

답 $\dfrac{1}{4}$

13 전략 첫 번째 바둑돌을 꺼낼 때 바둑돌의 전체 개수와 두 번째 바둑돌을 꺼낼 때 바둑돌의 전체 개수가 같지 않음을 이용한다.

첫 번째에 검은 바둑돌이 나올 확률은 $\dfrac{3}{10}$

두 번째에 검은 바둑돌이 나올 확률은 $\dfrac{2}{9}$

따라서 구하는 확률은

$$\dfrac{3}{10}\times\dfrac{2}{9}=\dfrac{1}{15}$$

답 ①

14 전략 빨간 구슬의 개수를 x라 하고 식을 세운다.

빨간 구슬의 개수를 x라 하면 노란 구슬이 나올 확률이 $\dfrac{1}{6}$이므로

$$\dfrac{2}{2+6+x}=\dfrac{1}{6}, \qquad 8+x=12$$
$$\therefore x=4$$

따라서 주머니에 들어 있는 빨간 구슬은 4개이다. 답 ④

15 전략 두 직선의 교점의 x좌표가 1이 되도록 하는 a, b 사이의 관계식을 구한다.

모든 경우의 수는

$$6\times 6=36$$

$x=1$을 $y=2x-a$에 대입하면

$$y=2-a \qquad\qquad \cdots\cdots\ \bigcirc$$

$x=1$을 $y=-x+b$에 대입하면

$$y=-1+b \qquad\qquad \cdots\cdots\ \bigcirc$$

$\bigcirc$, $\bigcirc$에서 $2-a=-1+b$이므로

$$a+b=3$$

이때 $a+b=3$을 만족시키는 순서쌍 (a, b)는

$$(1, 2),\ (2, 1)$$

의 2가지이다.

따라서 구하는 확률은

$$\dfrac{2}{36}=\dfrac{1}{18}$$

답 $\dfrac{1}{18}$

16 전략 기약분수의 분모를 소인수분해 했을 때 분모의 소인수가 2 또는 5뿐이면 유한소수이다.

뽑은 공에 적힌 수 x에 대하여 $\dfrac{x}{30}$, 즉 $\dfrac{x}{2\times 3\times 5}$가 유한소수이려면 x는 3의 배수이어야 한다.

1부터 20까지의 자연수 중 3의 배수는 6개이므로 $\dfrac{x}{30}$가 유한소수일 확률은

$$\dfrac{6}{20}=\dfrac{3}{10}$$

따라서 구하는 확률은

$$1-\dfrac{3}{10}=\dfrac{7}{10}$$

답 ③

개념 더하기

주어진 분수를 기약분수로 나타낸 후 분모를 소인수분해 했을 때
① 분모의 소인수가 2 또는 5뿐이면 ➡ 유한소수
② 분모에 2와 5 이외의 소인수가 있으면 ➡ 순환소수

17 전략 주사위의 바닥 면에 적힌 두 수의 합이 9 또는 10일 확률을 각각 구한다.

모든 경우의 수는

$$4\times 6=24$$

(i) 두 수의 합이 9인 경우는

$$(3, 6),\ (4, 5)$$

이므로 그 확률은

$$\dfrac{2}{24}=\dfrac{1}{12}$$

(ii) 두 수의 합이 10인 경우는

$$(4, 6)$$

이므로 그 확률은 $\dfrac{1}{24}$

(i), (ii)에서 구하는 확률은

$$\dfrac{1}{12}+\dfrac{1}{24}=\dfrac{1}{8}$$

답 $\dfrac{1}{8}$

18 전략 우승하기 위해서 총 몇 번의 경기를 이겨야 하는지 생각한다.

6반이 우승하기 위해서는 세 번의 경기에서 모두 이겨야 하므로 구하는 확률은

$$\dfrac{1}{2}\times\dfrac{1}{2}\times\dfrac{1}{2}=\dfrac{1}{8}$$

답 $\dfrac{1}{8}$

19 전략 주어진 조건을 이용하여 지성이가 합격할 확률을 먼저 구한다.

지성이가 합격할 확률을 x라 하면 예은이와 지성이가 모두 합격할 확률이 $\dfrac{3}{7}$이므로

$$\dfrac{5}{7}\times x=\dfrac{3}{7} \qquad \therefore x=\dfrac{3}{5}$$

따라서 예은이는 불합격하고 지성이는 합격할 확률은

$$\left(1-\dfrac{5}{7}\right)\times\dfrac{3}{5}=\dfrac{6}{35}$$

답 $\dfrac{6}{35}$

20 전략 어떤 사건이 일어나지 않을 확률을 이용한다.

4개의 공을 모두 맞힐 확률은

$$\frac{2}{3} \times \frac{2}{3} \times \frac{2}{3} \times \frac{2}{3} = \frac{16}{81}$$

따라서 구하는 확률은

$$1 - \frac{16}{81} = \frac{65}{81}$$

답 $\dfrac{65}{81}$

21 전략 두 장의 카드에 적힌 수의 합이 짝수가 되는 경우를 나누어 생각한다.

두 장의 카드에 적힌 수의 합이 짝수이려면 두 수가 모두 짝수이거나 모두 홀수이어야 한다.

(ⅰ) 짝수가 적힌 카드를 꺼내는 경우는

$$2, 4, 6, 8$$

의 4가지이므로 두 장 모두 짝수가 적힌 카드를 꺼낼 확률은

$$\frac{4}{9} \times \frac{4}{9} = \frac{16}{81}$$

(ⅱ) 홀수가 적힌 카드를 꺼내는 경우는

$$1, 3, 5, 7, 9$$

의 5가지이므로 두 장 모두 홀수가 적힌 카드를 꺼낼 확률은

$$\frac{5}{9} \times \frac{5}{9} = \frac{25}{81}$$

(ⅰ), (ⅱ)에서 구하는 확률은

$$\frac{16}{81} + \frac{25}{81} = \frac{41}{81}$$

답 ②

22 전략 B가 4회 이내에 이기는 경우를 나누어 각각의 확률을 구한다.

1개의 주사위를 던질 때, 5의 약수의 눈이 나오는 경우는 1, 5의 2가지이므로 그 확률은

$$\frac{2}{6} = \frac{1}{3}$$

B가 4회 이내에 이기려면 B가 2회에서 이기거나 4회에서 이겨야 한다.

(ⅰ) B가 2회에서 이기려면 1회에서 5의 약수의 눈이 나오지 않고 2회에서 5의 약수의 눈이 나오면 되므로 그 확률은

$$\left(1 - \frac{1}{3}\right) \times \frac{1}{3} = \frac{2}{9}$$

(ⅱ) B가 4회에서 이기려면 1, 2, 3회에서 5의 약수의 눈이 나오지 않고 4회에서 5의 약수의 눈이 나오면 되므로 그 확률은

$$\left(1 - \frac{1}{3}\right) \times \left(1 - \frac{1}{3}\right) \times \left(1 - \frac{1}{3}\right) \times \frac{1}{3}$$
$$= \frac{2}{3} \times \frac{2}{3} \times \frac{2}{3} \times \frac{1}{3} = \frac{8}{81}$$

(ⅰ), (ⅱ)에서 구하는 확률은

$$\frac{2}{9} + \frac{8}{81} = \frac{26}{81}$$

답 ③

23 전략 (적어도 하나는 A일 확률)$=1-$(모두 A가 아닐 확률)

카드 4장을 일렬로 나열하는 경우의 수는

$$4 \times 3 \times 2 \times 1 = 24$$

4장의 카드가 모두 원래의 위치에 있지 않은 경우는 다음과 같이 9가지이다.

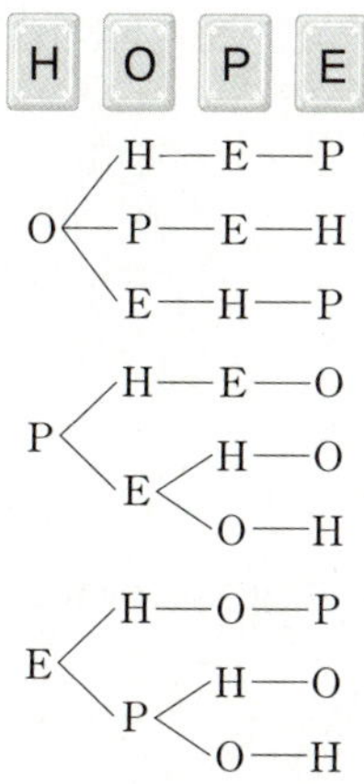

따라서 4장의 카드가 모두 원래의 위치에 있지 않을 확률은

$$\frac{9}{24} = \frac{3}{8}$$

이므로 구하는 확률은

$$1 - \frac{3}{8} = \frac{5}{8}$$

답 $\dfrac{5}{8}$

24 전략 점 P가 점 E에 위치하려면 주사위를 두 번 던져 나오는 눈의 수의 합이 몇이어야 하는지 생각해 본다.

모든 경우의 수는

$$6 \times 6 = 36$$

점 P가 점 E에 위치하려면 점 P가 움직인 거리는

$$1 \text{ cm}, 6 \text{ cm}, 11 \text{ cm}, 16 \text{ cm},$$
$$21 \text{ cm}, 26 \text{ cm}, 31 \text{ cm}, 36 \text{ cm}, \cdots$$

이어야 한다.

이때 점 P는 화살표 방향으로 3의 배수의 거리만큼 움직이므로 점 P가 움직인 거리가 될 수 있는 것은 6 cm 또는 21 cm 또는 36 cm이다.

주사위를 두 번 던져 나오는 눈의 수의 합을 t라 하면 $3t = 6$ 또는 $3t = 21$ 또는 $3t = 36$에서

$$t = 2 \text{ 또는 } t = 7 \text{ 또는 } t = 12$$

즉 주사위를 두 번 던져 나오는 눈의 수의 합이 2 또는 7 또는 12이어야 한다.

(ⅰ) 두 눈의 수의 합이 2인 경우

$(1, 1)$의 1가지이므로 그 확률은 $\dfrac{1}{36}$

(ⅱ) 두 눈의 수의 합이 7인 경우

$(1, 6), (2, 5), (3, 4), (4, 3), (5, 2), (6, 1)$

의 6가지이므로 그 확률은 $\dfrac{6}{36} = \dfrac{1}{6}$

(ⅲ) 두 눈의 수의 합이 12인 경우

$(6, 6)$의 1가지이므로 그 확률은 $\dfrac{1}{36}$

이상에서 구하는 확률은
$$\frac{1}{36}+\frac{1}{6}+\frac{1}{36}=\frac{8}{36}=\frac{2}{9}$$
답 $\dfrac{2}{9}$

25 전략 공이 Q로 나오는 경우를 생각해 본다.

공이 Q로 나오는 경우는 다음과 같이 3가지이다.

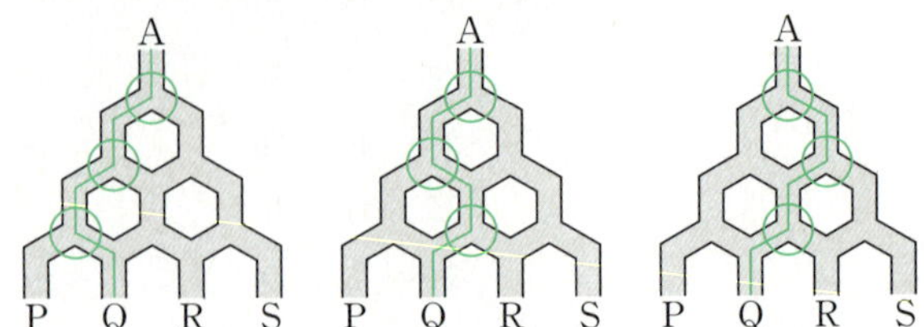

이때 각 갈림길에서 공이 어느 한쪽으로 이동할 확률은
모두 $\dfrac{1}{2}$이므로 각 경우의 확률은
$$\frac{1}{2}\times\frac{1}{2}\times\frac{1}{2}=\frac{1}{8}$$
따라서 구하는 확률은
$$\frac{1}{8}+\frac{1}{8}+\frac{1}{8}=\frac{3}{8}$$
답 $\dfrac{3}{8}$

서술형 대비 문제

▶ 본문 230~231쪽

1 $\dfrac{19}{21}$	2 $\dfrac{9}{25}$	3 $\dfrac{2}{5}$
4 $\dfrac{33}{50}$	5 $\dfrac{2}{3}$	6 $\dfrac{17}{30}$

1 1단계 준이가 10등 안에 들지 못할 확률은
$$1-\frac{3}{7}=\frac{4}{7}$$
2단계 기쁨이가 10등 안에 들지 못할 확률은
$$1-\frac{5}{6}=\frac{1}{6}$$
3단계 (적어도 한 명은 10등 안에 들 확률)
=1-(둘 다 10등 안에 들지 못할 확률)
$$=1-\frac{4}{7}\times\frac{1}{6}$$
$$=1-\frac{2}{21}=\frac{19}{21}$$
답 $\dfrac{19}{21}$

2 1단계 (i) 화요일에 비가 왔을 때, 수요일에 비가 오고 목요일에 비가 올 확률은
$$\frac{2}{5}\times\frac{2}{5}=\frac{4}{25}$$
2단계 (ii) 비가 온 날의 다음 날에 비가 올 확률은 $\dfrac{2}{5}$이므로
비가 온 날의 다음 날에 비가 오지 않을 확률은
$$1-\frac{2}{5}=\frac{3}{5}$$
화요일에 비가 왔을 때, 수요일에 비가 오지 않고
목요일에 비가 올 확률은
$$\frac{3}{5}\times\frac{1}{3}=\frac{1}{5}$$
3단계 (i), (ii)에서 구하는 확률은
$$\frac{4}{25}+\frac{1}{5}=\frac{9}{25}$$
답 $\dfrac{9}{25}$

3 1단계 5개의 막대 중에서 3개를 선택하는 경우의 수는
$$\frac{5\times4\times3}{3\times2\times1}=10$$
2단계 삼각형이 만들어지는 경우는
$$(2,4,5),\ (4,5,7),\ (4,7,9),\ (5,7,9)$$
의 4가지
3단계 삼각형이 만들어질 확률은
$$\frac{4}{10}=\frac{2}{5}$$
답 $\dfrac{2}{5}$

단계	채점 요소	배점
1	모든 경우의 수 구하기	3점
2	삼각형이 만들어지는 경우의 수 구하기	3점
3	확률 구하기	1점

4 1단계 (i) 2의 배수는 25개이므로 2의 배수가 나올 확률은
$$\frac{25}{50}=\frac{1}{2}$$
2단계 (ii) 3의 배수는 16개이므로 3의 배수가 나올 확률은
$$\frac{16}{50}=\frac{8}{25}$$
3단계 (iii) 2의 배수이면서 3의 배수, 즉 6의 배수는 8개이
므로 6의 배수가 나올 확률은
$$\frac{8}{50}=\frac{4}{25}$$
4단계 이상에서 구하는 확률은
$$\frac{1}{2}+\frac{8}{25}-\frac{4}{25}=\frac{33}{50}$$
답 $\dfrac{33}{50}$

단계	채점 요소	배점
1	2의 배수가 나올 확률 구하기	2점
2	3의 배수가 나올 확률 구하기	2점
3	6의 배수가 나올 확률 구하기	2점
4	2의 배수 또는 3의 배수가 나올 확률 구하기	2점

5 1단계 (i) 정육면체 A의 윗면에 적힌 수가 2인 경우
정육면체 B의 윗면에 적힌 수는 1이어야 하므로
그 확률은
$$\frac{3}{6}\times\frac{2}{6}=\frac{1}{6}$$

2단계 (ii) 정육면체 A의 윗면에 적힌 수가 5인 경우

정육면체 B의 윗면에 적힌 수는 모두 가능하므로

그 확률은

$$\frac{3}{6}\times 1=\frac{1}{2}$$

3단계 (i), (ii)에서 구하는 확률은

$$\frac{1}{6}+\frac{1}{2}=\frac{2}{3}$$

답 $\dfrac{2}{3}$

단계	채점 요소	배점
1	정육면체 A의 윗면에 적힌 수가 2인 경우 확률 구하기	3점
2	정육면체 A의 윗면에 적힌 수가 5인 경우 확률 구하기	3점
3	확률 구하기	1점

6 **1단계** (i) A 주머니에서 흰 공을 꺼낸 후 B 주머니에서 흰 공이 나올 확률은

$$\frac{2}{5}\times\frac{4}{6}=\frac{4}{15}$$

2단계 (ii) A 주머니에서 검은 공을 꺼낸 후 B 주머니에서 흰 공이 나올 확률은

$$\frac{3}{5}\times\frac{3}{6}=\frac{3}{10}$$

3단계 (i), (ii)에서 구하는 확률은

$$\frac{4}{15}+\frac{3}{10}=\frac{17}{30}$$

답 $\dfrac{17}{30}$

단계	채점 요소	배점
1	A 주머니에서 흰 공을 꺼낸 후 B 주머니에서 흰 공이 나올 확률 구하기	3점
2	A 주머니에서 검은 공을 꺼낸 후 B 주머니에서 흰 공이 나올 확률 구하기	3점
3	확률 구하기	1점

정답 및 풀이

개념원리 중학 수학 **2-2**